全国高等教育自学考试指定教材

建筑工程专业（独立本科段）

混凝土结构设计

（含：混凝土结构设计自学考试大纲）

（2016年版）

全国高等教育自学考试指导委员会　组编

主编　邹超英

参编　胡　琼　何淅淅　张晋元

武汉大学出版社

图书在版编目(CIP)数据

混凝土结构设计/邹超英主编;全国高等教育自学考试指导委员会组编.
—武汉:武汉大学出版社,2016.5(2023.7 重印)
全国高等教育自学考试指定教材建筑工程专业:独立本科段
ISBN 978-7-307-17850-2

Ⅰ.混… Ⅱ.①邹… ②全… Ⅲ.混凝土结构—结构设计—高等教育—自学考试—教材 Ⅳ.TU370.4

中国版本图书馆 CIP 数据核字(2016)第 103587 号

责任编辑:黄汉平　　责任校对:汪欣怡　　版式设计:马　佳

出版发行:**武汉大学出版社**　(430072　武昌　珞珈山)
(电子邮箱:cbs22@ whu.edu.cn　网址:www.wdp. com.cn)
印刷:武汉邮科印务有限公司
开本:787×1092　1/16　印张:24.25　字数:575 千字
版次:2016 年 5 月第 1 版　　2023 年 7 月第 3 次印刷
ISBN 978-7-307-17850-2　　定价:60.00 元

组编前言

21世纪是一个变幻莫测的世纪，是一个催人奋进的时代，科学技术飞速发展，知识更替日新月异。希望、困惑、机遇、挑战，随时随地都有可能出现在每一个社会成员的生活之中。抓住机遇，寻求发展，迎接挑战，适应变化的制胜法宝就是学习——依靠自己学习、终生学习。

作为我国高等教育组成部分的自学考试，其职责就是在高等教育这个水平上倡导自学、鼓励自学、帮助自学、推动自学，为每一个自学者铺就成才之路。组织编写供读者学习的教材就是履行这个职责的重要环节。毫无疑问，这种教材应当适合自学，应当有利于学习者掌握和了解新知识、新信息，有利于学习者增强创新意识，培养实践能力，形成自学能力，也有利于学习者学以致用，解决实际工作中所遇到的问题。具有如此特点的书，我们虽然沿用了“教材”这个概念，但它与那种仅供教师讲、学生听，教师不讲、学生不懂，以“教”为中心的教科书相比，已经在内容安排、编写体例、行文风格等方面都大不相同了。希望读者对此有所了解，以便从一开始就树立起依靠自己学习的坚定信念，不断探索适合自己的学习方法，充分利用自己已有的知识基础和实际工作经验，最大限度地发挥自己的潜能，达到学习的目标。

欢迎读者提出意见和建议。

祝每一位读者自学成功。

全国高等教育自学考试指导委员会

2015年1月

目　录

混凝土结构设计自学考试大纲

混凝土结构设计

全国高等教育自学考试
建筑工程专业(独立本科段)

混凝土结构设计
自学考试大纲

(含考核目标)

全国高等教育自学考试指导委员会　制定

大纲前言

为了适应社会主义现代化建设事业的需要，鼓励自学成才，我国在20世纪80年代初建立了高等教育自学考试制度。高等教育自学考试是个人自学、社会助学和国家考试相结合的一种高等教育形式。应考者通过规定的专业课程考试并经思想品德鉴定达到毕业要求的，可获得毕业证书；国家承认学历并按照规定享有与普通高等学校毕业生同等的有关待遇。经过30多年的发展，高等教育自学考试为国家培养造就了大批专门人才。

课程自学考试大纲是国家规范自学者学习范围、要求和考试标准的文件。它是按照专业考试计划的要求，具体指导个人自学、社会助学、国家考试、编写教材及自学辅导书的依据。

为更新教育观念，深化教学内容方式、考试制度、质量评价制度改革，更好地提高自学考试人才培养的质量，全国考委各专业委员会按照专业考试计划的要求，组织编写了课程自学考试大纲。

新编写的大纲，在层次上，本科参照一般普通高校本科水平，专科参照一般普通高校专科或高职院校的水平；在内容上，力图反映学科的发展变化以及自然科学和社会科学近年来研究的成果。

全国考委土木水利矿业环境类专业委员会参照普通高等学校相关课程的教学基本要求，结合自学考试建筑工程专业的实际情况，组织制定的《混凝土结构设计自学考试大纲》，经教育部批准，现颁发施行。各地教育部门、考试机构应认真贯彻执行。

全国高等教育自学考试指导委员会

2016年1月

I　课程性质与设置目标

混凝土结构设计课程是全国高等教育自学考试建筑工程专业(独立本科段)必考的课程，是为培养和检验自学应考者的混凝土结构设计的基本理论、基本知识和应用能力而设置的一门专业课程，为毕业设计打基础。

混凝土结构设计是建立在科学试验和工程实践基础上的应用学科，主要研究混凝土结构的设计方法、结构形式与结构布置、结构物的受力性能与计算、结构物的抗震、结构构造措施等内容，具有综合性和应用性的特点。本课程的内容分为三部分：第一部分，混凝土结构按概率极限状态设计；第二部分，单层厂房(包括单层厂房课程设计)、多层和高层框架结构设计、高层建筑结构设计；第三部分是混凝土结构抗震设计。其中，第二部分的内容是本课程的主要内容。在自学考试命题中应充分体现本课程的性质、特点和主要任务。

设置本课程的具体目的要求是：使自学应考者理解混凝土结构按概率极限状态设计方法，熟悉单程厂房和多层高层建筑的结构形式与结构布置，掌握单程厂房、多层及高层框架、高层剪力墙的受力特征、内力与变形计算、设计要点及主要构造措施，理解混凝土结构抗震设计的原则、要点及抗震构造措施；初步具有一般工业与民用建筑的混凝土结构设计能力。

本课程是房屋建筑工程专业(专科)《混凝土及砌体结构》课程的继续。除房屋建筑工程专业(专科)的相关核心课程外，本课程的先修课程还有建筑工程专业(独立本科段)的《结构力学(本)》等课程。在学习本课程时，既要综合运用先修课程中，特别是《混凝土及砌体结构》中的基本概念和基本知识，也要与各门相配合的课程结合起来学习。

Ⅱ 考核目标

为使考试内容具体化和考试要求标准化，本大纲在列出考试内容的基础上，对各章规定了考核目标，包括考核知识点和考核要求。明确考核目标，使自学应考者能够进一步明确考试内容和要求，更有目的地系统学习教材；使考试命题能够更加明确命题范围，更准确地安排试题的知识能力层次和难易度。

本大纲在考核目标中，按照识记、领会、应用三个层次规定其应达到的能力层次要求。三个能力层次是递进等级关系。各能力层次的含义是：

识记：考核目标中低层次的要求。要求考生能够识别和记忆本课程中有关混凝土结构设计的主要内容(如基本概念、名词、原理、方法、分类、特征、基本假定、计算要点、适用范围、构造要求、重要结论等)，并能够根据考核的不同要求，做出正确的表述、选择和判断。

领会：考核目标中较高层次的要求。要求考生在识记的基础上，能全面把握本课程中有关混凝土结构设计的基本概念、基本原理、基本方法，能掌握有关概念、原理、方法的内涵及外延、区别与联系，并能根据考核的不同要求，对混凝土结构设计中的问题做出正确的分析、解释和说明。

应用：考核目标中最高层次的要求。要求考生在领会的基础上，能够运用混凝土结构设计的基本概念、基本原理、基本方法分析和解决有关的理论问题和实际问题。即能用学过的几个或多个知识点，分析和解决单层厂房结构、框架结构、剪力墙结构、框架-剪力墙结构，以及相应抗震设计中的简单问题或比较复杂的问题。

Ⅲ　课程内容与考核要求

第 1 章　混凝土结构按概率极限状态设计

一、学习目的和要求

通过本章的学习，进一步了解混凝土结构的设计方法，即以概率理论为基础的极限状态设计方法，以可靠指标度量结构构件的可靠度，采用分项系数的设计表达式进行设计。

二、课程内容

(一)结构的功能要求与结构的可靠性

1. 结构的功能要求

2. 结构的可靠性

(二)结构的极限状态

1. 承载能力极限状态

2. 正常使用极限状态

(三)结构上的作用、作用效应、结构抗力及其随机性

1. 结构上的作用及其随机性

2. 荷载效应及其随机性

3. 结构抗力及其随机性

4. 结构的功能函数

(四)可靠度、失效概率及可靠指标

1. 结构的可靠度

2. 失效概率

3. 可靠指标

(五)目标可靠指标

(六)结构按概率极限状态设计的表达式

1. 分项系数

2. 结构按概率极限状态设计的表达式

三、考核知识点及考核要求

(一)结构的功能要求与结构的可靠性

识记：(1)结构的功能要求；(2)结构的可靠性；(3)结构的设计使用年限。

(二)结构的极限状态

识记：两类极限状态计算(验算)应包括的内容。

(三)结构上的作用、作用效应、结构抗力及其随机性

识记：(1)荷载代表值；(2)设计基准期；(3)材料强度代表值；(4)结构的功能函数。

(四)结构的可靠度、失效概率、可靠指标

1. 识记

(1)结构的可靠度、可靠指标的概念；(2)可靠指标与失效概率的关系；

2. 领会

用可靠指标度量结构构件可靠度的方法。

(五)目标可靠指标

识记：目标可靠指标[β]的概念。

领会：结构的破坏性质、安全等级对目标可靠指标的影响。

(六)结构按概率极限状态设计的表达式

1. 识记

(1)荷载分项系数、材料强度分项系数；(2)荷载标准值、设计值；(3)材料强度标准值、设计值；(4)结构按概率极限状态设计表达式。

2. 应用

能计算简支梁、板的竖向荷载和跨中弯矩标准值、设计值。

第2章　单层厂房

一、学习目的和要求

通过本章的学习，了解单层厂房的结构组成、结构布置，理解单层厂房中支撑的种类、作用和布置原则，熟练掌握等高排架的内力计算和内力组合方法，掌握排架荷载的计算方法以及牛腿和柱下独立基础的设计方法及构造要求，初步具有一般混凝土单层厂房结构设计的能力。

等高排架的内力计算及内力组合是本章的重点内容。

二、课程内容

(一)单层厂房的结构组成和结构布置

1. 单层厂房的结构组成和传力路线

2. 单层厂房的结构布置

3. 单层厂房的支撑

(二)排架计算

1. 计算简图

2. 荷载计算

3. 用剪力分配法计算等高排架

4. 内力组合

(三)单层厂房柱

1. 矩形、I字形截面柱的设计

2. 牛腿设计

(四)柱下独立基础

1. 柱下独立基础的形式

2. 柱下独立基础的设计

三、考核知识点及考核要求

(一)单层厂房的结构形式、结构组成和结构布置

1. 识记

(1)单层厂房的结构组成;(2)柱网布置;(3)变形缝;(4)支撑的种类和作用。

2. 领会

(1)单层厂房在竖向力、横向水平力、纵向水平力的作用下的传力路线;(2)支撑的种类、作用和布置原则。

(二)排架计算

1. 识记

(1)排架计算的基本假定,计算单元、计算简图;(2)排架上的荷载;(3)排架柱的控制截面、内力组合。

2. 领会

(1)单层厂房柱抗侧刚度;(2)用剪力分配法计算等高排架的方法,特别是任意荷载作用时的情况;(3)排架柱的内力组合及内力组合的原则。

3. 应用

(1)掌握单层厂房的荷载计算方法,特别是雪荷载、风荷载、吊车荷载的计算方法;(2)熟练掌握各种荷载下等高排架内力按剪力分配法的计算方法;(3)熟练掌握内力组合的原则及方法。

(三)单层厂房柱

1. 识记

(1)单层厂房柱的形式和截面尺寸选取;(2)柱平吊、翻身吊;(3)牛腿。

2. 领会

(1)柱吊装验算的计算简图,平吊时计算截面选取;(2)设置牛腿的目的及计算简图。

3. 应用

掌握单层厂房柱的设计。

(四)柱下独立基础的设计

1. 识记

柱下独立基础。

2. 领会

(1)基础底面尺寸的确定；(2)基础高度的确定。

3. 应用

掌握柱下独立基础的设计。

第3章　多层和高层框架结构设计

一、学习目的和要求

通过本章的学习，了解多层和高层框架结构的组成和结构布置，领会框架结构在水平荷载作用下的变形特征；掌握框架结构计算简图的确定方法，熟练掌握框架结构内力和水平位移的近似计算方法；了解和领会框架内力组合方法；了解非地震区现浇框架梁、柱和节点的设计方法；了解多层框架结构的基础形式。

现浇混凝土框架结构内力和水平位移的近似计算方法是本章的重点内容。

二、课程内容

(一)框架结构的组成和结构布置

1. 框架结构的组成

2. 框架结构在水平荷载作用下的变形

3. 框架的结构布置

(二)现浇混凝土框架结构内力与位移的近似计算方法

1. 结构计算简图

计算单元的确定，跨度和层高以及构件截面的确定，框架梁抗弯刚度的计算，荷载类型、恒荷载、活荷载和风荷载的计算方法。

2. 竖向荷载作用下的分层法

计算假定，内力计算方法。

3. 水平荷载作用下的反弯点法

计算要点，内力计算方法。

4. 水平荷载作用下的 D 值法

框架柱抗侧刚度的修正和反弯点高度的确定，节点转动的影响因素，内力计算方法。

5. 框架结构水平位移的近似计算

(三)内力组合

1. 控制截面

框架梁、柱的控制截面。

2. 荷载效应组合

3. 最不利内力组合

框架梁和框架柱的几种最不利内力组合方式。

4. 竖向活荷载的最不利布置

5. 梁端弯矩调幅

梁端弯矩调幅系数的确定，调幅后梁端弯矩和跨中弯矩的计算。

(四)非抗震的现浇混凝土框架梁、柱和节点设计

1. 框架梁的构造要求和截面设计要点

2. 框架柱的构造要求和截面设计要点

3. 框架节点的构造要求

(五)多层框架的基础形式

(六)现浇混凝土多层框架结构的设计示例

三、考核知识点及考核要求

(一)多层和高层框架结构的组成和结构布置

1. 识记

(1)框架结构的组成；(2)框架结构在水平荷载作用下的变形；(3)柱网布置原则；(4)承重结构的分类与特点。

2. 领会

框架结构在水平荷载作用下的变形。

(二)框架结构的计算简图

1. 识记

(1)跨度与层高的确定；(2)计算单元的确定；(3)框架梁截面抗弯刚度的计算；(4)作用在框架结构上的荷载；(5)水平作用的简化。

2. 领会

(1)楼板对框架梁截面刚度的影响；(2)水平作用的简化。

(三)竖向荷载作用下的分层法

1. 识记

(1)分层法的计算假定；(2)分层法的适用条件；(3)分层法的计算步骤。

2. 领会

分层法的基本原理。

3. 应用

熟练运用分层法计算框架结构在竖向荷载作用下的内力。

(四)水平荷载作用下的反弯点法

1. 识记

(1)反弯点法的计算要点；(2)框架柱的抗侧刚度；(3)反弯点法的计算步骤。

2. 应用

熟练运用反弯点法进行框架在水平荷载作用下的内力计算。

(五)水平荷载作用下的 D 值法

1. 领会

(1) D 值的计算；(2)反弯点高度的影响因素；(3)反弯点高度的修正；(4) D 值法的计算步骤。

2. 应用

熟练运用 D 值法进行框架结构在水平荷载下的内力计算。

（六）框架结构水平荷载作用下侧移的近似计算

1. 识记

（1）顶点水平位移；（2）层间相对水平位移。

2. 应用

熟练运用 D 值法进行框架结构在水平荷载作用下的位移计算。

（七）内力组合

1. 识记

（1）控制截面；（2）最不利内力组合；（3）竖向活荷载最不利布置；（4）梁端弯矩调幅。

2. 领会

（1）最不利内力组合；（2）梁端弯矩调幅。

（八）框架梁、柱的截面设计和节点构造

识记：框架节点的构造要求。

（九）框架基础设计

识记：基础的类型及特点。

第4章　高层建筑结构设计

一、学习目的和要求

通过本章的学习，了解高层建筑主要的结构类型、特点及其适应范围；了解高层建筑结构设计的一般原则；理解剪力墙结构的受力特点，内力和水平位移的计算方法；了解框架-剪力墙结构的受力特点；了解筒体结构的受力特点。

剪力墙结构是本章的重点内容。

二、课程内容

（一）概述

1. 高层建筑的定义

2. 高层建筑的发展概况

3. 高层建筑结构的受力特点

（二）高层建筑结构上的作用

1. 竖向荷载

2. 高层建筑上的风荷载

高层建筑风荷载的特点和计算方法

3. 温度作用

4. 偶然荷载

（三）高层建筑的结构体系

1. 框架结构

2. 剪力墙结构

3. 框架-剪力墙结构

4. 筒体结构

(四)高层建筑结构设计的基本规定

1. 高层建筑的适用高度与高宽比

高层建筑的最大适用高度，高层建筑的高宽比限值。

2. 高层建筑的结构布置

高层建筑的结构的平面、竖向布置，高层建筑的下部结构，高层建筑屋、楼盖结构，变形缝。

3. 高层建筑的水平位移和舒适度要求

结构在水平力作用下的位移，层间弹性水平位移限值，罕遇水平地震作用下的薄弱层弹塑性验算，结构风振舒适度要求。

(五)剪力墙结构

1. 剪力墙的布置

2. 剪力墙在水平力作用下的受力特点与计算分类

开洞剪力墙在水平力作用下的受力分析，剪力墙的计算类型，剪力墙的计算假定。

3. 水平力作用下剪力墙结构的内力和水平位移计算

整体墙、小开口整体墙、双肢墙和壁式框架的内力和水平位移计算。

4. 剪力墙的计算类型判别

连梁刚度系数的物理意义，剪力墙整体性系数 α 的物理意义，剪力墙的墙肢惯性矩比，剪力墙的分类判别条件。

(六)框架-剪力墙结构

1. 框架-剪力墙的结构布置

剪力墙的布置形式和布置原则。

2. 框架与剪力墙的计算体系

框架-剪力墙结构中的连梁，框架-剪力墙结构总体系。

3. 框架与剪力墙的协同工作

结构的侧向位移特征，框架与剪力墙的相互作用，框架和剪力墙的受力特点，框架与剪力墙的剪力分布。

4. 框架-剪力墙结构计算

框架-剪力墙铰接体系和刚接体系及其基本方程，框架-剪力墙结构的内力与位移计算。

(七)剪力墙的截面设计

1. 墙肢正截面受弯承载力计算

2. 墙肢斜截面受剪承载力计算

3. 连梁承载力计算

4. 剪力墙的构造要求

(八)筒体结构简介

1. 筒体结构基本单元

2. 框架-筒体结构设计要点

3. 筒中筒结构设计要点

三、考核知识点及考核要求

(一)高层建筑主要的结构类型

识记：(1)高层建筑的定义；(2)高层建筑结构的受力特点。

(二)高层建筑结构上的作用

识记：高层建筑上的风荷载。

(三)高层建筑的结构体系

识记：(1)框架结构；(2)剪力墙结构；(3)框架-剪力墙结构；(4)筒体结构。

(四)高层建筑结构设计的基本规定

1. 识记

(1)高层建筑的适用高度；(2)高层建筑的高宽比限值；(3)层间弹性水平位移；(4)结构风振舒适度。

2. 领会

(1)层间弹性水平位移限值；(2)结构风振舒适度。

(五)剪力墙结构

1. 识记

(1)剪力墙的布置原则；(2)剪力墙的分类；(3)剪力墙计算的基本假定；(4)剪力墙截面的等效抗弯刚度。

2. 领会

(1)剪力墙的受力特点；(2)整体墙、小开口整体墙、双肢墙的内力和水平位移计算；(3)整体性系数 α 的物理意义；(4)剪力墙的分类判别。

(六)框架-剪力墙结构设计

1. 识记

(1)框架-剪力墙结构总体系；(2)框架-剪力墙结构的变形特点、受力特点；(3)框架-剪力墙结构的计算简图；(4)刚度特征值 λ。

2. 领会

刚度特征值 λ 的物理意义。

(七)剪力墙截面设计

识记：(1)墙肢正截面受弯承载力计算；(2)墙肢斜截面受剪承载力计算；(3)连梁承载力计算；(4)剪力墙的配筋构造要求。

(八)筒体结构的概念

识记：筒体结构的组成和结构类型。

第5章 混凝土结构抗震设计

一、学习目的与要求

通过本章的学习，能识记抗震设计的基本知识，熟练掌握水平地震作用按底部剪力法的计算方法，领会混凝土框架的主要抗震构造。

底部剪力法的应用、结构自振周期的计算是本章的重点内容。

二、课程内容

（一）地震的基本知识

1. 地震的类型和成因
2. 地震波、震级和烈度

（二）工程结构抗震设防

1. 地震烈度区划
2. 抗震设防分类与设防标准
3. 抗震设防目标与抗震设计方法

（三）场地、地基

1. 建筑场地
2. 天然地基基础
3. 液化地基
4. 软弱地基

（四）地震作用与抗震验算

1. 单质点弹性体系的水平地震反应与抗震设计反应谱
2. 多质点弹性体系的地震反应和水平地震作用——振型分解反应谱法
3. 水平地震作用的简化计算——底部剪力法
4. 结构自振周期和振型的计算
5. 地震作用计算的一般规定
6. 结构构件截面承载力的抗震验算
7. 结构抗震变形验算

（五）混凝土结构的抗震设计

1. 震害及其分析
2. 钢筋混凝土结构抗震设计原则和一般规定
3. 框架柱、梁、节点的抗震设计与构造要求
4. 混凝土抗震墙抗震设计与构造
5. 铰接排架柱抗震设计

三、考核知识点及考核要求

（一）地震基本知识

1. 识记

（1）地震的成因；（2）震源、震中和地震波；地震震级和烈度。

2. 领会

震级和烈度的关系。

（二）工程结构抗震设防

识记：（1）基本烈度、多遇地震烈度、罕遇地震烈度；（2）抗震设防；（3）抗震设防

烈度；(4)建筑工程抗震设防分类标准；(5)“三水准”抗震设防目标；(6)两阶段抗震设计方法。

(三)场地、地基

识记：(1)建筑场地的分类；(2)液化地基及判别；(3)软土地基。

(四)地震作用与抗震验算

1. 识记

(1)单质点弹性体系的水平地震反应分析；(2)多质点弹性体系的水平地震反应分析；(3)地震作用计算的一般规定；(4)结构自振周期。

2. 领会

(1)抗震设计反应谱；(2)结构构件截面承载力抗震验算；(3)结构抗震变形验算。

3. 应用

(1)结构自振周期计算；(2)底部剪力法。

(五)混凝土结构的抗震设计

1. 识记

(1)框架和抗震墙的震害；(2)抗震等级的意义及划分；(3)轴压比。

2. 领会

(1)强柱弱梁、强剪弱弯、更强节点；(2)框架柱轴压比限值的依据。

Ⅳ 课程任务设计书

课程设计是本课程的重要教学环节之一，要求能综合运用本课程的理论知识来解决工程设计中的实际问题。通过课程设计，培养自学应考者的独立工作、思考、分析、解决实际问题的能力。为此，自学应考者在做课程设计时应充分发挥主动性，按时完成所要求的设计任务。

本课程设计要求自学应考者对混凝土单层厂房结构设计的内容、步骤和方法等有比较全面的认识，能够综合运用所学知识解决工程设计问题，为毕业设计打下基础。

一、课程设计题目

混凝土单层厂房结构设计。

二、目的和要求

(1)了解单层厂房平面、剖面结构布置及主要结构构件选型的一般原则。

(2)掌握排架内力分析(计算简图、荷载计算及各种荷载作用下的排架内力分析)。

(3)掌握排架柱内力组合。

(4)掌握排架柱设计(截面设计、配筋构造、吊装验算、牛腿设计)。

(5)掌握排架柱下独立基础的设计(基础底面尺寸的确定、基础高度的验算、基础底部配筋计算)。

(6)进一步掌握结构施工图的表达方法。

三、设计资料

1. 工程概况

某金工车间为单跨无天窗厂房，柱距为6m，车间总长度为66m，设有两台A5(中级)工作制吊车。采用SBS卷材防水屋面，围护墙为370mm厚双面清水砖墙，单层钢窗，窗宽3.6m。建筑剖面图如下图所示，厂房其他技术参数见下表。

厂房其他技术参数(自学应考者可在表中自行组合)

项目	*a*	*b*
跨度	18	24
起重量(kN)	150/30	200/50
吊车轨顶标高(m)	9.3	9.6

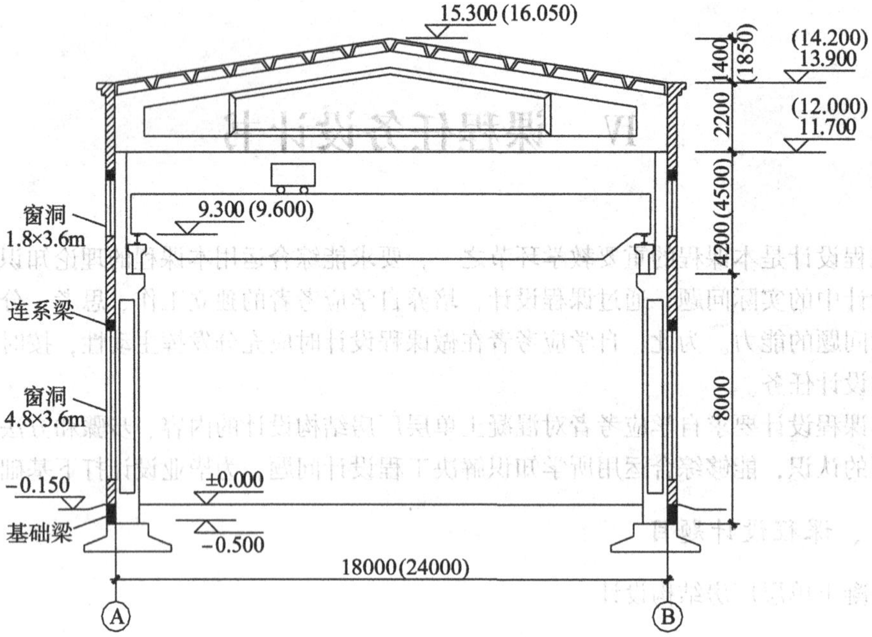

单层厂房剖面图(括号内数字为 24m 跨对应的参数)

2. 结构设计资料

(1)屋面恒荷载(包括 SBS 卷材、找平层、保温层、大型屋面板等):

18 米跨为 2.75kN/m^2;

24 米跨为 3.15kN/m^2;

(2)预应力混凝土屋架自重:

18 米跨为 65.50kN;

24 米跨为 112.75kN。

(3)屋面活荷载为 0.5kN/m^2。

(4)厂房所在地点的基本风压为 0.35kN/m^2,基本雪压为 0.4 kN/m^2。

(5)土壤冻结深度为 1.0m。已考虑深度和宽度修正后的地基承载力特征值 f_{ak} = 180 kN/m^2。

(6)混凝土强度等级:排架柱采用 C40,柱下独立基础采用 C25;纵向钢筋采用 HRB400 级,箍筋采用 HRB335 级。

(7)吊车梁高度为 1200mm,吊车梁、吊车梁间灌缝及吊车梁与柱间灌缝总重为 45.4kN,轨道与垫层垫板总高为 184mm,自重 0.8 kN/m。

(8)基础梁选用截面尺寸为 370×500mm。连系梁兼作过梁,选用截面尺寸为 250×300mm。

四、设计要求

(1)排架柱设计:上、下柱截面配筋计算,配筋构造,吊装验算,牛腿设计。

(2)柱下独立基础设计：地基承载力计算，基础抗冲切验算，基础底部配筋计算。

(3)绘制施工图纸：厂房柱网布置图；柱的模板图(要标出所设预埋件位置)及其配筋图；柱下独立基础配筋图(平面、纵横剖面)；施工说明。

以上内容要形成详细的设计计算书，包括计算简图、计算、内力图和配筋图等。施工图力求正确，图面布置匀称美观、线条清晰、字迹工整清楚、尺寸无误，符合制图标准的要求。

五、考核知识点及考核要求

(一)单层厂房平面、剖面结构布置及主要结构构件选型

识记：(1)厂房平面与剖面主要尺寸的确定；(2)柱、吊车梁、抗风柱、屋面及柱间支撑的选型与结构布置。

(二)排架的内力分析与内力组合

1. 识记

(1)排架计算的基本假定；(2)计算简图。

2. 应用

(1)排架荷载计算；(2)按剪力分配法计算排架内力；(3)荷载组合与内力组合。

(三)排架柱设计

应用：(1)截面设计与配筋构造；(2)牛腿设计与构造；(3)吊装验算。

(四)柱下独立基础的设计

应用：(1)基础底面尺寸的确定；(2)基础高度的验算；(3)基础底部钢筋的计算与构造。

(五)混凝土单层厂房结构施工图

1. 领会

结构施工图的表达方法

2. 应用

(1)轴线、标高、主要尺寸；(2)配筋与构造；(3)施工说明；(4)图面质量(施工图表达，图面布置、线条、字迹、尺寸)。

V 关于大纲的说明与考核实施要求

一、自学考试大纲的目的和作用

课程自学考试大纲是根据专业自学考试计划的要求，结合自学考试的特点而确定。其目的是对个人自学、社会助学和课程考试命题进行指导和规定。

课程自学考试大纲明确了课程学习的内容以及深广度，规定了课程自学考试的范围和标准。因此，它是编写自学考试教材和辅导书的依据，是社会助学组织进行自学辅导的依据，是自学者学习教材、掌握课程内容知识范围和程度的依据，也是进行自学考试命题的依据。

二、课程自学考试大纲与教材的关系

课程自学考试大纲是进行学习和考核的依据，教材是学习、掌握课程知识的基本内容与范围，教材的内容是大纲所规定的课程知识和内容的扩展与发挥。课程内容在教材中可能体现一定的深度或难度，但在大纲中对考核的要求一定要适当。

大纲与教材所体现的课程内容应基本一致。大纲里的课程内容和考核知识点，教材里一般也要有。反过来教材里有的内容，大纲里就不一定全部体现。

三、关于自学教材

《混凝土结构设计》，全国高等教育自学考试指导委员会组编，邹超英主编，武汉大学出版社出版，2016 年版。

四、自学方法指导

(1)在循序渐进、全面系统学习的基础上，掌握基本理论、基本知识、基本方法。本课程的内容涉及混凝土结构按概率极限状态设计、单层厂房、多层和高层框架结构设计、高层建筑结构设计以及混凝土结构抗震设计等，知识范围广泛，相互之间既有联系又有区别，有的还有相对独立性。自学应考者应首先全面系统地学习各章，识记基本概念、名词，领会基本原理，应用基本方法；在全面系统学习的基础上掌握重点，有目的地深入学习重点章节，但切忌在没有全面学习教材的情况下，孤立地去抓重点。在本课程的五章中，第 2、3、4 章是重点。

(2)在全面系统学习的基础上，掌握每一章内容的组成与基本思路、各种结构物的受力特性、计算公式的物理概念。本课程是专业课，各章节内容的联系在表面上不如专业基础课那样紧密，但实际上，其内在联系是很密切的，学习时要特别注意理清各章内容的组成与基本思路。同时，对于各种结构物的受力特性，例如排架结构、框架结构、高层剪力墙结构等的受力特性都要很好掌握。对于一些计算公式不要求强记，但必须理解其物理概念，例如能领会剪力墙的整体性系数 α、框架-剪力墙结构的刚度特征值 λ 等的物理意义。

(3)重视理论联系实际，结合基本建设实践进行学习。本课程内容来源于混凝土结构设计实践，与基本建设密切相关。自学应考者在学习中应把课程内容与当前基本建设，特别是与混凝土结构设计和施工结合起来，进行对照比较，分析研究，以增强感性认识，更深刻地领会教材的内容，将知识转化为能力，提高自己分析问题和解决问题的能力。

五、对社会助学的要求

(1)社会助学者应根据本大纲规定的考试内容和考核目标，认真钻研、自学考试指定教材，明确本课程与其他课程不同的特点和学习要求，对自学应考者进行切实有效的辅导，引导他们防止自学中的各种偏向，把握社会助学的正确导向。

(2)要正确处理基础知识和应用能力的关系，努力引导自学应考者将识记、领会与应用联系起来，把基础知识和理论转化为应用能力，在全面辅导的基础上，着重培养和提高自学应考者的分析问题和解决问题的能力。

(3)要正确处理重点和一般的关系。课程内容有重点与一般之分，但考试内容是全面的，而且重点与一般是相互联系的，不是截然分开的。社会助学者应指导自学应考者全面系统地学习教材，掌握全部考试内容和考核知识点，在此基础上再突出重点。总之，要把重点学习同兼顾一般结合起来，切勿孤立地抓重点，把自学应考者引向猜题押题。

(4)本课程共 8 学分，其中包括课程设计 1 学分。

六、关于命题考试的若干要求

(1)本课程的命题考试，应根据本大纲所规定的考试内容和考试目标来确定考试范围和考核要求，不要任意扩大或缩小考试范围，提高或降低考核要求。考试命题要覆盖各章，并适当突出重点章节，体现本课程的内容重点。

(2)本课程的内容重点有以下三部分：①单层厂房；②多层和高层框架结构设计；③高层建筑结构设计。

(3)本课程命题的分数比例大致为，第 1 章约占 5%，第 2、3、4 章约占 80%，第 5 章约占 15%。

(4)本课程在试题中对不同能力层次要求的分数比例大致为：识记占约 20%，领会约占 30%，应用约占 50%。

(5)试题要合理安排难度结构。试题按难易程度可分为易、较易、较难、难四个等级。每份试卷中，不同难易程度试题的分数比例大致为：易约占 20%，较易约占 30%，较难约占 30%，难约占 20%。必须注意，试题的难易程度与能力层次不是一个概念，在各能力层次中都会存在不同难度的问题，切勿混淆。

(6)本课程考试试卷采用的题型，一般有四种题型：单项选择题、填空题、简答题、计算题等。各种题型的具体形式可参见本大纲混凝土结构设计参考样卷。

(7)考试时需携带没有任何存储功能的普通计算器，考试时间为 150 分钟。

Ⅵ 参考样卷

一、单项选择题(本大题共20小题，每小题2分，共40分)

在每小题列出的四个备选项中只有一个是符合题目要求的，请将其代码填写在题后的括号内。错选、多选或未选均无分。

1. 设防烈度是抗震设计的依据，一般情况下，设防烈度可采用 ( )

A. 罕遇地震烈度　　B. 多遇地震烈度

C. 地震基本烈度　　D. 众值烈度

2. 下列建筑中，可用底部剪力法计算水平地震作用的是 ( )

A. 高度超过80m的框筒结构

B. 自振周期T_1超过特征周期T_g五倍的框架-剪力墙结构

C. 高度不超过40m，质量、刚度沿高度分布较均匀的框架结构

D. 平面上质量、刚度有较大偏心的剪力墙结构

3. 框架柱设计中，“强剪弱弯”的设计原则是指 ( )

A. 柱抗弯承载力大于梁抗弯承载力

B. 柱抗剪承载力不低于节点核心区抗剪承载力

C. 柱抗剪承载力大于梁抗剪承载力

D. 柱抗剪承载力大于柱弯曲破坏时产生的剪力

4. 与地震系数k有关的因素是 ( )

A. 地震基本烈度　　B. 场地卓越周期

C. 场地土类别　　D. 结构基本周期

5. 结构构件承载力极限状态设计时，应考虑的荷载效应组合为 ( )

A. 基本组合和标准组合　　B. 基本组合和偶然组合

C. 基本组合和准永久组合　　D. 标准组合和偶然组合

6. 我国《建筑结构可靠度设计统一标准》规定，普通房屋的设计使用年限为 ( )

A. 100年　　B. 50年

C. 30年　　D. 25年

7. 关于地震，下列叙述中不正确的是 ( )

A. 与横波相比，纵波的周期短、振幅小、波速快

B. 造成建筑物和地表破坏的，主要是面波

C. 50年内，多遇地震烈度的超越概率为10%

D. 一次地震只有一个震级，但有多个烈度

8. 关于影响结构水平地震作用的参数，下列叙述中不正确的是 ( )

A. 当结构的自振周期 T 大于场地特征周期 T_g 时，T 愈大，水平地震作用愈小
B. 土的剪切波速愈大，水平地震作用愈小
C. 结构自重愈小，水平地震作用愈小
D. 地震动加速度愈大，水平地震作用愈小

9. 高层建筑结构设计布置中，下列叙述中正确的是 （　　）
A. 高层框架结构体系，当建筑平面的长宽比较大时，主要承重框架采用纵向布置的方案对抗风有利
B. 需抗震设防的高层建筑，竖向体型应力求规则均匀，避免有过大的外挑和内收
C. 框架-剪力墙结构中，横向剪力墙的布置应尽量避免设置在永久荷载较大处
D. 需抗震设防的高层建筑，都必须设地下室

10. 联肢剪力墙中，下列叙述中正确的是 （　　）
A. 连梁把水平荷载从一墙肢传递到另一墙肢
B. 连梁的刚度与洞口的大小无关
C. 连梁起着连接墙肢、保证墙体整体性的作用
D. 局部弯矩由连梁对墙肢的约束提供

11. 已知剪力墙结构外纵墙厚度为 250mm，横墙厚 160mm，横墙间距为 3600mm，房屋总高度为 50m。若考虑纵横墙共同工作，内力与位移计算时，横墙每一侧有效翼缘的宽度为 （　　）
A. 1500mm　　B. 1800mm
C. 2500mm　　D. 3000mm

12. 水平荷载作用下，框架-剪力墙结构中的框架剪力，理论上为零的部位是 （　　）
A. 顶部　　B. 约 2/3 高度处
C. 约 1/3 高度处　　D. 底部

13. 关于变形缝，下列说法正确的是 （　　）
A. 所有建筑结构中必须设置变形缝　B. 变形缝的宽度与建筑物高度无关
C. 只有在抗震区才需要设置变形缝　D. 伸缩缝、沉降缝和防震缝统称为变形缝

14. 多层框架结构在竖向荷载作用下的内力计算可近似采用 （　　）
A. 分层法　　B. D 值法
C. 反弯点法　　D. 剪力分配法

15. 框架柱的控制截面取 （　　）
A. 柱上端截面　　B. 柱下端截面
C. 柱上、下端截面　　D. 柱上、下端截面及中间截面

16. 关于梁端弯矩调幅，下列叙述中正确的是 （　　）
A. 人为减少梁端弯矩
B. 仅对水平荷载作用下产生的内力进行调幅
C. 调幅的目的是为了增大梁的刚度

D. 调幅的原因是由于实际弯矩大于计算值

17. 当 $a/h_0<0.1$ 时，牛腿的破坏形态为 (　　)

A. 弯曲破坏　　B. 纯剪破坏

C. 斜压破坏　　D. 斜拉破坏

18. 计算排架风荷载时，作用在柱顶以下的墙面上的风荷载按均布荷载考虑，其风压高度变化系数可 (　　)

A. 按柱顶标高取值　　B. 按柱底标高取值

C. 按天窗檐口标高取值　　D. 按厂房檐口标高取值

19. 计算高层建筑风荷载时，不需要考虑的因素有 (　　)

A. 建筑体型　　B. 建筑总高度

C. 地面粗糙度　　D. 基础埋置深度

20. 在水平力作用下，框架的水平位移曲线属于 (　　)

A. 弯曲型　　B. 剪切型

C. 弯剪型　　D. 剪弯型

二、填空题(本大题共 10 小题，每空 1 分，共 10 分)

请在每小题的空格中填上正确答案。错填、不填均无分。

21. 结构薄弱层指在强烈地震作用下，结构首先发生屈服并产生较大________位移的部位。

22. 一般抗震墙底部加强部位的高度可取墙肢总高度的 1/8 和底部________层二者的较大值。

23. 材料强度的离散性是造成结构________随机性质的主要原因。

24. 材料强度的设计值等于材料强度的标准值除以________。

25. 剪力墙斜截面受剪承载力计算公式建立的依据是基于防止________破坏。

26. 对于有抗震设防要求的高层建筑，平面宜简单、规则、对称，尽量减少________。

27. 条形基础一方面承受上部结构传来的荷载，另一方面又受地基土________的作用。

28. 反弯点法假定，对于下端固定的底层柱，其反弯点位于距柱底________柱高处。

29. 厂房预制柱吊装时，宜采用单点绑扎起吊，吊点设在________处。

30. 对于超重级、重级和中级工作制吊车梁，除静力计算外，还要进行________强度验算。

三、简答题(本大题共 5 小题，每小题 4 分，共 20 分)

31. 简述《建筑抗震设计规范》所采用的两阶段抗震设计方法。

32. 高层建筑中，常用的楼、屋盖体系有哪些？

33. 简述框架结构、剪力墙结构、框架-剪力墙结构各自的优缺点。

34. 确定框架柱截面尺寸时，应考虑哪些方面的要求？

35. 简述单层厂房支撑的主要作用。

四、计算题（本大题共 5 小题，每小题 6 分，共 30 分）

36. 题 36 图为某两层钢筋混凝土框架的计算简图。集中于楼盖和屋盖处的重力荷载代表值为 $G_1=G_2=1200\text{kN}$，各层层高均为 4.0m。已知结构自振周期 $T_1=0.60\text{s}$，$T_g=0.40\text{s}$，$\alpha_{max}=0.08$。试用底部剪力法计算各层地震剪力。

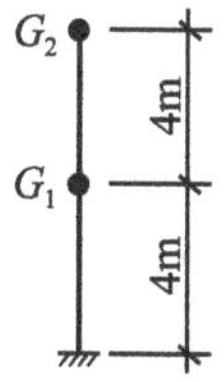

题 36 图

（提示：$\alpha_1=\left(\dfrac{T_g}{T_1}\right)^{0.9}\alpha_{max}$，考虑顶层附加地震作用系数 $\delta_n=0.09$）

37. 题 37 图为某五层钢筋混凝土框架的计算简图。各层侧移刚度均为 $K=4.0\times10^4\text{kN/m}$，集中于楼盖和屋盖处的重力荷载代表值分别为 $G_1=G_2=G_3=G_4=2800\text{kN}$，$G_5=2000\text{kN}$。试求其基本自振周期。

（提示：$T_1=2\psi_T\sqrt{\dfrac{\sum G_iu_i^2}{\sum G_iu_i}}$，$\psi_T=0.7$）

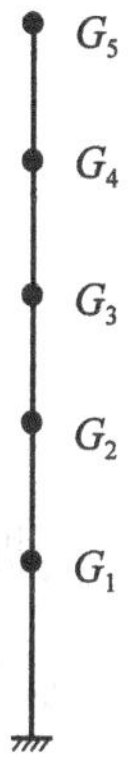

题 37 图

38. 如题 38 图所示的单跨单层厂房结构，A、B 柱抗侧移刚度相同，作用有两台 300/50kN 中级工作制吊车。已知：作用在排架柱上的吊车竖向荷载设计值 $D_{max}=480\text{kN}$，$D_{min}=90\text{kN}$，偏心距 $e=0.45\text{m}$。试求当 D_{max} 作用于 A 柱时，各柱顶的剪力。

（提示：柱顶不动铰支座反力 $R=C\cdot M/H$，$C=1.256$）

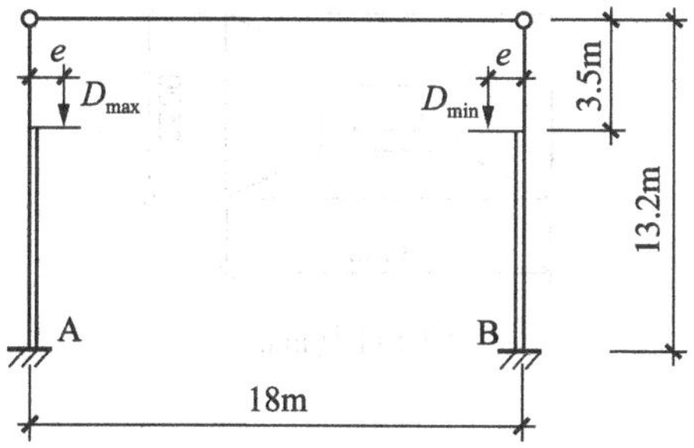

题 38 图

39. 如题 39 图所示的三层两跨框架结构，括号内数字为杆件线刚度比值。试用反弯点法求 BD 杆 B 端弯矩 M_{BD} 的值。

40. 如题 40 图所示的单层厂房柱下独立柱基，上部结构传至基础顶面的轴向压力标准值 $N_k=800\text{kN}$，弯矩标准值 $M_k=250\text{kN}\cdot\text{m}$，基础梁传至基础顶面的竖向荷载标准值 $N_{wk}=40\text{kN}$，$e_w=0.35\text{m}$，修正后的地基承载力特征值 $f_a=200\ \text{kN/m}^2$，埋深 $d=1.5\text{m}$，设基础及其上部土的重力密度的平均值为 $\gamma_m=20\text{kN/m}^3$，基础底面尺寸 $b\times l=3.5\times2.5\text{m}$。试验算地基承载力是否满足要求？

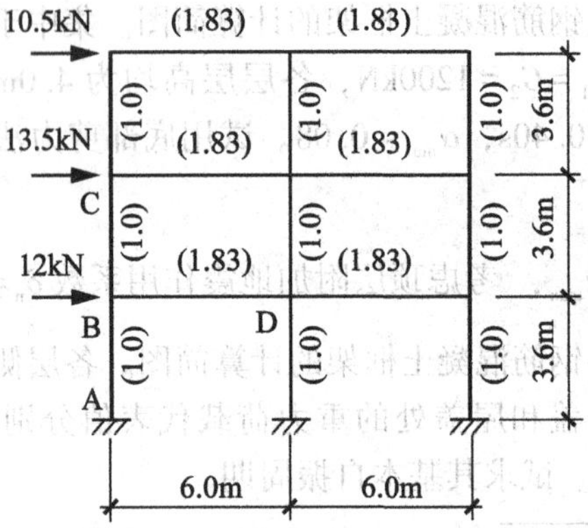

题 39 图

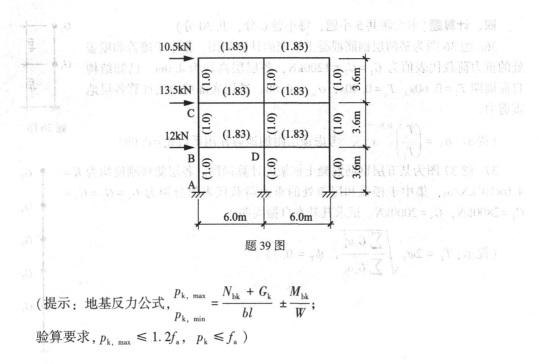

（提示：地基反力公式，$\left.\begin{matrix}p_{k,\ max}\\p_{k,\ min}\end{matrix}\right\} = \frac{N_{bk}+G_k}{bl} \pm \frac{M_{bk}}{W}$；

验算要求，$p_{k,\ max} \leqslant 1.2f_a$，$p_k \leqslant f_a$）

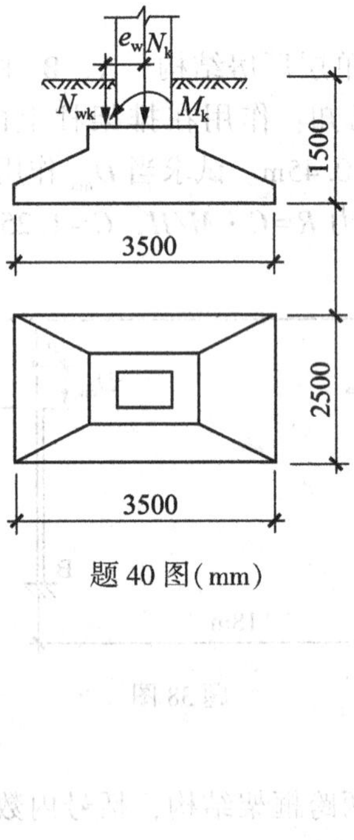

题 40 图(mm)

大纲后记

《混凝土结构设计自学考试大纲》是根据全国高等教育自学考试建筑工程专业(独立本科段)考试计划的要求制定的。

《混凝土结构设计自学考试大纲》提出初稿后，由全国考委土木水利矿业环境类专业委员会组织专家在北京建筑大学召开了审稿会，并根据审稿意见作了认真修改。最后，由土木水利矿业环境类专业委员会审定通过。

本大纲由哈尔滨工业大学邹超英教授负责编写，北京建筑大学阎兴华教授担任主审，并主持了审稿会。参加本大纲审稿并提出修改意见的还有吉林建筑大学尹新生教授、上海应用技术学院赵娟副教授。

对参加本大纲编写、审稿的各位专家表示诚挚的感谢!

全国高等教育自学考试指导委员会

土木水利矿业环境类专业委员会

2016 年 1 月

全国高等教育自学考试指定教材
建筑工程专业(独立本科段)

混凝土结构设计

全国高等教育自学考试指导委员会　组编

编者的话

全国高等教育自学考试建筑工程专业（独立本科段）《混凝土结构设计》自学考试教材是根据《混凝土结构设计自学考试大纲》的课程内容、考核知识点及考核要求编写的。

教材本着理论知识以够用为度的编写思路，力求基本概念、基础理论的阐述循序渐进，由浅入深。为了便于自学，每章前设有“本章导读”和“学习要求”，每章后设有“小结”、“复习思考题”和“习题”，引导自学者自主学习和深入思考。此外，书中配有大量的计算例题，便于自学者对课程内容的掌握。

本教材共有五章，内容包括：混凝土结构按概率极限状态设计；单层厂房；多层和高层框架结构设计；高层建筑结构设计；混凝土结构抗震设计等。本课程还设有单层厂房结构设计实践环节。通过上述内容的学习，要求自学应考者理解混凝土结构按近似概率理论的极限状态设计法，熟悉单层厂房、多层和高层建筑的结构与结构布置，掌握单层厂房、多层和高层框架、高层剪力墙的受力特性及主要构造措施，理解混凝土结构抗震设计的原则、要点及抗震构造措施；自学者可以初步具有一般工业与民用建筑的混凝土结构设计的能力，能够依据现行国家标准、规程从事混凝土结构工程的相关工作。

本教材由哈尔滨工业大学邹超英教授担任主编。具体编写分工如下：第1章由哈尔滨工业大学胡琼副教授编写，第2章由哈尔滨工业大学邹超英教授、严佳川讲师编写，第3章由北京工业大学何淅淅教授、哈尔滨工业大学严佳川讲师编写，第4章由北京工业大学何淅淅教授编写，第5章由天津大学张晋元副教授编写。全书由邹超英教授统稿。严佳川、刘凯华博士等参与了本教材第1、2章插图绘制、例题试算等工作。

本教材由土木水利矿业环境类专业委员会聘请北京建筑大学阎兴华教授担任主审，吉林建筑大学尹新生教授、上海应用技术学院赵娟副教授参审。他们在审稿过程中提出了许多指导性和具体的意见。

在此对参与教材编写和审稿工作的同仁表示诚挚的感谢！

限于作者水平有限，书中难免有错误和不足之处，敬请读者批评指正。

哈尔滨工业大学

邹超英

2016年1月20日

第1章　混凝土结构按概率极限状态设计

◎ **本章导读**

随着国民经济的发展和工程结构理论和研究的不断深入，结构设计方法也在不断地被更新和完善。我国2008年颁布的《工程结构可靠性设计统一标准》(GB50153—2008)规定采用以近似概率理论为基础的极限状态设计方法，是制定混凝土结构、砌体结构、钢结构、建筑地基基础和建筑抗震设计等各类建筑结构设计规范的准则。我国现行《建筑结构荷载规范》(GB50009—2012)和《混凝土结构设计规范》(GB50010—2010)等，又在《工程结构可靠性设计统一标准》的基础上进一步明确了进行混凝土结构的设计方法。混凝土结构设计既要保证结构的可靠性，也要满足经济性的要求。

在专科段教材《混凝土及砌体结构》的第二章中，虽然已经初步介绍了混凝土结构按近似概率的极限状态设计方法的相关知识，但为了内容的完整，本章有部分内容将会重复或深入介绍。

◎ **学习要求**

(1)了解结构的功能要求与结构的可靠性。

(2)了解结构的两类极限状态。

(3)了解结构上的作用、作用效应、结构抗力及其随机性。

(4)理解结构可靠度、失效概率及可靠指标。

(5)理解目标可靠指标[β]。

(6)理解结构按概率极限状态设计的表达式。

1.1　结构的功能要求与结构的可靠性

1.1.1　结构的功能要求

结构在设计使用年限内应满足下列功能要求：

(1)能承受正常施工和正常使用时可能出现的各种作用。

(2)在正常使用时有良好的使用性能。如不发生过大的变形和过宽的裂缝等。

(3)在正常维护下具有足够的耐久性能。如不发生由于混凝土保护层碳化或裂缝宽度开展过大导致钢筋的锈蚀，不发生混凝土在恶劣的环境中侵蚀或化学腐蚀、温湿度及冻融破坏而影响结构的使用年限等。

(4)当发生火灾时，在规定的时间内可保持足够的承载力。

(5)当发生爆炸、撞击、人为错误的偶然事件时，结构能保持必需的整体稳固性，不出现与起因不相称的破坏后果，防止出现结构的连续倒塌。

上述要求的(1)、(4)、(5)项属于结构的安全性，(2)、(3)项分别属于结构的适用性和耐久性。

1.1.2 结构的可靠性

结构在规定的时间内，在规定的条件下，完成预定功能的能力，称为结构的可靠性。

“规定时间”是指结构的设计使用年限，指设计规定的结构或构件，不需进行大修，即可按其预定目的使用的时期，是计算结构可靠度的依据。房屋建筑结构的设计使用年限见表1-1。

表1-1 **房屋建筑结构的设计使用年限**

类别	设计使用年限(年)	示 例
1	5	临时性建筑结构
2	25	易于替换的结构构件
3	50	普通房屋和构筑物
4	100	标志性建筑和特别重要的建筑结构

结构的设计使用年限与结构的实际使用年限(寿命)有一定的联系，但不完全相同。结构的实际使用年限是指，当结构的使用年限超过设计使用年限时，其完成预定功能的能力将逐年降低，失效概率逐年增大，但结构尚未报废，经过适当维修后，仍能正常使用。但其实际继续使用年限需经鉴定确定。

“规定条件”是指设计时所确定的正常设计、正常施工和正常使用的条件，即不考虑人为过失的影响。

“预定功能”是指结构的安全性、适用性、耐久性，是以结构是否达到极限状态为标志的。

1.2 结构的极限状态

结构设计中，结构的可靠性是用结构的极限状态来判断的。整个结构或结构的一部分超过某一特定状态就不能满足某一功能要求，此特定状态称为该功能的极限状态。

结构的极限状态分为承载能力极限状态和正常使用极限状态两类。前者与结构的安全性相对应，后者与结构的适用性和耐久性相对应。显然，结构或构件超过承载能力极限状态所带来的后果要比超过正常使用极限状态的后果严重。

1.2.1 承载能力极限状态

结构或结构构件达到最大承载力、出现疲劳破坏、发生不适于继续承载的变形或因结构局部破坏而引发的连续倒塌的状态，称为承载能力极限状态。

当结构或结构构件出现了下列状态之一时，应认为超过了承载能力极限状态：

(1)结构构件或连接因超过材料强度而破坏，或因过度的变形而不适于继续承载；

(2)整个结构或其一部分作为刚体失去平衡(如倾覆、滑移等)；

(3)结构转变为机动体系；

(4)结构或结构构件丧失稳定(如压屈等)；

(5)结构因局部破坏而发生连续倒塌；

(6)地基丧失承载力而破坏(如失稳等)；

(7)结构或结构构件的疲劳破坏。

由此可见，混凝土结构的承载能力极限状态计算应包括下列内容：

(1)结构构件应进行承载力(包括失稳)计算；

(2)直接承受重复荷载的构件应进行疲劳验算；

(3)有抗震设防要求时，应进行抗震承载力计算；

(4)必要时尚应进行结构的倾覆、滑移、漂浮验算；

(5)对于可能遭受偶然作用，且倒塌可能引起严重后果的重要结构，宜进行防连续倒塌设计。

由于一旦超过承载能力极限状态，可能会造成结构的整体倒塌或严重破坏，以致造成人身伤亡和重大经济损失，故应把超过承载能力极限状态的可能性控制得非常小。

1.2.2　正常使用极限状态

结构或结构件达到正常使用的某项规定限值或耐久性能的某种规定状态，称为正常使用极限状态。

当结构或结构构件出现了下列状态之一时，就认为超过了正常使用极限状态：

(1)影响正常使用或外观的变形。如吊车梁变形过大使吊车不能正常行驶。

(2)影响正常使用或耐久性能的局部损坏(包括裂缝宽度达到了某个限值)。如水池开裂漏水影响正常使用，构件裂缝过宽导致钢筋锈蚀。

(3)影响正常使用的振动。如机器振动引起结构或结构构件振幅超过某项规定限值。

(4)影响正常使用的其他特定状态。

由此可见，混凝土结构构件应根据其使用功能及外观要求，按下列规定进行正常使用极限状态验算：

(1)对需要控制变形的构件，应进行变形验算；

(2)对不允许出现裂缝的构件，应进行混凝土拉应力验算；

(3)对允许出现裂缝的构件，应进行受力裂缝宽度验算；

(4)对舒适度有要求的楼盖结构，应进行竖向自振频率验算。

超过正常使用极限状态时，虽然会损害结构或结构构件的适用性或耐久性，但通常不会造成人身伤亡和重大经济损失，因此与超过承载能力极限状态相比，可以把超过正常使用极限状态的可能性控制得稍宽一些。

结构设计时应以不超过承载能力极限状态和正常使用极限状态为原则，这种把极限状态作为结构设计依据的设计方法，称为极限状态设计法。

1.3 结构上的作用、作用效应、结构抗力及其随机性

1.3.1 结构上的作用及其随机性

1. 结构上的作用

建筑结构在施工期间和使用期间要承受各种作用。所谓“作用”是使结构或构件产生内力(应力)、变形(位移、应变)、裂缝和环境影响的各种原因的总称，用 Q 表示。

结构上的作用分为直接作用和间接作用两种。

直接作用在结构上的集中力或分布力，称为直接作用。直接作用通常称为荷载。如结构构件自身的重力(简称自重)、楼面上的人群和设备的重力、风和雪荷载、工业厂房的吊车荷载等。

以变形的形式作用在结构上的作用，称为间接作用。如温度变化、结构材料的收缩、地基变形、地震等。

由于结构上的作用是随着时间、地点和各种条件的改变而变化的，所以，结构上的作用是一个不确定的随机变量。

在建筑结构中，常见的作用多数是直接作用，即荷载。因此下面主要讲述的作用是荷载。

2. 荷载的代表值

由于各种荷载都具有一定的变异性，在结构设计时应根据各种极限状态的设计要求，取用不同的荷载数值，即所谓荷载的代表值。计算时采用荷载的标准值，作为荷载的基本代表值。

荷载的标准值：一般是指结构在其设计基准期内，在正常情况下可能出现具有一定保证率的最大荷载。由于结构上的各种荷载，实际都是不确定的随机变量，对其取值应具有一定的保证率，也就是使得超过荷载标准值的概率要小于某一允许值。当有足够实测资料时，荷载标准值由资料按统计分析加以确定，即：

$$Q_k = Q_m + \alpha_Q \sigma_Q = Q_m(1 + \alpha_Q \delta_Q) \tag{1-1}$$

式中：Q_k ——荷载标准值；

Q_m——荷载平均值值；

δ_Q ——荷载的变异系数，$\delta_Q = \sigma_Q / Q_m$；

σ_Q ——荷载的标准差；

α_Q ——荷载标准值的保证率系数。

国际标准化组织(ISO)建议取 $\alpha_Q = 1.645$，即相当于具有95%保证率的上限分位值(图1-1)。

注意：设计基准期和设计使用年限的区别。设计基准期是指为确定可变荷载代表值而选用的时间参数。《建筑结构荷载规范》规定，确定可变荷载代表值时，应采用50年设计基准期。

1.3.2 荷载效应及其随机性

结构构件在上述各种作用因素的作用下所引起的内力(如轴力、弯矩、剪力、扭

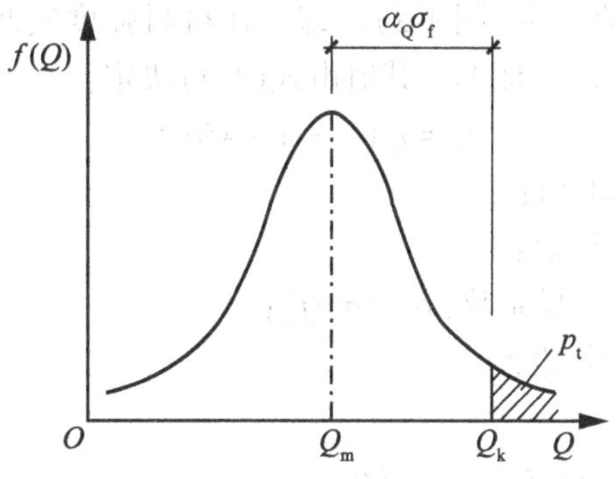

图 1-1　荷载标准值确定方法

矩)、变形(挠度、转角)、温度变形和裂缝等统称为“作用效应”，以 S 表示。当作用为荷载时，则称为荷载效应。

荷载 Q 与荷载效应 S 之间，一般可近似按线性关系考虑，即：

$$S=CQ \tag{1-2}$$

式中：C——荷载效应系数；

Q——某种荷载；

S——荷载效应。

例如，受均布荷载作用的简支梁，其跨中弯矩 $M=(1/8)ql^2$，此处，M 相当于荷载效应 S，q 相当于 Q，$(1/8)l^2$ 则相当于荷载效应系数 C，l 为梁的计算跨度。

荷载效应是结构设计的依据之一。由于结构上的荷载是随机变量，所以荷载效应 S 一般说来也是一个不确定的随机变量。由于它的统计规律与荷载的统计规律是一致的，因而我们以后将着重讨论荷载变异的情况。

1.3.3　结构抗力及其随机性

1. 结构抗力

结构抗力是指结构或构件承受内力和变形的能力(如构件的承载能力、刚度等)，用 R 表示。

$$R=R(f_c,\ f_s,\ a_k,\ \cdots) \tag{1-3}$$

式中：$R(\cdot)$——结构抗力函数；

f_c，f_s——混凝土、钢筋的材料强度；

a_k——几何参数。如截面尺寸、惯性矩等。

在实际工程中，由于结构抗力受材料强度的离散性、构件几何特征(如尺寸偏差、局部缺陷等)和计算模式不定性的综合影响，因此，结构抗力是一个不确定的随机变量。

2. 材料强度代表值

材料强度是影响结构抗力的重要参数。由于钢筋和混凝土的强度均为随机变量，因此在进行结构设计时，采用材料强度标准值作为材料强度代表值进行计算。

《工程结构可靠性设计统一标准》(GB50153—2008)规定，材料强度的标准值可按其概率分布的0.05分位值确定(图1-2)。即，在材料强度实测值的总体中，材料强度标准值应具有不小于95%的保证率。其值由式(1-4)决定：

$$f_k = f_m(1 - 1.645\delta_f) \tag{1-4}$$

式中：f_k ——材料强度标准值；

f_m ——材料强度平均值；

δ_f ——材料强度的变异系数，$\delta_f = \sigma_f/f_m$；

σ_f ——材料强度的标准差。

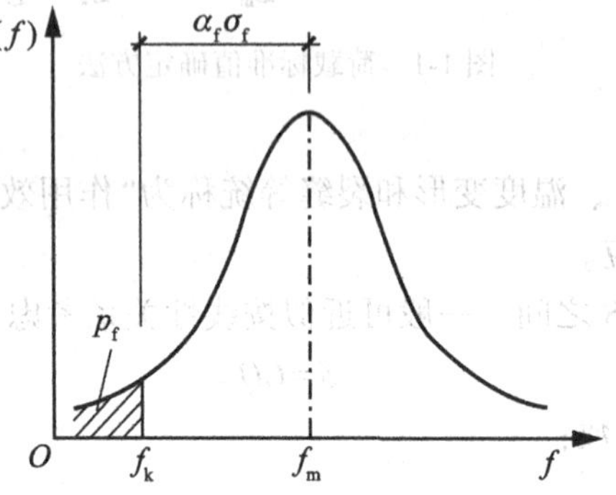

图1-2　材料强度标准值确定方法

钢材的强度代表值：《混凝土结构设计规范》取用国家标准规定的钢材出厂检查标准的“废品限值”作为钢筋强度的标准值，并将其作为钢筋强度的代表值。“废品限值”的保证率为97.73%，大于《工程结构可靠性设计统一标准》规定的95%的保证率。

混凝土强度代表值：《混凝土结构设计规范》取用混凝土立方体抗压强度标准值 $f_{cu,k}$ 作为混凝土各种力学指标的基本代表值。这是按混凝土强度概率分布的0.05分位值确定的，其保证率为95%。

1.3.4　结构的功能函数

结构构件的工作状态可以用作用效应 S 和结构抗力 R 的关系式来描述。一般可写成如下的极限平衡方程式

$$S=R \tag{1-5}$$

若用 $Z=R-S=Z(R, S)$ 来描述结构抗力和荷载效应的关系，则按 Z 值的大小不同，可以表示结构所处的三种不同工作状态：

当 $Z>0$ 时，结构处于可靠状态；

$Z<0$ 时，结构处于失效状态；

$Z=0$ 时，结构处于极限状态。

称 $Z=R-S=Z(R, S)$ 为结构的功能函数。如上所述，R 和 S 都是不确定的随机变量，故功能函数 $Z=Z(R, S)$ 是一个不确定的随机变量。

1.4　可靠度、失效概率及可靠指标

结构的可靠度就是结构在规定的时间内，在规定的条件下完成预定功能的能力(结构可靠性)的概率度量。

结构能够完成预定功能($Z=R-S>0$)的概率即为“可靠概率”，用 p_s 表示。不能完成预定功能($Z=R-S<0$)的概率为“失效概率”，用 p_f 表示。显然二者是互补的。即

$$p_s + p_f = 1.0 \tag{1-6}$$

如果结构抗力 R 和荷载效应 S 是服从正态分布的随机变量，则功能函数 $Z(R, S)=R-S$ 也是一个服从正态分布的随机变量。Z 值的概率分布曲线如图 1-3 所示。从该图可以看出，所有 $Z=R-S<0$ 的事件(失效事件)，其出现的概率就等于原点以左曲线下面与横坐标所包围的阴影面积。这样，其失效概率可表示为：

$$p_f = p(Z = R - S < 0) = \int_{-\infty}^{0} f(Z)\mathrm{d}Z \tag{1-7}$$

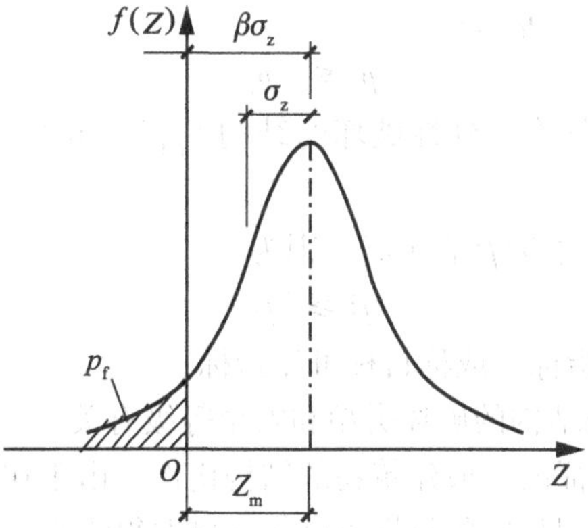

图 1-3　β 和 p_f 的关系图

由概率论的原理可知，若 R 和 S 相互独立，则 Z 值的平均值 Z_m 和标准差 σ_z 为：

$$Z_m = R_m - S_m \tag{1-8}$$

$$\sigma_z = \sqrt{\sigma_R^2 + \sigma_s^2} \tag{1-9}$$

式中，R_m 、S_m 和 σ_R 、σ_s 分别表示结构抗力 R 及荷载效应 S 的平均值和标准差。这样，由图 1-3 可以看出，结构的失效概率 p_f 与 Z 的平均值 Z_m 至原点的距离有关。令 $Z_m=\beta\sigma_z$，则 β 与 p_f 之间存在着相应的关系，β 大则 p_f 小。因此 β 和 p_f 一样，可作为衡量结构可靠性的一个指标，故称 β 为结构的“可靠”指标，即：

$$\beta = \frac{Z_m}{\sigma_z} = \frac{R_m - S_m}{\sqrt{\sigma_R^2 + \sigma_s^2}} \tag{1-10}$$

可靠指标 β 与结构失效率 p_f 之间有一定的对应关系，如表 1-2 所示。表中 β 值相差 0.5，p_f 值大致平均差一个数量级。

表 1-2 β-p_f 对应表

β	2.7	3.2	3.7	4.2
p_f	3.5×10^{-3}	6.9×10^{-4}	1.1×10^{-4}	1.3×10^{-5}

从公式(1-10)可以看出，所设计的结构如 R_m 和 S_m 的差值越大，或 σ_R 与 σ_s 的数值越小，则可靠指标 β 值就越大，也就是失效概率 p_f 越小，结构越可靠。

用 p_f 来度量结构可靠性物理意义明确，已为国际上所公认，但是计算 p_f 在数学上比较复杂，因此很多国际标准以及我国的《工程结构可靠性设计统一标准》都采用可靠指标 β 代替 p_f 来度量结构的可靠性。

1.5 目标可靠指标

在结构构件设计时，要使所设计的构件既安全可靠，又经济合理，具体方法是：使这个结构构件在设计使用年限内，在规定条件下能完成预定功能的概率不低于一个允许的水平，即要求其失效概率 p_f 为：

$$p_f \leqslant [p_f] \tag{1-11}$$

式中：$[p_f]$ ——允许失效概率。延性破坏的结构 $[p_f] = 6.9 \times 10^{-4}$，脆性破坏的结构 $[p_f] = 1.1 \times 10^{-4}$。

公式(1−11)当用可靠指标 β 表示时，则为

$$\beta \geqslant [\beta] \tag{1-12}$$

式中：$[\beta]$ ——允许可靠指标，或称目标可靠指标。

目标可靠指标 $[\beta]$ 与结构的破坏类型和安全等级有关。

对于具有延性破坏特征的一般建筑物的结构构件，由于在破坏时有预兆，其允许失效概率可取得略高一些，即相应的目标可靠指标可取得略小一些。相反，对于具有脆性破坏特征的构件，其目标可靠指标则相应取得略大一些。

同样，安全等级高的结构，其允许失效概率要低于安全等级低的结构，即相应的目标可靠指标要取得大一些。

根据建筑结构破坏类型和安全等级，规定其相应承载能力极限状态的目标可靠指标，见表 1-3。

表 1-3 目标可靠指标 $[\beta]$

安全等级 破坏类型	一级	二级	三级
延　性	3.7	3.2	2.7
脆　性	4.2	3.7	3.2

由表 1-3 可知，一级及三级安全等级的结构目标可靠指标 $[\beta]$ 分别比二级 $[\beta]$ 增加或减少 0.5。

按可靠指标的设计准则虽然是直接运用概率论的原理，但在确定可靠指标时，我们将效应和抗力作为两个独立的随机变量，只考虑其平均值和标准差，而没有考虑两者联合分布的特点等因素，计算中又作了一些简化，所以这个准则只能称为近似概率准则。

按可靠指标的设计方法在基本要领上比较合理，可以给出结构可靠度的定量概念。但计算过程复杂，而且需要掌握足够的实测数据，包括各种影响因素的统计特征值。但这些统计特征值仅在比较简单的情况下可以确定，有相当多的影响因素的不确定性尚不能统计，因而这个方法还不能普遍用于实际工程。所以《混凝土结构设计规范》采用了以各基本变量标准值和分项系数来表达的实用设计式。通过验算两种极限状态来保证结构的可靠性。

1.6　结构按概率极限状态设计的表达式

如前所述，混凝土结构的设计方法，即以概率理论为基础的极限状态设计方法，以可靠指标度量结构构件的可靠度，采用分项系数的设计表达式进行设计。

1.6.1　分项系数

分项系数分为荷载分项系数 γ_G 、γ_Q 和材料强度分项系数 γ_f。分项系数是在按极限状态设计中得到的各种结构构件所具有的可靠度(或失效概率)，与规定的目标可靠度(或允许的失效概率)之间，在总体上误差最小为原则确定的。设计时，通过适当调整荷载(通常为提高)、降低结构抗力来保证结构可靠性以及经济实用性。

1. 荷载分项系数

对建筑结构进行承载能力极限状态分析时，应采用荷载设计值计算荷载效应。荷载设计值等于荷载分项系数与荷载代表值的乘积，即

永久荷载设计值　　$G = \gamma_G G_k$

可变荷载设计值　　$Q = \gamma_Q Q_k$

式中：γ_G ——永久荷载分项系数。当永久荷载效应对结构不利时，对由可变荷载效应控制的组合即通常遇到的情况，取 $\gamma_G = 1.2$；对由永久荷载效应控制的组合时，取 $\gamma_G = 1.35$；当永久荷载效应对结构有利时，一般情况下应取 $\gamma_G = 1.0$，验算倾覆、滑移或漂浮时，取 $\gamma_G = 0.9$。

γ_Q ——可变荷载的分项系数。在一般情况下，应取 $\gamma_Q = 1.4$；对于标准值大于 4kN/m^2 的工业房屋楼面结构的可变荷载，应取 $\gamma_Q = 1.3$。

2. 材料强度分项系数 γ_f

材料强度分项系数 γ_f 是用来调整结构抗力对结构可靠度影响的系数。

对建筑结构进行承载能力极限状态设计时，应采用材料强度设计值计算结构抗力。材料强度设计值等于材料强度标准值除以材料强度分项系数。

混凝土强度设计值　　$f_c = \dfrac{f_{ck}}{\gamma_c}$

钢筋强度设计值　　$f_s = \dfrac{f_{sk}}{\gamma_s}$

式中：γ_c——混凝土材料分项系数，取为1.4；

γ_s——钢筋材料分项系数，取为1.1~1.5。

1.6.2 结构按概率极限状态设计的表达式

1. 承载能力极限状态的设计表达式

(1)设计表达式。对持久设计状况、短暂设计状况和地震设计状况，当用内力的形式表达时，结构构件应采用下列承载能力极限状态设计表达式：

$$\gamma_0 S \leqslant R \tag{1-13}$$

$$R = R(f_c, f_s, a_k, \cdots)/\gamma_{Rd} \tag{1-14}$$

式中：γ_0——结构重要性系数：在持久设计状况和短暂设计状况下，对安全等级为一级的结构构件不应小于1.1，对安全等级为二级的结构构件不应小于1.0，对安全等级为三级的结构构件不应小于0.9；对地震设计状况下应取1.0。

S——承载能力极限状态下作用组合的效应设计值：对持久设计状况和短暂设计状况应按作用的基本组合计算；对地震设计状况应按作用的地震组合计算。

R——结构构件的抗力设计值。

$R(\cdot)$——结构构件的抗力函数。

γ_{Rd}——结构构件的抗力模型不确定性系数：静力设计取1.0，对不确定性较大的结构构件根据具体情况取大于1.0的数值；抗震设计应用承载力抗震调整系数γ_{RE}代替γ_{Rd}。

f_c、f_s——混凝土、钢筋的强度设计值。

a_k——几何参数的标准值，当几何参数的变异性对结构性能有明显的不利影响时，应增加一个附加值。

(2)作用组合的效应设计值(荷载与荷载效应为线性的情况)。

①荷载基本组合的效应设计值。由可变荷载控制时，应按下式确定：

$$S = \sum_{j=1}^{m} \gamma_{G_j} S_{G_j k} + \gamma_{Q_1} \gamma_{L_1} S_{Q_1 k} + \sum_{i=2}^{n} \gamma_{Q_i} \gamma_{L_i} \psi_{c_i} S_{Q_i k} \tag{1-15}$$

式中：γ_{G_j}——第j个永久荷载的分项系数；

γ_{Q_i}——第i个可变荷载的分项系数，其中γ_{Q_1}为主导可变荷载Q_1的分项系数；

γ_{L_i}——第i个可变荷载考虑设计使用年限的调整系数，其中γ_{L_1}为主导可变荷载Q_1考虑设计使用年限的调整系数；

$S_{G_j k}$——按第j个永久荷载标准值G_{jk}计算的荷载效应值；

$S_{Q_i k}$——按第i个可变荷载标准值Q_{ik}计算的荷载效应值，其中$S_{Q_1 k}$为诸可变荷载效应中起控制作用者；

ψ_{c_i}——第i个可变荷载Q_i的组合值系数；

m——参与组合的永久荷载数；

n——参与组合的可变荷载数。

由永久荷载控制时，应按下式确定：

$$S = \sum_{j=1}^{m} \gamma_{G_j} S_{G_j k} + \sum_{i=1}^{n} \gamma_{Q_i} \gamma_{L_i} \psi_{c_i} S_{Q_i k} \tag{1-16}$$

②持久设计状况和短暂设计状况下荷载基本组合的效应设计值应按下式确定：

$$S = \gamma_G S_{Gk} + \gamma_L \psi_Q \gamma_Q S_{Qk} + \psi_w \gamma_w S_{wk} \tag{1-17}$$

式中：S——荷载组合的效应设计值；

γ_G——永久荷载分项系数；

γ_Q——楼面活荷载分项系数；

γ_w——风荷载的分项系数；

γ_L——考虑结构设计使用年限的荷载调整系数，设计使用年限为 50 年时取 1.0，设计使用年限为 100 年时取 1.1；

S_{Gk}——永久荷载效应标准值；

S_{Qk}——楼面活荷载效应标准值；

S_{wk}——风荷载效应标准值；

ψ_Q、ψ_w——分别为楼面活荷载组合值系数和风荷载组合值系数，当永久荷载效应起控制作用时应分别取 0.7 和 0.0；当可变荷载效应起控制作用时应分别取 1.0 和 0.6 或 0.7 和 1.0。

③地震设计状况下荷载和地震作用基本组合的效应设计值应按下式确定：

$$S = \gamma_G S_{GE} + \gamma_{Eh} S_{Ehk} + \gamma_{Ev} S_{Evk} + \psi_w \gamma_w S_{wk} \tag{1-18}$$

式中：S——荷载和地震作用组合的效应设计值；

S_{GE}——重力荷载代表值的效应；

S_{Ehk}——水平地震作用标准值的效应，尚应乘以相应的增大系数、调整系数；

S_{Evk}——竖向地震作用标准值的效应，尚应乘以相应的增大系数、调整系数；

γ_G——重力荷载分项系数；

γ_w——风荷载分项系数；

γ_{Eh}——水平地震作用分项系数；

γ_{Ev}——竖向地震作用分项系数；

ψ_w——风荷载的组合值系数，应取 0.2。

2. 正常使用极限状态的设计表达式

对于正常使用极限状态，钢筋混凝土构件、预应力混凝土构件应分别按荷载的准永久组合及考虑长期作用的影响或标准组合及考虑长期作用的影响，采用下列极限状态设计表达式进行验算：

$$S \leqslant C \tag{1-19}$$

式中：S——正常使用极限状态荷载组合的效应设计值；

C——结构构件正常使用要求所规定的变形、应力、裂缝宽度和自振频率等的限值。

小　　结

(1)结构设计要解决的根本问题是以适当的可靠度满足结构的功能要求。这些功能要求可以归纳为结构的安全性、适用性和耐久性。

(2)结构设计中，结构的可靠性是用结构的极限状态来判断的。整个结构或结构的一部分超过某一特定状态就不能满足某一功能要求，此特定状态称为该功能的极限状态。结构的极限状态分两类，即与安全性对应的承载能力极限状态和与适用性、耐久性对应的正常使用极限状态。

(3)由于各种荷载和材料强度都具有一定的变异性，因此在结构设计时应根据各种极限状态的设计要求，取用不同的荷载代表值(采用荷载的标准值作为荷载的基本代表值)和材料强度代表值(采用材料强度标准值作为材料强度代表值)进行计算。

(4)结构的工作状态可以用结构的功能函数 $Z=R-S$ 表示。结构能够完成预定功能($Z=R-S>0$)的概率即为“可靠概率”，用 p_s 表示。不能完成预定功能($Z=R-S<0$)的概率为“失效概率”，用 p_f 表示。失效概率 P_f 与结构可靠指标 β 之间有着内在联系。

(5)分项系数是在按极限状态设计中得到的各种结构构件所具有的可靠度(或失效概率)，与规定的目标可靠度(或允许的失效概率)之间，在总体上误差最小为原则确定的。设计时，通过适当调整荷载(通常为提高)、降低结构抗力来保证结构可靠性以及经济实用性。结构的目标可靠指标 $[\beta]$ 与结构的破坏类型和安全等级有关。

(6)混凝土结构的设计方法是以概率理论为基础的极限状态设计方法，以可靠指标度量结构构件的可靠度，采用分项系数的设计表达式进行设计。

复习思考题

1. 什么是结构的可靠性？什么是结构的失效概率？什么是结构的可靠度？
2. 什么是结构可靠指标？结构可靠指标与失效概率的关系如何？
3. 如何用结构可靠指标度量结构的可靠度？
4. 什么是结构目标可靠指标？影响结构目标可靠指标的因素？
5. 什么是荷载代表值？什么是荷载设计值？二者的关系如何？
6. 什么是材料强度代表值？什么是材料强度设计值？二者的关系如何？
7. 功能函数 $Z=R-S$ 是如何表达结构的工作状态？
8. 分项系数确定的原则是什么？

习　题

某档案库采用现浇钢筋混凝土单向板肋梁楼盖，板厚120mm，30mm厚水泥砂浆面层，15mm厚混合砂浆抹灰。楼面均布活荷载标准值为5 kN/m²，准永久值系数 $\psi_q=0.8$。第一跨内最大正弯矩设计值 $M=\frac{1}{11}(g+q)l_0^2$，$l_0=3.5\text{m}$，板的计算宽度为1m，该建筑物的安全等级为二级。

求：(1)第一跨内最大正弯矩设计值；

(2)按正常使用阶段验算时的荷载效应标准组合值及准永久组合值。

第2章　单层厂房

◎ **本章导读**

这一章所讲述的原理和方法不仅是结构设计的基本功，而且有些内容对其他结构设计具有普遍意义。如风荷载、雪荷载的计算方法，荷载效应组合、内力组合以及柱下独立基础等计算方法。

为了使自学应考者掌握混凝土单层厂房结构设计的内容、步骤和方法，训练自学应考者综合运用所学的知识解决工程问题的能力，本课程设置了混凝土单层厂房结构设计。

◎ **学习要求**

(1)了解单层厂房的结构组成、结构布置的特点，理解单层厂房中主要结构构件的功能与类型，荷载传递路线，支撑系统的作用。

(2)掌握等高铰接排架的计算方法。

(3)掌握单层厂房矩形截面柱和工形截面柱的设计计算方法和构造要求。

(4)掌握柱下独立基础的设计计算方法和构造要求。

(5)通过本章的学习和课程设计，初步具有一般混凝土单层厂房结构设计的能力。

2.1　概　　述

在建筑工程中，单层厂房是各类厂房中最基本的一种形式。一般对于冶金、机械、纺织、化工等工业房屋的厂房，由于一些机器设备和产品较重，且轮廓尺寸较大而难以上楼时，较普遍采用单层厂房。

采用单层厂房的优点是便于设计标准化、提高构配件生产工厂化和施工机械化的程度，同时可以缩短设计和施工期限，保证施工质量。

单层厂房承重结构随其所用材料的不同可以分为混合结构、钢筋混凝土结构和钢结构。钢筋混凝土单层厂房的承重结构主要由屋面梁或屋架、柱和基础组成，其结构形式通常有排架和刚架两种。

柱与屋面梁或屋架为铰接，而与基础刚接所组成的平面结构，称为排架结构。排架结构可做成等高、不等高或锯齿形等多种形式(图2-1)。

柱与梁为刚接(柱梁合一)，其所构成的平面结构，称为刚架结构。当厂房跨度在18m及以下时，多采用三铰门式刚架(图2-2(a))；跨度更大时多采用两铰门式刚架(图2-2(b))。为便于施工吊装，两铰刚架通常做成三段，在横梁中弯矩为零(或很小)的截面处设置接头，用焊接或螺栓连接成整体。

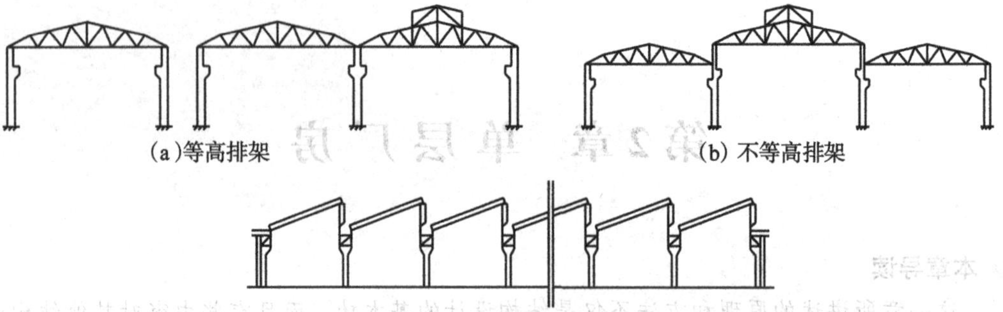

图 2-1 钢筋混凝土排架结构厂房

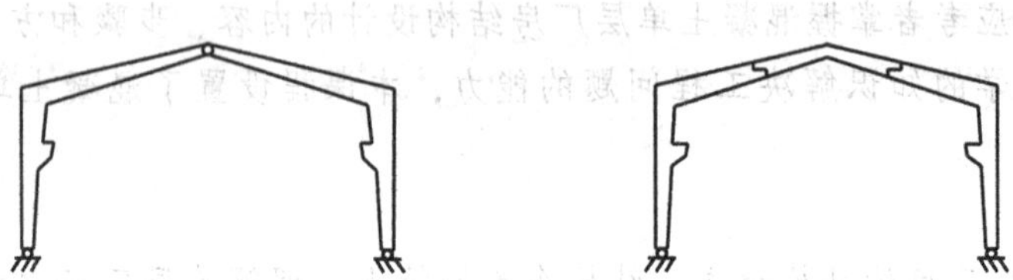

图 2-2 钢筋混凝土门式刚架结构厂房

2.2 单层厂房的结构组成和布置

2.2.1 结构的组成

单层厂房结构通常是由下列各种结构构件所组成并连成一个整体(图 2-3)。

1. 屋盖结构

屋盖结构和厂房柱组成排架承受作用于厂房结构的各种荷载，可分为：

(1)有檩体系屋盖 将小型屋面板(或其他瓦材)支承在檩条上，再将檩条支承在屋架上。这种结构体系由于其构造和施工都比较复杂，刚度和整体性也较差，目前较少采用。

(2)无檩体系屋盖 将大型屋面板直接支承在屋架或屋面梁上。无檩屋盖体系由大型屋面板、屋架(或屋面梁)和屋盖支撑体系所组成。有时还设有天窗架及托架等。其各个构件的作用为：

①屋面板 直接承受屋面上的荷载(包括屋面恒荷载、雪荷载、积灰荷载、施工荷载等)，并把它传给屋架或天窗架。

②天窗架 其下端支承在屋架上，用以承受天窗上的荷载(包括天窗架自重、屋面板传来的荷载及风荷载等)，并把它传给屋架。

③屋架 承受屋架上的全部荷载(包括屋架自重、屋面板及天窗架传来的荷载，以及风荷载和悬挂吊车重等)，并把它传给排柱架或托架。

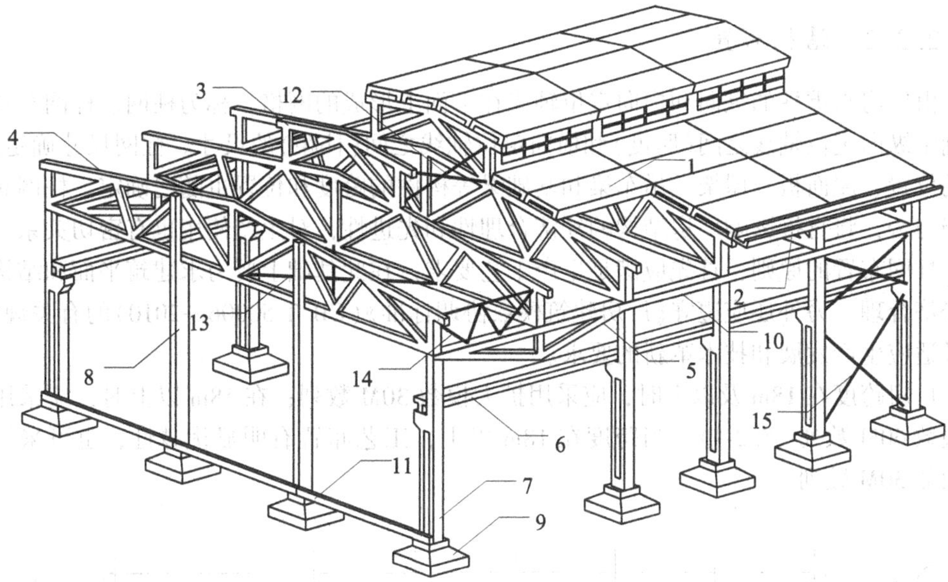

1—屋面板；2—天沟板；3—天窗架；4—屋架；5—托架；6—吊车梁；7—排架柱；
8—抗风柱；9—基础；10—连系梁；11—基础梁；12—天窗架垂直支撑；
13—屋架下弦横向水平支撑；14—屋架端部垂直支撑；15—柱间支撑

图 2-3　单层厂房结构的组成

④托架　当排架柱间距比屋架间距大时，用托架支承两个排架柱之间的屋架，该屋架荷载通过托架再传给排架柱。

2. 吊车梁

承受吊车荷载(包括吊车梁自重、吊车桥架重、吊车运载重物时所产生的垂直轮压以及启动或制动时所产生的纵向及横向水平力等)，并将其传给排架柱。

3. 排架柱

承受屋架、吊车梁、外墙和支撑传来的荷载等，并把它传给基础。厂房的横向排架柱与屋架(或屋面梁)和屋盖支撑体系组成横向平面排架，是厂房的基本承重结构。厂房的纵向柱列与屋面板、吊车梁、连系梁及柱间支撑构成纵向平面排架。

4. 支撑

支撑包括屋盖支撑和柱间支撑两类，其作用是加强厂房结构的空间刚度，保证结构构件安装和使用时的稳定和安全，同时起到传递山墙风荷载、吊车纵向水平荷载或水平地震作用等的作用。

5. 基础

承受柱子和基础梁传来的荷载，并将它们传至地基。

6. 围护结构(包括墙体)

(1)外纵墙和山墙　承受传来的风荷载，并把它传给排架柱；

(2)抗风柱(有时还有抗风梁或抗风桁架)　承受山墙传来的风荷载，并把它传给屋盖和地基；

(3)连系梁和基础梁　承受外墙重量，并把它传给排架柱和基础。

2.2.2　结构布置

由厂房承重柱的纵向和横向定位轴线在平面上形成的网格，称为柱网。柱网布置就是确定纵向定位轴线之间(跨度)和横向定位轴线之间(柱距)的尺寸。柱网尺寸确定后，柱的位置、屋面板、屋架、吊车梁和基础梁等构件的跨度和位置也随之确定。柱网布置恰当与否，将直接影响厂房结构的经济合理性和先进性，对生产使用也有密切关系。

柱网布置的原则，首先应满足生产工艺要求，在此基础上要力求建筑平面和结构方案经济合理。另外还应遵守《厂房建筑模数协调标准》(GB/T 50006—2010)的有关规定，以及适应生产发展和技术革新的要求。

厂房跨度在18m及以下时，应采用扩大模数30M数列；在18m以上时，应采用扩大模数60M数列(图2-4)。当跨度在18m以上，工艺布置有明显优越性，也可采用扩大模数30M数列。

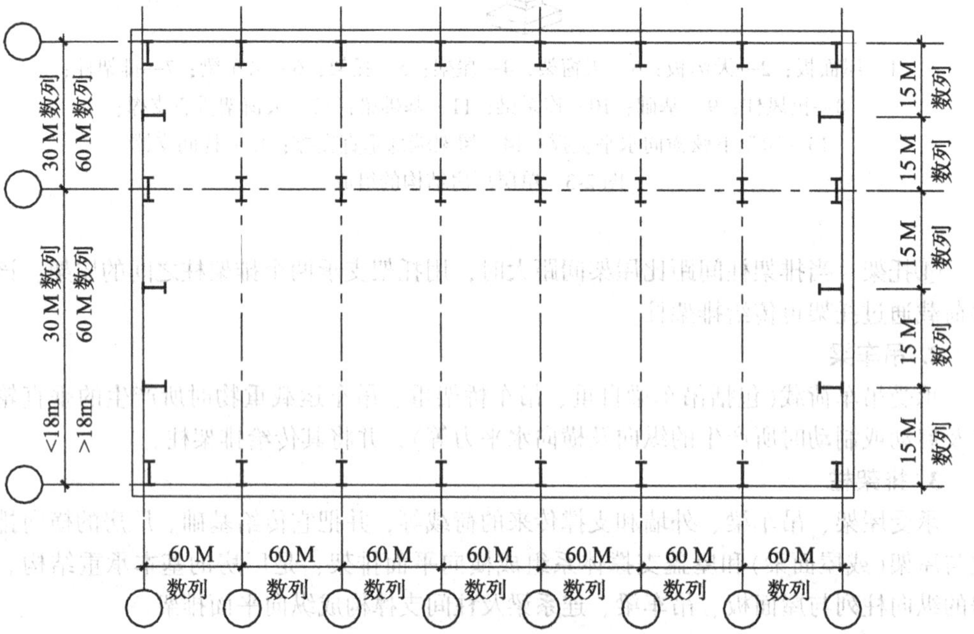

图2-4　跨度和柱距示意图

厂房的柱距应当采用扩大模数60M数列(图2-4)。

目前，从经济指标、材料用量和施工条件等方面衡量，特别是高度较低的厂房，采用6m柱距比12m柱距优越。但从现代工业发展趋势来看，采用扩大柱距对增加厂房有效面积，提高设备布置和工艺布置的灵活性，机械化施工中减少结构构件的数量和加快施工进度等，都是有利的。当然，由于构件尺寸增大，也给制作、运输和吊装带来不便。

目前常用的是12m扩大柱距，采用12m柱距的优点是可以利用现有设备做成6m屋面板设有托架的支承系统，同时又可直接采用12m屋面板无托架的支承系统。

2.2.3 支撑的布置

在装配式钢筋混凝土单层厂房结构中，支撑虽然不是主要的承重构件，但却是联系各种主要结构构件并把它们构成整体的重要组成部分。工程实践表明，如果支撑设置不当，不仅会影响厂房的正常使用，而且还会由于厂房的整体性不好，可能引起结构构件的局部破坏，甚至厂房总体的倒塌，故应引起足够的重视。

厂房支撑体系可分为屋盖支撑和柱间支撑两类，本章主要讲述各类支撑的作用和布置原则，其他内容可以参阅国家标准图集(如04G415、05G336等)。

1. 屋盖支撑

(1)屋架上弦横向水平支撑。屋架上弦横向水平支撑是沿厂房跨度方向用交叉角钢、直腹杆和屋架上弦杆组成的水平桁架(图2-5)。

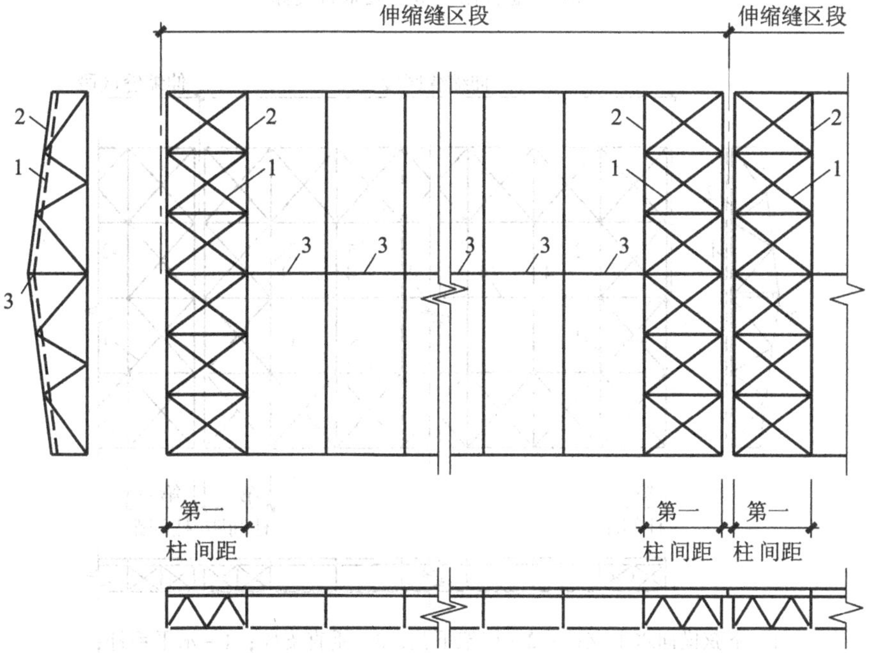

1—上弦支撑；2—屋架上弦；3—水平刚性系杆

图2-5 屋架上弦横向水平支撑

上弦横向水平支撑的作用：增强屋盖的整体刚度，保证屋架上弦或屋面梁上翼缘的出平面稳定，同时可将山墙风荷载传至厂房两侧的纵向排架柱列，为抗风柱上端提供不动的侧向支点，改善了抗风柱的受力状态。

当大型屋面板与屋架或屋面梁有三点焊接，能保证屋盖平面的稳定并能传递山墙水平风荷载时，则认为起上弦支撑的作用，可不必设置上弦横向水平支撑。但当天窗通过伸缩缝时，因屋面板不连续，则应在伸缩缝处天窗架跨度范围内设置屋架上弦横向水平支撑。

当大型屋面板与屋架(或屋面梁)的连接不符合要求、不能起水平支撑作用时的无檩体系屋盖，则应在伸缩缝区段端部第一柱间布置上弦横向水平支撑，相应地在其他柱间设置通长的受压水平系杆(图 2-5)。

(2)屋架间垂直支撑与下弦水平系杆。屋架间垂直支撑是由角钢与屋架直腹杆组成的垂直桁架，主要形式有交叉形和 W 形(图 2-6、图 2-7)。

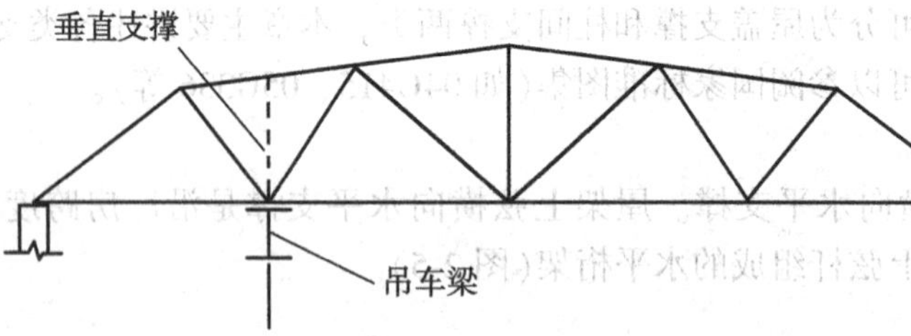

图 2-6　悬挂吊车节点处垂直支撑

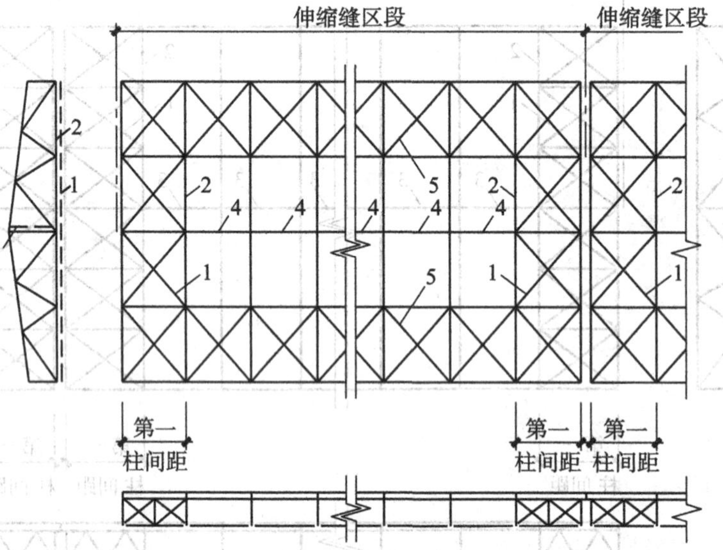

1—下弦横向水平支撑；2—屋架下弦；3—垂直支撑；4—水平系杆；

5—下弦纵向水平支撑

图 2-7　屋架下弦横向和纵向水平支撑

垂直支撑的作用：保证屋架在施工和使用中平面外稳定性，以及传递吊车在运行时产生的纵向水平力。

下弦水平系杆的作用：用以防止吊车或其他振动时屋架下弦发生侧向颤动。

在下列情况下应考虑设置屋架间垂直支撑和纵向下弦水平系杆：

①当屋架下弦设有悬挂吊车时，应在吊车所在节点处，设置屋架间垂直支撑(图 2-6)。

②当厂房跨度 $l \geqslant 18\text{m}$ 时，应在伸缩缝区段两端第一柱间的跨中，设置一道屋架间

垂直支撑；并在各跨中下弦处，设置一道通长的水平系杆。如厂房跨度 $l > 30$m 时，则须增设一道屋架间垂直支撑和下弦水平系杆。

当采用梯形屋架时，除按上述要求处理外，应在伸缩缝区段两端第一柱间内，在屋架两端支座处设置端部垂直支撑和通长的下弦水平系杆。

(3)天窗架支撑。天窗架支撑体系由天窗架上弦横向水平支撑、天窗架间垂直支撑和水平系杆组成。

天窗架支撑的作用是：增加天窗架系统的空间刚度，并将天窗壁板传来的风荷载传递给屋盖系统。

(4)屋架下弦横向和纵向水平支撑。在屋架下弦平面内，由交叉角钢、直腹杆和屋架下弦第一节间组成的横向或纵向水平桁架，称为屋架下弦横向或纵向水平支撑。

下弦横向水平支撑的作用：与屋架下弦结合在一起，形成水平桁架，以传递山墙抗风柱传来的风荷载以及将其他纵向水平荷载传至柱顶，同时防止下弦颤动。当屋架下弦设有悬挂吊车或厂房有振动设备，或山墙抗风柱与屋架下弦连接将风荷载传至屋架下弦时，则应设置下弦横向水平支撑。

下弦纵向水平支撑的作用：保证横向水平荷载的纵向传递，提高厂房的横向水平刚度。如果厂房尚没有横向水平支撑，则纵向水平支撑应尽可能地同横向水平支撑形成封闭的支撑体系(图2-7)。当厂房中设有托架以支撑屋盖时，或当采用有檩体系屋盖而其吊车起重吨位较大时，应在屋架下弦端节点间，沿纵向设置通长的下弦纵向水平支撑。

2. 柱间支撑

柱间支撑一般由上、下两组十字交叉的钢拉杆组成。

柱间支撑的作用：提高厂房的纵向刚度和稳定性。对于上部柱间支撑，用以承受作用在山墙上的水平风荷载；而对于下部柱间支撑，用以承受上部支撑传来的力和吊车梁传来的吊车纵向刹车力，并把它传至基础(图2-8)。

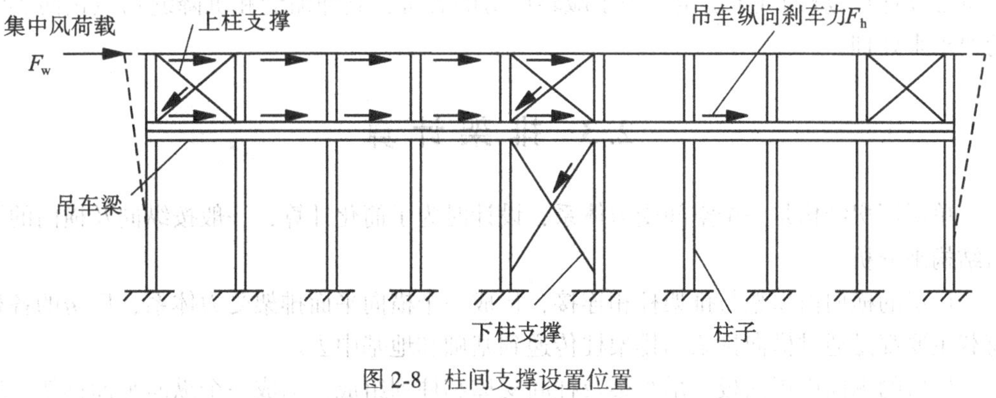

图2-8　柱间支撑设置位置

厂房凡属下列情况之一时，应设置柱间支撑：

(1)设有悬臂式吊车或起重量 $Q \geqslant 3$t 的悬挂吊车；

(2)设有起重量 $Q \geqslant 10$t 的吊车；

(3)厂房跨度 $l \geqslant 18$m 或柱高在 8m 以上时；

(4)纵向柱列其柱的总根数少于七根时；

(5)露天吊车栈桥的柱列。

柱间支撑一般设置在厂房伸缩缝区段的中央(图2-8)。这样有利于在温度变化或混凝土收缩时不致发生较大的温度和收缩应力。当厂房纵向排架内具有足够承载力和稳定性的内隔墙时，该隔墙可以代替柱间支撑，但在施工时必须保证结构的稳定性。

2.2.4 变形缝

厂房的变形缝包括伸缩缝、沉降缝和防震缝三种。

1. 伸缩缝

为了减少厂房结构中的温度应力，可设置伸缩缝将单层厂房结构分成若干个温度区段。温度区段的长度取决于结构类型、施工方法和结构所处的环境。装配式钢筋混凝土排架结构伸缩缝最大间距见附表3-1。伸缩缝应从基础顶面开始，将两个温度区段的上部结构构件完全分开，并留出一定宽度的缝隙。

2. 沉降缝

单层厂房排架结构对地基不均匀沉降有较好的适应能力，故在一般单层厂房中可不设沉降缝。但是，如厂房相邻两部分高度相差大于10m，相邻两跨吊车起重量相差悬殊，地基承载力或下卧层土质有较大差别，应考虑设置沉降缝。沉降缝应将建筑物从屋顶到基础全部分开，以使在缝两边发生不同沉降时不致损坏整个建筑物。沉降缝最小宽度不得小于50mm。一般情况，沉降缝可兼作伸缩缝。

3. 防震缝

当厂房有抗震设防要求时，如厂房平、立面布置复杂，结构相邻两部分的刚度或高度相差较大，以及在厂房侧边贴建生活间、变电所等附属用房时，应设置防震缝将相邻两部分结构分开。为了避免地震时防震缝两侧结构相互碰撞，防震缝的宽度应根据《建筑抗震设计规范》的规定确定。为了减轻厂房的震害，其伸缩缝和沉降缝均应按防震缝的要求来处理。

2.3 排架计算

单层厂房结构是一个空间受力体系，设计时为了简化计算，一般按纵向及横向的平面结构来分析。

厂房的横向由屋架与排架柱相连接，构成一个横向平面排架受力体系，厂房的各种荷载主要都是通过横向排架的排架柱传递到基础和地基中去。

厂房的纵向由屋面板、吊车梁及柱间支撑和柱列组成，构成一个纵向平面排架。通常由于厂房在纵向的排架柱较多，水平刚度较大，每根排架柱所受的相应水平荷载不大，因而往往不必进行具体计算，而是设置柱间支撑和屋盖支撑，从构造上加强整体性，使其水平荷载能够有效地传给排架柱及基础。仅当排架柱的刚度较差或数量较少，或需要考虑地震荷载或温度内力时，才进行纵向平面排架计算。这样就把复杂的空间受力体系，简化成为横向的“平面排架问题”。

2.3.1　计算简图

1. 基本假定

在确定排架计算简图时，根据实践经验，作如下假定：

(1)柱顶端与屋架或横梁为铰接：由于屋架或横梁在柱顶，采用预埋钢板焊接或预埋螺栓连接，在构造上只能传递垂直压力和水平剪力的作用，故计算时按铰接考虑。

(2)柱下端与基础顶面为固接：由于排架柱插入基础杯口内有一定的深度，并用细石混凝土和基础紧密浇捣成一体，对于一般土质的地基，基础的转动不大，因此这样的假定较为符合实际。

(3)横梁为没有轴向变形的刚性杆：认为横梁受力后长度变化很小，可以忽略不计，即视其两端柱顶处的水平位移相等。

(4)排架之间相互无联系：不考虑排架之间的影响而按平面排架来考虑。

2. 计算单元

当各列柱距相等时，可从厂房结构平面图上相邻柱距的中线之间截出一个典型区段，作为横向排架的计算单元(图 2-9 中的阴影部分)。对于厂房的端部和伸缩缝处的排架，其负荷范围只有中间排架的一半，但为了设计和施工方便，一般也按中间排架设计。

当厂房中有局部抽柱的情况时(扩大柱距)，应根据具体情况选取计算单元。

3. 计算简图

计算单元确定之后，根据基本假定即可以得到横向排架的计算简图。排架柱的高度由基础顶面算至柱顶，用 H 表示。其中 H_u 表示上柱高度(从牛腿顶面至柱顶)，H_l 表示下柱高度(从基础顶面至牛腿顶面)。排架柱的计算轴线均取上、下柱截面的形心线，为简化计算，通常用变截面形式表示。计算简图如图 2-9 所示。

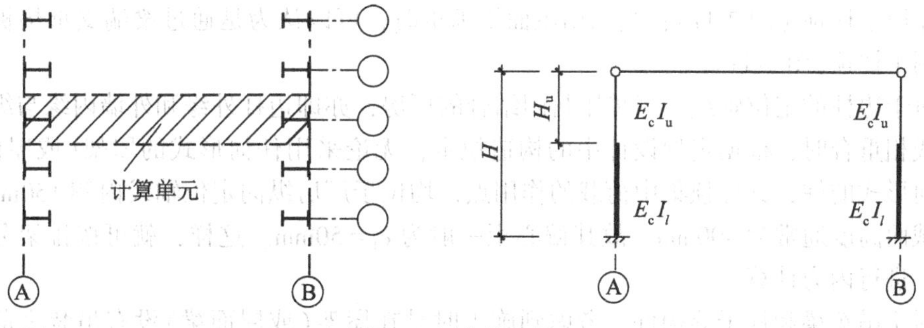

图 2-9　厂房单跨排架

2.3.2　排架荷载计算

作用在排架上的荷载分永久荷载及可变荷载两种(图 2-10)。

1. 永久荷载(恒荷载)

(1) 屋盖荷载：包括屋面荷载的天窗架、屋架、托架及支撑等自重，荷载通过屋架

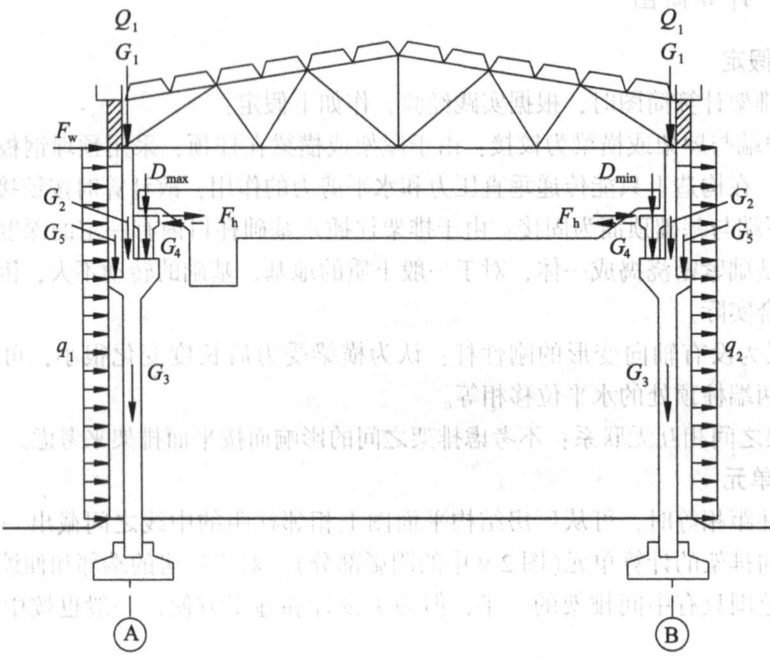

图 2-10　作用在排架上的荷载

作用于柱顶，如图 2-10 中 G_1所示；

(2) 柱子自重：如图 2-10 中上柱自重 G_2及下柱自重 G_3所示；

(3)吊车梁及轨道、悬墙等自重：作用在柱子的牛腿顶面上，如图 2-10 中 G_4和 G_5所示。

对屋盖荷载作用点，当采用屋架承重时，可以认为是通过屋架上弦和下弦中心线的交点作用于柱顶（图 2-11）；当采用屋面梁承重时，可以认为是通过梁端支承垫板中心线作用于柱顶(图 2-11)。

对于边柱的定位轴线，当采用封闭结合的厂房，亦即边柱外缘和外墙内缘与纵向定位轴线相重合时，根据定型设计中的构造规定，无论采用任何形式的屋架(或屋面梁)及任何形式的柱，其柱顶集中荷载的作用点，均位于厂房纵向定位轴线内侧 150mm 处，上柱截面高度通常为 400mm，故其偏心距一般为 $e_1=50\text{mm}$。这样，就可按排架分析的方法，进行内力计算。

对于吊车梁和柱子等构件，考虑到施工时是在屋架(或屋面梁)没有吊装之前就位的，此时排架还没有形成，因此对吊车梁及柱子的自重可不按排架分析的方法计算，而是按悬臂柱来分析内力(也可按排架分析的方法计算，其内力差别不大)。

2. 屋面可变荷载(活荷载)

屋面活荷载包括屋面均布活荷载、雪荷载和积灰荷载三种，均按屋面的水平投影面积计算。

(1)屋面均布活荷载。按《建筑结构荷载规范》中 5.3 的规定采用，不上人屋面为 0.5kN/mm^2，上人屋面为 2.0kN/mm^2。

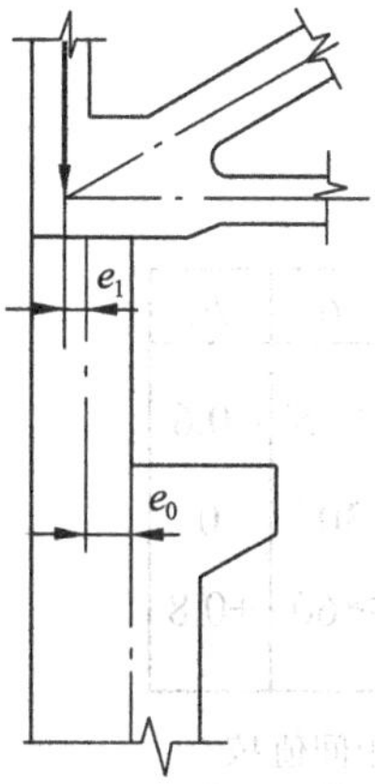

图 2-11 屋盖荷载作用点

(2)雪荷载。屋面水平投影面上的雪荷载标准值 s_k (kN/m²)按下式计算:

$$s_k = \mu_r \cdot s_0 \tag{2-1}$$

式中: s_0——基本雪压(kN/m²),是以当地一般空旷平坦地面上由概率统计所得的50年一遇最大积雪的自重确定的,其值由《建筑结构荷载规范》附录E查得。

μ_r——屋面积雪分布系数。根据不同屋面形式,由《建筑结构荷载规范》7.2查得。

(3)积灰荷载。对于在生产中有大量排灰的厂房及其邻近建筑,在设计时应考虑其屋面的积灰荷载,具体按《建筑结构荷载规范》中5.4规定采用。

在排架计算时,屋面均布活荷载一般不与雪荷载同时考虑,仅取两者中的较大值。

3. 风荷载

作用在排架上的风荷载,其作用方向垂直于建筑物表面,其大小和方向与建筑体型、高度及地面情况等因素有关。垂直作用在建筑物表面上的风荷载标准值按下式计算:

$$w_k = \beta_z \mu_s \mu_z w_0 \tag{2-2}$$

式中: w_0——基本风压(kN/m²),系以当地比较空旷平坦地面上离地10m高处由概率统计所得的50年一遇10分钟平均最大风速 v_0(m/s)为标准确定的风压值,可由《建筑结构荷载规范》附录E查得,但不得小于0.3kN/m²。

β_z——高度 z 处的风振系数,对于高度小于30m的单层厂房,取 $\beta_z = 1$。

μ_s——风荷载体型系数,是指风作用在建筑物表面所引起的实际压力(用正值表示)或吸力(用负值表示)与基本风压的比值(图2-12)。

μ_z——风压高度变化系数,应根据地面粗糙度类别,按《建筑结构荷载规范》中8.2的规定确定。

风荷载其他情况的体形系数,按《建筑结构荷载规范》中8.3的规定采用。

为了简化计算,通常将作用在厂房上的风荷载作如下简化:

(1)作用在柱顶以下墙面上的风荷载按均匀分布考虑,其风压高度变化系数按柱顶

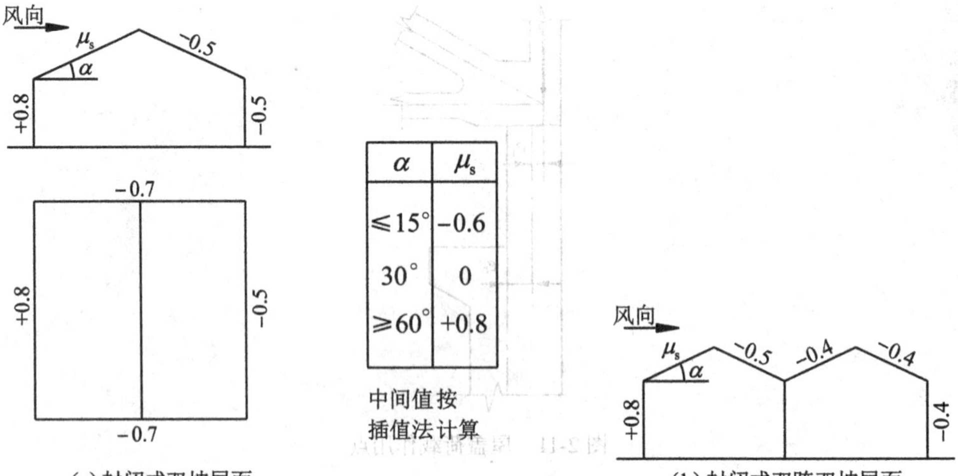

(a) 封闭式双坡屋面　　(b) 封闭式双跨双坡屋面

图 2-12　风载体型系数

标高取值。如图 2-13 所示，柱顶以下墙面上的风荷载可按下列公式计算：

$$q_1 = w_{k1}B = \mu_{s1}\mu_z w_0 B \tag{2-3}$$

$$q_2 = w_{k2}B = \mu_{s2}\mu_z w_0 B \tag{2-4}$$

式中：B ——排架计算单元宽度。

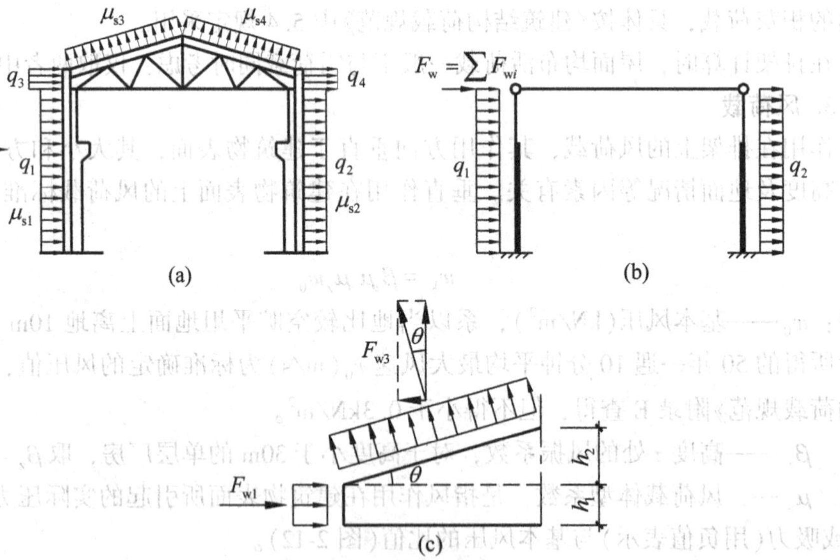

图 2-13　风荷载计算

注意：当基础顶面至室外地坪的距离不大时，为简化计算，风荷载可按柱全高计算，不再减去基础顶面至室外地坪那一小段多算的风荷载。若基础埋置较深时，则按实际情况计算，否则误差较大。

(2)作用在柱顶至屋脊间的屋盖部分的风荷载仍按均匀分布考虑，其对排架的作用则按作用在柱顶的水平集中风荷载 F_w 考虑。这时的风压高度变化系数可近似按下述情况确定：当计算屋架(或天窗架)两端竖墙面的风荷载时，可根据檐口标高(或天窗檐口标高)确定；当计算屋架(或天窗架)坡屋面上风荷载水平分力时，可根据屋脊(或天窗屋脊)标高确定。则作用在柱顶的水平集中风荷载 F_w 计算如下(图 2-13)

$$F_w = F_{1w} + F_{2w} = [(\mu_{s1} + \mu_{s2})h_1 + (\mu_{s3} + \mu_{s4})h_2]\mu_z w_0 B \quad (2\text{-}5)$$

式中：F_{1w} ——作用在屋架端部竖墙面上的风荷载水平集中力标准值，按柱顶至檐口顶部的距离 h_1 计算；

F_{2k} ——作用在坡屋面上的风荷载水平分力标准值的合力，按檐口顶部至屋脊的距离 h_2 计算。

4. 吊车荷载

国家标准《起重机设计规范》(GB/T3811—2008)按吊车在使用期内要求的总工作循环次数和载荷状态(指吊车荷载达到其额定值的频繁程度，分为轻、中、重和超重 4 级工作制)将吊车分为 8 个工作级别，作为吊车设计的依据。所以吊车的生产和订货，工艺设计以及土建原始资料的提供，都是以工作制为依据的。为此《建筑结构荷载规范》规定，在厂房结构设计时，可按表 2-1 中吊车的工作制等级与工作级别的对应关系进行设计。

表 2-1　**吊车的工作制等级与工作级别的对应关系**

工作制等级	轻级	中级	重级	超重级
工作级别	A1-A3	A4，A5	A6，A7	A8

吊车按其自身结构形式不同，可分为梁式吊车和桥式吊车。梁式吊车用于起吊重量较小的情况。桥式吊车是由大车(桥架)和小车组成。大车在吊车梁的轨道上沿厂房的纵向行驶，小车在大车的轨道上沿厂房的横向运行，在小车上安装带有吊钩的起重卷扬机，用以起吊重物(图 2-14)。

吊车作用于排架上的荷载有竖向荷载和水平荷载两种：

(1)吊车竖向荷载。当小车吊起额定的最大起重量运行到大车一侧的极限位置时，则小车所在一侧的每个大车轮压称为吊车的最大轮压 P_{max}；与此同时，另一侧的每个大车轮压称为吊车的最小轮压 P_{min}。此时，对一般常用四轮吊车，其相应的 P_{min} 值，可按下式求得

$$P_{min} = \frac{1}{2}(G + g + Q) - P_{max} \quad (2\text{-}6)$$

式中：G ——大车重量(kN)；

g——横向行驶小车重量(kN)；

Q ——吊车额定起重量(kN)。

对 P_{max} 值通常可根据吊车型号、规格等由“机械产品目录”或有关设计手册查得。

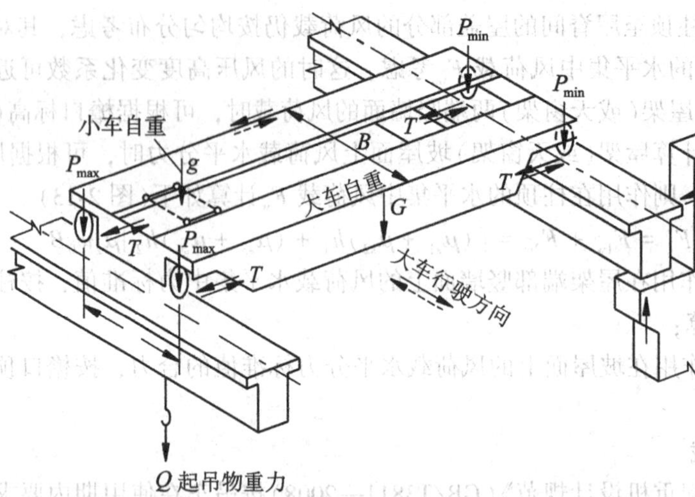

图 2-14　吊车轮压作用在排架上的竖向荷载

附表 16 给出了大连起重机械厂生产的几种电动桥式吊车的各项技术数据。也可查有关各项参数的规定。但是由于生产技术的发展，各工厂设计的起重机械其参数和尺寸可能有变，设计时应直接参照制造厂当时的产品规格作为设计的依据。

吊车竖向荷载是指吊车在运行时作用在排架上的吊车轮压，对柱子所产生的最大或最小竖向荷载 D_{max}、D_{min}，其值除与小车的位置有关外，还与吊车台数以及大车沿厂房纵向运行位置有关。

在计算同一跨内可能有多台吊车作用在排架上所产生的竖向荷载时，《建筑结构荷载规范》规定，对单跨厂房每个排架，参与组合的吊车台数不宜多于两台；对多跨厂房每个排架，不宜多于四台。

吊车在纵向运行位置，直接影响其轮压对柱子所产生的竖向荷载。由于吊车是移动荷载，因而必须用吊车梁的支座反力影响线来求得由 P_{max} 对排架柱所产生的最大竖向荷载值。计算表明，仅当两台起重量不同的吊车靠紧并行，且其中较大一台吊车的内轮正好运行至所计算排架柱顶的位置上时，则作用在排架上的吊车轮压对排架柱所产生的竖向荷载为最大，取其为 D_{max}(图 2-15)。与此同时，大车在另一侧排架上，则由 P_{min} 对排架柱所产生的最小竖向荷载为 D_{min}。D_{max} 及 D_{min} 值可由图 2-15 的反力影响线求得。

实际上多台吊车同时满载，且其小车又同时处于最不利位置的情况极少出现，因此，在计算排架时，多台吊车在计算竖向荷载和水平荷载时，应考虑其荷载的折减。这样，D_{max}、D_{min} 值应表达为：

$$D_{max} = \psi_c P_{max} \sum y_i \tag{2-7}$$

$$D_{min} = \psi_c P_{min} \sum y_i = D_{max} \frac{P_{min}}{P_{max}} \tag{2-8}$$

式中：P_{max}、P_{min}——吊车的最大及最小轮压；

$\sum y_i$——吊车各轮子下反力影响线坐标的总和；

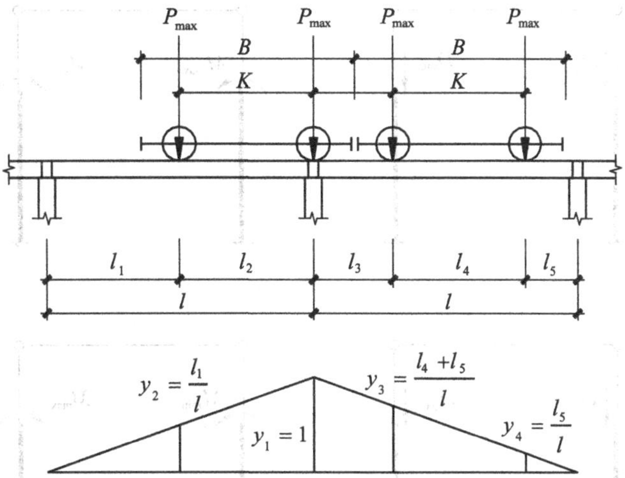

图 2-15　吊车纵向运行最不利位置及吊车梁反力影响线

ψ_c——多台吊车的荷载折减系数(表 2-2)；

D_{max}、D_{min}——吊车轮压对排架柱所产生的最大及最小竖向荷载设计值。

表 2-2　　**多台吊车的荷载折减系数 ψ_c 值**

参与组合的吊车台数	吊车工作级别	
	A1~A5	A6~A8
2	0.90	0.95
3	0.85	0.90
4	0.80	0.85

求得 D_{max} 及 D_{min} 后，则可求出作用于下柱顶面的外力矩值(图 2-16)。

$$\left.\begin{aligned}M_{max}&=D_{max}e_4\\M_{min}&=D_{min}e_4\end{aligned}\right\}\tag{2-9}$$

式中：e_4——吊车梁支座钢垫板的中心线至下柱截面高度中心线的距离。

(2)吊车水平荷载。吊车水平荷载分为横向和纵向两种。当吊车起吊重物，小车在大车的桥架横向运行而突然刹车时，则将由于重物和小车惯性力的作用而产生一个横向水平刹车力，它将通过吊车桥架两侧的车轮及轨道，传给两侧的吊车梁，并由吊车梁最终传给柱子(图 2-17)。

吊车横向水平荷载应按两侧柱子的侧移刚度大小分配，为简化计算，《建筑结构荷载规范》规定，吊车横向水平荷载应等分给桥架的两端，分别由轨道上的车轮平均传至轨道，其方向与轨道垂直。对于四轮桥式吊车，其每个轮子在吊车轨道上的横向水平荷载为：

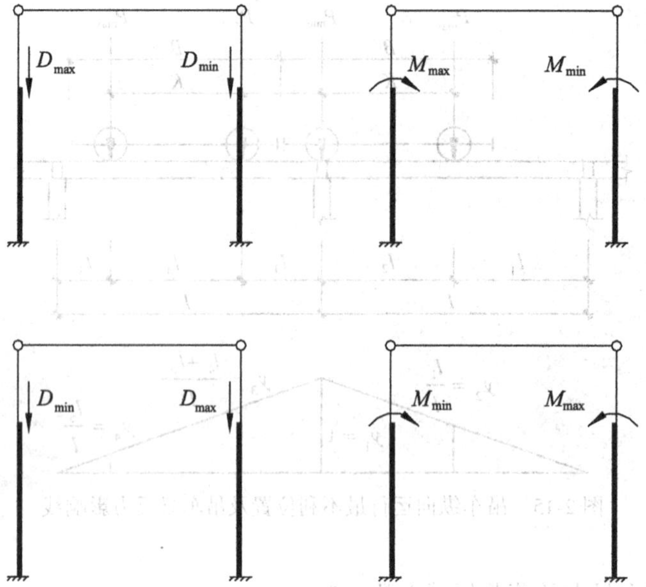

图 2-16 吊车竖向荷载 D_{max}、D_{min} 作用下单跨排架的两种情况

$$F_{h1}=\frac{\alpha}{4}(g+Q) \tag{2-10}$$

式中：α——横向水平荷载系数(或称小车制动力系数)，按下列规定取用：

对于软钩吊车	
当 $Q \leqslant 100$kN 时	$\alpha=0.12$
当 $Q=160\sim500$kN	$\alpha=0.10$
当 $Q \geqslant 750$kN	$\alpha=0.08$
对于硬勾吊车	$\alpha=0.20$

软钩吊车是指吊车采用钢索通过轮滑组带动吊钩起吊重物，这种吊车在操作时应有钢索的缓冲作用，所以对结构所产生的冲击和振动力较小。

硬钩吊车是指吊车采用钢臂操作或起吊重物。这种吊车在操作时所产生的振动力和冲击力都较大，如炼钢车间的加料车等。

在计算吊车横向水平荷载作用下的排架内力时，《建筑结构荷载规范》规定，对单跨或多跨厂房的每个排架参与组合的吊车台数不应多于 2 台，并需考虑正反两个方面的刹车情形。按式(2-10)求得吊车每个轮子横向刹车力 F_{h1} 后，便可按与吊车竖向荷载完全相同的方法，来确定吊车每个轮子刹车力 F_{h1} 对柱子所产生的最大横向水平荷载设计值 F_h，可得

$$F_h=\psi_c F_{h1}\sum y_i \tag{2-11}$$

将式(2-7)代入上式，则得

$$F_h=F_{h1}\frac{D_{max}}{P_{max}} \tag{2-12}$$

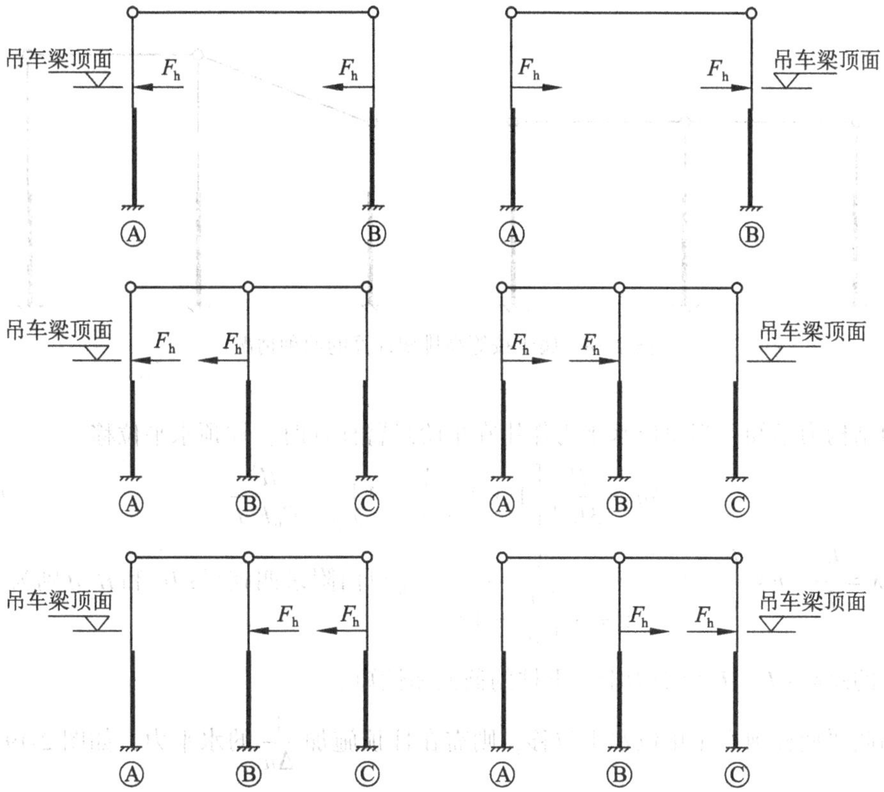

图 2-17　F_h 作用下单跨和双跨排架的荷载情况

吊车纵向水平荷载是指当吊车起吊重物，大车沿厂房纵向启动或刹车时，由吊车自重和起吊重物惯性力的作用而引起的纵向水平荷载。纵向水平荷载的作用点位于刹车轮与轨道的接触点，方向与轨道一致。吊车纵向水平荷载应按下式确定：

$$F_{h0}=\frac{nP_{max}}{10} \tag{2-13}$$

式中：n——作用在一边轨道上所有刹车轮数之和。对于四轮吊车，$n=1$。

计算吊车纵向水平荷载作用下排架的内力，与计算吊车水平荷载相同，每个排架参与组合的吊车台数不应多于 2 台。当无柱间支撑时，吊车纵向水平荷载将由同一伸缩温度区段内所有各柱共同承担，并按各柱沿厂房纵向的抗侧移刚度大小按比例分配给各柱。当设有柱间支撑时，全部纵向水平荷载由柱间支撑承担。一般在排架计算中，由于纵向刚度较大，纵向水平荷载可以不予计算，仅当无柱间支撑，在温度区段内厂房的纵向柱数较少，或厂房纵向刚度特别弱时才进行计算。

2.3.3　用剪力分配法计算等高排架

等高排架是指柱顶水平位移相等的排架，如图 2-18 所示。等高排架可以用剪力分配法分析任意荷载作用下的柱顶剪力。由此，超静定排架的内力计算问题就转变为静定悬臂柱在已知柱顶剪力和任意荷载作用下的内力计算问题。

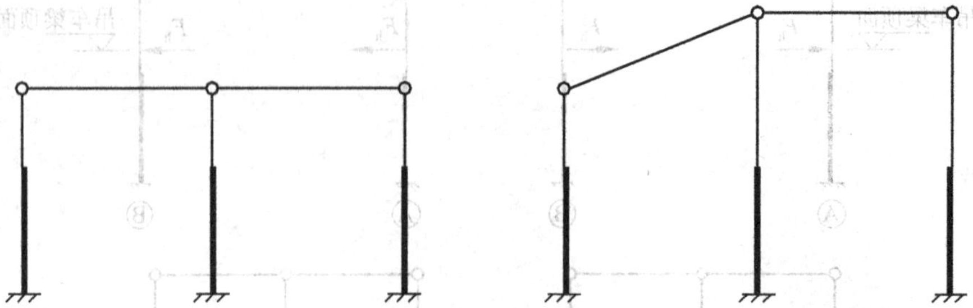

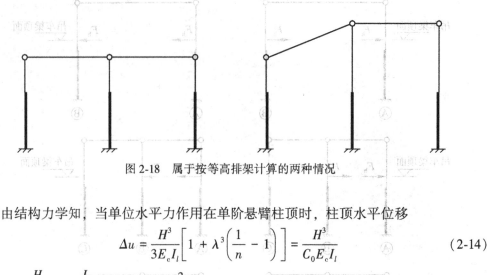

图 2-18　属于按等高排架计算的两种情况

由结构力学知，当单位水平力作用在单阶悬臂柱顶时，柱顶水平位移

$$\Delta u = \frac{H^3}{3E_c I_l}\left[1 + \lambda^3\left(\frac{1}{n} - 1\right)\right] = \frac{H^3}{C_0 E_c I_l} \tag{2-14}$$

式中：$\lambda = \frac{H_u}{H}$，$n = \frac{I_u}{I_l}$，$C_0 = \frac{3}{1 + \lambda^3\left(\frac{1}{n} - 1\right)}$，$C_0$ 可由附录四查得；H_u 和 H 分别为上部柱高和柱的总高；I_u 、I_l 分别为上、下柱的截面惯性矩。

因此要使柱顶产生单位水平位移，则需在柱顶施加 $\frac{1}{\Delta u}$ 的水平力，如图 2-19(b)所示。显然，材料相同时，柱的截面刚度越大，需施加的柱顶水平力越大。可见 $\frac{1}{\Delta u}$ 反映了柱抵抗侧移的能力，一般称它为柱的“抗剪刚度”或“抗侧移刚度”。

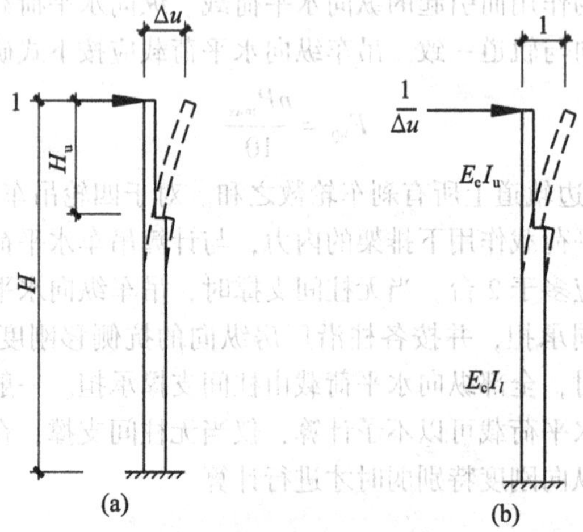

图 2-19　单阶悬臂柱的抗剪刚度(侧移刚度)

1. 柱顶作用水平集中力时的剪力分配

当柱顶作用水平集中力 F 时，见图 2-20 所示，设有 n 根柱，由于横梁刚度无穷大，根据变形协调条件，各柱的柱端具有相同的水平位移 Δ，即：

$$\Delta_1 = \Delta_2 = \cdots \Delta_i = \cdots = \Delta_n = \Delta \tag{a}$$

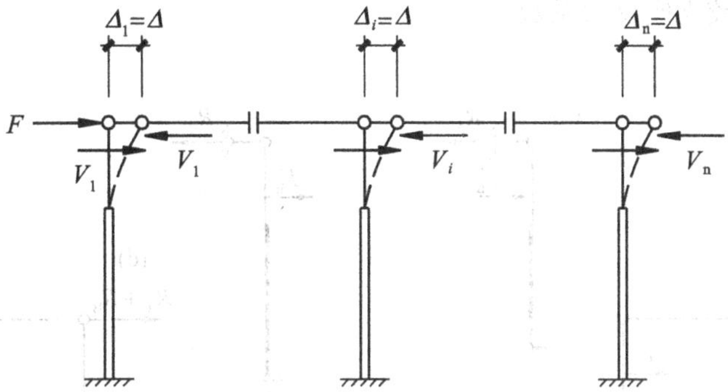

图 2-20　柱顶作用集中力时的剪力分配

根据物理条件，框架第 i 根柱的剪力 V_i 与该柱的抗侧刚度 $\dfrac{1}{\delta_i}$ 和侧移 Δ_i 的关系为：

$$V_i = \frac{\Delta_i}{\delta_i} \tag{b}$$

根据平衡条件，总剪力 V_i 为：

$$F = V_1 + V_2 + L + V_i + L + V_n = \sum_{i=1}^{n} V_i \tag{c}$$

联立方程(b)和(c)，利用(a)的关系，就得到第 i 根柱的剪力为：

$$V_i = \frac{\dfrac{1}{\delta_i}}{\sum\limits_{i=1}^{n}\dfrac{1}{\delta_i}} F = \eta_i F \tag{2-15}$$

式中：$\eta_i = \dfrac{\dfrac{1}{\delta_i}}{\sum\limits_{i=1}^{n}\dfrac{1}{\delta_i}}$，$\eta_i$ 称为柱 i 的剪力分配系数，它等于柱自身的抗剪刚度与所有柱(包括其本身)总的抗剪刚度的比值。

这里要说明一个问题，在图 2-20 中如果把柱顶水平集中力 F 从左侧柱 A 的柱顶移至右侧柱 C 的柱顶，且不改变其作用方向，则由剪力分配法可知，各柱的柱顶剪力不会改变，但横梁将由受压改变为受拉。

各柱的柱顶剪力求出后，各柱就可按独立悬臂柱那样计算内力。

2. 任意荷载作用时的剪力分配

当排架上有任意荷载作用时，为了能利用上述剪力分配系数对任意荷载作用下的排架进行计算，就必须把计算过程分为三个步骤：①先在排架柱顶附加不动铰支座以阻止水平位移，并求出不动铰支座的水平反力 R，如图 2-21(b)或(c)所示；②然后撤销附加的不动铰支座，在此排架柱顶加上反向作用的力 R，如图 2-21(d)所示；③将上述两个状态叠加，以恢复原状，即叠加上述两个步骤中求出的内力，即为排架的实际内力。各种荷载作用下的不动铰支座反力 R 可从附录四查得。系数 C_5 即为吊车横向水平荷载 F_h 作用下的不动铰支座反力系数。

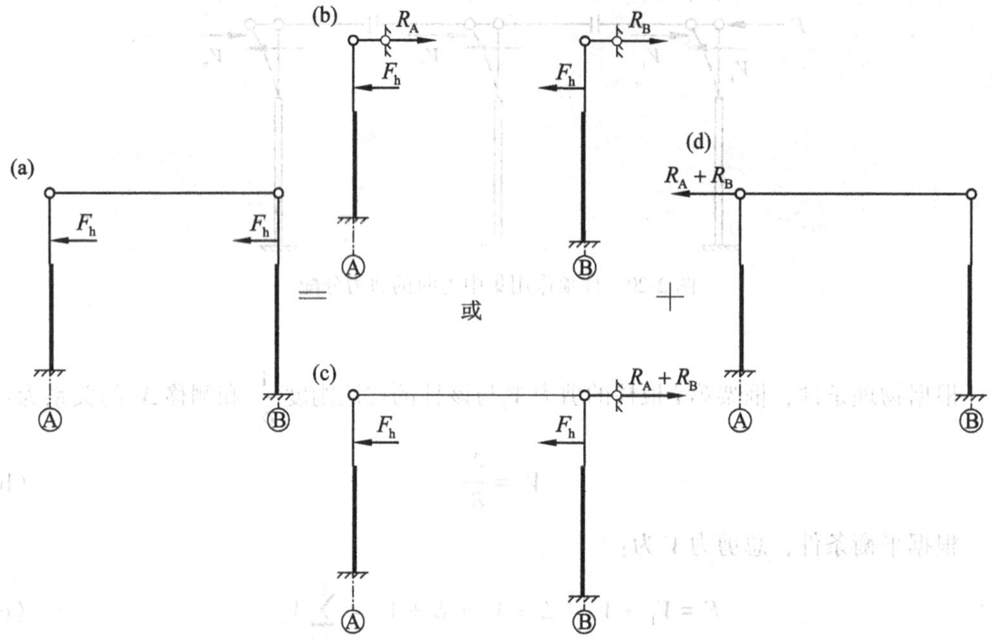

图 2-21　任意荷载作用下的剪力分配

2.3.4　内力组合

内力组合的目的，是把作用在排架上各种可能同时出现的荷载，经过综合分析，求出在某些荷载作用下柱的控制截面处所产生的最不利内力，作为柱子及基础截面设计的依据。

1. 控制截面

控制截面是指对柱内配筋量计算起控制作用的截面。对于一般单阶柱：上柱底部 1-1 截面的内力比上柱其他截面大，故取该截面作为上柱的控制截面。对于下柱，在牛腿顶面 2-2 截面及下柱底部基础顶面处 3-3 截面的内力较大，故取此二截面作为下柱的控制截面(图 2-22)。

2. 荷载效应组合

在排架分析中，当分别算出各种荷载单独作用下的内力后，就必须考虑各种荷载同时出现最不利内力的可能性，即进行荷载效应组合。

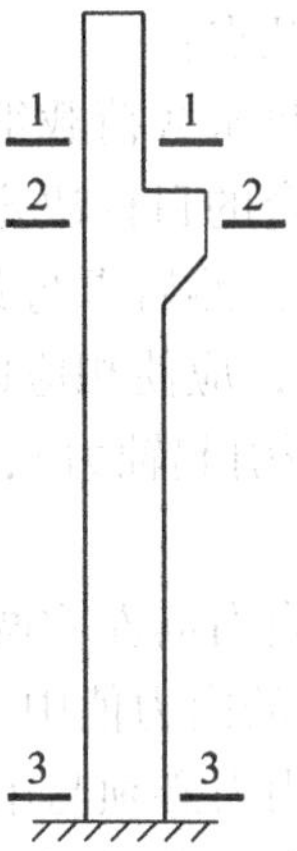

图2-22 单阶排架柱的控制截面

荷载效应组合的具体方法已在《混凝土及砌体结构》第2章作了介绍。对于承载能力极限状态，应按荷载基本组合的效应设计值进行结构设计；对于正常使用极限状态，应根据不同的设计要求，采用荷载标准组合或准永久组合的效应设计值。

3. 内力组合

排架柱在各种不同荷载作用下，对柱子产生多种弯矩 M 和轴力 N 的组合值，很难直接看出哪一种组合为最不利。因此，一般总是先确定几种可能最不利内力的组合值，经过计算分析比较，从中选择其配筋量较大者，作为最后的计算值。

影响内力组合的因素很多，对于工字形或矩形截面柱，从分析其偏心受压计算公式来看，通常当 M 越大相应的 N 越小，其偏心距 e_0 就越大，可能形成大偏心受压，这对受拉钢筋不利；有时当 M 和 N 都大，但 N 增加得多一些，由于 e_0 值的减少，可能反而使所需的受拉钢筋面积减少了，而对受压钢筋不利；在少数情况下，由于 N 值较大或混凝土强度等级过低等原因，使柱子形成小偏心受压。

根据以上分析和设计经验，通常应考虑以下四种的内力组合

(1) $+M_{max}$ 及相应的 N、V；

(2) $-M_{max}$ 及相应的 N、V；

(3) N_{max} 及相应的 M、V；

(4) N_{min} 及相应的 M、V；

在以上四种内力组合中，第(1)、(2)、(4)的组合主要是考虑构件可能出现大偏心受压破坏的情况；第(3)的组合是考虑构件可能出现小偏心受压破坏的情况；从而使柱子能够避免任何一种形式的破坏。

在内力组合时，剪力对一般排架实腹柱的配筋影响很小，计算时可以不必考虑。

在计算基础时，可根据柱子底部3-3截面(图2-22)内力，求得基础底面处的内力进行设计和配筋，并通常采用第(3)种的内力组合进行计算。在计算时，3-3截面的剪力 V 对基础底面产生的附加弯矩较大不能忽视；此外，基础梁传来的墙体等荷载，计算时也

不能漏项。

在进行内力组合时，应注意以下几点：

①在任何一种内力组合中，必须将永久荷载组合进去；

②对可变荷载只能以一种内力组合的目标决定其取舍。例如，当考虑第(1)种内力组合时，就必须以得到 $+M_{max}$ 为目标，然后求与其对应的 N、V 值；

③当以 N_{max} 或 N_{min} 为组合目标时，应使相应的 M 尽可能地大。如将风荷载及吊车水平荷载作用下的内力参与组合时(不引起轴力)，虽然将其组合后并不改变组合目标，但可使弯矩值 M 增大；

④风荷载只能对风自左向右吹或自右向左吹两者考虑其一；

⑤吊车荷载在 D_{max} 或 D_{min} 所产生的内力值中，两者只能选择其一。

⑥吊车横向水平荷载 T_{max} 引起的内力必须与吊车竖向荷载 D_{max} 或 D_{min} 引起的内力一起参与组合。不得在没有组合吊车竖向荷载引起的内力时，单独组合吊车横向水平荷载引起的内力。但吊车横向水平荷载 T_{max} 可能向左，也可能向右，可视内力组合需要任选一个方向的内力。

4. 内力组合值的评判

图 2-23 给出了对称配筋矩形截面偏心受压构件的截面承载力 N_u-M_u 的二条相关曲线，它们的截面尺寸及材料都相同，但每一侧纵向受力钢筋的数量不同，$A_{s2}>A_{s1}$。

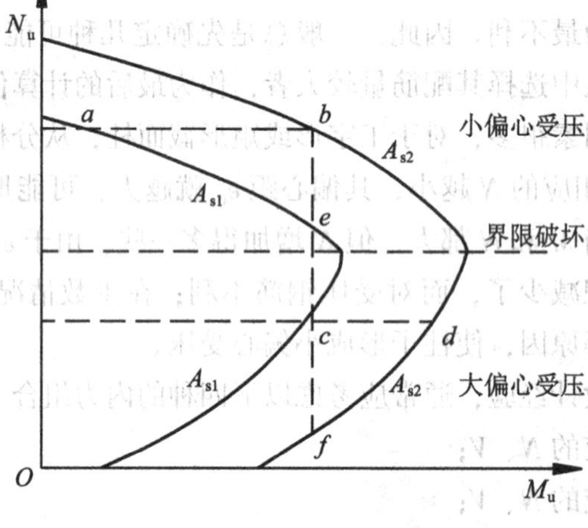

图 2-23　对称配筋矩形截面偏心受压构件的内力组合值的评判

由图中的 a 点和 b 点及 c 点和 d 点知，N_u 相同，M_u 大的配筋多；由图中的 b 点与 e 点及 c 点与 f 点知，M_u 相同，小偏心受压时，N_u 大的配筋多，而大偏心受压时，N_u 大的却配筋少。也就是说，不论大偏心受压，还是小偏心受压，弯矩对配筋总是不利的；而轴向力则在大偏心受压时对配筋有利，而在小偏心受压时对配筋不利。因此可按以下规则来评判内力的组合值：

a，N 相差不多时，M 大的不利；

b，M 相差不多时，凡 $M/N\geqslant 0.3h$ 的，N 小的不利；$M/N<0.3$ 的，N 大的不利。

2.4　单层厂房柱

2.4.1　柱子形式

在单层厂房中普遍使用的柱子形式，有下列几种(图 2-24)：

(1) 矩形截面柱。一般用于吊车起重量 $Q \leqslant 50\text{kN}$，轨顶标高在 7.5m 以内，截面高度 $h \leqslant 700\text{mm}$。其主要优点为外形简单、施工方便，但自重大，费材料，经济指标较差。

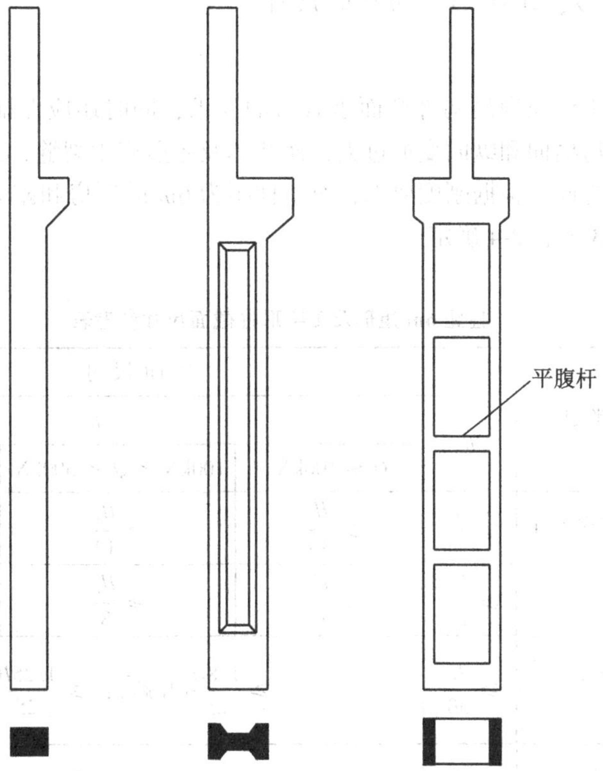

(a) 矩形截面　(b) 工字形截面　(c) 双肢柱

图 2-24　柱的形式

(2) 工字形柱。通常吊车起重量在 $Q \leqslant 300\text{kN}$，轨顶标高在 20m 以下，截面高度 $h \geqslant 600\text{mm}$。其主要优点为截面形式合理，适用范围比较广泛。但若截面尺寸较大(如 $h \geqslant 1600\text{mm}$)，吊装将比较困难。

(3) 双肢柱。一般用在吊车起重量较大($Q \geqslant 500\text{kN}$)的厂房，与工字形柱相比，自重轻，受力性能合理，但其整体刚度较差，构造钢筋布置复杂，用钢量稍多。

总之，在决定柱子的选型时，应力求受力合理，构件截面刚度大，自重轻，能节约材料，维护简便，并要考虑有无吊车及吊车规格、柱高和柱距等因素，同时要考虑制作、运输、吊装及材料供应等具体情况。在同一工程中，柱型、规格不宜过多，为施工工厂化、机械化创造条件。

对于柱的截面高度（h），可参照以下界限选用：

当 $h \leqslant 500$mm 时，采用矩形；

当 $h = 600 \sim 800$mm 时，采用矩形或工字形；

当 $h = 900 \sim 1200$mm 时，采用工字形；

当 $h = 1300 \sim 1500$mm 时，采用工字形或双肢柱；

当 $h \geqslant 1600$mm 时，采用双肢柱。

其他柱型可根据实践经验及工程具体条件选用。

2.4.2 矩形、工字形截面柱的设计

1. 截面尺寸

柱截面尺寸不仅应满足构件截面承载力的要求，同时还应保证柱子具有足够的刚度，以免造成厂房横向和纵向变形过大，使墙体及屋盖产生裂缝，影响吊车正常运行及厂房正常使用。为此，根据刚度要求，对于柱距为 6m 的厂房和露天吊车栈桥的截面尺寸，可参考表 2-3 及表 2-4 确定。

表 2-3　**柱距 6m 矩形及工字形柱截面尺寸参考表**

项次	柱的类型	截面尺寸			
		b	h		
			$Q \leqslant 100$kN	$100\text{kN} < Q < 300$kN	$300\text{kN} \leqslant Q \leqslant 500$kN
1	有吊车厂房下柱	$\geqslant \frac{H_l}{25}$	$\geqslant \frac{H_l}{14}$	$\geqslant \frac{H_l}{12}$	$\geqslant \frac{H_l}{10}$
2	露天吊车柱	$\geqslant \frac{H_l}{25}$	$\geqslant \frac{H_l}{10}$	$\geqslant \frac{H_l}{8}$	$\geqslant \frac{H_l}{7}$
3	单跨及多跨无吊车厂房	$\geqslant \frac{H}{30}$	$\geqslant \frac{1.8H}{25}$（单跨）；$\geqslant \frac{1.25H}{25}$（多跨）		
4	山墙柱（仅受风荷载及自重）	$\geqslant \frac{H_b}{40}$	$\geqslant \frac{H_l}{25}$		
5	山墙柱（同时承受由连系梁传来的墙重）	$\geqslant \frac{H_b}{30}$	$\geqslant \frac{H_l}{25}$		

注：表中符号为：

H_l ——从基础顶面至装配式吊车梁底面或现浇式吊车梁顶面的柱下部高度；

H ——从基础顶面算起的柱全高；

H_b ——山墙柱从基础顶面至柱平面外（柱宽度 b 方向）支撑点的距离。

表 2-4　　**柱距 6m 中级工作制吊车单层厂房柱截面形式及尺寸参考表**

吊车起重量（kN）	轨顶标高（m）	边柱		中柱	
		上柱	下柱	上柱	下柱
无吊车	4 ~ 5.4 6 ~ 8	□400 × 400(或是 400 × 400) I 400 × 400 × 100		□400 × 500(或是 350 × 500) I 400 × 600 × 100	
≤ 50	5 ~ 8	□400 × 400	I 400 × 600 × 100	□400 × 400	I 400 × 600 × 100
100	8	□400 × 400	I 400 × 700 × 100	□400 × 600	I 400 × 800 × 150
150 ~ 200	10	□400 × 400	I 400 × 800 × 150	□400 × 600	I 400 × 800 × 150
	8	□400 × 400	I 400 × 800 × 150	□400 × 600	I 400 × 800 × 150
	10	□400 × 400	I 400 × 900 × 150	□400 × 600	I 400 × 1000 × 150
300	12	□500 × 500	I 500 × 1000 × 200	□400 × 600	I 500 × 1200 × 200
	8	□400 × 400	I 400 × 600 × 100	□400 × 600	I 400 × 1000 × 150
	10	□400 × 500	I 400 × 1000 × 150	□500 × 600	I 500 × 1000 × 200
	12	□500 × 500	I 500 × 1000 × 200	□500 × 600	I 500 × 1000 × 200
	14	□600 × 500	I 600 × 1200 × 200	□600 × 600	I 600 × 1200 × 200
500	10	□500 × 500	I 500 × 1200 × 200	□500 × 700	双 500 × 1600 × 300
	12	□500 × 600	I 500 × 1400 × 200	□500 × 700	双 500 × 1600 × 300
	14	□600 × 600	I 600 × 1400 × 200	□600 × 700	双 600 × 1800 × 300

应该注意到，上述参考表中的数据是在混凝土强度等级较低的情况下做出的。随着我国建材工业的发展，目前柱子采用的混凝土强度等级，一般提高至以 C30 ~ C40 为主，为此，设计者在参考表中数据时，在满足柱子的刚度及承载能力要求的情况下，可根据自己的经验，作合理的变动。

《混凝土结构设计规范》规定：工字形截面柱的翼缘厚度不宜小于 120mm，腹板厚度不宜小于 100mm。当腹板开洞时，在洞孔周边宜设置 2 ~ 3 根直径不小于 8mm 的封闭钢筋。

对腹板开孔的工字形柱，当孔的横向尺寸小于截面高度的一半，孔的竖向尺寸小于相邻两孔之间的净距时，柱的刚度可按实腹工字形柱计算，但在计算承载力时应扣除孔洞的削弱部分；当开孔尺寸超过上述规定时，柱的刚度和承载力应按双肢柱计算。

对柱子在支承屋架和吊车梁的局部处，应做成矩形截面；柱子下端插入基础杯口部分，根据柱子吊装就位的临时固定和校正的施工方法需要，一般做成矩形截面。

2. 截面设计

根据排架计算求得柱子控制截面最不利组合的内力 M 和 N，则按偏心受压构件进行截面配筋计算。下面仅对单层厂房柱的计算长度及柱子施工吊装验算作补充说明。

(1)柱子计算长度的确定。在进行偏心受压构件承载力计算时，必须知道该构件的计算长度。在材料力学中，柱的计算长度按两端为铰支座、一端固定一端为自由端、一端铰支座一端为固定和两端为固定等不同支承情况而异。而单层厂房柱的实际支承情况要复杂得多，如柱上端和屋架连接，其变形视屋架的刚度和厂房的跨数而异，因此屋架对柱顶是属于一种弹性支承，也可认为是可动铰支承；柱子和吊车梁、圈梁等纵向构件相连接，上下柱又是变阶截面；柱下端插入基础杯口由基础支承在地基上，其固定程度与地基土的压缩性有关，也不是理想的固定端等，因此要准确地确定柱子计算长度比较困难。《混凝土结构设计规范》在综合分析和工程实践的基础上，给出了如表 2-5 所示的柱子计算长度 l_0 的规定值。

表 2-5　**刚性屋盖单层厂房排架柱、露天吊车柱和栈桥柱的计算长度 l_0**

柱的类别		排架方向	垂直排架方向	
			有柱间支撑	无柱间支撑
无吊车房屋柱	单跨	$1.5H$	$1.0H$	$1.2H$
	两跨及多跨	$1.25H$	$1.0H$	$1.2H$
有吊车房屋柱	上柱	$2.0H_u$	$1.25H_u$	$1.5H_u$
	下柱	$1.0H_l$	$0.8H_l$	$1.0H_l$
露天吊车和栈桥柱		$2.0H_l$	$1.0H_l$	—

注：①表中 H 为从基础顶面算起的柱子全高；H_l 为从基础顶面算起至装配式吊车梁底面或现浇吊车梁顶面的柱子下部高度；H_u 为从装配式吊车梁底面或从现浇式吊车梁顶面算起的柱子上部高度；

②表中有吊车房屋排架柱的计算长度，当计算中不考虑吊车荷载时，可按无吊车房屋柱的计算长度采用；但上柱的计算长度仍按有吊车房屋采用；

③表中有吊车房屋排架柱的上柱在排架方向的计算长度，仅适用于 $H_u/H_l \geqslant 0.3$ 的情况；当 $H_u/H_l < 0.3$ 时，计算长度宜采用 $2.5H_u$。

(2)吊装阶段柱的验算。预制柱的吊装可以采用平吊，也可以采用翻身吊，其柱子的吊点一般均设在牛腿的下边缘处，起吊方法及计算简图如图 2-25 所示。吊装验算应满足承载力和裂缝宽度的要求。

一般应尽量采用平吊，以便于施工。但当采用平吊须较多地增加柱中的配筋量时，则应考虑采用翻身吊。当采用翻身吊时，其截面的受力方向与使用阶段的受力方向一致，因而其承载力和裂缝宽度不会发生问题，一般不必验算。

如采用平吊时截面受力方向是柱子的平面外受力方向，对工字形截面柱的腹板作用可以忽略不计，并可简化为宽度为 $2h_f$，高度为 b_f 的矩形截面梁进行验算，此时其纵向受力钢筋只考虑两翼缘上下最外边的一排作为 A_s 及 A'_s 的计算值。在验算时，柱自重重力荷载分项系数取 1.35(由永久荷载效应控制的组合)。考虑到起吊时的动力作用，其

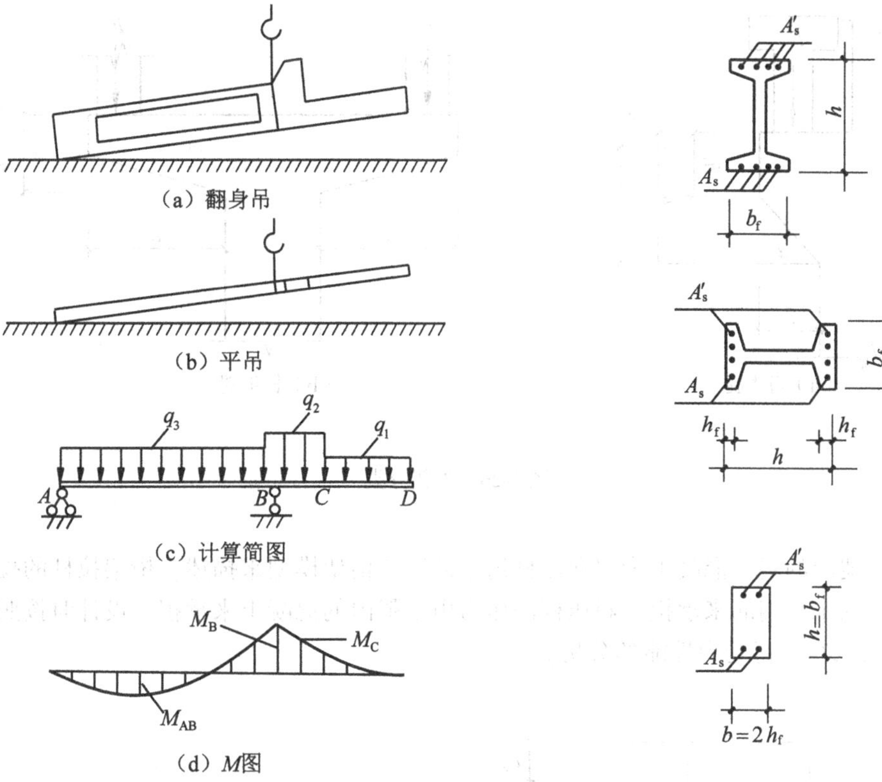

图 2-25　柱吊装验算的计算简图

自重须乘以动力系数 1.5，但根据构件的受力情况，可适当增减。此外，考虑到施工荷载是临时性质的，因此，结构构件的重要性系数应降低一级取用。一般要求混凝土达到设计强度 70%后进行吊装。

在平吊时构件裂缝宽度的验算，《混凝土结构设计规范》对钢筋混凝土构件未作专门的规定，一般可按允许出现裂缝的控制等级进行吊装验算。

2.4.3　牛腿设计

在单层厂房钢筋混凝土柱中，通常在其支承屋架、吊车梁及连系梁的部位，设置从侧向伸出的短悬臂梁，或称为牛腿，以支承其荷载。

设置牛腿的目的是在不增大柱截面的情况下加大其支承面积，以保证构件之间的可靠联系。由于作用在牛腿上大多是负载较大的构件或是有动力作用的荷载，所以它是一个重要的部件。

1. 牛腿的受力特性

如图 2-26 所示，牛腿的受力状态按 a/h_0 的不同可分为两类。当 $a > h_0$ 时，其受力性能一般与悬臂梁相似。故可按悬臂梁进行设计。而当 $a \leqslant h_0$ 时，此时牛腿的受力状态实质上是一个变截面短悬臂深梁。

牛腿在竖向荷载和水平拉力作用下，其受力特征可比拟为由牛腿顶部的水平钢筋为

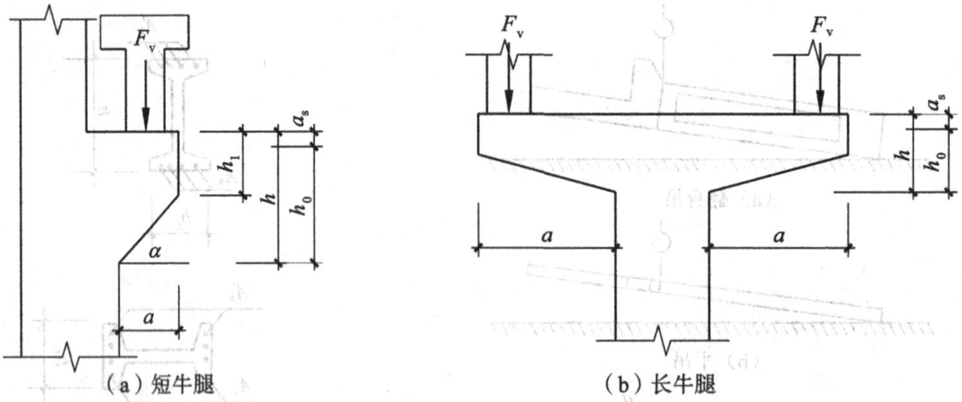

图 2-26　牛腿分类

拉杆和牛腿内的斜压混凝土为斜向压杆组成的简单桁架模型来描述。桁架拉杆的拉力由牛腿顶面的水平钢筋来承担，斜压杆的压力由牛腿内的混凝土来承担。设计时按照这一模型(图 2-27)进行受力性能的分析。

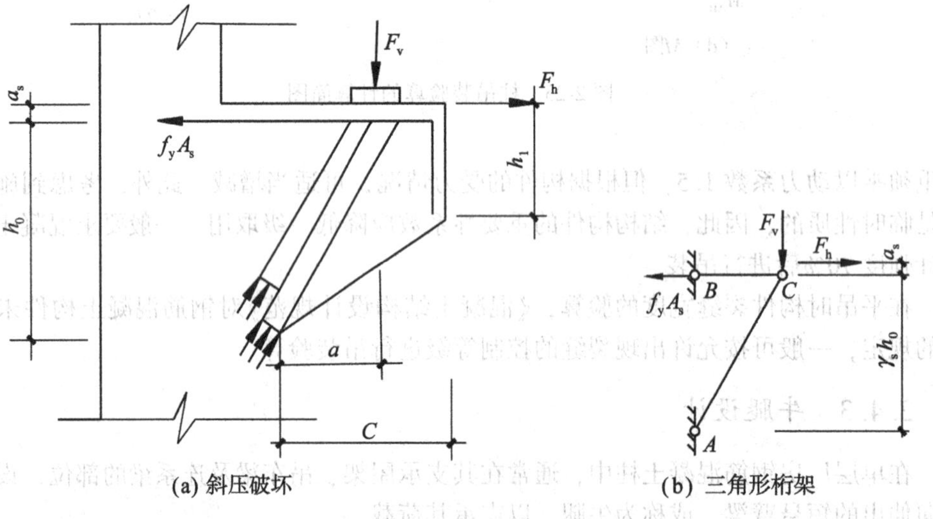

图 2-27　牛腿计算简图

2. 牛腿截面尺寸的确定

试验表明：当牛腿内产生的斜向压力较大以及随着 a/h_0 值的增加，都有可能导致牛腿的斜向开裂。由于牛腿在使用阶段出现这种斜裂缝，会造成明显的不安全感，且加固困难，故在确定截面尺寸时，一般牛腿截面宽度取与柱等宽，高度要求在使用阶段不出现斜裂缝为控制条件。因而《混凝土结构设计规范》规定：

(1)牛腿的裂缝控制要求。

$$F_{vk}=\beta\left(1-0.5\frac{F_{hk}}{F_{vk}}\right)\frac{f_{tk}bh_0}{0.5+\frac{a}{h_0}} \tag{2-16}$$

式中：F_{vk}——作用于牛腿顶部按荷载效应标准组合计算的竖向力值；

F_{hk}——作用于牛腿顶部按荷载效应标准组合计算的水平拉力值；

β——裂缝控制系数，支承吊车梁的牛腿取0.65；其他牛腿取0.80；

a——竖向力作用点至下柱边缘的水平距离，应考虑安装偏差20mm；当考虑安装偏差后的竖向力作用点仍位于下柱截面以内时取0；

b——牛腿宽度；

h_0——牛腿与下柱交接处的垂直截面有效高度，取 $h_1-a_s+c\tan\alpha$，如 α 大于 45°，c 为下柱边缘到牛腿外边缘的水平长度。

(2)牛腿的外边缘高度 h_1 不应小于 $h/3$，且不应小于200mm。

(3)在牛腿顶受压面上，竖向力 F_{vk} 所引起的局部压应力不应超过 $0.75f_c$。

3. 牛腿顶面水平拉杆设计

在牛腿中，顶面水平拉杆由承受竖向力所需的受拉钢筋截面面积和水平拉力所需的锚筋截面面积的和；即纵向受力钢筋的总截面面积，可由图2-27(b)所示的桁架模型，按平衡条件 $\sum M_A=0$ 近似地得出：

$$F_v a+1.2F_h\gamma_0h_0=f_yA_s\gamma_0h_0$$

则

$$A_s\geqslant\frac{F_v a}{0.85f_yh_0}+1.2\frac{F_h}{f_y} \tag{2-17}$$

当 $a<0.3h_0$ 时，取 $a=0.3h_0$。

式中：A_s——水平拉杆所需的纵向受拉钢筋截面面积；

F_v——作用在牛腿顶部的竖向荷载设计值；

F_h——作用在牛腿顶部的水平拉力设计值；

γ_0——内力偶臂系数，近似取0.85；

1.2——考虑水平拉力偏心影响时的增大系数，由经验确定。

4. 牛腿斜截面承载力

牛腿由于在常用的构件尺寸和配筋情况下，其受剪承载力总是高于其开裂时的承载力，所以在满足裂缝控制条件式(2-16)要求后，《混凝土结构设计规范》不再要求受剪承载力的验算，设计时仅按构造要求配置箍筋及弯起钢筋(图2-28)。

5. 牛腿局部受压承载力

垫板下局部受压承载力可按下式进行验算

$$\sigma_l=\frac{F_{vk}}{A_l}\leqslant 0.75f_c \tag{2-18}$$

式中：A_l——局部受压面积，；$A_l=a\times b$，其中 a、b 分别为垫板的长边和短边尺寸。

6. 牛腿的构造要求

(1)纵向受拉钢筋宜采用HRB400级或HRB500级钢筋。全部纵向受力钢筋及弯起钢筋宜沿牛腿外边缘向下伸入柱内150mm后截断。纵向受力钢筋及弯起钢筋伸入上柱

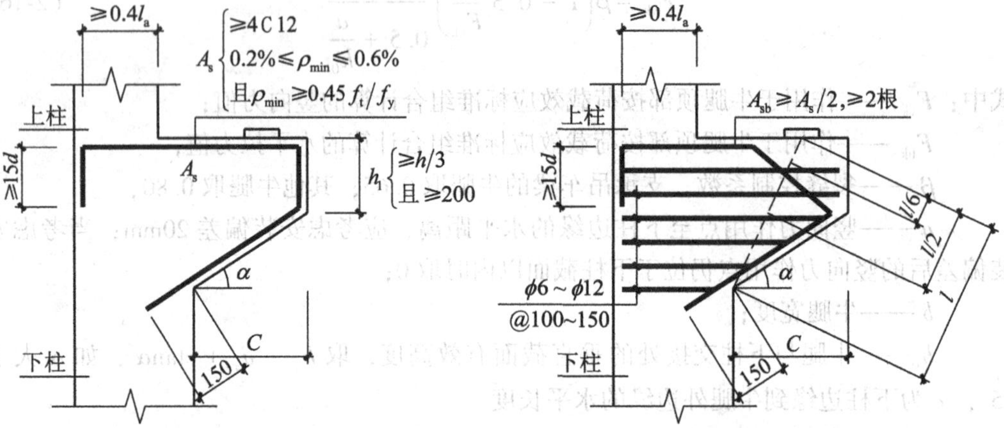

(a) 牛腿尺寸及纵筋构造要求　　(b) 牛腿箍筋及弯起钢筋构造要求

图 2-28　牛腿构造要求

的锚固长度，当采用直线锚固时不应小于受拉钢筋锚固长度 l_a 值；当上柱尺寸不足以设置直线锚固长度时，上部纵向钢筋应伸至节点对边并向下 90°弯折，其弯折前的水平投影长度不应小于 $0.4l_a$，弯折后的垂直投影长度不应小于 15d（图 2-28）。

承受竖向力所需的纵向受拉钢筋的配筋率 $\left(\rho_{min}=\dfrac{A_s}{bh_0}\right)$ 不应小于 0.2% 及 $0.45f_t/f_y$，也不宜大于 0.6%，且根数不宜少于 4 根，直径不应小于 12mm。

当牛腿设于上柱柱顶时，宜将柱对边的纵向受力钢筋沿柱顶水平弯入牛腿，作为牛腿纵向受拉钢筋使用；若牛腿纵向受拉钢筋与柱对边纵向钢筋分开设置，则牛腿纵向受拉钢筋弯入柱外侧后，应与柱外边纵向钢筋可靠搭接，其搭接长度不应小于相关规定。

(2)牛腿的水平箍筋直径宜取用 6 ~ 12mm，间距宜为 100 ~ 150mm，且在上部 $2h_0/3$ 范围内水平箍筋总截面面积不宜小于承受竖向力的受拉钢筋截面面积的 1/2(图 2-28(b))。

(3)当 $a/h_0 \geq 0.3$ 时，牛腿内宜设置弯起钢筋。弯起钢筋宜采用 HRB400 级或 HRB500 级钢筋，并宜使其与集中荷载作用点到牛腿斜边下端点连线的交点位于牛腿上部 $l/6$ 至 $l/2$ 之间的范围内，l 为该连线长度(图 2-28(b))，其截面面积 A_{sb} 不宜小于承受竖向力的受拉钢筋截面面积的 1/2，其根数不宜少于 2 根，直径不宜小于 12mm。

弯起钢筋下端伸入下柱及上端与上柱锚固，其构造规定与纵向受拉钢筋的做法相同，见图 2-28(b)。纵向受拉钢筋不得兼做弯起钢筋。

2.5 柱下独立基础

2.5.1 概述

柱下独立基础按受力性能不同可分为：轴心受压基础和偏心受压基础两类。单层厂房中常用的是偏心受压钢筋混凝土独立基础，其形式有阶梯形和锥体形两种(图 2-29 (a)、(b))。因为它与预制柱连接部分做成杯口，故又称杯口形基础。当基础由于地质条件所限制，或是附近有较深的设备基础或坑而需深埋时，为了不使预制柱过长，可做成把杯口位置升高到和其他柱基相同的标高处，从而使预制柱长度一致的高杯口基础。

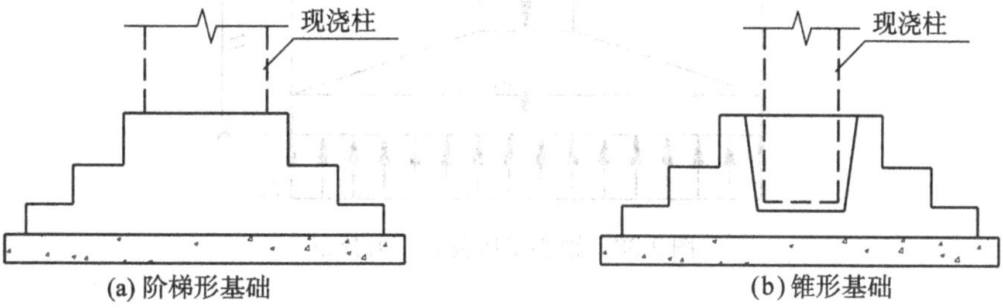

图 2-29　柱下独立基础形式

如上部结构的荷载较大，地基的土质差，对基础不均匀的沉降要求较严格的厂房，一般可采用桩基础。

2.5.2　独立基础设计

根据《建筑地基基础设计规范》GB50007—2011 的规定，对各级建筑物的地基和基础，均应进行承载力的计算，对一些重要的建筑物或土质较为复杂的地基，尚应进行变形或稳定性验算。同时规定，计算地基的承载力时，应取用荷载效应的标准值；计算基础的承载力时，应取用荷载效应的设计值。

1. 基础底边尺寸

(1)轴心荷载作用下的基础。假定基础底面处的压力均匀分布(图 2-30)，设计时应满足：

$$p_k = \frac{N_k + G_k}{A} \leqslant f_a \tag{2-19}$$

式中：N_k ——相应于荷载的标准组合时，上部结构传至基础顶面的竖向压力值；

G_k ——基础自重和基础上土重标准值；

A ——基础地面面积，$A = lb$；

l ——基础底面边长，对偏心基础则为垂直于力矩作用方向的基础底面边长；

b ——基础底面宽度；

p_k ——相应于荷载的标准组合时，基础底面处单位面积的平均压力值；

f_a ——修正后的地基承载力特征值。

若取基础的埋置深度为 H，则 $G_k = \gamma_m HA$，代入式(2-19)可得基础底面积：

$$A \geqslant \frac{N_k}{f_a - \gamma_m H} \tag{2-20}$$

式中：γ_m ——基础及其上填土的平均自重，一般可近似取 $\gamma_m = 20\ \mathrm{kN/mm^3}$。

设计时先对地基承载力特征值作深度修正求得其 f_a 值，则按式(2-20)可算出 A 值及

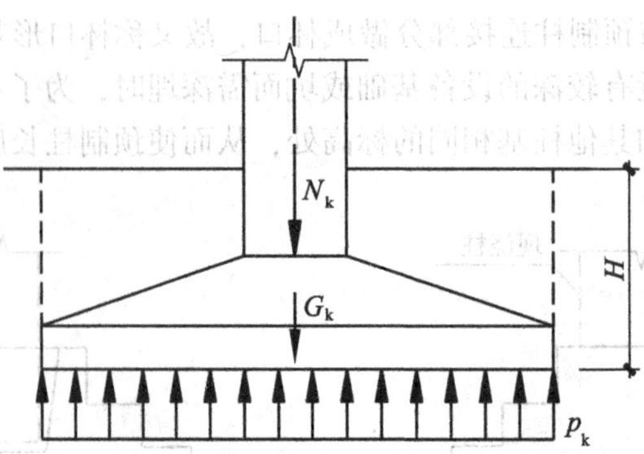

图 2-30　轴心受压荷载压力分布

相应的基础底面的宽度 b；当求得的 b 值大于 3m 时，还须作宽度修正，重求 f_a 值及相应的 b 值；如此经过几次试算，若求得的基础底面宽度 b 值与其用作宽度修正的 b 值前后一致时，则该 b 值即为最后确定的基础底面宽度。

(2)偏心荷载作用下的基础。假定基础底面处的压力按线性均匀分布(图 2-31)，则基础底边下地基的反力可按下式计算：

$$p_{k,\ \min}^{k,\ \max} = \frac{N_{kb}}{A} \pm \frac{M_{kb}}{W} \tag{2-21}$$

式中：$p_{k,\ \max}$、$p_{k,\ \min}$——相应于荷载的标准组合时，基础底面边缘单位面积的最大和最小压力值；

M_{kb}——相应于荷载的标准组合时，作用于基础底面的弯矩标准值，$M_{kb} = M_k + V_k h$，其 M_k、V_k 为基础顶面的弯矩和剪力标准值；

N_{kb}——相应于荷载的标准组合时，作用于基础底面的竖向压力标准值，$N_{kb} = (N_k + G_k)/A$；

W——基础底面的弹性抵抗矩，$W = lb^2/6$；

取 $e = \dfrac{M_{kb}}{N_k + G_k}$，并将 $W = lb^2/6$ 代入式(2-21)，可得

$$p_{k,\ \min}^{k,\ \max} = \frac{N_k + G_k}{lb}\left(1 \pm \frac{6e}{b}\right) \tag{2-22}$$

从上式可知：当 $e < \dfrac{b}{6}$ 时，基础底面全部受压，$p_{k,\ \min} > 0$，基础底面单位面积的压力图为梯形；当 $e = \dfrac{b}{6}$ 时，其底面也为全部受压，$p_{k,\ \min} = 0$，压力图为三角形(图 2-31(a)、(b))；当 $e > \dfrac{b}{6}$ 时，这时基础底面积的一部分将受拉应力，但实际上基础与土的接触面不可能受拉，这说明其底边需进行内力调整，基础受压底面积不是 lb 而是 $3al$(图 2-31(c))，此时基础底面边缘单位面积的最大压力值为：

$$p_{k,\ \max} = \frac{2(N_k + G_k)}{3al} \tag{2-23}$$

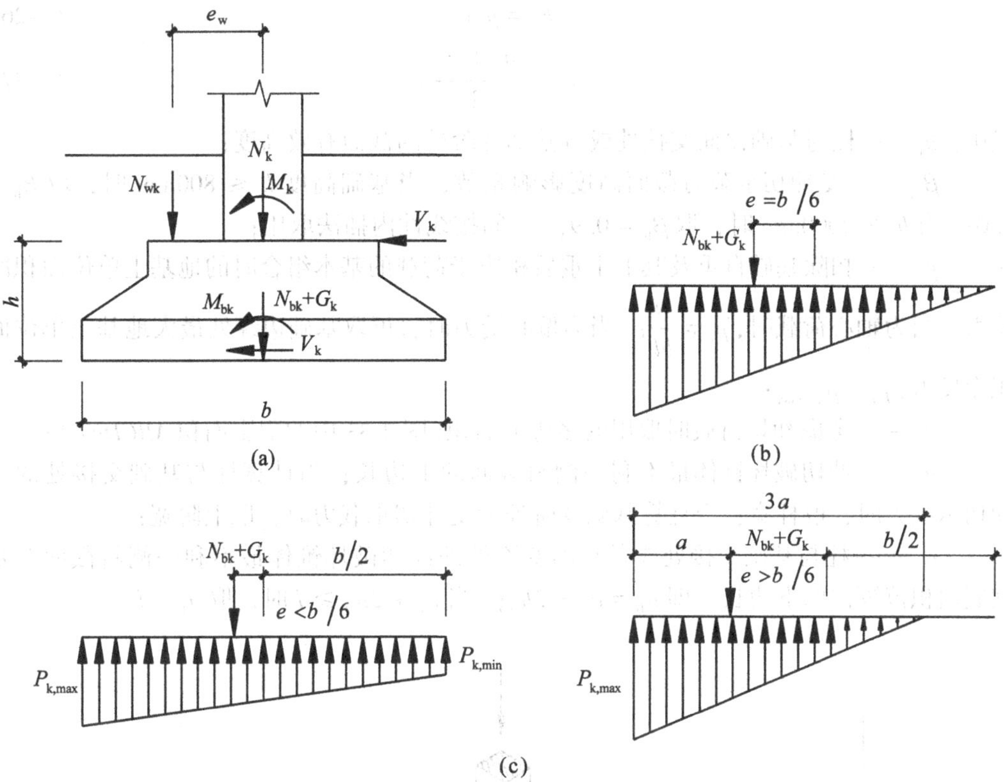

图 2-31　偏心受压荷载下基础底面处压力分布

此处 a 值为偏心荷载($N_k + G_k$)作用点至基础底面最大压力边缘的距离，等于 $b/2-e$。

偏心受压基础底面的压力，应符合下式的要求：

$$p_{k,\ max} \leqslant 1.2f_a \tag{2-24}$$

在确定偏心荷载下基础底面尺寸时，一般也采用试算法：设计时一般先按轴心受压公式(2-20)计算，并考虑偏心的影响，底面积再增加 20% ~ 40%，初步估算出基础底面边长 l 和 b 的尺寸，然后验算是否满足式(2-24)的要求。否则应调整其基础底面尺寸重作验算，直至满足为止。

2. 基础高度及受冲切、受剪承载力验算

基础高度是指自与柱交接处基础顶面至基础底面的垂直距离。根据《建筑地基基础设计规范》规定：柱下独立基础高度应按混凝土受冲切及受剪承载力公式由计算确定。此外，尚应验算变阶处的基础高度。

试验表明：基础在承受柱传来的荷载时，如果柱与基础交接处或者基础变阶处的高度不够时，将会发生如图 2-32 所示的由于受冲切承载力不足的斜裂面破坏。冲切破坏形态类似于斜拉破坏，其所形成的斜裂面与水平线大致呈 45°的倾角，是一种脆性破坏。为了保证不发生冲切破坏，必须使冲切面以外的地基土净反力所产生的冲切力不超过冲切面处混凝土所能承受的冲切力(图 2-33)，具体可按下列式计算：

$$F_l \leq 0.7\beta_{hp} f_t a_m h_0 \tag{2-25}$$

$$F_l = p_j A_l \tag{2-26}$$

$$a_m = \frac{a_t + a_b}{2} \tag{2-27}$$

式中：h_0——柱与基础顶面交接处或者基础变阶处的截面有效高度；

β_{hp}——受冲切承载力截面高度影响系数，当基础高度 $h \leqslant 800\text{mm}$ 时，取 $\beta_h = 1.0$；当 $h \geqslant 2000\text{mm}$ 时，取 $\beta_h = 0.9$；其间按线性内插法取用；

p_j——扣除基础自重及其上土重后相应于荷载的基本组合时的地基土单位面积净反力。当为轴心荷载时，$p_j = \dfrac{N}{bl}$；当为偏心受力时，可取基础边缘处最大地基土单位面积净反力，$p_j = p_{n,\max}$；

A_l——考虑冲切荷载时取用的多边形面积（图 2-33 中的阴影面积 $ABCDEF$）；

a_t——冲切破坏锥体最不利一侧斜截面的上边长；当计算柱与基础交接处的受冲切承载力时，取柱宽；当计算基础变阶处的受冲切承载力时，取上阶宽；

a_b——柱与基础交接处或者基础变阶处的冲切破坏锥体最不利一侧斜截面在基础底面积范围内的下边长，即 $a_b = a_t + 2h_0$；当 $a_t + 2h_0 \geqslant l$ 时，取 $a_b = l$。

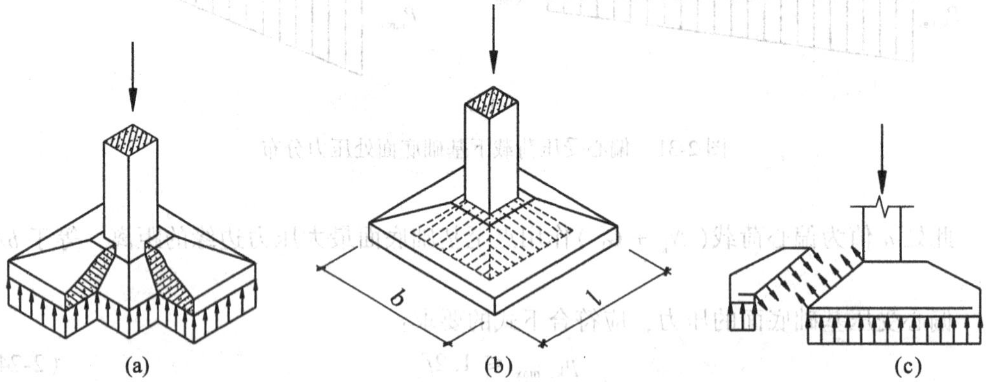

图 2-32　基础冲切破坏

在设计时，一般是根据构造要求先假定基础高度，然后按式(2-33)进行验算，如不满足要求，则应增大基础高度再进行验算，直至满足要求为止。当基础底面落在 45°线以内时，可不进行冲切验算。

3. 基础受剪切承载力验算

当基础底面短边尺寸小于或等于柱宽加两倍基础有效高度时，应按下列公式验算柱与基础交接处截面受剪承载力：

$$V_s \leqslant 0.7\beta_{hs} f_t A_0 \tag{2-28}$$

$$\beta_{hs} = (800/h_0)^{1/4} \tag{2-29}$$

式中：V_s——相应于作用的基本组合时，柱与基础交接处的剪力设计值（kN）。图 2-34 中的阴影面积乘以基底平均净反力；

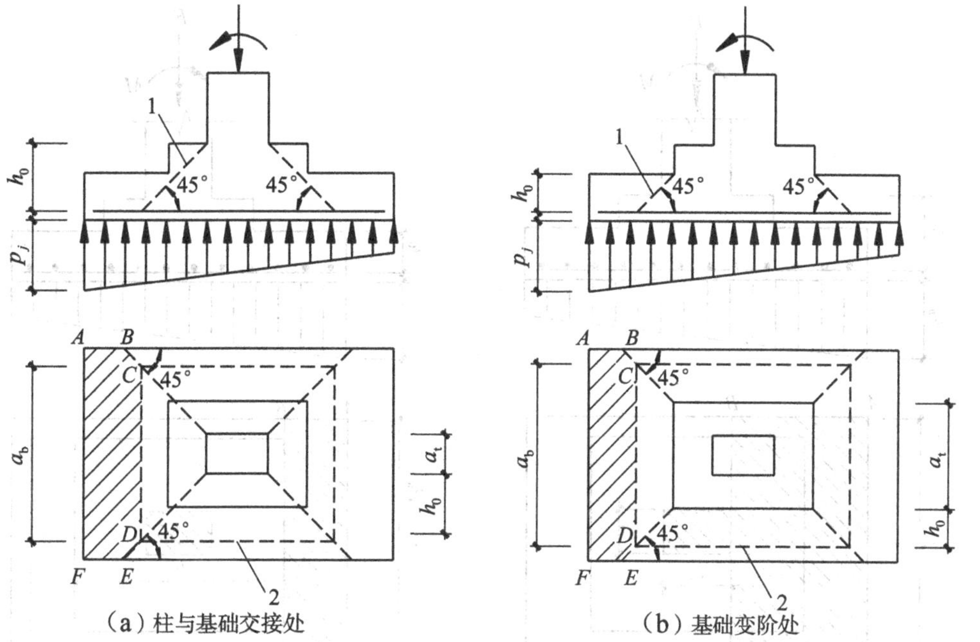

1—冲切破坏锥体最不利一侧的斜截面；　2—冲切破坏锥体的底面线

图 2-33　基础底面冲切面积

β_{hs} ——受剪切承载力截面高度影响系数，当 $h_0 < 800\text{mm}$ 时，取 $h_0 = 800\text{mm}$；当 $h_0 > 2000\text{mm}$ 时，取 $h_0 = 2000\text{mm}$；

A_0——验算截面处基础的有效截面面积(m^2)。当验算截面为阶梯形或锥形时，可将其截面折算成矩形截面，截面的折算宽度和截面的有效高度按《建筑地基基础设计规范》附录 U 计算。

4. 配筋计算

基础在上部结构传来的荷载和地基土净反力的共同作用下，可以将其倒过来看做一呈线性的均布荷载作用下支承于柱上的悬臂板(图 2-35)。这样，其底板配筋计算的方法为：

对轴心荷载作用下的基础，沿边长 b 方向截面 I-I 处的弯矩设计值 M_{I}，等于作用在梯形面积 $ABCD$ 上的地基总净反力与该面积形心到柱边截面的距离相乘之积，即(图 2-35(a))：

$$M_{\text{I}} = \frac{p_n}{24}(b - b_t)^2(2l + a_t) \tag{2-30}$$

则沿边长 b 方向分布的截面 Ⅰ-Ⅰ 处受力钢筋截面面积 $A_{s\text{I}}$，可按下列近似公式计算

$$A_{s\text{I}} = \frac{M_{\text{I}}}{0.9f_y h_0} \tag{2-31}$$

式中：$0.9h_0$——由经验确定的内力偶臂，h_0 为截面 Ⅰ-Ⅰ 处底板的有效高度。

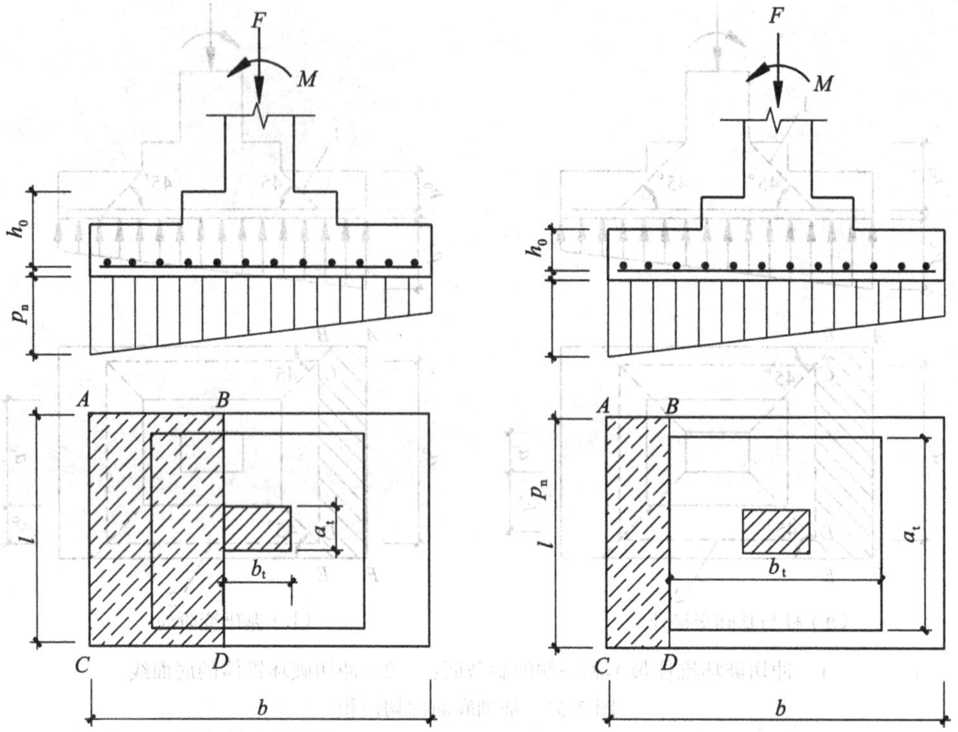

（a）柱与基础交接处　　（b）基础变阶处

图 2-34　验算阶形基础受剪切承载力示意图

同理，沿边长 l 方向的截面Ⅱ-Ⅱ处按上述相同的方法可以求出 M_{II} 及相应的 $A_{s\mathrm{II}}$，如果在底板两个方向受力钢筋直径相同，则截面Ⅱ-Ⅱ的有效高度应为 h_0-d，故得

$$A_{s\mathrm{II}}=\frac{M_{\mathrm{II}}}{0.9(h_0-d)f_y} \tag{2-32}$$

式中：d——底板的受力钢筋直径。

对偏心荷载作用下的基础，沿弯矩作用方向在任意截面 Ⅰ-Ⅰ 处的弯矩设计值 M_{I} 及垂直于弯矩作用方向柱边截面处的弯矩设计值 M_{II}，可按下列公式计算(图 2-35b)。

$$M_{\mathrm{I}}=\frac{1}{12}a_1^2\left[(2l+a')(p_{n,\max}+p_n)+(p_{n,\max}-p_n)\right] \tag{2-33}$$

$$M_{\mathrm{II}}=\frac{1}{48}(l-a')^2(2b+b')(p_{n,\max}+p_{n,\min}) \tag{2-34}$$

式中：$p_{n,\max}$、$p_{n,\min}$——相应于荷载基本组合时的基础底面边缘的最大和最小单位面积净反力设计值；

p_n——相应于荷载基本组合时的柱任意截面 Ⅰ-Ⅰ 处基础底面单位面积净反力设计值；

a_1——基础最大净反力 $p_{n,\max}$ 作用点至任意截面 Ⅰ-Ⅰ 的距离。

求得弯矩 M_{I} 及 M_{II} 设计值以后，其相应的受力钢筋截面面积近似按式(2-31)及式

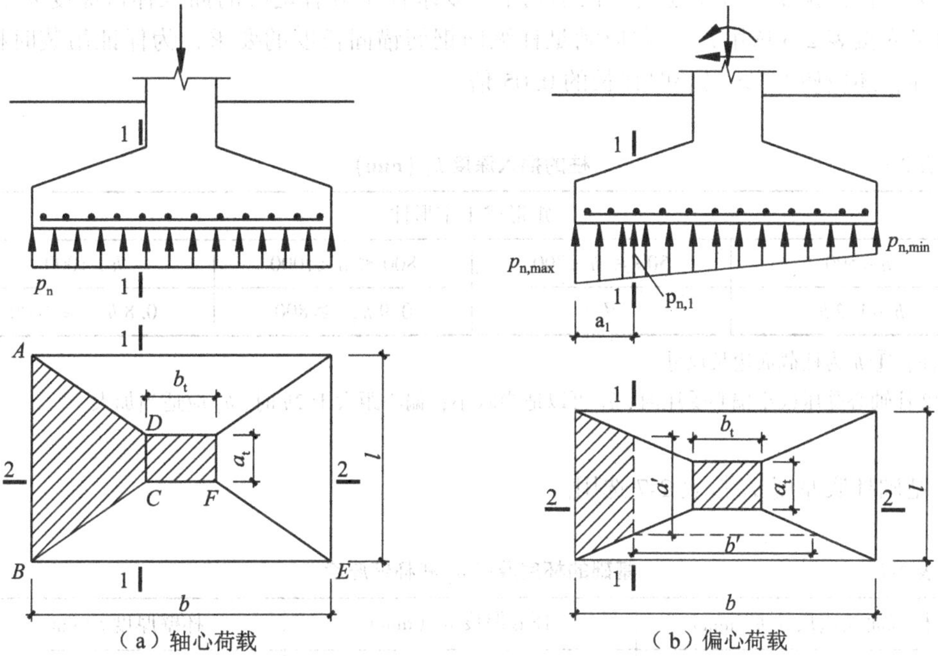

图 2-35　基础底板配筋计算图

(2-32)进行计算。

对于阶梯形基础，尚应计算变阶截面处的配筋，最终取其两者较大值作为所需的配筋量。

5. 构造要求

对于钢筋混凝土柱下独立基础，应符合下列要求：

(1)基础尺寸要求。

①基础底边尺寸。对轴心受压基础一般采用正方形。对偏心受压基础应为矩形，其长边与弯矩作用方向平行，长、短边之比不应超过 3，一般在 1. 5~2. 0。

②基础高度要求。基础高度是由杯口高度和基础的杯底厚度 a_1 组成(图 2-36)。其中杯口高度为柱的插入深度 h_1 与混凝土坐浆层厚度(通常取 50mm)之和。

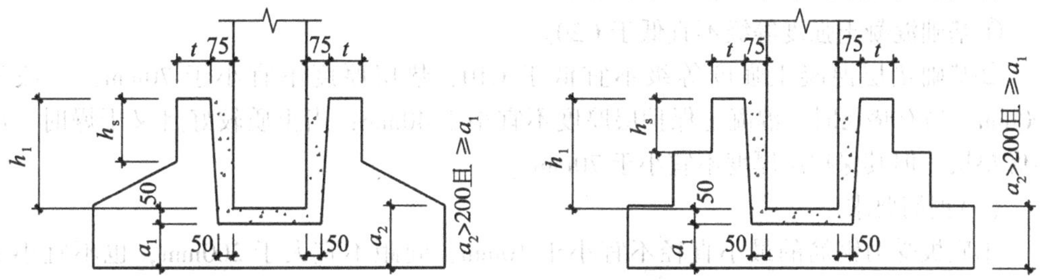

图 2-36　柱与独立基础的连接构造 注：$a_2 \geqslant a_1$

为了保证预制柱可靠地嵌固在基础中，要求柱子应有足够的插入杯口深度 h_1。设计时可先按表2-6选用 h_1，并应满足柱纵向钢筋锚固长度的要求，为保证吊装时柱的稳定性，还应使 $h_1 \geqslant$ 吊装时柱长的0.05倍。

表2-6 **柱的插入深度 h_1 (mm)**

矩形或工字形柱			
$h<500$	$500 \leqslant h<800$	$800 \leqslant h<1000$	$h>1000$
$h\sim1.2h$	h	$0.9h$，$\geqslant800$	$0.8h$，$\geqslant1000$

注：①h 为柱截面边长尺寸。

②柱轴心受压或小偏心受压时，h_1 可以适当减小；偏心距大于 $2h$ 时，h_1 应适当加大。

基础杯底厚度 a_1 按表2-7选用。

表2-7 **基础的杯底厚度 a_1 和杯壁厚度 t**

柱截面长边尺寸 h (mm)	杯底厚度 a_1 (mm)	杯壁厚度 t (mm)
$h<500$	≥150	150~200
$500 \leqslant h<800$	≥200	≥200
$800 \leqslant h<1000$	≥200	≥300
$1000 \leqslant h<1500$	≥250	≥350
$1500 \leqslant h<2000$	≥300	≥400

注：①当有基础梁时，基础梁下的杯壁厚度应满足支撑宽度的要求；

②柱子插入杯口部分表面应有凿毛。柱子与杯口之间的空隙，应用比基础混凝土强度等级高一级的细石混凝土充填密实，当达到材料设计强度的70%以上时，方能进行上部吊装。

③其他尺寸要求。锥形基础的边缘高度 $a_2 \geqslant 200$mm，且两个方向的坡度不宜大于1∶3；阶梯形基础的每阶高度宜为300～500mm。

杯壁厚度 t 可按表2-7选用。

(2)混凝土强度等级及保护层厚度要求。

①基础混凝土强度等级不宜低于C20。

②基础垫层混凝土强度等级不宜低于C10，垫层厚度不宜小于70mm，一般为100mm。当有垫层时，混凝土保护层厚度不宜小于40mm；当土质较好且又干燥时，可不做垫层，但其保护层厚度不宜小于70mm。

(3)钢筋要求。

①底板受力钢筋的最小直径不宜小于10mm，间距不宜大于200mm，也不宜小于100mm，当基础边长大于2.5m时，沿此方向的50%钢筋长度，其长度可以减短10%，并交错放置。

②杯壁内配筋：当柱为轴心或小偏心受压，且 $t/h_2 \geqslant 0.65$ 时，或大偏心受压，且

$t/h_2 \geqslant 0.75$ 时，杯壁可不配筋。当柱为轴心或小偏心受压，且 $0.5 \leqslant t/h_2 < 0.65$ 时，杯壁可按表 2-8 构造配筋；其他情况下，应按计算配筋(图 2-37)。

表 2-8　**杯壁构造配筋**

柱截面长边尺寸 h (mm)	$h<1000$	$1000 \leqslant h<1500$	$1500 \leqslant h<2000$
钢筋直径(mm)	8~10	10~12	12~16

注：表中钢筋置于杯口顶部，每边两根(图 2-37)。

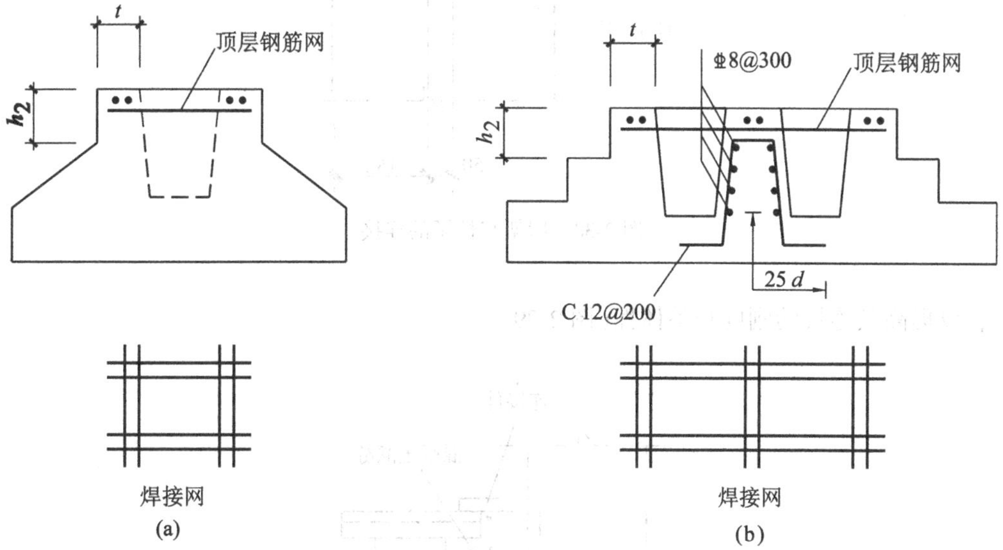

图 2-37　基础杯口配筋构造

2.6　单层厂房各构件与柱连接

柱子是单层厂房中的主要承重构件，厂房中许多构件如屋架、吊车梁、支撑基础梁及墙体都需要和它相联系。由各种构件传来的竖向荷载和水平荷载均要通过柱子传递到基础上去。因此，柱子与其他构件有可靠连接是构件之间有可靠传力的保证，在设计和施工中不能被忽视。

1. 屋架(或屋面梁)与柱连接

屋架、屋面梁与柱顶连接，是通过连接板与屋架端部预埋件之间相互焊接起来的。垫板的尺寸是由保证屋架能够顺利地将其压力传给柱顶的条件决定的；垫板的设置位置，使其形心落在屋架传给柱子压力合力作用线正好通过屋架上、下弦中心线交点时的位置上，一般位于距厂房定位轴线 150mm 处(图 2-38)。

2. 吊车梁与柱连接

吊车梁底面通过连接板与牛腿顶面预埋件相互焊接连接起来；吊车梁顶面通过连接角钢(或钢板)与上柱侧面预埋件连接起来。同时用混凝土将吊车梁与上柱间的空隙灌

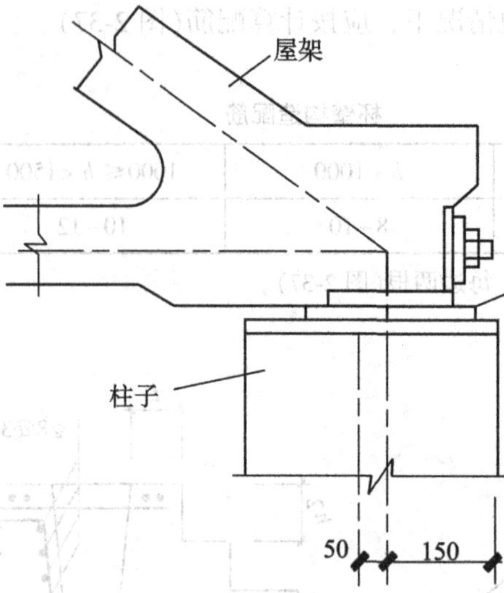

图 2-38　屋架与柱子的连接

实，以提高其连接的刚度和整体性(图 2-39)。

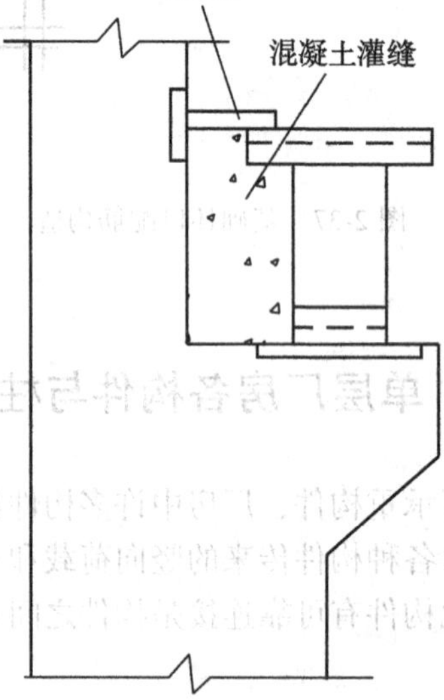

图 2-39　吊车梁与柱子连接

3. 墙与柱连接

墙体与柱子的连接是通过预埋在柱中的拉接钢筋砌筑在墙体内相互连接起来，它可以把作用在墙面上的负风压传给柱子，但墙体自重等竖向荷载不会传递到柱子上去，这种连接称为柔性连接(图 2-40)。

当墙体采用挂墙板时，一般是挂墙板与柱子焊接，具体构造见有关标准图。

4. 圈梁与柱连接

为了加强房屋的整体刚度，防止由于地基不均匀沉降或有较大振动荷载等所引起对房屋不利的影响，可在墙体中设置钢筋混凝土圈梁。现浇圈梁与柱子连接是通过在柱中预留的拉结钢筋与圈梁的混凝土浇筑在一起的方法来实现的(图 2-41)。

5. 屋架(或屋面梁)与山墙抗风柱连接

厂房两端山墙由于其面积较大，所承受的风荷载也较大，故通常需设计成带有壁柱的砖墙或具有钢筋混凝土壁柱而外砌墙体的山墙，这样，使墙面所承受的部分风荷载通过该柱传到厂房的纵向柱列中去，这种柱子称为抗风柱。设计时如屋架下弦标高在 8m 以上、跨度在 18m 以上，一般都采用钢筋混凝土抗风柱。

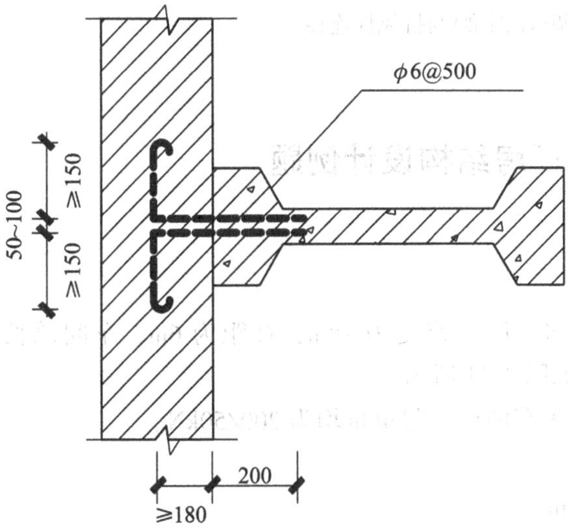

图 2-40　外墙与柱子连接

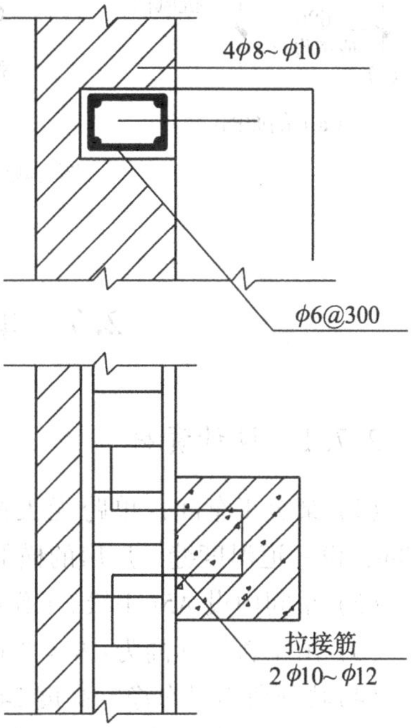

图 2-41　圈梁与柱连接

厂房山墙抗风柱的柱顶一般支承在屋架(或屋面梁)的上弦，其间多采用弹簧板相互连接，以便保证屋架(或屋面梁)可以自由沉降，又能够有效地将山墙的水平风荷载传递到屋盖上去(图 2-42)。

抗风柱下柱的顶面与屋面(或屋面梁)下弦的底面应留有 150mm 及以上空隙，以免抗风柱与屋盖变形不一致时产生不利的影响。

在设计时，抗风柱上端与屋盖连接可视为不动铰支座，下端插入基础杯口内可视为固定端，一般按变截面的一次超静定梁进行计算。

在单层厂房中，除上述一些构件与柱子连接以外，还有许多构件之间的相互连接也不能忽视，设计时可参看有关的标准图集，这里不作具体介绍了。

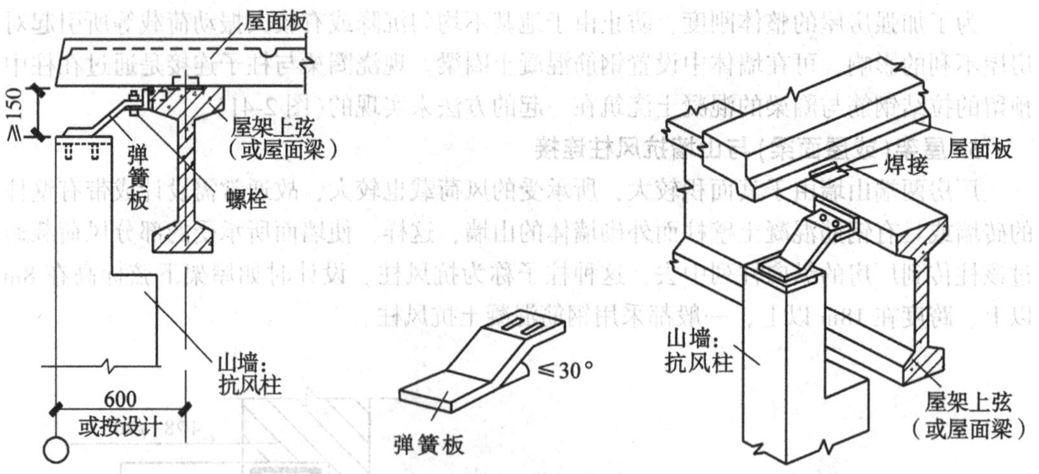

(a)剖面图 (b)弹簧板 (c)立体图

图 2-42 屋架(屋面梁)与抗风柱连接

2.7 单层厂房结构设计例题

2.7.1 设计资料

(1) 某金工车间，单跨无天窗厂房，厂房跨度为 18m，柱距为 6m，车间总长为 150m，设一道温度缝。厂房的横剖图如图 2-43 所示。

(2) 车间内设 A5(中级)工作级别吊车两台，起重量均为 200/50kN。

(3) 吊车轨顶标高为：$H = 9.0\text{m}$。

(4)轨顶所需吊车净空高度 2487mm。

(5) 建筑地点：哈尔滨。环境类别为一类。

(6) 地基持力层为 e 及 I_L 均小于 0.85 的粘性土，地基承载力特征值 $f_{ak} = 180\text{kN/m}^2$。

(7) 材料：混凝土强度等级采用 C30；纵向钢筋及箍筋均采用 HRB400 级。

(8) 屋架采用预应力钢筋混凝土屋架，跨度 18m，自重 60.5kN。

(9) 吊车梁高度为 1.2m，吊车梁、吊车梁间灌缝及吊车梁与柱间灌缝总重为 45.4kN，轨道与垫层垫板总高为 184mm，自重 0.8kN/m。

(10) 屋面与墙体做法如下：

①屋面做法：

SBS 防水层	0.1kN/m^2
20mm 厚水泥砂浆找平层	20kN/m^3
100mm 厚水泥珍珠岩保温层	4kN/m^3
隔气层	0.05kN/m^2

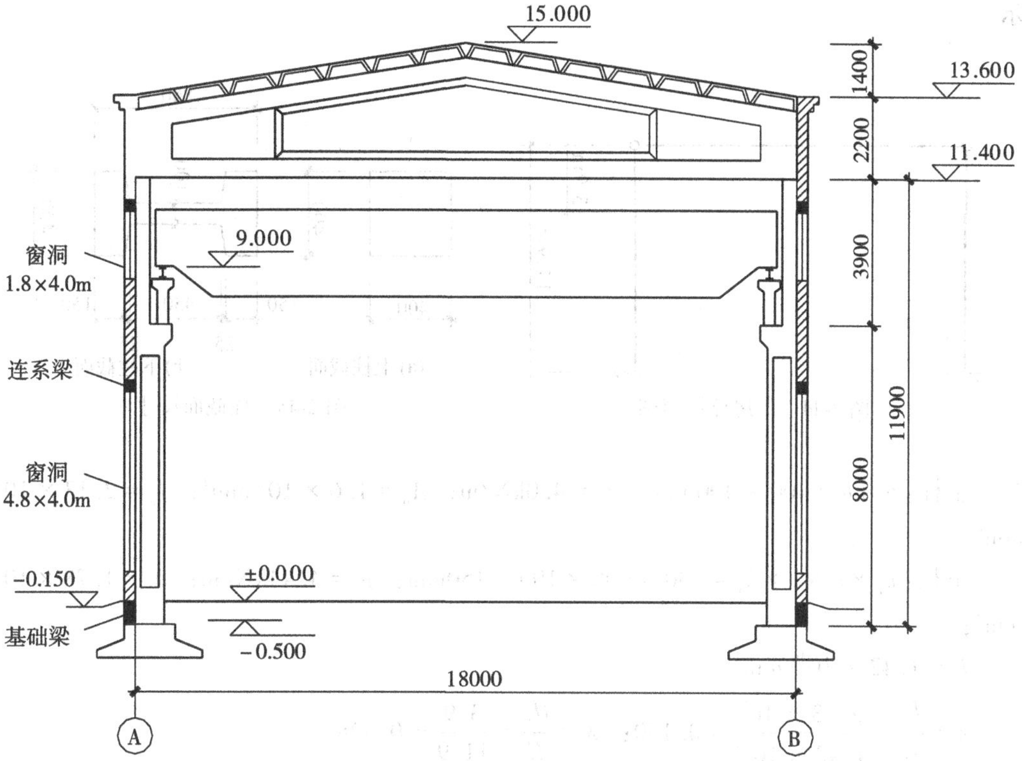

图 2-43　单层厂房横剖图

20mm 厚水泥砂浆找平层	$20kN/m^3$
大型预应力屋面板	$1.4kN/m^2$
②墙体做法：	
围护墙体采用 370mm 厚烧结普通砖砌体	$19kN/m^3$
单层钢窗	$0.45kN/m^2$
窗户宽度	4000mm

（11）基础梁选用截面尺寸为 370×500mm，连系梁兼做过梁选用截面尺寸为 250×300mm。

2.7.2　确定柱的各部分尺寸及几何参数

牛腿标高=轨顶标高−轨道与垫层垫板高−吊车梁高±0.2m＝9.0－0.184－1.2±0.2＝7.616±0.2，取轨顶标高 7.5m。

上柱高度 H_u＝吊车梁高+轨道与垫层垫板高+轨顶所需吊车净空高＝1.2+0.184+2.487＝3.87，取上柱高度 3.9m。

柱顶标高＝牛腿标高+上柱高度＝11.4m。

下柱高度 H_l＝牛腿标高+0.5m＝7.5+0.5＝8m。

柱计算高度 $H = H_u + H_l = 11.9m$。

厂房计算简图如图 2-44 所示，根据表 2-3、表 2-4 确定柱截面尺寸，如图 2-45 所示。

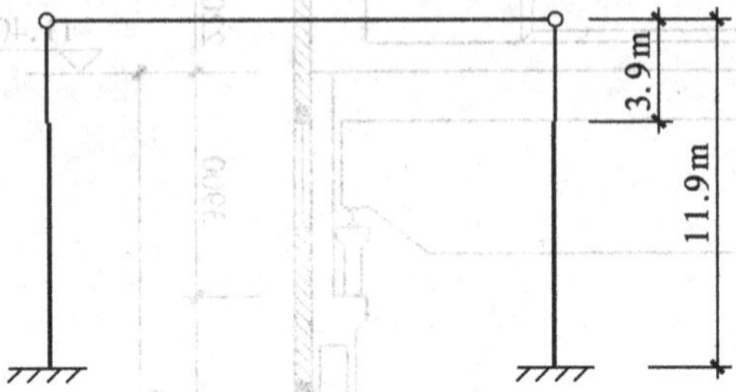

图 2-44　厂房计算简图

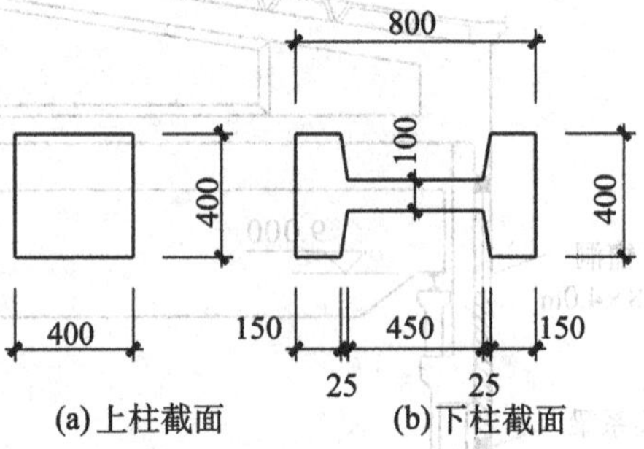

图 2-45　柱截面尺寸

上柱：$b \times h = 400 \times 400\text{mm}$；$g_u = 4.0\text{kN/m}$；$A_u = 1.6 \times 10^5\ \text{mm}^2$；$I_u = 2.13 \times 10^9\ \text{mm}^4$。

下柱：$b_f \times h \times b \times h_f = 400 \times 900 \times 100 \times 150\text{mm}$；$g_l = 4.44\text{kN/m}$；$A_l = 1.78 \times 10^5\ \text{mm}^2$；

$I_l = 1.42 \times 10^{10}\ \text{mm}^4$。

$$n = \frac{I_u}{I_l} = \frac{2.13 \times 10^9}{1.42 \times 10^{10}} = 0.150; \quad \lambda = \frac{H_u}{H} = \frac{3.9}{11.9} = 0.328。$$

2.7.3　荷载计算

(1) 恒荷载。

①屋盖自重

SBS 防水层	$1.2 \times 0.1 = 0.12\text{kN/m}^2$
20mm 厚水泥砂浆找平层	$1.2 \times 20 \times 0.02 = 0.48\text{kN/m}^2$
100mm 厚水泥珍珠岩保温层	$1.2 \times 4 \times 0.1 = 0.48\text{kN/m}^2$
隔气层	$1.2 \times 0.05 = 0.06\text{kN/m}^2$
20mm 厚水泥砂浆找平层	$1.2 \times 20 \times 0.02 = 0.48\text{kN/m}^2$
大型预应力屋面板	$1.2 \times 1.4 = 1.68\text{kN/m}^2$
	$g = 3.3\text{kN/m}^2$
屋架	$1.2 \times 60.5 = 72.6\text{kN}$

则屋架一端作用于柱顶的自重：

$$G_1 = 6 \times 9 \times 3.3 + 0.5 \times 72.6 = 214.5\text{kN}$$

②柱自重

上柱：　$G_2 = 1.2 \times 3.9 \times 4 = 18.72\text{kN}$

下柱：　$G_3 = 1.2 \times 8.0 \times 4.44 = 42.62\text{kN}$

③吊车梁及轨道自重

$$G_4 = 1.2 \times (45.4 + 0.8 \times 6) = 60.24\text{kN}$$

(2) 屋面活荷载。由《荷载规范》查得屋面活荷载标准值为 0.5kN/m^2(不上人屋面)，则

$$Q_1 = 1.4 \times 0.5 \times 6 \times 9 = 37.8\text{kN}$$

查得雪荷载标准值为 0.45kN/m^2，小于屋面活荷载，则不考虑雪荷载。

(3) 风荷载。由《荷载规范》查得哈尔滨地区基本风压(按 50 年重现期考虑)为

$$w_0 = 0.55\text{kN/m}^2$$

风压高度变化系数 μ_z (按 B 类地面粗糙度)取为：

在柱顶，标高 11.4m 处，$\mu_z = 1.04$；

在檐口处，标高 13.6m 处，$\mu_z = 1.10$；

在对顶层，标高 15.0m 处，$\mu_z = 1.13$。

风荷载体型系数如图 2-46 所示，可得风荷载标准值为：

$$w_{k1} = \beta_z \mu_{s1} \mu_z w_0 = 1.0 \times 0.8 \times 1.04 \times 0.55 = 0.46\text{kN/m}^2$$

$$w_{k2} = \beta_z \mu_{s2} \mu_z w_0 = 1.0 \times 0.5 \times 1.04 \times 0.55 = 0.29\text{kN/m}^2$$

则作用于排架上的风荷载设计值为(图 2-47)：

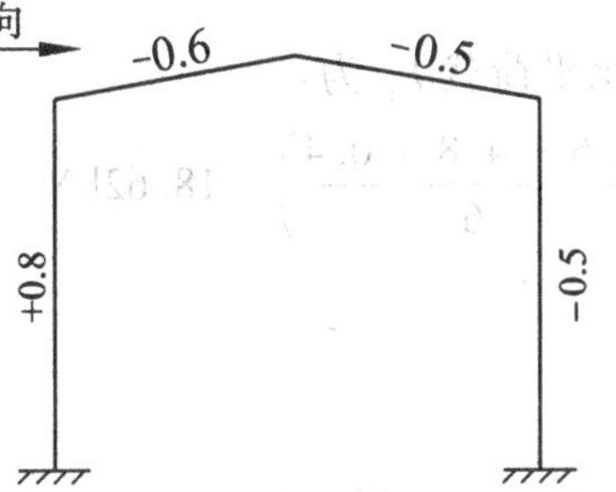

图 2-46 风荷载体形系数

图 2-47 风荷载计算简图

$$q_1 = 1.4 \times 0.46 \times 6 = 3.86\text{kN/m}$$

$$q_2 = 1.4 \times 0.29 \times 6 = 2.44\text{kN/m}$$

$$\begin{aligned} F_w &= \gamma_Q [(\mu_{s1} + \mu_{s2}) \mu_z w_0 h_1 + (\mu_{s3} + \mu_{s4}) \mu_z w_0 h_2] B \\ &= 1.4 \times [(0.8 + 0.5) \times 1.10 \times 0.55 \times 2.2 + (-0.6 + 0.5) \times 1.13 \times 0.55 \times 1.4] \times 6 \\ &= 13.80\text{kN} \end{aligned}$$

(4) 吊车荷载。由附表 6-2 查得：

$P_{max} = 180\text{kN}$，$P_{min} = \dfrac{1}{2}(G + g + Q) - P_{max} = \dfrac{1}{2}(253 + 200) - 180 = 46.5\text{kN}$，$B = 5600\text{mm}$，$K = 4400\text{mm}$，$g = 77.2\text{kN}$。

根据支座反力影响线(图 2-48)求出作用于柱上的吊车竖向荷载为：

$$D_{max} = \psi_c \gamma_Q P_{max} \sum y_i = 0.9 \times 1.4 \times 180 \times \left(1 + \frac{1.6 + 4.8 + 0.4}{6}\right) = 483.84\text{kN}$$

$$D_{min} = \psi_c \gamma_Q P_{min} \sum y_i = 0.9 \times 1.4 \times 46.5 \times \left(1 + \frac{1.6 + 4.8 + 0.4}{6}\right) = 124.99\text{kN}$$

作用于每一个轮子上的吊车横向水平刹车力($Q = 200\text{kN}$，$\alpha = 0.10$)

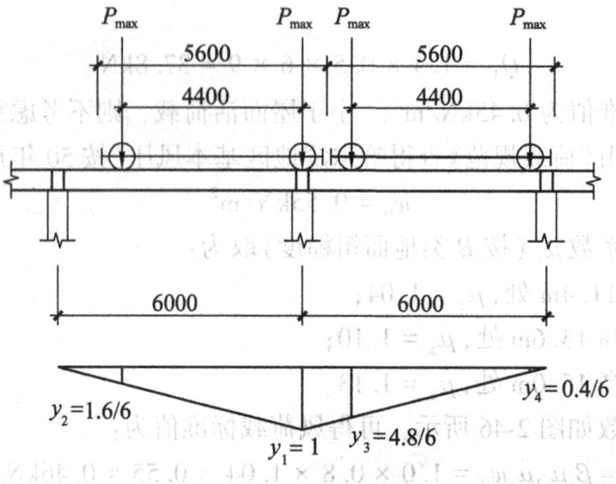

图 2-48 支座反力影响线

$$F_{h1} = \gamma_Q \frac{\alpha}{4}(Q+g) = 1.4 \times \frac{0.10}{4} \times (200 + 77.2) = 9.70\text{kN}$$

则两台吊车作用于排架柱顶端上的吊车横向水平荷载 F_h 为:

$$F_h = \psi_c F_{h1} \sum y_i = 0.9 \times 9.70 \times \left(1 + \frac{1.6 + 4.8 + 0.4}{6}\right) = 18.62\text{kN}$$

2.7.4 内力计算

(1) 恒荷载。

①屋盖自重作用。因为屋盖自重是对称荷载，排架无侧移，故按柱顶为不动铰支座计算，由图 2-45 和图 2-49 得，$e_1 = 0.05\text{m}$，$e_0 = 0.20\text{m}$，$G_1 = 214.5\text{kN}$，根据 $n = 0.150$，$\lambda = 0.328$，从附表 4-1 查得相应的系数 $C_1 = 2.01$，$C_3 = 1.12$，则得

$$R = -\frac{G_1}{H_2}(e_1 C_1 + e_0 C_3)$$

$$= -\frac{214.5}{11.9} \times (0.05 \times 2.01 + 0.20 \times 1.12) = -5.85\text{kN}\ (\rightarrow)$$

计算时对弯矩和剪力的符号规定为：弯矩图绘在纤维受拉的一边；剪力对杆端而言，顺时针方向为正($\uparrow - \downarrow + V$)，剪力图可绘在杆件的任一侧，但必须注明正负号，即取结构力学的符号。这样，由屋盖自重对柱产生的内力为(图 2-50(a))：

$$M_1 = -214.5 \times 0.05 + 5.85 \times 3.9 = 12.09\text{kN}\cdot\text{m}$$

$$M_2 = -214.5 \times 0.25 + 5.85 \times 3.9 = -30.81\text{kN}\cdot\text{m}$$

$$M_3 = -214.5 \times 0.25 + 5.85 \times 11.9 = 15.99\text{kN}\cdot\text{m}$$

$$N_1 = N_2 = N_3 = 214.5\text{kN},\quad V_3 = 5.85\text{kN}$$

②柱及吊车梁自重作用。由于在安装柱子时尚未吊装屋架，此时柱顶之间无连接，没有形成排架，故不产生柱顶反力；因吊车梁自重作用点距柱外边缘要求不少于750mm，则得(图 2-50(b))：

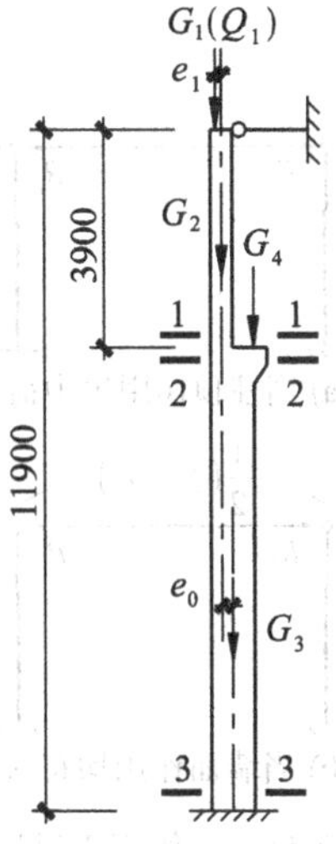

图 2-49 取用计算截面

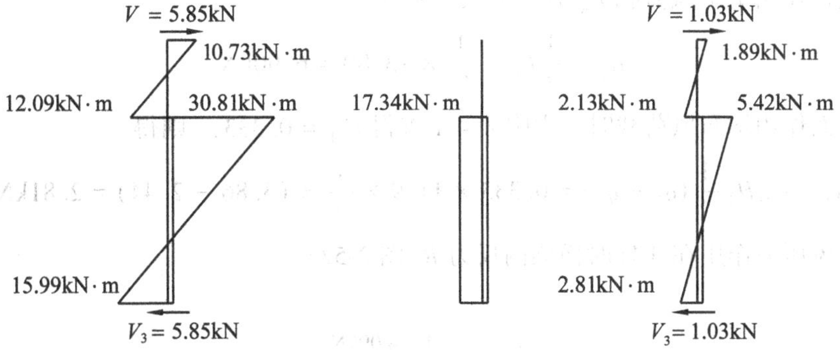

(a) 屋盖自重　(b) 柱及吊车梁重　(c) 屋面活荷载

图 2-50 荷载内力图

$M_1 = 0$

$M_2 = M_3 = 60.24 \times 0.35 - 18.72 \times 0.20 = 17.34\text{kN}\cdot\text{m}$

$N_1 = 18.72\text{kN}$；$N_2 = 18.72 + 60.24 = 78.96\text{kN}$；

$N_3 = 78.96 + 42.62 = 121.58\text{kN}$

(2) 屋面活荷载作用。因屋面活荷载与屋盖自重对柱的作用点相同，故可将屋盖自重的内力乘以下列系数，即得图 2-50(c)的屋面活荷载内力分布图，以及其轴向压力及剪力为

$$\frac{Q_1}{G_1} = \frac{37.8}{214.5} = 0.176$$

$$N_1 = N_2 = N_3 = 37.8\text{kN}, \quad V_3 = 1.03\text{kN}$$

(3) 风荷载作用。为了计算方便，可将风荷载分解为对称及反对称两组荷载。在对称荷载作用下，排架无侧移，则可按上端为不动铰支座进行计算；在反对称荷载作用

下，横梁内力等于零，则可按单根悬臂柱进行计算(图 2-51)。

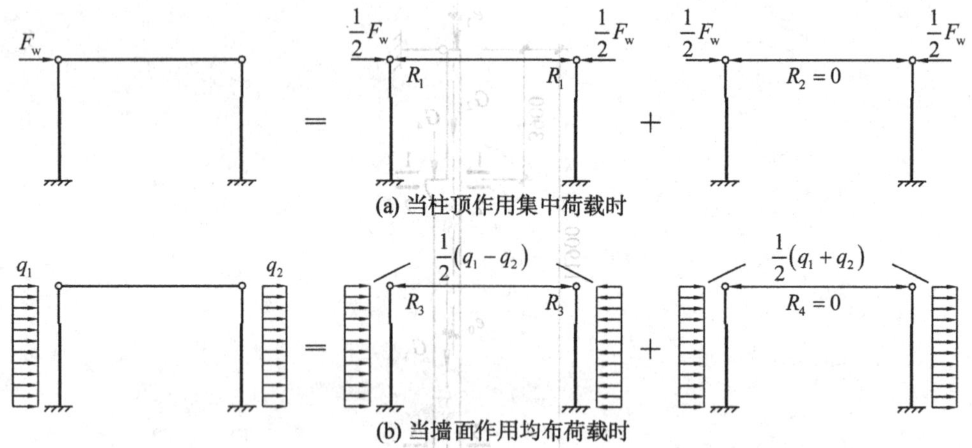

图 2-51　柱作用正风压图

当柱顶作用集中风荷载 F_w 时(图 2-51(a))

$$R_1=\frac{1}{2}F_w=\frac{1}{2}\times 13.80=6.90\text{kN}$$

当墙面作用均布风荷载时，由附表 4-1 查得 $C_{11}=0.333$，则得

$$R_3=C_{11}H_2\frac{1}{2}(q_1-q_2)=0.333\times 11.9\times\frac{1}{2}\times(3.86-2.44)=2.81\text{kN}$$

当正风压力作用在 A 柱时横梁内反力 R(图 2-52)

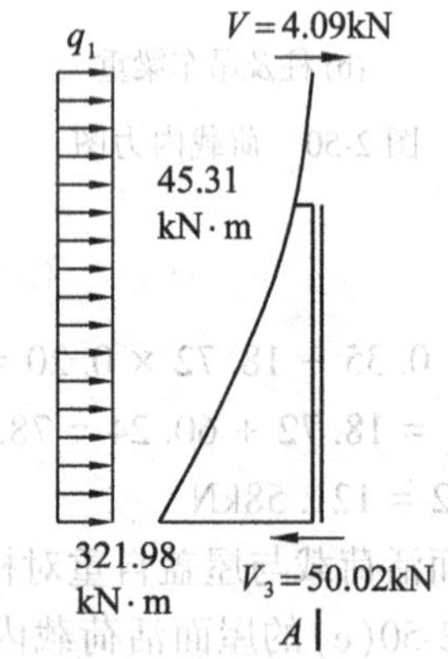

图 2-52　A 柱作用正风压图

$$R=R_1+R_3=6.90+2.81=9.71\text{kN}$$

则 A 柱的内力为

$$M=(F_w-R)x+\frac{1}{2}q_1x^2$$

$$M_1=M_2=(13.80-9.71)\times 3.9+\frac{1}{2}\times 3.86\times 3.9^2=45.31\text{kN}\cdot\text{m}$$

$$M_3=(13.80-9.71)\times 11.9+\frac{1}{2}\times 3.86\times 11.9^2=321.98\text{kN}\cdot\text{m}$$

$$N_1=N_2=N_3=0$$

$$V_3=(F_w-R)+q_1x=(13.80-9.71)+3.86\times 11.9=50.02\text{kN}$$

当负风压力作用在 A 柱时(图 2-53)，则 A 柱的内力为

$$M=-Rx-\frac{1}{2}q_2x^2$$

$$M_1=M_2=-9.71\times 3.9-\frac{1}{2}\times 2.44\times 3.9^2$$

$$=-56.43\text{kN}\cdot\text{m}$$

$$M_3=-9.71\times 11.9-\frac{1}{2}\times 2.44\times 11.9^2=-288.31\text{kN}\cdot\text{m}$$

$$N_1=N_2=N_3=0$$

$$V_3=-R-q_2x=-9.71-2.44\times 11.9=-38.75\text{kN}$$

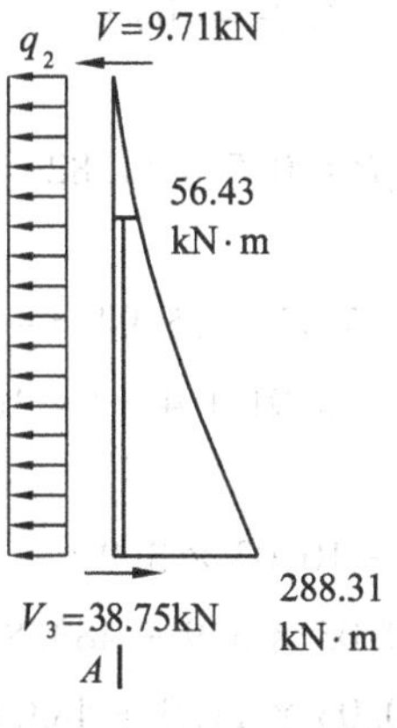

图 2-53 A 柱作用负风压图

(4) 吊车荷载。

① D_{max} 值作用于 A 柱(图 2-54a)。

根据 $n=0.150$，$\lambda=0.328$，从附表 4-1 查得 $C_3=1.12$。

吊车轮压与下柱中心线距离按构造要求取 $e_4=0.35\text{m}$，则得排架柱上端为不动铰支座时的反力值为：

$$R_1=-\frac{D_{max}e_4}{H_2}C_3=-\frac{483.84\times 0.35}{11.9}\times 1.12=-15.94\text{kN}(\leftarrow)$$

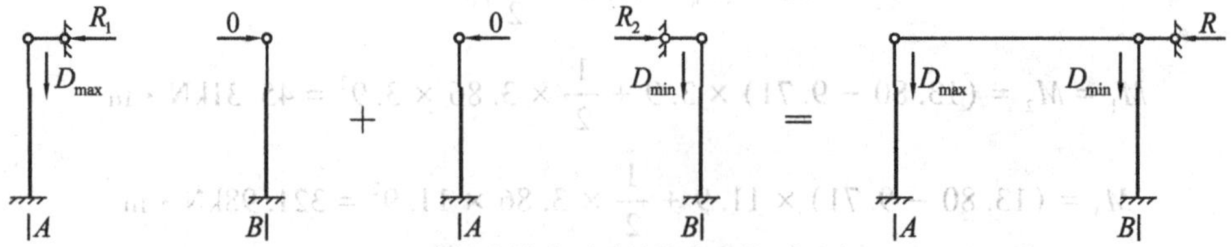

(a) 当柱上端为不动铰支座时柱顶反力

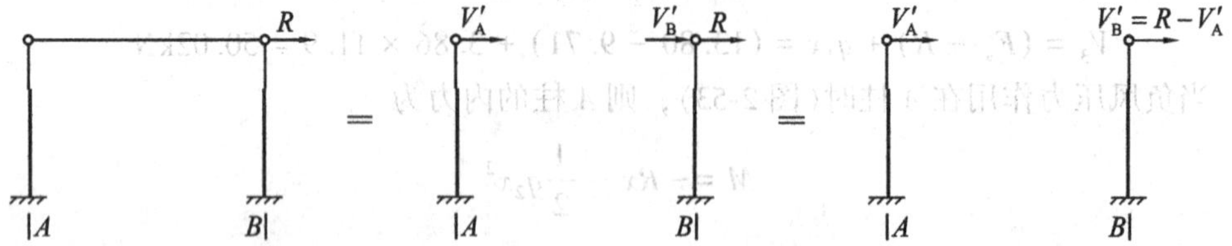

(b) 柱顶作用R时，柱顶的分配剪力

图 2-54　吊车竖向荷载作用时柱顶剪力

$$R_2 = -\frac{D_{min}e_4}{H_2}C_3 = -\frac{124.99\times0.35}{11.9}\times1.12 = 4.12\text{kN}(\rightarrow)$$

$$R = R_1 + R_2 = -15.94 + 4.12 = -11.82\text{kN}(\leftarrow)$$

再将 R 值反向作用于排架柱顶，按剪力分配进行计算。由于结构对称，故各柱剪力分配系数相等，即 $\mu_A = \mu_B = 0.5$(图 2-54(b))。

各柱的分配剪力为

$$V'_A = -V'_B = \mu_A R = 0.5\times11.82 = 5.91\text{kN}(\rightarrow)$$

最后各柱顶总剪力为

$$V_A = V'_A - R_1 = 5.91 - 15.94 = -10.03\text{kN}(\leftarrow)$$

$$V_B = V'_B + R_2 = 5.91 + 4.12 = 10.03\text{kN}(\rightarrow)$$

则 A 柱的内力为(图 2-55(b))

$$M_1 = -V_Ax = -10.03\times3.9 = -39.12\text{kN}\cdot\text{m}$$

$$M_2 = -V_Ax + D_{max}e_4 = -10.03\times3.9 + 483.84\times0.35 = 130.23\text{kN}\cdot\text{m}$$

$$M_3 = -V_Ax + D_{max}e_4 = -10.03\times11.9 + 483.84\times0.35 = 49.99\text{kN}\cdot\text{m}$$

$$N_1 = 0;\quad N_2 = N_3 = 483.84\text{kN}$$

$$V_3 = V_A = -10.03\text{kN}(\leftarrow)$$

②当 D_{min} 值作用于 A 柱时(图 2-49(b))。

$$M_1 = -V_Ax = -10.03\times3.9 = -39.12\text{kN}\cdot\text{m}$$

$$M_2 = -V_Ax + D_{max}e_4 = -10.03\times3.9 + 124.99\times0.35 = 4.63\text{kN}\cdot\text{m}$$

$$M_3 = -V_Ax + D_{max}e_4 = -10.03\times11.9 + 124.99\times0.35 = -75.61\text{kN}\cdot\text{m}$$

$$N_1 = 0;\quad N_2 = N_3 = 124.99\text{kN}$$

$$V_3 = V_A = -10.03\text{kN}(\leftarrow)$$

③当 F_h 值自左向右作用时 (→) 。由于 F_h 值同向作用在 A、B 柱上，因此排架的横

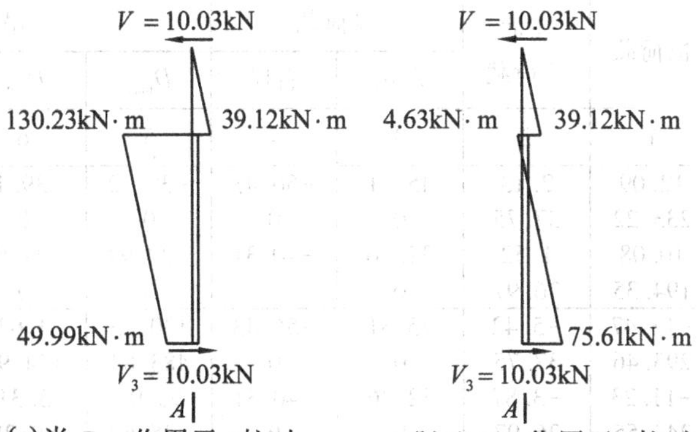

(a)当 D_{max} 作用于 A 柱时　　(b)当 D_{min} 作用于 A 柱时

图 2-55　吊车竖向荷载对 A 柱内力图

梁内力为零，则得 A 柱的内力为(图 2-56)。

$$M_1 = M_2 = F_h x = 18.62 \times 1.2 = 22.34\text{kN} \cdot \text{m}$$

$$M_3 = 18.62 \times (8.0 + 1.2) = 171.30\text{kN} \cdot \text{m}$$

$$N_1 = N_2 = N_3 = 0$$

$$V_3 = F_h = 18.62\text{kN}(\leftarrow)$$

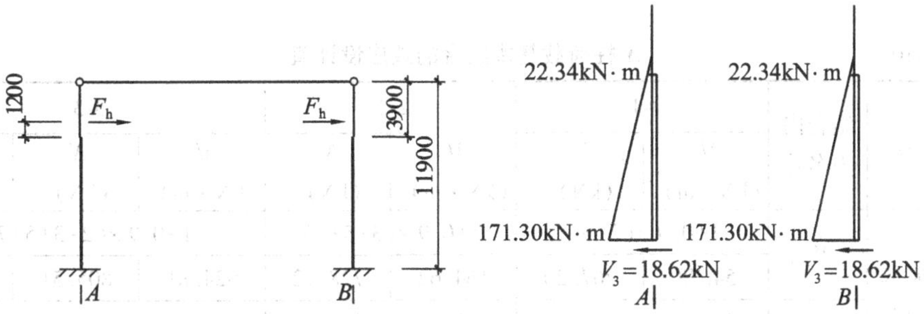

(a)吊车横向水平力作用于排架　　(b)横向水平力作用时内力图

图 2-56　吊车横向水平作用

④当 F_h 值自右向左作用时 (←)，其内力值与当 F_h 值自左向右作用时相同，但方向相反。

2.7.5　内力组合

单跨排架的 A 柱和 B 柱承受荷载情况相同，故仅对 A 柱在各种荷载作用下内力进行组合。

表 2-9 为 A 柱在各种荷载作用下内力汇总表；表 2-10 为 A 柱荷载基本组合的效应设计值；表 2-11 为 A 柱 3-3 截面(基础设计)荷载标准组合的效应设计值；表 2-12 为 A 柱荷载准永久组合的效应设计值。

表 2-9　　**A 柱在各种荷载作用下内力汇总表**

荷载种类		恒荷载	屋面活荷载	风荷载		吊车荷载			
				左风	右风	D_{max}	D_{min}	$F_h(\rightarrow)$	$F_h(\leftarrow)$
荷载序号		1	2	3	4	5	6	7	8
1-1 截面	M	12.09	2.13	45.31	−56.43	−39.12	−39.12	22.34	−22.34
	N	233.22	37.75	0	0	0	0	0	0
	M_k	10.08	1.52	32.36	−40.31	−27.94	−27.94	15.96	−15.96
	N_k	194.35	26.97	0	0	0	0	0	0
2-2 截面	M	−13.47	−5.42	45.31	−56.43	130.23	4.63	22.34	−22.34
	N	293.46	37.75	0	0	483.84	124.99	0	0
	M_k	−11.23	−3.87	32.36	−40.31	93.02	3.31	15.96	−15.96
	N_k	244.55	26.97	0	0	345.60	89.28	0	0
3-3 截面	M	33.33	2.81	321.98	−288.31	49.99	−75.61	171.3	−171.3
	N	336.08	37.75	0	0	483.84	124.99	0	0
	V	5.85	1.03	50.02	−38.75	−10.03	−10.03	18.62	−18.62
	M_k	27.78	2.01	229.99	−205.94	35.71	−54.01	122.36	−122.36
	N_k	280.07	26.97	0	0	345.60	89.28	0	0
	V_k	4.88	0.74	35.73	−27.68	−7.16	−7.16	13.30	−13.30

注：①内力的单位，弯矩为 kN · m，轴力为 kN，剪力为 kN；

②表中弯矩和剪力符号对杆端以顺时针转动为正，轴向力以压为正；

③表中第 1 项恒荷载包括屋盖自重、柱自重、吊车梁及轨道自重；

④组合时第 3 项与第 4 项、第 5 项与第 6 项、第 7 项与第 8 项二者不能同时组合；

⑤有 F_h 值作用必须有 D_{max} 或 D_{min} 同时作用。

表 2-10　　**A 柱荷载基本组合的效应设计值**

荷载组合	组合内力名称	1-1		2-2		3-3		
		M (kN · m)	N (kN)	M (kN · m)	N (kN)	M (kN · m)	N (kN)	V (kN)
由可变荷载效应控制的组合（简化规则）$\gamma_G S_{G_k}+0.9\times\sum_{i=1}^{n}\gamma_{Q_i}S_{Q_{ik}}$	$+M_{max}$	1+0.9×(2+3)		1+0.9×(3+5+7)		1+0.9×(2+3+5+7)		
		54.78	267.20	164.62	728.92	524.81	805.51	59.53
	$-M_{max}$	1+0.9×(4+6+8)		1+0.9×(2+4+6+8)		1+0.9×(4+6+8)		
		−94.01	233.22	−85.08	439.93	−448.37	448.57	−54.81
	N_{max}	1+0.9×(2+4+6+8)		1+0.9×(2+3+5+7)		1+0.9×(2+3+5+7)		
		−92.10	267.20	159.74	762.89	524.81	805.51	59.53
	N_{min}	1+0.9×(4+6+8)		1+4		1+0.9×(4+6+8) 或 1+3		
		−94.01	233.22	−69.90	293.46	−448.37 355.31	448.57 336.08	−54.81 55.87

注：①由永久荷载效应控制的组合，其组合值不是最不利，计算从略；

②根据《荷载规范》3.2.3 条条文说明，可采用简化规则进行荷载组合；

③根据《混凝土结构设计规范》表 6.2.20−1 注 2：表中有吊车房屋排架柱的计算长度，当计算中不考虑吊车荷载时，可按无吊车房屋柱的计算长度采用，但上柱的计算长度仍可按有吊车房屋采用。对于 3−3 截面，增加不考虑吊车荷载的 1+3 组合，此时柱计算长度取为 1.5H。

表 2-11 **A 柱荷载标准组合的效应设计值(基础设计取用)**

荷载组合	荷载标准组合的效应设计值：$S_{G_k}+S_{Q_{1k}}+\sum_{i=2}^{n}\psi_{c_i}S_{Q_{ik}}$ ψ_c 值：活：0.7；风：0.6；吊车：0.7			
组合内力名称	$+M_{kmax}$	$-M_{kmax}$	N_{kmax}	N_{kmin}
3-3	1+3+0.7×(2+5+7)	1+4+0.7×(6+8)	1+5+0.6×3+0.7×(2+7)	1+4+0.7×(6+8)
M_k	369.81	−301.62	288.53	−301.62
N_k	540.86	342.56	644.54	342.56
V_k	45.41	−37.13	28.97	−37.13

表 2-12 **A 柱荷载准永久组合的效应设计值**

荷载准永久组合的效应设计值： $S_{G_k}+\sum_{i=1}^{n}\psi_{q_i}S_{Q_{ik}}$ ψ_q 值： 活：0；风：0；吊车：0	1-1		2-2		3-3		
	M_q (kN·m)	N_q (kN)	M_q (kN·m)	N_q (kN)	M_q (kN·m)	N_q (kN)	V_q (kN)
	1		1		1		
	10.08	194.35	−11.23	244.55	27.78	280.07	4.88

注：①根据《荷载规范》5.3.1 条，不上人屋面准永久值系数取 0.0；

②根据《荷载规范》6.4.2 条，厂房排架设计时，在荷载准永久组合中可不考虑吊车荷载；

③ $+M_{qmax}$、$-M_{qmax}$、N_{qmax}、N_{qmin} 四种内力组合相应的 M_q、N_q、V_q 相同。

2.7.6 柱子设计

1. 上柱配筋计算

表 2-10 中仅组合 $-M_{max}$（或 N_{min}）为最不利的内力。

$$M_1=-94.01\text{kN}\cdot\text{m},\qquad N_1=233.22\text{kN}$$

(1)按 M_1，N_1 计算。计算排架结构柱考虑二阶效应的弯矩设计值。

$$e_0=\frac{|M_1|}{N_1}=\frac{94.01}{233.22}=403\text{mm}$$

$$e_a=\max\left\{\frac{400}{30},\ 20\right\}=20\text{mm}$$

$$e_i=e_0+e_a=403+20=423\text{mm}$$

$$\zeta_c=\frac{0.5f_cA_u}{N_1}=\frac{0.5\times14.3\times400\times400}{233.22\times1000}=4.91>1.0,\ 取\ \zeta_c=1.0$$

$$H_u=3.9\text{m},\ H_l=8.0\text{m},\ \frac{H_u}{H_l}=0.49>0.3,\ 取\ l_0=2.0H_u=2.0\times3.9=7.8\text{m}$$

$$h_0 = h - a_s = 400 - 40 = 360\text{mm}$$

$$\eta_s = 1 + \frac{1}{1500 e_i / h_0}\left(\frac{l_0}{h}\right)^2 \zeta_c = 1 + \frac{1}{1500 \times (423/360)} \times \left(\frac{7800}{400}\right)^2 \times 1 = 1.22$$

$$M = \eta_s |M_1| = 1.22 \times 94.01 = 114.69\text{kN} \cdot \text{m}$$

判别偏心受压类别

$$x = \frac{N_1}{\alpha_1 f_c b} = \frac{233.22 \times 10^3}{1.0 \times 14.3 \times 400} = 40.8\text{mm} < \xi_b h_0 = 0.518 \times 360 = 186.48\text{mm}$$

判定为大偏心受压，$x < 2a'_s = 80\text{mm}$

$$e_0 = \frac{M}{N_1} = \frac{114.69}{233.22} = 492\text{mm}$$

$$e_i = e_0 + e_a = 492 + 20 = 512\text{mm}$$

$$e' = e_i - \frac{h}{2} + a'_s = 512 - \frac{400}{2} + 40 = 352\text{mm}$$

可得 $A_s = A'_s = \dfrac{N_1 e'}{f_y (h_0 - a'_s)} = \dfrac{233.22 \times 10^3 \times 352}{360 \times (360 - 40)} = 712.6\ \text{mm}^2$

上柱钢筋截面面积选用每侧为 $2\phi22$，$A_s = A'_s = 760\ \text{mm}^2$。

一侧纵向钢筋配筋率 $\rho = \dfrac{A_s}{A_u} = \dfrac{A'_s}{A_u} = \dfrac{760}{1.6 \times 10^5} = 0.48\% > 0.2\%$，可以；

全部纵向钢筋配筋率 $\rho = \dfrac{A_s + A'_s}{A_u} = \dfrac{760 \times 2}{1.6 \times 10^5} = 0.95\% > 0.55\%$，可以。

(2)轴心受压承载力验算。

$l_0 = 1.25 H_u = 1.25 \times 3.9 = 4.9\text{m}$，

$l_0/b = 4900/400 = 12.25$，得 $\varphi = 0.95$，

$0.9\varphi(f_c A_u + f'_y A'_s) = 0.9 \times 0.95 \times (14.3 \times 1.6 \times 10^5 + 360 \times 1520) = 2424.10\text{kN} > 267.20\text{kN}$

满足要求。

2. 下柱配筋计算

从表 2-10 中选取三组最不利的内力

$$M_1 = 524.81\text{kN} \cdot \text{m}, \qquad N_1 = 805.51\text{kN}$$

$$M_2 = -448.37\text{kN} \cdot \text{m}, \qquad N_2 = 448.57\text{kN}$$

$$M_3 = 355.31\text{kN} \cdot \text{m}, \qquad N_3 = 336.08\text{kN}$$

(1)按 M_1，N_1 计算。计算排架结构柱考虑二阶效应的弯矩设计值。

$$e_0 = \frac{M_1}{N_1} = \frac{524.81}{805.51} = 652\text{mm}$$

$$e_a = \max\left\{\frac{800}{30},\ 20\right\} = 26.7\text{mm}$$

$$e_i = e_0 + e_a = 652 + 26.7 = 678.7\text{mm}$$

$$\zeta_c = \frac{0.5 f_c A_l}{N_1} = \frac{0.5 \times 14.3 \times 1.78 \times 10^5}{805.51 \times 1000} = 1.58 > 1.0，取 \zeta_c = 1.0$$

$$H_l = 8.0\text{m}，取 l_0 = 1.0H_l = 8.0\text{m}$$

$$h_0 = h - a_s = 800 - 40 = 760\text{mm}$$

$$\eta_s = 1 + \frac{1}{1500e_i/h_0}\left(\frac{l_0}{h}\right)^2 \zeta_c = 1 + \frac{1}{1500 \times (678.7/760)} \times \left(\frac{8000}{800}\right)^2 \times 1 = 1.07$$

$$M = \eta_s M_1 = 1.07 \times 524.81 = 561.55\text{kN} \cdot \text{m}$$

则 $e_0 = \dfrac{M}{N_1} = \dfrac{561.55}{805.51} = 697\text{mm}$

$$e_i = e_0 + e_a = 697 + 26.7 = 723.7\text{mm}$$

$$e = e_i + \frac{h}{2} - a_s = 723.7 + \frac{800}{2} - 40 = 1083.7\text{mm}$$

先按大偏心受压情况计算受压区高度 x，并假定中和轴通过翼缘，则应

$$x < h'_f = 150\text{mm}$$

$$x = \frac{N_1}{\alpha_1 f_c b'_f} = \frac{805.51 \times 10^3}{1.0 \times 14.3 \times 400} = 140.82\text{mm}$$

$$\begin{cases} < h'_f = 150\text{mm}，中和轴通过翼缘 \\ < \xi_b h_0 = 0.518 \times 760 = 393.68\text{mm}，属于大偏心受压情况 \\ > 2a'_s = 80\text{mm} \end{cases}$$

$$A_s = A'_s = \frac{N_1 e - \alpha_1 f_c b'_f x\left(h_0 - \dfrac{x}{2}\right)}{f_y(h_0 - a'_s)}$$

$$= \frac{805.51 \times 10^3 \times 1083.7 - 1.0 \times 14.3 \times 400 \times 140.82 \times \left(760 - \dfrac{140.82}{2}\right)}{360 \times (760 - 40)}$$

$$= 1224.8\text{mm}^2$$

(2)按 M_2，N_2 计算。计算排架结构柱考虑二阶效应的弯矩设计值。

$$e_0 = \frac{|M_2|}{N_2} = \frac{448.37}{448.57} = 999.6\text{mm}$$

$$e_a = \max\left\{\frac{800}{30}，20\right\} = 26.7\text{mm}$$

$$e_i = e_0 + e_a = 999.6 + 26.7 = 1026.3\text{mm}$$

$$\zeta_c = \frac{0.5f_c A_l}{N_2} = \frac{0.5 \times 14.3 \times 1.78 \times 10^5}{448.57 \times 1000} = 2.84 > 1.0，取 \zeta_c = 1.0$$

$$H_l = 8.0\text{m}，取 l_0 = 1.0H_l = 8.0\text{m}$$

$$h_0 = h - a_s = 800 - 40 = 760\text{mm}$$

$$\eta_s = 1 + \frac{1}{1500e_i/h_0}\left(\frac{l_0}{h}\right)^2 \zeta_c = 1 + \frac{1}{1500 \times (1026.3/760)} \times \left(\frac{8000}{800}\right)^2 \times 1 = 1.05$$

$$M = \eta_s |M_2| = 1.05 \times 448.37 = 470.8\text{kN} \cdot \text{m}$$

则 $e_0 = \dfrac{M}{N_2} = \dfrac{470.8}{448.57} = 1049.6\text{mm}$

$$e_i = e_0 + e_a = 1049.6 + 26.7 = 1076.3\text{mm}$$

$$e = e_i + \frac{h}{2} - a_s = 1076.3 + \frac{800}{2} - 40 = 1436.3\text{mm}$$

先按大偏心受压情况计算受压区高度 x，并假定中和轴通过翼缘，则应

$$x < h'_f = 150\text{mm}$$

$$x = \frac{N_2}{\alpha_1 f_c b'_f} = \frac{448.57 \times 10^3}{1.0 \times 14.3 \times 400} = 78.42\text{mm}$$

$$\begin{cases} < h'_f = 150\text{mm}，\text{中和轴通过翼缘} \\ < \xi_b h_0 = 0.518 \times 760 = 393.68\text{mm}，\text{属于大偏心受压情况} \\ < 2a'_s = 80\text{mm} \end{cases}$$

$$e' = e_i - \frac{h}{2} + a'_s = 1076.3 - \frac{800}{2} + 40 = 716.3\text{mm}$$

可得 $A'_s = A_s = \dfrac{N_2 e'}{f_y(h_0 - a'_s)} = \dfrac{448.57 \times 10^3 \times 716.3}{360 \times (760 - 40)} = 1239.6\ \text{mm}^2$

(3)按 M_3，N_3 计算(该组内力不考虑吊车荷载，$l_0 = 1.5H$)。计算排架结构柱考虑二阶效应的弯矩设计值。

$$e_0 = \frac{M_3}{N_3} = \frac{355.31}{336.08} = 1057.2\text{mm}$$

$$e_a = \max\left\{\frac{800}{30}, 20\right\} = 26.7\text{mm}$$

$$e_i = e_0 + e_a = 1057.2 + 26.7 = 1083.9\text{mm}$$

$$\zeta_c = \frac{0.5 f_c A_l}{N_3} = \frac{0.5 \times 14.3 \times 1.78 \times 10^5}{336.08 \times 1000} = 3.79 > 1.0，\text{取}\ \zeta_c = 1.0$$

$$H = 11.9\text{m}，\text{取}\ l_0 = 1.5H = 17.85\text{m}$$

$$h_0 = h - a_s = 800 - 40 = 760\text{mm}$$

$$\eta_s = 1 + \frac{1}{1500 e_i / h_0}\left(\frac{l_0}{h}\right)^2 \zeta_c = 1 + \frac{1}{1500 \times (1083.9/760)} \times \left(\frac{17850}{800}\right)^2 \times 1 = 1.23$$

$$M = \eta_s M_3 = 1.23 \times 355.31 = 437.03\text{kN} \cdot \text{m}$$

则 $e_0 = \dfrac{M}{N_3} = \dfrac{437.03}{336.08} = 1300.4\text{mm}$

$$e_i = e_0 + e_a = 1300.4 + 26.7 = 1327.1\text{mm}$$

$$e = e_i + \frac{h}{2} - a_s = 1327.1 + \frac{800}{2} - 40 = 1687.1\text{mm}$$

先按大偏心受压情况计算受压区高度 x，并假定中和轴通过翼缘，则应

$$x < h'_f = 150\text{mm}$$

$$x = \frac{N_3}{\alpha_1 f_c b'_f} = \frac{336.08 \times 10^3}{1.0 \times 14.3 \times 400} = 58.76\text{mm}$$

$$\begin{cases} < h'_f = 150\text{mm}，\text{中和轴通过翼缘} \\ < \xi_b h_0 = 0.518 \times 760 = 393.68\text{mm}，\text{属于大偏心受压情况} \\ < 2a'_s = 80\text{mm} \end{cases}$$

$$e' = e_i - \frac{h}{2} + a'_s = 1327.1 - \frac{800}{2} + 40 = 967.1\text{mm}$$

可得 $A'_s = A_s = \dfrac{N_3 e'}{f_y(h_0 - a'_s)} = \dfrac{336.08 \times 10^3 \times 967.1}{360 \times (760 - 40)} = 1253.9\ \text{mm}^2$

综合以上三种计算结果，最后下柱钢筋截面面积选用每侧为4ϕ20，$A_s = A'_s = 1256\ \text{mm}^2$。

一侧纵向钢筋配筋率 $\rho = \dfrac{A_s}{A_l} = \dfrac{A'_s}{A_l} = \dfrac{1256}{1.78 \times 10^5} = 0.71\% > 0.2\%$，可以；

全部纵向钢筋配筋率 $\rho = \dfrac{A_s + A'_s}{A_l} = \dfrac{1256 \times 2}{1.78 \times 10^5} = 1.41\% > 0.55\%$，可以。

(4)轴心受压承载力验算。

$l_0 = 0.8H_l = 0.8 \times 8.0 = 6.4\text{m}$，$i = \sqrt{\dfrac{I}{A}} = \sqrt{\dfrac{1.73 \times 10^9}{1.78 \times 10^5}} = 98.6\text{mm}$，

$l_0/i = 6400/98.6 = 64.9$，得 $\varphi = 0.79$，

$0.9\varphi(f_c A_l + f'_y A'_s) = 0.9 \times 0.79 \times (14.3 \times 1.78 \times 10^5 + 360 \times 1256) = 2131.3\text{kN} > 805.51\text{kN}$

满足要求。

3. 柱的裂缝验算

(1)上柱裂缝验算。从表2-12中选取内力

$$M_q = 10.08\text{kN·m}, \qquad N_q = 194.35\text{kN}$$

$e_0 = \dfrac{M_q}{N_q} = \dfrac{10.08}{194.35} = 51.9\text{mm}$，$\dfrac{e_0}{h_0} = \dfrac{51.9}{360} = 0.144 < 0.55$，

根据《规范》规定，对 $e_0/h_0 \leq 0.55$ 的偏心受压构件，可不验算裂缝宽度。

(2)下柱裂缝验算。从表2-12中选取内力

$$M_q = 27.78\text{kN·m}, \qquad N_q = 280.07\text{kN}$$

$e_0 = \dfrac{M_q}{N_q} = \dfrac{27.78}{280.07} = 99.2\text{mm}$，$\dfrac{e_0}{h_0} = \dfrac{99.2}{760} = 0.13 < 0.55$，不需进行裂缝宽度验算。

4. 运输、吊装阶段验算

采用平吊，一点起吊，吊点设在牛腿下部，混凝土达到设计强度后起吊。柱插入杯口深度为 $h_1 = 0.9 \times 800 = 720\text{mm}$，取 $h_1 = 800\text{mm}$，则柱吊装时总长度为 $3.9 + 8.0 + 0.8 = 12.7\text{m}$，计算简图如图2-57所示。

(1)荷载计算。上柱矩形截面面积 0.16m^2，下柱矩形截面面积 0.32m^2，下柱工字形截面面积 0.178m^2，考虑动力系数 $\mu = 1.5$。

上柱线荷载：

$$g_{1k} = 1.5 \times 0.16 \times 25 = 6\text{kN/m}$$

下柱平均线荷载：

$$g_{3k} = 1.5 \times \frac{0.32 \times (1.30 + 0.4) + 0.178 \times 6.50}{8.2} \times 25 = 7.79\text{kN/m}$$

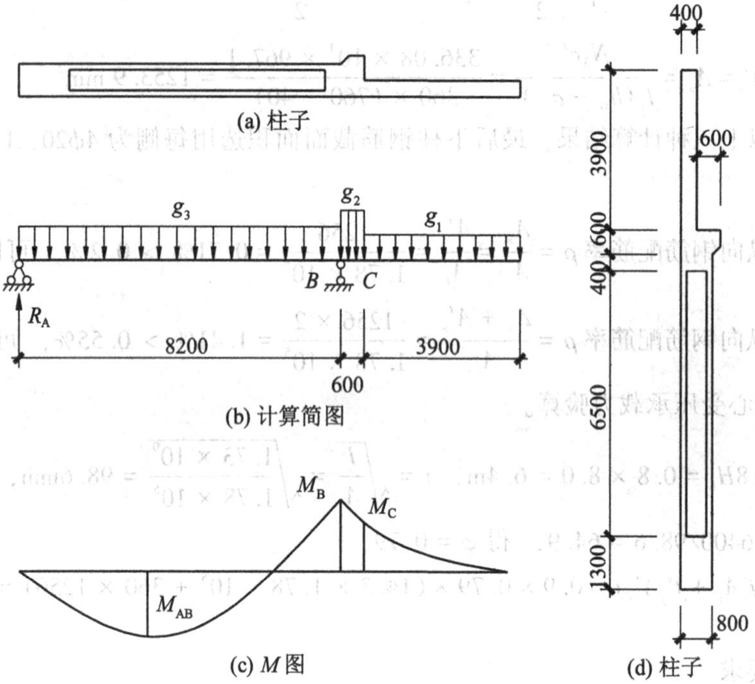

图 2-57　柱的吊装计算简图

牛腿部分线荷载：

$$g_{2k} = 1.5 \times \left[0.32 + \frac{0.4 \times \left(0.4 \times 0.2 + \frac{1}{2} \times 0.2 \times 0.2 \right)}{0.60} \right] \times 25 = 14.50\text{kN/m}$$

(2)内力计算。

$$M_{Ck} = \frac{1}{2} g_{1k} l_1^2 = \frac{1}{2} \times 6 \times 3.9^2 = 45.63\text{kN} \cdot \text{m}$$

$$M_{Bk} = g_{1k} l_1 \left(l_2 + \frac{l_1}{2} \right) + \frac{1}{2} g_{2k} l_2^2 = 6 \times 3.9 \times \left(0.6 + \frac{3.9}{2} \right) + \frac{1}{2} \times 14.50 \times 0.6^2$$

$$= 62.28\text{kN} \cdot \text{m}$$

$$M_C = \gamma_G M_{Ck} = 1.35 \times 45.63 = 61.60\text{kN} \cdot \text{m}$$

$$M_B = \gamma_G M_{Bk} = 1.35 \times 62.28 = 84.08\text{kN} \cdot \text{m}$$

由 $\sum M_B = 0$ 可得

$$R_{Ak} = \frac{1}{2} g_{3k} l_3 - \frac{M_{Bk}}{l_3} = 0.5 \times 7.79 \times 8.2 - \frac{62.28}{8.2} = 24.34\text{kN}$$

AB 段，$M(x) = R_A x - \frac{1}{2} g_3 x^2$

令 $\mathrm{d}M(x)/\mathrm{d}x = 0$，则下柱段的最大弯矩发生在 $x = R_A / g_3$ 处

$$x = R_{Ak} / g_{3k} = 24.34/7.79 = 3.12\text{m}$$

因此，$M_{ABk}=R_{Ak}x-\frac{1}{2}g_{3k}x^2=24.34\times3.12-\frac{1}{2}\times7.79\times3.12^2=38.03\text{kN}\cdot\text{m}$

$$M_{AB}=\gamma_G M_{ABk}=1.35\times38.03=51.34\text{kN}\cdot\text{m}$$

$M_{AB}<M_B$，控制截面为 C 截面和 B 截面。

（说明：求 M_{AB} 时，也可考虑上柱和牛腿部位自重对结构有利时，取上柱和牛腿部位分项系数 $\gamma_G=1.0$，求得 $M_{AB}=60.03\text{kN}\cdot\text{m}$，$M_{AB}<M_B$，控制截面仍为 C 截面和 B 截面。）

对一般建筑物，构件的重要性系数取降低一级后的 γ_0 值 0.9。

柱截面受弯承载力及裂缝宽度验算过程见表 2-13、表 2-14。

表 2-13　**柱吊装阶段承载力验算表**

柱截面	C 截面	B 截面
$\gamma_0 M$　(kN·m)	0.9×61.60=55.44	0.9×84.08=75.67
$b\times h$　(mm)	400×400	300×400
$\alpha_s=\frac{\gamma_0 M}{\alpha_1 f_c bh_0^2}$	0.075	0.136
$\xi=1-\sqrt{1-2\alpha_s}$	0.078 < 0.518	0.147 < 0.518
$A_s=\xi bh_0\frac{\alpha_1 f_c}{f_y}$　(mm²)	445.1	630.2
实配钢筋 A_s　(mm²)	760	628

由表 2-13 可知，承载力验算满足要求。

表 2-14　**柱吊装阶段裂缝宽度验算表**

柱截面	C 截面	B 截面
$M_q=M_k$　(kN·m)	45.63	62.28
$\rho_{te}=\frac{A_s}{0.5bh}$	0.0095<0.01 取 0.01	0.010
$\sigma_{sq}=\frac{M_q}{0.87h_0A_s}$　(N/mm²)	191.70	316.64
$\psi=1.1-\frac{0.65f_{tk}}{\rho_{te}\sigma_{sq}}$	0.418	0.687
$w_{max}=1.9\psi\frac{\sigma_{sq}}{E_s}\left(1.9c_s+0.08\frac{d_{eq}}{\rho_{te}}\right)$	0.165 < 0.3mm	0.449 > 0.3mm

由表 2-14 可知，裂缝宽度验算不满足要求，应采用翻身吊进行吊装。

5. 牛腿设计

(1)荷载计算。

吊车竖向荷载为：$D_{max}=483.84\text{kN}$，吊车梁加轨道重：$G=60.24\text{kN}$。

(2)截面尺寸验算。根据吊车梁支承位置、截面尺寸及构造要求，初步拟定牛腿尺寸如图2-58所示。

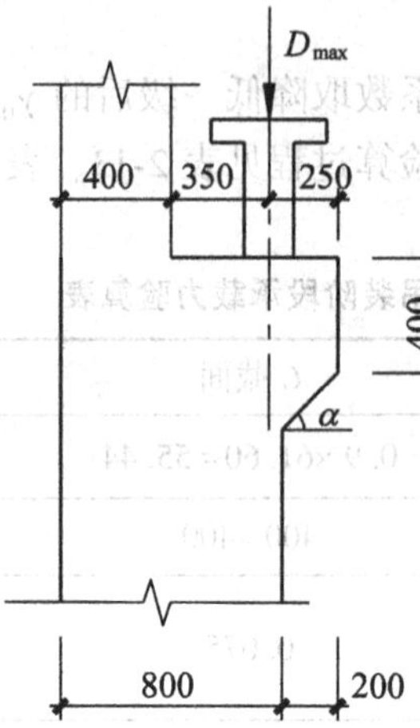

图2-58　牛腿尺寸简图

取牛腿外形尺寸为 $h_1=400\text{mm}$，$h=600\text{mm}$，$c=200\text{mm}$，则 $b=400\text{mm}$。

又 $\alpha=45°$，$h_0=h_1-a_s+c\tan\alpha=400-40+200\times1=560\text{mm}$。

集中力作用点距下柱内边缘为50mm，$a=-50\text{mm}$，取 $a=0$，$f_{tk}=2.01\text{N/mm}^2$，$F_{hk}=0$，$\beta=0.80$。

$$F_{vk}=\frac{D_{max}}{\gamma_Q}+\frac{G}{\gamma_G}=\frac{483.84}{1.4}+\frac{60.24}{1.2}=395.8\text{kN}$$

$$\beta\left(1-0.5\frac{F_{hk}}{F_{vk}}\right)\frac{f_{tk}bh_0}{0.5+\dfrac{a}{h_0}}=0.8\times\frac{2.01\times400\times560}{0.5}=720.38\text{kN}$$

$$>F_{vk}=395.8\text{kN}$$

牛腿截面高度满足要求。

(3)配筋计算。纵筋截面面积：

$$F_v=D_{max}+G=483.84+60.24=544.08\text{kN},$$

由于 $a<0.3h_0$，取 $a=0.3h_0=0.3\times560=168\text{mm}$。

$$可得\ A_s\geqslant\frac{F_va}{0.85f_yh_0}+1.2\frac{F_h}{f_y}=\frac{544.08\times10^3\times168}{0.85\times360\times560}=533.4\text{ mm}^2$$

又 $A_{s,\min}=\rho_{\min}bh=0.2\%\times400\times600=480\text{ mm}^2$

选用 $4\phi14$，$A_s=615\text{ mm}^2$。

箍筋选用 $\phi 8@100$，（$2\phi 8$，$A_{sh}=101\ \text{mm}^2$），则在上部 $\frac{2}{3}h_0$ 处实配箍筋截面面积为

$A_{sh}=\frac{101}{100}\times\frac{2}{3}\times 560=377.1\ \text{mm}^2>\frac{1}{2}A_s=\frac{1}{2}\times 615=307.5\ \text{mm}^2$，符合要求。

因为 $\frac{a}{h_0}=0<0.3$，不需设置弯起钢筋。

柱的模板图见图2-59，柱的配筋图见图2-60，柱子钢筋明细表见表2-15。

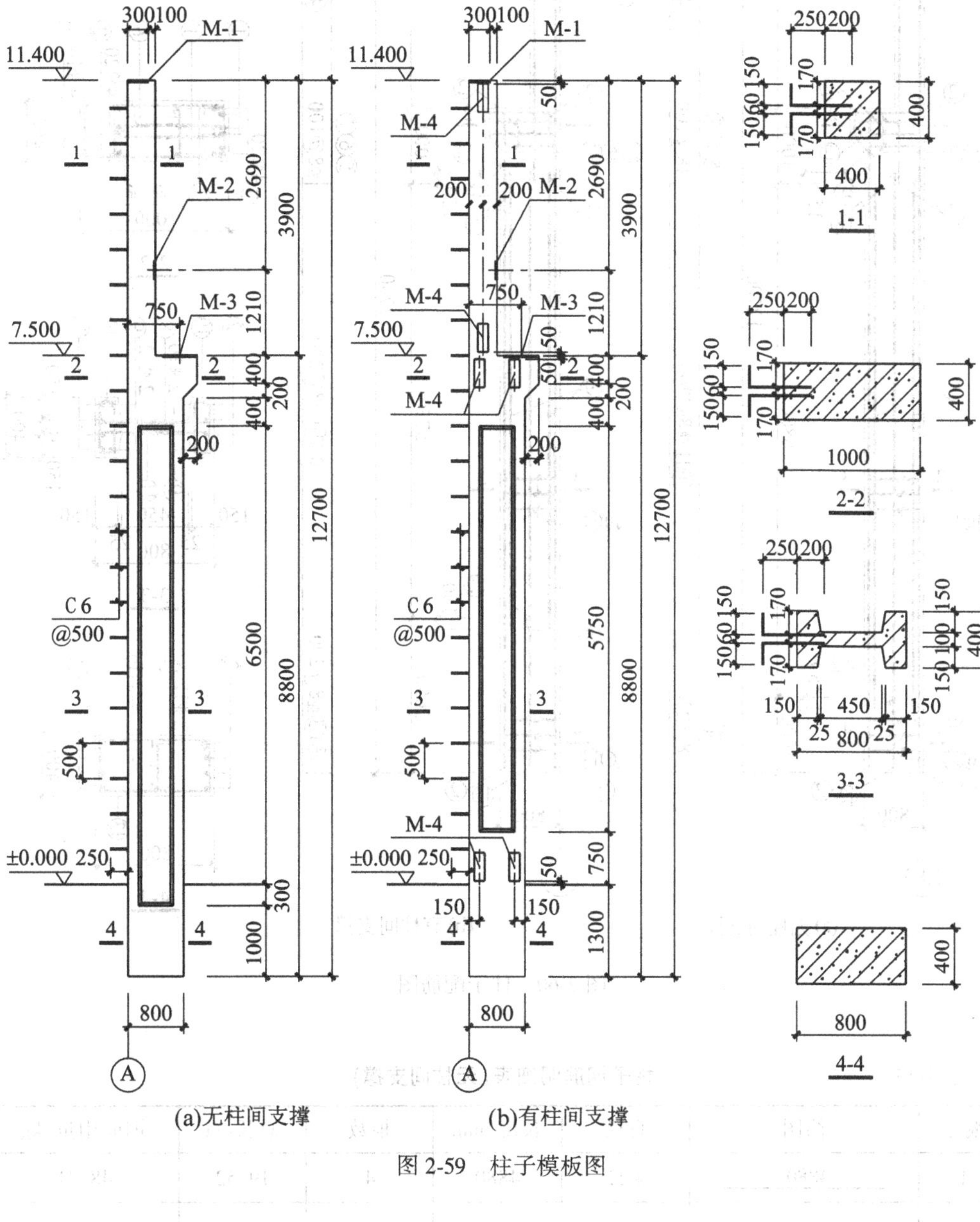

图2-59 柱子模板图

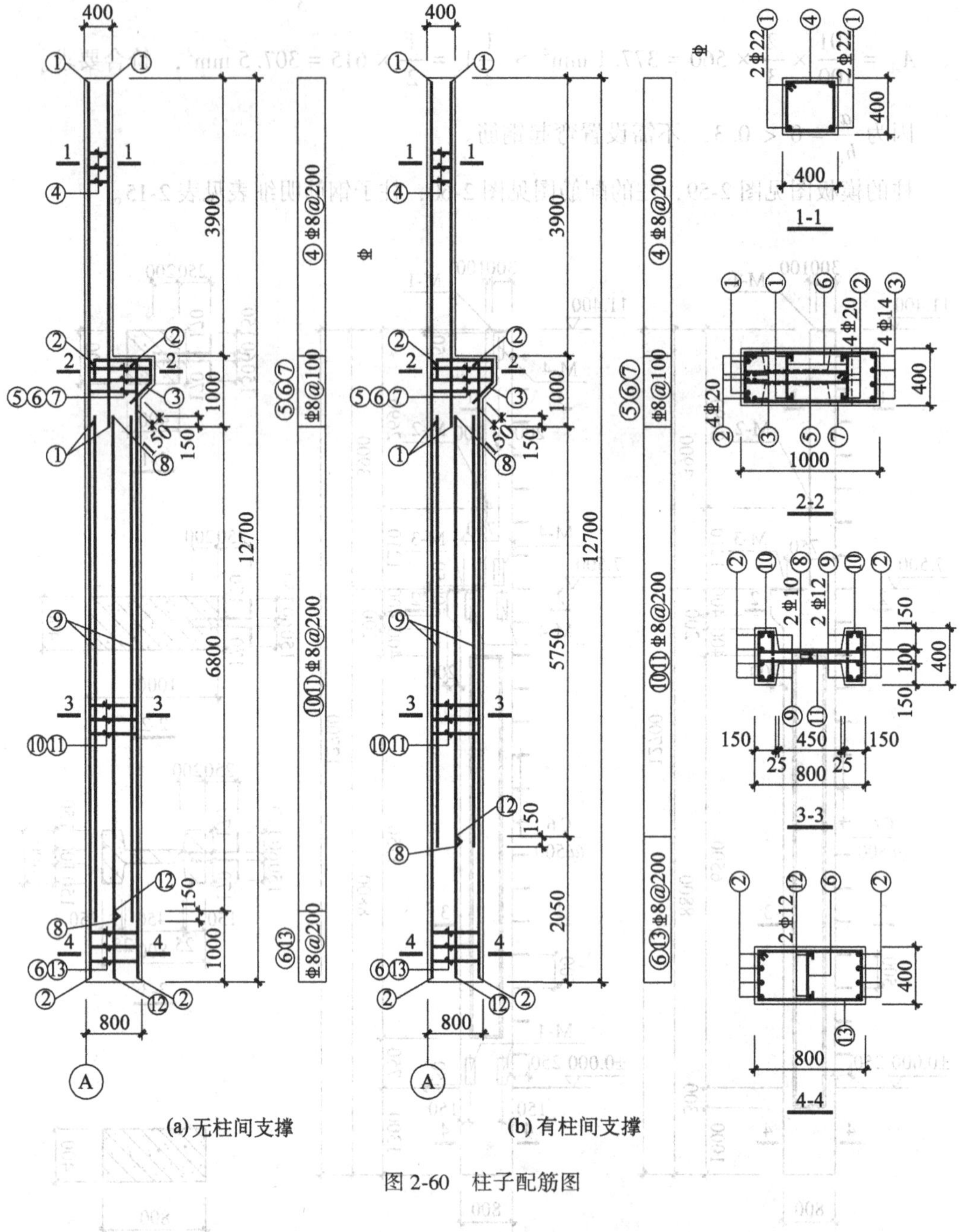

图 2-60　柱子配筋图

表 2-15　**柱子钢筋明细表(无柱间支撑)**

编号	简图	直径	长度/mm	根数	总长/m	钢筋用量/kg
1	4880	⌀22	4880	4	19.52	48.21
2	8760	⌀20	8760	8	70.08	173.10

编号	简图	直径	长度/mm	根数	总长/m	钢筋用量/kg
3	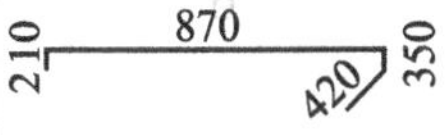 210　870　350　420	Φ14	1850	4	7.64	8.95
4	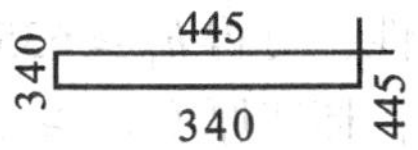 340　445　340　445	Φ8	1570	20	31.4	12.40
5	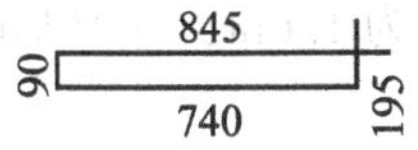 90　845　740　195	Φ8	1870	11	20.57	8.13
6	 460	Φ8	460	28	12.88	5.09
7	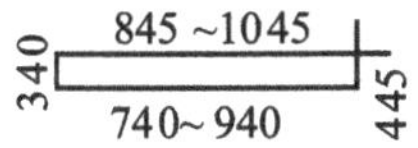 340　845~1045　740~940　445	Φ8	平均2570	11	28.27	11.17
8	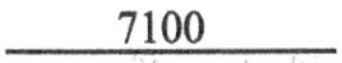 7100	Φ10	7100	2	14.2	8.76
9	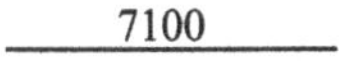 7100	Φ12	7100	4	28.4	25.22
10	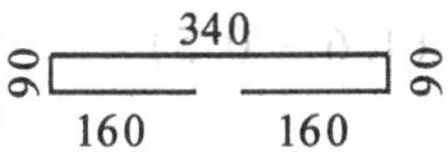 90　340　90　160　160	Φ8	840	70	58.8	23.23
11	 770	Φ8	770	70	53.9	21.29
12	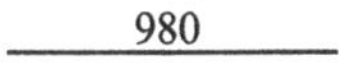 980	Φ16	980	2	1.96	3.10
13	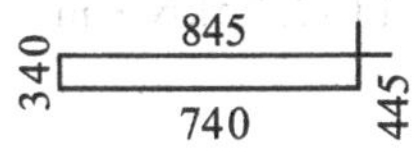 340　845　740　445	Φ8	2370	6	14.22	5.62

合计：354.26kg

2.7.7　基础设计

1. 基础尺寸确定

根据《地基基础规范》表3.0.3规定，对地基承载力特征值为 $160kN/m^2 \leqslant f_{ak} < 200kN/m^2$、单跨厂房的跨度 $\leqslant 30m$、吊车起重量不超过50t的丙级建筑物，设计时可不做地基变形验算。

当按地基承载力确定基础底面积时，传至基础的作用效应按正常使用极限状态下作用的标准组合。这样，可由表2-11中选取以下两组控制内力进行基础底面计算。

$$M_{1k} = 369.81kN \cdot m; \quad N_{1k} = 540.86kN; \quad V_{1k} = 45.41kN$$

$$M_{2k}=-301.62\text{kN}\cdot\text{m};\quad N_{2k}=342.56\text{kN};\quad V_{2k}=-37.13\text{kN}$$

初步估算基础底面尺寸为 $A=lb=2.4\times3.6=8.64\text{m}^2$，$W=\dfrac{1}{6}\times2.4\times3.6^2=5.18\text{m}^3$。

确定柱子插入基础杯口深度 h_1，由表 2-17 可得 $h_1\geqslant800\text{mm}$；为满足柱纵向钢筋锚固长度的要求，可得 $h_1\geqslant705\text{mm}$；为保证吊装时柱的稳定性，可得 $h_1\geqslant635\text{mm}$，因此取 $h_1=800\text{mm}$。柱与杯底间距取为 50mm。由表 2-18 可知，杯底厚度 $a_1\geqslant200\text{mm}$，取杯底厚度为 250mm。

可得基础高度 $h=0.8+0.05+0.25=1.1\text{m}$，基础埋深为 1.6m，并取基础与土平均自重为 20kN/m^3，得基础自重和土重为

$$G_k=\gamma_m lbd=20\times2.4\times3.6\times1.6=276.5\text{kN}$$

由基础梁传至基础顶面的外墙重

$$\begin{aligned}G_{wk}&=[(11.9-0.5)\times6.0-4\times(4.8+1.8)]\times0.37\times19+4\times(4.8+1.8)\times\\&\quad0.45+0.37\times0.5\times6.0\times25\\&=334.89\text{kN}\end{aligned}$$

2. 地基承载力验算

修正后的地基承载力特征值 f_a，对 e 及 I_L 均小于 0.85 的黏性土，取 $\eta_b=0.3$，$\eta_d=1.6$，$\gamma=18\text{kN/m}^3$，$\gamma_m=20\text{kN/m}^3$。

$$\begin{aligned}f_a&=f_{ak}+\eta_b\gamma(b-3)+\eta_d\gamma_m(d-0.5)\\&=180+0.3\times18\times(3.6-3)+1.6\times20\times(1.6-0.5)\\&=218.44\text{kN/m}^2\end{aligned}$$

(1)按第一组荷载验算，其基础底面荷载效应标准值为：

$$\begin{aligned}M_{kb1}&=M_{1k}+V_{1k}h+G_{wk}e_w=369.81+45.41\times1.1-334.89\times\left(\frac{0.37}{2}+\frac{0.8}{2}\right)\\&=223.85\text{kN}\cdot\text{m}\end{aligned}$$

$$N_{kb1}=N_{1k}+G_k+G_{wk}=540.86+276.5+334.89=1152.25\text{kN}\cdot\text{m}$$

$$\begin{aligned}\left.\begin{matrix}p_{kmax1}\\p_{kmin1}\end{matrix}\right\}&=\frac{N_{kb1}}{lb}\pm\frac{M_{kb1}}{W}\\&=\frac{1152.25}{2.4\times3.6}\pm\frac{223.85}{5.18}=133.36\pm43.21\\&=\begin{cases}176.57\text{kN/m}^2<1.2f_a=1.2\times218.44=262.13\text{kN/m}^2\\90.15\text{kN/m}^2\end{cases}\end{aligned}$$

$p_k=\dfrac{1}{2}\times(176.57+90.15)=133.36\text{kN/m}^2<f_a=218.44\text{kN/m}^2$，满足要求。

(2)按第二组荷载验算，其基础底面荷载效应标准值为：

$$\begin{aligned}M_{kb2}&=M_{2k}+V_{2k}h+G_{wk}e_w=-301.62-37.13\times1.1-334.89\times\left(\frac{0.37}{2}+\frac{0.8}{2}\right)\\&=-538.37\text{kN}\cdot\text{m}\end{aligned}$$

$$N_{kb2}=N_{2k}+G_k+G_{wk}=342.56+276.5+334.89=953.95\text{kN}\cdot\text{m}$$

$$\left.\begin{matrix}p_{kmax2}\\ p_{kmin2}\end{matrix}\right\} = \frac{N_{kb2}}{lb} \pm \frac{M_{kb2}}{W}$$

$$= \frac{953.95}{2.4 \times 3.6} \pm \frac{538.37}{5.18} = 110.41 \pm 103.93$$

$$= \begin{cases} 214.34\text{kN/m}^2 < 1.2f_a = 1.2 \times 218.44 = 262.13\text{kN/m}^2 \\ 6.48\text{kN/m}^2 \end{cases}$$

$p_k = \frac{1}{2} \times (214.34 + 6.48) = 110.41\text{kN/m}^2 < f_a = 218.44\text{kN/m}^2$，满足要求。

3. 基础抗冲切验算

从表 2-10 中选取产生的 p_{max} 较大一组荷载效应设计值，进行抗冲切验算，取 $M_1 = -448.37\text{kN}\cdot\text{m}$；$N_1 = 448.57\text{kN}$；$V_1 = -54.81\text{kN}$。

其基础底面的相应荷载效应设计值为(不考虑基础自重及其上土重)：

外墙传至基础顶面重：

$$G_w = \gamma_G G_{wk} = 1.2 \times 334.89 = 401.87\text{kN}$$

$$M_{b1} = M_1 + V_1 h + G_w e_w = -448.37 - 54.81 \times 1.1 - 401.87 \times \left(\frac{0.37}{2} + \frac{0.8}{2}\right)$$

$$= -743.75\text{kN}\cdot\text{m}$$

$$N_{b1} = N_1 + G_w = 448.57 + 401.87 = 850.44\text{kN}$$

地基土净反力为：

$$\left.\begin{matrix}p_{nmax}\\ p_{nmin}\end{matrix}\right\} = \frac{N_{b1}}{lb} \pm \frac{M_{b1}}{W} = \frac{850.44}{2.4 \times 3.6} \pm \frac{743.75}{5.18} = 98.43 \pm 143.58 = \begin{cases} 242.01\text{kN/m}^2 \\ -45.15\text{kN/m}^2 \end{cases}$$

因最小净反力为负值，故其底面净反力应按以下公式计算：

$$e_0 = \frac{M_{b1}}{N_{b1}} = \frac{743.75}{850.44} = 0.875\text{m}$$

$$a = \frac{b}{2} - e_0 = \frac{3.6}{2} - 0.875 = 0.925\text{m}$$

故
$$p_{nmax} = \frac{2N_{b1}}{3al} = \frac{2 \times 850.44}{3 \times 0.925 \times 2.4} = 255.39\text{kN/m}^2$$

(1)柱根处冲切面抗冲切验算(图 2-61(a))。

因 $a_b = a_t + 2h_0 = 0.4 + 2 \times 1.055 = 2.51\text{m} > l = 2.4\text{m}$，取 $a_b = 2.4\text{m}$

$$A_l = \left(\frac{b}{2} - \frac{b_t}{2} - h_0\right) l = \left(\frac{3.6}{2} - \frac{0.8}{2} - 1.055\right) \times 2.4 = 0.83\text{m}^2$$

其冲切荷载计算值为：

$$F_l = p_{nmax} A_l = 255.39 \times 0.83 = 211.97\text{kN}$$

由线性内插法得 $\beta_h = 0.975$，$a_m = \frac{1}{2}(a_t + a_b) = \frac{1}{2} \times (0.4 + 2.4) = 1.4\text{m}$，

冲切承载力按下式计算：

$$0.7\beta_h f_t a_m h_0 = 0.7 \times 0.975 \times 1.43 \times 1.4 \times 1.055 \times 10^6 = 1441.52\text{kN} > F_l = 211.97\text{kN}$$

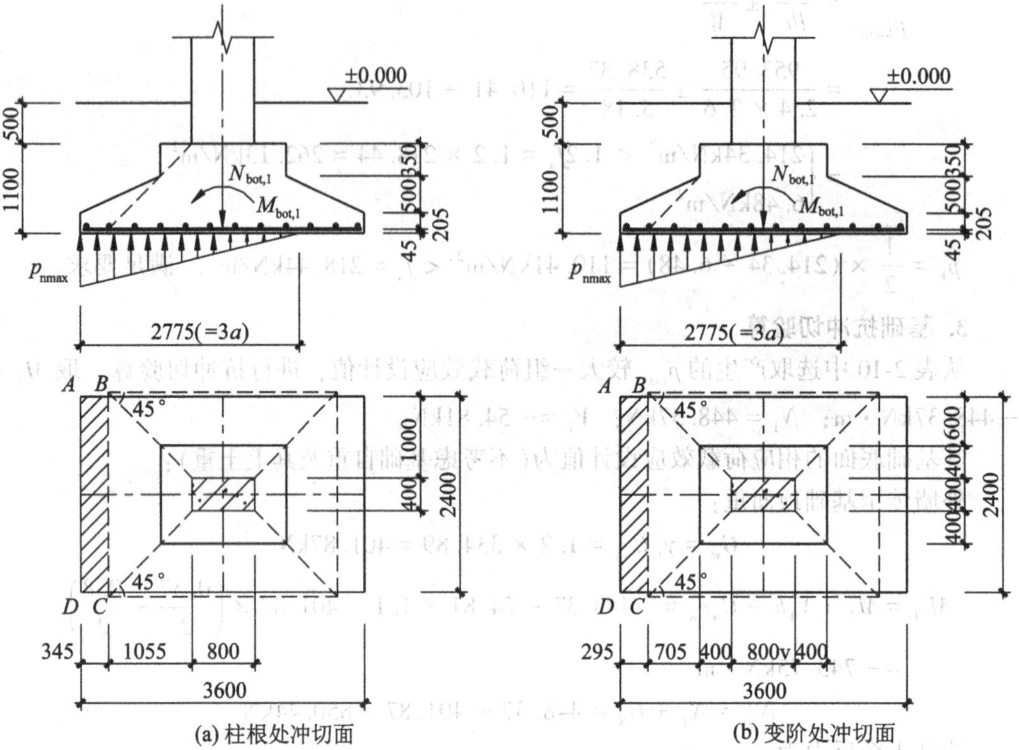

图 2-61　基础抗冲切验算

满足要求。

(2)变阶处冲切面抗冲切验算(图 2-61(b))

因 $a_b = a_t + 2h_0 = 1.2 + 2 \times 0.705 = 2.61\text{m} > l = 2.4\text{m}$，取 $a_b = 2.4\text{m}$

$$A_l = \left(\frac{b}{2} - \frac{b_t}{2} - h_0\right) l = \left(\frac{3.6}{2} - \frac{1.6}{2} - 0.705\right) \times 2.4 = 0.71\text{m}^2$$

其冲切荷载计算值为

$$F_l = p_{nmax} A_l = 255.39 \times 0.71 = 181.33\text{kN}$$

$$\beta_h = 1.0,\ a_m = \frac{1}{2}(a_t + a_b) = \frac{1}{2} \times (1.2 + 2.4) = 1.8\text{m},$$

冲切承载力按下式计算

$$0.7\beta_h f_t a_m h_0 = 0.7 \times 1.0 \times 1.43 \times 1.8 \times 0.705 \times 10^6 = 1270.27\text{kN} > F_l = 181.33\text{kN}$$

满足要求。

4. 柱与基础交接处截面受剪承载力验算

《地基基础规范》规定，当基础底面短边尺寸小于或等于柱宽加两倍基础有效高度时，应验算柱与基础交接处截面受剪承载力。

因 $l = 2.4\text{m} < b_t + 2h_0 = 0.4 + 2 \times 1.055 = 2.51\text{m}$，应进行柱与基础交接处截面受剪承载力验算。

(1)柱根处受剪承载力验算(图 2-62(a))

$p_{\mathrm{nmax}} = 255.39\mathrm{kN/m^2}$，由图 2-61 可得柱根处及变阶处土净反力为

$$p_{\mathrm{n1}} = \frac{\left(3a - \dfrac{b}{2} + \dfrac{b_{\mathrm{t}}}{2}\right)}{3a} p_{\mathrm{n,\ max}} = \frac{\left(3 \times 0.925 - \dfrac{3.6}{2} + \dfrac{0.8}{2}\right)}{3 \times 0.925} \times 255.39 = 126.54\mathrm{kN/m^2}$$

$$p_{\mathrm{n2}} = \frac{\left(3 \times 0.925 - \dfrac{3.6}{2} + \dfrac{0.8}{2} + 0.4\right)}{3 \times 0.925} \times 255.39 = 163.38\mathrm{kN/m^2}$$

$$V_{\mathrm{s}} = \frac{(p_{\mathrm{nmax}} + p_{\mathrm{n1}})}{2} A = \frac{(255.39 + 126.54)}{2} \times 2.4 \times 1.4 = 641.64\mathrm{kN}$$

$$h_0 = 1055\mathrm{mm},\ \beta_{\mathrm{hs}} = (800/h_0)^{1/4} = (800/1055)^{1/4} = 0.933$$

由图 2-62(a)可得，

$$A_0 = 350 \times 1200 + \frac{1}{2} \times (1200 + 2400) \times 500 + 250 \times 2400 = 1.92\mathrm{m^2}$$

$$0.7\beta_{\mathrm{hs}} f_{\mathrm{t}} A_0 = 0.7 \times 0.933 \times 1.43 \times 1.92 \times 10^6 = 1793.15\mathrm{kN} > V_{\mathrm{s}} = 641.64\mathrm{kN}$$

满足要求。

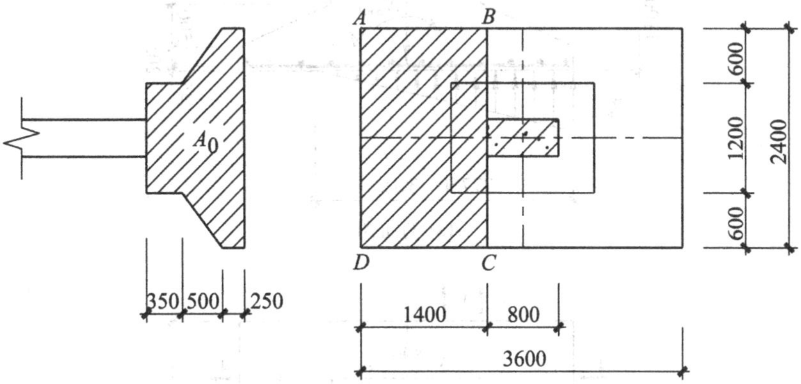

(a) 柱与基础交接处

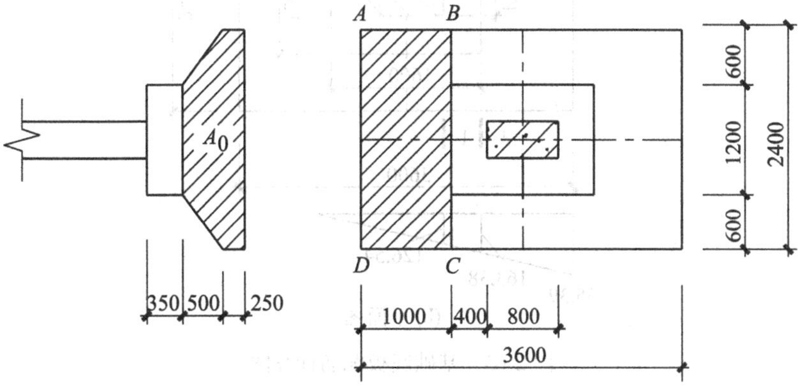

(b) 基础变阶处

图 2-62　基础受剪切承载力验算

(2)基础变阶处验算(图 2-62(b))

$$V_s = \frac{(p_{nmax} + p_{n2})}{2}A = \frac{(255.39 + 163.38)}{2} \times 2.4 \times 1.0 = 502.52\text{kN}$$

$$h_0 = 705\text{mm}\ ,\ \beta_{hs} = 1.0$$

由图 2-62(b)可得，$A_0 = \frac{1}{2} \times (1200 + 2400) \times 500 + 250 \times 2400 = 1.50\text{m}^2$

$$0.7\beta_{hs}f_tA_0 = 0.7 \times 1.0 \times 1.43 \times 1.50 \times 10^6 = 1501.5\text{kN} > V_s = 502.52\text{kN}$$

满足要求。

5. 基础配筋计算

(1)基础长边方向配筋(图 2-63)

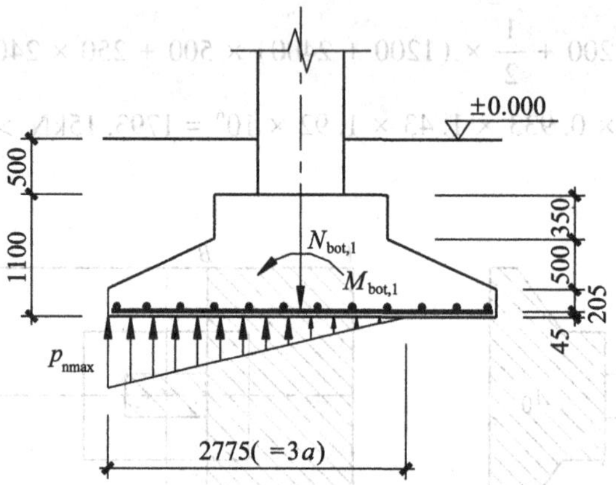

(a) 剖面图

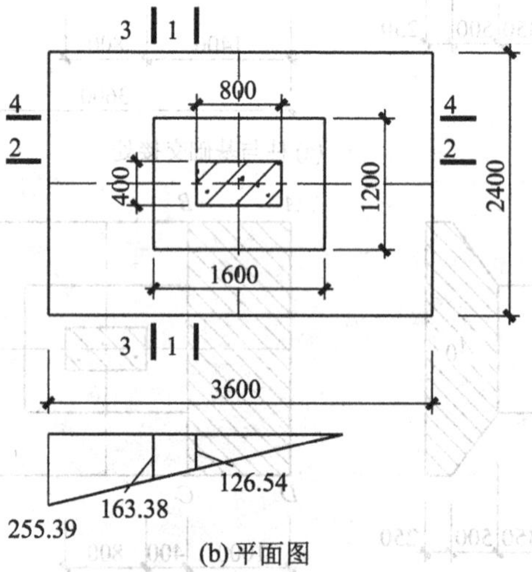

(b) 平面图

图 2-63　基础底板配筋计算图

从表 2-10 中选取产生的 p_{max} 较大一组荷载效应设计值，取

$$M_1 = -448.37\text{kN}\cdot\text{m}\ ;\ N_1 = 448.57\text{kN}\ ;\ V_1 = -54.81\text{kN}$$

$$p_{nmax}=255.39\text{kN/m}^2$$

柱根处及变阶处土净反力为 $p_{n1}=126.54\text{kN/m}^2$，$p_{n2}=163.38\text{kN/m}^2$

则得其截面相应弯矩

$$M_1=\frac{1}{12}a_1^2[(2l+a')(p_{nmax}+p_{n1})+(p_{nmax}-p_{n1})l]$$

$$=\frac{1}{12}\times\left(\frac{3.6}{2}-\frac{0.8}{2}\right)^2\times[(2\times2.4+0.4)\times(255.39+126.54)+(255.39-126.54)\times2.4]$$

$$=374.90\text{kN}\cdot\text{m}$$

$$M_3=\frac{1}{12}a_1^2[(2l+a')(p_{nmax}+p_{n2})+(p_{nmax}-p_{n2})l]$$

$$=\frac{1}{12}\times\left(\frac{3.6}{2}-\frac{1.6}{2}\right)^2\times[(2\times2.4+1.2)\times(255.39+163.38)+(255.39-163.38)\times2.4]$$

$$=227.79\text{kN}\cdot\text{m}$$

相应于Ⅰ-Ⅰ和Ⅲ-Ⅲ截面的配筋为

$$A_s=\frac{M_1}{0.9h_{01}f_y}=\frac{374.90\times10^6}{0.9\times1055\times360}=1096.8\text{ mm}^2$$

又

$$A_s=\frac{M_3}{0.9h_{02}f_y}=\frac{227.79\times10^6}{0.9\times705\times360}=997.2\text{ mm}^2$$

选用 14C10@180，$A_s=1100\text{ mm}^2$。

(2)基础短边方向配筋

从表 2-10 中选取轴向压力较大一组荷载效应设计值，取

$$M_2=524.81\text{kN}\cdot\text{m}；N_2=805.51\text{kN}；V_2=59.53\text{kN}$$

$$G_w=401.87\text{kN}$$

$$M_{b2}=M_2+V_2h+G_we_w=524.81+59.53\times1.1-401.87\times\left(\frac{0.37}{2}+\frac{0.8}{2}\right)$$

$$=355.20\text{kN}\cdot\text{m}$$

$$N_{b2}=N_2+G_w=805.51+401.87=1207.38\text{kN}$$

基础底面土净反力为

$$\begin{matrix}p_{nmax}\\p_{nmin}\end{matrix}=\frac{N_{b2}}{lb}\pm\frac{M_{b2}}{W}=\frac{1207.38}{2.4\times3.6}\pm\frac{355.20}{5.18}=139.74\pm68.57=\begin{cases}208.31\text{kN/m}^2\\71.17\text{kN/m}^2\end{cases}$$

则得其截面相应弯矩

$$M_2=\frac{1}{48}(l-a')^2(2b+b')(p_{nmax}+p_{nmin})$$

$$=\frac{1}{48}\times(2.4-0.4)^2(2\times3.6+0.8)\times(208.31+71.17)$$

$$=186.32\text{kN}\cdot\text{m}$$

$$M_4=\frac{1}{48}(l-a')^2(2b+b')(p_{nmax}+p_{nmin})$$

$$=\frac{1}{48}\times(2.4-1.2)^2(2\times3.6+1.6)\times(208.31+71.17)$$

$$=73.78\text{kN}\cdot\text{m}$$

相应于Ⅱ-Ⅱ和Ⅳ-Ⅳ截面的配筋为

$$A_s=\frac{M_2}{0.9h_{01}f_y}=\frac{186.32\times10^6}{0.9\times1055\times360}=545.1\ \text{mm}^2$$

又
$$A_s=\frac{M_4}{0.9h_{02}f_y}=\frac{73.78\times10^6}{0.9\times705\times360}=323.0\ \text{mm}^2$$

选用 19ϕ10@200，A_s = 1492 mm^2。

基础配筋图如图 2-64 所示。

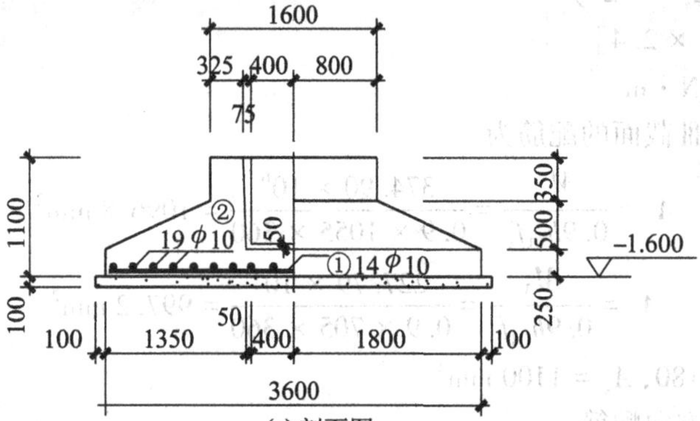

(a)剖面图

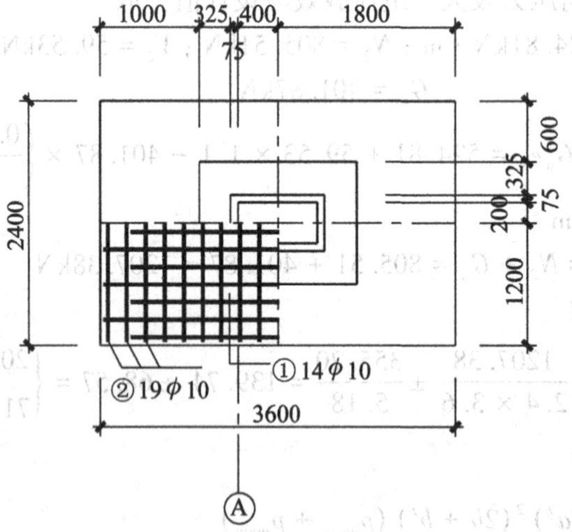

(b)平面图

图 2-64　基础配筋图

小　　结

排架结构是单层厂房中应用最广泛的一种结构形式。其设计过程可分为方案设计、技术设计和施工图绘制三个阶段。其中，方案设计阶段主要是进行结构选型和结构布置，技术设计阶段主要是选择结构构件，进行结构分析和构件设计。

一般将单层厂房结构简化为纵、横向平面排架分别计算。在非地震区，对纵向平面排架往往不必进行计算，而是根据厂房的具体情况和工程设计经验通过设置柱间支撑从构造上予以加强。对横向平面排架进行内力分析，其内容主要包括：确定计算简图、荷载计算、内力计算和内力组合。目的是为了求出柱控制截面可能产生的最不利内力，以作为柱配筋计算的依据。

横向等高平面排架结构可采用剪力分配法计算内力。

单层厂房中的柱主要有排架柱和抗风柱两类。其设计内容包括：选择柱的形式、确定截面尺寸、配筋计算、吊装验算、牛腿设计等。对于预制钢筋混凝土排架柱，除按偏心受压构件计算以保证使用阶段的承载力要求和裂缝宽度限值外，还要按受弯构件进行验算以保证施工阶段(吊装、运输)的承载力要求和裂缝宽度限值。抗风柱主要承受风荷载，可按变截面受弯构件进行设计。柱牛腿分为长牛腿和短牛腿。长牛腿为悬臂受弯构件，按悬臂梁设计；短牛腿为一变截面悬臂深梁，其截面高度一般以不出现斜裂缝作为控制条件来确定，其纵向受力钢筋一般由计算确定，水平箍筋和弯起钢筋按构造要求设置。

柱下独立基础按照受力特点可分为轴心受压基础和偏心受压基础两类。基础设计主要包括：确定基础形式和埋深、确定基础的底面尺寸和基础高度以及基础底板的配筋计算等。

装配式钢筋混凝土排架结构，柱是单层厂房中的主要承重构件，厂房中的许多构件如屋架、吊车梁、连系梁、支撑、基础梁及墙体等都要通过预埋件与其相连。因此，各构件与柱有可靠连接是构件之间有可靠传力的保证。

复习思考题

1. 试述钢筋混凝土单层厂房排架结构的结构组成及荷载传递路线。

2. 试述钢筋混凝土排架结构单层厂房的结构布置原则。

3. 试述单层厂房支撑的作用和布置原则。

4. 如何确定单层厂房排架结构的计算简图？

5. 作用于横向平面排架上的荷载有哪些？如何确定荷载的作用位置？试画出各单项荷载作用下排架结构的计算简图。

6. 什么是等高排架？试述在任意荷载作用下等高排架的内力计算步骤。

7. 以单阶排架柱为例说明如何选取控制截面进行内力组合。简述内力组合原则、组合项目及注意事项。

8. 怎样确定排架柱的计算长度？

9. 为什么要对柱进行吊装阶段验算？如何验算？

10. 简述柱牛腿的计算简图。

11. 柱下独立基础的基础底面尺寸和基础高度如何确定？基础底板配筋如何计算？

习　题

下图所示的单跨单层厂房结构，A、B 柱抗侧移刚度相同，作用有两台 300/50kN 中级工作制吊车。已知：作用在排架柱上的吊车竖向荷载设计值 $D_{max}=480$kN，$D_{min}=90$kN，偏心距 $e=0.45$m。试求当 D_{max} 作用于 A 柱时，各柱顶的剪力。

（提示：柱顶不动铰支座反力 $R=C\cdot M/H$，$C=1.256$）

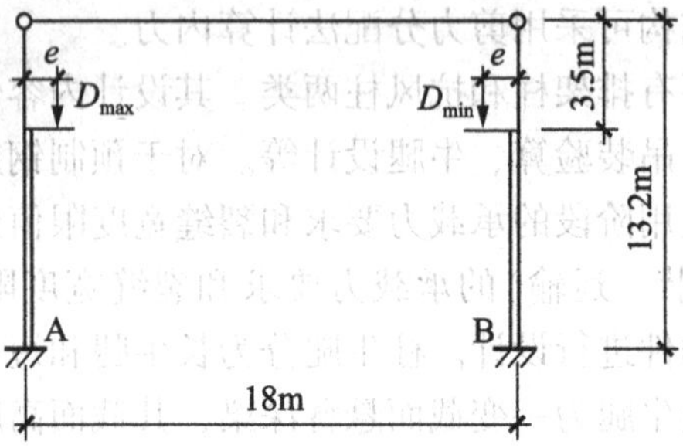

第3章　多层和高层框架结构设计

◎ **本章导读**

本章主要讲述非抗震设计的现浇钢筋混凝土多层和高层框架结构的组成和设计的一般原理，内力和位移计算的简化计算方法，截面设计的主要构造规定。并介绍了多层框架基础的类型和简化计算方法。介绍的内力计算方法包括：竖向荷载作用下的内力计算分层法，水平荷载作用下内力计算的反弯点法和D值法。关于高层建筑的概念和相关知识将在第4章介绍。

◎ **学习要求**

通过本章学习，要求了解框架结构的组成和结构布置；掌握框架结构计算简图的确定方法，框架结构内力和位移的计算方法，以及现浇混凝土框架梁、柱和节点的设计方法，了解柱下条形基础、十字交叉基础和筏式基础等多层框架结构的基础形式，以及柱下条形基础的设计和构造要点。

3.1　概　　述

多层房屋多以混合结构和框架结构为竖向承重结构。而高层建筑的竖向承重结构有框架结构、剪力墙结构、框架-剪力墙结构和筒体结构等多种形式。本章仅介绍多层和高层框架结构设计方法。

框架结构是由横梁、立柱和基础连接而成的。梁柱连接处的框架节点以及柱子与基础的连接一般为刚性连接，如图3-1所示。

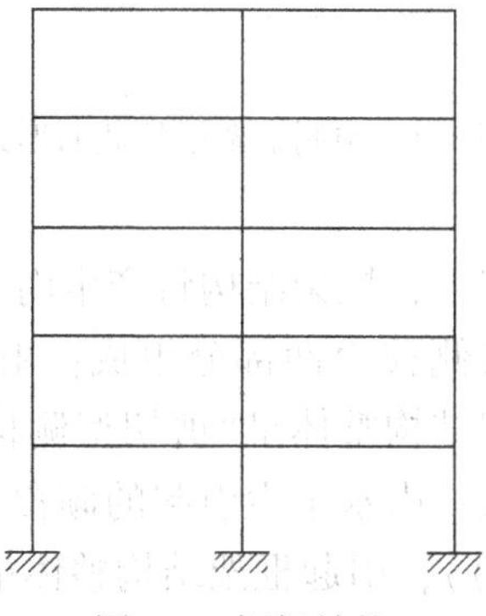

图3-1　框架结构

钢筋混凝土框架结构按施工方法的不同，可分为现浇式、装配式和装配整体式三种类型。

现浇式框架结构是指梁、柱、楼盖均为现场原位支模、绑扎钢筋，然后整体浇筑而成的框架结构。现浇式框架结构的优点是整体性和抗震性好。缺点是现场施工的工作量大、工期长，并需要大量的模板。目前，随着商品混凝土、泵送混凝土以及工具式模板的广泛使用，现浇式框架结构越来越多地被采用。

装配式框架结构是指梁、柱和楼板均为工厂预制，然后运往工地装配、连接而成的框架结构。装配式框架结构的优点是可使建筑工业化生产，且不受季节影响，可提高混凝土构件质量，节省模板，加快施工进度。缺点是框架节点构造复杂，整体性较差，对抗震不利。

装配整体式框架结构是指预制柱、梁、楼板在构件吊装就位后，通过钢筋、连接件加以连接，并在连接部位现场浇筑混凝土而形成的具有整体受力性能的框架结构。最常见的做法是除在梁柱节点现浇混凝土外，在板面再做40mm厚的现浇层。装配整体式框架结构具有整体性和抗震性较装配式框架结构好，又比现浇式框架结构有较高的工业化程度等优点，但也同样存在连接复杂，以及需要二次浇筑等影响施工进度和造价的缺点。

框架梁的横截面通常是矩形。当采用现浇板楼盖时，梁轴线两侧的一部分楼板作为框架梁翼缘参与受力，则框架梁截面成为T形或Γ形；当采用预制板楼盖时，为增加建筑净空，框架梁截面常为十字形(图3-2(a))或花篮形(图3-2(b))；也可将预制梁做成T形截面，当预制板安装就位以后，再现浇部分混凝土，使后浇混凝土与预制梁共同工作成为叠合梁(图3-2(c))。

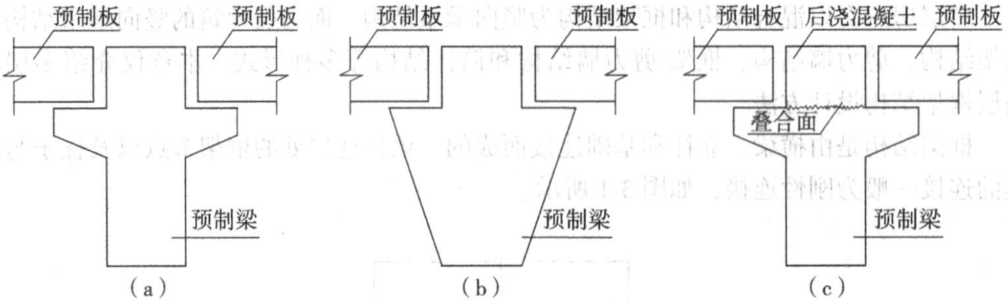

图3-2　预制框架梁的截面形式

在竖向荷载和水平荷载作用下，框架结构将产生内力和变形。框架结构在水平荷载作用下的变形如图3-3所示。其侧移由两部分组成：由水平力引起的楼层剪力使框架梁、柱产生弯曲变形，引起框架结构整体呈“剪切型侧移”(图3-3(a))，层间位移自上而下随着楼层剪力的增大而增大；由水平力引起的倾覆力矩使框架柱产生轴向变形(一侧拉伸，另一侧压缩，图3-3(b))，引起框架结构整体呈“弯曲型侧移”，层间位移自上而下逐渐减小。近似计算中，在层数不多的情况下(低于50m)，柱子轴向变形引起的侧移很小，常常可以忽略，只需计算梁、柱弯曲变形产生的侧移。当结构高度增大时，由柱轴向变形产生的侧移占总变形的百分比也增大，在高层建筑结构中不能忽略。

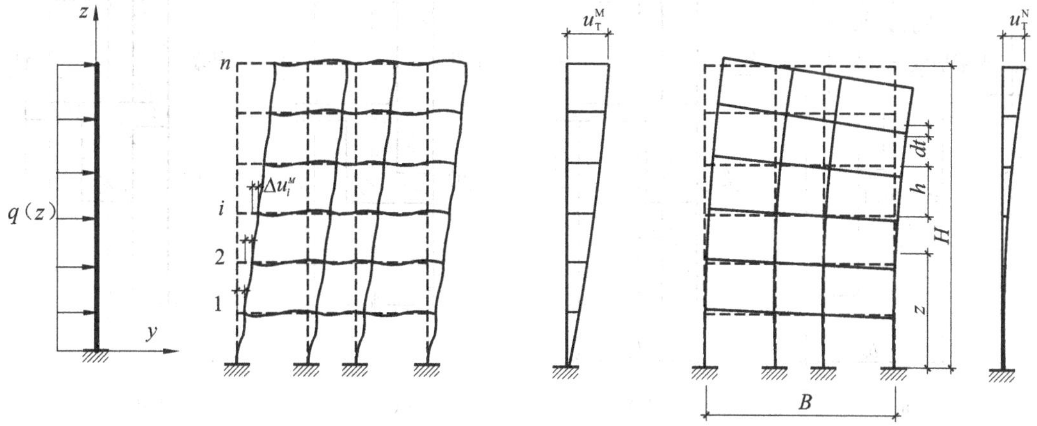

(a)　　　　　　(b)

图 3-3　框架侧移

3.1.1　框架结构布置的基本要求

1. 框架结构应设计成双向梁柱抗侧力体系

为保证框架在纵横两个方向都有足够的承载力和抗侧刚度，《高层建筑混凝土结构设计规程》JGJ3—2010(以下简称《高规》)规定，框架结构应设计成双向梁柱抗侧力体系。主体结构除个别部位外，不应采用铰接。框架结构宜采用正方形或截面长宽比不大的矩形截面，也可以根据建筑功能的要求，设计为圆形、八边形或其他接近方形的异形截面。

2. 框架梁、柱中心线宜重合

为保证形成可靠的抗侧力结构，防止产生过大的偏心弯矩和柱子的扭转，框架梁、柱轴线宜重合。当梁柱中心线不能重合时，在计算中应考虑偏心对梁柱节点核心区受力和构造的不利影响，以及梁荷载对柱子的偏心影响。

梁、柱中心线之间的偏心距在非抗震设计时不宜大于柱截面在该方向宽度的 1/4；偏心距大于该方向柱宽的 1/4 时，可采取增设梁的水平加腋等措施，如图 3-4(a)所示，加腋宽度 b_x 和长度为 l_x 可按《高规》有关规定确定。根据国内外的试验结果，采用水平加腋的方法，能明显改善梁、柱节点承受反复荷载的性能。

在实际工程中，框架梁、柱中心线不能重合且产生偏心的实例较多(图 3-4(b))。如果适当处理，比如当外墙贴柱外缘砌筑时，可以将梁做成 L 形或 T 形截面，用挑出的翼缘承托外墙，而梁的矩形形心线保持和柱子形心重合，如图 3-4(c)和图 3-4(d)所示。

3. 框架填充墙

框架结构的填充墙及隔墙宜选用轻质材料墙体，构造上应与框架结构有可靠的连接，并应满足承载力、稳定和变形要求。要尽量避免由于砌体填充墙布置不当造成框架结构出现不良受力状态。例如当框架结构在上部若干层布置较多填充墙，而底部因为大

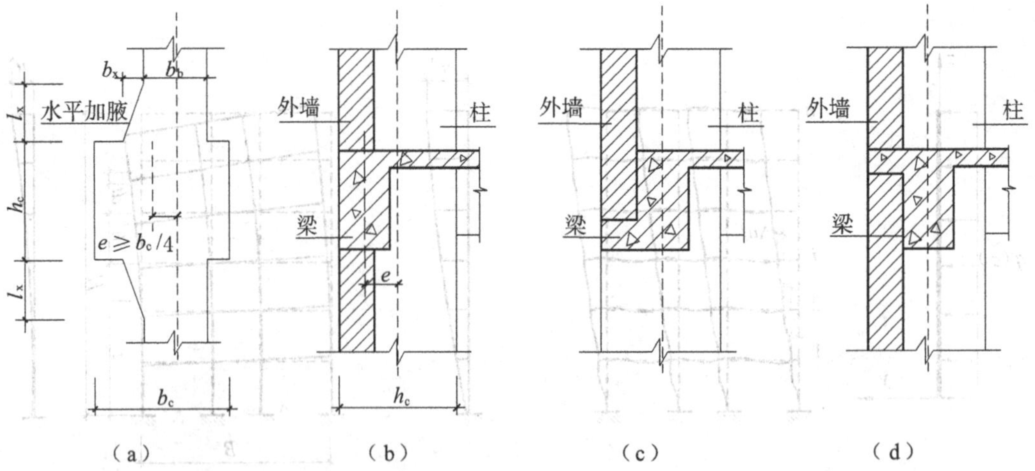

图 3-4　框架梁柱布置

空间的需要使得墙体较少时，会形成上、下刚度和质量突变；或当外墙有整开间窗台墙并嵌砌在柱子之间时，会由于局部柱子受到窗间墙的约束而使柱子的净高减少，实际形成了短柱，对柱子受力不利；或当填充墙的布置偏于建筑平面的一侧时，会造成结构平面的刚度偏心，使得结构在受到较大水平地震作用时产生整体扭转，因而造成柱子破坏。

4. 楼、电梯间的布置

框架结构中的楼、电梯间及局部出屋面的电梯机房、楼梯间、水箱间等，应采用框架承重，不应采用砌体墙承重，以避免由于地震作用造成两种结构体系变形不协调的不利影响。

在高层框架结构中设置钢筋混凝土电梯井时，井壁应贴框架梁布置(图 3-5)，不应采用嵌入框架梁的布置方案，以防止对框架内力分布的干扰，也不宜离开框架单独布置，以防止电梯井在地震作用时与主体结构一起产生过大变形而破坏。

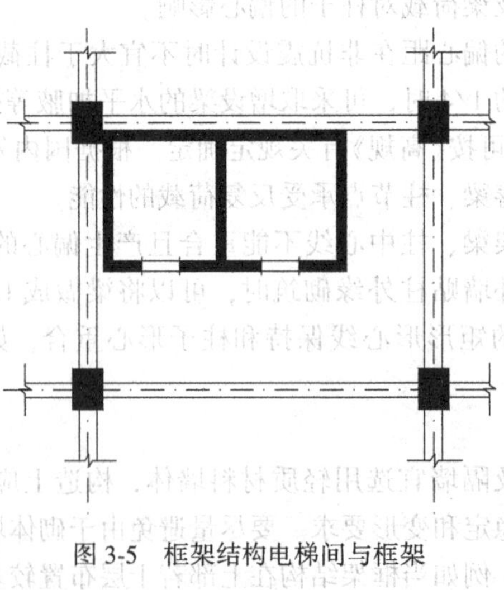

图 3-5　框架结构电梯间与框架

3.1.2　框架结构的柱网布置

框架结构布置主要是确定柱在平面上的排列方式（柱网布置）和结构承重方案，这些必须要从满足生产工艺要求、满足建筑平面要求、使结构受力合理和方便施工四个方面考虑。柱网尺寸大可以获得较大空间，但会加大梁柱截面尺寸，应结合建筑需要和结构造价综合考虑。

在多层工业厂房设计中，生产工艺的要求是厂房平面设计的主要依据，典型的柱网布置有内廊式、等跨式、对称不等跨式等几种（图 3-6）。除内廊式的跨度为 2~4m 外，其他柱网为 6~8m，柱距通常为 6m。

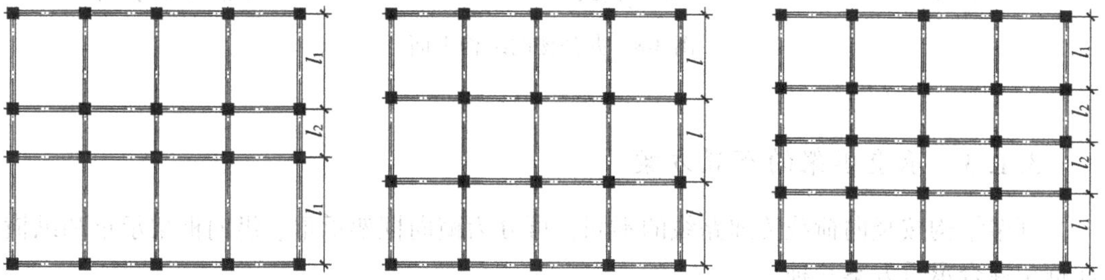

（a）内廊式　　（b）等跨式　　（c）对称不等跨式

图 3-6　框架柱网布置

在民用建筑设计中，柱网布置应尽量满足建筑使用功能要求。通常有房屋的进深（跨度）为 4.8~7.5m，柱距为一个开间（3~4.2m）的小柱网或柱距为两个开间（6~7.5m）的大柱网。图 3-7 和图 3-8 分别为宾馆和办公楼的柱网布置。

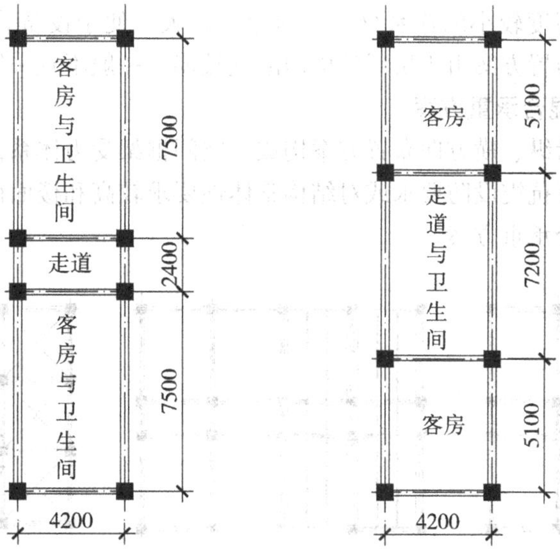

（a）内廊式　　（b）等跨式

图 3-7　宾馆的结构平面

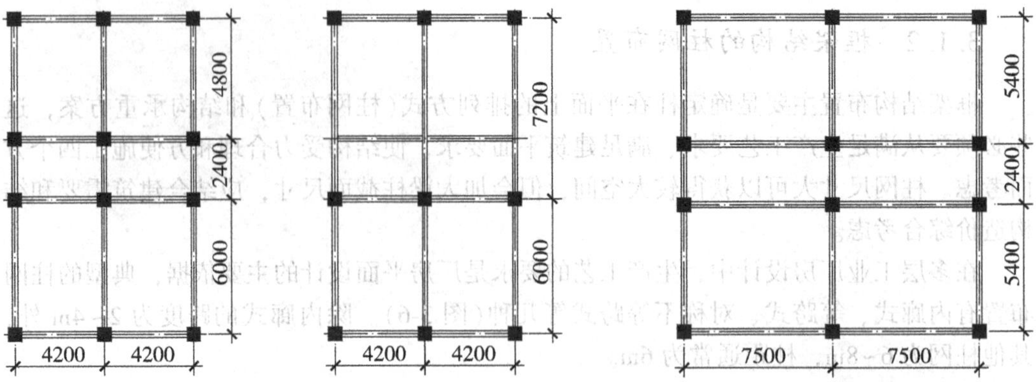

（a）内廊式　　（b）等跨式　　（c）纵向双开间柱距

图 3-8　办公楼的结构平面

3.1.3　承重框架的布置方案

框架结构按竖向荷载传递路线的不同，可分为横向框架承重、纵向框架承重和纵横向框架混合承重方案三种。

1. 横向框架承重方案

建筑平面一般横向尺寸较小，纵向尺寸较大，即横向刚度比纵向刚度弱。实际工程通常采用承重框架横向布置方案，不仅可使房屋横向刚度增大，且有利于室内采光、通风，如图 3-9(a)所示。缺点是承重框架是横向布置时，由于框架梁截面高度较大，故不利于室内管道通过。

2. 纵向框架承重方案

承重框架纵向布置方案由于纵向刚度较大，通常适用于地基较差的狭长房屋，且因为横向只设置截面高度较小的连系梁，室内净高较大，便于设备管线纵向穿行，如图 3-9(b)所示。这种布置方案由于房屋的横向刚度较弱，一般不宜采用。

3. 纵横向框架混合承重方案

承重框架分别沿纵、横方向布置方案构成了空间框架受力体系，因此具有较好的整体工作性能。对于有抗震设防要求或对结构整体性要求较高和楼面荷载较大的情况，应采用纵横向框架混合承重方案。

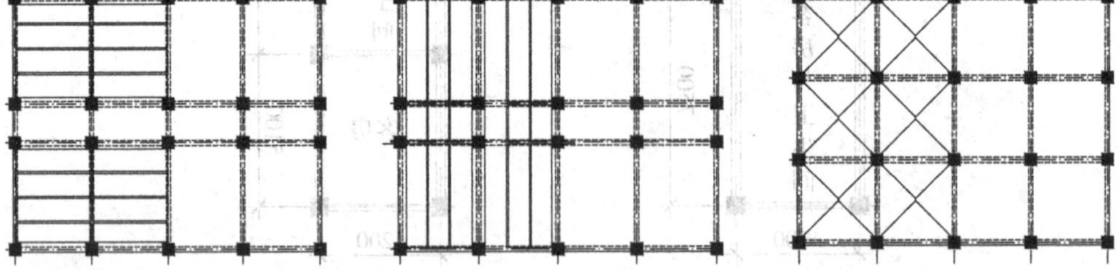

（a）横向框架承重方案　　（b）纵向框架承重方案　　（c）纵横向框架混合承重方案

图 3-9　承重框架的平面布置方案

3.2 现浇钢筋混凝土框架结构内力与位移的近似计算

框架结构是一个空间受力体系。在工程设计中，为简化计算，对规则框架常常忽略结构纵向和横向之间的空间联系，将纵向框架和横向框架分别简化为平面框架进行分析计算。而平面框架和位移可采用电算和手算方法计算。本节介绍近似手算方法，即竖向荷载作用下的分层法，水平荷载作用下的反弯点法和 *D* 值法。

3.2.1　结构计算简图

1. 计算跨度与层高

框架结构计算简图中，用轴线表示框架的梁和柱，用节点表示梁与柱的连接，用节点间的距离表示梁或柱的长度。

框架梁的计算跨度取柱子轴线之间的距离。在实际工程中，框架柱的截面尺寸通常沿房屋高度是变化的，即上、下柱的截面形心轴不重合。框架梁的计算跨度通常按近似方法以最小截面形心轴确定。对于不等跨框架，当各跨跨度相差不大于 10%时，在手算时可简化为等跨框架，跨度取原框架各跨跨度的平均值。

框架柱的长度取框架的结构层高。无地下室时，首层层高为从基础顶面算起至二层楼盖顶面的高度；当基础埋置深度较大时，计算简图底部嵌固位置可取室外地坪下 500mm 处；当有基础梁时，首层层高可从基础梁顶面算起。其余各层结构层高均为本层楼面到上一层楼(屋)面的距离(图 3-10)。

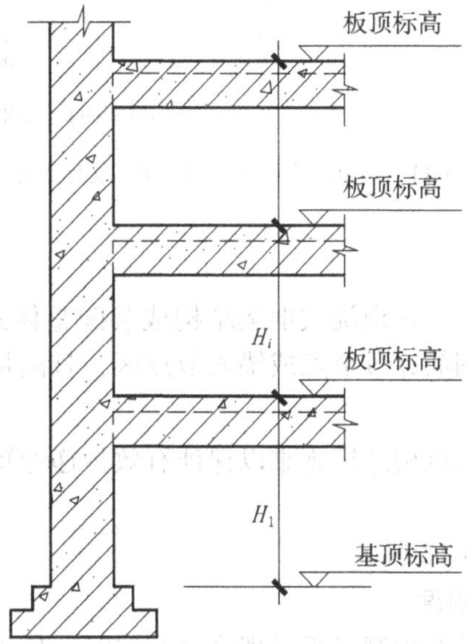

图 3-10　框架的结构层高

2. 计算单元和计算简图

框架结构是一个由若干纵向以及横向平面框架组成的空间框架，一般应该按三维空间结构进行分析。为了简化计算，对于如图 3-11(a)所示平面布置和竖向布置较规则的空间框架结构，通常将其简化为若干个横向框架和纵向框架进行分析。纵、横向平面框架所承受的水平和竖向荷载的计算单元见图 3-11(b)所示，横向平面框架和纵向平面框架计算简图见图 3-11(c、d)所示。

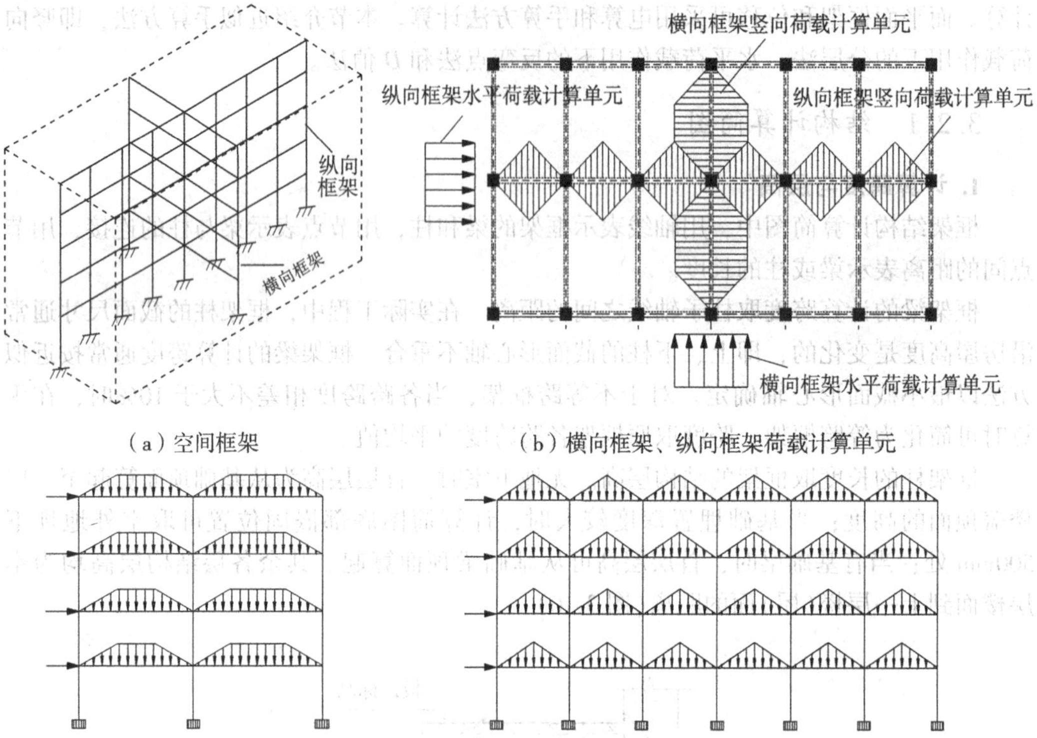

(a) 空间框架　(b) 横向框架、纵向框架荷载计算单元

(c) 横向平面框架计算简图　(d) 纵向平面框架计算简图

图 3-11　空间框架结构计算简图及计算单元

3. 框架节点

框架节点多为刚性节点。在现浇式框架结构或装配整体式框架结构的梁柱节点中，通过梁和柱内的纵向受力钢筋穿过节点或锚入节点区，且满足受力钢筋的锚固长度来实现刚性节点。

装配式框架结构由于节点构造措施难以保证有效传递弯矩，因此这类节点通常简化为铰接节点或半刚接节点。

框架结构的节点见图 3-12 所示。

4. 框架梁截面的抗弯刚度

当楼板与梁一起现浇或有预制楼板做现浇叠合层时，位于梁截面受压区的现浇楼板可以作为翼缘参与梁的工作，现浇楼面和装配整体式楼面的楼板作为梁的有效翼缘形成 T 形截面，提高了楼面梁的刚度，结构计算时应予以考虑。实际上，在框架节点附近，楼板位于梁截面的受拉区，楼板对梁的截面抗弯刚度影响较小；而在框架梁跨中的正弯矩区域，楼板位于受压区，楼板对梁的截面抗弯刚度影响较大。为简便起见，假定梁的

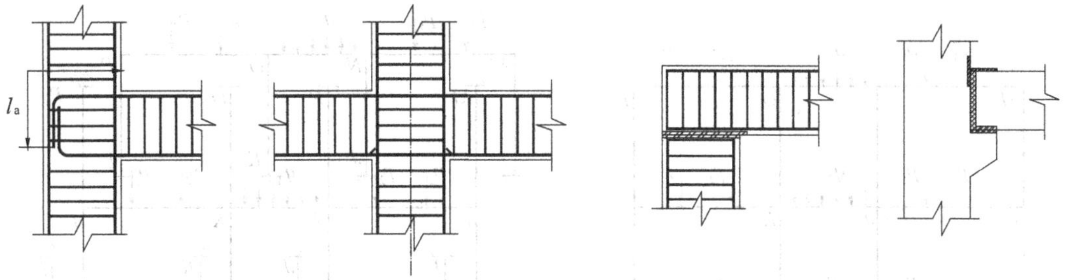

（a）现浇框架节点　　（b）装配式框架节点

图 3-12　框架结构的节点

截面惯性矩 I 沿轴线不变，对现浇楼盖的边框架梁可取 $I=1.5I_0$，中框架梁可取 $I=2.0I_0$；装配整体式楼面边框架梁可取 $I=1.2I_0$，中框架梁可取 $I=1.5I_0$；I_0为按矩形截面梁计算的惯性矩。对于装配式楼盖，按实际截面计算 I。

5. 荷载的计算与简化

作用在框架上的竖向荷载有结构自重、使用活荷载、雪荷载、屋面积灰荷载和施工检修荷载等，水平作用包括风荷载(详见第 4 章)和水平地震作用(详见第 5 章)等。作用在框架梁上的竖向荷载的形式有均布荷载、三角形分布荷载、梯形分布荷载、集中荷载，为简化计算可以等效为主要作用荷载的形式(如均布荷载或集中荷载)。作用在框架上的水平作用一般可以简化为框架屋、楼盖处的节点水平力。

3.2.2　竖向荷载作用下求解框架内力的分层法

多高层框架结构竖向荷载作用下的内力可以采用结构力学的方法或位移法计算。工程设计中，如果采用手算，可以采用分层法、迭代法、弯矩分配法等近似计算方法。本节主要介绍分层法。该方法可以节省很多重复计算，具有一定的优越性。

由结构力学的方法和位移法计算可知，对于相对规则对称的框架结构，在竖向荷载作用下，通常侧移较小，对框架的内力影响也较小。此外，当某层框架梁上作用有竖向荷载时，将对该层梁及相邻柱产生较大的弯矩，而对其他楼层的梁、柱影响较小，再经过柱子传递和节点分配以后，其数值将随着传递和分配次数的增加而衰减，且梁的线刚度越大，衰减越快。因此可以利用上述特点对结构进行简化计算。

用分层法进行竖向荷载作用下的内力分析所采用的基本假定是：

(1)竖向荷载作用下不考虑框架的侧移；

(2)作用在某一层框架梁上的竖向荷载对其他楼层框架梁的影响可以忽略不计。即某一层框架梁上的竖向荷载仅在本楼层的梁以及与本层梁相连的框架柱产生弯矩和剪力，计算层上、下柱的远端为固定端。

在上述假定下，多层、多跨框架在多层竖向荷载同时作用下的内力，可以看成是在各层竖向荷载单独作用时的框架内力叠加。这样，框架结构在竖向荷载作用下，可按图 3-13 所示开口单层框架进行计算。

值得注意的是，实际的框架结构除底层柱与基础刚接外，其他层各柱的柱端均为弹

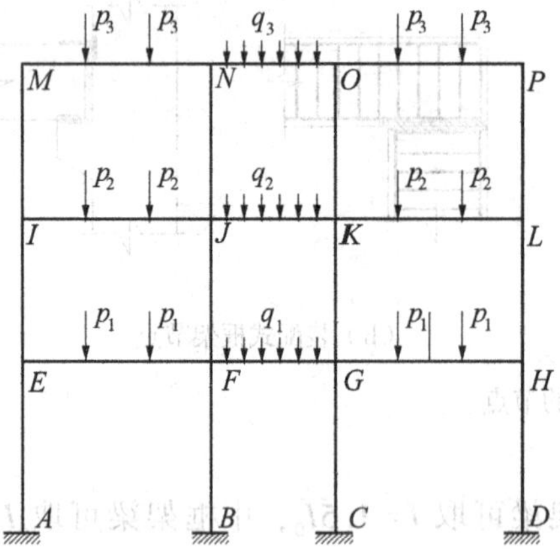

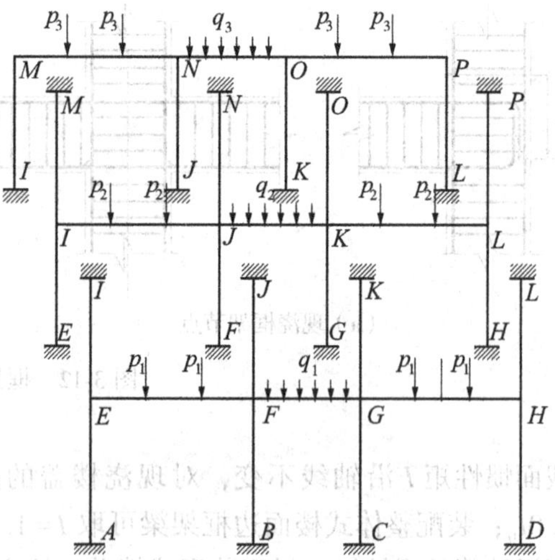

图 3-13 多层框架分层法计算简图

性约束。这与采用分层法计算时的假定计算层上、下柱的远端为固定端有差别。为修正由于计算假定所引起的误差，应作以下修正：

(1)除底层以外的其他各层柱，线刚度均乘以折减系数 0.9；

(2)梁和底层柱传递系数 0.5，其他各层柱的弯矩传递系数取为 1/3。

因为忽略侧移，故可用弯矩分配法计算单层框架的弯矩；在求得各开口框架的弯矩后，将相邻两个开口框架中间层、同部位的柱弯矩叠加作为原框架结构中的柱弯矩。由分层法计算所得的框架梁的弯矩即为原框架结构中该层梁的弯矩。框架节点处的弯矩之和常常不等于零，即节点弯矩不平衡，这是由于分层计算单元与实际结构不符带来的误差。若欲提高精度，可对节点不平衡力矩再作一次弯矩分配，予以修正。

求出框架的弯矩后，由梁的隔离体平衡可以求得各层梁的剪力，继而可以通过柱子的隔离体平衡求出框架柱的轴力。

【例题 3-1】 已知图 3-14(a)为一个三层两跨框架，框架梁与柱的相对线刚度如图所示，各层竖向荷载 $q=45\text{kN/m}$。求：用分层法求该框架的弯矩图。

【解】 首先将整个框架按层分成三个开口框架，这时必须注意将柱的线刚度(除底层柱外)乘以 0.9 加以折减，见图 3-14(b)所示。然后用弯矩分配法分别对三个开口框架进行计算，此时除底层柱外，柱的弯矩传递系数为 1/3(图 3-14(c))。

最后将三个开口框架计算的结果叠加成整个框架的弯矩图(图 3-14(d))。

可见，除柱底外，节点弯矩都是不平衡的，如图 3-14 中节点 A1，梁端弯矩为 −65.7kN·m，而柱端弯矩为(+34.6)+(+41.9)=+76.5kN·m，不平衡弯矩为 10.8kN·m，再将不平衡弯矩 10.8kN·m 作一次分配，分配后得梁端弯矩为 −71.2kN·m，柱端弯矩为(+31.8)+(+39.4)=+71.2kN·m(图 3-14(d))，括号内是未修正后的弯矩。

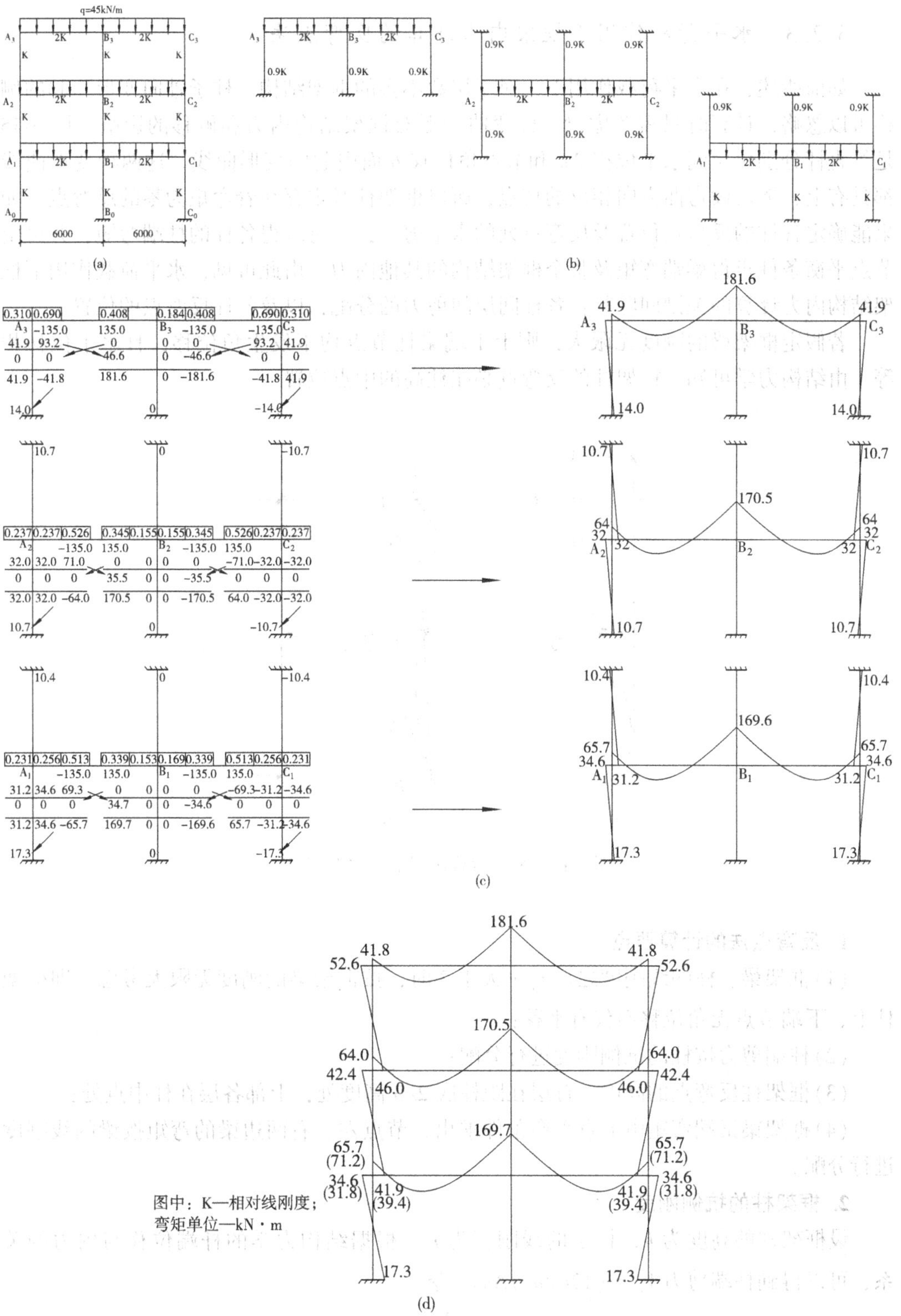

图 3-14　例题 3-1 计算简图及弯矩图

3.2.3 水平荷载作用下框架内力计算的反弯点法

如前所述，在水平荷载作用下，对于层数不多的框架结构，柱子轴向变形引起的侧移可以忽略，计算时只需考虑梁、柱弯曲变形对框架结构内力和侧移的影响。图 3-15 是等直杆分别由层间水平位移 Δu 和节点角位移 θ 而引起的变形曲线。这两种变形曲线都具有上、下两段弯曲方向相反的特点，所以框架柱必定存在着弯矩为零的反弯点。如果能确定各柱的反弯点位置及反弯点处的水平剪力，便可求得各柱的柱端弯矩，并可由节点平衡条件求得梁端弯矩及整个框架结构的其他内力。由此可见，水平荷载作用下框架结构内力计算的关键问题是：各柱间层间剪力的分配，以及各柱反弯点的位置。

若假定框架梁的刚度无限大，则上下端梁柱节点均不发生角位移，且水平位移相等。由结构力学可知，框架柱的反弯点必在柱高的中点位置。

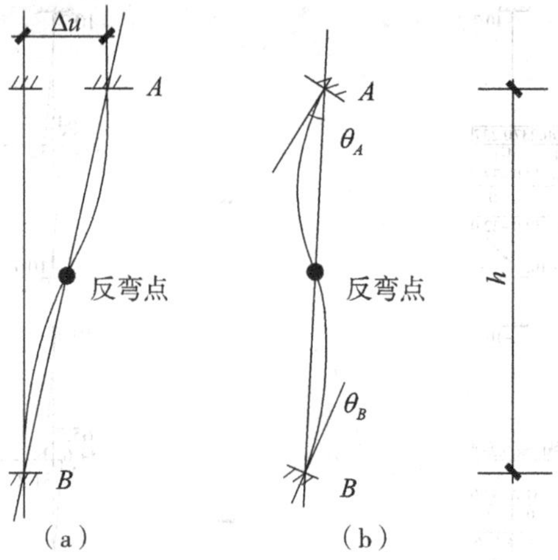

图 3-15 水平荷载作用下的框架变形

1. 反弯点法的计算要点

(1)框架梁、柱的线刚度之比 i_b/i_c 大于 3 时，按框架梁的刚度无限大考虑。即框架柱上、下端节点无角位移而仅有平移；

(2)柱端剪力按柱的抗侧刚度进行分配；

(3)框架柱反弯点的高度：首层在距柱底 2/3 高度处，上部各层在柱中点处；

(4)框架梁梁端弯矩由节点平衡条件求出，节点左、右两边梁的弯矩按梁的线刚度进行分配。

2. 框架柱的抗侧刚度

设框架柱的高度为 h，柱子的线刚度为 i_c，根据结构力学的杆端位移与内力的关系，可以得到柱端剪力 $V_c = (12i_c/h^2)\Delta u$。令

$$d = \frac{12i_c}{h^2} \tag{3-1}$$

d 称为柱的抗侧刚度。其物理意义为单位位移所需施加的水平力。

式中：i_c——柱线刚度，$i_c = EI_c/h$；

EI_c——柱子的抗弯刚度；

h—层高。

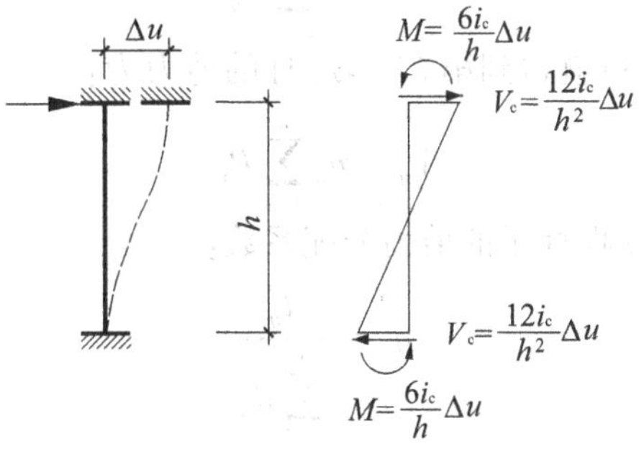

图 3-16　柱端弯矩、剪力与水平位移的关系

3. 框架柱剪力分配

如图 3-17 所示为一有 n 层、m 根柱的多层框架。由于横梁刚度无穷大，根据变形协调条件，第 i 层各柱的柱端具有相同的水平位移 Δu_i，即：

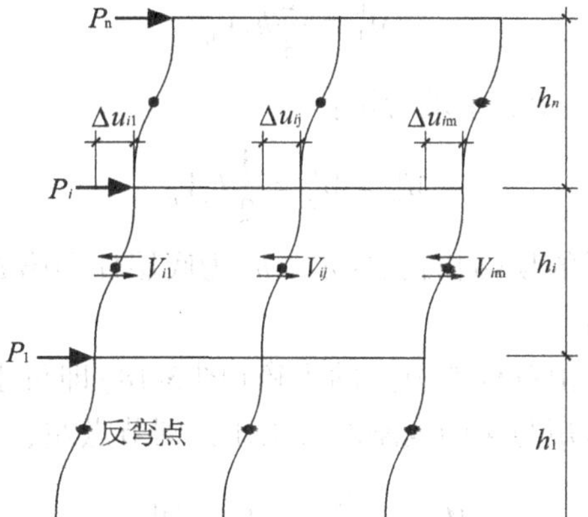

图 3-17　柱子剪力与外荷载的平衡关系

$$\Delta u_{i1} = \Delta u_{i2} = \cdots = \Delta u_{ij} = \cdots = \Delta u_{im} = \Delta u_i \tag{3-2}$$

根据物理条件，由式(3-1)可知，框架第 i 层第 j 根柱的剪力 V_{ij} 与该柱的抗侧刚度 d_{ij} 和侧移 Δu_i 的关系为：

$$V_{ij} = d_{ij}\Delta u_{ij} = d_{ij}\Delta u_i \tag{3-3}$$

作用在第 i 层楼面处的水平荷载为 P_i，第 i 层各柱的柱端剪力为 V_{i1}，…，V_{ij}，…，V_{im}，根据平衡条件，第 i 层的层间总剪力 V_i 为：

$$V_i = V_{i1} + V_{i2} + L + V_{ij} + L + V_{im} = \sum_{j=1}^{m} V_{ij} = \sum_{i=i}^{n} P_i \tag{3-4}$$

将式(3-3)代入式(3-4)，就得各层层间相对位移为：

$$\Delta u_i = \frac{\sum_{i=i}^{n} P_i}{\sum_{j=1}^{m} d_{ij}} \tag{3-5}$$

将式(3-5)代入式(3-3)就得到第 i 层第 j 柱的剪力为：

$$V_{ij} = \eta_{ij} \sum_{i=i}^{n} P_i \tag{3-6}$$

式中：η_{ij} ——第 i 层、第 j 根柱子的剪力分配系数：

$$\eta_{ij} = \frac{d_{ij}}{\sum_{j=1}^{m} d_{ij}} \tag{3-7}$$

4. 框架柱的柱端弯矩

依次求出柱子的剪力后，便可根据反弯点的位置对柱上、下截面取矩，求出柱上、下端的弯矩 M_{ij}^{t} 和 M_{ij}^{b}。

首层柱的上、下端弯矩：

$$M_{1j}^{t} = \frac{1}{3} h_1 V_{1j}$$

$$M_{1j}^{b} = \frac{2}{3} h_1 V_{1j} \tag{3-8}$$

第 i 层、第 j 根柱子的上、下端弯矩：

$$M_{ij}^{t} = M_{ij}^{b} = \frac{1}{2} h_i V_{ij} \tag{3-9}$$

式中：t、b 分别表示柱子的顶端和底端；h_1、h_i 为底层柱和第 i 层柱的层高。

5. 框架梁的梁端弯矩

在求得柱端弯矩后，由各框架节点的平衡(图 3-18)即可求出节点左、右的梁端弯矩。设节点的梁端分配弯矩与梁的线刚度成正比，则节点左、右端梁的弯矩为：

$$M_{b}^{l} = \frac{i_{b}^{l}}{i_{b}^{l} + i_{b}^{r}} (M_{c}^{b} + M_{b}^{t}) \tag{3-10}$$

$$M_{b}^{r} = \frac{i_{b}^{r}}{i_{b}^{l} + i_{b}^{r}} (M_{c}^{b} + M_{b}^{t}) \tag{3-11}$$

式中：M_{b}^{l}、M_{b}^{r} ——节点左、右的梁端弯矩；

M_{c}^{t}、M_{c}^{b} ——节点上、下的柱端弯矩；

i_{b}^{l}、i_{b}^{r} ——节点左、右梁的线刚度。

6. 框架梁剪力与柱子轴力

求出梁端弯矩后，以每个梁为隔离体取弯矩平衡，由梁端弯矩之和除以梁长即可以得到梁端剪力。梁端剪力求出后，由柱子的隔离体平衡，即可求出柱子的轴力。

【例题 3-2】 已知图 3-19 所示框架，柱截面尺寸均相同，各楼层梁尺寸均相同，图中括号内的数值为该杆的相对刚度值，所受水平荷载设计值见图 3-19。用反弯点法求该框架的弯矩并绘弯矩图。

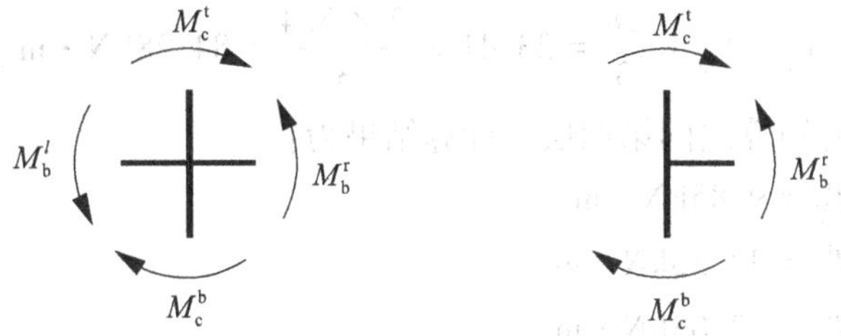

图 3-18　梁柱节点弯矩平衡

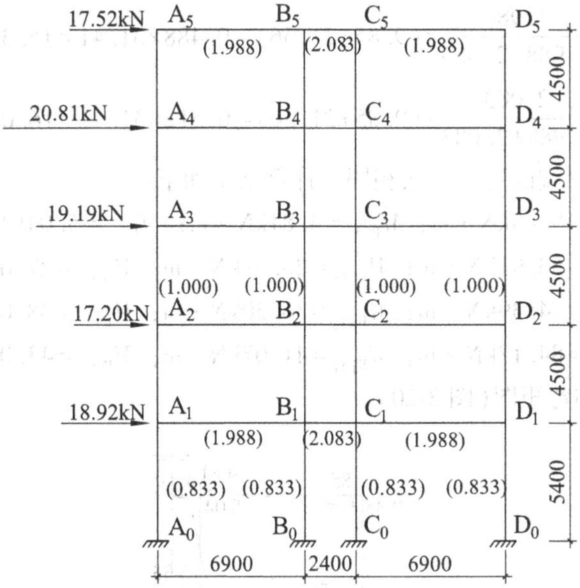

例 3-19　例题 3-2 框架计算简图

【解】

(1)由式(3-6)求出各层柱在反弯点处的柱端剪力值。以第五层和第四层为例:

第五层 $V_{5j} = \eta_{5j} \sum P_i = \dfrac{1.0}{4 \times 1.0} \times 17.52 = 0.25 \times 17.52 = 4.38\text{kN}$

第四层 $V_{4j} = \eta_{4j} \sum_{4}^{5} P_i = \dfrac{1.0}{4 \times 1.0} \times (17.52 + 20.81) = 9.58\text{kN}$

其他层柱反弯点处的剪力值算法同上，计算结果为:

第三层 $V_{3j} = 0.25 \times (17.52 + 20.81 + 19.19) = 14.38\text{kN}$

第二层 $V_{2j} = 0.25 \times (17.52 + 20.81 + 19.19 + 17.20) = 18.68\text{kN}$

第一层 $V_{1j} = 0.25 \times (17.52 + 20.81 + 19.19 + 17.20 + 18.92) = 23.41\text{kN}$

(2)求出各层柱的柱端弯矩。以第四层和第一层为例:

第四层 $M_{4j}^{t} = M_{4j}^{b} = V_{4j} \times \dfrac{h}{2} = 9.58 \times \dfrac{4.5}{2} = 21.56\text{kN} \cdot \text{m}$

第一层 $M_{1j}^{t}=V_{1j}\times\frac{h}{3}=23.41\times\frac{5.4}{3}=42.14\text{kN}\cdot\text{m}$

$$M_{1j}^{b}=V_{1j}\times\frac{2h}{3}=23.41\times\frac{2\times5.4}{3}=84.28\text{kN}\cdot\text{m}$$

其他层柱柱端弯矩算法同第四层，计算结果为：

第五层 $M_{5j}^{t}=M_{5j}^{b}=9.85\text{kN}\cdot\text{m}$

第三层 $M_{3j}^{t}=M_{3j}^{b}=32.36\text{kN}\cdot\text{m}$

第二层 $M_{2j}^{t}=M_{2j}^{b}=42.03\text{kN}\cdot\text{m}$

(3)求出各层横梁梁端的弯矩。以第四层为例：

$$M_{A_4B_4}=9.85+21.56=31.4\text{kN}\cdot\text{m}$$

$$M_{B_4A_4}=\frac{1.988}{1.988+2.083}\times(9.85+21.56)=0.488\times31.41=15.33\text{kN}\cdot\text{m}$$

$$M_{B_4C_4}=\frac{2.083}{1.988+2.083}\times(9.85+21.56)=0.512\times31.41=16.08\text{kN}\cdot\text{m}$$

其他各层横梁梁端的弯矩算法相同，计算结果如下：

第五层 $M_{A_5B_5}=9.85\text{kN}\cdot\text{m}$；$M_{B_5A_5}=4.81\text{kN}\cdot\text{m}$；$M_{B_5C_5}=5.04\text{kN}\cdot\text{m}$

第三层 $M_{A_3B_3}=53.91\text{kN}\cdot\text{m}$；$M_{B_3A_3}=26.31\text{kN}\cdot\text{m}$；$M_{B_3C_3}=27.60\text{kN}\cdot\text{m}$

第二层 $M_{A_2B_2}=74.39\text{kN}\cdot\text{m}$；$M_{B_2A_2}=36.30\text{kN}\cdot\text{m}$；$M_{B_2C_2}=38.09\text{kN}\cdot\text{m}$

第一层 $M_{A_1B_1}=84.17\text{kN}\cdot\text{m}$；$M_{B_1A_1}=41.07\text{kN}\cdot\text{m}$；$M_{B_1C_1}=43.09\text{kN}\cdot\text{m}$

(4)绘制框架的弯矩图(图 3-20)。

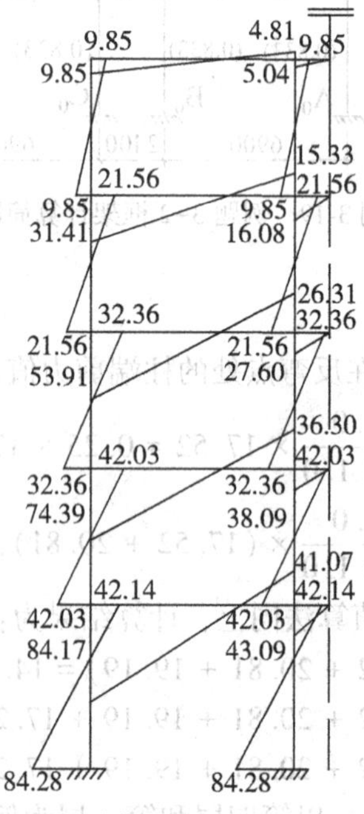

(单位：kN·m)

图 3-20 例题 3-2 框架弯矩图

3.2.4　水平荷载作用下内力计算的 D 值法

反弯点法假定框架各楼层柱的反弯点位置为定值，并假定框架梁的线刚度为无穷大，因而各柱的侧移刚度只与柱本身有关而与框架梁无关。当柱子截面尺寸较大且柱高相对较小，或框架上、下层层高变化大，或上下层梁的线刚度变化较大时，反弯点法的计算就会产生较大误差。因此，柱子的侧移刚度及反弯点高度不仅与柱子的线刚度和层高有关，还与梁的线刚度和上、下层梁的线刚度比有关。在分析了上述影响因素的基础上，应对反弯点法中框架柱的侧移刚度和反弯点高度进行修正。修正后的柱子侧向刚度用 D 表示，故此法又称“D 值法”，又称为“改进反弯点法”。

D 值法考虑了节点转动对柱子侧移刚度以及对柱子反弯点高度的影响，计算简单，精准度高。

1. D 值法的计算假定

(1)框架为标准框架。即各层层高、梁的跨度相等，各层梁、柱的线刚度相等；

(2)各层柱子层间相对侧移相同，弦转角均为 ϕ；

(3)各层梁、柱节点转角相等，均为 θ。

2. 考虑节点转动影响的柱侧向刚度 D

图 3-21(a)所示为一个标准框架。以 i 层 AB 柱的计算为例。框架在水平荷载作用下，局部变形如图 3-21(b)所示。

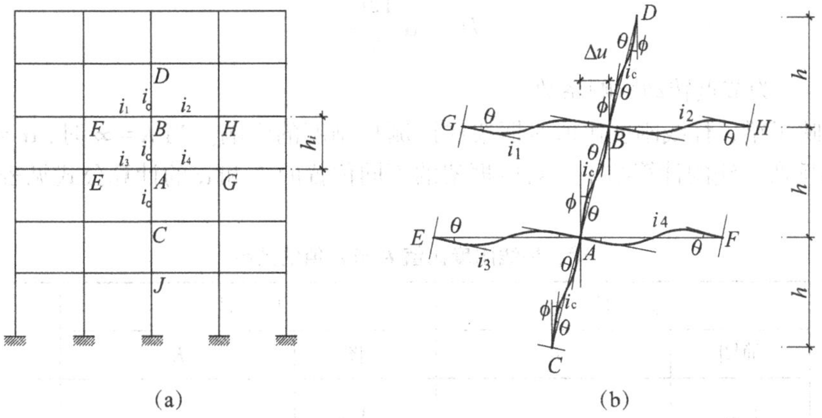

图 3-21　D 值法计算的标准框架

根据计算假定，所有梁与柱均有相同的杆端转角。由节点 A 和 B 的力矩平衡，分别可得：

$$4(i_3+i_4+i_c+i_c)\theta+2(i_3+i_4+i_c+i_c)\theta-6(i_c\phi+i_c\phi)=0$$

$$4(i_1+i_2+i_c+i_c)\theta+2(i_1+i_2+i_c+i_c)\theta-6(i_c\phi+i_c\phi)=0$$

将上两式相加，简化得：

$$\theta=\frac{2}{2+\dfrac{i_1+i_2+i_3+i_4}{2i_c}}\phi=\frac{2}{2+K}\phi \tag{3-12}$$

式中：$\phi=\dfrac{\Delta u_i}{h}$——柱子的弦转角；

Δu_i——第 i 层的层间相对位移；

K——框架的梁、柱线刚度比，对中间层柱，$K=(i_1+i_2+i_3+i_4)/2i_c$。

柱 AB 所受剪力为：

$$V_{AB}=-\frac{M_{AB}+M_{BA}}{h_{AB}}=\frac{12i_c}{h}\left(\frac{\Delta u}{h}-\theta\right)=\frac{12i_c}{h}(\phi-\theta) \tag{3-13}$$

将式(3-12)式带入式(3-13)式得：

$$V_{AB}=\frac{12i_c}{h}\left(\phi-\frac{2}{2+K}\phi\right)=\frac{K}{2+K}\frac{12i_c}{h^2}\Delta u_i \tag{3-14}$$

令：

$$\alpha=\frac{K}{2+K} \tag{3-15}$$

则有

$$V_{AB}=\alpha\frac{12i_c}{h^2}\Delta u_i=D_{AB}\Delta u_i \tag{3-16}$$

式中，D_{AB} 为第 i 层 AB 柱考虑节点转动影响的抗侧移刚度。

对一般框架的第 i 层第 j 柱有：

$$D_{ij}=\alpha\frac{12i_{ij}}{h_i^2} \tag{3-17}$$

式中：α——为节点转动影响系数。

α 反映了梁、柱线刚度比值对框架柱抗侧移刚度的影响。当 $K=\infty$ 时，$\alpha=1$，所得 D 值即为反弯点法的计算结果。对应框架的不同位置的 K 和 α 的计算公式见表 3-1。

表 3-1 **梁、柱线刚度比值 K 与 α 值的关系**

楼层	边柱		中柱		α
	简图	K	简图	K	
一般层	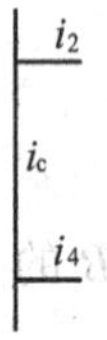	$K=\dfrac{i_2+i_4}{2i_c}$	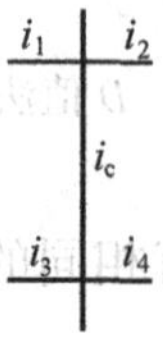	$K=\dfrac{i_1+i_2+i_3+i_4}{2i_c}$	$\alpha=\dfrac{K}{2+K}$
底层	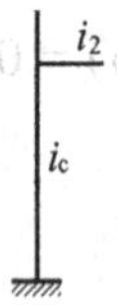	$K=\dfrac{i_2}{i_c}$	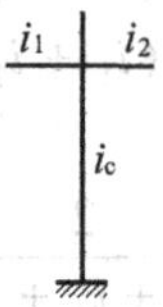	$K=\dfrac{i_1+i_2}{i_c}$	$\alpha=\dfrac{0.5+K}{2+K}$

在求出各柱的 D 值后，还需要求出反弯点所在位置，而其他内力计算同反弯点法。第 i 层总层剪力按照各柱的抗侧刚度 D_{ij} 值来分配给每根柱，即：

$$V_{ij} = \frac{D_{ij}}{\sum_{j=1}^{m} D_{ij}} V_i \tag{3-18}$$

式中：V_{ij}——第 i 层第 j 柱分到的水平剪力；

D_{ij}——第 i 层第 j 柱的抗侧移刚度值；

V_i——水平荷载在第 i 层产生的楼层总剪力。

3. 柱子的反弯点位置

多层多跨框架在节点水平力作用下，可假定同层各节点转角相等，则各层横梁的反弯点在各横梁跨度的中央，而该点无竖向位移。因此，多层框架可简化为图 3-22 所示的计算简图。

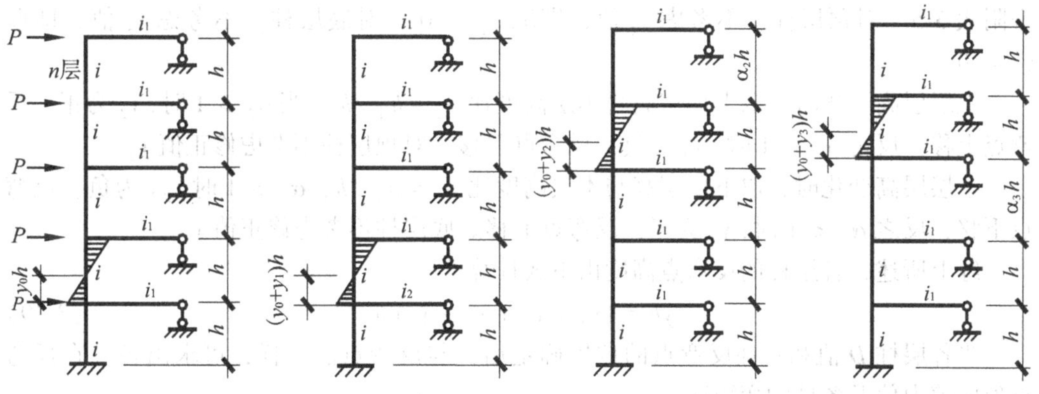

图 3-22　D 值法计算框架的反弯点位置

柱子的反弯点位置与柱两端的约束或转角大小有关。对等截面柱，当两端转角相同时，反弯点在柱中间；两端转角不同时，反弯点移向转角大的一侧。影响柱子反弯点位置的因素有：水平荷载的形式、结构总层数及柱子所在楼层位置、梁柱线刚度比、上下层梁的线刚度比、上下层柱高度比。

为分析各个因素对反弯点高度的影响，可先分析如图 3-22(a)所示的标准框架，即假定梁端转角与柱端转角均相同，这样的框架梁的反弯点在杆中点。令其中某一因素发生变化，可分别求出反弯点高度的变化，编制成表格，供设计使用。

(1)标准反弯点高度比 y_0。标准框架的反弯点高度比，是在假定框架各层层高、梁的线刚度、框架柱的线刚度都相同的情况下得到的反弯点高度比。将框架在各层梁中点切开，对边柱就得到计算简图 3-22(a)。将各层柱下端的弯矩作为未知量，用力法求解出这些未知量，就可以求出各楼层各柱反弯点到柱底的高度 y_0h。这里，y_0 为标准反弯点高度比，根据荷载形式、总层数 n、计算柱子所在楼层位置 m 和梁柱线刚度比 K 查附表 3-1、附表 3-2、附表 3-3。

(2)上、下梁线刚度比的影响，反弯点高度比修正值 y_1。若某层柱的上、下横梁线刚度不同，该层柱的上、下节点转角将与标准框架有所不同，反弯点将向梁线刚度小的一侧移动。这时应将标准反弯点高度加以修正，修正值为 y_1h。y_1 是按照图 3-22(b)各层柱承受等剪力的情况下求得的，分析方法同上。y_1 值可由附表 3-4 查得，y_1 随上、下横梁刚度比 α_1 及梁、柱线刚度比 K 来确定。对底层不考虑 y_1 修正。

当 $i_1 + i_2 < i_3 + i_4$，令 $\alpha_1 = \dfrac{i_1 + i_2}{i_3 + i_4}$，$y_1$ 取正值，反弯点上移；

当 $i_1 + i_2 > i_3 + i_4$，令 $\alpha_1 = \dfrac{i_3 + i_4}{i_1 + i_2}$，$y_1$ 取负值，反弯点下移。

(3)上、下层层高变化的影响，反弯点高度比修正值 y_2、y_3。当计算层柱子的上、下层高有变化时，反弯点高度将产生变化而不同于标准框架。当上层层高增加时，反弯点将上移 y_2h；当下层层高增加时，反弯点向下移动 y_3h。y_2 和 y_3 也是按照上述分析方法，以图 3-22(c)、图 3-22(d)作为计算简图，假定各柱承受等剪力时求得，y_2 和 y_3 可查附表 3-5。对顶层柱，不考虑 y_2 值，即取 $y_2 = 0$；对底层柱，不考虑 y_3 值，即取 $y_3 = 0$。

上层层高变化时，取上层层高与本层高度比 $\alpha_2 = h_{上}/h$。当 $\alpha_2 > 1$ 时，y_2 为正，反弯点上移，反之 $\alpha_2 < 1$ 时，y_2 为负，反弯点下移。对顶层柱不考虑修正值 y_2。

下层层高变化时，取下层层高与本层高度比 $\alpha_3 = h_{下}/h$，$\alpha_3 > 1$ 时，y_3 为负，反弯点下移，反之 $\alpha_3 < 1$ 时，y_2 为正，反弯点上移。底层柱不考虑修正值 y_3。

综上所述，各层柱的反弯点高度由下式计算：

$$yh = (y_0 + y_1 + y_2 + y_3)h \tag{3-19}$$

当各层柱 D 值和各柱反弯点的位置确定后，与反弯点法一样，可求出各柱在反弯点处的剪力值及各杆的弯矩图。

上述反弯点高度都是指反弯点到楼层柱底的距离。

【例题 3-3】 已知框架如例题 3-2 所示框架，混凝土强度 C30，混凝土弹性模量为 $E_c = 3.0 \times 10^4 N/mm^2$。试用"D 值法"求解该框架的弯矩并绘弯矩图。

【解】 (1)框架梁、柱的截面尺寸、惯性矩和线刚度的计算，见表 3-2。

(2)框架柱的修正侧向刚度 D 的计算，见表 3-3。

(3)各柱剪力及柱端弯矩，见表 3-4。

表 3-2 **框架梁、柱的截面特征及线刚度计算表**

构件	构件位置	截面 $b\times h(m^2)$	跨(高)度 $l(h)(m)$	截面惯性矩 $I_0(m^4)$	截面计算刚度 $E_cI = 2E_cI_0$	杆件线刚度 $i = E_cI/l$	线刚度相对值
梁	边跨	0.25×0.70	6.9	7.14×10^{-3}	$1.43E\times10^{-2}$	$2.07E\times10^{-3}$	1.988
	中跨	0.25×0.50	2.4	2.60×10^{-3}	$0.52E\times10^{-2}$	$2.17E\times10^{-3}$	2.083
柱	其他层	0.45×0.50	4.5	4.69×10^{-3}	—	$1.04E\times10^{-3}$	1.000
	底层	0.45×0.50	5.4	4.69×10^{-3}	—	$0.87E\times10^{-3}$	0.833

表 3-3　　　　**框架柱的修正侧向刚度 D 的计算表**

层次	柱号	$K=\dfrac{\sum i}{2i_c}$（一般层） $K=\dfrac{\sum i}{i_c}$（底层）	$\alpha=\dfrac{K}{2+K}$（一般层） $\alpha=\dfrac{0.5+K}{2+K}$（底层）	$\dfrac{12}{h^2}$	$D=\alpha\dfrac{12i_c}{h^2}$kN/m
一般层	边柱	$K=\dfrac{2\times1.988}{2\times1}=1.988$	$\alpha=\dfrac{1.988}{2+1.988}=0.498$	0.593	9222
	中柱	$K=\dfrac{2\times(1.988+2.083)}{2\times1}=4.071$	$\alpha=\dfrac{4.071}{2+4.071}=0.671$	0.593	12426
底层	边柱	$K=\dfrac{1.988}{0.833}=2.387$	$\alpha=\dfrac{0.5+2.387}{2+2.387}=0.658$	0.412	7052
	中柱	$K=\dfrac{1.988+2.083}{0.833}=4.887$	$\alpha=\dfrac{0.5+4.887}{2+4.887}=0.782$	0.412	8380

注：在计算 K 时，为计算方便，仍用相对刚度计算。

表 3-4　　　　**框架柱的剪力及柱端弯矩计算表**

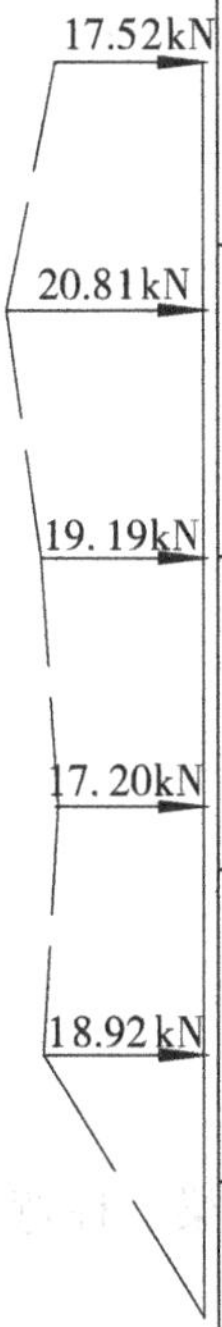

V_j(kN)	边　柱	中　柱
17.52	$V=\dfrac{D_A}{\sum D}V_j=\dfrac{9222}{2\times(9222+12426)}\times17.52$ $=0.213\times17.52=3.73$kN $K=1.988$，$y_0=0.4$，$y_1=y_2=0$ $M_{5A}^b=3.73\times4.5\times0.40=6.71$kN·m $M_{5A}^t=3.73\times4.5\times(1-0.40)=10.07$kN·m	$V=\dfrac{D_B}{\sum D}V_j=\dfrac{12426}{2\times(9222+12426)}\times17.52$ $=0.287\times17.52=5.03$kN $K=4.071$，$y_0=0.45$，$y_1=y_2=0$ $M_{5B}^b=5.03\times4.5\times0.45=10.19$kN·m $M_{5B}^t=5.03\times4.5\times(1-0.45)=12.45$kN·m
38.32	$V=0.213\times38.32=8.16$kN $K=1.988$，$y_0=0.45$，$y_1=y_2=y_3=0$ $M_{4A}^b=8.16\times0.45\times4.5=16.52$kN·m $M_{4A}^t=8.16\times4.5\times(1-0.45)=20.20$kN·m	$V=0.287\times38.32=11.00$kN $K=4.071$，$y_0=0.50$，$y_1=y_2=y_3=0$ $M_{4B}^b=11.00\times0.50\times4.5=24.75$kN·m $M_{4B}^t=11.00\times4.5\times(1-0.50)=24.75$kN·m
57.52	$V=0.213\times57.52=12.25$kN $K=1.988$，$y_0=0.50$，$y_1=y_2=y_3=0$ $M_{3A}^b=12.25\times0.50\times4.5=27.56$kN·m $M_{3A}^t=12.25\times4.5\times(1-0.50)=27.56$kN·m	$V=0.287\times57.52=16.51$kN $K=4.071$，$y_0=0.50$，$y_1=y_2=y_3=0$ $M_{3B}^b=16.51\times0.50\times4.5=37.15$kN·m $M_{3B}^t=16.51\times4.5\times(1-0.50)=37.15$kN·m
74.72	$V=0.213\times74.72=15.92$kN $K=1.988$，$y_0=0.50$，$y_1=y_2=y_3=0$ $M_{2A}^b=15.92\times0.50\times4.5=35.82$kN·m $M_{2A}^t=1.92\times4.5\times(1-0.50)=35.82$kN·m	$V=0.287\times74.72=21.44$kN $K=4.071$，$y_0=0.50$，$y_1=y_2=y_3=0$ $M_{2B}^b=21.44\times0.50\times4.5=48.24$kN·m $M_{2B}^t=21.44\times4.5\times(1-0.50)=48.24$kN·m
93.64	$V=\dfrac{D_A}{\sum D}V_j=\dfrac{7052}{2\times(7052+8380)}\times93.64$ $=0.228\times93.64=21.35$kN $K=2.287$，$y_0=0.61$，$y_1=y_2=0$ $M_{1A}^b=21.35\times0.61\times5.4=70.33$kN·m $M_{1A}^t=21.35\times5.4\times(1-0.61)=44.96$kN·m	$V=\dfrac{D_B}{\sum D}V_j=\dfrac{8380}{2\times(7052+8380)}\times93.64$ $=0.272\times93.64=25.47$kN $K=4.887$，$y_0=0.55$，$y_1=y_2=0$ $M_{1B}^b=25.47\times0.55\times5.4=75.65$kN·m $M_{1B}^t=25.47\times5.4\times(1-0.55)=61.89$kN·m

(4)求各梁梁端的弯矩，以第四层为例。

$$M_{A_4B_4} = 6.71 + 20.20 = 26.91\text{kN}\cdot\text{m}$$

$$M_{B_4A_4} = \frac{1.988}{1.988 + 2.083} \times (10.19 + 24.75) = 0.488 \times 34.94 = 17.05\text{kN}\cdot\text{m}$$

$$M_{B_4C_4} = \frac{2.083}{1.988 + 2.083} \times (10.19 + 24.75) = 0.512 \times 34.94 = 17.89\text{kN}\cdot\text{m}$$

第五、三、二、一层各梁梁端弯矩计算同上，算式从略。

第五层 $M_{A_5B_5} = 10.07\text{kN}\cdot\text{m}$；$M_{B_5A_5} = 6.08\text{kN}\cdot\text{m}$；$M_{B_5C_5} = 6.37\text{kN}\cdot\text{m}$

第三层 $M_{A_3B_3} = 44.08\text{kN}\cdot\text{m}$；$M_{B_3A_3} = 30.21\text{kN}\cdot\text{m}$；$M_{B_3C_3} = 31.69\text{kN}\cdot\text{m}$

第二层 $M_{A_2B_2} = 63.38\text{kN}\cdot\text{m}$；$M_{B_2A_2} = 41.67\text{kN}\cdot\text{m}$；$M_{B_2C_2} = 43.72\text{kN}\cdot\text{m}$

第一层 $M_{A_1B_1} = 80.78\text{kN}\cdot\text{m}$；$M_{B_1A_1} = 53.74\text{kN}\cdot\text{m}$；$M_{B_1C_1} = 56.39\text{kN}\cdot\text{m}$

(5)绘制框架弯矩图(图 3-23)。

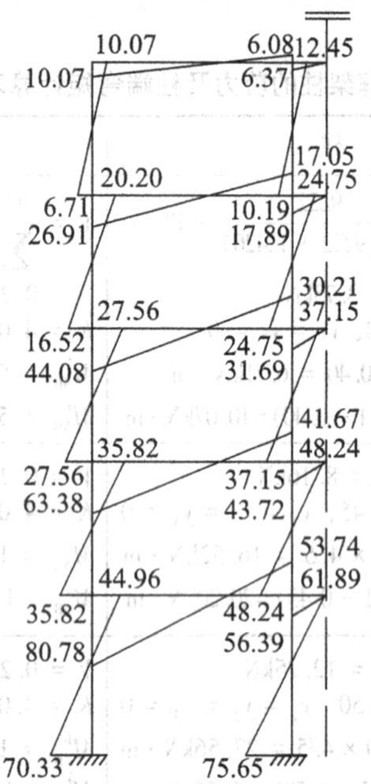

图 3-23 例题 3-3 框架弯矩图

3.2.5 框架结构水平位移的近似计算

框架在水平荷载作用下的侧移如 3.1 节图 3-3 所示，框架的侧向变形是由梁、柱弯曲变形引起的侧移与框架柱轴向变形引起的侧移这两部分侧移的叠加。

1. 由框架梁、柱弯曲变形引起的框架顶点水平位移 u_T^M

由框架侧移图 3-3(a)可知，各楼层处的层间位移之和即为框架顶点水平位移 u_T^M，即：

$$u_{\mathrm{T}}^{M}=\Delta u_{1}^{M}+\Delta u_{2}^{M}+\cdots+\Delta u_{i}^{M}+\cdots\Delta u_{\mathrm{n}}^{M}=\sum_{i=1}^{\mathrm{n}}\Delta u_{i}^{M} \tag{3-20}$$

式中：层间相对侧移 Δu_{i}^{M}

$$\Delta u_{i}^{M}=\frac{V_{i}}{\sum_{j=1}^{\mathrm{m}}D_{ij}} \tag{3-21}$$

式中：V_i——第 i 层的层间总剪力 V_i。

D_{ij}——第 i 层第 j 柱的侧移刚度。

2. 由框架柱轴向变形引起的侧移 u_{T}^{N}

由框架侧移图 3-3(b)可知，在水平荷载作用下，力作用一侧的框架柱产生轴向拉力，另一侧的柱则产生轴向压力。外柱的轴力大，内柱的轴力小，越邻近框架中部的内柱，轴力越小。一侧柱拉伸、另一侧柱压缩的结果使框架结构产生了侧移。

在图 3-3(b)中，取同一水平处框架所构成的水平截面作为组合截面柱，内柱接近柱子组合截面的形心，轴力较小。为简化计算，假设内柱轴力为零，则外柱轴力可以近似表示为：

$$N=\pm M/B \tag{3-22}$$

式中：M——上部水平荷载对距底部 z 高度处产生的正弯矩；

B——外柱轴线间的距离，见图 3-24。

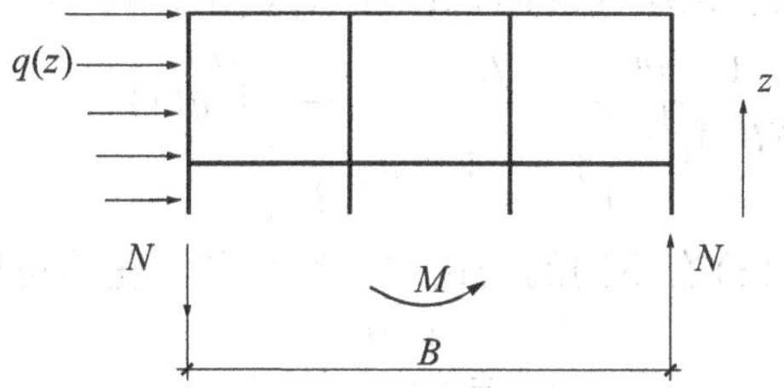

图 3-24

房屋层数较多时，可近似地将框架看做连续变化。设由框架柱轴向变形引起的顶点水平位移为 u_{T}^{N}，由结构力学可知，该侧移为：

$$u_{\mathrm{T}}^{N}=2\int_{0}^{H}\frac{H_{1}N_{z}}{EA}\mathrm{d}z \tag{3-23}$$

式中：N_1——顶点单位水平力作用时的柱子轴力；

N_z——水平荷载作用下，在距底部 z 高度处框架外柱中产生的柱轴力；

A——外柱截面面积。

$$N_{1}=\pm\frac{H-z}{B} \tag{a}$$

$$N_{z}=\pm\int_{z}^{H}\frac{q(t)(t-z)}{B}\mathrm{d}z \tag{b}$$

式中：$q(t)$是当房屋层数较多时，把框架节点水平荷载近似作为连续荷载。

代入式(3-23)，可得：

$$u_T^N=\frac{2}{EB^2A}\int_0^H(H-z)\int_z^H q(t)(t-z)\,\mathrm{d}t\mathrm{d}z \tag{3-24}$$

积分后得：

框架在顶点水平集中力 P 作用下：

$$u_T^N=\frac{2}{3}\frac{V_0H^3}{E\,AB^2} \tag{3-25}$$

均布水平荷载 q 作用下：

$$u_T^N=\frac{1}{4}\frac{V_0H^3}{E\,AB^2} \tag{3-26}$$

倒三角形水平荷载作用下：

$$u_T^N=\frac{11}{30}\frac{V_0H^3}{E\,AB^2} \tag{3-27}$$

式中：V_0——底部总剪力。其中均布荷载作用，$V_0=qH$；倒三角形分布荷载作用，$V_0=qH/2$；

当柱子截面尺寸沿高度有变化时，设外柱截面沿高度 z 的变化规律为：

$$A(z)=A_1\left(1-\frac{1-n}{H}z\right),\quad n=\frac{A_n}{A_1} \tag{c}$$

式中：A_1、A_n分别为底层、顶层柱的面积；代入式(3-23)，可得：

$$u_T^N=\frac{1}{EB^2A_1}\int_0^H\frac{H-z)}{\left[1-(1-n)\dfrac{z}{H}\right]}\int_z^H q(t)(t-z)\,\mathrm{d}t\mathrm{d}z \tag{3-28}$$

对不同的荷载形式 $q(z)$ 有不同的表达式，经积分、化简可得统一表达式：

$$u_T^N=\frac{V_0H^3}{EB^2A_1}f(n) \tag{3-29}$$

式中：$f(n)$——是仅随 $n=\dfrac{A_n}{A_1}$ 变化的参数，对不同荷载有不同表达式(图 3-25)。

从这里可以看出：房屋越高、越窄，由柱子的轴向变形所引起的侧移就越大。一般而言，对 50m 以上或高宽比 H/B 大于 4 的房屋，由柱轴向变形产生的侧移在总侧移中所占的比例是较大的，故必须考虑柱轴向变形对侧移的影响。根据计算，房屋全高不大于 50m 的旅馆与住宅楼或高宽比 $H/B\leqslant4$ 的结构，柱轴向变形所产生的顶点侧移量，为由于框架梁柱弯曲变形所引起的顶点侧移量的 5%~11%，可忽略不计。

3. 水平位移和舒适度要求

高层建筑结构在正常使用条件下，应具有足够的刚度，避免产生过大的位移而影响结构的承载力、稳定性和使用要求。《高规》规定，高层建筑结构的水平位移和舒适度应满足相关规定的要求，见第 4 章 4. 4. 3 节。

【例题 3-4】 已知同例题 3-2 所示框架，所受水平荷载标准值见图 3-26。求该框架的顶点侧移值。

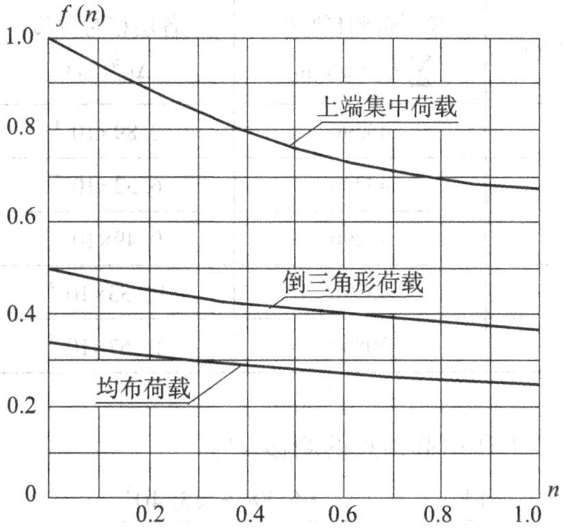

图 3-25 $f(n)$曲线

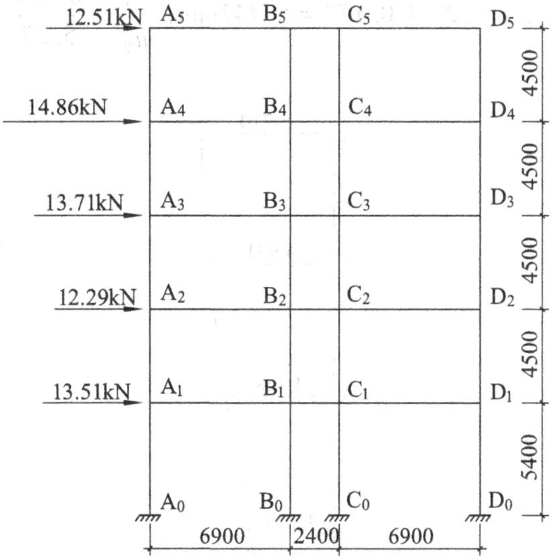

图 3-26 框架计算简图

【解】

(1)求各层柱的侧移总刚度 $\sum D$。柱的修正侧向刚度 D 的计算，参阅例题 3-2 的表 3-2。

第二～五层 $\sum D = 2\times(9222+12426) = 43296\text{kN/m}$

第一层 $\sum D = 2\times(7052+8380) = 30864\text{kN/m}$

(2)由于梁柱弯曲变形所引起的侧移 u_i^M，见表 3-5。

表 3-5　　　　由于梁柱弯曲变形所引起的侧移计算表

层次	楼层剪力 V_i(kN)	楼层抗侧移刚度 $\sum D_{ij}$ (kN/m)	各层相对位移 Δu_i^M(m)	各层侧移 u_i^M (mm)
五	12.51	43296	2.89×10^{-4}	5.270
四	27.37	43296	6.32×10^{-4}	4.981
三	41.08	43296	9.49×10^{-4}	4.348
二	53.37	43296	12.33×10^{-4}	3.400
一	66.88	30864	21.67×10^{-4}	2.167

(3)由于梁柱轴向变形所引起顶点的侧移 u_T^M：

$$u_T^N = \frac{11}{30}\frac{V_0H^3}{E_cAB^2} = \frac{11}{30} \times \frac{66.88 \times 23.40^3}{3.0 \times 10^7 \times 0.45 \times 0.5 \times 16.2^2} = 0.177\text{mm}$$

(4)框架顶点侧移：

$$u = u_T^M + u_T^N = 5.27 + 0.177 = 5.447\text{mm},\quad \frac{u_T^N}{u_T^M} = \frac{0.177}{5.27} = 3.36\%$$

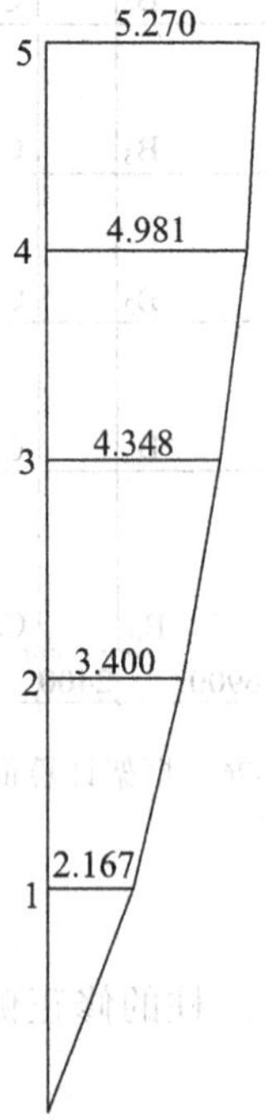

(单位：mm)

图 3-27　由框架弯曲变形所引起的侧移

3.3　内力组合

3.3.1　控制截面

框架柱的弯矩、轴力和剪力在每层沿柱高是线性变化的，因此可取各层柱的上、下端截面作为控制截面。而框架梁在水平力和竖向荷载共同作用下，剪力沿梁的轴线呈线性变化，弯矩则呈抛物线形变化(指竖向分布荷载)，因此，除取梁的两端为控制截面以外，还应在跨间取最大正弯矩的截面为控制截面。为了简便，可以直接以梁的跨中截面作为控制截面。

还应指出的是，在截面配筋计算时应采用构件端部截面的内力，而不是轴线处的内力，由图 3-28 可见，柱边截面的梁端弯矩和剪力应按下式计算

$$\left.\begin{aligned} V' &= V - (g+p)\frac{b}{2} \\ M' &= M - V'\frac{b}{2} \end{aligned}\right\} \tag{3-30}$$

式中：V'、M' ——框架柱边梁截面的剪力和弯矩；

V、M——内力计算得到的柱子轴线处梁的剪力和弯矩；

g、p——作用在梁上的竖向分布恒载和活载。

当计算水平荷载或竖向集中荷载产生的内力时，则 $V'=V$。

框架梁端和柱端的控制截面如图 3-28 所示。梁的控制截面分别为梁端、梁跨中，控制截面的控制内力分别为梁端最大正、负弯矩和跨中最大弯矩。

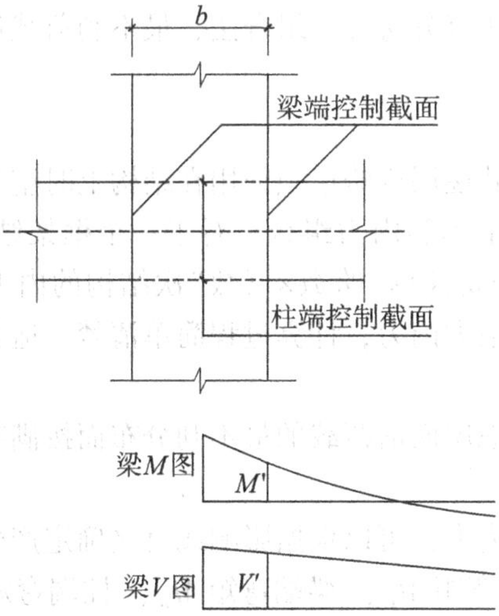

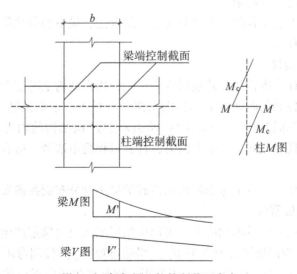

图 3-28　框架梁、柱控制截面内力

3.3.2 荷载效应组合

框架结构设计时，持久设计状况和短暂设计状况下，当荷载与荷载效应按线性关系考虑时，荷载基本组合的效应设计值应按式(1-13)进行计算。

3.3.3 最不利内力组合

最不利内力组合就是在控制截面处对截面配筋起控制作用的内力组合。对于某一控制截面，可能有好几组最不利内力组合。例如，对于梁端，需找出最大负弯矩以确定梁端顶部的配筋，找出最大正弯矩以确定梁端底部的配筋，找出最大剪力以进行梁端受剪承载力验算。框架柱的最不利内力组合与单层厂房柱相同，框架柱一般都采用对称配筋。因此框架结构梁、柱的最不利内力组合有：

梁端截面：$+M_{max}$、$-M_{max}$、V_{max}

梁跨中截面：$+M_{max}$

柱端截面：$|M|_{max}$及相应的N、V；

N_{max}及相应的M；

N_{min}及相应的M。

3.3.4 竖向活荷载的最不利布置

作用于框架结构上的竖向荷载有恒荷载和活荷载两种。恒荷载对于结构作用的位置和大小是不变的，对活荷载则要考虑其最不利布置。

《高规》规定高层建筑结构内力计算中，当楼面活荷载大于4kN/m^{2}时，应考虑楼面活荷载不利布置引起的结构内力的增大；当整体计算中未考虑楼面活荷载不利布置时，应适当增大楼面梁的计算弯矩。

考虑活荷载最不利布置的方法有分跨计算组合法、最不利荷载位置法、分层组合法和满布荷载法等四种方法。

1. 分跨计算组合法

该方法是分别计算出将活荷载逐层逐跨单独作用在结构上时整个结构的内力，然后通过叠加得到不同控制截面处的最不利内力组合。对于一个框架结构，共有“跨数×层数”种不同的活荷载布置方式，需要计算“跨数×层数”次结构的内力，在求得了这些内力以后，即可求得任意截面上的最大内力，计算过程简单清楚，适合于采用计算机进行内力组合计算。

为减少计算工作量，可不考虑屋面活荷载的最不利分布而按满布考虑。

2. 最不利荷载位置法

为求某一指定截面的最不利内力，可以根据影响线直接确定产生此最不利内力的活荷载布置。图3-29为框架梁跨中弯矩M_C、梁端弯矩M_A、柱端弯矩M_D的影响线。

由图3-29(a)知，为求梁跨中最大正弯矩，则凡产生正向虚位移的跨间均布置活荷载，即活荷载除布置在本跨外，其余各跨隔跨布置，竖向也应相间隔跨布置，形成棋盘形间隔布置形态。图3-30(a)为框架梁的跨中弯矩M_C的活荷载不利布置图。

由图3-29(b)知，当求某一层某一跨横梁梁端最大负弯矩时，对于横梁所在层应如

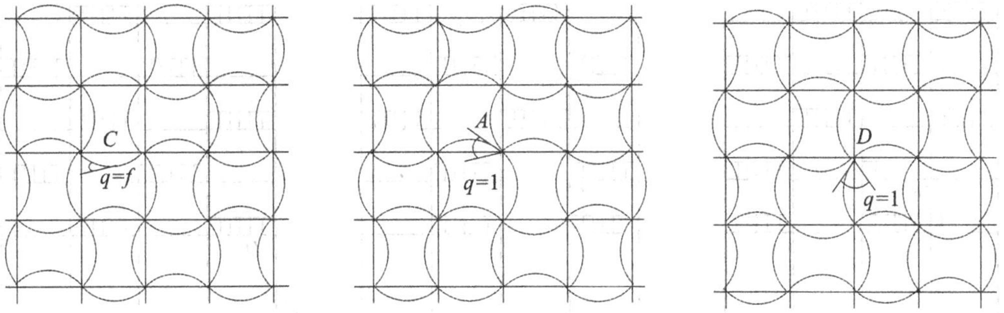

图 3-29　框架截面弯矩的影响线

同连续梁一样布置活荷载，即在计算位置所在的梁节点左、右跨布置活荷载，然后隔跨布置；对于上、下相邻层，则以该跨梁的另一端产生最大负弯矩的要求，如同连续梁一样布置活荷载；对于其他楼层则按照在竖向隔层布置活荷载的原则进行。图 3-30(b)、(c)为框架梁的梁端弯矩 M_A 和 M_B 的活荷载不利布置图。

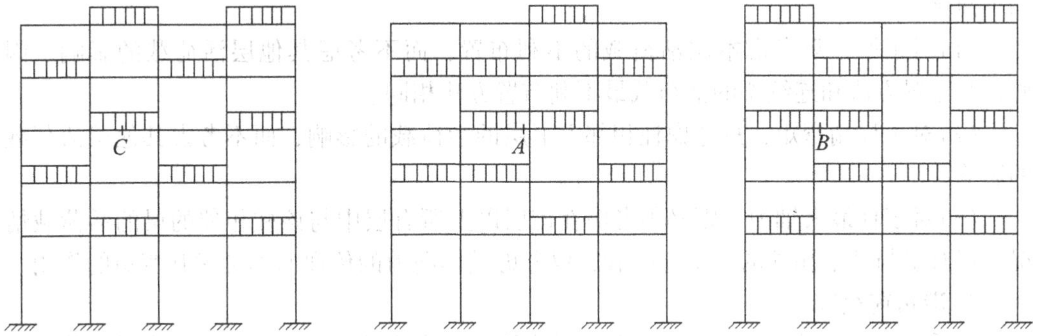

图 3-30　框架梁活荷载的最不利布置图

由图 3-29(c)知，当求相应于某柱柱底截面右侧和柱顶截面左侧产生最大拉应力的弯矩时，则在该柱右侧跨的上下两层的横梁上布置竖向活荷载，然后再隔跨隔层布置；当求柱底截面左侧和柱顶截面右侧产生最大拉应力的弯矩时，则在该柱左侧跨的上下两层布置，然后再隔跨隔层布置竖向活荷载。图 3-31(a)和(b)为柱子截面 A、B 的不利荷载位置，图 3-31(c)则为底层边柱截面 C、D 的活荷载最不利布置图，为第一种情况的特例。此时 $|M_{max}|$ 相应的轴向力 N 可根据此柱在该截面以上左右两跨的负荷情况直接算出。

计算柱子轴力 N 时，可近似地不考虑结构连续性的影响，而按负荷范围来计算。对于 $|N_{max}|$ 及其相应的 M，则应在此柱该截面以上的相邻两跨都布满活荷载。

由于对每一个控制截面的每一种内力组合都需找出与其相应的最不利荷载布置，并分别进行内力分析，故计算繁冗，不便于实际应用，但此法物理概念强，故常用于复核

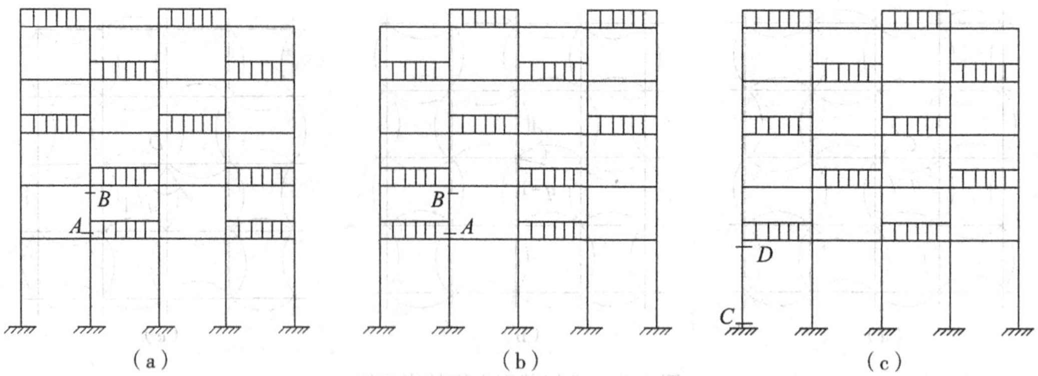

图 3-31 框架柱活荷载的最不利布置图

计算，在内力组合时，可用来判断内力项的取舍。

3. 分层组合法

不论用分跨计算组合法还是用最不利荷载位置法求活荷载最不利布置时的结构内力，都是非常繁冗的。分层组合法是以分层法为依据的，它对活荷载的最不利布置作了如下简化：

(1)对于梁，只考虑本层活荷载的不利布置，而不考虑其他层活荷载的影响。因此，其布置方法和连续梁的活荷载最不利布置方法相同。

(2)对于柱端弯矩，只考虑柱相邻上下层的活荷载的影响，而不考虑其他层活荷载的影响。

(3)对于柱最大轴力，则必须考虑在该层以上所有层中与该柱相邻的梁的活荷载情况，但对于与柱不相邻的上层活荷载，仅考虑其轴向力的传递而不考虑其弯矩的作用。

4. 满布荷载法

当活荷载产生的内力远小于恒荷载及水平力所产生的内力时，可不考虑活荷载的最不利布置，而把活荷载同时作用于所有的框架梁上，这样求得的内力在支座处与按最不利荷载位置法求得的内力极为相近，可直接进行内力组合。但相应的梁的跨中弯矩比按照最不利荷载位置法的计算结果要小，因此对梁的跨中弯矩应乘以 1.1～1.2 的系数予以增大。

3.3.5 梁端弯矩调幅

为设计延性框架，实现强柱弱梁，允许在框架梁端出现塑性铰。在进行框架结构设计时，一般均对梁端弯矩进行调幅，即人为减小梁端负弯矩，减少节点附近梁顶面的配筋量。这样也有利于减少节点处梁的负钢筋，方便施工。

设框架梁 AB 在竖向荷载作用下，梁端最大负弯矩分别为 M_{A0} 和 M_{B0}，梁跨中最大正弯矩为 M_{C0}，则调幅后梁端弯矩取：

$$\left.\begin{aligned} M_A &= \beta M_{A0} \\ M_B &= \beta M_{B0} \end{aligned}\right\} \tag{3-31}$$

式中：β 为弯矩调幅系数。对于现浇框架，可取 $\beta=0.8\sim0.9$；对于装配整体式框架，由于接头焊接不牢或由于节点区混凝土灌注不密实等原因，节点容易产生变形而达不到绝对刚性，框架梁端的实际弯矩比弹性计算值要小，因此，弯矩调幅系数允许取得低一些，一般取 $\beta=0.7\sim0.8$。

梁端弯矩调幅后，在相应荷载作用下的跨中弯矩必将增加(图 3-32)，这时应校核梁的静力平衡条件，即调幅后梁端弯矩 M_A、M_B 的平均值与跨中最大弯矩 M_{C0} 之和应大于按简支梁计算的跨中弯矩值 M_0。

$$\frac{|M_A+M_B|}{2}+M_{C0}\geqslant M_0 \tag{3-32}$$

弯矩调幅只对竖向荷载作用下的内力进行，即水平荷载作用下产生的弯矩不参与调幅，因此，弯矩调幅应在内力组合之前进行。

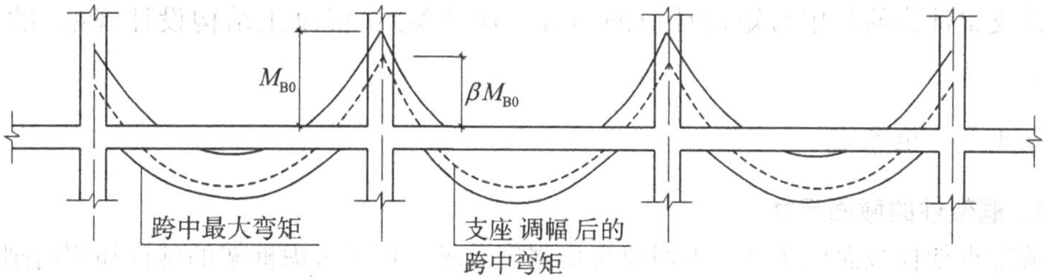

图 3-32　支座弯矩调幅

3.4　现浇钢筋混凝土框架梁、柱和节点设计

3.4.1　框架梁

1. 框架梁截面尺寸

框架梁截面高度可取跨度的 1/10～1/18，即 $h_b=\left(\frac{1}{10}\sim\frac{1}{18}\right)l$，梁净跨与截面高度之比不宜小于 4，即 $h_b\leqslant l_n/4$。梁宽一般取 $b_b=\left(\frac{1}{2}\sim\frac{1}{3}\right)h_b$。当梁高较小或采用扁梁时，除应验算其承载力和受剪截面要求外，还应满足刚度和裂缝的有关要求。

2. 梁的钢筋

(1)沿梁的全长，顶面和底面应至少各配置两根直径不小于 12mm 的纵向配筋；

(2)纵向受拉钢筋的最小配筋百分率 $\rho_{min}(\%)$，非抗震设计时，不应小于 0.2 和 $45f_t/f_y$ 二者的较大值；

(3)当梁中配有计算需要的纵向受压钢筋时，其箍筋配置应符合下列规定：

①箍筋直径不应小于纵向受压钢筋最大直径的 1/4；

②箍筋应做成封闭式；

③箍筋间距不应大于 $15d$，且不应大于 400mm；当一层内的受压钢筋多于 5 根且直

径大于 18mm 时，箍筋间距不应大于 $10d$（d 为纵向受压钢筋的最小直径）；

④当梁截面宽度大于 400mm 且一层内的纵向受压钢筋多于 3 根时，或当梁截面宽度不大于 400mm 但一层内的纵向受压钢筋多于 4 根时，应设置复合箍筋；

⑤当梁承受的剪力 $V \geqslant 0.7f_t bh_0$ 时，框架梁全长的箍筋的面积配筋率 $\rho_{sv} \geqslant 0.24f_t/f_{yv}$；

⑥梁端设置的第一个箍筋距框架节点边缘不应大于 50mm。

3. 框架梁截面承载力验算

（1）持久、短暂设计状况，框架梁和柱的受剪截面均应符合下式要求：

$$V \leqslant 0.25\beta_c f_c b_c h_{c0} \tag{3-33}$$

（2）框架梁斜截面受剪承载力按现行国家标准《混凝土结构设计规范》的有关规定进行计算；

（3）正截面承载力设计时，框架梁跨中正弯矩设计值不应小于相应的竖向荷载作用下按简支梁计算的跨中弯矩设计值的 50%。计算参照《混凝土结构设计规范》的有关规定。

3.4.2　框架柱

1. 框架柱的截面尺寸

确定框架柱截面尺寸时，不但要考虑强度要求，还要考虑框架的延性和侧向刚度的要求。框架柱截面尺寸宜符合下列规定：

（1）矩形截面柱的边长，非抗震设计时不宜小于 250mm；圆柱直径，非抗震设计时不宜小于 350mm；

（2）框架柱截面高宽比不宜大于 3；

（3）框架柱的剪跨比宜大于 2。

截面设计时，可近似假定框架柱的反弯点在柱高中点处，因此可以得到框架柱的柱端弯矩与剪力的关系 $M_c = V_c H_n/2$，H_n 为柱子净高。将柱端弯矩与剪力的关系代入剪跨比表达式可得：

$$\lambda = \frac{M_c}{V_c h_{c0}} = \frac{V_c \dfrac{H_n}{2}}{V_c h_{c0}} = \frac{H_n}{2h_{c0}} \approx \frac{H_n}{2h_c} \tag{3-34}$$

由剪跨比的要求 $\lambda \geqslant 2$ 就可以得到框架柱截面边长不宜超过柱子净高的四分之一，即 $h_c \leqslant H_n/4$。

2. 框架柱的计算高度

梁与柱为刚接的钢筋混凝土柱，其计算长度应根据框架侧向的约束条件，荷载情况，并考虑柱的二阶效应（由轴向力与柱的挠曲变形所引起的附加弯矩）对柱截面设计的影响程度来确定。

一般多层房屋中梁柱为刚接的框架结构，各层柱的计算长度 l_0 可按表 3-6 取用。表中 H 为结构层高，对底层为基础顶面到一层楼盖顶面的高度；对其余各层柱为上、下两层楼盖顶面之间的高度。

表 3-6　　框架结构各层柱的计算长度

楼盖类型	柱的类别	l_0
现浇楼盖	底层柱	$1.0H$
	其余各层柱	$1.25H$
装配式楼盖	底层柱	$1.25H$
	其余各层柱	$1.5H$

3. 框架柱的配筋

(1)柱截面每一侧纵向钢筋配筋率不应小于 0.2%；

(2)柱全部纵向钢筋的配筋率，非抗震设计时，当采用 335MPa 级、400MPa 级和 500MPa 级钢筋时，分别不应小于 0.6%、0.55%和 0.5%；

(3)柱的纵向钢筋配置，尚应满足下列规定：

①截面尺寸大于 400mm 的柱，非抗震设计时，柱纵向钢筋间距不宜大于 300mm；

②柱纵向钢筋净距均不应小于 50mm；

③全部纵向钢筋的配筋率，非抗震设计时不宜大于 5%、不应大于 6%；

(4)非抗震设计时，柱中箍筋的要求：

①周边箍筋应为封闭式。

②箍筋间距不应大于 400mm，且不应大于构件截面的短边尺寸和最小纵向受力钢筋直径的 15 倍。

③箍筋直径不应小于最大纵向钢筋直径的 1/4，且不应小于 6mm。

④当柱中全部纵向受力钢筋的配筋率超过 3%时，箍筋直径不应小于 8mm，箍筋间距不应大于最小纵向钢筋直径的 10 倍，且不应大于 200mm，箍筋末端应做成 135°弯钩且弯钩末端平直段长度不应小于 10 倍箍筋直径。

⑤当柱每边纵筋多于 3 根时，应设置复合箍筋。

⑥柱内纵向钢筋采用搭接做法时，搭接长度范围内箍筋直径不应小于搭接钢筋较大直径的 1/4；在纵向受拉钢筋的搭接长度范围内的箍筋间距不应大于搭接钢筋较小直径的 5 倍，且不应大于 100mm；在纵向受压钢筋的搭接长度范围内的箍筋间距不应大于搭接钢筋较小直径的 10 倍，且不应大于 200mm。当受压钢筋直径大于 25mm 时，尚应在搭接接头端面外 100mm 的范围内各设置两道箍筋。

4. 框架柱截面承载力验算

(1)持久、短暂设计状况的斜截面受剪承载力应按下式计算：

①矩形截面偏心受压框架柱：

$$V \leqslant \frac{1.75}{\lambda + 1} f_t b h_0 + f_{yv} \frac{A_{sv}}{s} h_0 + 0.07N \tag{3-35}$$

式中：λ——框架柱的剪跨比。当 $\lambda<1$ 时，取 $\lambda=1$；当 $\lambda>3$ 时，取 $\lambda=3$；

N——考虑风荷载组合的框架柱轴向压力设计值，当 N 大于 $0.3f_cA_c$时，取 N 等于 $0.3f_cA_c$。

b、h_0——截面宽度与有效高度。

f_t——混凝土抗拉强度设计值。

②矩形截面偏心受拉框架柱：

$$V \leqslant \frac{1.75}{\lambda + 1} f_t b h_0 + f_{yv} \frac{A_{sv}}{s} h_0 - 0.2N \tag{3-36}$$

式中：N——与剪力设计值 V 对应的轴向拉力设计值，取正值。当公式右端的计算值小于 $f_{yv}\frac{A_{sv}}{s}h_0$ 时，应取等于 $f_{yv}\frac{A_{sv}}{s}h_0$，且 $f_{yv}\frac{A_{sv}}{s}h_0$ 值不应小于 $0.36 f_t b h_0$。

(2)框架柱正截面偏心受压与偏心受拉验算，参照《混凝土结构设计规范》，在此不赘述。

3.4.3 框架节点

节点设计应保证整个框架结构安全可靠、经济合理且便于施工。在非地震区，框架节点的承载能力一般通过采取适当的构造措施来保证。对装配整体式框架的节点，还需保证结构的整体性，受力明确，构造简单，安装方便，又易于调整，在构件连接后能尽早地承受部分或全部设计荷载，使上部结构得以及时继续安装。

1. 材料强度

框架节点区的混凝土强度等级，应不低于柱子的混凝土强度等级。在装配整体式框架中，后浇节点的混凝土强度等级宜比预制柱的混凝土强度等级提高 $5\mathrm{N/mm^2}$。

2. 截面尺寸

如节点截面过小，梁上部和柱外侧钢筋配置数量过高时，以承受静力荷载为主的顶层端节点将由于核心区斜压杆机构中压力过大而发生核心区混凝土的斜向压碎。因此应对梁、柱负弯矩钢筋的相对配置数量加以限制，这也相当于限制节点的截面尺寸不能过小。《混凝土结构设计规范》规定，在框架顶层端节点处，梁上部纵向钢筋的截面面积 A_s 应满足下式要求：

$$A_s \leqslant \frac{0.35 \beta_c f_c b_b h_0}{f_y} \tag{3-37}$$

式中：A_s——顶层端节点处梁上部纵向钢筋截面面积；

b_b——梁腹板宽度；

h_0——梁截面有效高度。

3. 箍筋

在框架节点范围内应设置水平箍筋，箍筋的布置应符合对柱中箍筋的构造要求，且间距不宜大于250mm。对四边均有梁与之相连的中间节点，节点内可只设置沿周边的矩形箍筋，而不设复合箍筋。当顶层端节点内设有梁上部纵筋和柱外侧纵筋的搭接接头时，节点内水平箍筋的布置应依照纵筋搭接范围内箍筋的布置要求确定。

4. 梁柱纵筋在节点区的锚固

框架中间节点梁上部纵向钢筋应贯穿中间节点，该钢筋自柱边伸向跨中的截断位置应根据梁端负弯矩确定。梁下部纵向钢筋的锚固要求见图3-34所示，当计算中不利用钢筋强度时，其伸入节点的锚固长度可按简支梁 $V > 0.7 f_t b h_0$ 的情况取用。当计算中充分利用钢筋的抗拉强度时，其下部纵向钢筋应伸入节点的锚固，锚固长度为 l_a，如图

3-33(a)、(b)所示。其中图 3-33(a)为直线锚固方式，适用于柱截面高度较大的情况；图 3-33(b)为带 90°弯折的锚固方式，适用于柱截面高度不够时的情况。梁下部纵向钢筋也可贯穿框架节点，在节点外梁内弯矩较小部位搭接，如图 3-33(c)所示，l_l 为钢筋搭接长度。当计算中充分利用钢筋的抗压强度时，其下部纵向钢筋应按受压钢筋的要求锚固。锚固长度应不小于 $0.7l_a$。

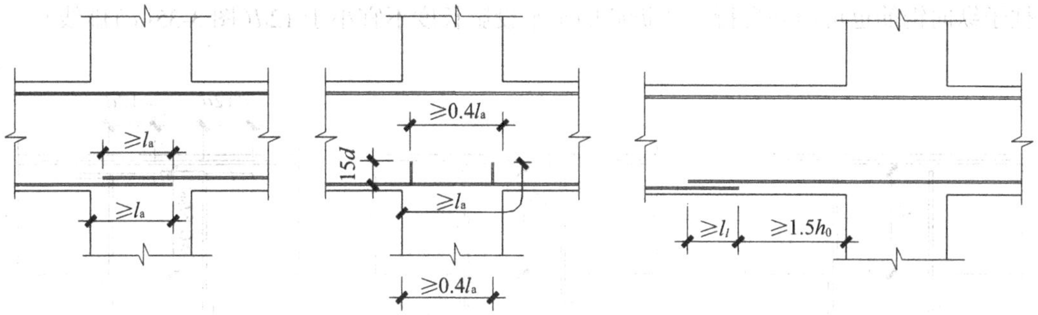

（a）节点中的直线锚固　（b）节点中的弯折锚固　（c）节点或支座范围外的搭接

图 3-33　梁下部纵向钢筋在中间节点或中间支座范围的锚固与搭接

框架中间层端节点梁纵向钢筋的锚固要求见图 3-34 所示。当柱截面尺寸足够时，纵筋可以采用直线锚固方式，锚固长度不小于 l_a，且应伸过柱中心线，伸过长度不小于 $5d$，d 为相应的钢筋直径(图 3-34(a))；当柱截面高度不足以布置直线锚固长度时，可采用钢筋端头加机械锚头的锚固方式(图 3-34(b))，钢筋宜伸至柱外侧纵筋内边，包括机械锚头在内的锚固长度不应小于 $0.4l_{ab}$，l_{ab}为纵向受拉钢筋的基本锚固长度；当柱截面高度不足以布置直线锚固长度时，也可采用纵向受拉钢筋 90°弯折的锚固方式，此时应将梁纵向钢筋伸至节点内边并向内弯折，此时包括弯弧在内的水平投影长度不应小于 $0.4l_{ab}$，如图 3-34(c)所示。

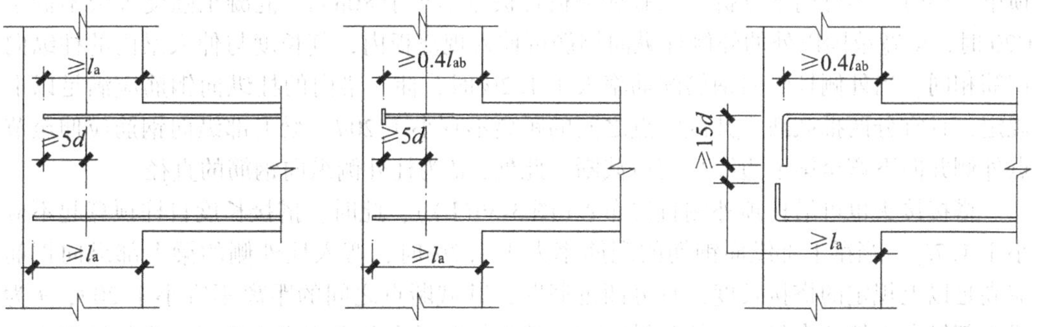

（a）　（b）　（c）

图 3-34　框架中间层边节点梁纵向钢筋的锚固

框架柱的纵向受力钢筋不宜在节点中切断。柱纵筋接头位置应尽量选择在层高中间等弯矩较小的区域。顶层柱的纵筋应在梁中锚固，如图 3-36 所示。当顶层节点处梁截面高度足够时，柱纵向钢筋可用直线方式锚固，其锚固长度为 l_a，同时必须伸至梁顶面，如图 3-35(a)所示；当顶层节点处梁截面高度小于柱纵筋锚固长度 l_a 时，可采用钢筋端头加机械锚头的锚固方式(图 3-35(b))，钢筋宜伸至梁顶面纵筋内边，包括机械锚头在内的锚固长度不应小于 $0.5l_{ab}$；也可采用柱子纵向受力钢筋 90°弯折的锚固方式，此时包括弯弧在内的钢筋垂直投影锚固长度不应小于 $0.5l_{ab}$，在弯折平面内包含弯弧段的水平投影长度不宜小于 $12d$(图 3-35(c))。当柱顶有现浇板且板厚不小于 100mm 时，柱子纵向钢筋也可向外弯折，弯折后的水平投影长度不宜小于 $12d$(图 3-35(c)虚线)。

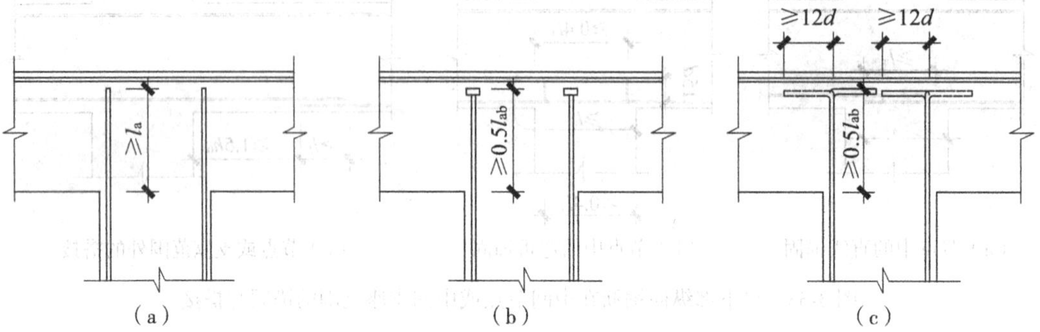

图 3-35 顶层中节点柱纵向钢筋的锚固

框架顶层端节点最好是将柱外侧纵向钢筋弯入梁内作为梁上部纵向受力钢筋使用，也可将梁上部纵向钢筋和柱外侧纵向钢筋在顶层端节点及其附近部位搭接，如图 3-36 所示。

搭接接头可沿顶层端节点外侧及梁端顶部布置(图 3-36(a))，搭接长度不应小于 $1.5l_a$，其中，伸入梁内的外侧柱纵向钢筋截面面积不宜小于外侧柱纵向钢筋全部截面面积的 65%；梁宽范围以外的柱外侧纵向钢筋宜沿节点顶部伸至柱内边，当柱纵向钢筋位于柱顶第一层时，至柱内边后宜向下弯折不小于 $8d$ 后截断；当柱纵向钢筋位于柱顶第二层时，不可向下弯折。当有现浇板且板厚不小于 80mm、混凝土强度等级不低于 C20 时，梁宽范围以外的外侧柱纵向钢筋可伸入现浇板内，其长度与伸入梁内的柱纵向钢筋相同。当外侧柱纵向钢筋配筋率大于 1.2%时，伸入梁内的柱纵向钢筋应满足以上规定，且宜分两批截断，其截断点之间的距离不宜小于 $20d$。梁上部纵向钢筋应伸至节点外侧并向下弯至梁下边缘高度后截断。此处，d 为柱外侧纵向钢筋的直径。

搭接接头也可沿柱顶外侧直线布置(图 3-36(b))，此时，搭接长度自柱顶算起不应小于 $1.7l_a$。当梁上部纵向钢筋的配筋率大于 1.2%时，弯入柱外侧的梁上部纵向钢筋应满足以上规定的搭接长度，且分两批截断，其截断点之间的距离不宜小于 $20d$，d 为梁上部纵向钢筋的直径。柱外侧纵向钢筋伸至柱顶后在节点内水平弯折，弯折段的水平投影长度不宜小于 $12d$，d 为柱外侧纵向钢筋的直径。

梁上部纵向钢筋与柱外侧纵向钢筋在节点角部的弯弧内半径 R，当钢筋直径 $d \leq$ 25mm 时，不宜小于 $6d$；当钢筋直径 $d>$25mm 时，不宜小于 $8d$（图 3-36(b)）。

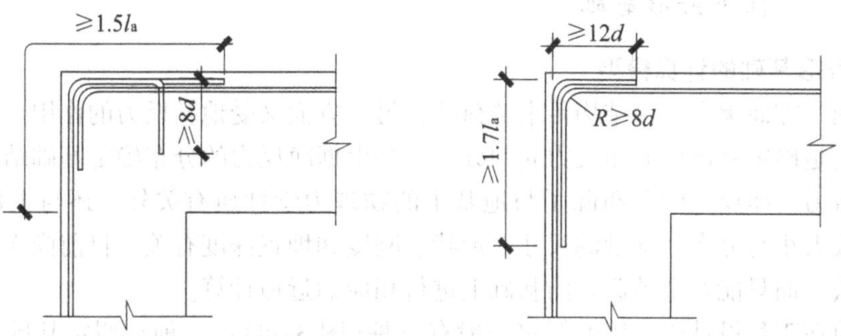

（a）位于节点外侧和梁端顶部的弯折搭接接头　（b）位于柱顶部外侧的直线搭接接头

图 3-36　梁上部纵向钢筋与柱外侧钢筋在顶层端节点的搭接

3.5　多层框架结构的基础

3.5.1　框架结构的基础类型

多高层框架结构的基础，一般有柱下独立基础、柱下条形基础、十字交叉基础、筏式基础等。必要时也可采用箱形基础或桩基等。本节主要讲述柱下条形基础，对十字交叉基础和筏式基础也作简单介绍。

当层数不多、荷载不大而地基坚实时，多层框架房屋的基础可做成独立基础。当独立基础的底面积很大时，可将独立基础在一个方向连成条形基础。为了增大条形基础的刚度，以适当调节基础可能的不均匀沉降，条形基础可做成肋梁式(图 3-37(a))。当需要在两个方向增大基础的整体刚度时，则做成十字形基础，如图 3-37(b)所示。

当荷载很大，两个方向的条形基础的悬挑板宽度很大，而其边缘互相靠近时，则可以把基础做成整片(筏式)基础。筏式基础可做成平板式的(图 3-37(c))，也可做成肋梁式的图 3-37(d)。

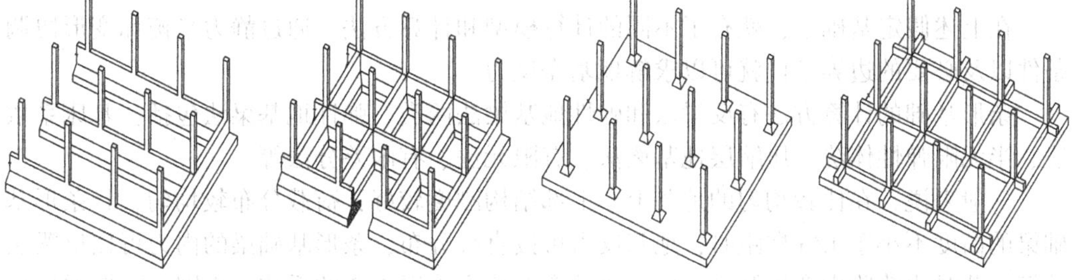

（a）　（b）　（c）　（d）

图 3-37　框架结构基础类型

3.5.2 柱下条形基础

1. 条形基础的计算模型

基础一方面承受上部结构传来的荷载，另一方面又受地基反力的作用。基础内力计算的关键是确定基础底面净反力 p_j 的分布，并根据净反力的分布确定基础结构内力即弯矩以及剪力。净反力的分布除了与地基土的物理力学性质有关外，还与上部结构的约束、荷载大小与分布、基础的尺寸、形状、刚度和埋置深度有关。目前尚无统一的精确计算方法，而只能在某种假定的基础上进行相应的近似计算。

目前在工程设计中常用的假定一般有三种(图 3-38)：一种是假定基础为刚性，把地基反力分布近似地看成为线性分布，由静力平衡条件来确定地基反力。第二种是假定基础为弹性体，认为地基任意一点的压力与该点的地基沉降成正比，即所谓文克勒(Winkler)假定。第三种是假定基础为刚弹性基础，地基土是半无限的弹性连续体，地基任意一点的沉降量与整个地基的压力有关。

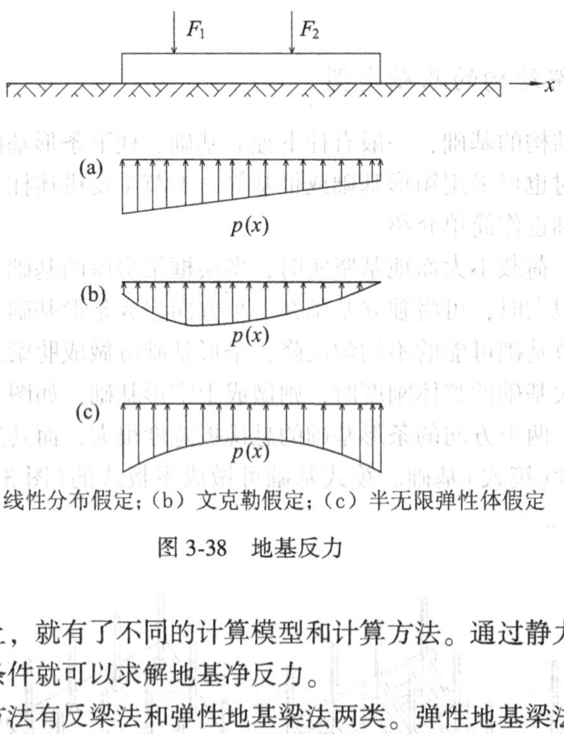

（a）线性分布假定；（b）文克勒假定；（c）半无限弹性体假定

图 3-38　地基反力

在上述假定基础上，就有了不同的计算模型和计算方法。通过静力平衡和变形协调条件以及必要的边界条件就可以求解地基净反力。

条形基础的计算方法有反梁法和弹性地基梁法两类。弹性地基梁法包括：基床系数法、半无限弹性体法、压缩层地基梁法、有限元法、有限差分法等。

一般来说，在比较均匀的地基上，上部结构刚度较好，荷载分布较均匀，且条形基础梁的高度不小于1/6 柱距时，地基反力可按直线分布，条形基础梁的内力可按反梁法计算，此时边跨跨中弯矩及第一内支座的弯矩值宜乘以 1.2 的系数。否则，宜按弹性地基梁计算。

地基的反力分布图形对条形基础的内力影响很大。而地基反力的分布规律，不仅与基础的尺寸、形状、刚度和埋置深度有关，而且还与荷载的作用情况、上部结构的刚度及地基土的物理力学性质等因素有关。

2. 反梁法

反梁法是近似简化方法。该方法将上部柱子作为倒置的铰支座，将地基静反力作为荷载，将基础梁视作倒置的多跨连续梁，来计算基础梁内力。该方法视上部结构为绝对刚性，假定变形后基础底面仍然为平面，地基反力呈线性分布(图 3-39)。

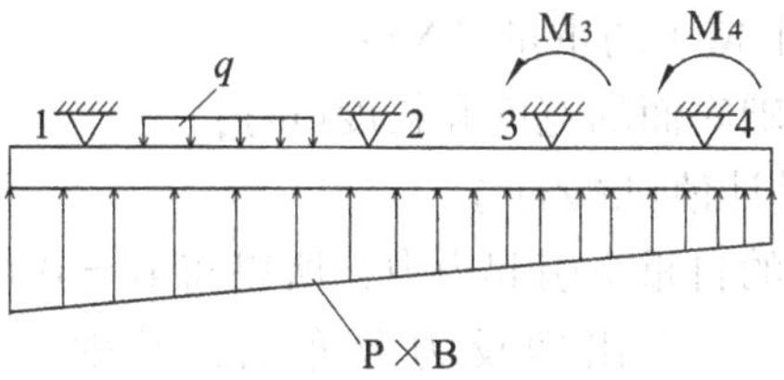

图 3-39　反梁法的计算简图

(1)计算假定。反梁法计算假定主要有：作用在地基梁上的荷载为直线分布；上部荷载的合力作用点与基础梁形心重合；若竖向荷载作用点与基础梁形心存在偏心时，则偏心距不超过基础梁长度的 3%；竖向荷载合力作用点与基础梁形心重合时，地基反力为均匀分布。

(2)计算基础净反力。首先通过合力矩定理求出上部荷载的合力位置(式(3-38))；按照上部荷载合力作用点与基础梁形心重合的原则确定基础梁的长度 L，并得出基础梁两端挑出长度 b_1 和 b_2；求地基反力，再通过地基承载力验算确定基础宽度 B，偏心受压见式(3-39)，轴心受压见式(3-40)。

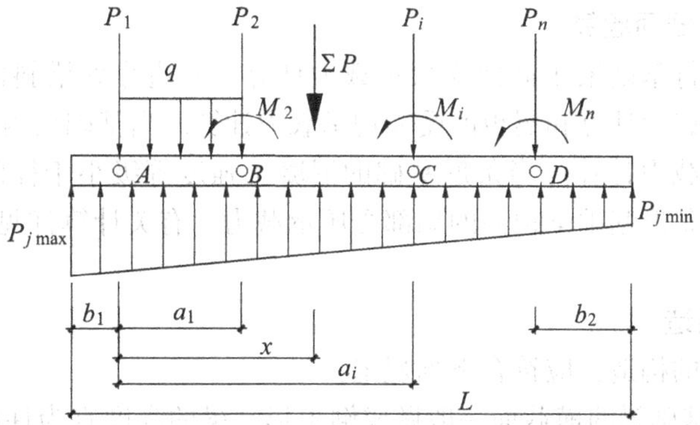

图 3-40　上部作用与条形基础净反力

$$x_i = \frac{\sum_1^n F_i a_i + \sum_1^n M_i}{\sum_1^n F_i} \tag{3-38}$$

$$\rho_{\substack{\max\\\min}} = \frac{\sum F_i + G_w + G}{BL} \pm \frac{6\sum M_i}{BL^2} \begin{matrix} \leqslant 1.2f \\ > 0 \end{matrix} \tag{3-39}$$

$$P = \frac{\sum F_i + G_w + G}{BL} \leqslant f \tag{3-40}$$

式中：$\sum F_i$——上部各竖向荷载的总和(kN)；

$\sum M_i$——上部结构传给基础梁顶面的力矩的总和(kN·m)；

G_w——作用在基础梁上的墙种以及梁自重(kN)；

G——基础及其以上覆土的重量(kN)；

B、L——分别为基础底面的宽度和长度(m)；

f——地基承载力设计值(kN/m^2)。

因为基础(包括覆土)的自重不引起内力，所以将 $G = 0$ 代入式(3-39)和式(3-40)，所得结果即为基底净反力。求出净反力分布后，基础上所有的作用力都已确定(图3-40)。

(3)基础梁纵向内力计算。根据图 3-40 的计算简图，便可按静力平衡条件计算出任一截面 i 上的弯矩 M_i 和剪力 V_i。选取若干截面进行计算，然后绘制弯矩、剪力图。

反梁法求解内力计算有三种方法：

①经验系数法。当条形基础为等跨或者跨差不超过 10%，且各柱荷载相差不大，柱距较小、荷载作用点与基础纵向形心重合时，可以按照经验系数确定基础的纵向内力。

②连续梁法。即采用弯矩分配法求解连续梁内力的方法。

③静定平衡法。当条形基础为不等跨，且各柱荷载相差较大，柱距较小、基础梁较短、上部结构和基础梁刚度较大、地基比较均匀时，可以按照静力分析法确定基础的纵向内力。

3. 条形基础的截面验算

条形基础要进行基础梁正截面受弯承载力计算、柱边缘处梁斜截面受剪承载力计算、翼板的受弯承载力计算和翼板的受冲切承载力计算。当基础梁内存在扭矩时，尚应进行基础梁受扭承载力计算。当条形基础的混凝土强度等级小于柱的混凝土强度等级时，尚应验算柱下条形基础梁顶面的局部受压承载力。有关计算详见《建筑地基基础设计规范》。

4. 条形基础构造

柱下条形基础的构造，应符合下列规定：

(1)柱下条形基础梁的横截面一般做成倒 T 形，梁的高度宜为柱距的 1/4～1/8。翼板厚度不应小于 200mm。当翼板厚度大于 250mm 时，宜采用变厚度翼板，其坡度宜小于或等于 1∶3。

(2)条形基础的两端端部宜向外伸出，其长度宜为第一跨距的 0.25 倍，以增大基础的底面积，减小基底反力，并使基础梁内力分布更趋合理。

(3)当柱荷载较大时，接近柱旁的剪力较大，此时可在基础梁的支座处加腋。基础梁的肋宽宜比柱稍大些，当肋宽小于柱截面边长时，现浇柱与条形基础梁的交接处，其平面尺寸不应小于图 3-41 的规定。

(4)条形基础梁顶部和底部的纵向受力钢筋除满足计算要求外，顶部钢筋按计算配

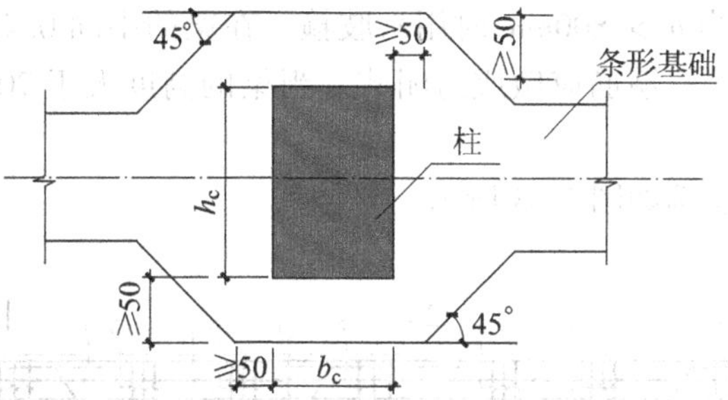

图 3-41　柱与条形基础交接处尺寸要求

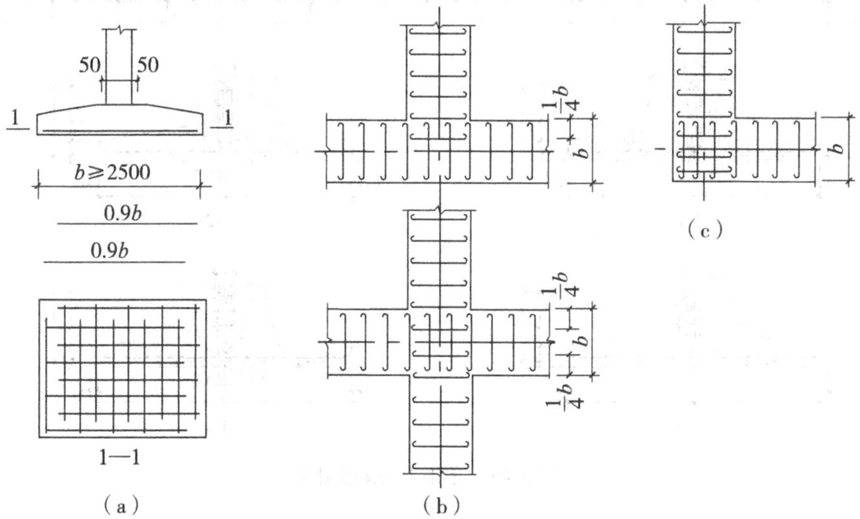

图 3-42　条形基础底板受力钢筋布置

筋全部贯通，底部通长钢筋不应少于底部受力钢筋截面总面积的 1/3。

(5)条形基础底板受力钢筋的最小直径不宜小于 10mm；间距不宜大于 200mm，也不宜小于 100mm。条形基础的宽度大于或等于 2. 5m 时，底板受力钢筋的长度可取边长或宽度的 0. 9 倍，并宜交错布置。

(6)基础纵向分布钢筋的直径不小于 8mm；间距不大于 300mm；每延米分布钢筋的面积应不小于受力钢筋面积的 1/10。

(7)当柱下钢筋混凝土独立基础的边长和墙下钢筋混凝土条形基础的宽度大于或等于 2. 5m 时，底板受力钢筋的长度可取边长或宽度的 0. 9 倍，并宜交错布置(图 3-42(a))。

(8)钢筋混凝土条形基础底板在 T 形及十字形交接处，底板横向受力钢筋仅沿一个主要受力方向通长布置，另一方向的横向受力钢筋可布置到主要受力方向底板宽度 1/4 处(图 3-42(b))。在拐角处底板横向受力钢筋应沿两个方向布置(图 3-42(c))。

(9)柱下条形基础的混凝土强度等级，不应低于 C20。

(10)当有垫层时钢筋保护层的厚度不小于 40mm；无垫层时不小于 70mm。

(11)箍筋直径不应小于 8mm。当肋宽 $b \leqslant 350$mm 时用双肢箍；当 350mm $< b \leqslant$ 800mm 时用四肢箍；当 $b >$ 800mm 时用六肢箍。在梁的中间 0.4L（L 为梁跨）范围内，箍筋间距可以适当放大。箍筋应做成封闭式。当梁的高度大于 700mm 时，应在梁的侧面设置纵向构造钢筋。

条形基础的设计实例如图 3-43 所示。

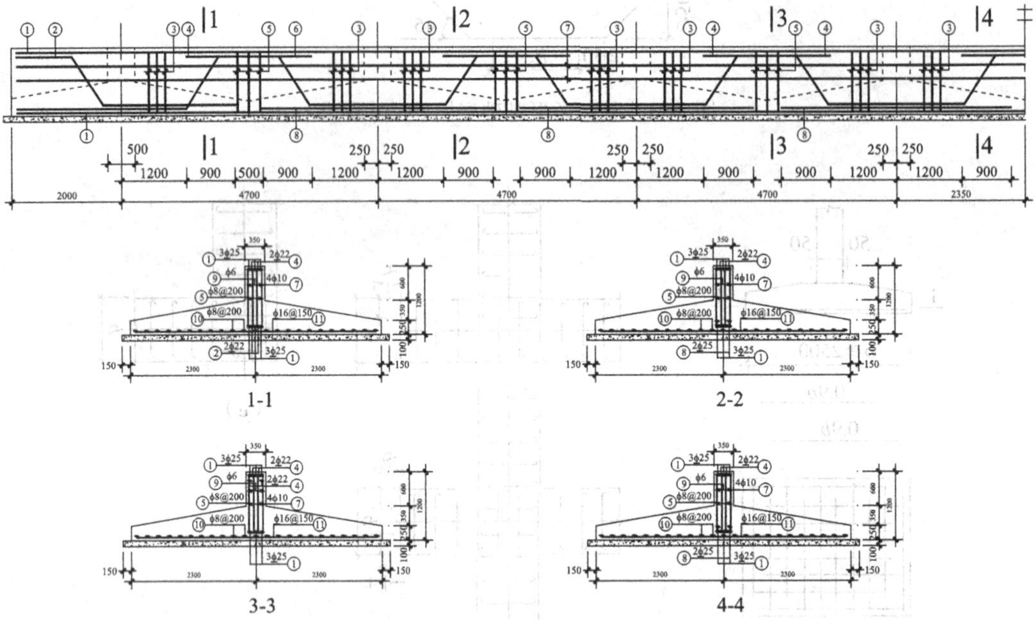

图 3-43　条形基础配筋图

3.5.3　十字交叉基础

十字形基础也称格筏基础，是由柱网下的纵、横两组条形基础联结成十字形整体（图 3-37(b)）。从而加强纵横两个方向的联系，增加基础的空间刚度。

由于十字交叉基础常用于软土地基，理论分析复杂，简化计算时，当上部结构和基础具有很大的整体刚度时，也可将十字形基础作为倒置的两组连续梁来对待。如果地基较软而均匀，基础刚度较大，外荷载的总偏心又很小时，可以认为地基反力是均匀分布的。这时，只要用全部柱压力除以基础的总支承面积便可求出反力值。如果荷载存在偏心，也可按照反力呈直线分布的假定确定反力的分布。在交叉点处，假定两个方向的梁相互铰接，因此节点上两个方向的力矩由相应方向的基础梁承担。按两个方向连续梁求得的支座反力总和与柱子原轴压力不符时，则将其总值按两个方向确定的反力比率分配在相应方向作为调整，重新计算。

如果基础刚度不大，则计算一般采用文克勒假定。计算的关键问题是作用在节点上的力如何分配给两个方向的基础梁承担。在此需要根据位移协调条件即节点处的沉降在两个方向相等以及静力平衡条件求解。计算可采用文克勒基床系数法。

3.5.4　筏式基础

筏式基础有梁板式和平板式两类。当地基土比较均匀、上部结构刚度较好、梁板式筏基梁的高跨比或平板式筏基板的厚跨比不小于 1/6，且相邻柱荷载及柱间距的变化不超过 20%时，筏形基础可仅考虑局部弯曲作用。筏形基础的内力，可按基底反力直线分布进行计算，计算时基底反力应扣除底板自重及其上填土的自重。当不满足上述要求时，筏基内力应按弹性地基梁板方法进行分析计算。

为了避免基础发生太大的倾斜和改善基础受力状况，在确定平面尺寸时，可以通过改变底板在四边的外挑长度(不宜挑出过多)来调整基底的形心位置，以便尽量减少基础所受的偏心力矩。如果已调整到接近中心受荷状态，为了进一步简化计算工作，可按均匀分布的反力考虑。

确定基底反力后，便可按梁板式或平板式结构计算。计算基础结构的内力，可按所谓“倒楼盖”法，即将整片基础视为倒置的楼盖，以柱子为支座，以地基的净反力为荷载，按普通平面楼盖计算。这种方法的实质相当于计算条形基础的反梁法，即假定上部结构的刚度很大，以至于柱子之间不可能产生相对的竖向位移。对于多数具有填充墙的现浇多层框架房屋来说，这一假定在一定程度上是适用的。

房屋建筑的整片基础，一般都采用梁板式。在按倒楼盖计算时，具体的计算简图与柱网的分布和肋梁的布置有关，如果柱网接近方形，肋梁仅沿柱网布置(图 3-44(a))，则底板就是连续双向板，纵、横梁为连续梁。若在柱网间增设肋梁，把底板分为长边与短边之比大于 2 的矩形区格(图 3-44(b)、(c))，则底板可按单向连续板考虑；主、次肋的梁仍按连续梁计算。

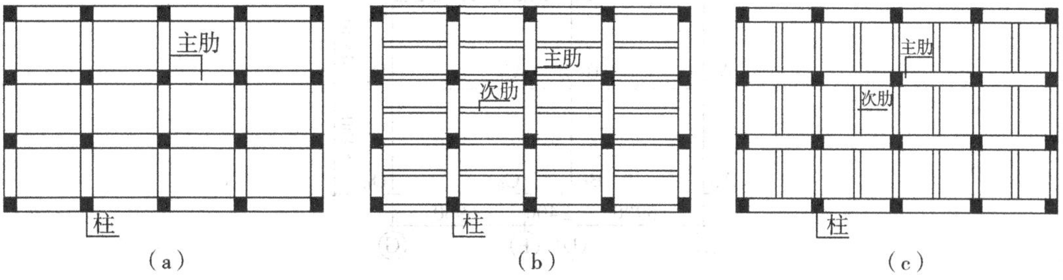

图 3-44　筏型基础

按上述梁格布置，将板所受地基净反力分别传至两个方向的梁上，在两个方向按连续梁计算时，也必定会遇到计算的支座反力与柱原轴压力不符的情况。在进行反力调整时，建议和上述交叉梁基础一样，按两个方向给出总反力不符程度的比率，分别对两个方向的连续梁进行调整。

3.6　现浇框架设计计算示例

【例题 3-5】　徐州某中学教学楼标准层平面图见图 3-45 所示，两翼为四层，中间

(4~11 轴)为五层，用变形缝分开。中间部分采用内廊式现浇框架结构，纵向柱距为 6m，标准层层高 4.5m。框架梁、柱和楼板均采用现浇，混凝土板厚为 120mm，混凝土等级 C40。承重框架沿横向布置，纵、横向框架均采用刚节点。

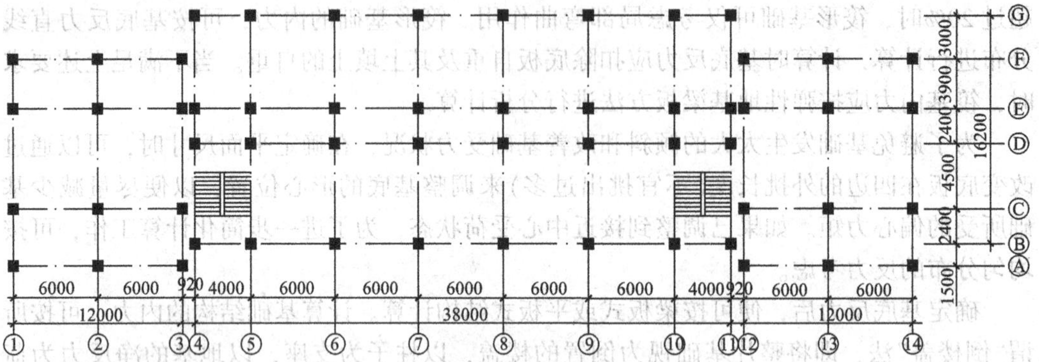

图 3-45 例题 3-5 标准层平面图

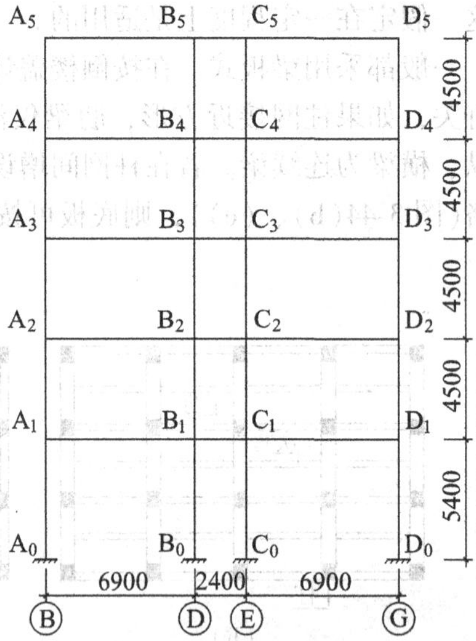

图 3-46 例题 3-5 横向框架计算简图

中间五层部分有 8 榀框架，可分为三种类型，④与⑪轴线的框架相同，⑤与⑩轴线的框架相同，⑥、⑦、⑧、⑨轴线的框架相同。教学楼教室的楼面活荷载标准值为 2.5kN/m^2，走廊为 3.5kN/m^2。试对⑦轴线横向框架进行结构设计。

【解】

(1)框架计算简图及梁柱截面尺寸估算：

计算简图中杆件以计算轴线表示，柱取截面形心线，梁取截面形心线。一般取梁形心线的距离近似等于结构层高。

框架层高：除底层外的其他各层层高取楼板结构顶面至顶面，设各层建筑做法相同，故结构层高等于建筑层高，即 4.5m；底层层高从基础顶面或基础梁顶面或地下室板顶算至二层楼面顶部，本例取首层柱的嵌固端在室外地坪下 500mm 处，室内外高差取 400mm，再加上首层层高，故首层高度取 5.4m，框架计算尺寸见图 3-46 所示。

横框架梁截面：

边跨梁梁高取 $h=\left(\frac{1}{10}\sim\frac{1}{18}\right)l=\left(\frac{1}{10}\sim\frac{1}{18}\right)\times 6900=690\sim 383\text{mm}$，取 $h=700\text{mm}$，$b=250\text{mm}$，梁截面为矩形。由于中跨梁跨度小，梁高可适当减小，原则上要兼顾支座左右两端，使其具有相同的配筋量，过大、过小都是不利的。本例取 $h=500\text{mm}$，$b=250\text{mm}$，梁截面为矩形。

框架柱截面：

参照同类工程，取 450mm×500mm。

并按下列方法进行初步验算。中柱受荷最大，故以中柱为例。

荷载估算：框架结构单位面积重力荷载标准值可近似取 11～13kN/m²。由于本例横隔墙较少，但教室层高较大且人流较多，故按 13kN/m²计。

中柱负荷面积为 $6\times(6.9+2.4)/2=27.9\text{m}^2$。

结构共五层，则中柱底层柱底承受的荷载标准值为：$N_k=27.9\times 13\times 5=1816\text{kN}$。

计算时，考虑水平作用对柱子轴力的近似乘以放大系数 1.2，以及荷载的平均分项系数 1.25，按轴心受压进行承载力验算，即 $1.2\times 1.25\times N_k=0.9\varphi(f_cA+f_y'A_s')$。在此可假定：受压纵筋取 HRB335 级，总的配筋率 $\rho=1\%$，柱子截面宽度先取 450mm，首层柱的长细比 $l_0/b=5.4/0.45=12$，故首层柱的稳定系数系数 $\varphi=0.95$，混凝土强度等级为 C40。

由极限承载力验算：$1.2\times 1.25\times 1816\times 10^3=0.9\times 0.95\times(19.1\times A+0.01A\times 300)$

解得：$A=144161\text{mm}^2$，故实际选用柱子截面尺寸 450mm × 500mm 的截面面积为 $A=225000\text{mm}^2$，满足轴心受压的要求。

(2)荷载计算：

①屋面梁荷载

屋面荷载标准值(表 3-7)：

表 3-7　　**屋面荷载标准值**

荷载类别	荷载项目	算　式
恒荷载	120mm 厚现浇板	$0.12\times 25=3.0\text{kN/m}^2$
	60mm 厚保温层	0.30kN/m^2
	20mm 厚找平层	$0.02\times 20=0.4\text{kN/m}^2$
	二毡三油防水层	0.35kN/m^2
	20mm 厚板底粉刷	0.40kN/m^2
	合计	4.45kN/m^2
活荷载	不上人屋面荷载	0.5kN/m^2

屋面梁自重：

边跨梁自重及梁侧粉刷重的标准值：

$$(0.25\times0.58\times25)+[0.015\times(2\times0.58+0.25)\times17]=3.98\text{kN/m}$$

中跨梁自重及梁侧粉刷重标准值：

$$(0.25\times0.38\times25)+[0.015\times(2\times0.38+0.25)\times17]=2.37+0.26=2.63\text{kN/m}$$

屋面梁的线荷载标准值：

板传来的荷载：在边跨，板传给屋面梁的恒荷载和活荷载都是梯形的分布荷载，其最大标准值为 $g_{01,\text{k}}$、$q_{01,\text{k}}$（图 3-47）；在中跨，则是三角形的分布荷载，其最大标准值为 $g_{02,\text{k}}$、$q_{02,\text{k}}$（图 3-47）。

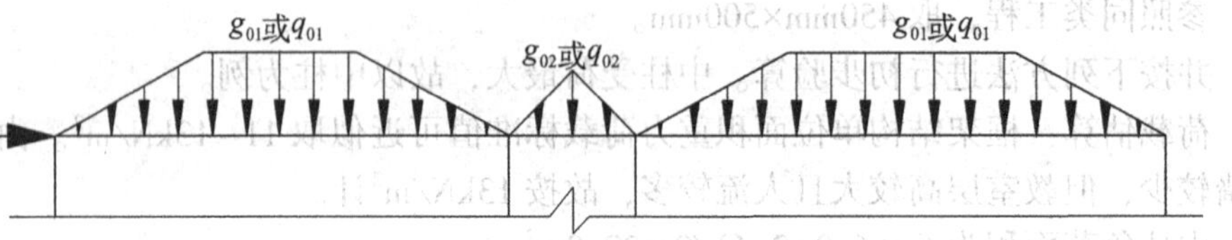

图 3-47　3 屋面梁的线荷载计算值

边跨荷载标准值：　$g_{01,\text{k}}=4.45\times6=26.7\text{kN/m}$，$q_{01,\text{k}}=0.5\times6=3.0\text{kN/m}$。

中间跨荷载标准值：$g_{02,k}=4.45\times2.4=10.68\text{kN/m}$，$q_{01,\text{k}}=0.5\times2.4=1.2\text{kN/m}$。

屋面梁自重标准值：屋面梁自重为均布线荷载。

边跨：$g'_{01,\text{k}}=3.98\text{kN/m}$；中间跨：$g'_{02,k}=2.63\text{kN/m}$。

②标准层楼面梁荷载：

楼面荷载标准值见表 3-8。

表 3-8　**楼面荷载标准值**

荷载类别	荷载项目	算　式
恒荷载	120mm 厚现浇板	$0.12\times25=3.0\text{kN/m}^2$
	35mm 厚面层	$0.035\times20=0.7\text{kN/m}^2$
	20mm 厚板底粉刷	$0.02\times20=0.4\text{kN/m}^2$
	合计	4.1kN/m^2
活荷载	边跨教室	2.5kN/m^2
	中跨走廊	3.5kN/m^2

楼面梁自重标准值：同屋面梁。

楼面梁的线荷载标准值：

板传来的荷载：

边跨恒荷载标准值：$g_{11,\text{k}}=4.1\times6=24.6\text{kN/m}$。

边跨活荷载标准值：$q_{11,k} = 2.5 \times 6 = 15.0\text{kN/m}$。

中间跨恒荷载标准值：$g_{12,k} = 4.1 \times 2.4 = 9.84\text{kN/m}$。

中间跨活荷载标准值：$q_{12,k} = 3.5 \times 2.4 = 8.4\text{kN/m}$。

楼面梁自重标准值：楼面梁自重是均布线荷载。

边跨：$g'_{11,k} = 3.98\text{kN/m}$；中间跨：$g'_{12,k} = 2.63\text{kN/m}$。

梁所受到的线荷载汇总见表 3-9。

表 3-9　**梁线荷载标准值(kN/m)**

	边跨 BD			中跨 DE		
	恒载		活载	恒载		活载
	板传来，梯形	梁自重，均布	板传来，梯形	板传来，三角	梁自重	板传来
屋面	$g_{01.k} = 26.7$	$g'_{01.k} = 3.98$	$q_{01.k} = 3.0$	$g_{02.k} = 10.68$	$g'_{02.k} = 2.63$	$q_{01.k} = 1.2$
楼面	$g_{11.k} = 24.6$	$g'_{01.k} = 3.98$	$q_{11.k} = 15.0$	$g_{12.k} = 9.84$	$g'_{02.k} = 2.63$	$q_{12.k} = 8.4$

(3)竖向荷载下按分层法的内力计算

①梁、柱的线刚度计算。计算过程与结果见表 3-10。

表 3-10　**框架梁、柱的截面特征及线刚度计算**

构件	构件位置	截面 $b \times h(\text{m}^2)$	跨(高)度 $l(h)(\text{m})$	截面惯性矩 $I_0(\text{m}^4)$	截面计算刚度 $E_cI = 2E_cI_0$	杆件线刚度 $i = E_cI/l$	线刚度相对值
梁	边跨	0.25×0.7	6.9	7.146×10^{-3}	$14.29E_c\times10^{-3}$	$2.07E_c\times10^{-3}$	1.988
	中间跨	0.25×0.5	2.4	2.604×10^{-3}	$5.21E_c\times10^{-3}$	$2.17E_c\times10^{-3}$	2.083
柱	非底层	0.45×0.5	4.5	4.688×10^{-3}	—	$1.042E_c\times10^{-3}$	1
	底层	0.45×0.5	5.4	4.688×10^{-3}	—	$0.868E_c\times10^{-3}$	0.833

②各杆件的弯矩分配系数。利用分层法计算，除底层柱外，其他柱的线刚度都乘以 0.9 的折减系数。利用对称荷载作用在对称框架的特性，只计算一半框架，此时，中间梁端取为竖向滑动支座，其线刚度应乘 0.5。

按此，对节点 A_5 的杆件弯矩分配系数：

$$\mu_{A_5A_4} = \frac{0.9 \times 1}{1.988 + 0.9 \times 1} = 0.312$$

$$\mu_{A_5B_5} = \frac{1.988}{1.988 + 0.9 \times 1} = 0.688$$

对节点 B_5 的杆件弯矩分配系数：

$$\mu_{B_5A_5} = \frac{1.988}{1.988 + 0.9 \times 1 + 0.5 \times 2.083} = \frac{1.988}{3.929} = 0.506$$

$$\mu_{B_5B_4} = \frac{0.9 \times 1}{3.929} = 0.229$$

$$\mu_{B_5C_5} = 0.265$$

仿此，可得其他节点的杆件弯矩分配系数。

③梁的固端弯矩标准值计算。两端固定，跨度为 l 的等截面梁，在均布线荷载 q、最大值为 q 的三角形、梯形均布线荷载作用下，梁的固端弯矩分别为 $\frac{1}{12}ql^2$、$\frac{5}{96}ql^2$、$\frac{ql^2}{12}(1-2\alpha^2+\alpha^3)$，$\alpha=a/l$，$a$ 为梯形荷载两侧三角形的底边长度，本例题 $a=3\text{m}$，$l=6.9\text{m}$，故 $\alpha=0.435$，$(1-2\alpha^2+\alpha^3)=(1-2\times0.435^2+0.435^3)=0.704$。故框架梁的固端弯矩计算见表 3-11。

表 3-11　**框架梁的固端弯矩标准值(kN·m)**

梁的位置		恒荷载下	活荷载下
顶层	边跨	90.39	8.38
	中间跨	4.47	0.36
中间层和底层	边跨	84.52	41.9
	中间跨	4.22	2.52

④恒荷载作用下的内力计算。

用弯矩分配法计算顶层。计算过程如图 3-48(a)所示，主要步骤如下。

a. 把各杆件的弯矩分配系数写在节点外框的相应处；

b. 把各杆件的固端弯矩写在其杆端，例如在节点 B_5 处分别为 90.39、-4.47，柱端为 0；固端弯矩的正负号规则是：杆端弯矩使杆件绕杆件另一端顺时针旋动的为正，反之为负；

c. 把每一节点处的固端弯矩取代数和后反号作为第一次的不平衡弯矩；把它写在节点的内框中；

d. 对各节点分别进行第一次的弯矩分配，例如在节点 B_5 处，$-85.9\times0.506=-43.48$，$-85.9\times0.229=-19.68$，$-85.9\times0.265=-22.77$，把它们分别写在固端弯矩的下面，并画一横线，表示分配完成；

e. 弯矩传递：把杆件 A_5B_5 的 A_5 端所分配到的弯矩+66.19 的一半 31.09 传给另一端 B_5 处；把杆件 A_5B_5 的 B_5 端所分配的弯矩-43.47 的一半-21.74 传给 A_5 处；柱和中跨梁的另一端都没有弯矩传来，因此节点 A_5 处新的不平衡弯矩为-21.74，B_5 处的新的不平衡弯矩为+31.09；

f. 第二次弯矩分配：在 A_5 处为$+21.74\times0.688=+14.96$，$+21.74\times0.312=+6.78$，分配完后，在下面画一横线；

g. 第二次传递与分配；

h. 因各杆件分到的弯矩值已不大，故可结束，画双横线，然后把每一杆件的所有弯矩值，包括固端弯矩，每一次分配和传递得到弯矩取代数和，得此杆件的最后杆端弯矩；

i. 检查每一节点处弯矩是否平衡；

j. 把框架柱端弯矩传给另一端，传递系数为 1/3。最后画出弯矩图，如图 3-48(b)所示。

框架边梁的跨中弯矩由弯矩叠加原理可得：

$$M_{0,\ A_5B_5\cdot k}=M'_{A_5B_5}-\frac{M_{A_5B_5}+M_{B_5A_5}}{2}=\frac{1}{8}g'_{01k}l^2+\frac{g_{01k}l^2}{24}(3-4\alpha^2)-\frac{37.44+65.97}{2}$$

$$=\frac{1}{8}\times3.98\times6.9^2+\frac{26.7\times6.9^2}{24}(3-4\times0.435^2)-51.7=90.80\text{kN}\cdot\text{m}$$

框架的中间梁 B_5C_5 跨中弯矩

$$M_{0,\ B_5C_5\cdot k}=+\frac{1}{8}\times g'_{02k}\times l^2+\frac{1}{12}\times g_{02k}\times l^2-\frac{M_{B_5C_5}+M_{C_5B_5}}{2}$$

$$=+\frac{1}{8}\times2.63\times2.4^2+\frac{1}{12}\times10.68\times2.4^2-37.46$$

$$=-30.44\text{kN}\cdot\text{m}$$

	A_5 下柱	A_5 右梁	B_5 左梁	B_5 下柱	B_5 右梁
	0.312	0.688	0.506	0.229	0.265
		-90.39	90.39		-4.47
	28.20	62.19	-43.48	-19.68	-22.77
		-21.74	31.09		
	6.78	14.96	-15.73	-7.12	-8.24
		-7.87	7.48		
	2.45	5.41	-3.78	-1.71	-1.98
	37.44	-37.44	65.97	-28.51	-37.46
	9.40			-6.56	
	2.26			-2.37	
	0.82			-0.57	
A_4 / B_4	12.48			-9.50	

（a）弯矩分配图

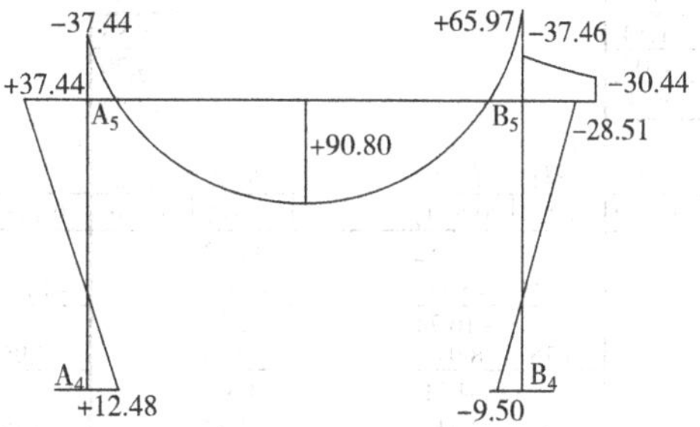

（b）弯矩图（单位：kN · m）

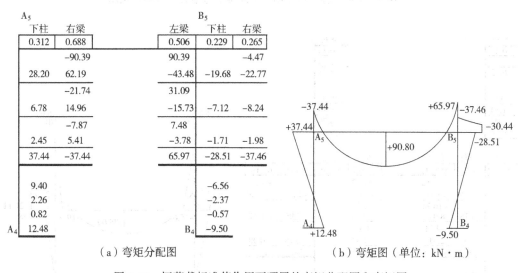

图 3-48　恒荷载标准值作用下顶层的弯矩分配图和弯矩图

用弯矩分配法计算中间楼层。同理，可得恒荷载作用下中间楼层的弯矩分配图和弯矩图(图 3-49(a)、(b))。

用弯矩分配法计算底层。注意，底层柱下端是固定的，所以弯矩传递系数是 1/2，不是 1/3。恒载作用下的底层的弯矩分配图和弯矩图见图 3-50(a)、(b)所示。

恒荷载作用下框架的弯矩图。把恒荷载作用下的顶层弯矩图与中间层弯矩图叠加，即得顶层的弯矩图；中间楼层的弯矩图则为上层的弯矩图与下楼层的弯矩图叠加；底层的最后弯矩图等于底层自身的弯矩图与第二层弯矩图的叠加。所以在恒荷载作用下，框

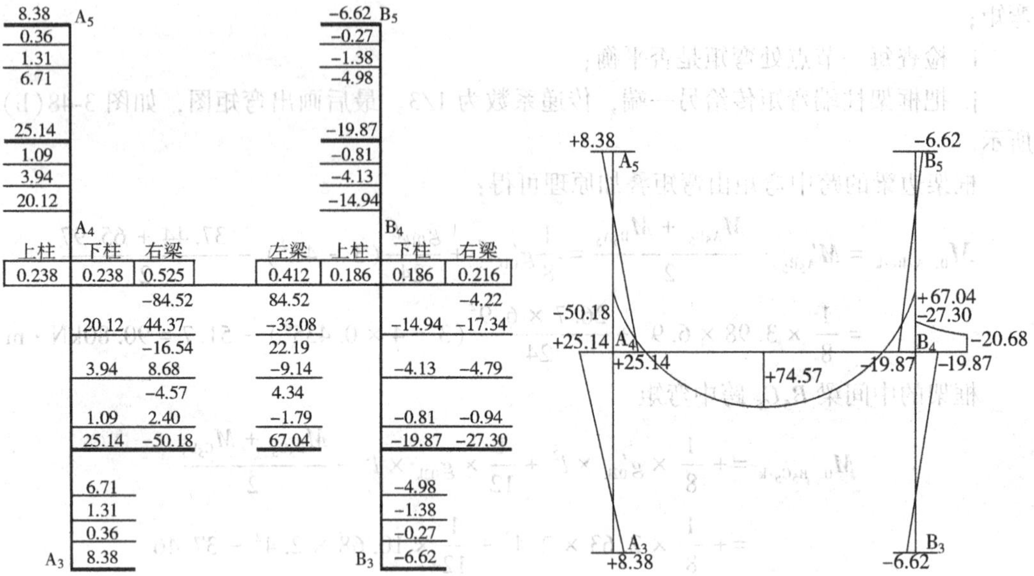

（a）弯矩分配图　　（b）弯矩图（单位：kN·m）

图 3-49　恒荷载标准值作用下中间楼层弯矩分配图和弯矩图

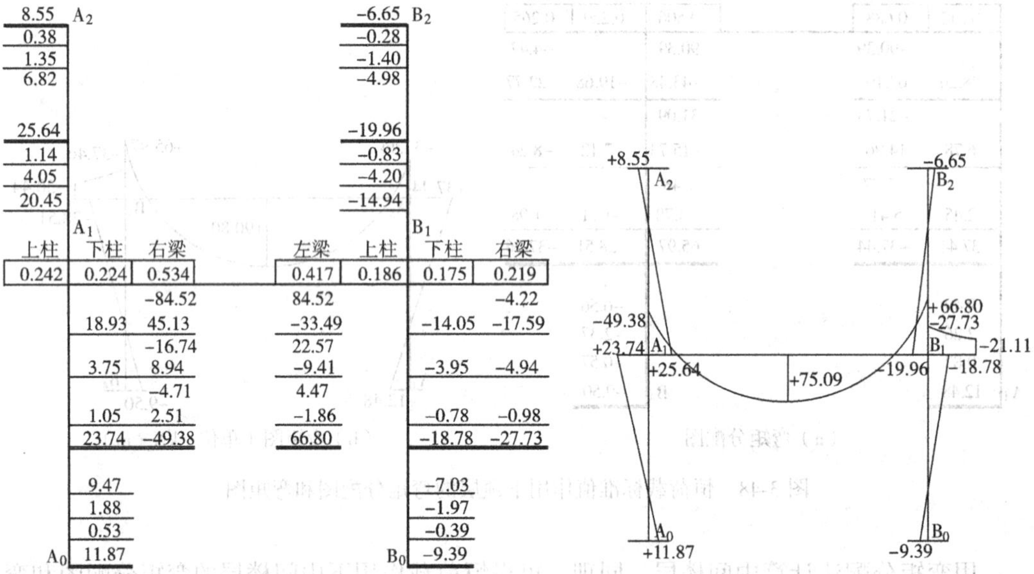

（a）弯矩分配图　　（b）弯矩图（单位：kN·m）

图 3-50　恒荷载标准值作用下底层的弯矩分配图及弯矩图

架的弯矩图如图 3-51(a)所示。

恒荷载标准值作用下框架的剪力。

杆端截面的剪力

$$V = V_0 \pm \frac{M_1 + M_2}{l} \tag{3-41}$$

式中：V_0——按简支梁计算的梁端剪力；

M_1、M_2——梁左、右端的弯矩值或柱上、下端的弯矩值。

框架边梁 A_5B_5 的梁端剪力计算：

$$V_{A_5B_5.k} = \frac{g_{o1.k}}{2}l(1-\alpha) + \frac{g'_{o1.k}}{2}l + \frac{1}{l}(|M_b{}^l| - |M_b{}^r|)$$

$$= \frac{26.7 \times 6.9}{2} \times (1 - 0.435) + \frac{3.98 \times 6.9}{2} + \frac{1}{6.9}(37.44 - 65.97) = 61.66\text{kN}$$

$$V_{B_5A_5.k} = \frac{g_{01.k}}{2}l(1-\alpha) + \frac{g'_{01.k}}{2}l - \frac{1}{l}(|M_b{}^l| - |M_b{}^r|)$$

$$= \frac{26.7 \times 6.9}{2} \times (1 - 0.435) + \frac{3.98 \times 6.9}{2} - \frac{1}{6.9}(37.44 - 65.97) = 69.93\text{kN}$$

框架中梁 B_5C_5 的梁端剪力：

$$V_{B_5C_5.k} = \frac{g_{o1.k}}{4}l + \frac{g'_{o1.k}}{2}l + \frac{1}{l}(|M_b{}^l| - |M_b{}^r|)$$

$$= \frac{10.68 \times 2.4}{4} + \frac{2.63 \times 2.4}{2} + \frac{1}{6.9}(37.46 - 37.46) = 9.57\text{kN}$$

恒荷载作用下，框架梁端部的剪力如图 3-51(b)所示。

恒荷载标准值作用下的框架柱轴向力。框架柱的轴向力可不计梁的连续性影响，近似地按所承担的竖向荷载从属面积计算。本例中，女儿墙高 1.3m，包括粉刷在内女儿墙、外墙及内走廊处的纵向横墙均按 5kN/m^2 计算(标准值)，设纵向边框架梁(B、G 轴)截面为 250×600(mm^2)，纵向中框架梁(D、E 轴)截面 250×500(mm^2)。梁、柱外粉刷为 25mm 厚水泥砂浆。

故由恒荷载产生的框架柱 A_4A_5 在顶点处 A_5 处的轴向力：

$$\begin{aligned} N_{A_5.k} = {} & 4.45 \times 6 \times \frac{6.9}{2}(\text{屋面板}) + 3.98 \times \frac{6.9}{2}(\text{屋面框架横梁}) \\ & + 0.25 \times 0.6 \times 1 \times 25 \times 6(\text{外纵梁}) \\ & + 0.025 \times (0.48 \times 2 + 0.25) \times 1 \times 18 \times 6(\text{外纵梁粉刷}) \\ & + 1.3 \times 6 \times 5(\text{女儿墙}) = 170.61\text{kN} \end{aligned}$$

由恒荷载产生的框架柱 A_3A_4 的顶点轴向力：

$$\begin{aligned} N_{A_4.k} = {} & N_{A_5.k} + 4.1 \times 6 \times \frac{6.9}{2}(\text{楼面}) + 3.98 \times \frac{6.9}{2}(\text{楼面框架梁}) + 25.77(\text{外纵梁及其粉刷}) \\ & + (4.5 - 0.6) \times 6 \times 5(\text{外墙}) + 0.45 \times 0.5 \times 1 \times 25 \times 4.5(\text{柱}) \\ & + 0.025 \times (0.45 \times 2 + 0.5 \times 2) \times 18 \times 1 \times 4.5(\text{柱粉刷}) \\ = {} & 170.61 + 84.87 + 13.73 + 25.77 + 117 + 25.31 + 3.85 = 441.14\text{kN} \end{aligned}$$

同理可得柱 A_2A_3 的顶点轴向力：

$$N_{A_5.k} = N_{A_4.k} + 270.53 = 441.14 + 270.53 = 711.67\text{kN}$$

柱 A_1A_2 的顶点轴向力：

$$N_{A_2.k}=N_{A_3.k}+270.55=711.67+270.53=982.20\text{kN}$$

柱 A_0A_1 的顶点及柱底轴向力：

$$N_{A_1.k}=N_{A_2.k}+270.53=1252.73\text{kN}\quad N_{A_0.k}=N_{A_1.k}+(25.31+3.85)\times\frac{5.40}{4.5}=1287.72\text{kN}$$

框架内柱 B_4B_5 在顶点 B_5 处的轴向力

$$N_{B_5.k}=4.45\times\frac{6.9+2.4}{2}\times6(\text{屋面})+3.98\times\frac{6.9}{2}(\text{边跨梁})$$

$$+2.63\times\frac{2.4}{2}(\text{中跨梁})+0.25\times0.5\times1\times25\times6(\text{内纵梁})$$

$$+0.025\times(0.38\times2+0.25)\times1\times18\times6(\text{内纵梁粉刷})$$

$$=124.16+13.73+3.16+18.75+2.73=162.53\text{kN}$$

框架内柱 B_4B_5 在 B_4 处的轴向力：

$$N_{B_4.k}=N_{B_5.k}+4.1\times\frac{6.9+2.4}{2}\times6(\text{楼面})+13.73(\text{边梁})$$

$$+3.16(\text{中梁})+21.48(\text{内纵梁及其粉刷})$$

$$+6\times4\times5(\text{内走廊隔墙})+29.16(\text{柱及其粉刷})$$

$$=162.53+114.39+13.73+3.16+21.48+120+29.16=464.45\text{kN}$$

同理可得其他各层柱顶处的轴向力

$$N_{B_3.k}=N_{B_4.k}+(N_{B_4.k}-N_{B_5.k})=464.47+301.93=766.37\text{kN}$$

$$N_{B_2.k}=766.37+301.92=1068.29\text{kN}$$

$$N_{B_1.k}=1068.29+301.92=1370.21\text{kN}$$

中间柱底轴向力

$$N_{B_0.k}=N_{B_1.k}+(25.31+3.85)\times\frac{5.4}{4.5}(\text{柱及其粉刷})=1405.20\text{kN}$$

恒荷载标准值作用下，框架柱的轴向力如图 3-51(c)所示，轴力均为压力。

⑤楼、屋面活荷载标准值作用下的内力计算。

a. 顶层。为简化计算，不考虑活荷载不利布置，按屋面活荷载满布计算。弯矩图、剪力图分别见图 3-52(a)、(b)所示。

框架柱轴向力

$$N_{A_5.k}=0.5\times6\times\frac{6.9}{2}=10.35\text{kN},\quad N_{B_5.k}=0.5\times6\times\frac{6.9+2.4}{2}=13.95\text{kN}$$

b. 中间楼层。楼面活荷载满布荷载考虑。柱子轴力：

$$N_{A_4.k}=2.5\times6\times\frac{6.9}{2}=51.75\text{kN},\quad N_{B_4.k}=6\times\left(2.5\times\frac{6.9}{2}+3.5\times\frac{2.4}{2}\right)=76.95\text{kN}$$

弯矩图和剪力图分别见图 3-53(a)、(b)所示。

c. 底层。楼面活荷载满布荷载考虑，弯矩图、剪力图分别见图 3-54(a)、(b)所示。

(4)风荷载标准值作用下的内力及侧移计算。

①风荷载计算。作用在教学楼墙面的风荷载可以按式(2-2)计算。

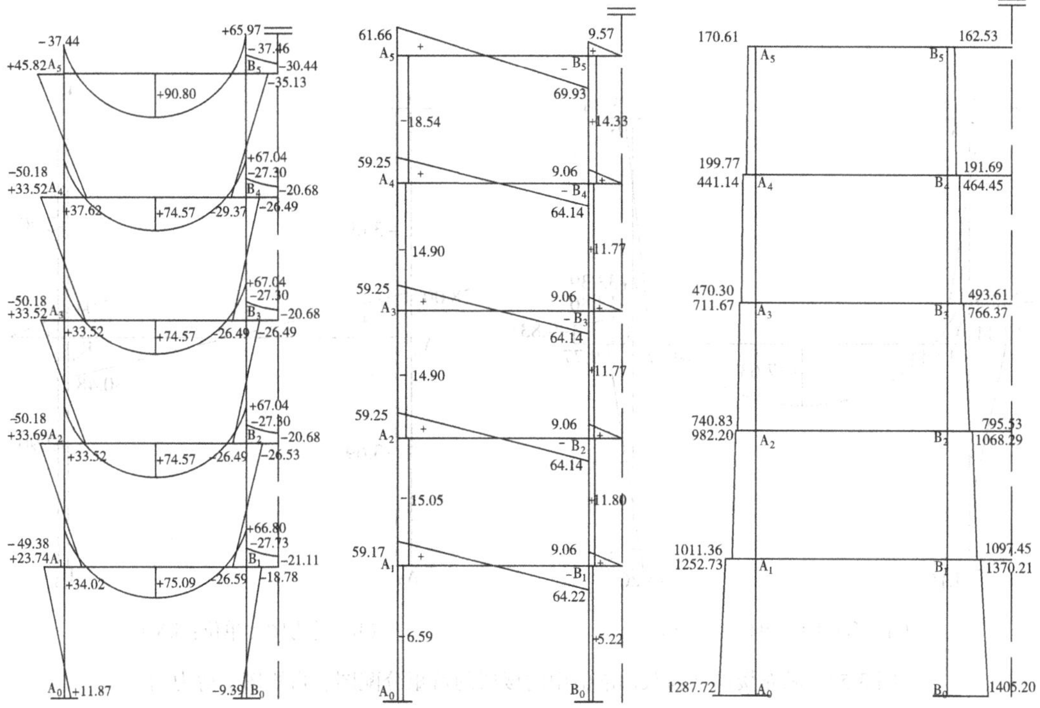

（a）弯矩（单位：kN·m）　（b）剪力（单位：kN）　（c）轴力（单位：kN）

图 3-51　恒荷载标准值作用下框架的弯矩、剪力和框架柱轴力

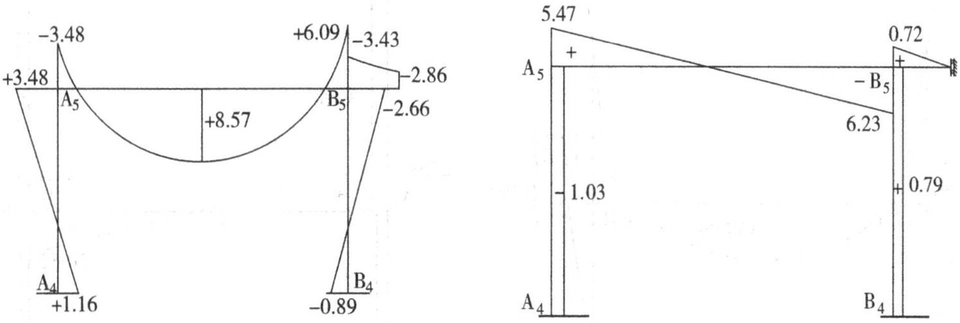

（a）弯矩图（单位：kN·m）　（b）剪力图（单位：kN）

图 3-52　（满布）屋面活荷载标准值作用的框架顶层内力

$$w_k = \beta_z \mu_s \mu_z w_0 \tag{2-2}$$

由《荷载规范》查得 $w_0 = 0.35\text{kN/m}^2$；风载体型系数 μ_s，迎风面为+0.8，背风面为−0.5；设地面粗糙度为 B 类，风压高度变化系数 μ_z 如图 3-55(a)所示，本例的风压高度变化系数取值对应于各楼层的标高(图 3-55(b))。作用在框架节点上的水平风荷载标准值为 $P_{ik} = (0.8 + 0.5) \times \mu_{zi} w_0 . A_i$，其中 A_i 为各层节点对应的风荷载受荷面积，取纵向轴距 6m 乘以楼盖上下各半层高度，顶层还需考虑女儿墙的面积。计算结果列于表 3-12。

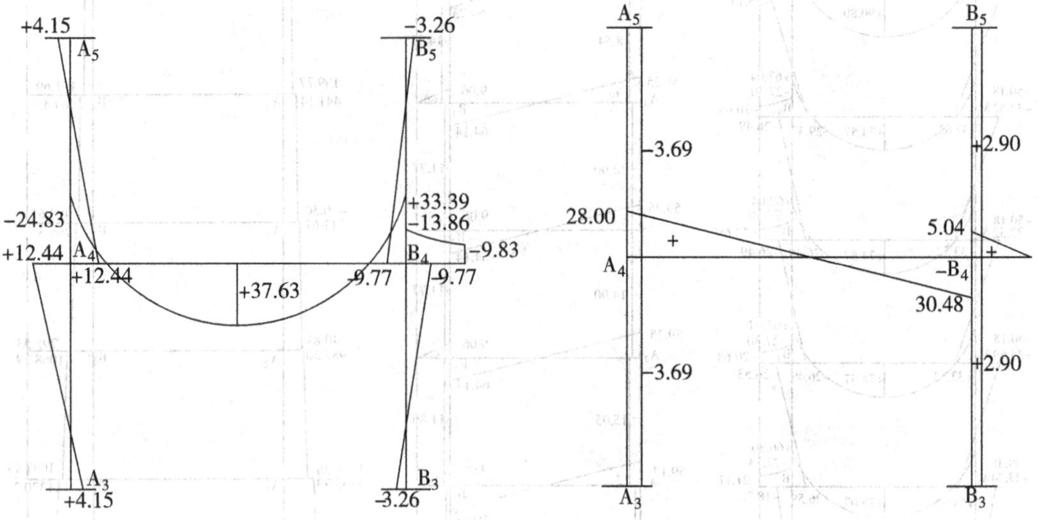

（a）弯矩图（单位：kN・m）　　（b）剪力图（单位：kN）

图 3-53　满布楼面活荷载标准值中间楼层的弯矩分配图、弯矩图、剪力图

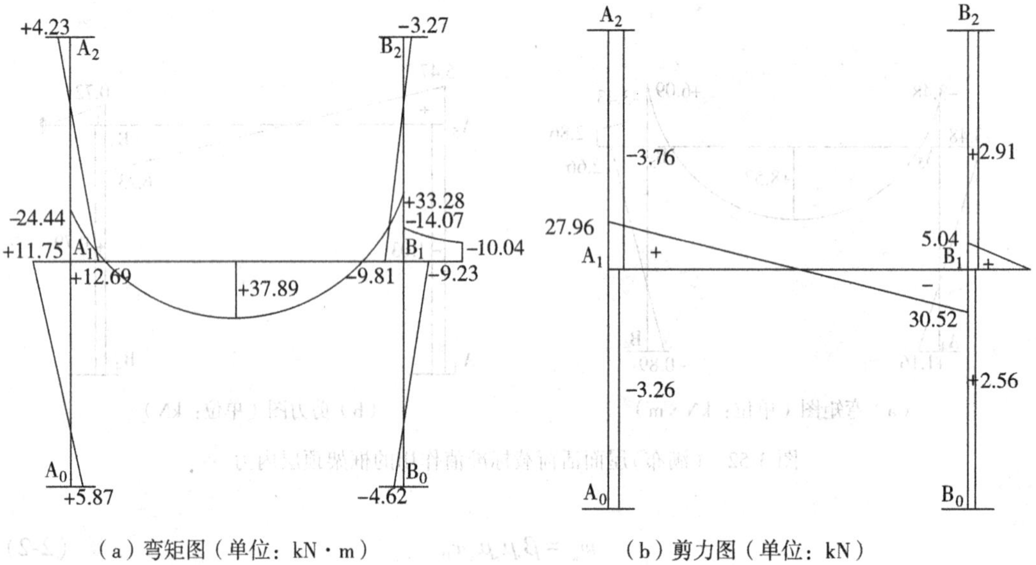

（a）弯矩图（单位：kN・m）　　（b）剪力图（单位：kN）

图 3-54　满布楼面活荷载标准值底层的弯矩图、剪力图

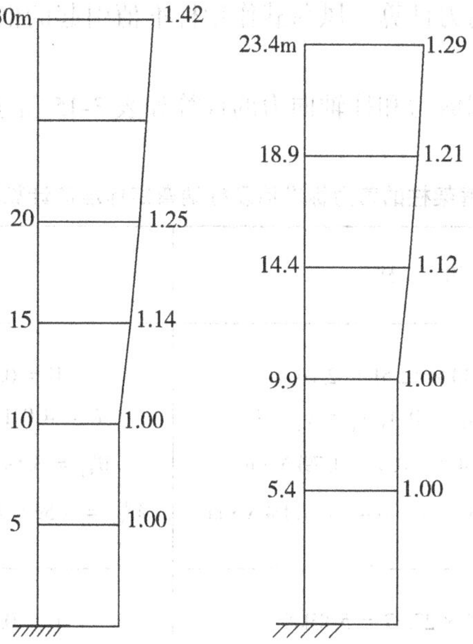

（a）规范值　　（b）本例数值

图 3-55　例题 3-5 风压高度变化系数取值

表 3-12　　**风荷载标准值计算**

作用点 / 水平风力	二层楼面	三层楼面	四层楼面	五层楼面	屋面
P_{ik}(kN)	13.51	12.29	13.71	14.86	12.51

②框架柱的修正侧移刚度 D。梁柱混凝土用 C40，$E_c = 3.25 \times 10^4$ N/mm²，为计算方便，计算 K 时采用相对线刚度，D 值见表 3-13。

表 3-13　　**框架柱的修正侧移刚度 D 的计算表**

层次	柱号	相对线刚度	$K = \dfrac{\sum i_j}{2i_c}$（一般层） $K = \dfrac{\sum i_j}{i_c}$（底层）	$\alpha = \dfrac{K}{2+K}$（一般层） $\alpha = \dfrac{0.5+K}{2+K}$（底层）	$D = \alpha \cdot \dfrac{12i_c}{h^2}$ kN/m	相对抗剪刚度	柱子剪力分配系数 $\dfrac{D_{ij}}{\sum D_{ij}}$
一般层	边柱	1.988	$K = \dfrac{2 \times 1.988}{2 \times 1} = 1.988$	$\alpha = \dfrac{1.988}{2+1.988} = 0.498$	9991	0.742	0.213
	中柱	4.071	$K = \dfrac{2 \times (1.988 + 2.083)}{2 \times 1} = 4.071$	$\alpha = \dfrac{4.071}{2+4.071} = 0.671$	13461	1.000	0.287
底层	边柱	2.387	$K = \dfrac{1.988}{0.833} = 2.387$	$\alpha = \dfrac{0.5+2.386}{2+2.386} = 0.658$	7639	0.841	0.228
	中柱	4.887	$K = \dfrac{1.988 + 2.083}{0.833} = 4.887$	$\alpha = \dfrac{0.5+4.887}{2+4.887} = 0.782$	9079	1.000	0.272

③风荷载作用下的内力计算。风荷载作用标准值引起的框架柱剪力及弯矩计算见表3-14及图3-56所示。

由风荷载引起的梁端剪力和柱轴向力的计算如表3-15所示，表中轴力为“+”。

表 3-14　**框架柱的剪力标准值及柱端弯矩标准值计算表**

楼层	V_j (kN)	边　柱	中　柱
5	12.51	$V=0.213\times12.51=2.66$ $K=1.988,\ y_0=0.4,\ y_1=y_2=0$ $M_{5A}^{b}=2.66\times4.5\times0.4=4.79\text{kN}\cdot\text{m}$ $M_{5A}^{t}=2.66\times4.5\times(1-0.4)=7.18\text{kN}\cdot\text{m}$	$V=0.287\times12.51=3.59\text{kN}$ $K=4.071,\ y_0=0.45,\ y_1=y_2=0$ $M_{5B}^{b}=3.59\times4.5\times0.45=7.27\text{kN}\cdot\text{m}$ $M_{5B}^{t}=3.59\times4.5\times(1-0.45)=8.89\text{kN}\cdot\text{m}$
4	27.37	$V=0.213\times27.37=5.83\text{kN}$ $K=1.988,\ y_0=0.45,\ y_1=y_2=y_3=0$ $M_{4A}^{b}=5.83\times0.45\times4.5=11.81\text{kN}\cdot\text{m}$ $M_{4A}^{t}=5.83\times4.5\times(1-0.45)=14.43\text{kN}\cdot\text{m}$	$V=0.287\times27.37=7.86\text{kN}$ $K=4.071,\ y_0=0.50,\ y_1=y_2=y_3=0$ $M_{4B}^{b}=7.86\times0.50\times4.5=17.69\text{kN}\cdot\text{m}$ $M_{4B}^{t}=7.86\times4.5\times(1-0.50)=17.69\text{kN}\cdot\text{m}$
3	41.08	$V=0.213\times41.08=8.75\text{kN}$ $K=1.988,\ y_0=0.50,\ y_1=y_2=y_3=0$ $M_{3A}^{b}=8.75\times0.50\times4.5=19.69\text{kN}\cdot\text{m}$ $M_{3A}^{t}=8.75\times4.5\times(1-0.50)=19.69\text{kN}\cdot\text{m}$	$V=0.287\times41.08=11.79\text{kN}$ $K=4.071,\ y_0=0.50,\ y_1=y_2=y_3=0$ $M_{3B}^{b}=11.79\times0.50\times4.5=26.53\text{kN}\cdot\text{m}$ $M_{3B}^{t}=11.79\times4.5\times(1-0.50)=26.53\text{kN}\cdot\text{m}$
2	53.37	$V=0.213\times53.37=11.37\text{kN}$ $K=1.988,\ y_0=0.50,\ y_1=y_2=y_3=0$ $M_{2A}^{b}=11.37\times0.50\times4.5=25.58\text{kN}\cdot\text{m}$ $M_{2A}^{t}=11.37\times4.5\times(1-0.50)=25.58\text{kN}\cdot\text{m}$	$V=0.287\times53.37=15.32\text{kN}$ $K=4.071,\ y_0=0.50,\ y_1=y_2=y_3=0$ $M_{2B}^{b}=15.32\times0.5\times4.5=34.47\text{kN}\cdot\text{m}$ $M_{2B}^{t}=15.32\times4.5\times(1-0.5)=34.47\text{kN}\cdot\text{m}$
1	66.88	$V=0.228\times66.88=15.25\text{kN}$ $K=2.386,\ y_0=0.61,\ y_1=y_2=0$ $M_{1A}^{b}=15.25\times0.61\times5.4=50.23\text{kN}\cdot\text{m}$ $M_{1A}^{t}=15.25\times5.4\times(1-0.61)=32.12\text{kN}\cdot\text{m}$	$V=0.272\times66.88=18.19\text{kN}$ $K=4.887,\ y_0=0.55,\ y_1=y_2=0$ $M_{1B}^{b}=18.19\times0.55\times5.4=54.02\text{kN}\cdot\text{m}$ $M_{1B}^{t}=18.19\times5.4\times(1-0.55)=44.20\text{kN}\cdot\text{m}$

梁端弯矩的计算见式(3-10)和式(3-11)：

$$M_{\mathrm{b}}^{l}=\frac{i_{\mathrm{b}}^{l}}{i_{\mathrm{b}}^{l}+i_{\mathrm{b}}^{r}}(M_{\mathrm{c}}^{b}+M_{\mathrm{c}}^{t}),\quad M_{\mathrm{b}}^{r}=\frac{i_{\mathrm{b}}^{r}}{i_{\mathrm{b}}^{l}+i_{\mathrm{b}}^{r}}(M_{\mathrm{c}}^{b}+M_{\mathrm{c}}^{t})$$

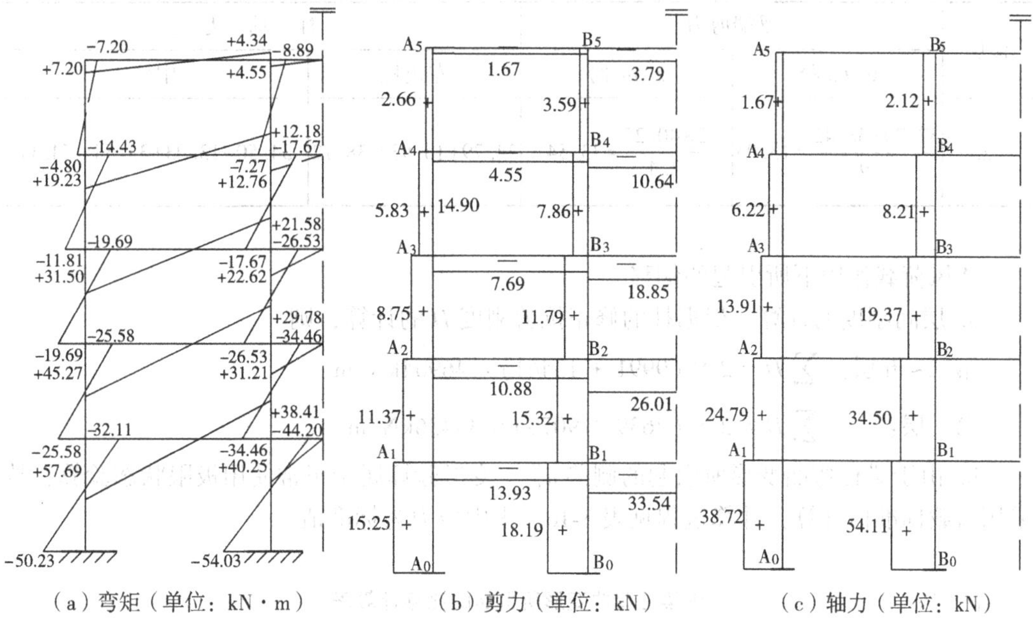

图 3-56　风荷载标准值作用下框架结构的弯矩图、剪力和轴力

框架边梁 A_5B_5 的梁端弯矩计算：

$$M_{A_5B_5} = 7.18\text{kN} \cdot \text{m}$$

$$M_{B_5A_5} = \frac{1.988}{1.988 + 2.083} \times 8.89 = 4.34\text{kN} \cdot \text{m}$$

$$M_{B_5C_5} = \frac{2.083}{1.988 + 2.083} \times 8.89 = 4.55\text{kN} \cdot \text{m}$$

表 3-15　**左风荷载标准值引起的梁端剪力和柱轴力计算表**

楼层	梁端剪力		柱轴力	
	6.9m 跨	2.4m 跨	左边柱	中柱
屋面	$\frac{7.18+4.34}{6.9}=1.67$	$\frac{2\times4.55}{2.4}=3.79$	1.67	−1.67+3.79=2.12
5	$\frac{19.22+12.19}{6.9}=4.55$	$\frac{2\times12.77}{2.4}=10.64$	1.67+4.55=6.22	2.12−4.55+10.64=8.21
4	$\frac{31.50+21.59}{6.9}=7.69$	$\frac{2\times22.63}{2.4}=18.85$	6.22+7.69=13.91	8.21−7.69+18.85=19.37
3	$\frac{45.27+29.79}{6.9}=10.88$	$\frac{2\times31.21}{2.4}=26.01$	13.91+10.88=24.79	19.37−10.88+26.01=34.50

续表

楼层	梁端剪力		柱 轴 力	
	6.9m 跨	2.4m 跨	左边柱	中柱
2	$\frac{57.70+38.42}{6.9}=13.93$	$\frac{2\times40.25}{2.4}=33.54$	24.79+13.93=38.72	34.50−13.93+33.54=54.11

④风荷载作用下所引起的侧移

a. 层间刚度的计算。根据柱的修正抗剪刚度 D 的计算，则

第二～五层：$\sum D = 2\times(9991+13461)=46904\text{kN/m}$

第一层：　$\sum D = 2\times(7639+9079)=33436\text{kN/m}$

b. 由于梁柱弯曲变形所引起的侧移 u_T^M。变形验算属于正常使用极限状态验算，故采用荷载标准值计算，计算过程见表 3-16，表中剪力为标准值。

表 3-16　　由梁柱弯曲变形所引起的侧移计算表

层次	楼层剪力 V(kN)	楼层抗剪总刚度 $\sum D$(kN/m)	各层相对位移 Δu_i^M (m)	各层侧移 u_i^M (mm)
五	12.51	46904	0.267×10^{-3}	4.866
四	27.37	46904	0.584×10^{-3}	4.599
三	41.08	46904	0.876×10^{-3}	4.016
二	53.37	46904	1.138×10^{-3}	3.140
一	66.88	33436	2.00×10^{-3}	2.000

c. 由于柱轴向变形所引起顶点的侧移 u_T^N：

$$u_T^N=\frac{11}{30}\frac{V_0H^3}{E_c AB^2}=\frac{11}{30}\times\frac{66.88\times23.40^3}{3.25\times10^7\times0.45\times0.5\times16.2^2}=0.164\text{mm}$$

d. 框架顶点侧移量 u：

$u=u_T^M+u_T^N=4.866+0.164=5.03\text{mm}$，计算结果见图 3-57 所示。其中顶点位移中，轴向变形引起的侧移占总位移的比为：

$$\frac{u^N}{u^M}=\frac{0.164}{5.03}=3.26\%$$

(5)内力组合。对承载力极限状态，按照荷载的基本组合计算内力设计值，并乘以结构重要性系数 γ_0，对本例 γ_0 取 1。荷载基本组合的效应设计值有可变荷载控制以及永久荷载控制两种情况，按以下算式计算取大值：

情形 1：永久荷载控制　$1.35S_{GK}+0.7\times1.4S_{QK}$；

情形 2：可变荷载控制　$1.2S_{GK}+1.4S_{QK}+0.6\times1.4S_{wk}$（$S_{GK}$ 对内力计算有利时，

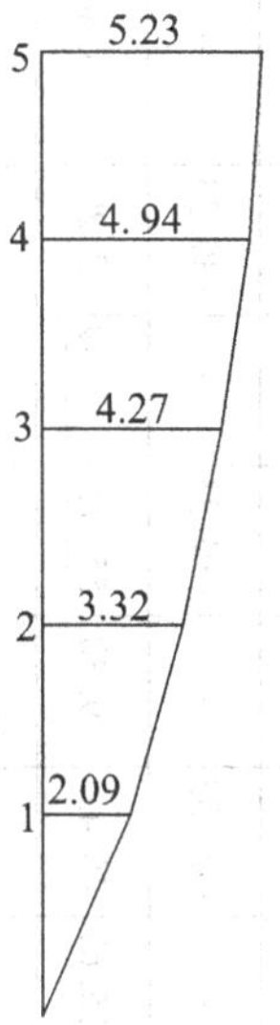

图 3-57　例题 3-5 框架结构侧移

分项系数取 1)；

情形 3：可变荷载控制　$1.2S_{GK}+0.7\times1.4S_{Qk}+1.4S_{wk}$($S_{GK}$对内力计算有利时，分项系数取 1)。

①框架梁内力组合。在楼、屋面活荷载作用下，本例框架梁的内力是采用分层法计算的，对按满布荷载计算的梁跨中弯矩乘以放大系数以近似考虑活荷载的不利布置，放大系数通常可取为 1.1~1.3，本例中对边跨取弯矩系数 1.1；对中跨取 1.0。按规范规定，跨中正弯矩不得小于按简支梁计算的一半。表 3-17 为杆件 A_5B_5、B_5C_5、A_1B_1、B_1C_1 的杆端截面与跨中截面的内力组合表，表中，B_5^l、B_5^r 分别表示节点 B_5 处框架柱左、右两端的梁截面。

②框架柱的内力组合。本例框架柱的纵向受力钢筋采用对称配筋。柱子受轴力、弯矩与剪力作用，其中弯矩与相应的轴力是确定纵向受力钢筋的内力，二者存在相关性。由钢筋混凝土的基本知识可知，确定纵筋数量时需考虑的不利内力有弯矩最大及相应的轴力，最大轴力与相应的弯矩(小偏心)，最小轴力与相应的弯矩(大偏心)，以及较大或较小的轴力与较大的弯矩。

框架中柱轴向力较大，特别是下部楼层柱子截面承载力受小偏心受压控制的居多，故内力组合时，考虑 M_{max}（弯矩绝对值最大)与相应的 N 和 N_{max} 与相应的 M(尽量大)两组目标。

框架边柱轴向压力相对小，截面以大偏心受压为主，内力组合目标主要考虑 M_{max} 和 N_{min} 两种情况。由于下层柱轴力较大有可能为小偏心，故也将 N_{max} 列入计算表格。

框架内柱、边柱的内力组合表分别见表 3-18、表 3-19。

(6)框架梁、柱截面设计。略

表 3-17 **框架梁的内力组合表(单位：弯矩 M—kN·m，轴力 N—kN)**

杆件	截面	恒荷载标准值		活荷载标准值		风荷载标准值				内力组合									
		①		②满跨布置		③左风		④右风		组合 1		组合 2 左风		组合 2 右风		组合 3 左风		组合 3 右风	
		M	V	M	V	M	V	M	V	M	V	M	V	M	V	M	V	M	V
A_5B_5	A_5	-37.44	61.66	-3.82	5.43	7.18	-1.67	-7.18	1.67	-54.29	88.56	-44.25	80.19	-56.31	83.00	-38.62	76.98	-58.72	81.65
	跨中	90.82	—	9.42	—	1.42	0.00	-1.42	0.00	131.84	—	123.37	—	120.98	—	120.20	—	116.23	—
	B_5^l	65.97	-69.93	6.70	-6.26	4.34	-1.67	-4.34	1.67	95.62	-100.54	92.19	-94.09	84.90	-91.28	91.81	-92.39	79.65	-87.71
B_5C_5	B_5^r	-37.46	9.57	-3.78	0.72	4.55	-3.79	-4.55	3.79	-54.27	13.62	-46.42	9.30	-54.06	15.67	-42.29	6.88	-55.02	17.49
	跨中	-30.44	—	-2.86	—	0.00	0.00	0.00	0.00	-43.89	—	-40.53	—	-40.53	—	-39.33	—	-39.33	—
	C_5^l	37.46	-9.57	3.78	-0.72	4.55	-3.79	-4.55	3.79	54.27	-13.62	54.06	-15.67	46.42	-9.30	55.02	-17.49	42.29	-6.88
A_1B_1	A_1	-49.38	59.17	-26.88	27.83	57.70	-13.93	-57.70	13.93	-93.01	107.15	-48.42	98.26	-145.36	121.67	-4.82	78.77	-166.38	117.78
	跨中	75.09	—	41.68	—	9.64	0.00	-9.64	0.00	142.21	—	156.55	—	140.35	—	144.45	—	117.45	—
	B_1^l	66.80	-64.22	36.61	-30.65	38.42	-13.93	-38.42	13.93	126.05	-116.74	163.68	-131.68	99.14	-108.27	169.82	-126.60	62.25	-87.60
B_1C_1	B_1^r	-27.73	9.06	-15.48	5.04	40.25	-33.54	-40.25	33.54	-52.60	17.17	-21.13	-10.25	-88.76	46.11	7.91	-31.15	-104.80	62.78
	跨中	-21.11	—	-10.04	—	0.00	0.00	0.00	0.00	-38.34	—	-39.39	—	-39.39	—	-35.17	—	-35.17	—
	C_5^l	27.73	-9.06	15.48	-5.04	40.25	-33.54	-40.25	33.54	52.60	-17.17	88.76	-46.11	21.13	10.25	104.80	-62.78	-7.91	31.15

表 3-18　　**框架边柱内力组合表(单位：弯矩 M—kN·m，轴力 N—kN)**

杆件	截面	恒荷载		楼、屋面活荷载		风荷载				内力组合									
		①		②满跨布置		③左风		④右风		组合1		组合2左风		组合2右风		组合3左风		组合3右风	
		N	M	N	M	N	M	N	M	N	M	N	M	N	M	N	M	N	M
B_4B_5	B_5	-162.54	-35.13	-13.95	-5.91	2.12	-8.89	-2.12	8.89	-233.10	-53.22	-180.29	-50.87	-216.36	-42.96	-173.24	-53.37	-211.69	-35.50
	B_4	-191.70	-29.37	-13.95	-10.65	2.12	-7.27	-2.12	7.27	-272.47	-50.09	-209.45	-50.39	-251.35	-44.05	-202.40	-49.99	-246.68	-35.50
B_3B_4	B_4	-464.47	-26.49	-90.90	-13.02	8.21	-17.69	-8.21	17.69	-716.12	-48.52	-584.83	-59.58	-691.52	-35.16	-542.06	-64.02	-657.94	-19.78
	B_3	-493.63	-26.49	-90.90	-13.02	8.21	-17.69	-8.21	17.69	-755.48	-48.52	-613.99	-59.58	-726.51	-35.16	-571.22	-64.02	-692.93	-19.78
B_2B_3	B_3	-766.40	-26.49	-167.85	-13.02	19.37	-26.53	-19.37	26.53	-1199.13	-48.52	-985.12	-67.00	-1170.94	-27.73	-903.78	-76.39	-1111.29	-7.41
	B_2	-795.56	-26.49	-167.85	-13.02	19.37	-26.53	-19.37	26.53	-1238.50	-48.52	-1014.28	-67.00	-1205.93	-27.73	-932.94	-76.39	-1146.28	-7.41
B_1B_2	B_2	-1068.33	-26.53	-244.80	-13.04	34.50	-34.47	-34.50	34.47	-1682.15	-48.59	-1382.07	-73.74	-1653.70	-21.14	-1259.93	-87.57	-1570.20	3.64
	B_1	-1097.49	-26.59	-244.80	-13.07	34.50	-34.47	-34.50	34.47	-1721.52	-48.71	-1411.23	-73.84	-1688.69	-21.25	-1289.09	-87.66	-1605.19	3.54
B_0B_1	B_1	-1370.26	-18.78	-321.75	-9.23	54.11	-44.20	-54.11	44.20	-2165.17	-34.41	-1775.26	-68.84	-2140.21	1.66	-1609.82	-89.71	-2035.38	30.29
	B_0	-1405.25	-9.39	-321.75	-4.62	54.11	-54.02	-54.11	54.02	-2212.41	-17.20	-1810.25	-61.23	-2182.20	27.64	-1644.81	-89.54	-2077.37	59.83

表 3-19　**框架中柱内力组合表(单位：弯矩 M—kN·m，轴力 N—kN)**

杆件	截面	恒荷载		楼、屋面活荷载		风荷载				内力组合									
		①		②满跨布置		③左风		④右风		组合 1		组合 2 左风		组合 2 右风		组合 3 左风		组合 3 右风	
		N	M	N	M	N	M	N	M	N	M	N	M	N	M	N	M	N	M
B_4B_5	B_5	-162.54	-35.13	-13.95	-5.91	2.12	-8.89	-2.12	8.89	-233.10	-53.22	-180.29	-50.87	-216.36	-42.96	-173.24	-53.37	-211.69	-35.50
	B_4	-191.70	-29.37	-13.95	-10.65	2.12	-7.27	-2.12	7.27	-272.47	-50.09	-209.45	-50.39	-251.35	-44.05	-202.40	-49.99	-246.68	-35.50
B_3B_4	B_4	-464.47	-26.49	-90.90	-13.02	8.21	-17.69	-8.21	17.69	-716.12	-48.52	-584.83	-59.58	-691.52	-35.16	-542.06	-64.02	-657.94	-19.78
	B_3	-493.63	-26.49	-90.90	-13.02	8.21	-17.69	-8.21	17.69	-755.48	-48.52	-613.99	-59.58	-726.51	-35.16	-571.22	-64.02	-692.93	-19.78
B_2B_3	B_3	-766.40	-26.49	-167.85	-13.02	19.37	-26.53	-19.37	26.53	-1199.13	-48.52	-985.12	-67.00	-1170.94	-27.73	-903.78	-76.39	-1111.29	-7.41
	B_2	-795.56	-26.49	-167.85	-13.02	19.37	-26.53	-19.37	26.53	-1238.50	-48.52	-1014.28	-67.00	-1205.93	-27.73	-932.94	-76.39	-1146.28	-7.41
B_1B_2	B_2	-1068.33	-26.53	-244.80	-13.04	34.50	-34.47	-34.50	34.47	-1682.15	-48.59	-1382.07	-73.74	-1653.70	-21.14	-1259.93	-87.57	-1570.20	3.64
	B_1	-1097.49	-26.59	-244.80	-13.07	34.50	-34.47	-34.50	34.47	-1721.52	-48.71	-1411.23	-73.84	-1688.69	-21.25	-1289.09	-87.66	-1605.19	3.54
B_0B_1	B_1	-1370.26	-18.78	-321.75	-9.23	54.11	-44.20	-54.11	44.20	-2165.17	-34.41	-1775.26	-68.84	-2140.21	1.66	-1609.82	-89.71	-2035.38	30.29
	B_0	-1405.25	-9.39	-321.75	-4.62	54.11	-54.02	-54.11	54.02	-2212.41	-17.20	-1810.25	-61.23	-2182.20	27.64	-1644.81	-89.54	-2077.37	59.83

小　结

(1)我国现时混凝土多层框架结构大多采用刚接的纵横混合承重的现浇框架，这种框架的整体性好，两个方向的侧向刚度大，抗震性能好。

(2)框架梁的高度一般可取为其跨度的 1/10 ~1/18，梁宽为梁高的 1/2 ~1/3，框架柱的截面高度和宽度可取为层高的 1/15 ~1/20，但不小于 250mm(非抗震)，柱净高与截面长边尺寸之比宜大于 4，以避免形成短柱。

(3)因为楼板对框架梁的截面抗弯刚度影响较大，所以对现浇的中间框架梁截面惯性矩取为 $2I_0$，边框架取为 $1.5I_0$，I_0为矩形截面梁的惯性矩。

(4)竖向载荷作用下，框架内力可近似地按分层法计算。分层法有两个假定：①框架无侧移；②每层梁上的荷载，只对本层梁和上、下柱产生内力，而对其他楼层的梁及其他的柱不产生内力。这样，多层框架就可以拆成许多开口的框梁，可以用弯矩分配法算出它们的内力，然后叠加。这时，除底层柱外，其他各层柱的抗弯线刚度均应乘 0.9，弯矩传递系数由 1/2 改为 1/3。

(5)在水平力作用下，框架将侧移，每层的框架柱都有反弯点。反弯点法近似地假定各层柱的反弯点位于柱高的中点，而底层柱则位于距柱底 2/3 柱高处。由于反弯点处没有弯矩只有水平剪力，因此只要把每根柱的水平剪力求出后乘以反弯点到柱端的距离就得到柱端的弯矩，再由节点的弯矩平衡条件可求得梁端的弯矩。每一楼层中，任一根柱所承受的水平剪力，可按两端固定柱的侧向刚度 d 来进行分配后求得。

(6)D 值法小结：框架柱的侧移主要来源于梁和柱的弯曲变形。反弯点法是建立在梁的线刚度相对于柱子很大的基础上，在忽略梁的弯曲变形和假设框架节点没有转动的情况下得到的一种近似解。当梁、柱线刚度比相对不大时，梁的弯曲变形引起的节点转动会对计算结果有较大影响，考虑这种影响并对反弯点法中框架柱的侧移刚度和反弯点高度进行修正，修正后的柱子侧向刚度用 D 表示，故此法又称“D 值法”。D 值法是在考虑节点转动因素的基础上，通过力的平衡、变形关系和物理条件而求出框架产生层间单位相对水平位移所需加的剪力即抗侧移刚度 D，用 D 值分配层剪力到每根柱，并考虑层高、梁的约束大小以及梁、柱相对刚度比对反弯点的修正，进而进行内力与计算的一种方法。

(7)要注意现浇框架节点处梁、柱钢筋的锚固，多层框架共有 4 种类型的框架节点：中间楼层的中间节点和边节点；顶层的中间节点和边节点。每一种类型的节点对梁、柱钢筋的锚固都有不同的要求，这里要注意一个概念：钢筋的水平段与混凝土的锚固效果比竖直段的要好。

(8)框架设计时要特别注意以下几点：

①先进行结构布置，明确要设计的是哪一层框架，不要搞错了。

②荷载设计要细心，因荷载算错而返工的事是常有的。

③梁、柱的抗弯线刚度及其相对值更不能弄错，否则返工重算的工作量比荷载算错的更大。

④用弯矩分配法计算开口框架时，要利用荷载和框架的对称性，以减少工作量，并

注意除底层外，柱的抗弯线刚度乘以 0.9，传递系数是 1/3。

⑤用 D 值法查表时，要注意水平荷载是均布的还是倒三角形的，不要张冠李戴。

⑥画施工图时，要注意梁、柱钢筋在各种类型节点中的锚固要求。

(9)多层框架结构的基础类型主要有条形基础、十字形基础和筏式基础。条形基础的横截面一般为倒 T 形，梁高宜为柱距的 1/4～1/8，其翼板厚度不宜小于 200mm，在与柱交接处，基础顶面应放大。条形基础的近似计算法中，用得比较多的是静力法和倒梁法。

复习与思考题

1. 框架结构中承重框架的布置方案有几种，哪一种的整体性最好，对抗震最有利？

2. 框架的计算简图是怎样确定的？

3. 采用分层法的基本条件是什么？它作了什么假定，对框架柱的弯曲线刚度和传递系数做了什么调整，“分层”的含义是什么？

4. 反弯点法的计算要点有哪些？楼层剪力是怎样分配给每一个楼层柱的，两端固定的楼层柱，其侧向刚度是怎样计算的？

5. 与反弯点法相比，D 值法作了哪两方面的修正？用 D 值法计算水平荷载作用下的框架内力和水平位移时，其计算步骤是怎样的？

6. 影响水平荷载下柱反弯点位置的主要因素是什么？框架顶层、底层和中部各层反弯点位置有什么变化？反弯点高度比大于 1 的物理意义是什么？

7. 水平荷载作用下，框架水平位移的组成有哪些？框架整体的侧向位移曲线是剪切型的还是弯曲型的？剪切型与弯曲型的区别是什么？

8. 框架中，考虑竖向活荷载的最不利布置有哪几种方法？

9. 根据框架节点处弯矩要平衡的原理，绘制框架梁、柱在节点水平力作用下的变形曲线。判断图 3-58 变形曲线哪一个是错的。

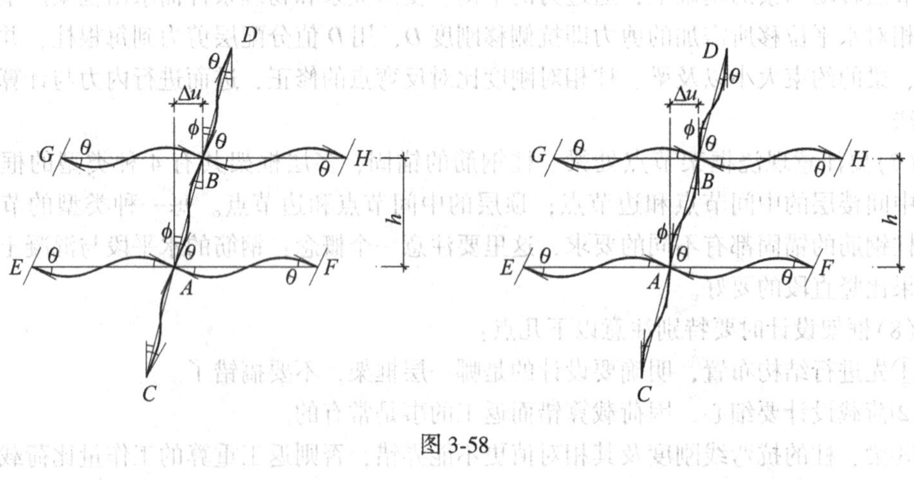

图 3-58

10. 非抗震的现浇框架节点有哪些主要构造要求？

11. 多层框架有哪些常用基础类型，条形基础有哪些常用的简化计算方法？

习　题

3-1　图 3-59 所示框架中，集中 $F=100\text{kN}$，柱截面均为 400mm×400mm，梁截面均为 300mm×700mm，梁柱混凝土强度等级为 C30，试用分层法计算该框架的内力，绘制弯矩图和剪力图。

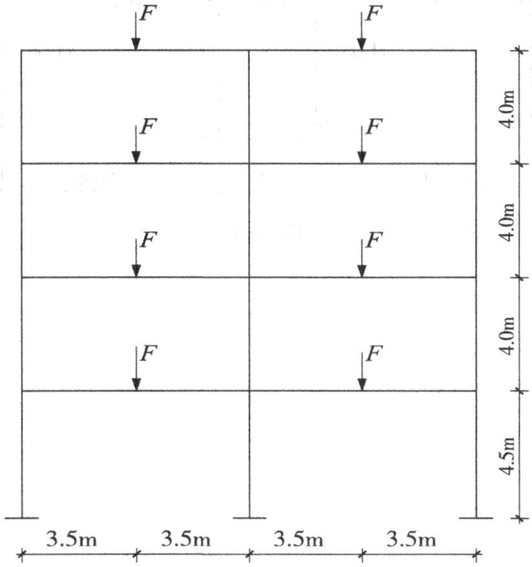

图 3-59

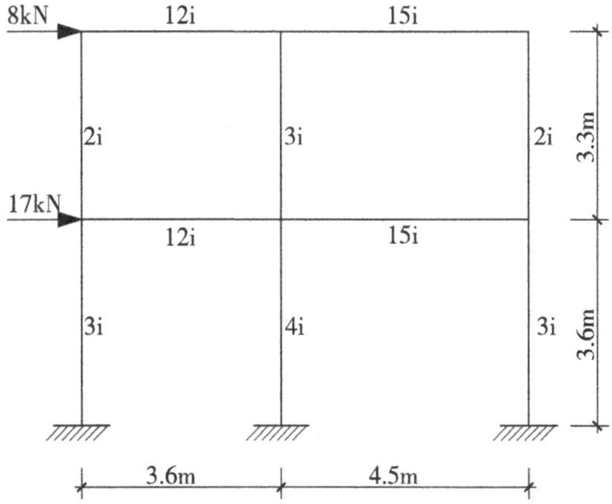

图 3-60

3-2　试分别用反弯点法和 D 值法计算图 3-61 所示框架结构的内力(弯矩、剪力)和水平位移。图中，在各杆件旁标出了其抗弯线刚度，其中 $i=2600\text{kN}\cdot\text{m}$。

3-3 用分层法求图 3-61 所示框架的弯矩并绘弯矩图，图中括号内为杆件相对线刚度。

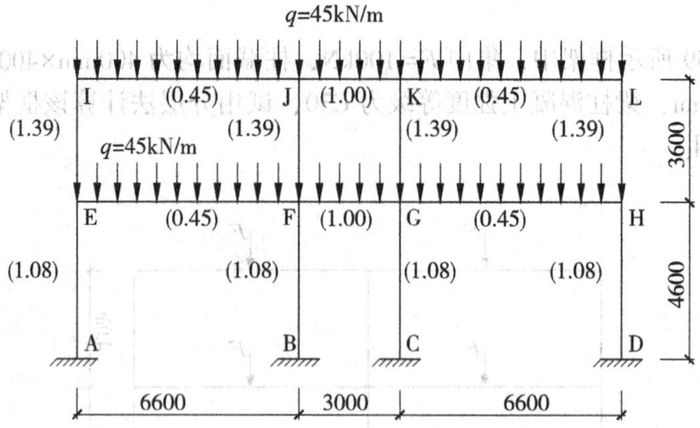

图 3-61

第4章　高层建筑结构设计

◎ **本章导读**

高层建筑结构体系主要有框架、剪力墙、框架-剪力墙和筒体等四种。本章重点介绍剪力墙结构和框架-剪力墙结构的受力特点、设计原则及内力与位移的计算方法，并简单介绍筒体结构的概念。高层框架结构的相关内容已在第3章中介绍。

◎ **学习要求**

通过本章学习，应了解高层建筑的结构体系、特点及其适用范围；了解高层建筑结构设计的一般原则；掌握剪力墙结构和框架-剪力墙结构的设计特点以及内力、位移的计算方法；了解筒体结构的概念。

4.1　概　　述

4.1.1　高层建筑的定义

一般而言，定义高层建筑应考虑高度和层数两个指标。高层建筑是相对而言的，多少层的建筑或多少高度的建筑可以称为高层建筑，在国际上至今尚无统一的划分标准，对于不同国家、不同地区、不同时期，均有不同规定。一些标准除了确定层数外，还限定了楼层高度，因为建筑的层数和高度并不一致。

我国《高层建筑混凝土结构技术规程》规定：10层及10层以上或房屋高度大于28m的住宅建筑以及房屋高度超过24m的其他民用建筑称为高层建筑。《民用建筑设计通则》(GB50352—2005)给出了更具体的规定：七层至九层为中高层住宅，十层及十层以上的住宅为高层住宅；建筑物高度超过24m的其他建筑为高层建筑(不包括建筑高度大于24m的单层公共建筑)；建筑高度大于100m的民用建筑为超高层建筑。对于钢筋混凝土结构，在我国一般是按《高层建筑混凝土结构技术规程》的规定来划分高层建筑。根据《高层建筑混凝土结构技术规程》的规定，房屋高度是指室外地面至主要屋面的高度，不包括局部凸出屋面的电梯机房、水箱、构架等高度。

事实上，从结构的观点看，多层到高层，是一个水平荷载对结构的作用由小到大的量变过程，凡是水平荷载对结构起主导作用的建筑，就可以认为是高层建筑。

4.1.2　高层建筑的发展概况

高层建筑是近代社会经济发展和科学进步的产物，是商业化、工业化和城市化的必然结果。科学技术的不断进步、结构设计理论的发展、轻质高强材料在建筑中的应用等，为高层建筑发展提供了必要的物质条件和理论基础。

国外高层建筑的发展一般划分为三个阶段。

第一阶段，在19世纪中期之前，由于受材料限制和缺少可靠的垂直运输系统，房屋以低矮建筑为主。

第二阶段，从19世纪中叶开始到20世纪30年代，美国于1885年兴建了世界上第一幢高层建筑——芝加哥家庭保险公司大楼(11层，55m)。到了19世纪末，高层建筑发展很快，高层建筑高度已突破100m大关。在20世纪初，大量的钢结构高层建筑在美国建成，于第二次世界大战前，超过200m的高层建筑已有10幢，其中最为突出的是1931年建成的纽约市帝国大厦(102层，381m)，它保持世界最高建筑的记录长达41年之久。

第三阶段，从20世纪50年代开始即第二次世界大战以后，高层建筑进入一个新的发展时期，高层建筑出现多种结构体系。1974年美国建成芝加哥西尔斯大厦(110层，443m)，钢结构，高度居世界最高水平长达20年。截至2014年底，全球已建成的最高摩天大楼为阿联酋的哈利法塔(828m，163层)，为钢-混凝土混合结构；排名第三的沙特阿拉伯麦加钟塔(601m，120层)，钢与混凝土混合结构；排名第四的美国纽约世界贸易中心(541m，104层)，混合结构；以及马来西亚吉隆坡的双子星塔(88层，451m)，钢-混凝土混合结构。

我国高层建筑起步较晚，20世纪初至1949年，高层建筑数量很少，且大多由外商投资建造。随着经济的发展，特别是20世纪70年代后期，高层建筑在我国开始发展起来，除框架结构以外，剪力墙结构、框架-剪力墙结构体系也得到广泛应用。20世纪70年代我国最具代表性的高层建筑是广州白云宾馆(1977年，34层，112m)，为钢筋混凝土剪力墙结构。20世纪80年代是我国高层建筑发展的第一个兴盛时期，在北京、上海、广州、重庆等30多个大中城市建造了一批高层建筑，高度不断突破、造型丰富新颖、筒体等结构体系开始应用，建筑材料、施工技术、服务设施都有了发展及提高。进入20世纪90年代，随着经济实力的增强和城市建设的快速发展，高层建筑在全国大中城市甚至一些中小城市都得到了前所未有的发展，各种新型的结构体系以及结构类型在高层建筑中开始得到广泛应用，建筑规模和高度不断突破。其中最为典型的是建成于1998年的上海浦东金茂大厦(88层，建筑高度421m)，钢筋混凝土核心筒与巨型钢骨架混合结构，目前的高度在世界排名第十六位；建成于1997年的广州中信广场大厦(391m，80层)，钢筋混凝土结构，目前排名世界第二十一位，曾经为世界最高混凝土建筑。进入21世纪，我国高层建筑发展迅猛，无论高度还是数量均已居世界前列。其中著名的有目前世界排名第二的上海中心(632.1m，121层)，钢与混凝土混合结构；世界排名第六的我国台北101大厦(地上101层，地下5层，509m)，为钢与混凝土混合结构；世界排名第七的上海环球金融中心(492m，101层)，钢与混凝土混合结构；世界排名第八的香港国际商务中心(484m，118层)，钢与混凝土混合结构。

高层建筑的出现和发展标志着生产力的发展和人类社会的进步。而研究和解决高层建筑带来的问题，则是摆在工程技术人员面前的紧迫任务。

4.1.3 高层建筑的类型

高层建筑结构可以按照使用的建筑结构材料来分类，通常可以分为钢筋混凝土结构、钢结构、混合结构和配筋砌体结构。本章主要介绍钢筋混凝土高层。

高层建筑按照体形可以划分为板式和塔式两类。板式高层建筑的进深较浅，自然采光、通风较好，使用方便，但抗侧移能力较差。塔式高层建筑的抗侧移能力比板式的好。

为了有效地减小水平力并提高抵抗水平力的能力，高层建筑的体形应基本上是对称的。所以方形、圆形、三角形和矩形是塔式高层建筑平面的四种基本形式。

高层建筑可以按照抗侧构件的组成划分为不同的结构体系，详见 4.3 节。

4.1.4　高层建筑结构的设计特点

建筑结构需要抵抗竖向荷载和水平荷载。在低层和多层建筑结构设计中，影响结构内力的主要是竖向荷载，结构变形仅需考虑竖向荷载引起的梁的挠度，而不需考虑结构侧向位移对建筑物使用功能和结构安全性的影响。对于高层结构设计，起控制作用的则是水平荷载(风荷载)或侧向作用(水平地震作用)。这是因为，在高层建筑结构中，竖向荷载的作用与中低层建筑相似，竖向构件的轴向力随着层数的增加而增加，可近似认为轴力与层数或建筑高度的变化呈线性关系(图 4-1(a))；而风或地震水平作用可近似认为呈倒三角分布，这种倒三角分布作用在结构底部产生的弯矩与结构高度的三次方呈正比(图 4-1(b))，水平作用引起的结构顶点侧向位移则与结构高度呈五次方的关系(图 4-1(c))。水平作用产生的弯矩以及侧向位移常常成为决定结构方案、结构布置以及结构构件截面尺寸的控制因素。因此，在高层建筑结构设计中，抗侧力的设计是关键，水平荷载是决定因素。在高层建筑结构设计中，不仅要求结构具有足够的强度，还要求具有足够的抗侧移刚度，以保证结构在水平荷载作用下所产生的侧移限制在一定范围内。

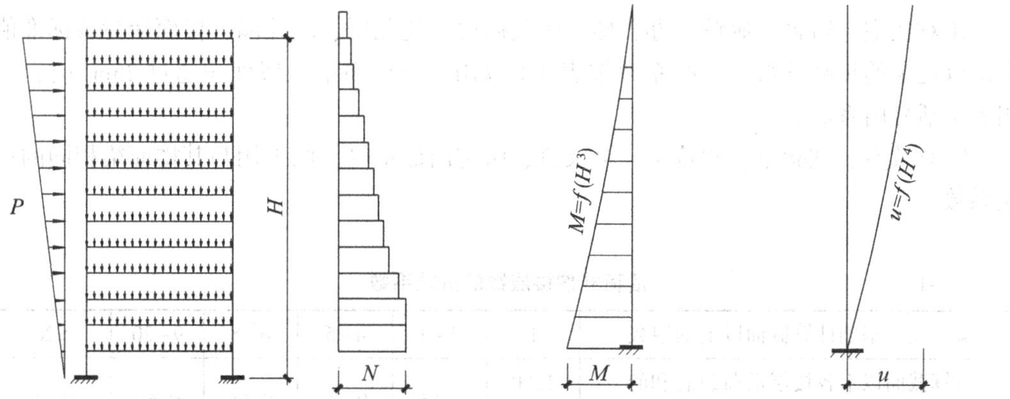

(a) 轴力与高度的关系　(b) 弯矩与高度的关系　(c) 侧向位移与高度的关系

图 4-1　高层建筑结构的受力特点

4.2　高层建筑结构上的作用

高层建筑上的作用包括重力荷载、活荷载、风荷载、地震作用以及沉降、温度、徐变等产生的作用效应。地震作用计算见第5章。

4.2.1 竖向荷载

高层建筑的竖向荷载可按《建筑结构荷载规范》的有关规定采用。

1. 结构自重

结构自重除包括结构自身的重量外，还有附加于结构上的各种重力荷载，如隔墙、幕墙、设备管道等。结构自重的标准值按《建筑结构荷载规范》取用，对于自重变异较大的材料和构件(如现场制作的保温材料、混凝土薄壁构件等)，自重的标准值应根据对结构的不利状态，取上限值或下限值。

2. 楼面均布活荷载

高层建筑结构的楼面均布活荷载应按《建筑结构荷载规范》有关规定取值。例如，住宅、宿舍、旅馆、办公楼、医院病房、托儿所、幼儿园、教室、试验室、阅览室、会议室等民用建筑楼面的均布活荷载标准值均为2.0kN/m²。《建筑结构荷载规范》中未能规定的楼面均布荷载应按实际情况采用。

作用于建筑物上的楼面活荷载，不可能在较大的面积上同时满布在所有的楼面上，所以设计楼面梁、墙、基础时，楼面活荷载标准值应予以折减。

(1)设计楼面梁时的活荷载折减系数：

①对住宅、宿舍、旅馆、办公楼、医院病房、托儿所、幼儿园，当楼面梁从属面积超过25m²时，应取0.9；

②对教室、试验室、阅览室、会议室、医院门诊室等，当楼面梁从属面积超过50m²时，应取0.9。

(2)设计墙、柱和基础时的活荷载折减系数：

①对住宅、宿舍、旅馆、办公楼、医院病房、托儿所、幼儿园，楼面活荷载标准值应乘以规定的折减系数，折减系数按表4-1取用，当楼面梁从属面积超过25m²时，采用表中括号内系数。

③对教室、试验室、阅览室、会议室、医院门诊室等，则采用与其楼面梁相同的折减系数。

表4-1 **活荷载按楼层数的折减系数**

墙、柱、基础计算截面以上的层数	1	2~3	4~5	6~8	9~20	>20
计算截面以上各楼层活荷载总和的折减系数	1.00 (0.9)	0.85	0.70	0.65	0.60	0.55

3. 屋面活荷载

对上人屋面均布荷载采用2kN/m²，不上人屋面均布荷载采用0.5kN/m²，并可以根据实际情况有0.2kN/m²的增减。屋顶花园的荷载标准值取3.0kN/m²，但不包括花圃土石等材料的自重。

屋面均布活荷载，不与雪荷载同时组合。

4. 竖向荷载的取值与活荷载不利布置

我国钢筋混凝土高层建筑结构单位面积的重量(包括永久荷载和可变荷载)为：框架结构 12~13kN/m^2，框架-剪力墙结构体系为 13~14kN/m^2，剪力墙结构、筒体结构体系为 14~16kN/m^2。其中活荷载平均为 2.0~2.5kN/m^2，仅占全部竖向荷载的 10%~15%。因此，活荷载不利布置所产生的影响较小。另外，高层建筑结构层数与跨数均较多，不利布置方式很多，难以计算。所以在工程设计中，一般不再考虑活荷载的不利布置，将恒荷载与活荷载按满布考虑。如果活荷载较大，可按满布荷载计算梁跨中弯矩，并乘以 1.1~1.2 的系数加以放大，以考虑活荷载不利分布产生的影响。规范规定，当楼面活荷载大于 4kN/m^{2}时，计算高层建筑结构内力时，应考虑楼面活荷载不利布置引起的梁弯矩的增大。

4.2.2　高层建筑上的风荷载

风是大范围内的空气流动所形成的。风遇到建筑物时，建筑物的迎风面会受到压力，在建筑物的背风面、屋面和侧面角等部位，空气会形成一定的涡流，而产生吸力。这种在建筑物上的压力或吸力即风荷载。

1. 风荷载的特点

(1)风荷载受建筑物所在地区(地点)的风向、风速、地貌、周围建筑以及建筑物的体形、高度和平面尺寸等因素的影响。

(2)风荷载在建筑物表面的分布不均匀。图 4-2 为风流经过某建筑物时对建筑物作用的实测结果，可以看出：整个迎风面上受压力作用，在中部最大，向两侧逐渐减小；建筑的背风面受吸力作用，角部数值大，中部略小；在正面风力作用下，建筑的整个侧面全部为吸力，为迎风面风压的 70%~80%。建筑体形对风荷载的影响采用风荷载体形系数表示。计算风荷载对建筑物的整体作用时，按各个表面的平均风压计算，即采用各个表面的平均风荷载体形系数计算。

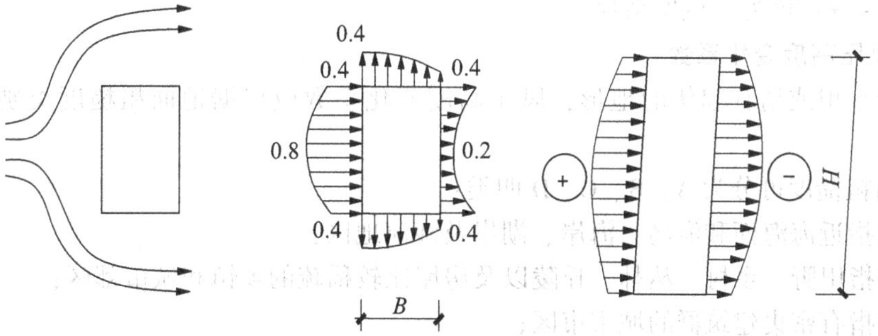

(a) 风流　　(b) 平、立面风压分布

图 4-2　空气流经建筑物时风压对建筑物的作用

(3)风荷载具有一定的动力性能。通常把平均风压看成稳定风压，而实际风压相当于在平均风压的基础上上下波动。平均风压使建筑物产生一定的侧移，波动风压使建筑物围绕平均风压产生的平均侧移附近振动，即为风振(图 4-3)。对于高度较大、刚度较

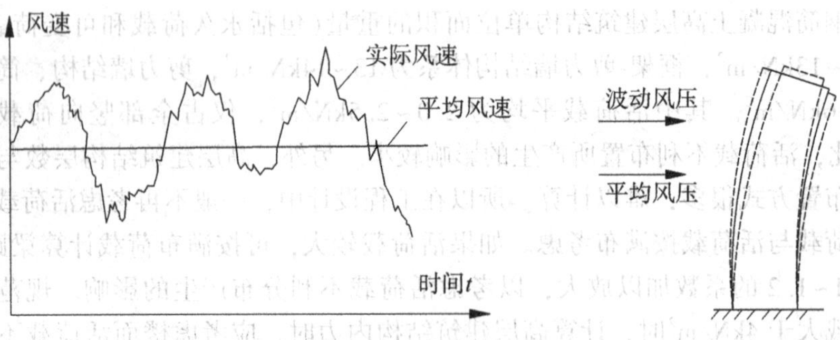

图 4-3　风振

小的高层建筑，波动风压会产生不可忽略的动力效应。风的动力特性采用风振系数 β_z 来考虑，风振系数 β_z 相当于建筑在风力振动作用下产生的总位移(平均位移加风力振动的半振幅)与平均位移的比值。

2. 风荷载标准值

垂直于建筑物表面的风荷载标准值计算同式(2-2)，即：

$$w_k = \beta_z \mu_z \mu_s w_0 \tag{4-1}$$

式中：w_0——基本风压(kN/m^2)。

基本风压 w_0 按《建筑结构荷载规范》规定取用，但不得小于 0.3kN/m^2。

对高层建筑、高耸结构以及对风荷载比较敏感的结构，基本风压的取值应适当提高。《高层建筑混凝土结构技术规程》规定，对风荷载比较敏感的结构，在承载力设计时应按照基本风压的 1.1 倍采用。对风荷载的敏感性与建筑体形、结构体系和自振特性有关，目前尚无实用划分方法，一般情况下可按照建筑高度超过 60m 考虑。

μ_z——风压高度变化系数；

μ_s——风荷载体型系数；

β_z——z 高度处的风振系数。

3. 风压高度变化系数

对于平坦或稍有起伏的地形，风压高度变化系数应根据地面粗糙度类别按表 4-2 确定。

地面粗糙度可分为 A、B、C、D 四类：

A 类指近海海面和海岛、海岸、湖岸及沙漠地区；

B 类指田野、乡村、丛林、丘陵以及房屋比较稀疏的乡镇和城市郊区；

C 类指有密集建筑群的城市市区；

D 类指有密集建筑群且房屋较高的城市市区。

对于山区的建筑物，风压高度变化系数按表 4-2 查出后还应乘以《建筑结构荷载规范》规定的修正系数。对于远海海面和海岛的建筑物或构筑物，风压高度变化系数按 A 类粗糙度类别并应乘以《建筑结构荷载规范》给出的修正系数取值。

4. 风荷载体形系数

风荷载体形系数与建筑体型、平面尺寸有关。对高层建筑计算主体结构的风荷载效

表 4-2　**风压高度变化系数 μ_z**

离地面或海平面高度/m	地面粗糙度类别			
	A	B	C	D
5	1.09	1.00	0.65	0.51
10	1.28	1.00	0.65	0.51
15	1.42	1.13	0.65	0.51
20	1.52	1.23	0.74	0.51
30	1.67	1.39	0.88	0.51
40	1.79	1.52	1.00	0.60
50	1.89	1.62	1.10	0.69
60	1.97	1.71	1.20	0.77
70	2.05	1.79	1.28	0.84
80	2.12	1.87	1.36	0.91
90	2.18	1.93	1.43	0.98
100	2.23	2.00	1.50	1.04
150	2.46	2.25	1.79	1.33
200	2.64	2.46	2.03	1.58
250	2.78	2.63	2.24	1.81
300	2.91	2.77	2.43	2.02
350	2.91	2.91	2.60	2.22
400	2.91	2.91	2.76	2.40
450	2.91	2.91	2.91	2.58
500	2.91	2.91	2.91	2.74
≥550	2.91	2.91	2.91	2.91

应时，风荷载体形系数 μ_s 可按下列规定采用：

(1)圆形、椭圆形平面建筑，取 0.8；

(2)正多边形及截角三角形平面建筑，由下式计算：

$$\mu_s = 0.8 + \frac{1.2}{\sqrt{n}} \tag{4-2}$$

式中：n——多边形的边数。

(3)高宽比 H/B 不大于 4 的矩形、方形、十字形平面建筑取 1.3；

(4)下列建筑风荷载体形系数取 1.4：V 形、Y 形、弧形、双十字形、井字形平面建筑；L 形、槽形和高宽比 H/B 大于 4 的十字形平面建筑；高宽比 H/B 大于 4，长宽比 L/B 不大于 1.5 的矩形、鼓形平面建筑；

(5)迎风面积取垂直于风向的最大投影面积；

(6)对檐口、雨篷、遮阳板、阳台等水平构件，计算局部上浮风荷载时，体形系数不宜小于 2.0。

风荷载体形系数还可以根据建筑物平面形状按图 4-4 规定采用。

(1) 矩形平面

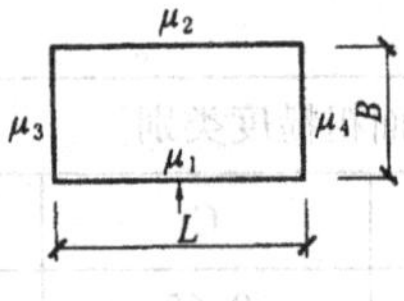

μ_1	μ_2	μ_3	μ_4
0.8	$-\left(0.48+0.03\dfrac{H}{L}\right)$	-0.60	-0.60

(2) L形平面

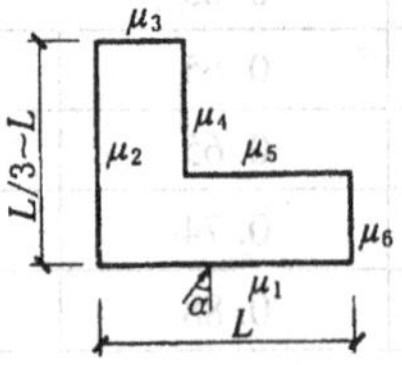

α \ μ	μ_1	μ_2	μ_3	μ_4	μ_5	μ_6
0°	0.8	-0.70	-0.60	-0.50	-0.50	-0.60
45°	0.50	0.50	-0.80	-0.70	-0.70	-0.80
225°	-0.60	-0.60	0.30	0.90	0.90	0.30

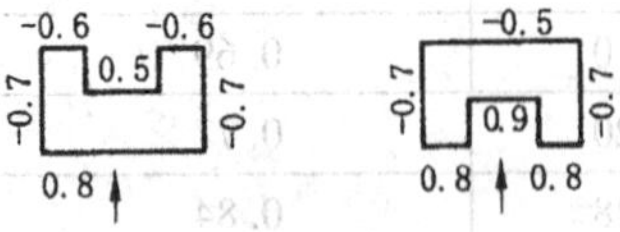

(3) 槽形平面

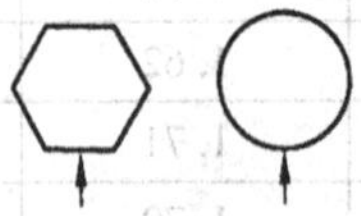

$\mu=0.8+\dfrac{1.2}{\sqrt{n}}$ (n为边数)(当圆形高层建筑表面较粗糙时μ=0.8)

(4) 正多边形、圆形平面

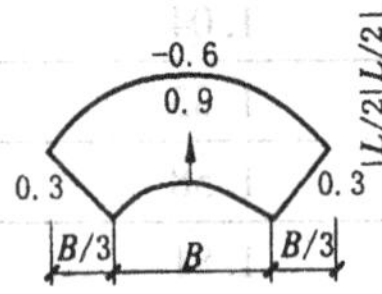

(5) 扇形平面

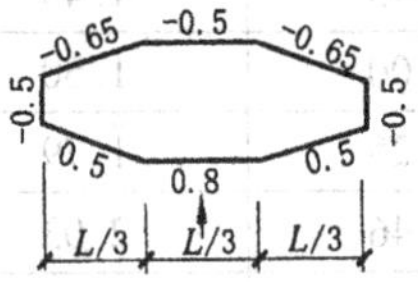

(6) 梭形平面

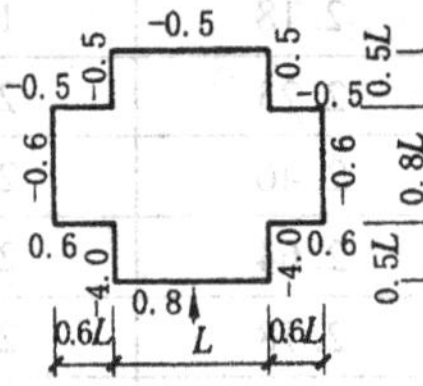

(7) 十字形平面

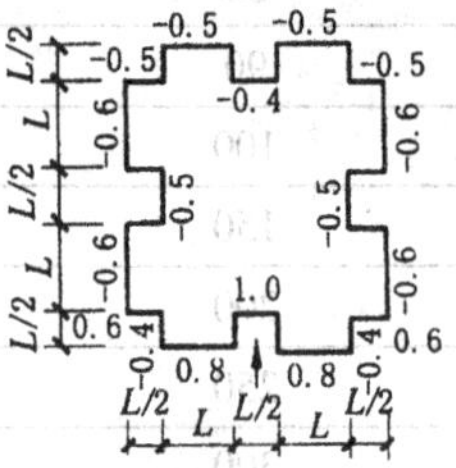

(8) 井字形平面

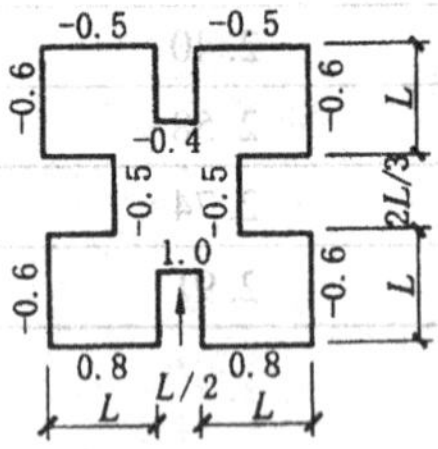

(9) X形平面

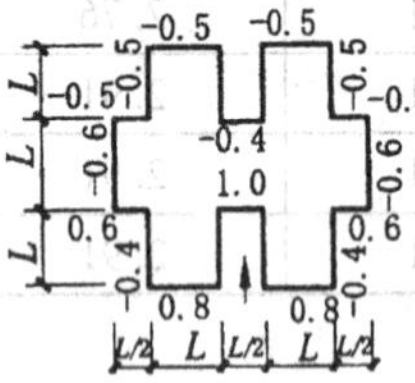

(10) 双十形平面

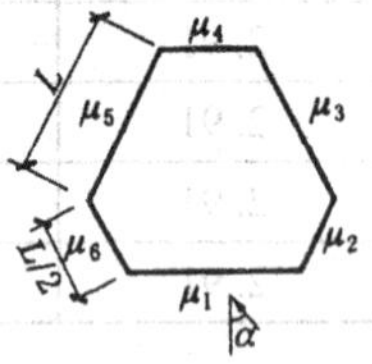

(11) 六角形平面

α	0°	30°
μ_1	0.80	0.70
μ_2	-0.45	0.40
μ_3	-0.50	-0.55
μ_4	-0.60	-0.50
μ_5	-0.50	-0.55
μ_6	-0.45	-0.55

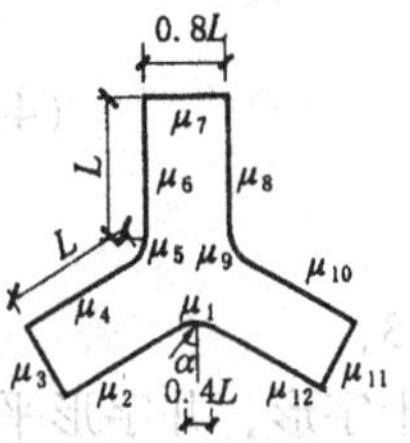

(12) Y形平面

α	0°	10°	20°	30°	40°	50°	60°
μ_1	1.05	1.05	1.00	0.95	0.90	0.50	-0.15
μ_2	1.00	0.95	0.90	0.85	0.80	0.40	-0.10
μ_3	-0.70	-0.10	0.30	0.50	0.70	0.85	0.95
μ_4	-0.50	-0.50	-0.55	-0.60	-0.75	-0.40	-0.10
μ_5	-0.50	-0.55	-0.60	-0.65	-0.75	-0.45	-0.15
μ_6	-0.55	-0.55	-0.60	-0.70	-0.65	-0.15	-0.35
μ_7	-0.50	-0.50	-0.50	-0.55	-0.55	-0.55	-0.55
μ_8	-0.55	-0.55	-0.55	-0.50	-0.50	-0.50	-0.50
μ_9	-0.50	-0.50	-0.50	-0.50	-0.50	-0.50	-0.50
μ_{10}	-0.50	-0.50	-0.50	-0.50	-0.50	-0.50	-0.50
μ_{11}	-0.70	-0.60	-0.55	-0.55	-0.55	-0.55	-0.55
μ_{12}	1.00	0.95	0.90	0.80	0.75	0.65	0.35

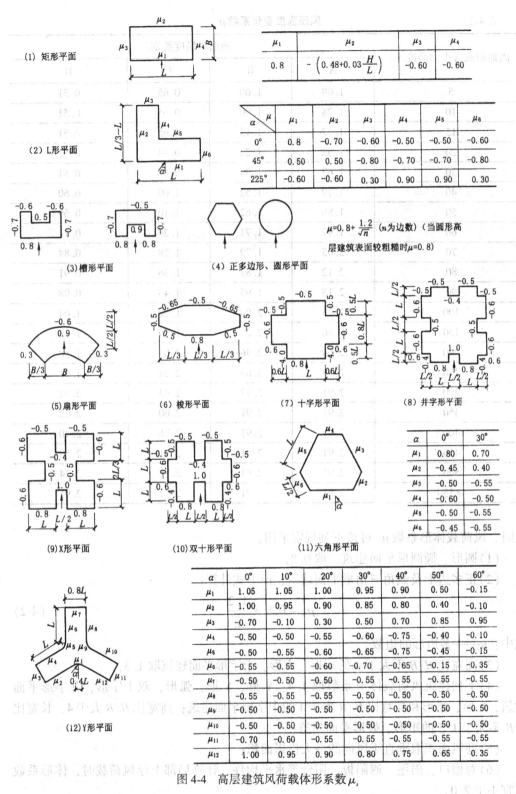

图 4-4　高层建筑风荷载体形系数μ_s

5. 风振系数

《建筑结构荷载规范》规定，对于高度大于 30m 且高宽比大于 1.5 的房屋，以及基本自振周期 T_1 大于 0.25s 的各种高耸结构，应考虑风压脉动对结构产生顺风向风振的影响。对于一般竖向悬臂型结构，例如高层建筑和构架、塔架、烟囱等高耸结构，均可考虑结构第一振型的影响。建筑在高度 z 处的风振系数 β_z 可按下式计算：

$$\beta_z = 1 + 2gI_{10}B_z\sqrt{1 + R^2} \tag{4-3}$$

式中：g——峰值因子，可取 2.5；

I_{10}——10m 高度名义湍流高度，对应 A、B、C 和 D 类地面粗糙度，可取 0.12、0.14、0.23 和 0.39；

R——脉动风荷载的共振分量因子；

B_z——脉动风荷载的背景分量因子。

(1)脉动风荷载的共振分量因子可按下列公式计算：

$$R = \sqrt{\frac{\pi}{6\zeta_1}\frac{x_1^2}{(1 + x_1^2)^{\frac{4}{3}}}} \tag{4-4}$$

$$x_1 = \frac{30f_1}{\sqrt{k_w w_0}},\ x_1 > 5 \tag{4-5}$$

式中：f_1——结构第 1 阶自振频率(Hz)；

k_w——地面粗糙度修正系数，对 A 类、B 类、C 类和 D 类地面粗糙度分别取 1.28、1.0、0.54 和 0.26；

ζ_1——结构阻尼比，对钢结构可取 0.01，对有填充墙的钢结构房屋可取 0.02，对钢筋混凝土及砌体结构可取 0.05，对其他结构可根据工程经验确定。

(2)脉动风荷载的背景分量因子可按下列规定确定：

对体型和质量沿高度均匀分布的高层建筑和高耸结构，可按下式计算：

$$B_z = kH^{a_1}\rho_x\rho_z\frac{\phi_1(z)}{\mu_z} \tag{4-6}$$

式中：H——结构总高度(m)，对 A、B、C 和 D 类地面粗糙度，H 的取值分别不应大于 300m、350m、450m 和 550m；

ρ_x——脉动风荷载水平方向相关系数；

ρ_z——脉动风荷载竖直方向相关系数；

k、a_1——系数，按表 4-3 取值。

表 4-3　**系数 k 和 a_1**

粗糙类别		A	B	C	D
高层建筑	k	0.944	0.670	0.295	0.112
	a_1	0.155	0.187	0.261	0.346
高耸结构	k	1.276	0.910	0.404	0.155
	a_1	0.186	0.218	0.292	0.376

$\phi_1(z)$ ——结构第1阶振型系数，应根据结构动力计算确定。对外形、质量、刚度沿高度按连续规律变化的竖向悬臂高耸结构及沿高度变化比较均匀的高层建筑，振型系数 $\phi_1(z)$ 也可根据相对高度 z/H 确定。

对建筑迎风面宽度较大的高层建筑，振型系数可按照表4-4采用。

表4-4 **高层建筑的振型系数**

相对高度 z/H	振型序号			
	1	2	3	4
0.1	0.02	-0.09	0.22	-0.38
0.2	0.08	-0.39	0.58	-0.73
0.3	0.17	-0.50	0.70	-0.40
0.4	0.27	-0.68	0.46	0.33
0.5	0.38	-0.63	-0.03	0.68
0.6	0.45	-0.48	-0.49	0.29
0.7	0.67	-0.18	-0.63	-0.47
0.8	0.74	0.17	-0.34	-0.62
0.9	0.86	0.58	0.27	-0.02
1.0	1.00	1.00	1.00	1.00

脉动风荷载水平方向相关系数可按下式计算：

$$\rho_z = \frac{10\sqrt{B + 50e^{-B/50}} - 50}{B} \tag{4-7}$$

式中：B——结构迎风面宽度(m)，$B \leqslant 2H$

对迎风面宽度较小的高耸结构，水平方向相关系数可取 $\rho_z = 1$。

脉动风荷载竖直方向的相关系数可按下式计算：

$$\rho_z = \frac{10\sqrt{H + 60e^{-H/60}} - 60}{H} \tag{4-8}$$

式中：H——结构总高度(m)；对A、B、C和D类地面粗糙度，H的取值分别不应大于300m、350m、450m和500m。

6. 建筑总风载

计算建筑所受总体风荷载效应时，要计算建筑物承受的总风荷载，它是建筑物各个表面承受风力的合力，沿建筑物高度变化的线荷载(单位：kN/m)。通常按两个互相垂直的主轴方向分别计算总风荷载。z高度处的总风荷载标准值可以用 q_{zk} 表示，按下式计算：

$$q_{zk} = \sum_{i=1}^{n} w_k B_i \cos\alpha_i = \beta_z \mu_z \sum_{i=1}^{n} \mu_{si} w_0 B_i \cos\alpha_i \tag{4-9}$$

式中：n——建筑物外围表面总数；

B_i——建筑第 i 个表面的宽度；

μ_{si}——建筑第 i 个表面的风荷载体型系数；

α_i——建筑第 i 个表面法线与风作用方向的夹角。

由式(4-9)可知，当建筑物某个表面与风作用方向垂直时，即有 $\alpha_i=0$，故 $\cos\alpha_i=1$，这个表面的风压全部计入总风荷载；当建筑物某个表面与风作用方向平行时，有 $\alpha_i=90°$，即 $\cos\alpha_i=0$，这个表面的风压不计入总风荷载；其他情况下都应计入该表面上风压在风作用方向的分力。各表面风荷载的合力作用点，即为总风荷载的作用点，其作用点位置按静力矩平衡条件确定。

4.2.3　温度作用

高层建筑结构是高次超静定结构，受到温度变化影响时会在结构内产生内力与变形。引起高层建筑结构温度内力变化的因素主要有三种，即室内外温差、日照温差和季节温差。一般来说由于温度变化引起的结构内约束力与结构内楼面的数量成正比。温度变化引起的结构变形一般有以下几种：

1. 柱弯曲

由于室内外的温度差异，引起外柱的一侧膨胀或收缩，柱截面内应变不均引起弯曲。

2. 室内、外竖向构件的变形差导致楼板剪切变形

暴露在外侧的竖向构件由于室外温度梯度作用而产生竖向的不均匀伸缩变形，而室内竖向构件的温度一般保持不变，有较均匀的伸缩，这样便引起楼盖结构的剪切变形。

3. 屋面结构与下部楼面结构的伸缩差

暴露的屋面结构随季节日照的影响，热胀冷缩变化较大，而下部楼面结构的温度变化较小，由于上下层水平构件的伸缩不等，就会引起竖向构件(墙体和框架柱)的剪切变形，当结构平面尺寸比较长时，则可能引起竖向构件开裂。

一般说来，对于 10 层以下的建筑，且当建筑平面长度不大于 60m 时，温度变化的作用可以忽略不计。对于 10 层至 30 层的建筑物，温差引起的变形逐步加大。温度作用的大小主要取决于结构外露的程度、楼盖结构的刚度及结构高度。只要在建筑物隔热构造和结构配筋构造上做适当处理，在内力计算中仍可不考虑温度作用。对于 30 层以上或高度在 100m 以上的高层建筑，在设计中必须注意温度作用，以防止建筑物的结构和非结构破坏。

温度作用应考虑气温变化、太阳辐射及使用热源等因素，作用在结构或构件上的温度作用应采用其温度的变化来表示。计算结构或构件的温度作用效应时，应采用材料的线膨胀系数。目前，我国对高层建筑结构设计中如何考虑温度作用尚无具体规定，主要通过构造措施和设置变形缝加以控制。

4.2.4　偶然荷载

偶然荷载应包括爆炸、撞击、火灾及其他偶然出现的灾害引起的荷载。本章规定仅适用于爆炸和撞击荷载。当采用偶然荷载作为结构设计的主导荷载时，在允许结构出现局部构件破坏的情况下，应保证结构不致因偶然荷载引起连续倒塌。

偶然荷载的荷载设计值直接取用《建筑结构荷载规范》规定方法确定的偶然荷载标

准值。

地震作用是偶然作用，其计算见第5章5.4.9节。

4.3 高层建筑的结构体系

建筑结构是由水平构件和竖向构件组成的空间体系，高层建筑的结构体系主要是以抗侧结构构件的形式与组合方式来划分的，结构构件的组合方式不同，其传递荷载的路径也不同。

高层建筑结构的基本抗侧力单元是框架、剪力墙、墙和墙组成的筒体，由这几种结构单元单独或相互组合可以组成多种结构体系。高层建筑结构的承载能力、抗侧移刚度、抗震性能、材料用量和经济性等，均与其采用的结构体系有着密切关系。不同的结构体系，适用于不同层数、高度和功能的建筑。

高层建筑钢筋混凝土结构可采用框架、剪力墙、框架-剪力墙、板柱-剪力墙和筒体等结构体系。

4.3.1 框架结构

由梁、柱组成的结构体系承受竖向和水平荷载，称为框架结构体系。

框架结构的优点是建筑平面布置灵活，可较大程度满足使用要求，广泛适用于多层办公楼、医院、学校、旅馆等建筑。但框架结构由于抗侧移刚度较小，在水平力作用下结构整体抵抗侧移的能力较差，在地震作用下结构顶点水平位移和层间相对水平位移均较大，易产生震害。对有抗震要求的框架结构，建筑不宜过高。

从设计计算而言，高层框架结构除风荷载取值与多层框架略有不同以外，其计算方法及构造措施等方面无本质区别。相关内容见第3章。

4.3.2 剪力墙结构

由混凝土剪力墙组成的承受竖向荷载和抵抗水平作用的结构称为剪力墙结构(剪力墙用于抗震结构时称为抗震墙，相应的结构称为抗震墙结构)。

由于剪力墙结构采用现浇式，空间整体性能好，既可承受较大的水平力，也可承受很大的竖向荷载，结构的顶点位移和层间位移通常较小，适宜于高层建筑。

剪力墙的间距受楼板构件跨度的限制，一般为3~8m，平面布置不灵活，适用于建造住宅、旅馆等隔墙较多的建筑。为了使底层或底部若干层有较大的空间，可以将结构做成底层或底部若干层为框架，上部仍然为剪力墙的框支剪力墙结构(图4-5)。

剪力墙是平面构件，在其自身平面内有较大的承载力和刚度，而在平面外的承载力和刚度较小，结构设计时，一般不予以考虑。因此，剪力墙要双向布置；有抗震设防要求时，不允许采用底层或底部若干层全部为框架的框支剪力墙结构。可以采用部分剪力墙落地、部分剪力墙由框架支承的部分框支剪力墙结构。

4.3.3 框架-剪力墙结构

框架-剪力墙结构是由框架和剪力墙共同承受竖向和水平作用的结构。

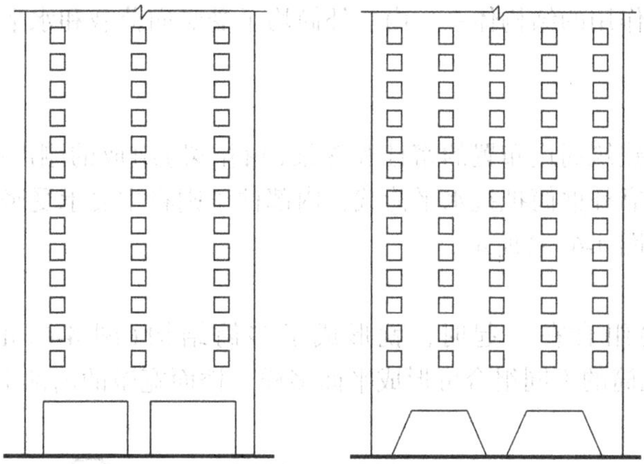

图 4-5　框支剪力墙

框架结构建筑布置灵活，有利于形成大空间，但结构抗侧刚度小。而剪力墙结构抗侧刚度大，抵抗水平力的能力较大，但空间布置不灵活，不利于形成大空间。若在框架结构的某些柱间布置剪力墙，或将电梯井设计为剪力墙，通过刚性楼盖体系使框架与剪力墙协同工作，就可以形成既有较大抗侧刚度又空间布局灵活的框架-剪力墙结构。

剪力墙的数量与布置是影响框架-剪力墙结构性能的关键问题。抗震设计时，由于结构两个主轴方向地震作用接近，故框架-剪力墙结构的两个主轴方向均应布置剪力墙，而成为双向抗侧力体系。非抗震设计情况下，水平作用主要来源于风荷载，当建筑的纵向框架有足够的抗侧刚度和承载力时，可考虑剪力墙主要沿刚度较弱的横向布置。

框架-剪力墙结构中，剪力墙一般应遵守均匀、分散、周边、对称的布置原则。剪力墙宜均匀、分散布置在建筑物四周、楼梯间和电梯间等平面形状变化较大及恒载较大的部位，剪力墙间距不宜过大。当楼梯、电梯间、管道井和服务间等集中布置时，可以利用剪力墙形成封闭核心内筒、周边为框架的特殊的框架-剪力墙结构，即框架-筒体结构(图 4-6(b))。

框架-剪力墙结构的水平作用大部分由剪力墙承担，框架主要承担竖向荷载和少量水平作用。

4.3.4　筒体结构

筒体结构是由一个或若干个竖向筒体为主组成的承受竖向和水平作用的结构体系。每个筒体可以是由周边剪力墙围成的筒体，也可以是由周边梁截面高、柱子排列密的框架围成的筒体。工程中把这种深梁密柱组成的筒体简称为框筒。

筒体结构犹如一个固定于基础上的封闭箱形悬臂构件，具有良好的抗风、抗侧移和抗震性能。与框架或剪力墙结构相比，筒体结构不仅具有更大的抵抗水平作用的强度和刚度，还具有抵抗扭转的能力。筒体结构是一种空间受力性能很好的结构体系。

根据筒的布置、组成和数量，筒体结构可分为以下三种：

1. 筒中筒结构

筒中筒结构(图 4-6(a))由内筒和外筒组成。一般情况下，内筒利用电梯间、楼梯间或设备间的墙体构成，外筒为框筒，二者通过楼面结构将内筒和外筒连接在一起形成一个整体抵抗水平作用的结构体系。内、外筒均承受竖向荷载和水平荷载。抗侧刚度大于单筒结构。

2. 框筒结构

外筒结构由沿建筑周边布置的密柱和深梁(窗裙梁)组成的刚度很大的外框筒和内部框架组成。它仅靠外框筒抵抗水平荷载，内部柱子则将主要承受竖向荷载，基本不承担水平外荷载。如图 4-6(c)所示。

3. 多筒结构

把几个单元筒组合在一起时，就形成了多筒结构(图 4-6(d))或成束筒结构(图 4-6(e))，单元筒的不同组合可形成平面多样、楼面宽敞的内部空间。

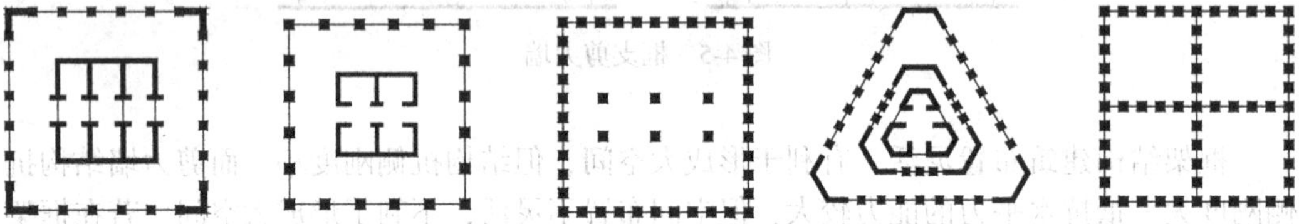

(a) 筒中筒结构　(b) 筒体-框架结构　(c) 框筒结构　(d) 多重筒结构　(e) 成束筒结构

图 4-6　筒体结构的类型

4.4　高层建筑结构设计的基本规定

高层建筑结构设计中应注重概念设计，重视结构的选型和平面、立面布置的规则性，加强构造措施，择优选用抗震和抗风性能好且经济合理的结构体系。在抗震设计中，应保证结构的整体抗震性能，使整个结构具有必要的承载能力、刚度和延性。

4.4.1　高层建筑的适用高度与高宽比

1. 高层建筑的最大适用高度

不同高层的高层建筑结构体系，其刚度和承载力均不同，因此它们所适用的高度也有所不同。对高层建筑，从安全和经济诸方面综合考虑，其适用最大高度应有限制。当钢筋混凝土结构的房屋高度超过最大适用高度时，应通过专门研究，采取有效措施，如采用型钢混凝土构件、钢管混凝土构件等，并按有关规定进行专项审查。

《高层建筑混凝土结构技术规程》将高层建筑混凝土结构的最大适用高度按照结构体系、抗震设防烈度分为 A 级高度和 B 级高度两类，在设计中应采用不同的计算方法与构造规定。B 级高度钢筋混凝土高层建筑的最大适用高度可比 A 级适当放宽，但其结构抗震等级、有关的计算和构造措施相应加严。A 级高度钢筋混凝土乙类和丙类(建筑工程按抗震设防将建筑分为甲乙丙丁四类，相关内容见 5.5.2 节)高层建筑是指符合表 4-5 最大适用高度的建筑，也是目前数量最多，应用最广的建筑。高度超过 A 级高度限制的高层建筑称为 B 级高度(框架结构不允许超过 A 级高度)。B 级高度钢筋混凝土乙类和丙类高层建筑的最大适用高度应符合表 4-6 的规定。为了保证 B 级高度高层建筑的设计质量，还应按有关规定进行超限高层建筑审查。平面和竖向均不规则的高层建筑结构，其最大适用高度宜适当降低。

表 4-5　**A 级高度钢筋混凝土高层建筑的最大适用高度(m)**

结构体系		非抗震设计	抗震设防烈度				
			6 度	7 度	8 度		9 度
					0.2g	0.3g	
框　架		70	60	50	40	35	—
框架-剪力墙		150	130	120	100	80	50
剪力墙	全部落地剪力墙	150	140	120	100	80	60
	部分框支剪力墙	130	120	100	80	50	不应采用
筒体	框架-核心筒体	160	150	130	100	90	70
	筒中筒	200	180	150	120	100	80
板柱-剪力墙		110	80	70	55	40	不应采用

表 4-6　**B 级高度钢筋混凝土高层建筑的最大适用高度(m)**

结构体系		非抗震设计	抗震设防烈度			
			6 度	7 度	8 度	
					0.20g	0.30g
框架-剪力墙		170	160	140	120	100
剪力墙	全部落地剪力墙	180	170	150	130	110
	部分框架剪力墙	150	140	120	100	80
筒体	框架-核心筒	220	210	180	140	120
	筒中筒	300	280	230	170	150

2. 高层建筑的高宽比限制

高层建筑结构可以近似地看做是固定于基础上的竖向悬臂构件，因此增加建筑平面尺寸对减少建筑的侧向位移是十分有效的。控制高层建筑的高宽比，可从宏观上控制结构刚度、整体稳定、承载能力和经济合理性。《高层建筑混凝土结构技术规程》规定，钢筋混凝土高层建筑结构适用的最大高宽比不宜超过表 4-7 的限值。

在复杂体型的高层建筑中，高宽比是比较难以确定的问题。一般情况，可按所考虑方向的最小宽度计算高宽比，但对突出建筑物平面很小的局部结构(如电梯井、楼梯间等)，一般不应包含在计算宽度内。对带有裙房的高层建筑，当裙房的面积和刚度相对于其上部塔楼的面积和刚度较大时，计算高宽比的房屋高度和宽度可按裙房以上塔楼结构考虑。

表 4-7　　钢筋混凝土高层建筑结构适用的最大高宽比

结构体系	非抗震设计	抗震设防烈度		
		6度　7度	8度	9度
框　架	5	4	3	—
板柱-剪力墙	6	5	4	—
框架-剪力墙、剪力墙	7	6	5	4
框架-核心筒	8	7	6	4
筒中筒	8	8	7	5

4.4.2　高层建筑的结构布置

1. 高层建筑结构的平面布置

在高层建筑的一个独立结构单元内，结构平面形状宜简单、规则，质量、刚度和承载力分布宜均匀，不应采用严重不规则的平面布置。要尽量减小结构的侧移中心与水平荷载合力中心之间的偏心，以降低不利影响。

国内外历次大地震震害表明：平面不规则、质量与刚度偏心、结构平面刚度不对称和抗扭刚度太弱的结构，在地震中均受到严重的破坏。国内一些振动台模型试验结果也表明，扭转效应会导致结构的严重破坏。图 4-7 为剪力墙结构由于剪力墙布置不均匀而造成的扭转。尤其是布置刚度较大的楼梯间、电梯间时，更需要注意保证结构对称性。

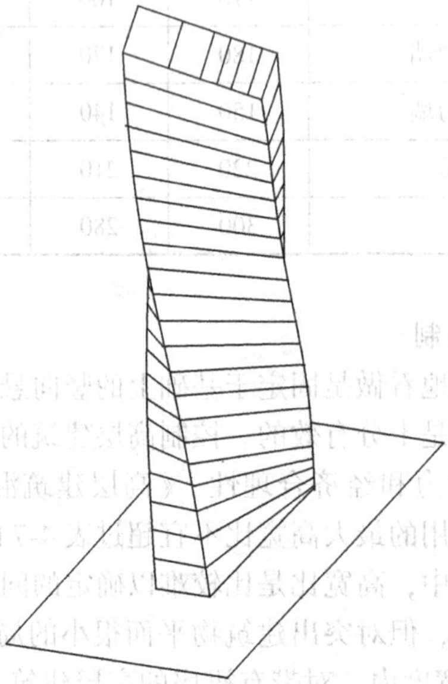

图 4-7　剪力墙不均匀布置产生的扭转

高层建筑宜选择风作用效应较小的平面形状。对抗风有利的平面是简单规则的凸平面，如圆形、正多边形、椭圆形、鼓形等平面；对抗风不利的平面是有较多凹凸的复杂形状平面，如 V 形、Y 形、H 形、弧形等平面。

有抗震设计要求的高层建筑，其平面布置应考虑以下要求：

(1)结构平面布置力求简单、规则、均匀、对称，减小偏心。

(2)平面长度不宜过长，L/B 宜符合表 4-8 的要求。

(3)平面突出部分的长度 l 不宜过大、宽度 b 不宜过小(图 4-8)。l/B_{max}、l/b 等值宜符合表 4-8 的要求。

(4)建筑平面不宜采用角部重叠或细腰形平面布置。

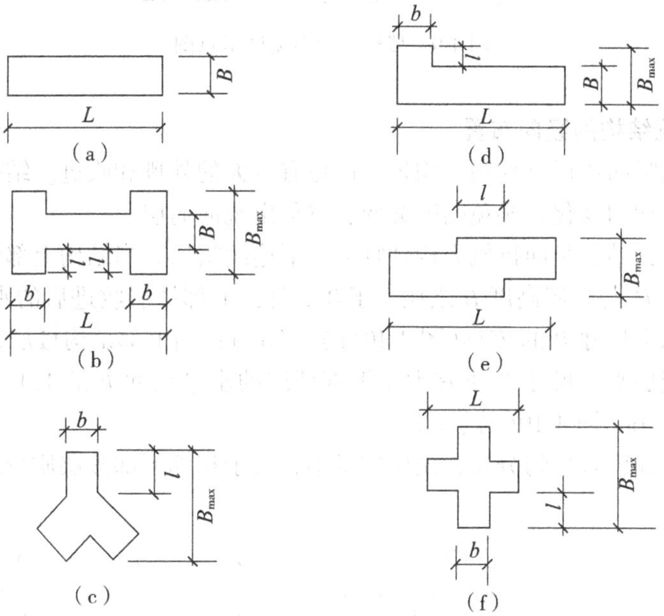

图 4-8　建筑平面

表 4-8　**L/B、l/b、l/B_{max} 的限值**

设防烈度	L/B	l/B_{max}	l/b
6、7 度	≤6.0	≤0.35	≤2.0
8、9 度	≤5.0	≤0.30	≤1.5

楼板有较大凹入或开有大面积洞口后，被凹口或洞口划分开的各部分之间的连接较为薄弱，在地震中容易相对振动而使削弱部位产生震害，因此对凹入或洞口的大小应加以限制。平面凹入后，楼板的宽度应予保证，有效楼板宽度不宜小于该层楼面宽度的 50%。楼板开洞总面积不宜超过楼面面积的 30%；在扣除凹入或开洞后，楼板在任一方向的最小净宽度不宜小于 5m，且开洞后每一边的楼板净宽度不应小于 2m。以图 4-9 所

示平面为例，L_2不宜小于$0.5L_1$，a_1与a_2之和不宜小于$0.5L_2$且不宜小于5m，a_1和a_2均不应小于2m，开洞面积不宜大于楼面面积的30%(图4-9)。

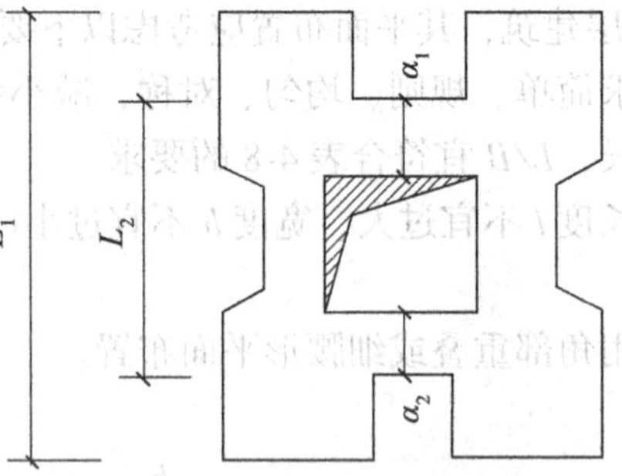

图4-9　楼板开洞净宽度示意图

2. 高层建筑结构的竖向布置

高层建筑的竖向体形宜规则、均匀，避免有过大的外挑和收进。结构的侧向刚度宜下大上小，逐渐均匀变化，避免刚度突变、避免出现薄弱层。

抗震设计时，结构竖向抗侧力构件宜上、下连续贯通。当结构上部楼层收进部位到室外地面的高度H_1与房屋高度H之比大于0.2时，上部楼层收进后的水平尺寸B_1不宜小于下部楼层水平尺寸B的75%(图4-10(a)、(b))；当上部结构楼层相对于下部楼层外挑时，上部楼层水平尺寸B_1不宜大于下部楼层的水平尺寸B的1.1倍，且水平外挑尺寸a不宜大于4m(图4-10(c)、(d))。

楼层质量沿高度宜均匀分布，楼层质量不宜大于相邻下部楼层质量的1.5倍。

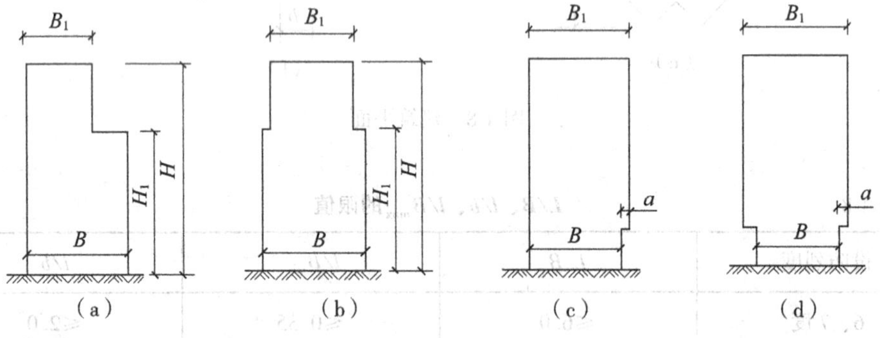

图4-10　高层建筑结构竖向规则布置

3. 高层建筑的下部结构

高层建筑宜设地下室。震害表明，有地下室的高层建筑破坏较轻，而且地下室对减小地基的土压力有利，对布置管道等也较方便。

高层建筑宜采用箱形基础、筏式基础或交叉梁基础。这类基础的整体性较好，承压面大，对高层建筑的结构稳定是有利的。如果基础直接落在微风化或未风化的岩石上，也可以采用单独基础和条形基础。

高层建筑应有足够的基础埋置深度，以保证高层建筑在水平力作用下的稳定，防止倾覆及滑移，有利于减小建筑物的整体倾斜，也有利于吸收地震能量，减轻上部结构对地震的反应。在确定埋置深度时，应考虑建筑物的高度、体形、地基土质、抗震设防烈度等因素。埋置深度可从室外地坪算至基础底面，并宜符合下列要求：

(1)天然地基或复合地基，可取房屋高度的 1/15；

(2)桩基础，可取房屋高度的 1/18(桩长不计在内)。

4. 高层建筑的屋、楼盖结构

高层建筑结构计算中，一般都假定楼板在自身平面内的刚度无限大，在水平荷载作用下楼盖只有刚性位移而不变形。所以在构造设计上，要使楼盖具有较大的平面内刚度。此外，楼板的刚性可保证建筑物的空间整体性和水平力的有效传递。

框架-剪力墙结构由于框架和剪力墙侧向刚度相差较大，因而楼板变形更为显著；主要抗侧力结构剪力墙的间距较大，水平荷载要通过楼面传递，因此框架-剪力墙结构中的楼板应有更良好的整体性。

《高规》规定，当房屋高度超过 50m 时，框架-剪力墙结构、筒体结构应采用现浇楼盖结构，剪力墙结构和框架结构宜采用现浇楼盖结构。当房屋高度不超过 50m 时，8、9 度抗震设计时宜采用现浇楼盖结构；6、7 度抗震设计时可采用装配整体式楼盖，楼盖每层宜设置钢筋混凝土现浇层。现浇层厚度不应小于 50mm，并应双向配置直径不小于 6mm、间距不大于 200mm 的钢筋网，钢筋应锚固在梁或剪力墙内。

房屋的顶层、结构转换层、大底盘多塔楼结构的底盘顶层、平面复杂或开洞过大的楼层、作为上部结构嵌固部位的地下室楼层应采用现浇楼盖结构。一般楼层现浇楼板厚度不应小于 80mm，当板内预埋暗管时不宜小于 100mm；顶层楼板厚度不宜小于 120mm，宜双层双向配筋；普通地下室顶板厚度不宜小于 160mm；作为上部结构嵌固部位的地下室楼层的顶楼盖应采用梁板结构，楼板厚度不宜小于 180mm，应采用双层双向配筋，且每层每个方向的配筋率不宜小于 0. 25%。

5. 变形缝

在高层建筑的总体布置中，为了消除结构不规则、温度变化和混凝土收缩应力、不均匀沉降对结构的不利影响，可以采用伸缩缝、沉降缝将房屋分成若干个独立单元。对有抗震设防要求时，还需设防震缝(具体要求见第 5 章 5. 5. 2 节)。

高层建筑设置伸缩缝、沉降缝和防震缝，主要是出于结构安全的需要，但设置变形缝容易引起新的问题。例如，设缝会影响建筑立面，变形缝两侧需设双结构构件，构造复杂，防水处理困难等；因此，在多、高层建筑结构中，常常通过采取措施、避免设缝。这样也可以简化构造、方便施工、降低造价、增强结构整体性和空间刚度。在建筑设计时，可采取调整平面形状、尺寸、体形等措施；在结构设计中，可采取选取节点连接方式、配置构造钢筋、设置刚性层、设局部缝等措施；在施工方面，可采取分段施工、设置后浇带、做好保温隔热层等措施，来防止由于温度变化、不均匀沉降、地震作用等因素所引起的结构和非结构的损坏。

在未采取措施的情况下，高层建筑伸缩缝的间距不宜超出表 4-9 的限制。当有充分依据、采取有效措施时，表中的数值可以放宽。

表 4-9　　　高层建筑结构伸缩缝的最大间距

结构体系	施工方法	最大间距(m)
框架结构	现浇	55
剪力墙结构	现浇	45

采用以下措施后，高层建筑主体与裙房之间可连为整体而不设沉降缝：

(1)采用桩基础，桩支承在基岩上；

(2)主楼和裙房采用不同的基础形式，调整地基土压力，使各部分沉降基本均匀一致，减少沉降差；

(3)地基承载力高、沉降计算可靠时，主楼与裙房的标高预留沉降差，先施工主楼，后施工裙房，使后期沉降基本相近；

(4)裙房面积不大时，可以从主体结构的箱形基础上悬挑基础梁，承受裙房的重量。

在(2)、(3)两种情况下，施工过程中应在主楼与裙房之间受力较小的部位留出后浇带作为临时沉降缝，等到各部分结构沉降基本稳定后再连为整体。后浇带内钢筋要采用搭接接头，使两边混凝土可以自由伸缩，其构造见图 4-11 所示。

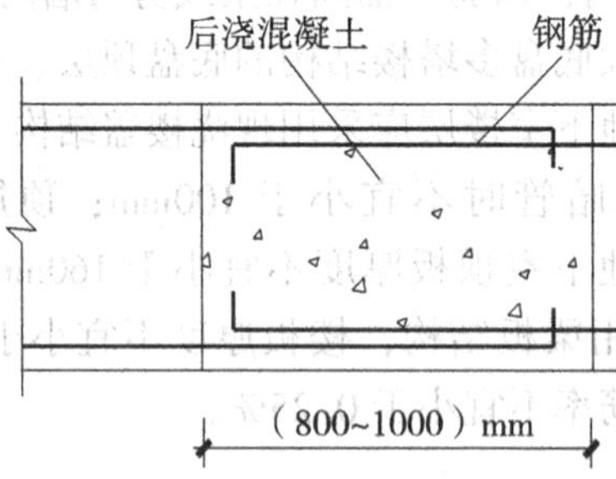

图 4-11　后浇带构造

4.4.3　高层建筑的水平位移和舒适度要求

1. 结构在水平力作用下的位移

建筑结构在水平力作用下的水平位移曲线大致有三种形式：弯曲型、剪切型以及弯剪型或剪弯型(图 4-12)。

水平位移曲线凸向原始位置的称为弯曲型(图 4-12(a))，它的特点是层间水平位移越往顶部越大，或者说曲线的斜率是随高度减小的。相反的情况则称为剪切型(图 4-12(b))，层间水平位移越往顶部越小。弯剪型的位移曲线特点则是层间水平位移曲线底下大部分是弯曲型，顶部少部分是剪切型(图 4-12(c))；大部分是剪切型，少部分是弯曲型时，称为剪弯型。

剪力墙结构，当高宽比 $H/B \geqslant 4$ 时，在水平力作用下的变形大致与一般的悬臂构件相似，主要为弯曲变形(图 4-12(a))。所以高层剪力墙的水平位移曲线一般是弯曲型。

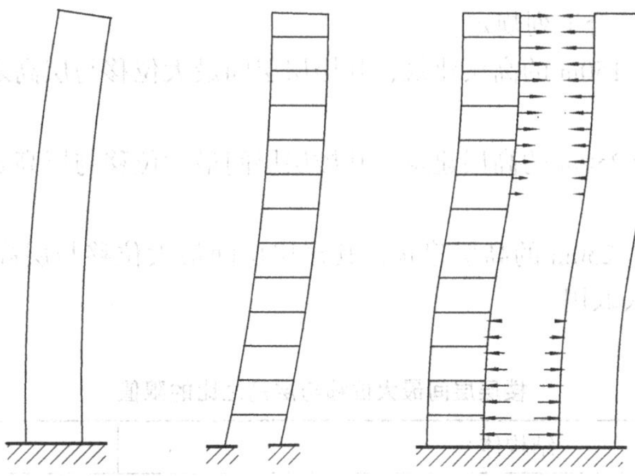

图 4-12　结构水平位移曲线的型式

框架结构，当房屋高度 $H \leqslant 50\text{m}$ 时，在水平力作用下的位移曲线属于剪切型(图 4-12(b))。

框架-剪力墙结构中，由于框架与剪力墙协调工作，因而水平位移曲线位于弯曲型与剪切型之间(图 4-12(c))。当以剪力墙为主时，是弯剪型，即底部弯曲型，顶部少部分为剪切型。当减少剪力墙的数量或减小侧移刚度时，水平位移曲线将向剪弯型转变，即底部为剪切型，其余上部为弯曲型。

正常使用条件下，结构在风荷载、频遇地震作用下的水平位移应按弹性方法计算。

2. 风荷载作用下层间最大位移限值

在正常使用条件下，高层建筑结构应具有足够的刚度，避免产生过大的位移而影响结构的承载力、稳定性和使用要求。高层建筑层数多、高度大，为保证高层建筑结构具有必要的刚度，应对其楼层位移加以控制。

在正常使用条件下，限制高层建筑结构层间位移的主要目的：

(1)保证主结构基本处于弹性受力状态，对钢筋混凝土结构来讲，要避免混凝土墙或柱出现裂缝；同时，将混凝土梁等楼面构件的裂缝数量、宽度和高度限制在规范允许范围之内。

(2)保证填充墙、隔墙和幕墙等非结构构件的完好，避免产生明显损伤。

《高规》采用了层间最大位移与层高之比 $\Delta u_i/h_i$，即层间位移角 θ_i 作为控制指标，其表达式为：

$$\theta_i = \frac{\Delta u_i}{h_i} = \frac{u_i - u_{i-1}}{h_i} \tag{4-10}$$

式中：θ_i ——层间弹性位移角；

Δu_i ——层间最大弹性位移；

u_i ——第 i 层楼盖水平位移；

h_i——第 i 层层高。

《高规》规定，按弹性方法计算的风荷载标准值作用下的楼层层间最大水平位移与层高之比 $\Delta u_i/h_i$ 宜符合下列规定：

(1)高度不大于150m的高层建筑，其楼层层间最大位移与层高之比 $\Delta u/h$ 不宜大于表4-10的限值。

(2)高度不小于250m的高层建筑，其楼层层间最大位移与层高之比 $\Delta u/h$ 不宜大于1/500。

(3)高度在150~250m的高层建筑，其楼层层间最大位移与层高之比 $\Delta u/h$ 的限值按上述限值线性插入取用。

表4-10 **楼层层间最大位移与层高之比的限值**

结构体系	$\Delta u/h$ 限值
框架	1/550
框架-剪力墙、框架-核心筒、板柱-剪力墙	1/800
筒中筒、剪力墙	1/1000
框支层	1/1000

3. 水平地震作用下层间最大位移限值

在多遇地震和罕遇地震作用下，高层建筑结构的层间最大位移限值详见第5章。

4. 结构风振舒适度要求

高层建筑物在风荷载作用下将产生振动，过大的水平振动加速度将使在高楼内居住或办公的人们感觉不舒适，甚至不能忍受，如表4-11所示。

《高规》规定：对于高度超过150m的高层建筑结构应满足风振舒适度的要求，按《建筑结构荷载规范》规定的10年一遇的风荷载标准值作用下，结构顶点的顺风向与横风向振动最大加速度计算值不应超过表4-12的限值。

表4-11 **舒适度与风振加速度的关系**

不舒适的程度	建筑物的加速度
无感觉	<0.005g
有感	0.005~0.015g
扰人	0.015~0.05g
十分扰人	0.05~0.15g
不能忍受	>0.15g

表4-12 **结构顶点最大加速度限值**

使用功能	$a_{max}(m/s^2)$
住宅、公寓	0.15
办公、旅馆	0.25

4.5　剪力墙结构

4.5.1　剪力墙的布置

《高规》规定，剪力墙结构应具有适宜的侧向刚度，剪力墙的布置应符合以下要求：

(1)平面布置宜简单、规则，宜沿主轴方向或其他方向双向布置，两个方向的侧向刚度不宜相差过大。抗震设计时，不应采用仅单向有墙的结构布置。

(2)剪力墙宜自下到上连续布置，避免刚度突变。

(3)剪力墙的门窗洞口宜上下对齐、成列布置，形成明确的墙肢和连梁；宜避免造成墙肢宽度相差悬殊的洞口设置。

4.5.2　剪力墙在水平力作用下的受力特点与计算分类

1. 开洞剪力墙在水平力作用下的受力分析

单榀剪力墙的受力特点可用图 4-13 所示带洞口的剪力墙来说明，以建立物理概念。带洞口的剪力墙可以看成由两个墙肢和上下洞口间的各层连梁组成。剪力墙在水平力作用下，与悬臂梁相似，很容易求出剪力墙的弯矩，设距剪力墙底 x 截面处的弯矩为 M_x，则由平衡条件知

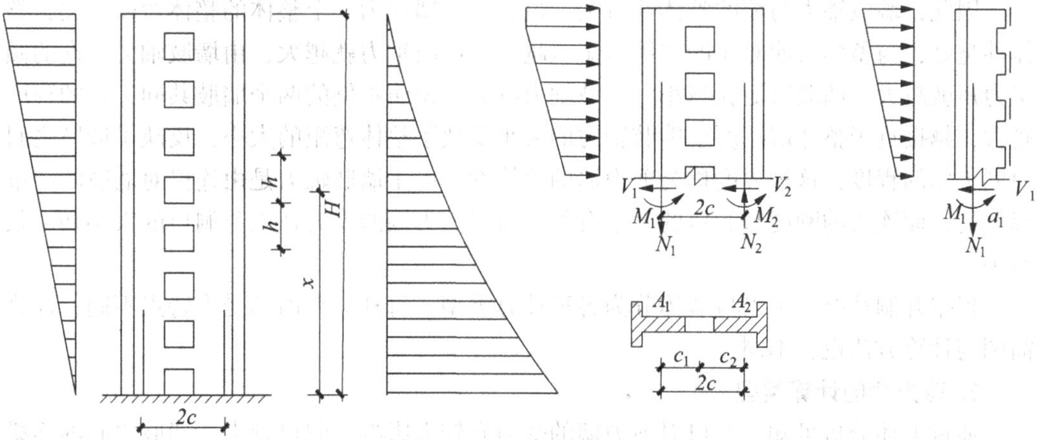

图 4-13　剪力墙的受力特点

$$M_x = M_{x1} + M_{x2} + 2cN_x$$

式中：M_{x1}、M_{x2}——墙肢 1、2 在 x 截面处各自承担的弯矩，称为墙肢的局部弯矩；

$N_x 2c$——由两个墙肢在 x 截面处整体工作的组合截面所承担的弯矩，称为墙肢的整体弯矩；其中，N_x 为在 x 截面处墙肢中的轴向力，一肢受压，一肢受拉；$2c$ 为两墙肢形心线间的距离。

将连梁自跨中截开，并设该处连梁弯矩为零。由距剪力墙底 x 截面处平衡条件可知墙肢轴力与连梁剪力平衡，即：

$$N_x = \sum_{i=i}^{n} V_{bi}$$

式中：V_{bi} ——距剪力墙底 x 截面以上 i 层连梁的跨中剪力；

n ——距剪力墙底 x 截面以上 i 层连梁的数目

因此：

$$2cN_x = (c_1 + c_2)\sum_{i=i}^{n} V_{bi}$$

式中：$(c_1 + c_2)V_{bi}$ ——第 i 层连梁对两个墙肢产生的总约束弯矩；

$(c_1 + c_2)\sum_{i=i}^{n} V_{bi}$ ——距剪力墙底 x 截面以上所有连梁对墙肢约束弯矩的总和。

由上可见：

(1)距剪力墙底 x 截面处的总弯矩 M_x 是由墙肢的局部弯矩 $M_{x1} + M_{x2}$ 和墙肢整体弯矩 $N_x 2c$ 这两部分组成的。通常墙肢轴线之间的距离 $2c$ 很大，整体弯矩大，局部弯矩小；

(2)距剪力墙底 x 截面处的整体弯矩 $N_x 2c$ 等于该截面以上所有连梁约束弯矩的总和，即可以认为整体弯矩是由连梁提供的。连梁越强，连梁对墙肢的约束就越大，墙的整体性就越好，整体弯矩就越大；

(3)任一截面 x 上墙肢的轴向力等于截面以上所有连梁竖向剪力的总和。连梁越强，连梁的剪力就越大，N 也就越大。

因此，墙肢轴力与墙的整体性有关，也就是与墙作为一个整体的整体弯曲有关，整体性越好，与整体弯曲对应的整体弯矩就越大，墙肢轴力就越大，由墙肢轴力平衡的倾覆力矩就越大，墙肢弯矩就越小。墙肢轴力越大，说明本例的两个墙肢共同工作的程度越大，越接近于整体墙。所以墙肢轴力的大小反映了整体弯矩的大小，反映了墙肢之间协同工作的程度，这种程度称为剪力墙的整体性。由于墙肢轴力是由连梁对墙肢的约束提供的，而连梁的刚度与洞口的大小有关，所以剪力墙的受力特点与洞口的大小和形状有关。

根据开洞情况，可以将墙体分为各种计算类型，每种类型墙的受力特点不同，计算简图与计算方法也就不同。

2. 剪力墙的计算类型

通过上述分析可知，洞口对剪力墙的受力有较大影响，洞口越大、墙肢之间的连梁相对越弱，则剪力墙的整体性越差，连梁对墙肢的约束越差。根据洞口大小所产生的不同受力状态，剪力墙可分为以下四种计算类型：

(1)整体墙，包括没有洞口的实体墙或洞口很小的剪力墙(图 4-14(a)、(b))。

(2)小开口整体墙，即洞口稍大，但受力状态接近于整体墙的墙(图 4-14(c))。

(3)联肢墙，即洞口更大且受力状态与整体墙的受力状态有较大不同的墙，开有一列较大洞口的墙称为双肢墙(图 4-14(d))，有多列较大洞口的墙称为多肢墙。

(4)壁式框架，即洞口大而宽，墙肢较弱而连梁约束较强，受力形态已类似于框架的墙(图 4-14(e))。如果洞口再大些，就成为框架(图 4-14(f))。

在剪力墙结构中，通常外纵墙属壁式框架，山墙属小开口墙，内横墙和内纵墙属于联肢墙或小开口墙。

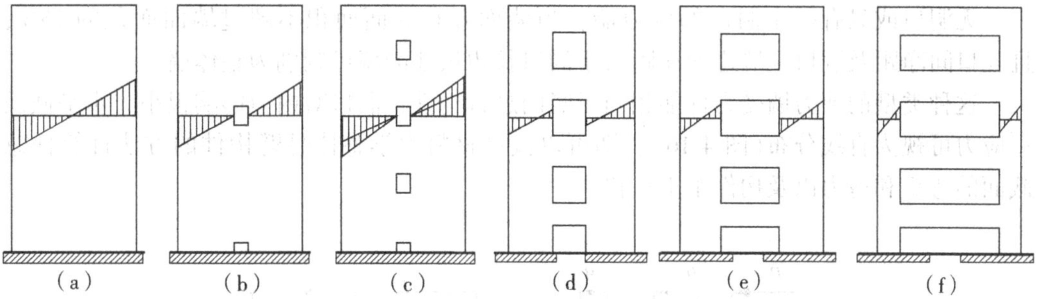

图 4-14　剪力墙的类型

3. 剪力墙的计算假定

在水平作用下，剪力墙简化计算时可以假定：

(1)楼盖平面内刚度无穷大。

(2)剪力墙在平面内刚度无穷大，平面外刚度可以忽略。

(3)计算内力和位移时，宜考虑纵、横墙体的共同工作，纵墙的一部分可以作为横墙的有效翼缘，横墙的一部分也可以作为纵墙的有效翼缘(图 4-15)。剪力墙有效翼缘宽度的取法参见表 4-13。计算墙体每一侧有效翼缘的宽度 b_{fi} 可取翼缘厚度 h_f 的 6 倍、墙净距 s_n 的 1/2，并不大于至洞口边缘的距离 a_i。

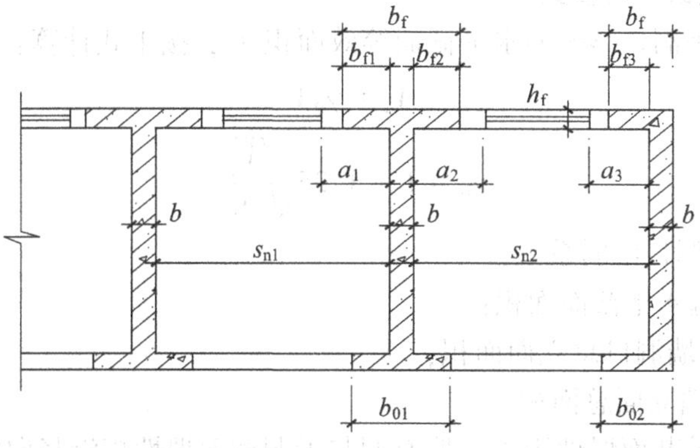

图 4-15　剪力墙的翼缘有效宽度

表 4-13　　**剪力墙计算翼缘宽度的取法**

翼缘考虑方式(取小)	截面形式	
	T(I)形截面	L 形截面
按剪力墙的净距 S_0	$b+s_{n1}/2+s_{n2}/2$	$b+S_{n2}/2$
按翼缘厚度 h_f	$b+12h_f$	$b+6h_f$
按洞口净跨 b_0	b_{01}	b_{02}

4.5.3 整体墙的内力和水平位移计算

无洞口或只有很小洞口的剪力墙，当墙面开孔立面面积不超过墙面面积的15%，且孔口间净距及洞口至墙边的净距大于洞口长边尺寸的墙可判别为整体墙。

这种类型的剪力墙受力性能相当于竖向悬臂构件，洞口对内力影响很小，水平截面正应力可视为直线分布(图4-16)，即可以按照材料力学整体悬臂构件的方法计算任意截面的弯矩和剪力以及构件水平位移。

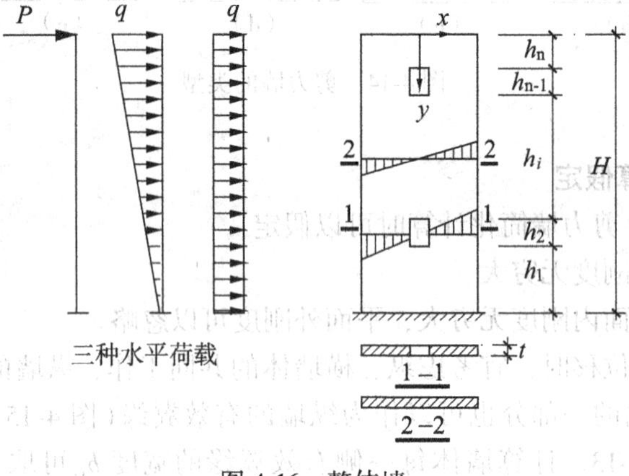

图4-16 整体墙

1. 整体墙的截面几何参数

(1)剪力墙考虑洞口影响的水平截面等效面积 A_w；按下式计算：

$$A_w = \gamma_0 A \tag{4-11}$$

$$\gamma_0 = 1 - 1.25\sqrt{\frac{A_{op}}{A_f}} \tag{4-12}$$

式中：γ_0——截面洞口削弱系数；

A——剪力墙水平截面面积；

A_{op}——剪力墙洞口总立面面积；

A_f——剪力墙立面总面积。

(2)剪力墙等效截面惯性矩 I_w，取有洞与无洞截面惯性矩沿竖向的加权平均值：

$$I_w = \frac{\sum_{i=1}^{n} I_i h_i}{\sum_{i=1}^{n} h_i} \tag{4-13}$$

式中：I_i——剪力墙沿竖向各段的水平截面惯性矩；

h_i——各段相应的高度(图4-16)。

2. 墙底部总弯矩及总剪力计算

水平力作用下墙的弯矩与剪力按照材料力学公式计算。设坐标原点在墙顶部，剪力墙在所受顶点集中力、均布荷载、倒三角形分布荷载作用下的弯矩以及剪力见表4-14。

表 4-14　**剪力墙弯矩以及剪力**

内力 / 水平荷载形式	剪力		弯矩	
	基底剪力 V_0	任意截面剪力 V_x	基底弯矩 M_0	任意截面弯矩 M_x
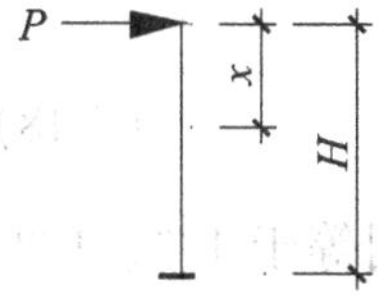	P	P	$PH = V_0H$	Px
	qH	qx	$\frac{1}{2}qH^2 = \frac{1}{2}V_0H$	$\frac{1}{2}qx^2$
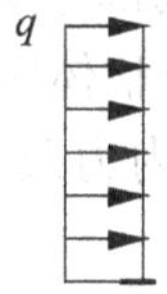	$\frac{1}{2}qH$	$\frac{1}{2}qx\left(2 - \frac{x}{H}\right)$	$\frac{1}{3}qH^2 = \frac{2}{3}V_0H$	$\frac{1}{3}qx^2\left(\frac{3}{2} - \frac{x}{2H}\right)$

3. 顶点水平位移计算

在三种常用荷载作用下，考虑弯曲和剪切变形后的顶点位移公式为：

顶点集中荷载

$$u = \frac{V_0H^3}{3EI_w} + \frac{\mu V_0H}{GA_w} = \frac{1}{3}\frac{V_0H^3}{EI_w}\left[1 + \frac{3\mu EI_w}{H^2GA_w}\right] = \frac{1}{3}\frac{V_0H^3}{EI_{eq}} \tag{4-14}$$

均布荷载

$$u = \frac{V_0H^3}{8EI_w} + \frac{\mu V_0H}{2GA_w} = \frac{1}{8}\frac{V_0H^3}{EI_w}\left[1 + \frac{4\mu EI_w}{H^2GA_w}\right] = \frac{1}{8}\frac{V_0H^3}{EI_{eq}} \tag{4-15}$$

倒三角形分布荷载

$$u = \frac{11V_0H^3}{60EI_w} + \frac{2\mu V_0H}{3GA_w} = \frac{11}{60}\frac{V_0H^3}{EI_w}\left[1 + \frac{3.64\mu EI_w}{H^2GA_w}\right] = \frac{11}{60}\frac{V_0H^3}{EI_{eq}} \tag{4-16}$$

式中：V_0——墙底截面的总水平剪力；

H——墙高；

μ——截面上剪应力不均匀系数，矩形截面取 $\mu=1.2$；

E，G——混凝土的弹性模量和剪切弹性模量，可取 $G=0.425E$；

A_w——剪力墙考虑洞口影响的水平截面等效面积，见式(4-11)；

I_w——剪力墙等效截面惯性矩，见式(4-13)；

EI_{eq}——剪力墙考虑剪切变形的等效抗弯刚度，在三种典型水平荷载(顶点集中荷载、均布荷载、倒三角形荷载)作用下剪力墙的等效抗弯刚度可统一表达为：

$$EI_{eq} = \frac{EI_w}{1 + \frac{\gamma\mu EI_w}{GH^2A_w}} \tag{4-17}$$

式中：γ——荷载作用系数，对应于顶点集中荷载、均布荷载、倒三角形荷载，系数 γ 分别等于 3、4、3.64。

将截面等效抗弯刚度引入位移公式，则各种荷载下剪力墙顶部水平位移可以统一用弯曲变形的位移形式表达为：

$$u = m \cdot \frac{V_0 H^3}{EI_{eq}} \tag{4-18}$$

式中：对应于顶点集中荷载、均布荷载、倒三角形荷载，系数 m 分别等于 1/3、1/8、11/60。

4.5.4 小开口整体墙的内力和水平位移计算

小开口整体墙指的是墙面洞口立面积虽然超过墙面面积的 15%，但洞口总面积仍然较小，洞口尚没有破坏墙的整体性，墙肢中虽然已经出现局部弯矩，但局部弯矩值不超过总弯矩的 15%，墙肢基本上没有反弯点。墙体仍可以近似看成是一个整体竖向悬臂构件，墙截面变形大体上仍符合平面假定，可按材料力学公式近似计算内力及变形，但需加以适当修正。

1. 内力计算

图 4-17 所示为一受水平力作用的有两列洞口的整体小开口墙，其基底截面以及任意截面弯矩与剪力见表 4-14。任意截面在弯矩 M_x 作用下，墙肢正应力在整个截面上的分布图形如图 4-17(d)所示，它可以看成墙是围绕带洞口墙的组合截面形心弯曲而产生的正应力(图 4-17(b))和围绕墙肢形心局部弯曲产生的正应力(图 4-17(c))的叠加。

设剪力墙任意高度处的弯矩 M_x 由墙肢整体弯矩 M'_x 和局部弯矩 M''_x 组成，并令 k 为整体弯矩系数，即

$$M_x = M'_x + M''_x = kM_x + (1 - k)M_x \tag{4-19}$$

整体弯矩系数 k 随墙整体性的增加而增加，与层数、连梁高厚比、连梁与墙肢高厚比有关，这里可取 $k=0.85$。

在整体弯矩 $M'_x = kM_x$ 作用下，剪力墙截面正应力为直线分布，中和轴位于组合截面形心。墙肢应力为不均匀分布应力，墙肢轴力即为由整体弯矩 kM_x 产生的墙肢形心处的正应力与墙肢截面面积的积。取 $k=0.85$，则第 j 列墙肢的轴力为：

$$N_{xj} = \sigma_{j0} A_j = \frac{kM_x y_j}{I} A_j = \frac{0.85 M_x y_j}{I} A_j \tag{4-20}$$

式中：σ_{j0}——在整体弯矩作用下，j 列墙肢截面形心处的正应力；

y_j——墙肢 j 的截面形心至整截面(也称组合截面)形心的距离；

A_j——墙肢 j 的截面面积；

I——墙肢组合截面惯性矩，取有洞口截面计算：

$$I = \sum I_j + \sum A_j y_j^2 \tag{4-21}$$

在整体弯矩作用下，由于墙肢正应力为不均匀分布，故墙肢还有弯矩。设与整体弯矩 $M'_x = kM_x$ 对应的墙肢弯矩用 M'_{xj} 表示，墙肢长度为 h_j，墙厚为 t，墙肢 j 任意位置到形心的距离为 z_j，j 列墙肢截面形心处的正应力为 σ_{j0}。故由材料力学可得墙肢弯矩为：

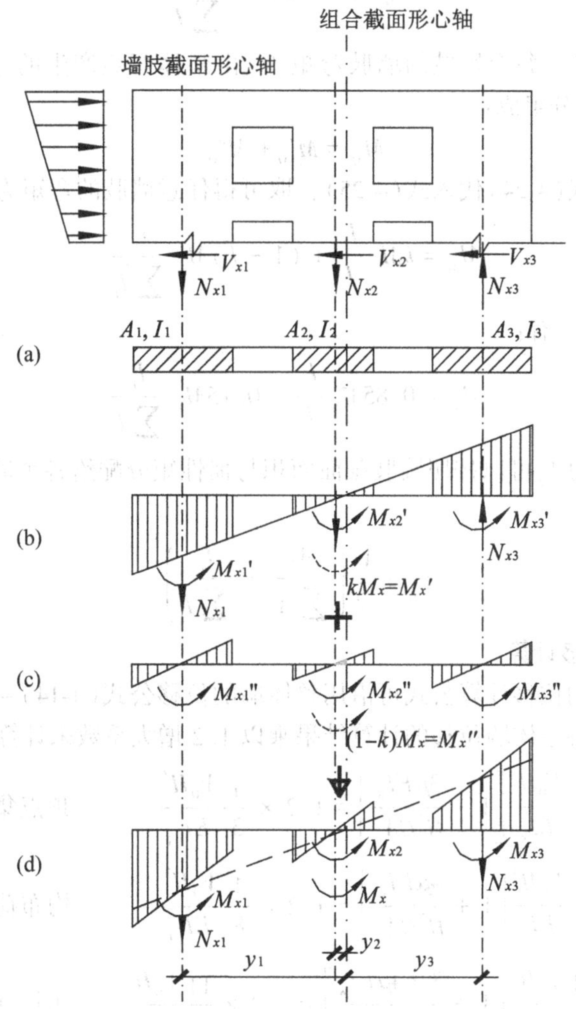

图 4-17　小开口整体墙截面正应力分布

$$M'_{xj}=\int_{-h_j/2}^{h_j/2}(\sigma_{jz}-\sigma_{j0})z_j t\mathrm{d}x=\int_{-h_j/2}^{h_j/2}\left[\frac{kM_x}{I}(y_i+z_j)-\frac{kM_x}{I}y_j\right]z_j t\mathrm{d}x$$

$$=\int_{-h_j/2}^{h_j/2}\frac{kM_x}{I}z_j^2 t\mathrm{d}x=\frac{kM_x}{I}\frac{th_j^3}{12}=kM_x\frac{I_j}{I} \tag{4-22}$$

在局部弯矩 $M''_x=(1-k)M_x$ 作用下，设各墙肢在任意高度处的曲率 ϕ_x 相等，故可以由等比定理得到：

$$\phi_x=\frac{M_{x1}''}{EI_1}=\frac{M_{x2}''}{EI_2}=\frac{M_{x3}''}{EI_3}=\frac{\sum_1^3 M_{xj}''}{\sum_1^3 EI_j}=\frac{(1-k)M_x}{E\sum I_j} \tag{4-23}$$

所以，任一墙肢 j 由局部弯曲产生的弯矩为：

$$M''_{xj} = (1-k)M_x \frac{I_j}{\sum I_j} \tag{4-24}$$

由上述分析可知，每个墙肢的墙肢弯矩 M_{xj} 由整体弯矩产生的弯矩 M'_{xj} 和局部弯矩产生的弯矩 M''_{xj} 两部分组成：

$$M_{xj} = M'_{xj} + M''_{xj} \tag{4-25}$$

将式(4-22)和式(4-24)代入式(4-25)，取可得任意墙肢的弯矩为：

$$M_{xj} = kM_x \frac{I_j}{I} + (1-k)M_x \frac{I_j}{\sum I_j} \tag{4-26}$$

当 k 取 0.85 时，有：

$$M_{xj} = 0.85M_x \frac{I_j}{I} + 0.15M_x \frac{I_j}{\sum I_j} \tag{4-27}$$

剪力墙上的剪力 V_x 可以按照墙肢截面面积与惯性矩分配给各个墙肢，故墙肢 j 分得的剪力可近似取为：

$$V_{xj} = \frac{V_x}{2}\left(\frac{A_j}{\sum A_j} + \frac{I_j}{\sum I_j}\right) \tag{4-28}$$

2. 顶点水平位移计算

小开口整体墙的位移计算公式可沿用整体墙的位移公式(4-14)~(4-16)，但需考虑洞口削弱的影响，将整体墙位移的计算结果乘以 1.2 增大系数来计算。

$$U_T = \begin{cases} 1.2 \times \dfrac{1}{3}\dfrac{V_0H^3}{EI_w}\left[1 + \dfrac{3\mu EI_w}{H^2GA_w}\right] = 1.2 \times \dfrac{1}{3}\dfrac{V_0H^3}{EI_{eq}} & \text{顶点集中荷载} \\ 1.2 \times \dfrac{1}{8}\dfrac{V_0H^3}{EI_w}\left[1 + \dfrac{4\mu EI_w}{H^2GA_w}\right] = 1.2 \times \dfrac{1}{8}\dfrac{V_0H^3}{EI_{eq}} & \text{均布荷载} \\ 1.2 \times \dfrac{11}{60}\dfrac{V_0H^3}{EI_w}\left[1 + \dfrac{3.64\mu EI_w}{H^2GA_w}\right] = 1.2 \times \dfrac{11}{60}\dfrac{V_0H^3}{EI_{eq}} & \text{倒三角形分布荷载} \end{cases} \tag{4-29}$$

式中，A_w 和 I_w 均按有洞口截面计算，即 $A_w = \sum A_j$，$I_w = I$，I 为组合截面惯性矩，见式(4-21)。

3. 墙肢弯矩修正

当剪力墙多数墙肢长度基本均匀并符合小开口墙条件，而存在个别小墙肢时，仍可按照小开口整体墙计算内力，但小墙肢端部宜考虑附加局部弯矩，即

$$M_{xj} = M_{xj0} + \Delta M_{xj} \tag{4-30}$$

$$\Delta M_{xj} = V_{xj} \cdot \frac{h_0}{2} \tag{4-31}$$

式中：M_{xj0} ——按照小开口整体墙计算的墙肢弯矩；

ΔM_{xj} ——由于小墙肢局部弯曲所增加的弯矩；

V_{xj} ——j 墙肢剪力；

h_0——洞口高度。

4.5.5　双肢墙的内力和水平位移计算

当墙的洞口较大，整体性小于小开口整体墙，但墙肢在多数楼层中不出现反弯点时，开有一列较大洞口的剪力墙称为双肢剪力墙，开有多列较大洞口的剪力墙就称为多肢剪力墙。

1. 基本假定和基本体系

(1)屋、楼盖在自身平面内刚度无穷大。

(2)常参数假定。层高 h、墙肢截面面积 A_1、A_2，墙肢惯性矩 I_1、I_2，以及连梁截面面积和惯性矩 I_b 等参数，沿高度均为常数，见图 4-17(a)所示。

设墙肢轴线距离为 $2c$，连梁净跨度为 $2a_0$，连梁高度为 h_b，则连梁的计算跨度为 $2a$，计算如下：

$$2a = 2a_0 + h_b/2 \tag{4-32}$$

(3)假定连梁连续化，即将每一楼层处的连梁简化为均布在整个楼层高度上的连续连杆。这一假设是为了将连梁的内力和变形化为沿墙高的连续函数，从而建立微分方程而设的，见图 4-18(b)所示。

(4)墙肢变形曲线相似且连梁的轴向变形忽略不计，同高度处两墙肢的水平位移、转角和曲率相等。

(5)连梁的反弯点在梁的跨中。

设基本体系取竖向坐标原点在墙顶部。将连梁在跨中点切开，该处竖向的未知剪力为 $\tau(x)$，得到基本体系见图 4-18(c)所示。利用位移协调条件及内力与位移和转角之间的微分关系即可以得到基本体系的微分方程。

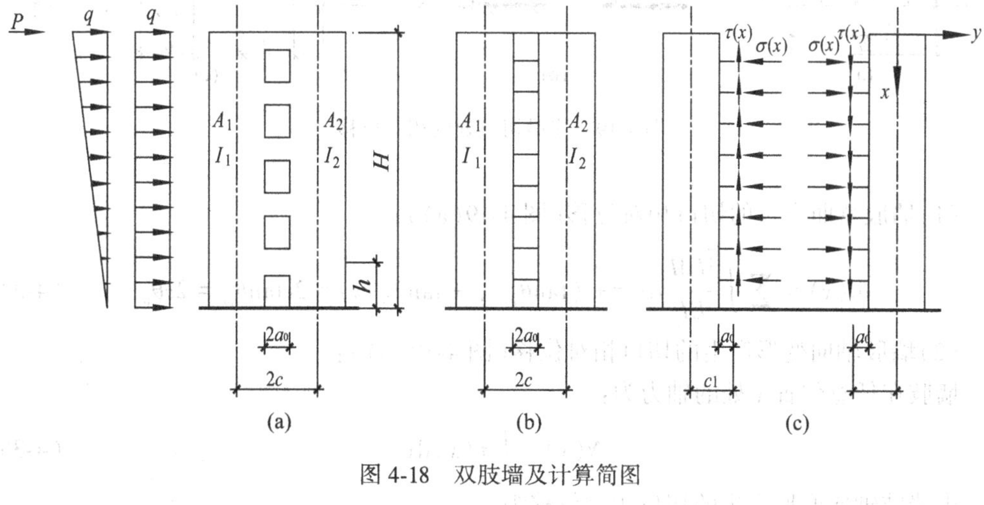

图 4-18　双肢墙及计算简图

2. 微分方程的建立

基本体系在外荷载及基本未知剪力 $\tau(x)$ 作用下，切口处沿 $\tau(x)$ 方向的位移 $\delta = 0$，根据这一变形协调条件即可得到力法方程。由结构力学位移方程可知：

$$\delta(x) = \sum\int\frac{\overline{M_b}M_b}{EI_0}dx + \sum\int\frac{\mu\,\overline{V_b}V_b}{GA_b}dx + \sum\int\frac{\overline{N_b}N_b}{EA_b}dx +$$

$$\left(\sum\int\frac{\overline{M_j}M_j}{EI_j}dx + \sum\int\frac{\mu\,\overline{V_j}V_j}{GA_j}dx + \sum\int\frac{\overline{N_j}N_j}{EA_j}dx\right) \tag{4-33}$$

式中：下标 b 代表连梁，下标 j 代表任一列墙肢；

A_b，I_b；A_j，I_j ——分别代表连梁和墙肢的截面面积和惯性矩；

$\overline{M_b}$，$\overline{V_b}$，$\overline{N_b}$；$\overline{M_j}$，$\overline{V_j}$，$\overline{N_j}$ ——由连梁跨度中点截面处虚加的两个方向相反的单位竖向力在连梁及墙肢中产生的弯矩、剪力和轴向力；

M_b，V_b，N_b；M_j，V_j，N_j ——由水平外力及切口基本未知剪力 $\tau(x)$ 在连梁及墙肢中产生的弯矩、剪力和轴向力。

显然，$\overline{N_b}=0$，且由于连梁跨度中点截面处虚加的两个方向相反的竖向单位力在墙肢中不产生剪力，即 $\overline{V_j}=0$。所以

$$\sum\int\frac{\overline{N_b}N_b}{EA_b}dx = 0,\ \sum\int\frac{\mu\,\overline{V_j}V_j}{GA_j}dx = 0$$

因此，墙肢剪切变形和连梁轴向变形都不会在连梁跨中截面处产生竖向相对位移。所以，缺口相对位移 $\delta(x)$ 由墙肢弯曲、墙肢轴向变形、连梁弯曲与剪切变形产生的三个部分的相对位移组成，见图 4-19 所示。

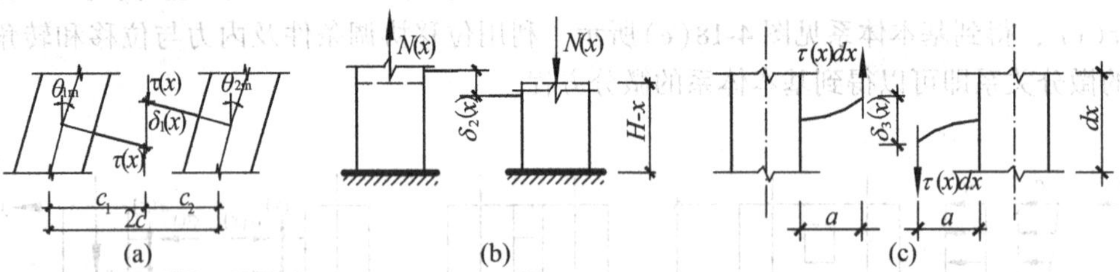

图 4-19　连梁切口处的相对位移

(1)墙肢弯曲产生的切口相对位移(图 4-19(a))：

$$\delta_1(x) = \sum\int\frac{\overline{M_j}M_j}{EI_j}dx = +(\tan\theta_{1m}c_1 + \tan\theta_{2m}c_2) = 2c\tan\theta_m = 2c\theta_m \tag{4-34}$$

(2)墙肢轴向变形产生的切口相对位移(图 4-19(b))：

墙肢在任意位置 x 处的轴力为：

$$N(x) = \int_0^x \tau(x)\,dx \tag{4-35}$$

由墙肢轴向变形产生的切口相对位移为：

$$\delta_2(x) = \sum\int\frac{\overline{N_j}N_j}{EA_j}dx = \int_x^H\frac{N(x)\,dx}{EA_1} + \int_x^H\frac{N(x)\,dx}{EA_2}$$

$$= \frac{1}{E}\left(\frac{1}{A_1} + \frac{1}{A_2}\right)\int_x^H N(x)\,\mathrm{d}x = \frac{1}{E}\left(\frac{1}{A_1} + \frac{1}{A_2}\right)\int_x^H \int_0^x \tau(x)\,\mathrm{d}^2 x \tag{4-36}$$

(3)由连梁弯曲与剪切变形产生的竖向相对位移(图 4-19(c))：

$$\delta_3(x) = \delta_{3M} + \delta_{3V} = \sum \int \frac{\overline{M_b} M_b}{EI_0}\mathrm{d}x + \sum \int \frac{\mu\, \overline{V_b} V_b}{GA_b}\mathrm{d}x$$
$$\delta_3(x) = \frac{2\tau(x)ha^3}{3EI_b} + \frac{2\tau(x)\mu ha}{GA_b} = \frac{2\tau(x)ha^3}{3EI_b}\left(1 + \frac{3\mu EI_b}{GA_b a^2}\right) = \frac{2\tau(x)ha^3}{3EI_b^0} \tag{4-37}$$

式中：I_b^0——连梁考虑剪切变形影响的折算惯性矩，取 $G = 0.425E$ 、$\mu = 1.2$ 则有：

$$I_b^0 = \frac{I_b}{1 + \dfrac{3\mu EI_b}{GA_b a^2}} \approx \frac{I_b}{1 + \dfrac{7\mu I_b}{A_b a^2}} = \frac{I_b}{1 + \dfrac{0.7h_b^2}{a^2}} \tag{4-38}$$

因此，切口处竖向变形的协调条件为：

$$\delta = \delta_1 + \delta_2 + \delta_3 = 0 \tag{4-39}$$

将式(4-34)、式(4-36)和式(4-37)代入切口变形协调方程(4-39)，可得出基本体系在外荷载和切口剪力作用下，沿 x 方向的位移协调方程为：

$$2c\theta_m + \frac{1}{E}\left(\frac{1}{A_1} + \frac{1}{A_2}\right)\int_x^H \int_0^x \tau(x)\,\mathrm{d}^2 x + \frac{2\tau(x)ha^3}{3EI_b^0} = 0 \tag{4-40}$$

对上式两次求导去掉积分，得：

$$2c\theta''_m - \frac{1}{E}\left(\frac{1}{A_1} + \frac{1}{A_2}\right)\tau(x) + \frac{2ha^3}{3EI_b^0}\tau(x)'' = 0 \tag{4-41}$$

式(4-41)即为与切口变形协调条件对应的求解基本未知力 $\tau(x)$ 基本方程的初步表达式。式中 θ''_m 与 $\tau(x)$ 有关。外荷载产生的总弯矩由墙肢弯矩与轴向力来平衡，将墙肢弯矩与弯曲转角及曲率之间的关系代入弯矩平衡关系，得：

$$M_1 + M_2 = E(I_1 + I_2)\frac{\mathrm{d}\theta_m}{\mathrm{d}x} = M_x - 2cN(x) = M_x - 2c\int_0^x \tau(x)\,\mathrm{d}x \tag{4-42}$$

对式(4-42)x 求一次导去掉积分，得：

$$\theta_m'' = \frac{+1}{E(I_1 + I_2)}\left[\frac{\mathrm{d}M_x}{\mathrm{d}x} - 2c\tau(x)\right] = \frac{+1}{E(I_1 + I_2)}[V_x - 2c\tau(x)] \tag{4-43}$$

式中：V_x——外荷载产生的 x 高度处的总剪力。对于常用的三种外荷载，有：

$$\begin{aligned} &V_x = V_0 && \text{顶点集中荷载} \\ &V_x = V_0\frac{x}{H} && \text{均布荷载} \\ &V_x = V_0\left[1 - \left(1 - \frac{x}{H}\right)^2\right] && \text{倒三角荷载} \end{aligned} \tag{4-44}$$

式中：V_0——外荷载产生的墙底总水平剪力，见表 4-14。

把式(4-43)、式(4-44)代入式(4-41)，并令 $m(x) = 2c\tau(x)$ ，整理后得到双肢墙求解基本未知量 $m(x)$ 的微分方程：

$$m''(x)-\frac{\alpha^2}{H^2}m(x)=\begin{cases}-\frac{\alpha_1^2}{H^2}V_0 & \text{顶部集中荷载}\\ -\frac{\alpha_1^2}{H^2}V_0\frac{x}{H} & \text{均布荷载}\\ -\frac{\alpha_1^2}{H^2}V_0\left[1-\left(1-\frac{x}{H}\right)^2\right] & \text{倒三角荷载}\end{cases} \tag{4-45}$$

式中：α_1 为不考虑轴向力影响的剪力墙整体系数；α 为考虑墙肢轴向变形影响的整体参数。计算如下：

$$\alpha_1^2=\frac{6H^2C_b}{h(I_1+I_2)} \tag{4-46}$$

$$\alpha^2=\alpha_1^2+\frac{3H^2D}{hcS} \tag{4-47}$$

式中：S——双肢墙对组合截面形心轴的面积矩：

$$S=\frac{2cA_1A_2}{A_1+A_2} \tag{4-48}$$

C_b——连梁刚度系数：

$$C_b=\frac{c^2I_b^0}{a^3} \tag{4-49}$$

把式(4-46)代入式(4-47)，可得：

$$\alpha^2=\frac{6H^2C_b}{h\sum I_j}\left(\frac{2cS+\sum I_j}{2cS}\right)=\frac{6H^2C_b}{h\sum I_j}\frac{I}{I_A}=\frac{6H^2C_b}{Th\sum I_j} \tag{4-50}$$

式中：T——墙肢考虑轴向变形的影响系数。由式(4-46)和式(4-50)可知，对双肢墙有：

$$T=\frac{\alpha_1^2}{\alpha^2}=\frac{2cS}{I_1+I_2+2cS}=\frac{I_A}{I} \tag{4-51}$$

$$I_A=2cS=I-\sum I_j \tag{4-52}$$

3. 微分方程的解

式(4-45)是二阶线性非齐次常系数微分方程。令 $x/H=\xi$，且令：

$$m(\xi)=\varphi(\xi)V_0\frac{\alpha_1^2}{\alpha^2}\cdot=\varphi(\xi)V_0T \tag{4-53}$$

将式(4-53)代入式(4-45)，可以将基本方程进一步简化得到：

$$\varphi''(\xi)-\alpha^2\varphi(\xi)=\begin{cases}-\alpha^2 & \text{顶部集中荷载}\\ -\alpha^2\xi & \text{均布荷载}\\ -\alpha^2[1-(1-\xi)^2] & \text{倒三角荷载}\end{cases} \tag{4-54}$$

非齐次微分方程(4-54)的解由通解 $\varphi_1(\xi)$ 和特解 $\varphi_2(\xi)$ 两部分组成，其中 $\varphi_2(\xi)$ 与荷载作用形式有关：

$$\varphi(\xi)=\varphi_1(\xi)+\varphi_2(\xi) \tag{4-55}$$

$$\varphi_1(\xi) = C_1\text{ch}(\alpha\xi) + C_2\text{sh}(\alpha\xi) \tag{4-56}$$

$$\varphi_2(\zeta) = \begin{cases} 1 & \text{顶点集中荷载} \\ \xi & \text{均布荷载} \\ 1-(1-\xi)^2 - 2/\alpha^2 & \text{倒三角荷载} \end{cases} \tag{4-57}$$

式中：$\text{sh}(\alpha\xi)$、$\text{ch}(\alpha\xi)$ 为双曲函数；C_1、C_2 是待定常系数，由墙在水平荷载作用下的边界条件确定。

边界条件 1：墙顶，$\xi=0$，墙顶弯矩为 $0(M|_{\xi=0}=0)$，对应的有 $\theta'_{\text{m}}=0$，故 $\tau'(0)=0$，即 $\varphi'(0)=0$。

边界条件 2：墙底，$\xi=1$，墙底弯曲转角为 $0(\theta_{\text{m}}|_{\xi=1}=0)$，故 $\tau(1)=\varphi(1)=0$。

将边界条件代入基本方程得出：

$$\begin{aligned} &C_1 = -\frac{1}{\text{ch}\alpha}, && C_2 = 0 \quad \text{顶点集中荷载} \\ &C_1 = \frac{-1}{\text{ch}\alpha}\left(1-\frac{\text{sh}\alpha}{\alpha}\right), && C_2 = -\frac{1}{\alpha} \ \text{均布荷载} \\ &C_1 = -\frac{1}{\text{ch}\alpha}\left(1-\frac{2}{\alpha^2}-\frac{2\text{sh}\alpha}{\alpha}\right), && C_2 = -\frac{2}{\alpha} \ \text{倒三角荷载} \end{aligned} \tag{4-58}$$

于是可得基本方程式(4-53)的解：

$$\varphi(\xi) = \begin{cases} 1-\dfrac{\text{ch}\alpha\xi}{\text{ch}\alpha} & \text{顶点集中荷载} \\ \xi + \left(\dfrac{\text{sh}\alpha}{\alpha}-1\right)\dfrac{\text{ch}(\alpha\xi)}{\text{ch}\alpha} - \dfrac{\text{sh}\alpha\xi}{\alpha} & \text{均布荷载} \\ 1-(1-\xi)^2 - \dfrac{2}{\alpha^2} + \dfrac{\text{ch}(\alpha\xi)}{\text{ch}\alpha}\left(\dfrac{2\text{sh}\alpha}{\alpha}-1+\dfrac{2}{\alpha^2}\right) - \dfrac{2}{\alpha}\text{sh}(\alpha\xi) & \text{倒三角荷载} \end{cases} \tag{4-59}$$

式(4-59)为纵坐标系墙顶处 $\xi=0$ 推出；当墙顶为 $\xi=1$ 时，将 $1-\xi$ 代替上式的 ξ 即可。函数 $\varphi(\xi)$ 的计算值与 α、ξ 有关，查附表 4-1、附表 4-2、附表 4-3。

因此，基本未知力即连梁跨度中点的分布剪力 $\tau(\xi)$ 为：

$$\tau(\xi) = \frac{m(\xi)}{2c} = \frac{1}{2c}\varphi(\xi)V_0\frac{\alpha_1^2}{\alpha^2} = \frac{1}{2c}\varphi(\xi)V_0 T \tag{4-60}$$

图(4-20)给出了顶点集中荷载、均布荷载和倒三角荷载作用时 $\varphi(\xi)$ 随整体系数 α 和相对纵坐标 ξ 的变化曲线。可以看出，$\varphi(\xi)$ 随参数 α 增加而增加；且在均布荷载以及倒三角荷载作用下，$\varphi(\xi)$ 的最大值随参数 α 增加而向下部移动；在顶部集中力作用下，$\varphi(\xi)$ 随高度增加而增加，α 越大，$\varphi(\xi)$ 在上部出现最大值的楼层越多。

4. 双肢墙的内力计算

(1)连梁内力：

①第 i 层连梁剪力

$$V_{bi} = \tau(\xi)h_i \tag{4-61}$$

对顶层及底层处，h 应以 $h/2$ 代入。

②第 i 层连梁端部弯矩

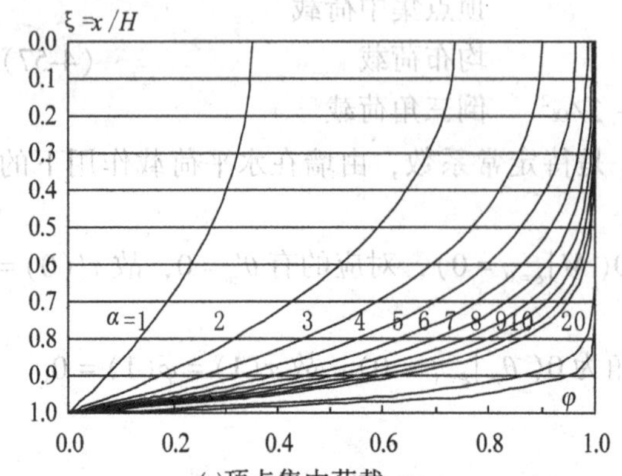

(a)顶点集中荷载

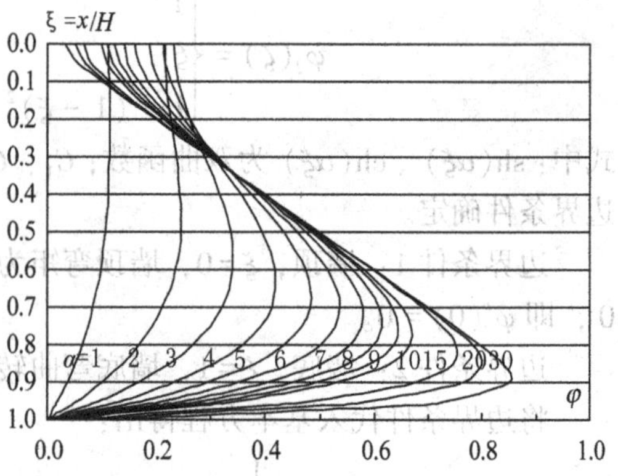

(b) 均布荷载

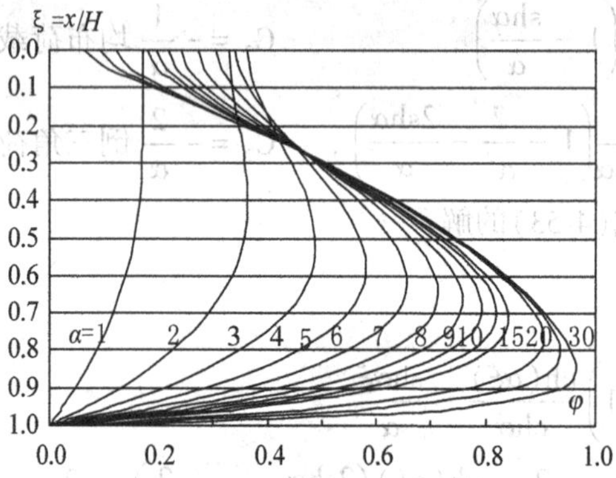

(c) 倒三角形分布荷载

图 4-20　三种荷载作用下的 $\varphi(\xi)$ 值沿高度和参数 α 的变化

$$M_{bi}=V_{bi}a_0 \tag{4-62}$$

(2)墙肢内力：

①第 i 层墙肢轴力：

$$N_{1i}=-N_{2i}=\sum_{i=i}^{n}V_{bi}\quad(n\text{ 为总层数}) \tag{4-63}$$

②连梁对墙肢的约束弯矩：连梁约束弯矩实际就是墙的整体弯矩，整体弯矩是由双肢墙组合截面承受的，应以连梁对两个墙肢的总约束弯矩为依据。故连梁约束弯矩集度(单位高度的约束弯矩)为：

$$m(\xi)=2c\tau(\xi)=\varphi(\xi)V_0T \tag{4-64}$$

第 i 层连梁约束弯矩为：

$$m_i=m(\xi)h \tag{4-65}$$

由式(4-64)可知，$\tau(\xi)$ 和 $m(\xi)$ 的图形与图 4-20 的 $\varphi(\xi)$ 一致，说明随整体性即整体系数 α 的增加，除顶部局部范围外的大部分楼层的 $\tau(\xi)$ 和 $m(\xi)$ 也是增加的，即整体参数 α 越大，连梁剪力越大，墙肢轴力也就越大，由轴向力平衡的倾覆力矩就越大，整体弯矩也就越大。

③第 i 层的墙肢弯矩：

由弯矩平衡关系有：

$$M_{1i}+M_{2i}=M_i-2cN(x)=M_i-\sum_{i=i}^{n}m_i \tag{4-66}$$

由两墙肢转角相同的假定和等比定理可得：

$$\theta'_{1m}=\theta'_{2m}=\frac{M_1}{EI_1}=\frac{M_2}{EI_2}=\frac{M_1+M_2}{E(I_1+I_2)}=\frac{M''}{E(I_1+I_2)} \tag{4-67}$$

所以两个墙肢的弯矩分别为：

$$M_{1i}=\frac{I_1}{I_1+I_2}(M_i-\sum_{i=i}^{n}m_i) \tag{4-68}$$

$$M_{2i}=\frac{I_2}{I_1+I_2}(M_i-\sum_{i=i}^{n}m_i) \tag{4-69}$$

④第 i 层墙肢剪力：由于连梁刚度可假设为无穷大，故可按墙肢刚度分配楼层总剪力 V_i，对第 i 层有：

$$\begin{aligned}V_{1i}&=\frac{I_1^0}{I_1^0+I_2^0}V_i\\ V_{2i}&=\frac{I_2^0}{I_1^0+I_2^0}V_i\end{aligned} \tag{4-70}$$

式中：I_j^0 为墙肢 j 考虑剪切变形影响的折算惯性矩，按下式计算：

$$I_j^0=\frac{I_j}{1+\dfrac{12\mu EI_j}{GA_jh^2}}=\frac{I_j}{1+\dfrac{28\mu I_j}{A_jh^2}} \tag{4-71}$$

式中：h 为层高，取 $G=0.425E$，剪应力不均匀系数对矩形截面取 $\mu=1.2$。

5. 双肢墙的水平位移

双肢墙在水平力作用下的侧移按下式计算：

$$y=y_{\mathrm{m}}+y_{\mathrm{v}}=\frac{1}{E\sum_1^2 I_j}\int_H^x\int_H^x M(x)\,\mathrm{d}x\mathrm{d}x-\frac{1}{E\sum_1^2 I_j}\int_H^x\int_H^x\int_0^x m(x)\,\mathrm{d}^3x+\frac{\mu}{G\sum_1^2 A_j}\int_H^x V(x)\,\mathrm{d}x \tag{4-72}$$

取 $x=0$(坐标原点在顶部)可得墙顶位移：

$$u=\begin{cases}\dfrac{1}{3}\dfrac{V_0H^3}{E\sum I_j}[1-T+T\psi_{\mathrm{a}}+3\gamma^2] & \text{顶点集中荷载}\\ \dfrac{1}{8}\dfrac{V_0H^3}{E\sum I_j}[1-T+T\psi_{\mathrm{a}}+4\gamma^2] & \text{均布荷载}\\ \dfrac{11}{60}\dfrac{V_0H^3}{E\sum I_j}[1-T+T\psi_{\mathrm{a}}+3.64\gamma^2] & \text{倒三角荷载}\end{cases} \tag{4-73}$$

式中：$\gamma^2 = \dfrac{\mu E \sum I_j}{H^2 G \sum A_j}$ 为墙肢考虑剪切变形影响的系数，$T = \alpha_1^2/\alpha^2$ 为轴向变形影响系数，ψ_α 为与 α 有关的函数，在三种荷载作用下的计算式分别为：

$$\psi_{\mathrm{a}} = \begin{cases} \dfrac{3}{\alpha^2}\left(1 - \dfrac{\mathrm{sh}\alpha}{\alpha\mathrm{ch}\alpha}\right) & \text{顶点集中荷载} \\ \dfrac{8}{\alpha^2}\left(\dfrac{1}{2} + \dfrac{1}{\alpha^2} - \dfrac{1}{\alpha^2\mathrm{ch}\alpha} - \dfrac{\mathrm{sh}\alpha}{\alpha\mathrm{ch}\alpha}\right) & \text{均布荷载} \\ \dfrac{60}{11}\dfrac{1}{\alpha^2}\left(\dfrac{2}{3} + \dfrac{2\mathrm{sh}\alpha}{\alpha^3\mathrm{ch}\alpha} - \dfrac{2}{\alpha^2\mathrm{ch}\alpha} - \dfrac{\mathrm{sh}\alpha}{\alpha\mathrm{ch}\alpha}\right) & \text{倒三角形分布荷载} \end{cases} \tag{4-74}$$

ψ_α 见附表 4-4。

4.5.6 壁式框架内力和水平位移计算

1. 概述

具有多列洞口的剪力墙，当剪力墙洞口尺寸较大，且当洞口上梁的刚度大于或接近于洞口侧边墙肢的刚度时，在水平力的作用下，墙肢在多数楼层将存在反弯点，这种剪力墙的受力性能与框架类似，可以按照壁式框架计算内力。

由于墙肢及连梁都较宽，在墙肢与连梁相交处形成了一个刚性区域，在这区域内，墙梁的刚度可以看成无限大。因此，壁式框架的杆件是带刚域的变截面杆件，壁式框架也称为带刚域的框架。

壁式框架的受力特点与框架相似，在水平力作用下，变形曲线是剪切型的。壁式框架与一般框架的区别在于一是存在刚域，计算时要考虑其影响；二是杆件截面较宽，需考虑剪切变形的影响。故仍可采用 D 值法进行计算，原理和步骤与普通框架一样，但要考虑刚域以及剪切变形影响对 D 值以及反弯点的计算取值加以修正。。

2. 刚域尺寸的取值

带刚域框架计算简图的轴线取连梁和墙肢形心线。一般可以近似认为两层梁轴线之间的距离 h_w 与结构层高 h 一致，即 $h_w = h$；壁柱轴线之间的距离为 l，等于墙肢形心之间的距离(图(4-21))。

刚域长度的取值方法如图 4-21 所示。取值原则是：

梁的刚域尺寸与梁高有关，梁的非刚域段长度伸进柱内四分之一梁高；

柱的刚域尺寸与柱高有关，柱的非刚域段长度深入梁内四分之一柱高。

梁的刚域长度：

$$l_{b1} = h_{c1} - h_b/4 \qquad l_{b2} = h_{c2} - h_b/4 \tag{4-75}$$

柱的刚域长度：

$$l_{c1} = h_{b\,1} - h_c/4 \qquad l_{c2} = h_{b\,2} - h_c/4 \tag{4-76}$$

3. 带刚域梁考虑剪切变形影响后的线刚度

图 4-22 是杆长为 l' 的等截面杆 $1'2'$ 的转动示意图，当两端转动单位角度 $\theta = 1$ 且考虑剪切变形影响时，杆两端所需加的弯矩即杆的转动刚度系数为：

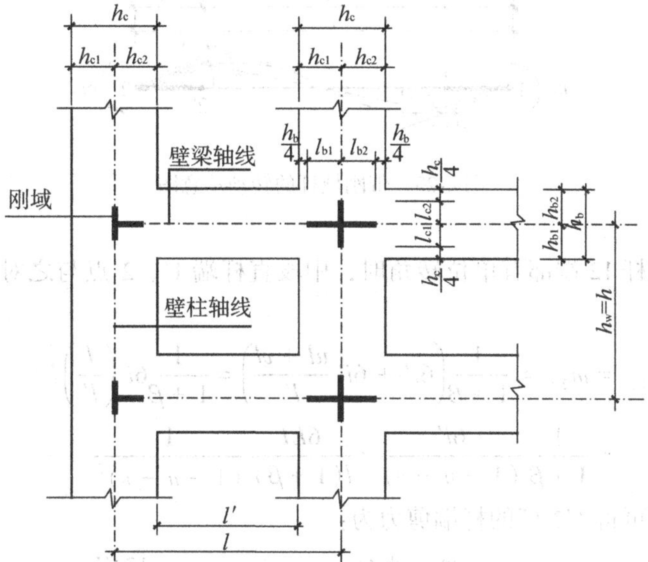

图 4-21　刚域尺寸

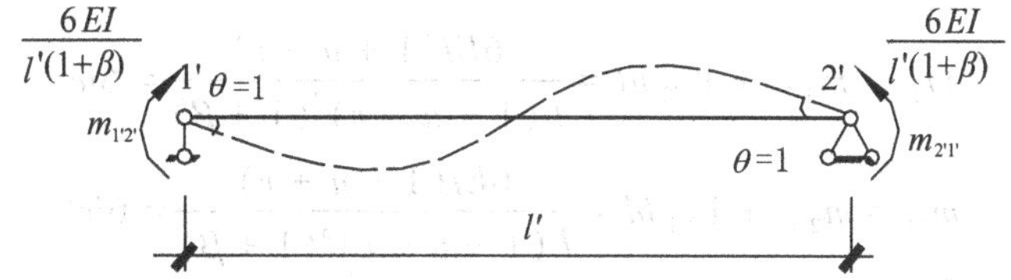

图 4-22　等截面杆考虑剪切变形的转动刚度系数

$$m_{1'2'} = m_{2'1'} = \frac{6EI}{l'(1+\beta)} = \frac{6i'}{1+\beta} \tag{4-77}$$

$$\beta = \frac{12\mu EI}{GAl'^2} \tag{4-78}$$

式中：$i' = \frac{EI}{l'}$ 为杆 1′2′ 的线刚度，β 为杆的剪切变形影响系数。

图 4-23 是长度为 l 的梁端带刚域杆的转动示意图，设 ul 和 vl 为杆左、右端的刚域尺寸。当杆端 1、2 有单位转角时，刚域内侧的 1′、2′两点除随刚体产生单位转角外，还有弦转角 φ 和相对线位移 $ul+vl$；1′、2′两点间的弦转角与相对位移的关系为：

$$\varphi = \frac{(u+v)l}{l'} = \frac{u+v}{1-u-v} \tag{4-79}$$

因此，1′、2′点的杆端转角为：

$$\theta + \varphi = 1 + \frac{u+v}{1-u-v} = \frac{1}{1-u-v} \tag{4-80}$$

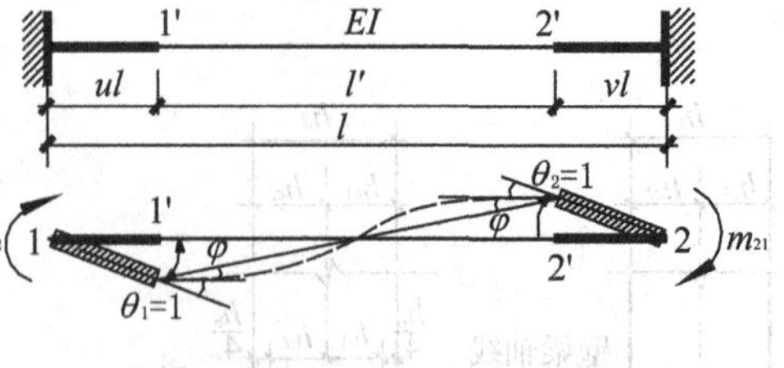

图 4-23　带刚域杆的转动示意图

故当带刚域杆 12 端部有单位转角时，中段直杆端 $1'$、$2'$点与之对应的弯矩即转动刚度系数为：

$$m_{1'2'}=m_{2'1'}=\frac{1}{1+\beta}\left(6i'+6i'\frac{ul+vl}{l'}\right)=\frac{1}{1+\beta}6i'\left(\frac{l}{l'}\right)$$

$$=\frac{1}{1+\beta}\frac{6i'}{(1-u-v)}=\frac{6EI}{l(1+\beta)}\frac{1}{(1-u-v)^{2}} \tag{4-81}$$

由弯剪平衡可得 $1'2'$杆的杆端剪力为：

$$V_{1'2'}=V_{2'1'}=\frac{m_{1'2'}+m_{2'1'}}{l'}=\frac{1}{1+\beta}\cdot\frac{12EI}{(1-u-v)^{3}l^{2}} \tag{4-82}$$

由刚性边段的平衡条件，可求出带刚域杆梁端 1、2 的弯矩。当取 $\theta=1$ 时即为梁端约束弯矩系数：

$$m_{12}=m_{1'2'}+V_{1'2'}ul=\frac{6EI(1+u-v)}{l(1-u-v)^{3}(1+\beta)}=6ic \tag{4-83}$$

$$m_{21}=m_{2'1'}+V_{2'1'}bl=\frac{6EI(1-u+v)}{l(1-u-v)^{3}(1+\beta)}=6ic' \tag{4-84}$$

$$m=m_{12}+m_{21}=6i(c+c') \tag{4-85}$$

式中：取 $i=EI/l$；剪切变形影响系数 β 按(4-78)计算；

系数 c 和 c' 为带刚域杆考虑剪切变形影响后的线刚度修正系数，取为：

$$c=\frac{1+u-v}{(1-u-v)^{3}(1+\beta)};\ c'=\frac{1-u+v}{(1-u-v)^{3}(1+\beta)} \tag{4-86}$$

令：

$$m_{12}=6ic=6K_{12}$$

$$m_{21}=6ic'=6K_{21} \tag{4-87}$$

$$K_{12}=ic,\quad K_{21}=ic'$$

式中：$K_{12}=ic$，$K_{21}=ic'$——带刚域梁考虑剪切变形影响的线刚度。

4. 带刚域柱考虑剪切变形影响的 D 值

在带刚域框架中，用带刚域杆考虑剪切变形影响的线刚度替代线刚度 i，对梁取 ic、ic'；对带刚域框架柱，考虑剪切变形影响的线刚度取为：

$$K_{c}=\frac{c+c'}{2}i_{c} \tag{4-88}$$

式中，系数 c 和 c'为带刚域柱上、下端考虑剪切变形影响的线刚度增大系数，其中的柱子剪切变形影响系数 β 用式(4-78)求解时，杆长用柱高 h 代入。

由于刚域影响，壁式框架梁、柱线刚度 K 和 K_c 都大于普通等截面框架柱的 i 值。框架柱的线刚度采用式(4-87)计算，并代入框架柱 D 值的计算公式，则得到带刚域柱的 D 值：

$$D = \frac{\alpha \cdot 12K_c}{h^2} \tag{4-89}$$

D 的具体计算见表 4-15。

表 4-15　**壁式框架 D 值计算**

楼层	梁、柱修正刚度值	梁柱刚度比 K	节点转动影响系数 α	柱子抗侧移刚度 D
一般层	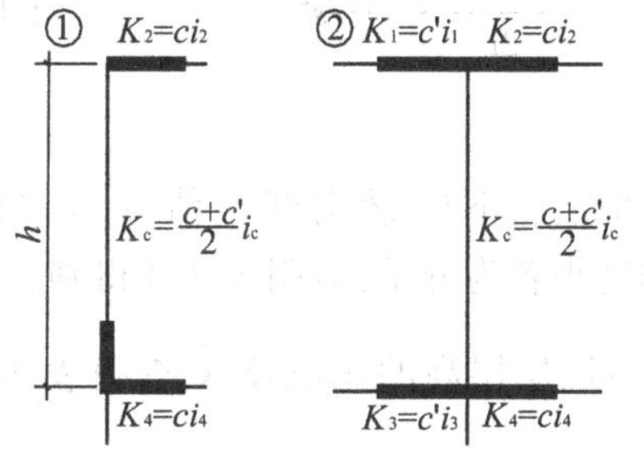	①：$K=\frac{K_2+K_4}{2K_c}$ ②：$K=\frac{K_1+K_2+K_3+K_4}{2K_c}$	$\alpha=\frac{K}{2+K}$	$D=\frac{12\alpha K_c}{h^2}$
底层	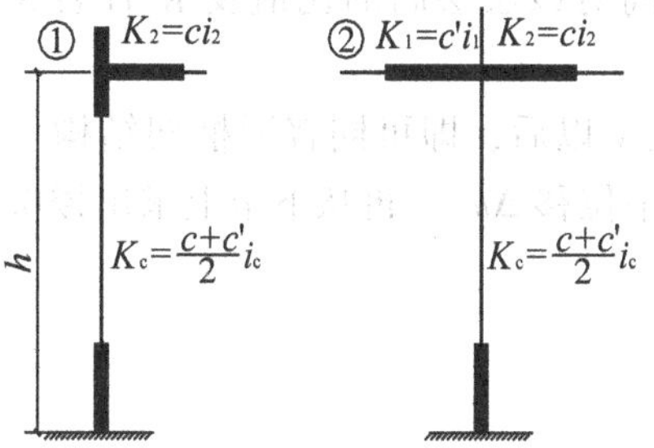	①：$K=\frac{K_2}{K_c}$ ②：$K=\frac{K_1+K_2}{K_c}$	$\alpha=\frac{0.5+K}{2+K}$	

5. 壁式框架柱反弯点高度比 y 值的修正

壁式框架柱的反弯点位置应考虑刚域端的修正。如图 4-24 所示，反弯点高度比为：

$$y = u + sy_0 + y_1 + y_2 + y_3 \tag{4-90}$$

$$s = h'/h = 1 - u - v$$

式中：v、u——壁柱上、下端刚域段的长度系数；

y_0——标准反弯点高度比，按普通框架取值。这里假想普通框架柱高为 h'，柱端弯矩近似取为带刚域框架柱端弯矩的 s 倍，假想框架梁的刚度减小 s 倍，假想框架柱线刚度 $i_c' = EI_c/h' = i_c/s$。故 y_0 由假想框架梁、柱刚度比 $\bar{K}$、总层数 n、第 m 层查附表 3-1~附表 3-3 查得；中间层中柱的 $\bar{K}$ 为：

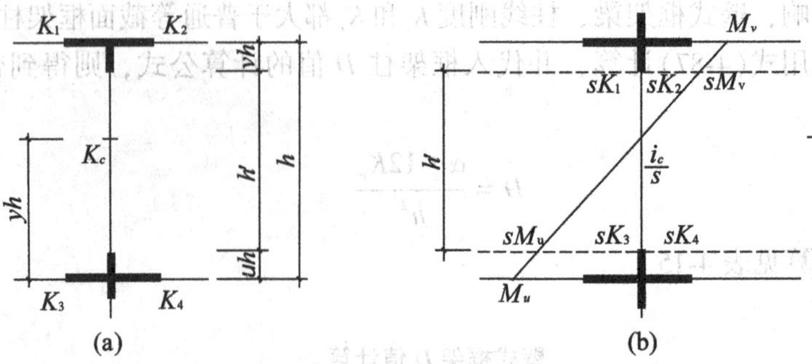

图 4-24　壁式框架反弯点修正

$$\bar{K}=\frac{sK_1+sK_2+sK_3+sK_4}{2i_c/s}=\frac{K_1+K_2+K_3+K_4}{2i_c}s^2 \tag{4-91}$$

$i_c=EI_c/h$

y_1——上、下梁刚度变化修正值，由 $\bar{K}$ 及上、下壁梁刚度比值 $\alpha_1=(K_1+K_2)/(K_3+K_4)$ 或 $\alpha_1=(K_3+K_4)/(K_1+K_2)$（刚度小者为分子）查附表 3-4 得到；

y_2——上层层高变化修正值，由上层层高与该层层高的比值及 $\bar{K}$ 查附表 3-5 得出，对于最上层不考虑。

y_3——下层层高变化的修正值，由下层层高对该层层高的比值及 $\bar{K}$ 查表 3-4 得出，对于最下层不考虑。

当得出壁式框架柱的 D 值以及反弯点高度比 y 以后，即可同普通框架结构一样求解各构件内力。同理也可以求出各层层间相对水平位移 Δu_i，再从下至上求出楼层位移即顶点水平位移 $u=\sum_{i=1}^{n}\Delta u_i$。

4.5.7　剪力墙的计算类型判别

1. 连梁刚度系数 C_b 的物理意义

式(4-49)给出了连梁刚度系数 $C_b=c^2I_b^0/a^3$，其中，a 是连梁的半计算跨度，由式(4-32)计算，即 $a=a_0+h_b/4$，c 是墙肢轴线距离之半。a、c 的几何意义见图 4-25，连梁刚度系数 C_b 也就是当连梁两端产生单位同向转角时所需加的力矩和。

C_b 的物理意义可由图 4-23 及图 4-25 的连梁转动示意看出。由于连梁相当于两端有刚域的梁，当连梁两端转动角 $\theta=1$ 时，所需加的力矩总和为：

$$m=m_{12}+m_{21}=6i(c+c')=\frac{12i}{(1-u-v)^3(1+\beta)} \tag{4-92}$$

将 $l'=2a$、$l=2c$（见图 4-25）代入式(4-92)，得：

$$m=\frac{12EI_b(2c)^2}{(2a)^3(1+\beta)}=\frac{6EI_bc^2}{a^3(1+\beta)}=\frac{6EI_b^0c^2}{a^3}=6EC_b \tag{4-93}$$

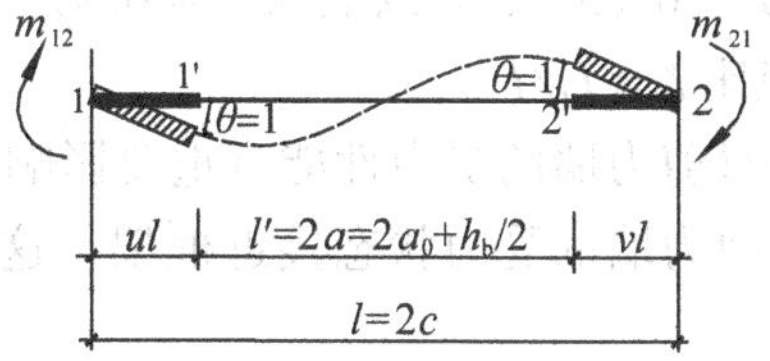

图 4-25　带刚域连梁转动及约束弯矩

式中：$I_b^0 = I_b/(1+\beta)$，$i = EI_b/l$。

由式(4-93)可知，当梁两端各转动相同转角 $\theta=1$ 时，所需要施加的约束弯矩总和等于 $6EC_b$，即连梁转动刚度系数。可以看出，C_b 是一个反映连梁转动刚度大小的系数，反映了连梁对墙肢的约束能力。C_b 值越大，连梁的转动刚度越大，对墙肢的约束越强。

2. 剪力墙整体系数 α 的物理意义

双肢墙的整体参数 α 见式(4-47)和式(4-50)，其中的 $\sum I_j$ 是各墙肢的惯性矩和，将式(4-50)上下同乘以弹性模量，得到：

$$\alpha^2 = \frac{6H^2 C_b}{h\sum I_j}\frac{I}{(I-\sum I_j)} = \frac{\sum\limits_{i=1}^{n} 6EC_{b\ i}}{\sum\limits_{1}^{2}\left(\frac{EI_j}{H}\right)\cdot\frac{I_A}{I}} \tag{4-94}$$

式(4-94)中，总高 H 除以层高 h 即 H/h 等于层数 n，分子表达的意义为 n 个 $6EC_b$ 就是各层连梁转动刚度系数的和。而分母的 EI_j/H 实际是墙肢抗弯刚度沿总高度的线刚度；式中，$I_A = I-(I_1+I_2)$，I_A/I 就是墙肢轴向变形影响系数 T，T 小于 1，可以看成是墙肢轴向变形对墙肢抗弯刚度的降低系数。因此从式(4-94)可以看出，整体参数的平方 α^2 的物理意义实际是“带刚域框架”各层横梁转动刚度之和与墙肢修正抗弯刚度之和的比值，α 是无量纲的量，其值越大，连梁对墙肢的约束作用越强。

当洞口很大、连梁刚度很小、墙肢刚度相对较大时，α 值较小。此时，连梁的约束作用很弱，墙肢的联系很差，在水平力作用下，联肢墙转化为由连梁铰接的独立悬臂墙。这时墙肢轴力为零，水平荷载产生的弯矩由两个独立的悬臂墙肢直接承担，剪力墙的侧移较大。

当洞口很小、连梁刚度很大、墙肢刚度相对较小时，则 α 较大。此时，连梁的约束作用增强，墙的整体性很好，联肢墙转化为整体墙或小开口整体墙。这时，墙肢中的轴力抵消了水平荷载产生的大部分倾覆弯矩，而墙肢承受的弯矩较小。

对有 m 列洞口的多肢墙，有：

$$\alpha^2 = \frac{6H^2\sum\limits_{1}^{m} C_{bj}}{Th\sum\limits_{1}^{m+1} I_j} \tag{4-95}$$

式中：参数 T 为轴向变形影响参数，见式(4-51)。对双肢墙有 $T = I_A/I$；3~4 肢墙时，

取 $T = 0.8$；5~8 肢时，取 $T = 0.85$；8 肢以上取 $T = 0.9$。

3. 剪力墙的墙肢惯性矩比 $\zeta = I_A/I$

墙肢与连梁的相对强弱对剪力墙的受力性能有重要影响。当洞口很大、连梁约束相对较强而墙肢相对弱势时，剪力墙的受力状态接近框架。这一性质用墙肢惯性矩比 $\zeta = I_A/I$ 来衡量：

$$\zeta = \frac{I_A}{I} = \frac{I - \sum I_j}{I} \tag{4-96}$$

式中，I 为组合截面惯性矩，$\sum I_j$ 为墙肢惯性矩和。

对双肢墙 ζ 也等于墙肢轴向变形影响参数 T(式 4-51)。

图 4-26 表示只有一列洞口墙的洞口截面。组合截面形心为 O 点，两个墙肢形心分别是 O_1 和 O_2，墙肢面积为 A_1 和 A_2，组合截面惯性矩 $I = I_A + \sum I_j$，$I_A = \sum A_j c_j^2$。因此墙肢惯性矩比可以表达为：

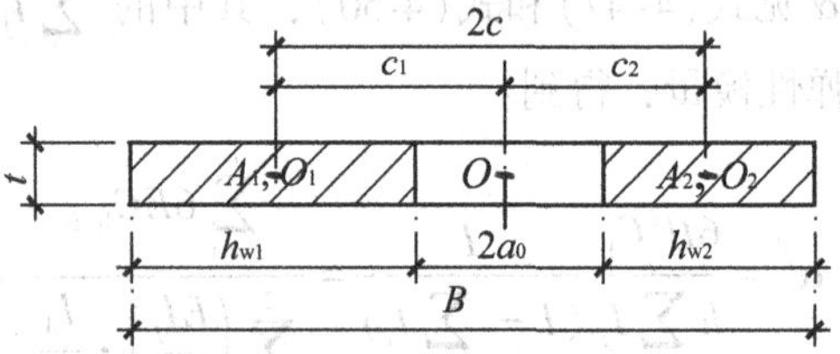

图 4-26　剪力墙组合截面

$$\zeta = \frac{1}{1 + \dfrac{\sum I_j}{\sum A_j c_j^2}} \tag{4-97}$$

从式(4-97)可以看出，当组合截面高度(B)一定时，洞口宽度 $2a_0$ 越大，墙肢截面宽度 h_w 就越小，c_j 就越大大，故 $\dfrac{\sum I_j}{\sum A_j c_j^2}$ 变小，ζ 值就越大；相反，洞宽越小，ζ 值就越小。对矩形截面双肢墙，当洞口宽度趋近于零时，ζ 趋近于 0.75；当洞宽等于墙肢截面高度时，$\zeta = 0.923$；当洞口宽度接近墙宽的 80%时，ζ 近似等于 1。

如图 4-25 所示为一墙宽为 B 的剪力墙，居中开有一列洞口，洞宽为 $2a_0$，相对洞宽为 $2a_0/B$，连梁高度为 1m，各参数 $\zeta = I_A/I$、$\sum I_j = I_1 + I_2$、C_b、α 相对于 $2a_0/B = 0.1$ 的数值。从图中可见，当 $2a_0/B$ 小于 0.4 左右时，整体参数 α 随 $2a_0/B$ 增加而下降，而当洞宽继续增加到 $2a_0/B$ 大于 0.4 时，整体参数开始随 $2a_0/B$ 的增加而增加，连梁对墙肢的约束转强。本例中，与整体参数 α 拐点对应的肢强系数 $\zeta = I_A/I = 0.942$。

这说明，虽然连梁转动刚度 C_b 也随洞口宽度 $2a_0$ 的增加而变弱，但随着 $2a_0$ 的增加，C_b 的下降速率会趋缓，即低于墙肢惯性矩和 $\sum I_j = I_1 + I_2$ 的下降速度；当洞口尺寸增加到一定值时，连梁相对于墙肢变强，使墙的整体性增加，较弱的墙肢受到相对较强

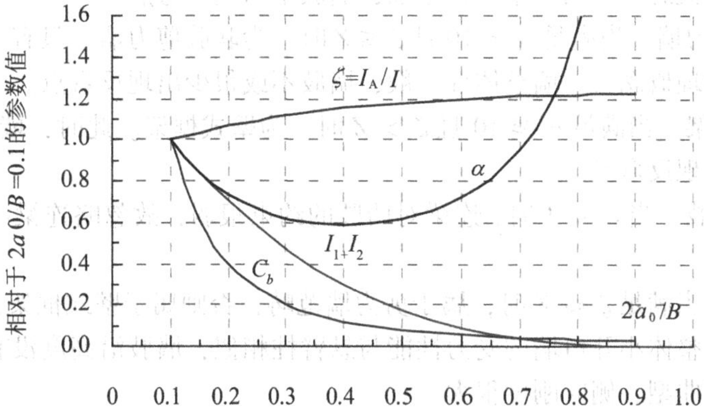

图 4-27　一列洞口剪力墙各参数相对值随截面洞宽的变化

的连梁约束，就会出现多数墙肢出现反弯点的情况，这时墙的受力状态接近于框架的受力形态，称为壁式框架。

因此整体参数 α 不能作为判别剪力墙计算类型的唯一参数，墙的受力性质还与洞口的相对宽度 $2a_0/B$ 有关。由于 $\zeta = I_A/I$ 是仅与 $2a_0/B$ 有关的参数，可以恰当地反映出墙肢受力状态随洞口宽度的改变。当 $\zeta = I_A/I$ 大于某一数值 Z 时，墙的性质转变为壁式框架。Z 值与整体参数和建筑层数有关，见表 4-16。

表 4-16　　$\zeta = I_A/I$ 的限值 Z

层数/α	均布荷载			倒三角形均布荷载		
	8	10	12	8	10	12
4	0.905	0.967	0.977	0.988	0.994	1
6	0.880	0.931	0.958	0.964	0.969	0.985
8	0.850	0.918	0.951	0.931	0.952	0.978
10	0.832	0.897	0.945	0.887	0.938	0.974
12	0.810	0.874	0.926	0.867	0.915	0.950
14	0.797	0.858	0.901	0.853	0.901	0.933
16	0.788	0.847	0.888	0.844	0.889	0.924
18	0.781	0.838	0.879	0.837	0.881	0.913
20	0.775	0.832	0.871	0.832	0.875	0.906

4. 剪力墙的分类判别条件

(1)整截面剪力墙。没有洞口或洞口小，如门窗等墙面开孔立面积不超过墙面面积的 15%，且孔口间净距及洞口至墙边的净距大于洞口长边尺寸的墙可为判别为整体墙。

(2)整体小开口剪力墙。当满足 $\alpha \geqslant 10$ 且 $\zeta \leqslant Z$（表4-16）时，为整体小开口剪力墙。相应的物理概念为：墙的整体性很强，墙肢不出现反弯点。

(3)联肢剪力墙。当满足 $\alpha < 10$ 且 $\zeta \leqslant Z$ 时，为联肢剪力墙。只有一列洞口时为双肢墙。相应的物理概念为：墙整体性一般，墙肢不或很少出现反弯点。

(4)壁式框架。当满足 $\alpha \geqslant 10$ 且 $\zeta > Z$ 时，为壁式框架。此时，墙的整体性很强，但墙肢各层多出现反弯点。

(5)独立墙肢。当 $\alpha < 1$ 时，连梁对墙肢的约束很弱，故忽略连梁约束，各墙肢按独立肢墙计算。

由上可知，当满足 $\zeta \leqslant Z$ 时，属于剪力墙范畴，否则属于壁式框架范畴。

整截面墙与整体小开口墙的受力性能与悬臂柱相似，墙肢沿高度没有反弯点，其水平位移曲线为弯曲型，侧向刚度很大。

联肢剪力墙的墙肢在大多数楼层中没有反弯点，其水平位移曲线也是弯曲型，抗侧力能力比框架大，延性比框架稍差。这种墙是在剪力墙结构中用得最多的。

壁式框架属于框架范畴，其框架柱在大多数楼层存在反弯点，水平位移曲线为剪切型，抗侧能力相对较弱，延性较好。

4.6 框架-剪力墙结构

在框架结构中设置部分剪力墙，使框架和剪力墙共同抵抗水平荷载，就组成了框架-剪力墙结构体系。框架-剪力墙（筒体）结构中，刚度大的剪力墙将承担大部分水平力，是抗侧力的主体，从而使整个结构抗侧向位移的能力大大提高。框架则主要承担竖向荷载，框架可以提供较大的使用空间，有利于多功能的建筑布置要求。剪力墙布置成筒体，又可称为框架-筒体结构体系，其承载能力、侧向刚度和抗扭能力都较单片剪力墙大大提高，从而可以用于更高的建筑结构。一般，当建筑层数为 10 ~20 层时，可利用单片剪力墙作为基本单元，当采用剪力墙筒体作为基本单元时，建筑高度可建到 30 ~ 40 层。

4.6.1 框架-剪力墙的结构布置

框架-剪力墙中的剪力墙是结构设计的关键问题，剪力墙的布置要使结构合理并通常要符合建筑使用要求。

1. 剪力墙的布置形式

剪力墙的布置一般可采用下列几种形式：

(1)框架和剪力墙(包括单片墙、联肢墙、剪力墙小井筒)分开布置，各成比较独立的抗侧单元(图 4-28(a))。

(2)在框架的若干跨内嵌入剪力墙，框架相应跨的柱和梁成为该片墙的边框，形成带边框剪力墙(图 4-28(b))。

(3)在单片抗侧力结构内连续分别布置框架和剪力墙(图 4-28(c))，当然也可以是以上几种形式的混合，也不排除根据实际情况采用其他形式。

(4)上述三种情况的组合。

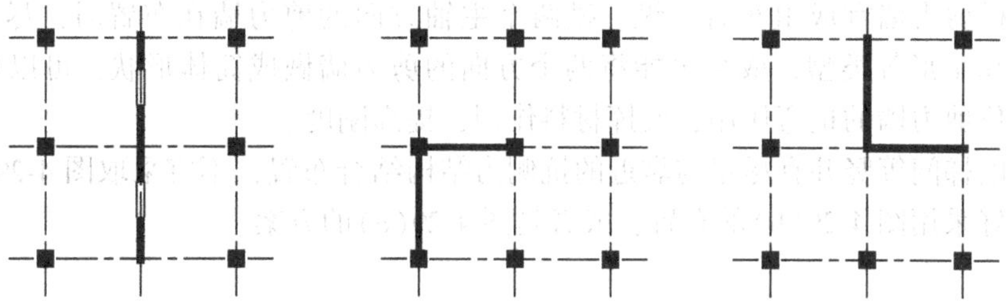

(a)　(b)　(c)

图 4-28　剪力墙的布置形式

2. 剪力墙的布置原则

框架-剪力墙结构中，由于剪力墙的刚度较大，其数量和布置不同时对结构整体刚度和刚心位置影响很大，因此处理好剪力墙的布置是框架-剪力墙结构设计中的重要问题。

(1)结构体系的基本要求。为了发挥框架-剪力墙结构的优势，无论是否抗震设计，均应设计成双向抗侧力体系，且结构在两个主轴方向的刚度和承载力不宜相差过大；抗震设计时，框架-剪力墙结构在结构两个主轴方向均应布置剪力墙，且主体结构构件之间除个别节点外不应采用铰接，以体现多道防线的要求。

为保证荷载传递并避免构件的不利受力状态，梁与柱或柱与剪力墙的中线宜重合。

(2)平面布置原则。剪力墙平面布置时宜做到，“均匀、分散、周边、对称”。

剪力墙应均匀布置。每片墙刚度宜接近，单片剪力墙底部承担的水平剪力不宜超过结构底部总水平剪力的 30%，一个墙肢的长度不宜超过 8m。这样做可以避免受力过分集中，也可避免由于不均匀布置导致弱墙肢破坏引发的连续破坏，也方便设计。

剪力墙应分散布置。根据多道设防的原则，每个方向上不宜仅设置一道剪力墙，更不宜设置一道很长的墙。单片布置时，每个方向的剪力墙不宜少于 3 片。因为剪力墙是结构主要的抗侧力单元，数量太少就会安全储备不足，而导致单一墙肢破坏而引起全局破坏。

剪力墙宜周边布置。均匀布置在建筑物的周边附近，可以使剪力墙提供最大的整体抗扭刚度，既可发挥抗扭作用又可减小位于周边而受室外温度变化的不利影响。

剪力墙应对称布置。剪力墙的刚度很大，在结构平面上把剪力墙对称布置就可以基本保证建筑物的对称性格局，使水平力能从结构的刚度中心通过，避免引起结构过大的扭转。

剪力墙宜布置在结构受力不利的位置。如布置在楼电梯间、平面形状变化部位、凹凸变化大时的凸出部位及恒载较大的部位。这样可以弥补结构平面的薄弱部位，避免不利内力分布，承担由于平面变化带来的应力集中，保证水平力传递，也可避免柱子超限。

纵向剪力墙不宜布置在长矩形平面的两个尽端。剪力墙对框架温度变形的约束较大，间距越大，其约束作用就越强。平面尺寸较长时，纵向剪力墙的布置要避开建筑两端，以免房屋的两端被抗侧刚度较大的剪力墙“锁住”，使中间部分的楼盖在混凝土收缩或温度变化时容易出现裂缝。

纵、横剪力墙宜成组布置。纵、横两个主轴方向的剪力墙在布置时，尽量组成L形、□形和T形等类型，或尽可能将两个方向的剪力墙做成筒体形状，可以更好地利用翼缘部位剪力墙的抗弯作用，发挥材料作用，提高刚度。

楼、电梯间等竖井宜尽量与靠近的抗侧力结构结合布置，不宜采取图4-29(a)的布置，而最好采用图4-29(b)的布置，或者是图4-29(c)的方案。

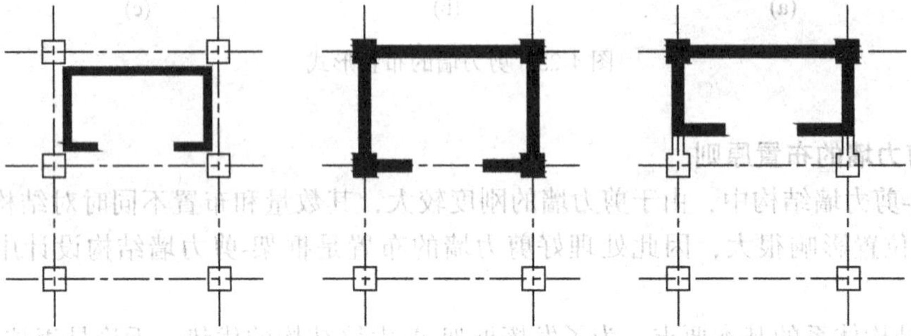

图4-29　框架-剪力墙的平面布置

(3)剪力墙的最大间距。长矩形平面或平面有一部分较长的建筑中，横向剪力墙沿长方向的间距宜满足表4-17的要求，当这些剪力墙之间的楼盖有较大开洞时，表中剪力墙的间距还应适当减小。

表4-17　**剪力墙间距(m)**

楼面形式	非抗震	抗震设计		
		6、7度	8度	9度
现浇	≤5B，60	≤4B，50	≤3B，40	≤2B，30
装配整体	≤3.5B，50	≤3B，40	≤2.5B，30	—

因为在框架-剪力墙结构中，框架和剪力墙通过楼板联系在一起以保证协同变形和承受荷载，剪力墙相当于是楼盖的水平支点，剪力墙的间距越大，楼盖在支承方向的水平平面内变形就会越大，这会使墙之间的框架产生较大的实际位移(图4-30)。如横向剪力墙间距过大，在侧向力作用下，因不能保证楼盖平面的刚性而会增加框架的负担，对框架安全不利。

(4)剪力墙的数量。当框架承担的倾覆力矩大于结构总倾覆力矩的10%且不大于50%时，属于典型的框架-剪力墙结构，与此对应的剪力墙数量是合适的。剪力墙数量少会使其抗侧刚度过小而不足以发挥作用，而刚度过大也会使结构吸收过大的地震作用且不经济。在一般工程中，以满足位移限制作为确定剪力墙数量的依据较为适宜，称适宜刚度原则。

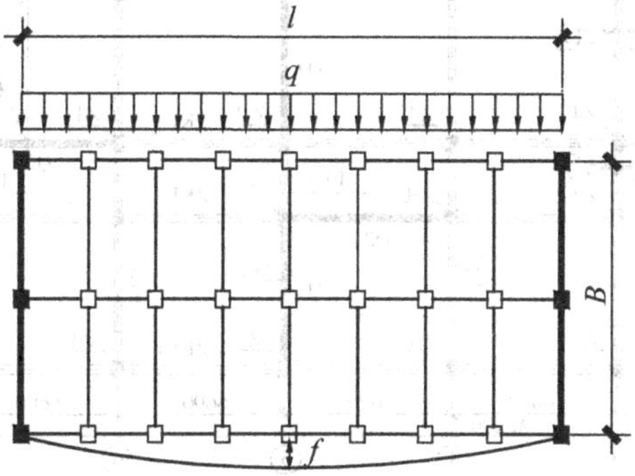

图 4-30　剪力墙之间的楼盖变形

图 4-31 为框架-剪力墙结构的剪力墙布置实例。

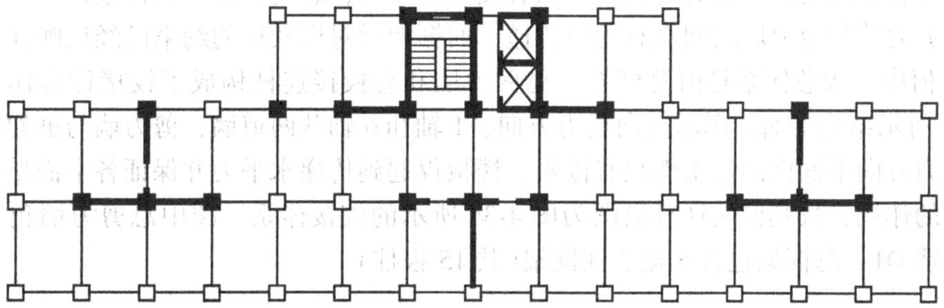

图 4-31　框架-剪力墙的平面布置

4.6.2　框架与剪力墙的计算体系

1. 框架-剪力墙结构中的连梁

框架-剪力墙结构中，框架和剪力墙由连梁及楼板联系在一起形成整体空间抗力体系。连梁指的是一端为框架、另一端连接墙的梁，如图 4-32 中的 LL1；或者是两端与墙相连的梁，如图 4-32 中的 LL2。与剪力墙平面内相连的连梁在剪力墙弯曲时可以提供约束，使得剪力墙与框架之间或剪力墙与剪力墙之间有弯矩传递，对墙的内力与变形有影响。

2. 结构总体系

在近似计算中，将计算方向所有的墙归并为总剪力墙，所有框架柱归并为总框架，框架和剪力墙之间的楼板和连梁归并为总连杆。框架-剪力墙结构的计算就是要解决总框架与总剪力墙之间的总内力分配，进而求出框架与剪力墙的内力并进行截面设计。如图 4-32 所示平面，横向总剪力墙由四道 Q1 组成，而总框架由 22 根框架柱组成。在纵向，总剪力墙由三道 Q2 组成，而总框架由 26 根框架柱组成。

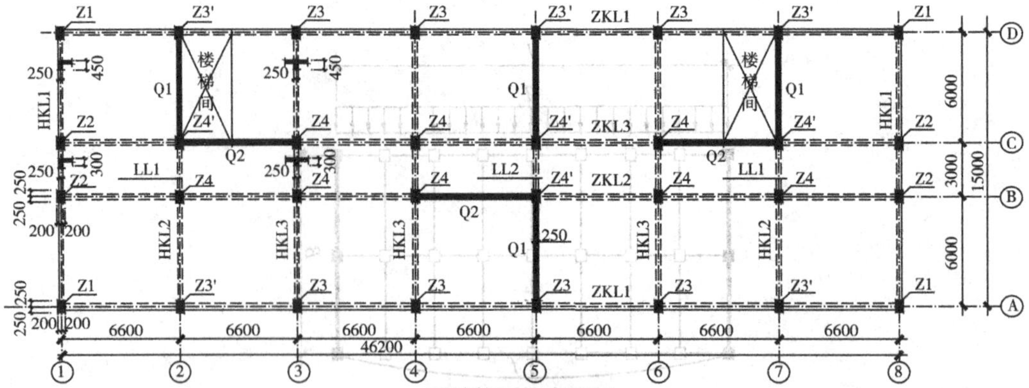

××层结构平面布置图

图 4-32　框架剪力墙

3. 铰接计算体系

当计算方向的框架和剪力墙之间只有楼板连接时，总连杆即为铰接连杆，剪力墙与框架、剪力墙与剪力墙之间没有弯矩传递，而框架梁对框架柱的约束已经反映在抗侧移刚度 D 值中，故总体系是由总框架、总剪力墙和总铰接连杆构成了铰接计算体系。如图 4-33 所示结构平面，图示横向受力方向，1 轴和 6 轴共两道墙，剪力墙与框架之间不存在受力方向平面内的连梁而只有楼板，楼板仅起到传递水平力并保证各平面单元有相同变形的作用，故其横向计算简图为图 4-34 所示的铰接体系。图中总剪力墙包含 2 片带洞口墙 Q1，总框架包含 5 榀 3 柱框架(共 15 根柱)。

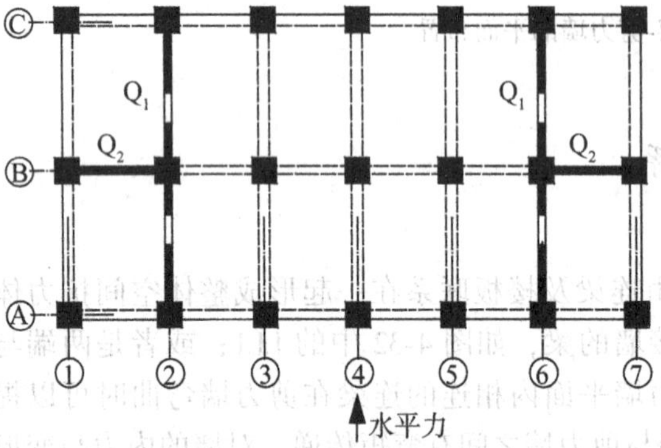

图 4-33　框架-剪力墙结构平面图

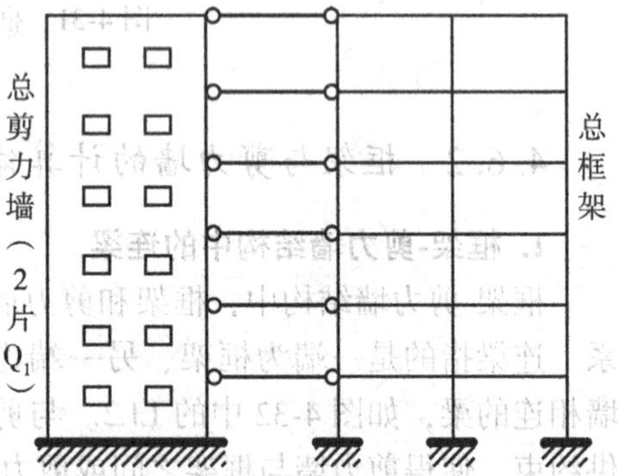

图 4-34　铰接体系计算简图

4. 刚结计算体系

图 4-35 所示框架-剪力墙结构平面，在图示水平力作用方向，Q1 和框架柱之间有连梁 LL1 相连，Q2 和框架柱之间有连梁 LL2 相连，故在横向计算时，总体系由三片剪力墙(Q1 和 Q2)、15 根框架柱以及三根连梁(在墙一侧有约束)组成，可视为刚结体系。体系如图 4-36 所示，由于连梁对框架的约束已在框架抗侧移刚度 D 中考虑，故连杆与总框架之间的连接仍然以“铰”表示。

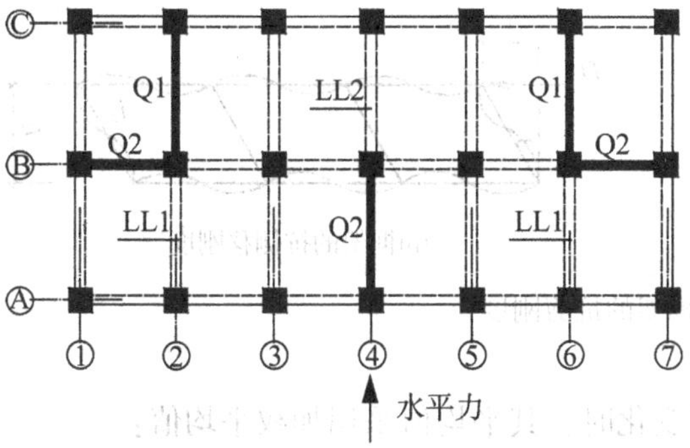

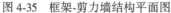

图 4-35　框架-剪力墙结构平面图

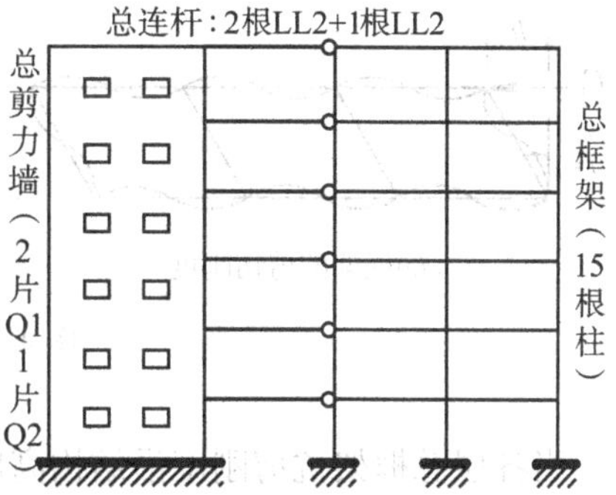

图 4-36　刚结体系计算简图

在工程设计中，如果连梁截面尺寸较小，约束作用很弱，可忽略其对墙肢的约束作用，把连梁处理成铰接的连杆，即可根据连梁截面尺寸的大小和约束大小，来选择铰接体系或刚接体系计算。例如本例中，如果计算时忽略总连梁对剪力墙的约束，则结构仍然看做是铰接体系。实际上，在水平地震反复作用下，连梁两端一般首先开裂，从而失去了刚结作用，故按铰接体系计算的误差一般在 5%以内。

5. 总体系的刚度计算

EI_{eq}根据剪力墙的开口大小和类型计算。

(1)总剪力墙的抗弯刚度。总剪力墙的抗弯刚度为单片剪力墙的抗弯刚度之和：

$$EI_w = \sum_1^m EI_{eq} \tag{4-98}$$

式中：m——总剪力墙中剪力墙数量；

EI_{eq}——单片剪力墙的等效抗弯刚度，根据剪力墙的类型计算。

当各层剪力墙的 EI_w不同时，取沿高度的加权平均值：

$$EI_w = \frac{\sum_{i=1}^n EI_{wi} h_i}{\sum_{i=1}^n h_i} \tag{4-99}$$

式中：h_i——第 i 层层高。

(2)总框架的剪切刚度计算。总框架的剪切刚度 C_f为使总框架在层间产生单位剪切变形时所需要的剪力(图 4-37(a))。而柱抗侧移刚度 D 的物理意义是考虑框架节点转动影响时使框架柱两端产生单位相对侧移时所需要的剪力(图 4-37(b))，表达式为：

$$D = \alpha \frac{12 i_c}{h_i^2} \tag{4-100}$$

对总框架来说，每层的框架柱总抗侧移刚度 D_i 应为同一层内所有框架柱的抗侧移刚度之和，即 $D_i = \sum_{j=1}^m D_{ij}$。故总框架的剪切刚度为：

$$C_{fi} = h_i \sum_{j=1}^m D_{ij} \tag{4-101}$$

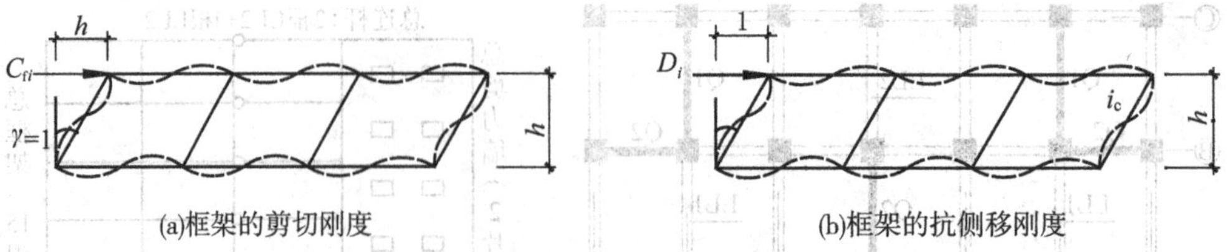

图 4-37 框架的抗剪刚度

当各层总框架抗剪刚度沿结构高度有变化时，其平均值采用加权平均值：

$$C_f = \frac{\sum C_{fi}h_i}{\sum h_i} \tag{4-102}$$

式中：C_f——总框架的剪切刚度。

(3)框架-剪力墙结构的刚度特征值。总框架与总剪力墙的相对强弱用刚度特征值表示，对铰接体系按下式计算：

$$\lambda = H\sqrt{\frac{C_f}{EI_w}} \tag{4-103}$$

式中：H——为结构总高。

λ 是一个无量纲的量，是反映总框架和总剪力墙之间抗侧移刚度比值的一个参数，对总剪力墙以及总框架的受力状态以及变形有很大影响。λ 值越大，表示相对于总剪力墙的等效刚度而言，总框架的剪切刚度较大；反之，则较小。λ 的大小对总框架和总剪力墙的内力及结构的位移曲线特征有很大影响，典型框架-剪力墙结构 λ 取值在 1.1~2.4 左右。

4.6.3 框架与剪力墙的协同工作

框架-剪力墙结构在竖向荷载作用下，剪力墙和框架分别承受各自负荷范围内的楼面荷载，内力计算如前面章节所述。

在水平荷载作用下，框架和剪力墙由于楼盖的刚性联系作用而共同变形、共同工作，水平剪力由框架和剪力墙共同承担。由于纯框架和纯剪力墙结构在水平力作用下的位移曲线各自有不同的特点，而框架-剪力墙结构体系必须变形协调，故框架和剪力墙之间存在相互作用力，各自所分配剪力值沿高度变化，水平力在框架和剪力墙之间的分配由协同工作计算确定。

1. 结构的侧向位移特征

纯剪力墙结构单独受力时，剪力墙各层楼面处的弯矩等于外荷载在该楼面标高处的倾覆力矩。该力矩与剪力墙弯曲变形的曲率成正比，剪力墙的变形同竖向悬臂梁，楼层越高水平位移增长越快，变形曲线呈弯曲型(图 4-38(a))。

框架单独承受侧向荷载时，为抵抗各楼层剪力，将在梁、柱内产生弯矩，框架节点产生转动，梁、柱弯曲变形是产生侧移的主要因素，由 D 值法可-知，各楼层层间相对位移与层间剪力成正比，越向下层剪力越大，侧移形状如图 4-38(b)，变形为剪切型。

在框架-剪力墙结构中，框架与剪力墙通过平面刚度大的楼板联系起来协同工作，共同抵抗水平荷载时，产生协调变形，变形如图 4-38(c)所示，呈反 S 形，称为弯剪型变形。结构上下各层层间变形趋于均匀，顶点侧移降低。变形曲线的反弯点位置与剪力墙的抗侧刚度有关，剪力墙的侧向刚度加大，反弯点上移。顶点侧移比同条件框架结构降低。

侧移曲线的特点随刚度特征值 λ 而改变。λ 很小时，框架的抗侧刚度远小于剪力墙，结构侧移曲线接近剪力墙的变形曲线，即曲线凸向原始位置。反之，当 λ 很大时，总框架的侧移刚度大于总剪力墙的侧移刚度，结构侧移曲线接近框架的变形曲线，即凹向原始位置(图 4-38(d))。

框架-剪力墙结构在水平力作用下，层间位移最大值一般发生在(0.4~0.8)H 高度内的楼层，H 为建筑物总高度。框架-剪力墙结构比框架结构的刚度和承载能力都大大提高，在水平荷载作用下层间变形减小。

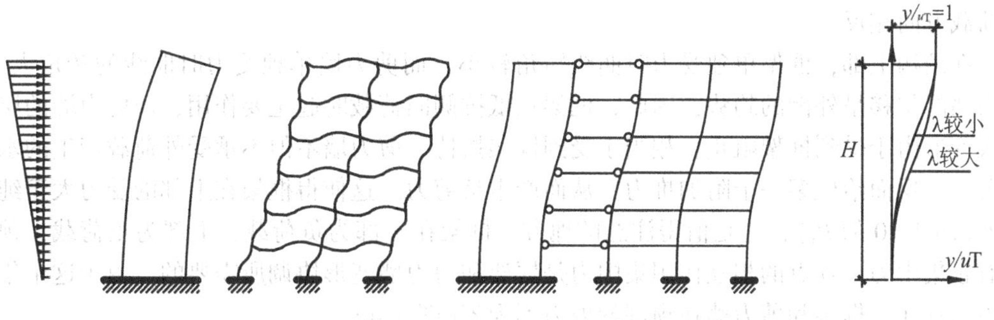

图 4-38　框架-剪力墙结构的变形特点

2. 框架与剪力墙的相互作用

纯框架在水平荷载作用下的剪切型变形特点是，楼层越高水平位移增长越慢，上层层间相对位移小，下层层间相对位移大。纯剪力墙结构的弯曲形变形曲线，呈现出楼层越高水平位移增长越快的特点，上层层间相对位移大，下层层间相对位移小。

由于框架与剪力墙通过平面刚度很大的楼板协同工作、共同抵抗水平荷载时，变形必须协调，因而存在相互作用力，如图 4-39 所示。由于在下部楼层框架的层间侧移大，而剪力墙的位移小，故剪力墙将阻止框架的水平位移，使框架受到与外力相反方向的附加拉力。在上部楼层，剪力墙的层间变形大，框架阻止剪力墙变形从而使墙受与外力方向相反的作用力。框架和剪力墙之间的这种相互作用力称附加水平力(图 4-39)。

3. 框架和剪力墙的受力特点

图 4-40 所示为框架和剪力墙承担外荷载产生的水平力的情况。外荷载 P 由框架与剪力墙共同承受，即 $P=P_w+P_f$。由于剪力墙抗侧刚度远远大于框架，故在水平力的作用下，剪力墙将承担大部分水平力，一般在 80%以上，而框架主要承担竖向荷载。

在结构下部，剪力墙侧移曲线转角为零，层间侧移小，而框架在下部楼层侧移大，故剪力墙不但要承受大部分水平力，还要承担框架作用给它的附加推力。剪力墙在下部

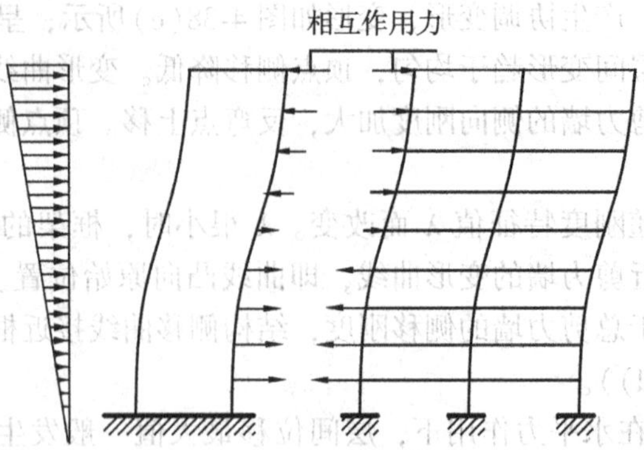

图 4-39　框架-剪力墙相互作用力

负担的荷载 P_w 大于外荷载，上部逐渐减小，顶部有负集中力，而框架承担的荷载 P_f 与外荷载方向相反。

在结构上部，框架单独受力时曲线转角较小，而剪力墙单独受力时曲线的转角大，剪力墙的位移呈外倒的趋势，因此，框架在抵抗侧向荷载时起主要作用，而剪力墙的层间大变形由于受到框架阻止，相当于受到框架扶持。剪力墙不但不承受外荷载产生的水平剪力，反而给框架一个附加推力，从而产生负剪力。这使得框架在上部的受力大于纯框架(图 4-40 的 P_f)，这是值得注意的地方。框架在下部为负荷载，上部为正荷载，顶部有正集中力。顶点的相互作用集中力是框架和剪力墙变形协调所需要的，由于这个集中力的存在，框架和剪力墙在顶部的剪力不为零(图 4-40)。

总体来讲，由于剪力墙承受了大部分水平力，大大减小了框架受力，使得框架沿高度受力均匀，构件规格少，利于施工。

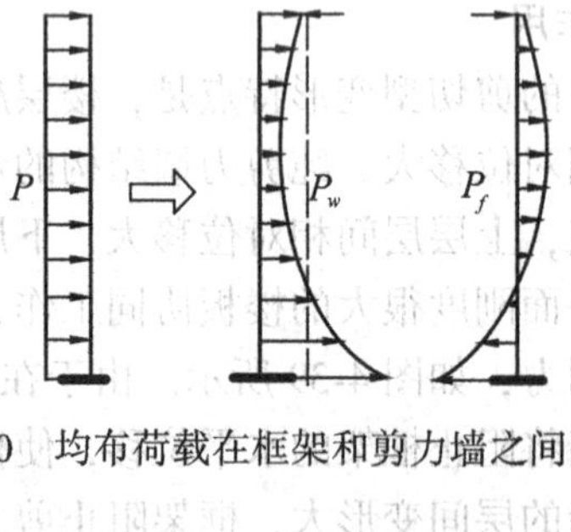

图 4-40　均布荷载在框架和剪力墙之间的分配

4. 框架与剪力墙的剪力分布特点

图 4-41 所示为框架与剪力墙沿高度分布的剪力。由图可见各部分所分配的剪力沿高度并非定值，是随楼层所处高度而变化，与结构的刚度特征值 λ 直接相关。因此，框架和剪力墙之间的剪力不能简单地按照结构单元的抗侧刚度来分配，而必须按照位移协调的原则分配。

图 4-41 显示，框架的剪力在各层层剪力趋于均匀，在底部 V_f 为零，中间相对大，在结构上部，外荷载产生的总剪力为零，但总框架剪力 V_f 与总剪力墙的剪力 V_w 并不等

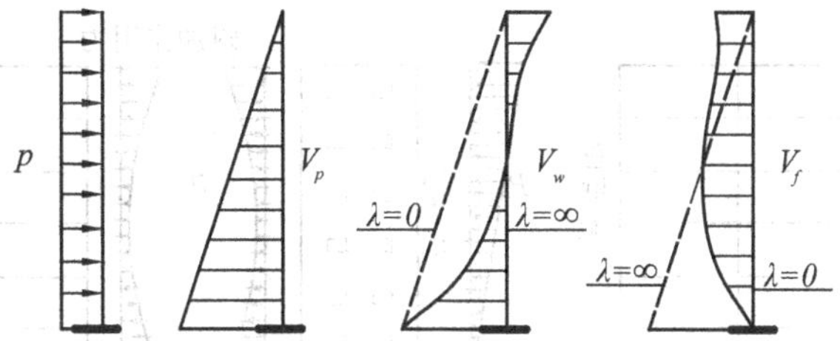

图 4-41　λ 对框架-剪力墙结构剪力分配的影响

于零，它们数值相等，方向相反，二者正好平衡。

暂定控制截面在房屋高度的中部甚至是上部，而纯框架的最大剪力发生在底部。因此，对实际布置有少量剪力墙(楼梯间墙、电梯井墙、设备管道井墙等)的框架结构，必须按框架-剪力墙结构协同工作计算内力，不能简单按纯框架分析，否则不能保证框架部分上部楼层构件的安全。总体来讲，框架上下各楼层的剪力值比较接近，梁、柱的弯矩和剪力值变化小，使得梁、柱构件规格较少，有利于施工。

4.6.4　框架-剪力墙的结构计算

1. 铰接体系的基本方程

(1)基本假定。在确定计算简图时，采用如下基本假定：

①楼盖在平面内刚度无穷大，平面外的刚度忽略不计；

②水平力通过结构的抗侧刚度中心，即不考虑扭转的影响；

③框架与剪力墙的刚度特征值沿结构高度方向均为常量；

④外荷载及总剪力由框架与剪力墙共同承担，$P=P_w+P_f$；$V=V_w+V_f$。

由前两条假定可以推测，在侧向荷载作用下，框架-剪力墙结构仅有荷载作用方向的位移，在同一楼层标高处，各榀框架与剪力墙侧向位移相等，框架和剪力墙之间不产生相对位移。这样就可以把所有框架等效为总框架，把所有剪力墙等效为总剪力墙，并将总框架和总剪力墙移到同一平面内进行分析，而总剪力墙和总框架之间，用轴向刚度无穷大的连杆或连梁相连。

(2)基本方程。基本体系如图 4-42(a)所示。切开连杆，将总剪力墙和总框架隔离开。则总剪力墙可以看做是底部固定的竖向悬臂梁，受侧向水平分布荷载 P 和连杆传递的附加分布水平力 P_f 作用；总框架则受到附加水平分布力 P_f 作用(图 4-42(b))。为了将水平荷载 P 在总框架与总剪力墙之间进行分配并建立协同工作微分方程求解，仍采用连续化方法，即将楼盖标高处的刚性铰接连杆沿高度方向连续化，附加作用集中力转化为连续分布力 P_f。

取坐标轴如图 4-42(b)所示，y 表示侧移，x 表示高度，坐标原点在结构嵌固端。剪力墙上任一截面的转角、弯矩及剪力的正负号仍采用悬臂梁通用的规定，图中所示方向均为正方向。由材料力学的微分关系，对总剪力墙可以得到：

$$EI_w\frac{d^4y}{dx^4}=P(x)-P_f(x)=P_w(x) \tag{4-104}$$

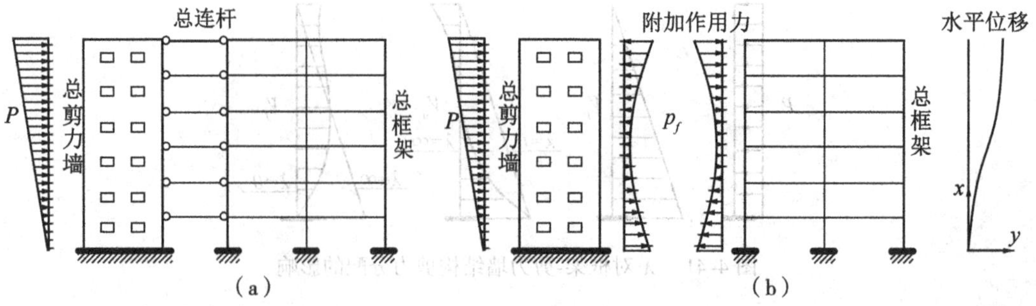

图 4-42　框架-剪力墙结构铰接体系的计算简图

式中：EI_w——为总剪力墙的截面等效抗弯刚度，见式(4-98)和式(4-99)；

对总框架，设层间剪切角为 θ，由剪切梁的微分关系可得总框架的层剪力为：

$$V_f = C_f\theta = C_f \frac{dy}{dx} \tag{4-105}$$

式中：C_{fi}——总框架第 i 楼层抗剪刚度，见式(4-100)和式(4-101)；

上式对 x 微分一次，得：

$$\frac{dV_f}{dx} = C_f \frac{d^2y}{dx^2} = -p_f \tag{4-106}$$

将式(4-106)代入式(4-104)，得：

$$EI_w \frac{d^4y}{dx^4} = p(x) + C_f \frac{d^2y}{dx^2} \tag{4-107}$$

令：$\xi = x/H$，代入式(4-107)，得：

$$\frac{d^4y}{d\xi^4} - \lambda^2 \frac{d^2y}{d\xi^2} = \frac{p(\xi)H^4}{EI_w} \tag{4-108}$$

式中：λ——框架-剪力墙结构刚度特征值，按式(4-103)计算。

式(4-108)即为框架-剪力墙结构铰接体系协同工作基本微分方程。

2. 刚结体系的基本方程

在平面化力学模型中，将总框架与总剪力墙之间可以提供转动约束的连梁简化为总刚性连杆，基本体系见图 4-43(a)。将连杆连续化并切开，则暴露出的连续化的附加作用力不仅由轴向分布力 P_f，还有连续化的分布剪力 τ，如图 4-43(b)所示。取总剪力墙和总框架隔离体，对总剪力墙，除受外加水平力作用外，还受到连杆切口的轴向分布力 P_f 及总连梁的分布剪力 τ 作用。分布剪力对总剪力墙形心形成的约束弯矩 $m(x)$（图 4-43(c)）。

由式(4-83)可得一端带刚域杆的连梁约束弯矩系数：

$$m_{12} = \frac{6EI_b(1+u)}{l(1-u)^3(1+\beta)} = 6i_bc = 6EI_b^0 \frac{(1+u)}{(1-u)^3} \tag{4-109}$$

式中：c——为带刚域杆考虑剪切变形影响后的线刚度修正系数，对一端有刚域杆：

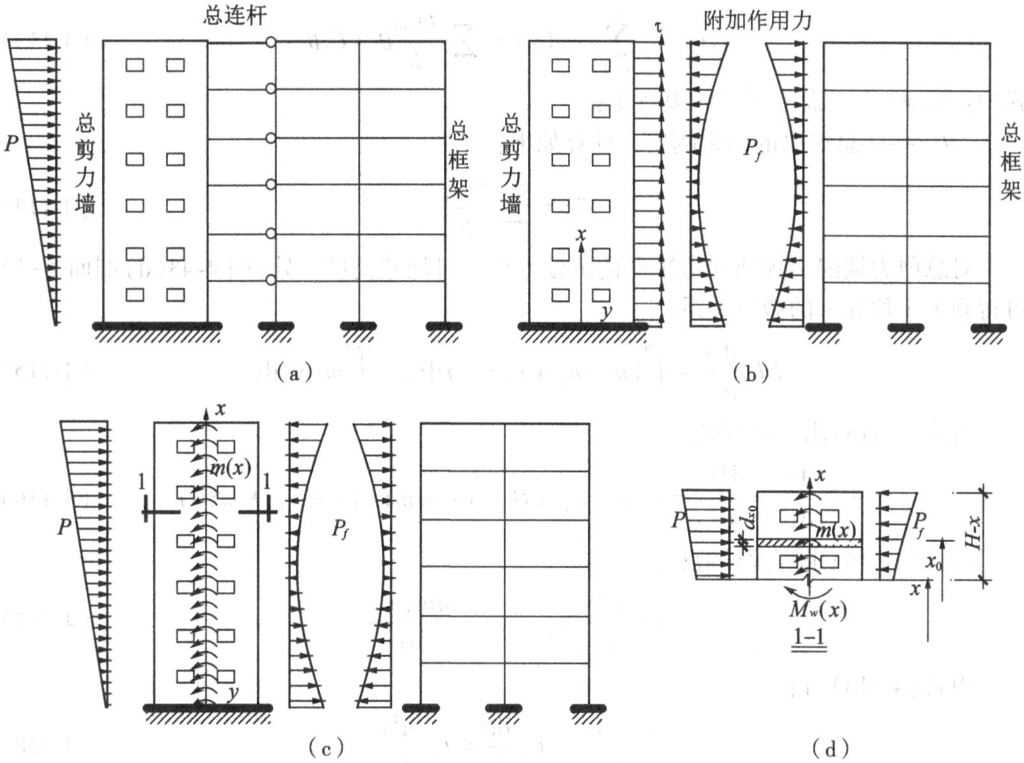

图 4-43　框架-剪力墙结构刚结体系计算简图

$$c=\frac{1+u}{(1-u)^3(1+\beta)} \tag{4-110}$$

β——剪切影响系数，$\beta=\dfrac{12\mu EI_b}{GAl'^2}$，$l'=l-ul$ 为连梁计算跨度，当忽略剪切影响时，取 $\beta=0$；

i_b——连梁线刚度，$i=EI_b/l$；当考虑剪切变形影响时，考虑影响的线刚度为 $i_b^0=EI_b^0/l$；

I_b^0——连梁折算惯性矩；$I_b^0=I_b/(1+\beta)$；

u——一端有刚域连梁的刚域尺寸系数。

当梁端转角为 θ 时，连梁约束弯矩为：

$$M_{ab}=6i_b c\theta=6EI_b^0\frac{(1+u)}{(1-u)^3}\theta \tag{4-111}$$

将集中在楼盖处的连梁约束弯矩 M_{ab} 连续化，即折算为沿高度分布的线约束弯矩 m_{ab}，对第 j 连梁则有：

$$m_{abj}(x)=\frac{M_{abj}}{h}=\frac{m_{abj}}{h}\theta(x)=\frac{6ci_b}{h}\theta(x) \tag{4-112}$$

把所有连梁集合为总连梁。即当同层内的连梁有 k 个与剪力墙连接的刚结点时，总连梁线约束弯矩为：

$$m(x) = \sum_{j=1}^{k} m_{abj}(x) = \sum_{j=1}^{k} \frac{m_{abj}}{h}\theta = C_b\theta \tag{4-113}$$

式中：$m(x)$ ——总连梁线约束弯矩；

C_b ——总连梁的约束刚度，计算如下：

$$C_b = \sum_{j=1}^{k} \frac{m_{abj}}{h} \tag{4-114}$$

对总剪力墙隔离体建立弯矩平衡微分方程，对任意高度 x 处(图 4-43(d)剖面 1-1)可得到关于位移 y 的微分关系：

$$EI_w \frac{d^2y}{dx^2} = \int_x^H (p - p_f)(x_0 - x)dx_0 - \int_x^H m(x)dx \tag{4-115}$$

对式(4-115)求一次导数得：

$$EI_w \frac{d^3y}{dx^3} = \frac{dM_w}{dx} = -(p - p_f)(H - x) + m(x) = -V_w + m(x) \tag{4-116}$$

对式(4-115)求两次导数得：

$$EI_w \frac{d^4y}{dx^4} = p - p_f + \frac{dm(x)}{dx} \tag{4-117}$$

由式(4-113)有：

$$\frac{dm(x)}{dx} = C_b\frac{d\theta}{dx} = C_b\frac{d^2y}{dx^2} \tag{4-118}$$

再对总框架建立微分关系，由剪力与剪切位移角的关系得：

$$\begin{aligned} V_f &= C_f\theta = C_f\frac{dy}{dx} \\ C_f\frac{d^2y}{dx^2} &= -p_f \end{aligned} \tag{4-119}$$

将式(4-118)和式(4-119)代入式(4-117)，得到框架-剪力墙结构按刚结体系计算的基本微分方程：

$$\frac{d^4y}{dx^4} - \frac{C_f + C_b}{EI_w}\frac{d^2y}{dx^2} = \frac{p(x)}{EI_w} \tag{4-120}$$

令：$\xi = x/H$，且刚度特征值 λ 取为：

$$\lambda = H\sqrt{\frac{C_f + C_b}{EI_w}} \tag{4-121}$$

将式(4-121)代入式(4-120)，则刚结体系计算的基本微分方程可写为：

$$\frac{d^4y}{d\xi^4} - \lambda^2\frac{d^2y}{d\xi^2} = \frac{p(\xi)H^4}{EI_w} \tag{4-122}$$

式(4-122)和按铰接体系计算的基本微分方程(4-108)在形式上完全一致，仅 λ 的计算有所不同。

3. 框架-剪力墙结构的内力与位移计算

(1)计算公式。方程(4-108)和(4-122)为四阶常系数线性微分方程，其一般解为：

$$y = Ash\lambda\xi + Bch\lambda\xi + C_1 + C_2\xi + y_1 \tag{4-123}$$

式中：y_1 为特解，由荷载形式确定。A、B、C_1、C_2是常系数，由总剪力墙的边界条件确定。

解方程得到位移 y 后，由材料力学中弯矩 M、剪力 V 与水平位移 y 之间的微分关系即可求出相应内力。

对于铰接体系总剪力墙内力：

$$M_{\mathrm{w}} = EI_{\mathrm{w}}\frac{\mathrm{d}\theta}{\mathrm{d}x} = EI_{\mathrm{w}}\frac{\mathrm{d}^2 y}{\mathrm{d}x^2} = \frac{EI_{\mathrm{w}}}{H^2}\frac{\mathrm{d}^2 y}{\mathrm{d}\xi^2} \tag{4-124}$$

$$V_{\mathrm{w}} = -\frac{\mathrm{d}M_{\mathrm{w}}}{\mathrm{d}x} = -EI_{\mathrm{w}}\frac{\mathrm{d}^3 y}{\mathrm{d}x^3} = -\frac{EI_{\mathrm{w}}}{H^3}\frac{\mathrm{d}^3 y}{\mathrm{d}\xi^3} \tag{4-125}$$

铰接体系总框架的内力为：

$$V_{\mathrm{f}} = V - V_{\mathrm{w}} = \theta C_{\mathrm{f}} = \frac{\lambda^2 E_{\mathrm{w}} I_{\mathrm{w}}}{H^3}\frac{\mathrm{d}y}{\mathrm{d}\xi} \tag{4-126}$$

对刚接体系，总剪力墙弯矩公式同式(4-124)。命 V'_{w} 为总剪力墙的名义剪力，即

$$-V'_{w} = -V_{\mathrm{w}} + m(x) \tag{4-127}$$

由式(4-116)，刚接体系总剪力墙的名义剪力为：

$$V'_{\mathrm{w}} = -\frac{\mathrm{d}M_{\mathrm{w}}}{\mathrm{d}x} = V_{\mathrm{w}} - m(x) = -EI_{\mathrm{w}}\frac{\mathrm{d}^3 y}{H^3 \mathrm{d}\xi^3} \tag{4-128}$$

刚接体系总框架的名义剪力为：

$$V'_{\mathrm{f}} = V - V'_{\mathrm{w}} = \theta C_{\mathrm{f}} = \frac{\lambda^2 E_{\mathrm{w}} I_{\mathrm{w}}}{H^3}\frac{\mathrm{d}y}{\mathrm{d}\xi} \tag{4-129}$$

对于不同的位移解 y，用上述公式即可求出各总内力。以下为三种典型荷载作用下，框架-剪力墙结构的位移以及总剪力墙的弯矩和剪力的计算公式

顶点集中力 q 作用下：

$$y(\xi) = \frac{PH^3}{EI_{\mathrm{w}}\lambda^3}\left[\frac{\mathrm{sh}\lambda}{\mathrm{ch}\lambda}(\mathrm{ch}\lambda\xi - 1) - \mathrm{sh}\lambda\xi + \lambda\xi\right] \tag{4-130}$$

$$M_{\mathrm{w}}(\xi) = PH\left[\frac{\mathrm{sh}\lambda}{\lambda\mathrm{ch}\lambda}\mathrm{ch}\lambda\xi - \frac{1}{\lambda}\mathrm{sh}(\lambda\xi)\right] \tag{4-131}$$

$$V_{\mathrm{w}}(\xi) = P\left(\mathrm{ch}\lambda\xi - \frac{sh\lambda}{ch\lambda}\mathrm{sh}\lambda\xi\right) \tag{4-132}$$

均布荷载作用下：

$$y(\xi) = \frac{qH^4}{EI_{\mathrm{w}}\lambda^4}\left[(\mathrm{ch}\lambda\xi - 1)\left(\frac{1 + \lambda\mathrm{sh}\lambda}{\mathrm{ch}\lambda}\right) - \lambda\mathrm{sh}\lambda\xi + \lambda^2\left(\xi - \frac{\xi^2}{2}\right)\right] \tag{4-133}$$

$$M_{\mathrm{w}}(\xi) = \frac{qH^2}{\lambda^2}\left[\mathrm{ch}\lambda\xi\left(\frac{\lambda\mathrm{sh}\lambda + 1}{\mathrm{ch}\lambda}\right) - \lambda\mathrm{sh}\lambda\xi - 1\right] \tag{4-134}$$

$$V_{\mathrm{w}}(\xi) = \frac{qH}{\lambda}\left[\lambda\mathrm{ch}\lambda\xi - \left(\frac{1 + \lambda\mathrm{sh}\lambda}{\mathrm{ch}\lambda}\right)\mathrm{sh}\lambda\xi\right] \tag{4-135}$$

倒三角形分布荷载(最大值 q)作用下：

$$y(\xi)=\frac{qH^4}{EI_w\lambda^2}\left[\left(\frac{1}{\lambda^2}+\frac{\mathrm{sh}\lambda}{2\lambda}-\frac{\mathrm{sh}\lambda}{\lambda^3}\right)\frac{\mathrm{ch}\lambda\xi-1}{\mathrm{ch}\lambda}+\left(\frac{1}{2}-\frac{1}{\lambda^2}\right)\left(\xi-\frac{\mathrm{sh}\lambda\xi}{\lambda}\right)-\frac{\xi^3}{6}\right]$$

(4-136)

$$M_w(\xi)=\frac{qH^2}{\lambda^2}\left[\left(1+\frac{\lambda sh\lambda}{2}-\frac{\mathrm{sh}\lambda}{\lambda}\right)\frac{\mathrm{ch}\lambda\xi}{\mathrm{ch}\lambda}-\left(\frac{\lambda}{2}-\frac{1}{\lambda}\right)\mathrm{sh}\lambda\xi-\xi\right] \quad (4\text{-}137)$$

$$V_w(\xi)=\frac{qH^2}{\lambda^2}\left[-\left(\lambda+\frac{\lambda^2\mathrm{sh}\lambda}{2}-\mathrm{sh}\lambda\right)\frac{\mathrm{sh}\lambda\xi}{\mathrm{ch}\lambda}+\left(\frac{\lambda^2}{2}-1\right)\mathrm{ch}\lambda\xi+1\right] \quad (4\text{-}138)$$

(2)计算图表。为方便计算，将三种荷载作用下总剪力墙的内力 M_w、V'_w 与位移 y 分别编制成内力与位移图表(图 4-44~图 4-52)，以供查用。图形自变量 $\xi=x/H$，影响因素 λ，因变量为位移系数 y/f_H、总剪力墙弯矩系数 M_w/M_0、总剪力墙剪力系数 V'_w/V_0，其中 f_H 为相应的外荷载作用在纯剪力墙结构时顶点的侧移值，M_0 为相应的外荷载在结构底部产生的总弯矩，V_0 为相应的外荷载在结构底部产生的总剪力。因此，当荷载形式和结构的刚度特征值确定以后，即可由相应的曲线查到不同 ξ 值时的位移系数、总剪力墙弯矩系数和剪力系数，继而可求得结构在各标高处的侧向位移、总剪力墙的弯矩、总剪力墙的名义剪力，进而求出总剪力墙的剪力，总框架的剪力。

(3)内力计算。

①总框架、总剪力墙、总连梁的内力计算：

a. 框架-剪力墙结构铰接体系：对于铰接体系，由于 $m(x)=0$，故由式(4-127)可知，$V'_w=V_w$，由图 4-44~图 4-52 可直接查得 M_w、V_w 的结果。任一标高处的总框架剪力可由水平截面平衡得到：

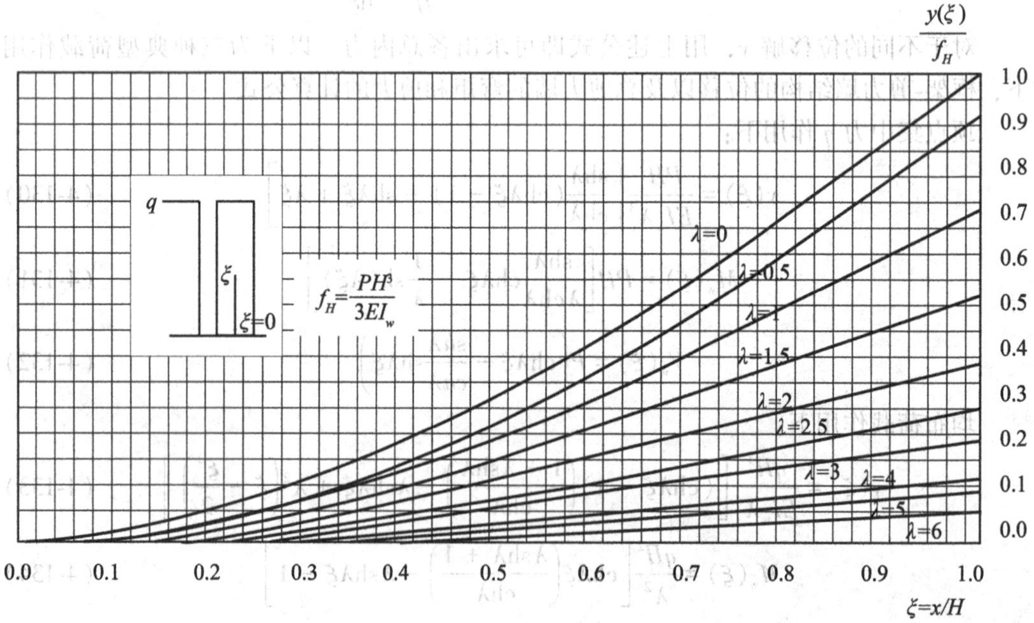

图 4-44 顶点集中力作用下，剪力墙的位移系数

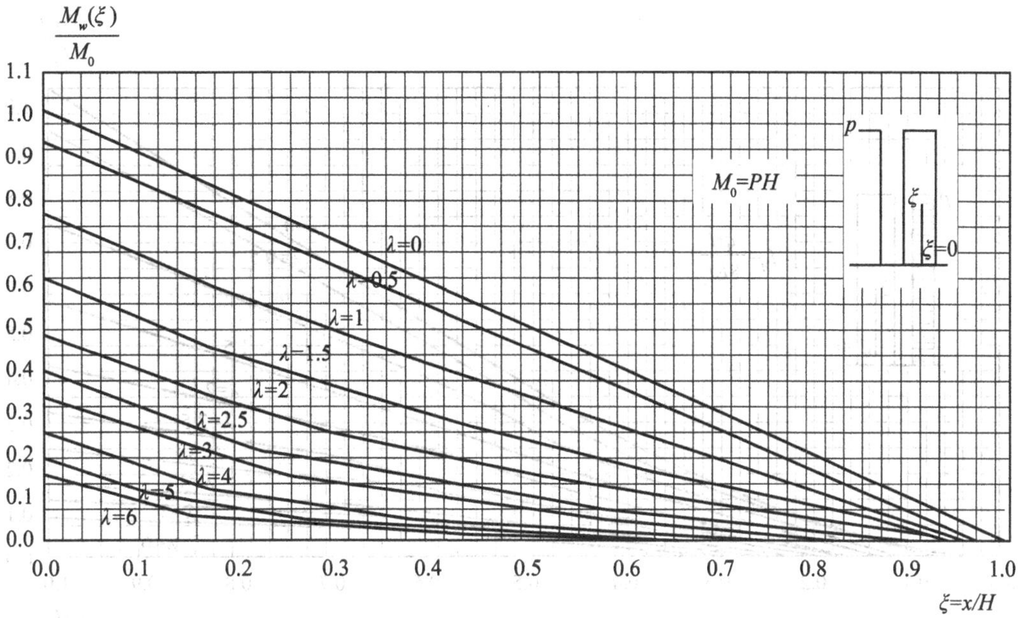

图 4-45　顶点集中力作用下，剪力墙的弯矩系数

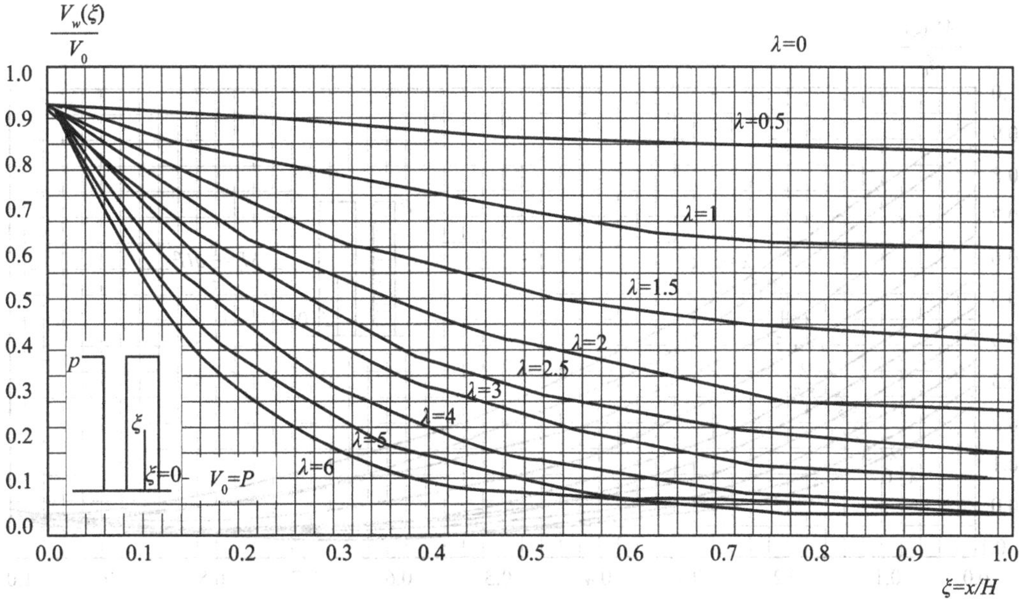

图 4-46　顶点集中力作用下，剪力墙的剪力系数

$$V_f = V_p - V_w = V_p - V_0\left[\frac{V_w}{V_0}\right] \tag{4-139}$$

式中：V_p ——外荷载在任意截面产生的总剪力。

b. 框架-剪力墙结构刚结体系：总剪力墙的剪力可由名义剪力和总约束弯矩求得：

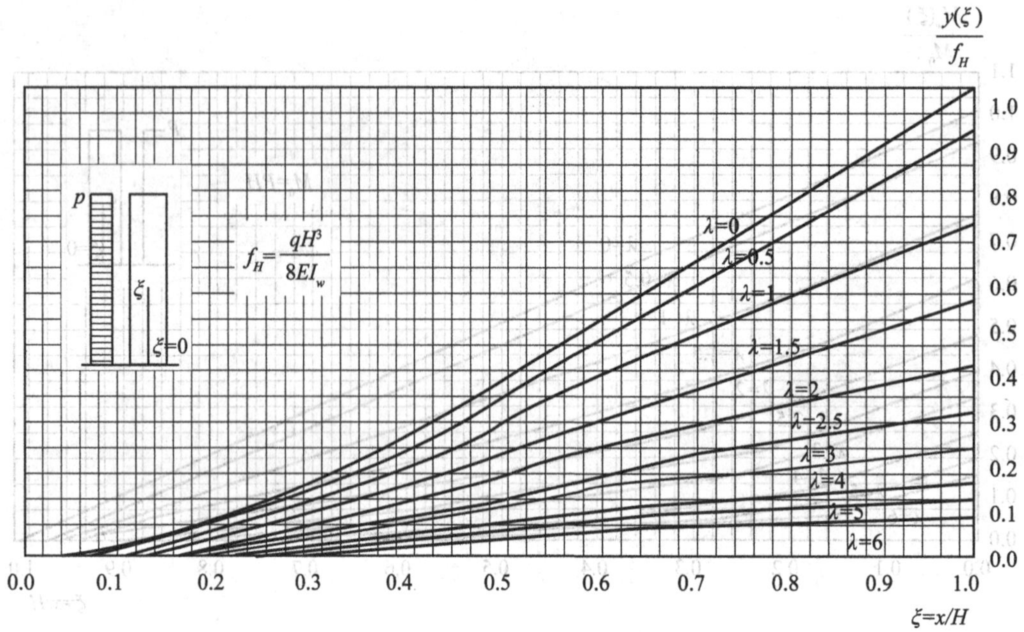

图 4-47　均布荷载作用下，剪力墙的位移系数

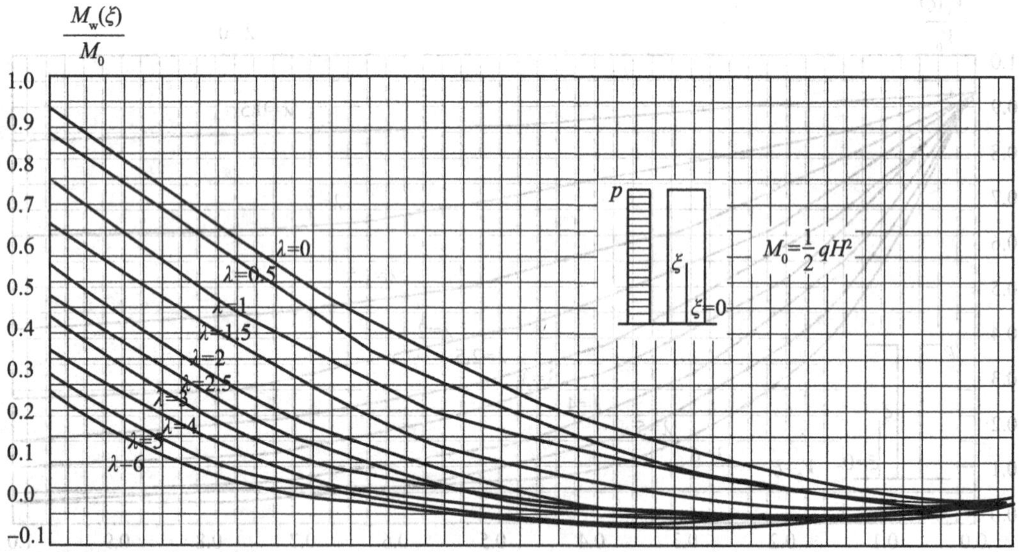

图 4-48　均布荷载作用下，剪力墙的弯矩系数

$$V_w = V'_w + m(x) = V_0\left[\frac{V'_w}{V_0}\right] + m(x) \tag{4-140}$$

由于总框架和总剪力墙共同承担剪力，故：

$$V_p = V_f + V_w \tag{4-141}$$

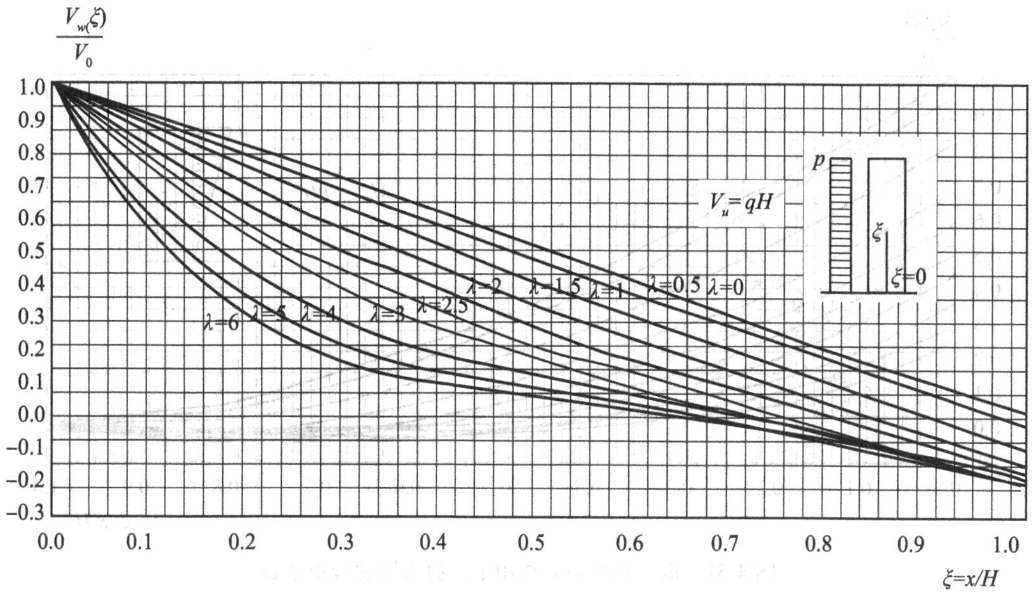

图 4-49　均布荷载作用下，剪力墙的剪力系数

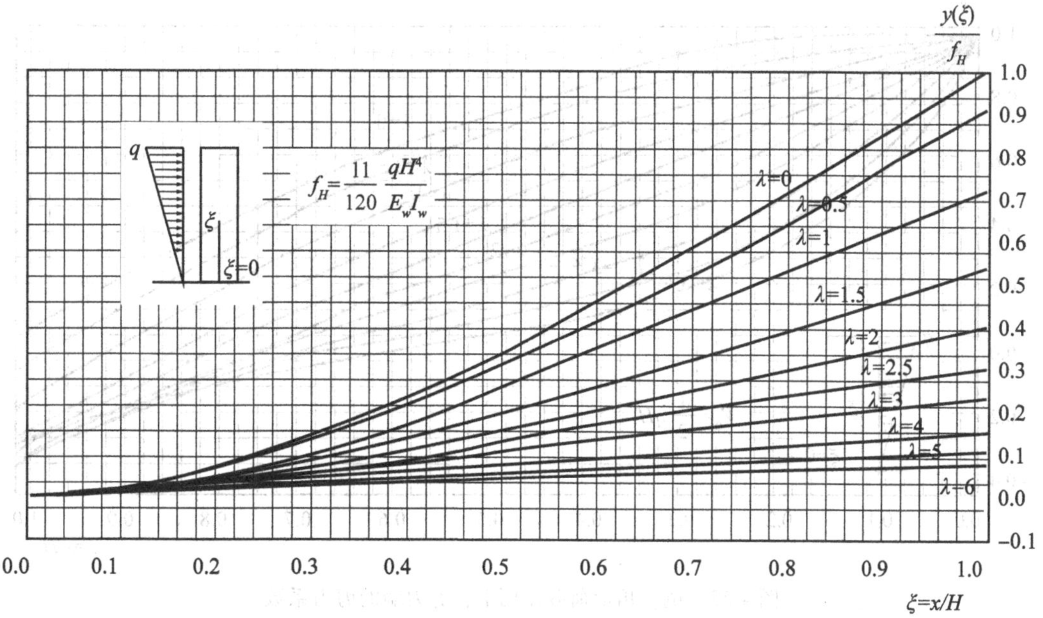

图 4-50　倒三角形荷载作用下，剪力墙的位移系数

将式(4-141)代入(4-140)，得：

$$V'_f = V_f + m(x) = V_p - V'_w \tag{4-142}$$

由图表查出 V'_w 后，由式(4-142)可得到 $V_f + m(x)$，该值按照总框架的侧移刚度 C_f 和总连梁的约束刚度 C_b 分配给总框架剪力和总连梁约束弯矩，即：

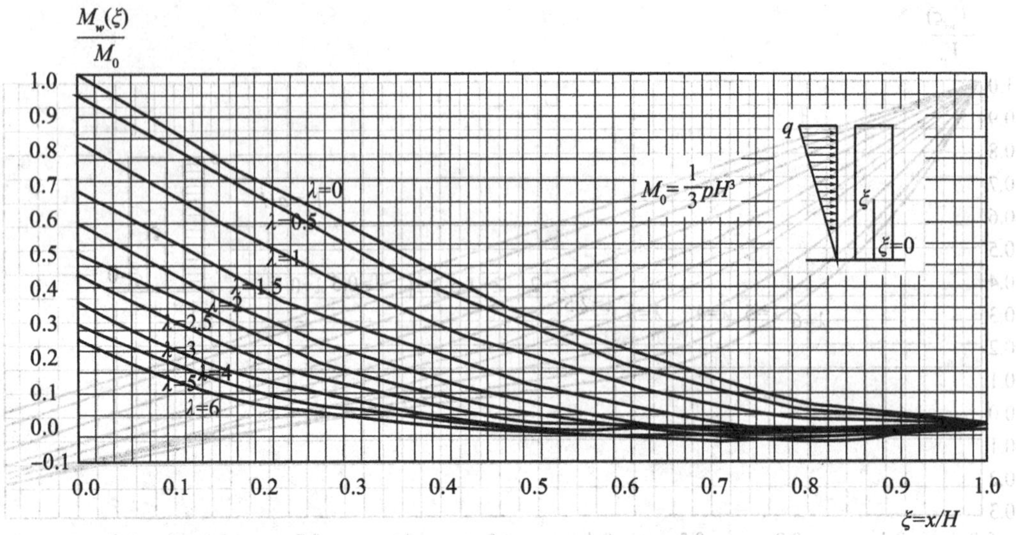

图 4-51 倒三角形荷载作用下，剪力墙的弯矩系数

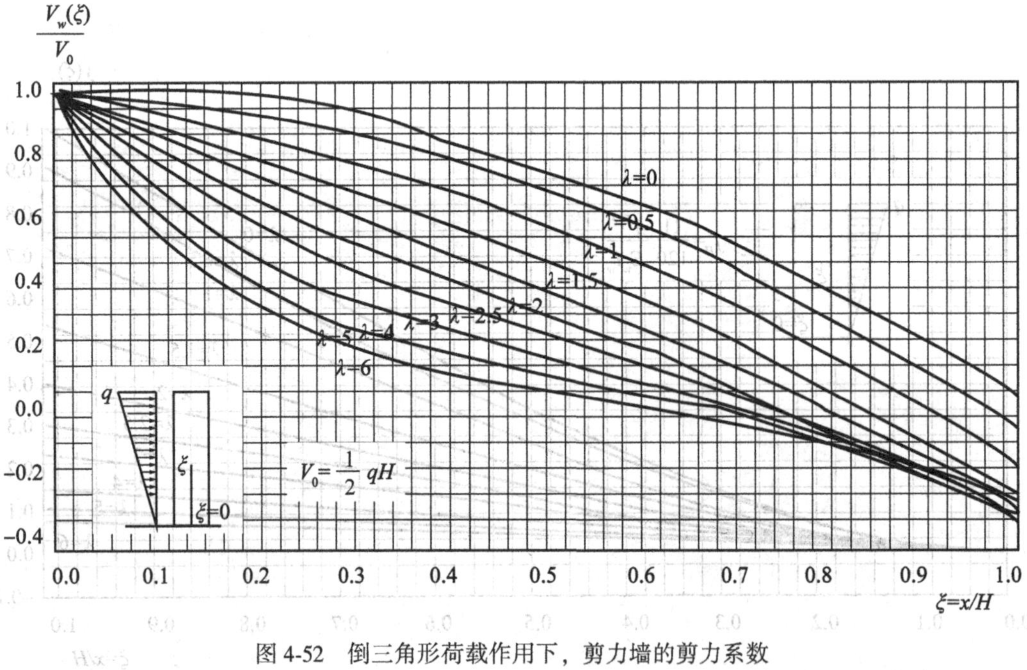

图 4-52 倒三角形荷载作用下，剪力墙的剪力系数

$$V_{\mathrm{f}}=\frac{C_{\mathrm{f}}}{C_{\mathrm{f}}+C_{\mathrm{b}}}V'_{\mathrm{f}}=\frac{C_{\mathrm{f}}}{C_{\mathrm{f}}+\sum m_{\mathrm{ab}}/h}(V_{\mathrm{f}}+m(x)) \tag{4-143}$$

$$m(x)=\frac{C_{\mathrm{b}}}{C_{\mathrm{b}}+C_{\mathrm{f}}}V'_{\mathrm{f}}=\frac{\sum m_{ij}/h}{\sum m_{ij}/h+C_{\mathrm{f}}}(V_{\mathrm{f}}-m(x)) \tag{4-144}$$

②总框架总剪力的调整。为防止由于剪力墙刚度突然降低而导致内力向框架转移引

起框架不安全，以及楼盖绝对刚性得不到切实保证而造成部分框架内力超过计算值，要求总框架设计采用的层剪力不能太小。对 $V_f < 0.2V_0$ 的楼层按下式调整：

$$V_{\mathrm{f}} = [1.5V_{\mathrm{f,\,max}},\ 0.2V_0]_{\min} \tag{4-145}$$

式中：V_0——对框架柱数从上至下基本不变的规则建筑，应取对应于地震作用标准值的结构底部总剪力。对框架柱数从上至下分段有规律变化的结构，应取每段最下一层结构对应于地震作用标准值的总剪力。

V_{f}——对应于地震作用标准值且未经调整的各层(或某段内各层)框架承担的地震总剪力。

$V_{\mathrm{f,max}}$——对框架柱根数从上至下基本不变的规则建筑，应取对应于地震作用标准值且未经调整的各层(或某段内各层)框架承担的地震总剪力中的最大值。对框架柱根数从上至下分段有规律变化的结构，应取每段中对应于地震作用标准值且未经调整的地震总剪力中的最大值。

各层框架承担的地震总剪力调整后，应按调整前、后总剪力的比值调整每根框架柱和与之相连框架梁的剪力及端部弯矩标准值，框架柱的轴力标准值可以不予调整。

c. 单榀剪力墙、框架及单根连梁的内力。总剪力墙的内力按照各片墙的等效抗弯刚度 EI_{eq}分配给每榀剪力墙；总框架的内力按照各柱的侧移刚度 C_{f}分配给每一榀框架；总连梁的约束弯矩 $m(x)$按照各连梁约束刚度 C_{b}分配给每根连梁。

4.7　剪力墙的截面设计

4.7.1　概述

剪力墙在竖向荷载和水平荷载作用下，在墙肢和连梁内都将产生轴力、弯矩和剪力。所以，钢筋混凝土剪力墙应进行平面内的斜截面受剪、偏心受压或偏心受拉、平面外轴心受压承载力计算，在集中力作用下，还应进行局部受压承载力计算。剪力墙截面设计时，墙肢应按照偏心受压或偏心受拉构件，进行正截面和斜截面承载力验算。对处于小偏心受压状态的墙肢，尚应按照轴心受压验算平面外稳定。由于楼盖的作用，连梁内的轴力可忽略不计。

在剪力墙结构、框架-剪力墙结构和各种筒体体系中，剪力墙均作为主要的承重单元，因此，剪力墙的截面设计是整个结构设计中的主要部分。在地震区，剪力墙除了必须保证足够的强度外，尚应保证足够的延性，以提高整个结构的耗能能力，改善结构抗震性能。

在剪力墙墙肢截面设计时，当纵、横剪力墙连接在一起时，正截面验算可考虑墙肢翼缘的对抗弯承载力的贡献。翼缘宽度按照图 4-15 选取。框架-剪力墙结构中的剪力墙，当有框架柱作为剪力墙的边框时，墙肢通常取 T 形或 I 字形截面进行验算。

4.7.2　墙肢正截面受弯承载力计算

钢筋混凝土剪力墙墙肢为压(拉)、弯、剪共同受力构件，其正截面设计与偏心受压(拉)柱子基本相同，所不同的主要是配筋构造。剪力墙截面配筋特点是，墙肢端部有边缘构件，这也是布置受力主筋的区域，此外还有竖向分布筋和水平分布筋。压(拉)、弯验算，既要考虑端部主筋还要考虑竖向分布筋，斜截面验算则需考虑水平分布筋的作用。

1. 墙肢大、小偏心受压的判断

压、弯截面大、小偏心受压的判别，实际是对正截面承载力极限状态时，截面中远离偏心力一侧钢筋是否达到受拉屈服强度的判别，当该钢筋可以达到受拉屈服时，截面破坏形态为受拉破坏，即大偏心破坏。大偏心受压破坏始于受拉钢筋屈服，终于受压区混凝土达到压碎极限。反之，当远离轴向力一侧的钢筋在极限状态时没有达到受拉屈服时，截面破坏形态为受压破坏，即小偏心破坏，该破坏为压溃破坏形态，即混凝土突然压碎。极限状态下，当受拉钢筋与混凝土压碎同时发生时，称为界限破坏。此时的相对受压区高度即界限相对受压区高度：

$$\xi_b = \frac{\beta_1}{1 + \dfrac{f_y}{E_s \varepsilon_{cu}}} \tag{4-146}$$

式中：β_1——混凝土等级不超过 C50 时取 1，等于 C80 时取 0.8，当混凝土等级在 C50 到 C80 之间时，可采用线性差值方法确定；

ε_{cu}——混凝土极限压应变，按照《混凝土结构设计规范》采用；

E_s——钢筋弹性模量；

f_y——纵向钢筋抗拉强度设计值。

当截面受压区高度不大于截面界限有效高度，即 $x \leqslant \xi_b h_{w0}$时，则为大偏心受压破坏；此时受拉、受压端部钢筋都达到屈服。当截面受压区高度大于截面界限有效高度，即当 $x > \xi_b h_{w0}$时，为小偏心受压破坏，此时端部受压钢筋屈服，而受拉分布钢筋及端部受拉钢筋均未达到钢筋抗拉强度设计值。

2. 大偏心受压墙肢

矩形截面剪力墙墙肢正截面承载力极限状态下的钢筋与混凝土应力如图 4-53 所示。设 A_s、A'_s 为墙肢端部受拉(远离轴向力一侧)及受压纵向钢筋，A_{sw} 为剪力墙竖向分布钢筋截面面积。e、e' 为轴向力到受拉主筋合力点和受压主筋合力点的距离，$e_0 = M/N$。

大偏心破坏时，端部受力钢 A_s、A'_s 分别达到受拉及抗压强度设计值 f_y、f'_y；受压混凝土达到其极限压应变 ε_{cu}，受压区混凝土压应力分布仍然采用矩形假定，即受压区高度为 x，受压区应力为 $\alpha_1 f_c$；竖向分布钢筋 A_{sw} 大部分位于受拉区，假定在剪力墙腹板中 1.5 倍受压区范围之内的 A_{sw} 不能达到钢筋屈服极限，而 1.5x 之外的受拉区竖向分布钢筋全部达到受拉屈服强度，即在计算时忽略 1.5 倍受压区范围之内分布筋的作用。一般可先假定竖向分布钢筋配筋率 ρ_{sw}，则分布钢筋面积为：

$$A_{sw} = b_w h_{w0} \rho_{sw} \tag{4-147}$$

剪力墙墙肢截面配筋通常采用对称配筋，即 $A_s = A'_s$，正截面承载力的平衡方程 $\sum N = 0$，为：

$$N \leqslant \alpha_1 f_c b_w x - (h_{w0} - 1.5x) \frac{A_{sw} f_{yw}}{h_{w0}} \tag{4-148}$$

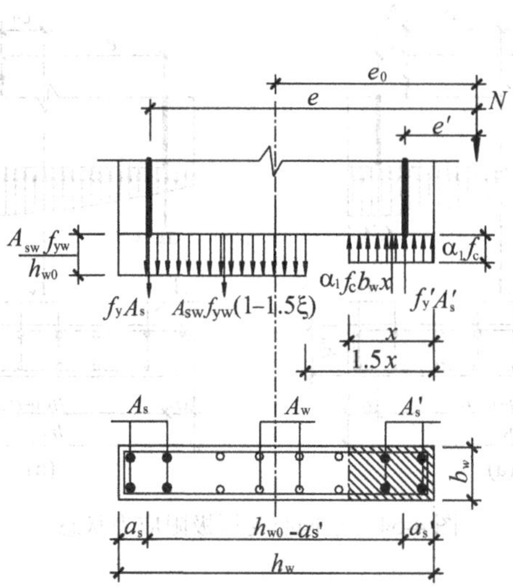

图 4-53　大偏心受压极限应力状态

给定 ρ_{sw} 即可得出 A_{sw}，在已知轴力设计值时可计算受压区高度：

$$x = \frac{N + A_{sw}f_{yw}}{\alpha_1 f_c b_w + 1.5A_{sw}f_{yw}/h_{w0}} \leqslant \xi_b h_0 \tag{4-149}$$

对受压钢筋 A'_s 取矩，整理得出：得：

$$Ne' = N\left(e_0 - \frac{h_w}{2} + a'_s\right) = \alpha_1 f_c b_w x\left(\frac{x}{2} - a'_s\right) + A_s f_y(h_{w0} - a'_s) + (h_{w0} - 1.5x)$$

$$\frac{A_{sw}f_{yw}}{h_{w0}}\left(\frac{h_{w0} + 1.5x}{2} - a'_s\right) \tag{4-150}$$

故端部受力钢筋面积为：

$$A_s = A'_s = \frac{1}{f_y(h_{w0} - a'_s)}\left[N\left(e_0 - \frac{h_{w0} - a'_s}{2}\right) - \alpha_1 f_c b_w x\left(\frac{x}{2} - a'_s\right) - (h_{w0} - 1.5x)\right.$$

$$\left.\frac{A_{sw}f_{yw}}{h_{w0}}\left(\frac{h_{w0} + 1.5x}{2} - a'_s\right)\right] \tag{4-151}$$

当截面为 T 形、I 形时，参照上述过程求解即可。

3. 小偏心受压

对称配筋时，按照公式(4-149)求解 x，当 $x > \xi_b h_0$ 时，为小偏心受压。墙肢小偏心破坏时，截面大部分受压或全部受压(图 4-54(a)(b))，此时远离轴向力一侧的受力主筋或受拉或受压，但均未达到受拉屈服强度，轴向力近端的受压钢筋屈服。竖向分布钢筋位于中和轴附近，受力不大，计算时不计入分布钢筋。因此，墙肢小偏心受压基本公式和柱子完全相同，故计算方法也相同。矩形截面墙肢小偏心基本方程：

$$N = \alpha_1 f_c b_w x + A'_s f'_y - A_s \sigma_s \tag{4-152}$$

$$Ne' = N\left(e_0 + \frac{h_w}{2} - a_s\right) = \alpha_1 f_c b_w x\left(h_{w0} - \frac{x}{2}\right) + A'_s f_y(h_{w0} - a'_s) \tag{4-153}$$

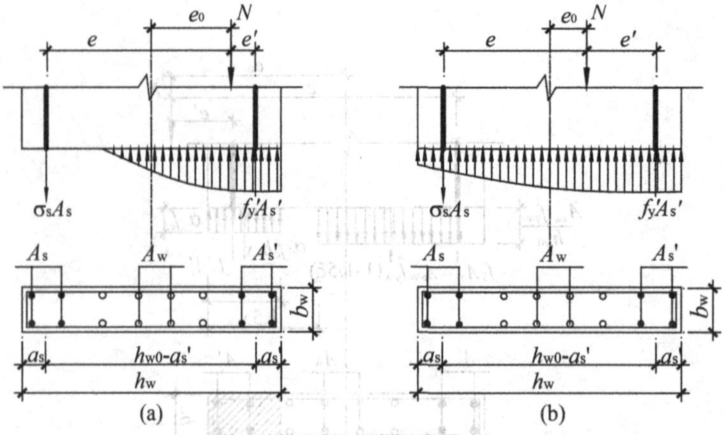

图 4-54 小偏心受压极限应力状态

$$\sigma_s = \frac{\xi - \beta_1}{\xi_b - 0.8} f_y \tag{4-154}$$

4. 平面外承载力验算

小偏心受压墙肢，还需进行平面外稳定验算。此时，不考虑竖向分布钢筋的作用，仅考虑端部钢筋。计算公式为：

$$N \leqslant 0.9\varphi(f'_c b_w h_w + f'_y A'_s) \tag{4-155}$$

式中：φ——剪力墙平面外稳定系数，按《钢筋混凝土结构设计规范》取值；

A'_s——墙肢内全部端部主筋的截面面积。

5. 大偏心受拉

剪力墙一般不容许出现小偏心受拉的情况，这里仅介绍大偏心受拉墙肢承载力计算的有关公式。构件的大、小偏心受拉判别是以判别截面在弯矩 M 与轴力 N 共同时是否有受压区来进行的，当截面存在受压区时，为大偏心受拉，全截面受拉则为小偏心受拉。具体判别方法是考察初始偏心距 $e_0 = M/N$ 是否超过端部钢筋重心到截面形心的距离：

$$e_0 \geqslant \frac{h_w}{2} - a_s \quad 大偏心受拉$$

$$e_0 < \frac{h_w}{2} - a_s \quad 小偏心受拉 \tag{4-156}$$

对矩形截面大偏心受拉墙肢的计算与大偏心受压墙肢相同，也是仅考虑 $1.5x$ 区域以外的分布钢筋受拉屈服，近力一侧钢筋记为 A_s，远力一侧钢筋为 A'_s，计算时仅需以"$-N$"代入大偏压墙肢计算公式即可。

对称配筋情况下的计算公式：

$$N \leqslant -\alpha_1 f_c b_w x + (h_{w0} - 1.5x)\frac{A_{sw} f_{yw}}{h_{w0}}$$

$$Ne' = N\left(e_0 - \frac{h_w}{2} + a'_s\right) = -A_s f_y (h_{w0} - a'_s) - (h_{w0} - 1.5x)\frac{A_{sw} f_{yw}}{h_{w0}}\left(\frac{h_{w0} + 1.5x}{2} - a'_s\right) \tag{4-157}$$

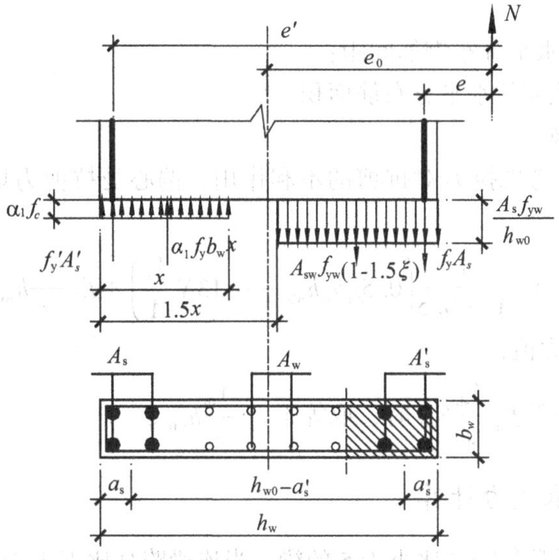

图 4-55　大偏心受拉剪力墙截面

$$x=\frac{A_{sw}f_{yw}-N}{\alpha_1 f_c b_w+1.5A_{sw}f_{yw}/h_{w0}}\leqslant \xi_b h_0$$

$$A_s=A'_s=\frac{1}{f_y(h_{w0}-a'_s)}\left[N\left(e_0-\frac{h_{w0}-a'_s}{2}\right)-\alpha_1 f_c b_w x\left(\frac{x}{2}-a'_s\right)-(h_{w0}-1.5x)\frac{A_{sw}f_{yw}}{h_{w0}}\left(\frac{h_{w0}+1.5x}{2}-a'_s\right)\right]\qquad(4\text{-}158)$$

4.7.3　墙肢斜截面受剪承载力计算

剪力墙斜截面破坏形态由斜拉破坏、斜压破坏、剪压破坏三种。这三种破坏形态中，前两种脆性更大，应通过构造措施予以避免，这些构造措施包括控制最小配筋率和分布钢筋最大间距；并通过计算确定墙中需要配置的水平钢筋，防止发生剪压破坏。偏压构件中，轴压力有利于抗剪承载力，但压力增大到一定程度后，对抗剪的有利作用减小，因此对轴力的取值加以限制。

1. 偏心受压墙肢

非抗震设计时，考虑压力对抗剪的有利作用，偏心受压剪力墙抗剪承载力计算公式为：

$$V\leqslant\frac{1}{\lambda-0.5}\left(0.5f_t b_w h_{w0}+0.13N\frac{A_w}{A}\right)+f_{yh}\frac{A_{sh}}{s}h_{w0}\qquad(4\text{-}159)$$

式中：N——剪力墙的轴向压力设计值；当 N 大于 $0.2f_c b_w h_w$ 时，应取 $0.2f_c b_w h_w$；

A——剪力墙全截面面积；

A_w——T 形或 I 形截面剪力墙腹板的面积，矩形截面时应取 A；

λ——计算截面处的剪跨比。当 λ 小于 1.5 时应取 1.5，当 λ 大于 2.2 时应取 2.2；当计算截面与墙底之间的距离小于 $0.5h_{w0}$ 时，λ 按距墙底 $0.5h_{w0}$ 处的弯矩值与剪力值计算；

s ——剪力墙水平分布钢筋间距；

A_{sh}——同一截面的水平分布筋面积。

2. 偏心受拉墙肢

非抗震设计时，考虑拉力对抗剪的不利作用，偏心受拉剪力墙抗剪承载力计算公式为：

$$V \leqslant \frac{1}{\lambda - 0.5}\left(0.5f_t b_w h_{w0} - 0.13N\frac{A_w}{A}\right) + f_{yh}\frac{A_{sh}}{s}h_{w0} \tag{4-160}$$

式中：V——设计剪力值；

右端的计算值小于$f_{yh}\frac{A_{sh}}{s}h_{w0}$时，取等于$f_{yh}\frac{A_{sh}}{s}h_{w0}$。

4.7.4 连梁承载力计算

剪力墙的连梁通常是跨高比小于5的梁，当连梁跨高比不小于5时，宜按框架梁设计。连梁截面承载力验算应包括正截面受弯及斜截面受剪承载力两部分。受弯验算与一般梁相同，由于连梁都是上下配相同数量钢筋，故可按对称双筋截面验算。由于受压区很小，通常用受拉钢筋对受压钢筋合力点取矩，就可得到连梁正截面受弯承载力公式，近似取：

$$M = f_y A_s (h_{b0} - a'_s) \tag{4-161}$$

《高层建筑混凝土结构技术规程》给出了连梁的斜截面受剪承载力，其中的剪力设计值V应采用按照有关引起调整增大的剪力值，以保证连梁性能的强剪弱弯。无地震作用组合时，连梁抗剪承载力计算公式为：

$$V \leqslant 0.7f_t b_b h_{b0} + f_{yv}\frac{A_{sv}}{s}h_{b0} \tag{4-162}$$

式中：f_{yv}——连梁箍筋抗拉强度设计值；

f_t——混凝土抗拉强度设计值；

A_{sv}——连梁同一横截面内箍筋总面积；

s——连梁箍筋间距。

4.7.5 剪力墙的构造要求

1. 材料

为了保证剪力墙的承载能力及变形能力，剪力墙混凝土的强度等级不宜太低，一般剪力墙的最低混凝土等级为C20，筒体结构中的剪力墙混凝土等级不宜低于C30。抗震设计中，剪力墙混凝土等级也不宜高于C60。

2. 截面尺寸

(1)剪力墙厚度。结构的抗侧刚度和截面承载力是确定剪力墙墙厚的基本因素，构件平面构件轴压比、外稳定、抗裂、控制结构自重等是确定截面厚度时也要考虑的重要因素。这些要求一般不用计算，而是体现在构造要求中，或在选择截面尺寸时给予控制。表4-18是非抗震设计以及抗震设计时要求的剪力墙最小厚度。简体设计时，外筒的墙体厚度不得低于 200mm，内筒墙的厚度不低于 160mm。当采用预制楼板时，剪力墙的厚度还要考虑到预制板在墙上的搁置长度以及上下楼层钢筋贯通的要求。

表 4-18　　**剪力墙最小截面尺寸的构造要求**

抗震等级	剪力墙部位	最小厚度(二者中之较大者)			
		有端柱或翼墙		无端柱或无翼墙	
非抗震	所有部位	$h/25$	160mm	$h/25$	160mm
一、二级	底部加强部位	$h/16$	200mm	$h/12$	220mm
	其他部位	$h/20$	160mm	$h/16$	180mm
三、四级	底部加强部位	$h/20$	160mm	$h/16$	180mm
	其他部位	$h/25$	160mm	$h/20$	160mm
备注		h 为层高或无支长度		h 为层高	

剪力墙墙肢的轴压比要求也与确定墙厚有关。抗震等级为一级(9 度)、一级(6、7、8 度)和二、三级剪力墙在重力荷载代表值作用下的轴压比 $\mu = N/f_c b_w h_w$ 分别不大于 0.4、0.5 和 0.6。

剪压比要求也和截面尺寸有关。剪压比即 $V/\beta_c f_c b h_0$，即剪力墙截面的最大名义剪应力与混凝土设计抗压强度的比值。名义剪应力过大时，在箍筋充分发挥作用之前，构件过早出现裂缝并发生剪切破坏，这种情况对截面尺寸相对较大的墙肢和连梁更为敏感。故为控制名义剪应力对墙肢和连梁的截面尺寸应有最小尺寸要求，即剪压比要求。在非抗震设计时，剪压比要求如下：

$$V \leqslant 0.25\beta_c f_c b_b h_{b0} \tag{4-163}$$

式中：V——连梁剪力设计值；

b_b——连梁截面宽度；

h_{b0}——连梁截面有效高度；

β_c——混凝土强度影响系数。

(2)构造边缘构件。边缘构件指的是墙肢端部配置纵向主筋与箍筋的暗柱、明柱翼墙，它对墙的延性影响极大。由于剪力墙的墙肢为压弯构件，墙肢端部在弯矩与轴力的作用下将承受很大压力，通过采取箍筋约束等措施可以有效提高混凝土受力性能、防止其压碎从而使墙肢保持工作状态，提高墙肢截面延性。根据墙肢边缘设计约束能力的大小将边缘构件分为两类，即约束边缘构件和构造边缘构件。除要求设置约束边缘构件的部位，剪力墙墙肢端部均应设置构造边缘构件。

构造边缘构件有暗柱(图 4-56(a))、端柱(图 4-56(b))、翼缘墙(图 4-56(c)、(d))几种形式，边缘构件的范围和计算纵筋用量的截面面积 A_c 宜取图 4-56 中的阴影部分。构造边缘构件的纵向钢筋应满足受弯承载力要求，非抗震设计时，剪力墙端部应配置不少于 4ϕ 12mm 的纵向钢筋，箍筋直径不应少于 6mm、间距不宜大于 250mm。箍筋、拉筋在水平方向的肢距不宜大于 300mm，且不应大于竖向钢筋间距的两倍，转角部位宜采用箍筋。墙肢端部构造边缘构件的配筋构造见图 4-57。

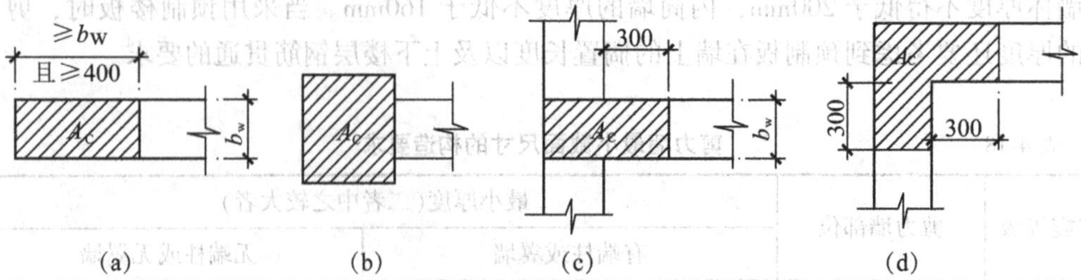

图 4-56　剪力墙的构造边缘构造范围

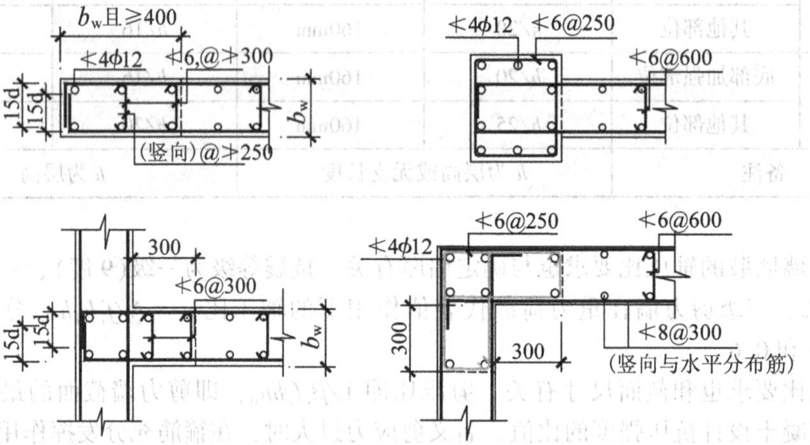

图 4-57　剪力墙边缘构件的配筋构造

(3)墙肢配筋构造。除了端部配置竖向主筋外，为限制裂缝、减小温度收缩等不利因素影响，剪力墙还要配置竖向与水平分布钢筋。为了防止混凝土墙体在出现受弯裂缝后立即达到极限抗弯承载力，也为了抵抗温度收缩和防止斜裂缝出现后发生脆性的剪拉破坏，《高层建筑混凝土结构技术规程》规定非抗震设计情况下，竖向与水平分布钢筋配筋百分率 0.2%，间距不大于 300mm，直径不小于 8mm。剪力墙竖向、水分布钢筋的直径不宜大于墙肢截面厚度的 1/10，如果要求的分布钢筋直径过大，则应加大墙肢截面厚度。

因为高层建筑的剪力墙厚度大，为防止混凝土表面出现收缩裂缝，同时使剪力墙具有一定的平面外抗弯能力，剪力墙不允许单排配筋。剪力墙厚度不超过 400mm 时，可采用双排配筋；当剪力墙厚度超过 400mm 时，宜采用三排或四排配筋方案。

非抗震设计时，剪力墙纵向受力钢筋最小锚固长度应取 l_a（受拉钢筋的最小锚固长度）；非抗震设计时，分布钢筋的搭接长度不应小于 $1.2l_a$，并可在同一截面搭接(图 4-58)。

(4)连梁配筋构造。非抗震设计的连梁，纵向钢筋最小配筋率不小于 0.2%，顶面及底面单侧纵向钢筋配筋率不宜大于 2.5%。高层混凝土建筑中外筒和内筒的连梁，箍筋直径不应小于 8，间距不应大于 150mm，梁上下纵筋直径不应小于 16mm，腰筋直径不小于 10mm(图 4-59)。筒体的连梁跨高比不大于 2 时，还宜增设对角斜向钢筋。墙体水平分布钢筋应作为连梁的腰筋在连梁范围内拉通并连续配置(图 4-59)；当连梁截面

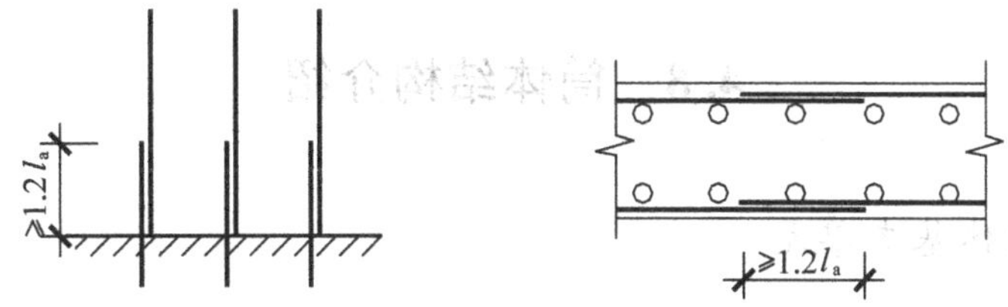

（a）剪力墙竖向分布筋　　（b）剪力墙水平分布筋

图 4-58　非抗震设计剪力墙竖向及水平分布钢筋的搭接连接

高度大于 700mm 时，其两侧面沿梁高范围设置的纵向构造钢筋（腰筋）的直径不应小于 8mm，间距不应大于 200mm(图 4-59)；对跨高比不大于 2.5 的连梁，梁的腰筋配筋率不应小于 0.3%。

连梁顶面和底面纵向受力钢筋伸入墙内的锚固长度，非抗震设计时不应小于 l_a，且不应小于 600mm；非抗震设计时，沿连梁全长的箍筋直径不应小于 6mm，间距不应大于 150mm；顶层连梁纵向钢筋伸入墙体的长度范围内，应配置间距不大于 150mm 的构造箍筋，箍筋直径不小于 6mm(图 4-60)。

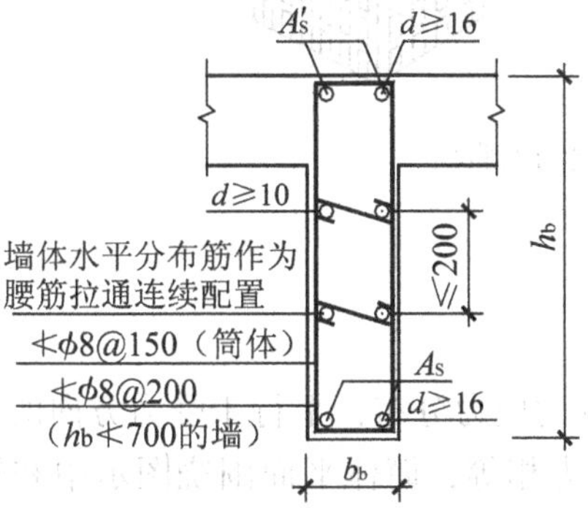

图 4-59　连梁配筋构造

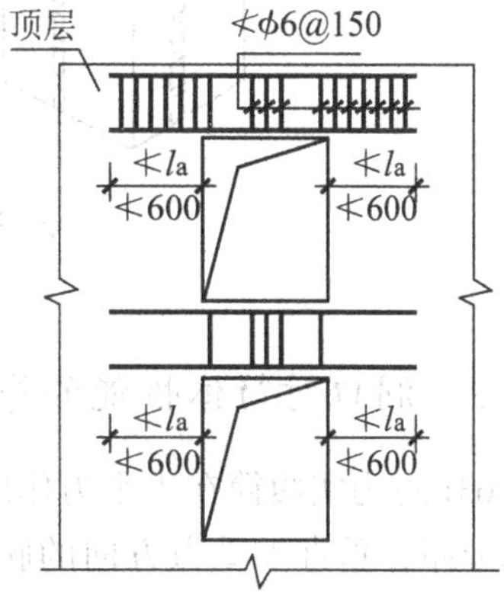

图 4-60　连梁箍筋配筋构造

当剪力墙上的门窗洞口边长小于 800mm 且在结构整体计算中不考虑其影响时，应在洞口上、下和左、右配置补强钢筋，补强钢筋直径不应小于 12mm，截面面积分别不小于被截断的水平分布钢筋和竖向分布钢筋的面积(图 4-61)。

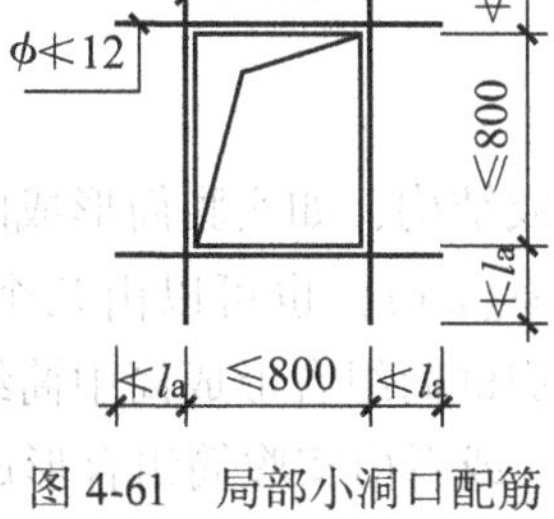

图 4-61　局部小洞口配筋

4.8 筒体结构介绍

4.8.1 筒体基本单元

筒体的基本单元有两种，一个是实腹筒，一个是框筒(图 4-62)。实腹筒常由电梯间、楼梯间和设备管井的钢筋混凝土墙形成筒壁，筒的水平截面为箱形，底部固定，顶部自由，如同巨大的竖向空心悬臂梁。

框筒由建筑外围开有窗洞的钢筋混凝土外墙合围而成，它的特点是由密集柱、角柱和楼层处的窗裙深梁所组成的竖向悬臂的空间筒体，由于形状如同密柱框架，故称框筒。

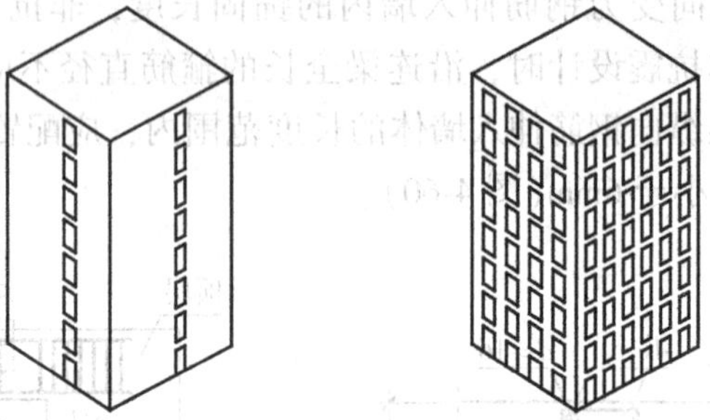

图 4-62　框筒与实腹筒

4.8.2 洞口对筒体性能的影响

图 4-63(a)为实腹筒在水平力作用下筒壁的应力分布，平行于受力方向的翼缘墙应力为直线分布，垂直于受力方向的腹板墙应力相等，筒体平面围绕图示中和轴产生转动，截面应变保持平面。

墙体开洞形成了框筒，其墙肢之间的剪切变形全靠窗裙梁(连梁)来传递，与没有孔洞的情况相比，剪切变形的传递能力减弱了。这一特性使得框筒在水平力作用下，筒体截面的应力不再像实腹筒截面上的正应力那样按直线分布，而是按曲线分布，这种现象称为剪力滞后，如图 4-63(b)所示。

剪力滞后是框筒结构的主要受力特点，它使墙肢的轴向力愈接近筒角部就愈大，在翼缘墙中轴向力一般呈三次曲线分布，在腹板墙中轴向力一般呈四次曲线分布。

4.8.3 筒体结构的类型

实腹筒和框筒既可以单独组成结构，如实腹筒形成的单筒结构和由框筒形成的单一外框筒结构(外筒内框架)(图 4-64(a))，也可以由几个筒体组合而形成抗侧能力优秀的高层建筑结构体系，如实腹筒加框筒组合形成筒中筒结构(图 4-64(b))，由几个框筒组合形成束筒结构(图 4-64(c))，或者由实腹筒组合形成的多筒结构。

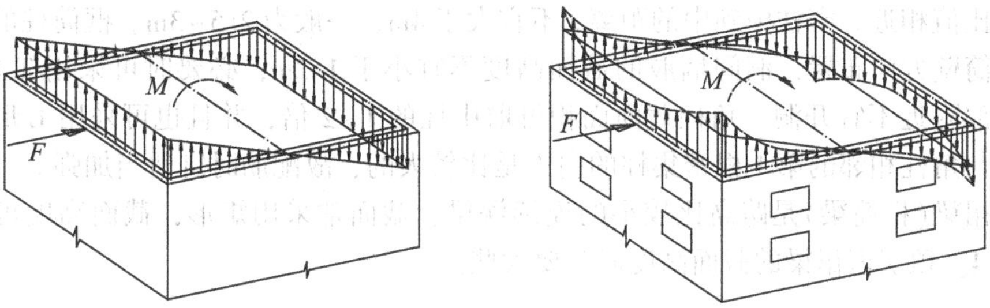

（a）实腹筒　　　　　　　　　　　　　　（b）开洞筒体

图 4-63　水平力作用下无洞口和带洞口墙的截面应力分布

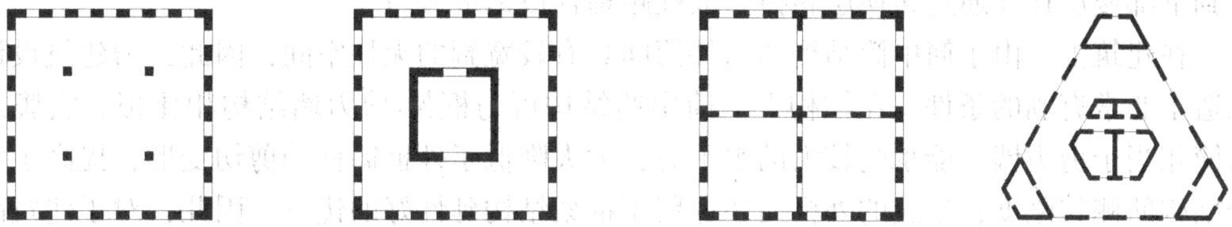

（a）外筒内框架　　（b）筒中筒　　（c）束筒　　（d）多筒

图 4-64　筒体结构的类型

单筒结构一般在结构中部楼电梯间布置实腹筒，楼板可以从筒壁悬挑，也可以采用外柱支撑，或者是钢拉索悬挂，是最早期出现的筒体类型。由于实腹筒的宽度较小，结构抗侧能力有限。

一些办公和通讯建筑由于功能上的要求，不能设置内筒，故可采用外墙单一筒体结构并在内部设柱子，则形成外筒内框架。外筒一般采用框筒，称为外筒内框架，简称框筒结构，如图 4-64(a)所示。框筒结构由于洞口的影响产生剪力滞后，且洞口越大、连梁越弱，侧向刚度越小，剪力滞后就越大，使建筑物的高度受到一定限制。因此，在 20 世纪 60 年代末期逐渐发展又出现了筒中筒结构，即外筒是框筒，内筒是实腹筒(图 4-64(b))。

当建筑物高度进一步增加时，可以采用成束筒结构或者多筒体结构。多个框筒形成的束筒结构，内部空间较大，结构刚度大。多筒结构内部空间较大，平面可以灵活划分，适用于多功能、多用途的超高层建筑。

4.8.4　框筒结构设计要点

框筒结构在水平力作用下，与水平力平行的两片带洞口墙(腹板墙)主要承受剪力，另两片与水平力垂直的带洞口墙(翼缘墙)由于处在整体弯曲的最外边缘部分，故承担了大部分倾覆力矩。

框筒结构宜采用双对称平面，并尽量采用圆形、正多边形。当采用矩形平面时，其长宽比不宜大于 2。墙肢宜均匀、对称布置；为了减小剪力滞后效应，框筒结构墙体宜形成深梁密柱形态，框筒洞口面积不宜大于墙面面积的60%，洞口高宽比宜与层高和柱距之比值相近。密柱中到中的距离 s 不宜大于4m，一般为2.5~3m。框筒柱的截面长边应沿筒壁方向布置，洞间墙肢的截面高度不宜小于1.2m，必要时可采用T形截面。筒体角部附近不宜开洞，角柱截面面积可取中柱的1~2倍，并且也可采用L形等截面形状。与角柱相邻的第1根密集柱的内力是比较大的，故配筋时宜适当加强。

窗裙梁(框筒梁)是跨高比较小的连续深梁，截面常采用矩形，截面高度可取柱净距的1/4。顶层窗裙梁的截面高度通常要大些。

4.8.5 筒中筒结构设计要点

筒中筒由中央内筒和周边外框筒组成，内筒集中布置了楼电梯间和服务性房间，构成一个剪力墙薄壁筒，外筒为密柱和深梁所组成的空间筒体，它有很大的刚度，外围密柱到下部楼层往往通过转换层转换为大柱距稀柱以形成入口。

在建筑上，由于筒中筒结构的内外筒间具有较宽阔的无柱空间，因此，为建筑设计创造了非常有利的条件。在结构上，筒中筒结构可与框架-剪力墙结构相比拟，实腹的内筒相当于剪力墙，能承受较大的水平力，大大降低了外框筒柱的剪切变形，提高了整个结构的侧移刚度；空腹的外框筒还保留了框架结构延性好的优点。因此，对于建筑高度较大，又需要大空间时，尤其在强震区以及建筑物的高宽比大于3~4时，筒中筒结构是一种较好的结构类型。

筒中筒结构宜采用对称平面，优先采用圆形、正多边形，矩形平面的长宽比不宜大于2。当矩形平面长宽比大于2时，宜在平面内另设剪力墙或柱距较小的框架，将筒体划分为若干个筒，各筒之间的刚度不宜相差太大。

筒中筒结构设计应符合以下要求：

(1)筒中筒结构的高宽比不宜小于3，高度不宜低于80m。

(2)剪力墙内筒的边长可为高度的1/12~1/15。如有另外的角筒和剪力墙时，内筒平面尺寸还可以适当减小。内筒宜贯通建筑物全高，竖向刚度宜均匀变化。

(3)外筒柱距不宜大于层高，不宜大于4m。外墙面洞口面积不宜大于墙面面积的60%。外柱宜采用矩形或T形截面，长边位于外墙平面内。角柱面积可为中柱的1.5~2倍，并可采用L形角墙或角筒。

(4)外筒密柱到底层部分可通过转换梁、转换桁架、转换拱等扩大柱距，但柱总截面面积不宜减小。需要抗震设防时应采取措施保证底层柱的延性要求。

(5)核心筒或内筒的外墙与外框柱间的中距，非抗震设计大于15m、抗震设计大于12m时，宜采取增设内柱等措施。超过此限值时宜另设承受竖向荷载的内柱或采用预应力混凝土楼面结构。

小 结

(1)高度和层数是高层建筑结构的两个主要指标。高层建筑结构的受力特点主要是水平力(包括风和水平地震作用)已成为影响结构内力、变形及高层建筑土建造价的主要因素。

(2)常用的钢筋混凝土高层建筑的结构有四种：框架结构、剪力墙结构、框架-剪力墙结构和筒体结构。框架结构的建筑平面布置灵活，可以形成较大空间，但侧向刚度小，抵抗水平力的能力较弱，故纯框架结构用于 10 层以下。剪力墙在《抗震规范》中称为抗震墙，剪力墙结构的侧向刚度大，抵抗水平力的能力强，但建筑平面布置不灵活，一般不能形成大空间，故剪力墙结构一般用于 20 ~30 层的高层住宅中。框架-剪力墙结构把框架结构与剪力墙结构结合起来，取长补短，既提高了抗侧能力，又使建筑平面布置比较灵活，一般用于 10 ~20 层的高层建筑中。筒体结构既有很大的抗侧能力，又能提供很大的空间，常用于 30 层及 100 米以上的高层建筑中。

(3)在水平力作用下，框架、剪力墙、框架-剪力墙结构的整体水平位移曲线是不同的，框架是剪切型，其层间水平位移是上小下大；剪力墙是弯曲型，其层间水平位移是上大下小；框架-剪力墙则是弯剪型。

(4)剪力墙是竖向的悬臂构件，只在墙平面受力，出平面是不受力的。影响剪力墙受力性质的力学参数有两个：ζ 和 α。

ζ 称为肢强系数，ζ 小，洞口窄，墙肢强；ζ 大，洞口宽，墙肢弱。所以满足条件 $\zeta \leqslant [\zeta]$ 的是剪力墙，否则就是框架，包括壁式框架。这里 $[\zeta]$ 是肢强系数的限值。

α 称为整体性系数，α 大，连梁强，连梁对墙肢的约束弯矩大，整体性好；α 小，连梁弱，连梁对墙肢的约束弯矩小，整体性差。当 $\alpha \geqslant 10$ 时，认为连梁是强的。

满足 $\zeta \leqslant [\zeta]$，又满足 $\alpha \geqslant 10$ 的剪力墙称为整体小开口墙，具有较大的侧向刚度，且墙肢基本上没有反弯点。

只满足 $\zeta \leqslant [\zeta]$，但 $\alpha<10$ 的剪力墙称为连肢墙，其侧向刚度比整体开口墙的 α 小，大多数楼层的墙肢不出现反弯点。

虽然 $\alpha \geqslant 10$，但 $\zeta > [\zeta]$ 的是壁式框架，它是一种扁框架，侧向刚度小，每层墙肢(实际上是扁柱)都有反弯点。

(5)框架剪力墙结构是由框架、剪力墙和连梁三部分组成的，并由楼、屋盖把它们连接成整体，使框架与剪力墙协同工作。要注意连梁与框架梁的区别，一端接框架，另一端与剪力墙相接的是连梁；两端都与框架相连的是框架梁。

框架-剪力墙的刚度特征值 λ 反映了综合框架、综合连梁两者与剪力墙之间的刚度比值，λ 小，剪力墙数量多；λ 大，剪力墙数量少。因此，λ 值的大小对框架-剪力墙的内力和水平位移都有很大的影响。

(6)筒体有实腹筒和空腹筒两种。空腹筒是由密集柱、角柱以及窗裙梁连接而成的一个空间框架，故又称框筒，它的主要受力特点是剪力滞后。

复习思考题

1. 我国是怎样定义高层建筑的，A 级和 B 级高层建筑是怎样划分的？
2. 高层建筑结构的受力特点是什么？
3. 高层建筑常用的竖向结构体系有几种，每一种结构体系的特点是什么？
4. 剪力墙有哪几种类型？如何判断？
5. 平面结构和楼板在自身平面内具有无限刚性这两个基本假定是什么意义，在框架、剪力墙、框架-剪力墙结构的近似计算中为什么要用这两个假定？

6. 什么是剪力墙的整体弯曲，局部弯曲？连梁对墙肢受力的贡献是什么？

7. 在建立双肢剪力墙微分方程时，主要做了什么假定，微分方程是根据什么变形协调条件得到的？

8. 剪力墙的整体性系数 α 的物理意义是什么？

9. 什么是剪力墙的肢强系数 ζ，有洞口的剪力墙是怎样分类判别的？

10. 壁式框架的受力情况与一般框架有什么不同？

11. 框架-剪力墙结构如何协同工作？

12. 怎么区分铰接体系和刚接体系？

13. D 值和 C_f 值物理意义有什么不同，它们有什么关系？

14. 什么是刚度特征值 λ ？它对内力分配、侧移变形有什么影响？

15. 怎样区分框架-剪力墙结构中连梁与框架梁，框架-剪力墙的刚度特征值 λ 的物理意义是什么？

16. 在框架-剪力墙的底部，框架与剪力墙的受力关系是怎样的，在顶部又怎样？

17. 什么是框筒结构的剪力滞后？

第5章　混凝土结构抗震设计

◎ **本章导读**

我国是世界上多地震国家之一，抗震设防区约占全国总面积的80%，抗震设计是混凝土结构设计的重要内容之一。

地震作用是动力作用，故应加强对单质点弹性体系无阻尼自由振动的学习。

本章中的公式、构造规定较多，学习时应着重相关概念的理解，对具体的数据不要死记硬背。

◎ **学习要求**

通过本章的学习，应了解抗震设计的基本知识，掌握水平地震作用的计算方法，了解现浇混凝土结构的抗震设计和构件(框架梁、框架柱、抗震墙及铰接排架柱)的抗震构造措施。具体要求如下：

(1)了解地震的相关术语、了解抗震设计的基本原则和有关规定；

(2)对多遇地震与罕遇地震、建筑场地和地基基础等有一定认识；

(3)熟悉“三水准”抗震设防目标、“两阶段”抗震设计方法的内容与要求；

(4)掌握单自由度弹性体系的地震反应及抗震设计反应谱；

(5)了解振型分解反应谱法；

(6)熟练掌握计算水平地震作用的底部剪力法；

(7)熟练掌握结构基本自振周期的计算方法和计算公式；

(8)对时程分析法、竖向地震作用有一定的了解；

(9)了解建筑结构的不规则性的类型和判别标准；

(10)了解混凝土结构的主要震害及其原因；

(11)掌握框架结构的抗震措施以及框架柱、梁、节点的抗震设计与主要构造要求；

(12)了解抗震墙及铰接排架柱的抗震构造措施。

本章的重点内容包括：

①计算水平地震作用的底部剪力法；

②框架结构的抗震设计与主要构造要求。

本章的难点内容包括：

①单自由度弹性体系的地震反应；

②抗震设计反应谱法；

③振型分解反应谱法；

④抗震墙的抗震构造措施。

5.1 地震的基本知识

由于地下某处薄弱岩层在累积的弹性应力的作用下突然破裂，断层两侧发生回跳引起震动；或由于地球板块相互挤压、顶撞致使板块边缘岩层脆性破裂引起震动，从而以波的形式将岩层震动传至地表，引起地面的剧烈颠簸和摇晃，这种地面运动就称为地震。

地震是一种突发的自然灾害，具有突发性强、破坏性大、防御难度大、社会影响深远等特点。

地震是工程结构(如建筑物、桥梁等)在使用期间承受的主要作用之一，其作用时间短、随机性强、强度大；同时地震经常引发地基液化失效、火灾等次生灾害，因而对工程结构造成的破坏也更严重。因此，搞好工程结构的抗震设计，是一项重要的防灾减灾措施。

5.1.1 地震的类型和成因

1. 地震的分类

地震一般可分为人工地震和天然地震两大类。由人类活动(如开山、采矿、爆破、水库蓄水、地下核试验等)引起的地面振动称为人工地震，其余统称为天然地震。

天然地震主要分为以下几种类型：

构造地震：由于地壳构造运动使岩层断裂、错动引起的地震，占全球地震总数的90%以上。构造地震分布范围广、发生频度高、强度大、破坏严重，因此是地震监测预报、防灾减灾的重点对象。

火山地震：由于火山喷发引起的地震，占全球地震总数的7%左右。火山地震发生在活火山地区(如印度尼西亚、菲律宾、意大利等地)，一般震级不大。在我国很少见。

陷落地震：是由于地层陷落(如喀斯特地形、矿坑下塌等)引起的地震。其破坏范围非常有限，震级也很小。

诱发地震：在特定的地区因某种外界因素诱发(如陨石坠落)而引起的地震。

2. 构造地震的成因

构造地震往往发生在应力比较集中、构造比较脆弱的地段，即原有断层的端点或转折处、不同断层的交会处等。其成因有多种学说，其中断层学说和板块构造学说是被普遍认可的两种。

(1)断层学说。断层学说认为，构成地壳的岩层是在运动的，并不断积累着能量，使岩层中的应力不断增大，岩层产生形变或发生皱褶(图 5-1)；当应力超过某处岩层的极限强度时，岩层产生断裂和错动，释放积累的应变能，并以弹性波的形式传至地面，地面随之产生强烈振动，形成地震。

断层学说有助于解释与地质构造有关的地震。

(2)板块构造学说。板块构造理论认为，地球表面的最上层是强度较大的岩石层，厚度为70~100km。岩石层的下面是强度较低并带有塑性的岩流层。岩石层由美洲板块、非洲板块、欧亚板块、印澳板块、太平洋板块和南极洲板块等若干个大板块组成。

由于岩流层的对流运动，板块之间相互挤压和冲撞，致使其边缘附近的岩石层脆性破裂而产生地震。

板块构造学说有助于解释地震带的成因，全球主要地震带处于这些大板块的交界地区。

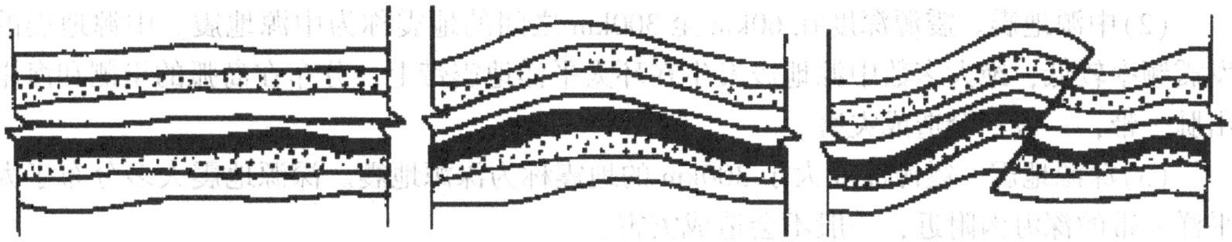

（a）岩层原始状态　　（b）受力后发生变形　　（c）岩层断裂产生振动

图 5-1　地壳构造运动与地震形成示意图

3. 地震带的地理分布

地震的历史表明，地震的地理分布受地质构造控制，呈明显的带状分布规律。全球的地震主要分布在两个地震带：

(1)环太平洋地震带。从南美洲西部海岸起，向北经中美洲及北美洲西部海岸、阿拉斯加南岸、阿留申群岛，转向西南至日本列岛，再经我国台湾岛，至菲律宾、新几内亚和新西兰，形成全球地震最活跃的环形地带。全球 80%～90%的地震，就集中在这条地震带上。

(2)地中海-南亚地震带。地中海-南亚地震带西起大西洋中的亚速尔岛，向东经意大利、土耳其、伊朗、印度北部、我国西部和西南地区，再经缅甸、印度尼西亚的苏门答腊岛和爪哇岛，最后与环太平洋地震带连接。

此外，在大西洋、太平洋、印度洋中也有呈条形分布的海岭地震带。

我国地处两大地震带之间，除台湾省和西藏自治区南部分别属于环太平洋地震带和地中海南亚地震带之外，其他地区的地震主要集中在下列两个地震带：

①南北地震带。北起贺兰山，向南经六盘山、穿越秦岭沿川西直至云南东部，形成贯穿我国南北的地震带。

②东西地震带。西起帕米尔高原，向东经昆仑山、秦岭，然后一支向北沿陕西、山西、河北北部向东延伸，直至辽宁北部，另一支向南向东延伸至大别山等地。

据统计，全国 79%的国土位于 6 度及 6 度以上地区，41%的国土、一半以上的城市位于地震基本烈度 7 度或 7 度以上地区。其中，地震活动较强烈的地区是：青藏高原和云南、四川西部，华北太行山和京津唐地区，新疆及甘肃、宁夏，福建和广东沿海，台湾岛等。

4. 震源和震中

地壳中发生岩层断裂、错动而产生剧烈振动的部位，称为震源(图 5-2)。震源在地面上的垂直投影，即为震中。震中到震源的垂直距离称为震源深度。震中邻近地区称为震中区。地面上某点至震中的距离称为震中距。

按震源深度，可将地震分为以下类型：

(1)浅源地震。震源深度小于60km的地震，称为浅源地震。浅源地震的发震频率高，是地震灾害的主要制造者，对人类影响最大。破坏性地震一般是浅源地震，例如，1976年7月28日唐山大地震的震级为7.8级，震源深度为11km；2008年5月12日汶川大地震的震级为8.0级，震源深度为14km；2010年4月14日玉树大地震的震级为7.1级，震源深度为6km。

(2)中源地震。震源深度在60km至300km之间的地震称为中源地震。中源地震的发震频率较低，绝大多数中源地震发生在环太平洋地震带上，分布在岛弧的里侧和海岸山脉一带，一般不会造成灾害。

(3)深源地震。震源深度大于300km的地震称为深源地震。深源地震大多分布于太平洋一带的深海沟附近，一般不会造成灾害。

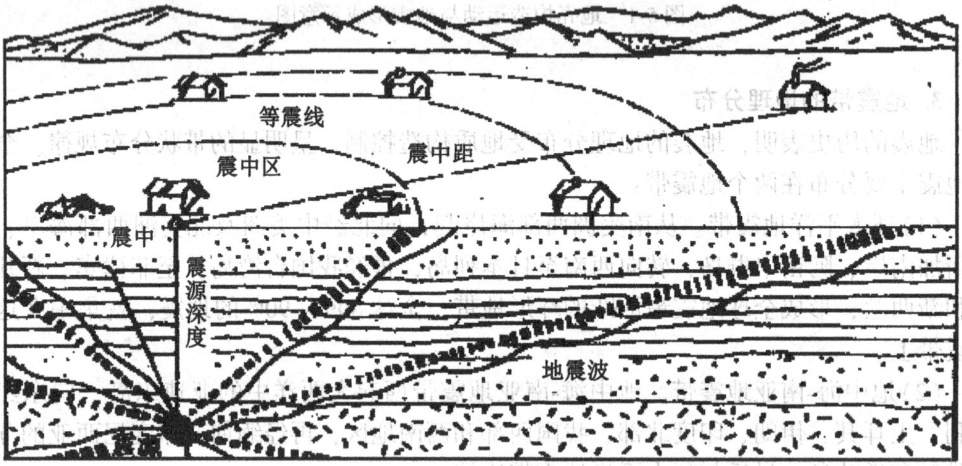

图5-2　地震术语示意图

在一定的地方和一定时间内连续发生的一系列具有共同发震构造的一组地震，称为地震序列。在某一地震序列中，释放能量最大的一次地震称为主震；主震前发生的地震称为前震。主震后发生的地震称为余震。

5.1.2　地震波、震级和烈度

1. 地震波

震源岩层断裂、错动时产生的振动以弹性波的形式从震源向各个方向传播并释放能量，这种波就是地震波。按地震波在地壳中传播的空间位置不同，可分为体波和面波。

(1)体波。在地球内部传播的地震波称为体波。体波又分为纵波和横波。

在纵波的传播过程中，介质质点的振动方向与波的前进方向一致，故又称为压缩波或疏密波。纵波的周期短、振幅小(图5-3(a))，在地球内部的传播速度一般为200~1400m/s。

在横波的传播过程中，介质质点的振动方向与波的前进方向垂直，故又称为剪切波。横波的周期较长、振幅较大(图5-3(b))，在地球内部的传播速度一般为100~

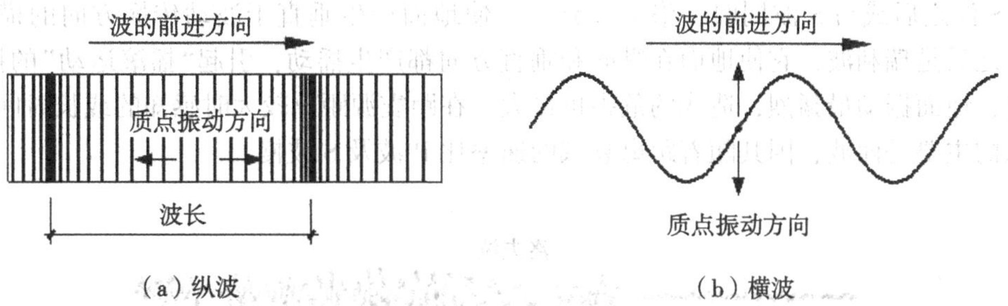

图 5-3　体波的传播

800m/s。

纵波比横波传播速度快。在仪器的观测记录图上，纵波先于横波到达，因而也可将纵波称为“初波”(primary wave)或 P 波，将横波称为“次波”(secondery wave)或 S 波。分析地震波记录图上 P 波和 S 波到达的时间差，可以确定震源的位置。

(2)面波。面波是体波经地层界面多次反射形成的次生波，它包括两种形式的波，即瑞利波(R 波)和洛夫波(L 波)。

瑞利波传播时，质点在波的传播方向和地面法线组成的平面(xz 平面)内做与波的传播方向相反的椭圆形运动，而在与该平面垂直的水平方向(y 方向)没有振动，质点在地面上呈滚动形式(图 5-4(a))。

洛夫波传播时，质点只是在与传播方向相垂直的水平方向(y 方向)运动，在地面上呈蛇形运动形式(图 5-4(b))。

面波振幅大、周期长，只在地表附近传播，比体波衰减慢，故能传播到很远的地方。

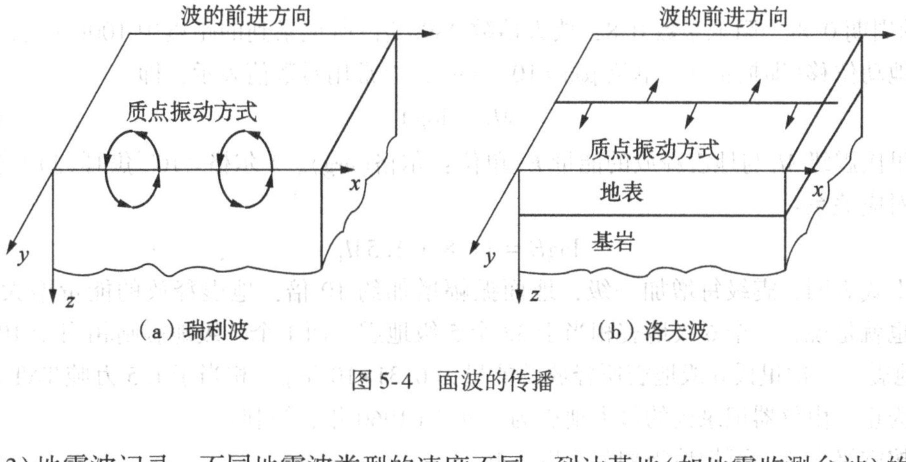

图 5-4　面波的传播

(3)地震波记录。不同地震波类型的速度不同，到达某地(如地震监测台站)的时间也就先后不同(图 5-5)，对地面和建筑物的影响也就不同。

从震源首先到达某地的第一波是 P 波，P 波一般以陡倾角出射地面，因此造成铅垂方向的地面运动，使建筑物上下摇动。P 波之后到达的是 S 波，它包括水平面上和垂直面上的振动。S 波比 P 波持续时间要长一些，使建筑物侧向晃动。

S 波之后或与 S 波同时，洛夫波到达，使地面产生垂直于波动传播方向的横向摇动；之后是瑞利波，它使地面在纵向和垂直方向都产生摇动，引起“摇滚运动”的振动。此时，地面振动最猛烈，造成的危害也最大。在距震源距离较大时感知的或长时间记录下来的主要是面波，因其随着距离衰减的速率比 P 波及 S 波慢。

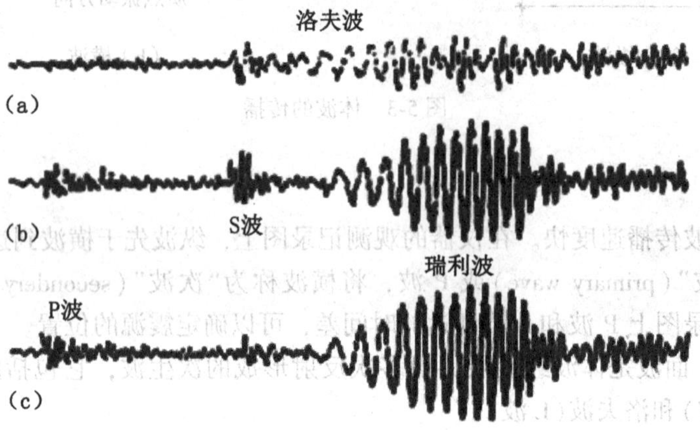

(a)东—西方向；(b)北—南方向；(c)上—下方向

图 5-5 地震波记录图

2. 震级与烈度

(1)地震震级。地震有强有弱，衡量地震强弱的尺度叫震级，用“M”表示。故地震释放的能量越大，震级也应越大。震级的大小可通过地震仪器的记录计算得到。

震级的概念由美国地震学家查尔斯 · 里克特(Charles Richter)于 1935 年最先提出，故称为“里氏震级(M_L)”。其定义为：用伍德-安德森(Wood-Anderson)式标准地震仪(摆的周期 0.8s，阻尼系数 0.8，放大倍数 2800 倍)所记录到的距震中 100km 处的最大水平地动位移(即振幅 A，单位 $\mu m = 10^{-3}mm$)，以常用对数值表示，即

$$M_L = \log A \tag{5-1}$$

里氏震级 M_L 与地震释放的能量 E[单位：尔格(erg)，1 尔格 = 10^{-7} 焦耳(J)]之间有如下对应关系：

$$\log E = 11.8 + 1.5M_L \tag{5-2}$$

上式表明，震级每增加一级，地面振幅增加约 10 倍，地震释放的能量增大约 32 倍。也就是说，一个 6 级地震相当于 32 个 5 级地震，而 1 个 7 级地震则相当于 1000 个 5 级地震。一次里氏 6 级地震所释放的能量为 6.31×10^{20}erg，相当于 1.5 万吨 TNT 炸药。迄今为止，由仪器记录到的最大地震为 8.9 级(1960 年，智利)。

按震级大小，可把地震划分为以下几类：

①$M_L < 2.0$，人们一般感觉不到，称为微震；

②$M_L = 2.0 \sim 4.0$，人们能够感觉到，但一般不会造成破坏，称为有感地震；

③$M_L > 5.0$，对建筑物就要引起不同程度的破坏，统称为破坏性地震；

④$M_L > 7.0$，称为强烈地震或大地震；

⑤$M_L>8.0$，称为特大地震。

(2)地震烈度。地震烈度是指某一地区的地表和各类工程建筑物遭受到一次地震影响的强弱程度。一次地震的震级只有一个，但在不同地点则有各自的地震烈度。一般来说，距震中愈近，烈度就愈高；反之，愈低。此外，地震烈度还与震源深度、地震传播介质、表土性质、建筑物动力特性、施工质量等许多因素有关。

评定地震烈度的标准称为地震烈度表。它以描述震害宏观现象为主，即根据建筑物的损坏程度(平均震害指数)、地貌变化特征、地震时人的感觉、家具及器皿的反应等方面，并辅以水平峰值加速度、峰值速度等物理量对地震烈度进行区分。由于对烈度影响轻重的分段不同，以及在宏观现象和定量指标确定方面存在差异，加之各国建筑情况及地表条件的不同，各国所制定的地震烈度表也就不同。大多数国家(包括中国)采用 12 度的地震烈度表。

附录七为最新《中国地震烈度表》GB/T 17742—2008。

(3)震级和地震烈度的关系。定性地讲，震级越大，确定地点上的烈度也越大；定量的关系只在特定条件下存在大致的对应关系，根据我国的地震资料，对于多发性的浅源地震(震源深度在 10~30km)，可建立起震中烈度 I_0 与震级 M_L 之间近似关系(表 5-1)，即

$$M_L = 1 + \frac{2}{3}I_0 \tag{5-3}$$

表 5-1　　地震烈度与震级对照关系

震中烈度 I_0	1	2	3	4	5	6	7	8	9	10	11	12
震级 M_L	1.9	2.5	3.1	3.7	4.3	4.9	5.5	6.1	6.7	7.3	7.9	8.5

5.2　工程结构抗震设防

工程结构抗震设防的目的是减轻工程结构的破坏，最大限度地减少(但不能避免)地震灾害造成的人员伤亡和财产损失。减轻灾害的有效措施是对新建工程进行抗震设防、对既有工程进行抗震加固。

5.2.1　地震烈度区划

地震的发生(包括地点、时间和强度)和地面运动的特性具有很大的随机性。因此，目前主要采用基于概率含义的地震预测方法来预测某地区未来一定时间内可能发生的最大地震烈度。

该方法将地震的发生及其影响看做随机事件，首先根据区域地质构造、地震活动性和历史地震资料，确定地震危险区，即未来 50 年期限内可能发震的地段，并估计每个发震地段可能发生的最大地震，从而确定出震中烈度；然后，预测这些地震的影响范围，即根据地震衰减规律、用概率方法评价其周围地区的烈度。

基于上述方法，《中国地震烈度区划图(1990)》以基本烈度表示地震危险性，把全

国划分为基本烈度不同的5个区域，给出了全国各地地震基本烈度的分布。

所谓地震基本烈度，是指在50年期限内、一般场地土条件下、可能遭遇的地震事件中超越概率为10%所对应的烈度值。50年期限内超越概率为10%的风险水平是国际上普遍采用的一般建筑物抗震设计标准。

地震烈度区划图上标明的某一地区的基本烈度，总是相应于一定震源的，当然也包括几个不同震源所造成的同等烈度的影响。

由于地质构造的变化，一个地区的基本烈度并不是一成不变的。因此，2001年，根据《中华人民共和国防震减灾法》(1997年10月施行)的有关规定及工程建设对编制地震动参数区划图的需求，由国家地震局编制了《中国地震动参数区划图》GB18306—2001，替代《中国地震烈度区划图(1990)》。

《中国地震动参数区划图》GB18306—2001由《中国地震动峰值加速度区划图》(1：400万)、《中国地震动反应谱特征周期区划图》(1：400万)和《地震动反应谱特征周期调整表》组成。该区划图根据地震危险性分析方法，提供了一般中硬场地条件下，设防水准为50年超越概率10%时的地震动参数(地震动峰值加速度和反应谱特征周期)。

《中国地震动参数区划图》吸收了我国自1990年以来新增的、大量的地震区划基础资料及其综合研究的最新成果，采用了国际上最新的编图方法，更能准确地反映地震动的物理效应，更能满足现代工程对地震区划的需求。

5.2.2 抗震设防分类与设防标准

抗震设防是指对建筑物进行抗震设计，包括地震作用、抗震承载力计算和采取相应的抗震措施。

抗震设防的依据是抗震设防烈度。在我国，一个地区的抗震设防烈度，一般情况下可采用《中国地震动峰值加速度区划图》GB18306—2001的地震基本烈度或采用与《建筑抗震设计规范》GB50011—2010(以下简称《建筑抗震设计规范》)规定的设计基本地震加速度值对应的烈度值。对已编制抗震设防区划的城市，可采用已批准的抗震设防烈度或设计地震动参数。

地震经验表明，在宏观烈度相似的情况下，处在大震级远震中距下的柔性建筑，其震害要比中、小震级近震中距的情况严重很多；理论分析也发现，震中距不同时反应谱频谱特性并不相同。因此，《建筑抗震设计规范》将建筑工程的设计地震划分为三组，即对同样场地条件、同样烈度的地震，按震源机制、震级大小和震中距远近区别对待。

1. 建筑工程抗震设防分类标准

在进行建筑抗震设计时，建筑的抗震设防标准应与其重要性相对应。《建筑工程抗震设防分类标准》GB50223—2008将建筑按其重要程度不同，分为以下四类：

(1)特殊设防类：指使用上有特殊设施，涉及国家公共安全的重大建筑工程和地震时可能发生严重次生灾害等特别重大灾害后果，需要进行特殊设防的建筑，简称甲类。

(2)重点设防类：指地震时使用功能不能中断或需尽快恢复的生命线相关建筑，以及地震时可能导致大量人员伤亡等重大灾害后果，需要提高设防标准的建筑，简称乙类。

(3)标准设防类：指大量的除(1)、(2)、(4)类以外按标准要求进行设防的建筑，简称丙类。

(4)适度设防类：指使用上人员稀少且震损不致产生次生灾害，允许在一定条件下适度降低要求的建筑，简称丁类。

2. 抗震设防标准

按照《建筑工程抗震设防分类标准》的规定，各抗震设防类别建筑的抗震设防标准，应符合下列要求：

(1)特殊设防类建筑。应按高于本地区抗震设防烈度提高一度的要求加强其抗震措施；但抗震设防烈度为 9 度时应按比 9 度更高的要求采取抗震措施。同时，应按批准的地震安全性评价的结果且高于本地区抗震设防烈度的要求确定其地震作用。

(2)重点设防类建筑。应按高于本地区抗震设防烈度一度的要求加强其抗震措施；但抗震设防烈度为 9 度时应按比 9 度更高的要求采取抗震措施；地基基础的抗震措施，应符合有关规定。同时，应按本地区抗震设防烈度确定其地震作用。

(3)标准设防类建筑。应按本地区抗震设防烈度确定其抗震措施和地震作用，达到在遭遇高于当地抗震设防烈度的预估罕遇地震影响时不致倒塌或发生危及生命安全的严重破坏的抗震设防目标。

(4)适度设防类建筑。允许比本地区抗震设防烈度的要求适当降低其抗震措施，但抗震设防烈度为 6 度时不应降低。一般情况下，仍应按本地区抗震设防烈度确定其地震作用。

这里的抗震措施，是指除地震作用和结构(构件)抗力计算外的抗震设计内容，包括抗震构造措施。抗震构造措施，是指根据抗震概念设计原则，一般不需计算而对结构和非结构各部分必须采取的各种细部要求。

5.2.3　抗震设防目标与抗震设计方法

建筑结构的抗震设防目标，是对于建筑结构应具有的抗震安全性的要求，即建筑结构物遭遇不同水准的地震影响时，结构、构件、使用功能、设备的损坏程度的总要求。

1. “三水准”设防目标

《建筑抗震设计规范》规定，需进行抗震设计的一般建筑，其基本的抗震设防目标是：

第一水准：当遭受低于本地区抗震设防烈度的多遇地震(众值烈度)影响时，主体结构不受损坏或不需修理可继续使用。

第二水准：当遭受相当于本地区抗震设防烈度的设防地震(基本烈度)影响时，可能损坏，但经一般性修理仍可继续使用。

第三水准：当遭受高于本地区抗震设防烈度的罕遇地震(罕遇烈度)影响时，不致倒塌或发生危及生命的严重破坏。

基于上述设防目标，建筑物在使用期间，对不同强度的地震应具有不同的抵抗能力，一般多遇地震(小震)发生的几率较大，因此要做到结构不损坏，这在技术上、经济上是可以实现的。而罕遇地震(大震)发生的几率较小，如果此时要求结构仍不损坏，在经济上是不合理的，因此可以允许结构破坏，但不应导致建筑物倒塌。概括起来，“三水准”抗震设防目标就是要做到“小震不坏、中震可修，大震不倒”。

使用功能或其他方面有专门要求的建筑，具有更具体或更高的抗震设防目标。

2. 多遇地震烈度与罕遇地震烈度

根据大量地震发震概率的数据统计分析，一般认为，我国地震烈度的概率密度函数服从极限Ⅲ型分布(图 5-6)。

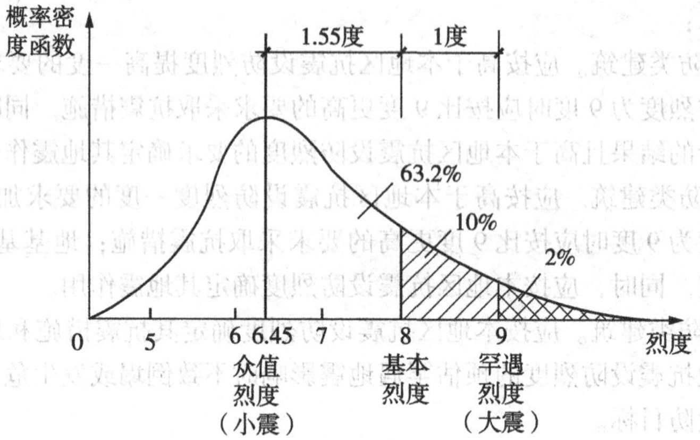

图 5-6　多遇地震烈度、罕遇地震烈度与基本烈度

所谓多遇地震(小震)，就是发生机会较多的地震，故多遇地震烈度应是烈度概率密度函数曲线峰值点所对应的烈度，50 年期限内多遇地震烈度的超越概率为 63. 2%，这就是第一水准的烈度。多遇地震烈度大约比基本烈度约低 1. 55 度。

基本烈度是 50 年内超越概率约 10%的烈度，相当于《中国地震动参数区划图》规定的峰值加速度所对应的烈度，将它定义为第二水准的烈度。

罕遇地震(大震)就是发生机会较少的地震。根据我国华北、西北和西南地区地震发生概率的统计分析，结合我国的经济情况，《建筑抗震设计规范》取 50 年超越概率约为 2%的烈度为罕遇地震烈度，作为第三水准烈度。

罕遇地震比基本烈度高约 1 度左右，相应于基本烈度 6、7、8、9 度的罕遇地震烈度分别为 7 度强、8 度强，9 度弱，9 度强。

3. “二阶段”设计法

在进行建筑抗震设计时，原则上应满足三水准抗震设防目标的要求。为了简化计算起见，《建筑抗震设计规范》采取了二阶段设计法。

(1)第一阶段设计——承载力和弹性变形验算。在方案布置符合抗震原则的前提下，取第一水准(多遇地震烈度)的地震动参数计算结构的地震作用标准值和相应的地震作用效应，采用《建筑结构可靠度设计统一标准》GB50068—2001 规定的分项系数设计表达式进行结构构件的截面承载力验算，对较高的建筑物还要进行变形验算，以控制侧向变形不要过大。这样，既满足了第一水准下必要的强度可靠度，又满足第二水准的设防要求(损坏可修)。

对大多数的结构，可只进行第一阶段设计，并通过概念设计和抗震构造措施来满足第三水准的设防要求。

(2)第二阶段设计——弹塑性变形验算。对特殊要求的建筑、地震时易倒塌的结构以及有明显薄弱层的不规则结构，除进行第一阶段设计外，还要按与基本烈度相对应的罕遇烈度进行结构薄弱层(部位)的弹塑性层间变形验算并采取相应的抗震构造措施，以实现第三水准的设防要求(大震不倒)。

5.3　场地、地基与基础

建筑场地条件是决定地震作用大小和建筑物破坏程度的重要因素。

5.3.1　建筑场地

场地是指工程群体所在地，具有相同的反应谱特征。其范围相当于厂区、居民小区和自然村或不小于 $1.0km^2$ 的平面面积。场地范围内的地基土称为场地土。

多次地震的震害表明，在同一烈度区内，由于场地土质条件的不同，建筑物的破坏程度有很大差异。软弱地基与坚硬地基相比，这种差异的一般规律是：表现在对地面运动的影响上，在同一地震和同一震中距离时，软弱地基的地面自振周期长、振幅大，振动持续时间长，震害也重；表现在对地基稳定和变化的影响上，软弱地基在振动的情况下容易产生不稳定状态和不均匀沉降，甚至会发生液化、滑动、开裂等严重现象，而坚硬地基则没有这种危险；表现在改变建筑物的动力特性上，因为地基和上部结构是不可分割的整体，所以，地基土质势必影响结构的整体性能。软弱地基对建筑物有增长周期，改变振型和增大阻尼的作用。

场地土层的组成不同，对建筑物震害的影响也是不同的，震害一般随覆盖土层厚度的增加而加重。

地下水位的高低对震害的影响也是不同的，水位越浅，震害越重；尤其是当地下水埋深 1~5m 时，对震害的影响最为显著。在不同的地基中，地下水位的影响程度也有所差别，对软弱土层的影响最大，黏性土次之，对卵砾石、碎石、角砾土则影响较小。

场地岩土工程勘察，应按表 5-2 划分对建筑抗震有利、一般、不利和危险的地段，提供建筑的场地类别和岩土地震稳定性(如滑坡、崩塌、液化和震陷特性等)评价。

表 5-2　**有利、不利和危险地段的划分**

地段类别	地质、地形、地貌
有利地段	稳定基岩，坚硬土，开阔、平坦、密实、均匀的中硬土等
一般地段	不属于有利、不利和危险的地段
不利地段	软弱土，液化土，条状突出的山嘴，高耸孤立的山丘，陡坡，陡坎，河岸和边坡的边缘，平面分布上成因、岩性、状态明显不均匀的土层(含故河道、疏松的断层破碎带、暗埋的塘浜沟谷和半填半挖地基)，高含水量的可塑黄土，地表存在结构性裂缝等
危险地段	地震时可能发生滑坡、崩塌、地陷、地裂、泥石流等及发震断裂带上可能发生地表错位的部位

1. 建筑场地类别

综上所述，场地条件对建筑物震害影响的主要因素是：场地土的刚性(即坚硬或密实程度)大小和场地覆盖层厚度。

土的刚性一般用土的剪切波速表示，因为剪切波速是最能反映场地土动力性能的参数，覆盖层厚度则定义为从地面至坚硬场地土顶面的距离。

建筑的场地类别，应根据土层等效剪切波速和场地覆盖层厚度 d_{ov} 按表 5-3 划分为四类，Ⅰ类最好，Ⅳ类最差。

建筑场地覆盖层厚度 d_{ov} 的确定，应符合下列要求：

①一般情况下，应按地面至剪切波速大于 500m/s 且其下卧各层岩土的剪切波速均不小于 500m/s 的土层顶面的距离确定。

②当地面 5m 以下存在剪切波速大于其上部各土层剪切波速 2.5 倍的土层，且该层及其下卧各层岩土的剪切波速均不小于 400m/s 时，可按地面至该土层顶面的距离确定。

③剪切波速大于 500m/s 的孤石、透镜体，应视同周围土层。

④土层中的火山岩硬夹层，应视为刚体，其厚度应从覆盖土层中扣除。

表 5-3　**场地类别划分**

剪切波速 v_s 或 v_{se}(m/s)	场地类别				
	$Ⅰ_0$	$Ⅰ_1$	Ⅱ	Ⅲ	Ⅳ
$v_s>800$	$d_{ov}=0$				
$800\geqslant v_s>500$		$d_{ov}=0$			
$500\geqslant v_{se}>250$		$d_{ov}<5$	$d_{ov}\geqslant 5$		
$250\geqslant v_{se}>150$		$d_{ov}<3$	$3\leqslant d_{ov}\leqslant 50$	$d_{ov}>50$	
$v_{se}\leqslant 150$		$d_{ov}<3$	$3\leqslant d_{ov}<15$	$15\leqslant d_{ov}\leqslant 80$	$d_{ov}>80$

注：v_s 为岩石或坚硬土的剪切波速，v_{se} 为土层的等效剪切波速。

2. 等效剪切波速 v_{se}

土层的等效剪切波速 v_{se} 按下列公式计算：

$$v_{se}=d_0/t \tag{5-4}$$

$$t=\sum_{i=1}^{n}\frac{d_i}{v_{si}} \tag{5-5}$$

式中，d_0——计算深度(m)，取覆盖层厚度 d_{ov} 和 20m 二者的较小值；

t——剪切波在地面至计算深度之间的传播时间(s)；

d_i——计算深度范围内第 i 土层的厚度(m)；

v_{si}——计算深度范围内第 i 土层的剪切波速(m/s)；

n——计算深度范围内土层的分层数。

【例题 5-1】 已知某建筑场地地质资料如表 5-4 所示，试确定该场地类别。

表 5-4　　**某建筑场地的地质资料**

土层名称	土层底部深度 h_i(m)	土层厚度 d_i(m)	土层剪切波速 v_{si}(m/s)
杂填土	1.5	1.5	130
粉质黏土	3.0	1.5	145
淤泥质土	7.0	4.0	120
黏　土	9.0	2.0	180
粉　土	13.0	4.0	280
砾　砂	17.0	4.0	520

【解】 距地面 13.0m 以下的土层剪切波速 $v_s=520\text{m/s}$，所以场地计算深度 $d_0=13.0\text{m}$，按式(5-4)及式(5-5)计算等效剪切波速 v_{se}：

$$v_{se}=\frac{d_0}{\sum\limits_{i=1}^{5}(d_i/v_{si})}=\frac{13.0}{\dfrac{1.5}{130}+\dfrac{1.5}{145}+\dfrac{4.0}{120}+\dfrac{2.0}{180}+\dfrac{4.0}{280}}=161.3\ \text{m/s}$$

查表 5-3，$150<v_{se}=161.3\text{m/s}<250$，且 $3<d_{0v}=13.0<50$，故该场地属于Ⅱ类场地。

5.3.2　天然地基

在地震作用下，为了保证建筑物的安全和正常使用，应同时满足地基变形和地基承载力的要求。但在地震作用下，地基变形过程十分复杂，目前还没有条件进行定量计算，因此，《建筑抗震设计规范》规定，只进行地基抗震承载力验算；至于地基抗震变形，则通过对上部结构或地基基础采取一定的抗震措施来保证。

1. 可不进行地基及基础抗震承载力验算的范围

历次震害调查表明，一般天然地基上的下列一些建筑很少因为地基失效而破坏。因此，《建筑抗震设计规范》规定，建造在天然地基上的以下建筑，可不进行地基及基础抗震承载力验算：

(1)《建筑抗震设计规范》规定可不进行上部结构抗震验算的建筑；

(2)地基主要受力层范围内不存在软弱黏性土层的下列建筑：

①一般的单层厂房和单层空旷房屋；

②砌体房屋；

③不超过 8 层且高度在 24m 以下的一般民用框架和框架-抗震墙房屋；

④基础荷载与③项相当的多层框架厂房和多层抗震墙房屋。

这里，软弱黏性土层指 7 度、8 度和 9 度时，地基承载力特征值分别小于 80kPa、100kPa 和 120kPa 的土层。

2. 天然地基抗震承载力

地基的抗震承载力与其静承载力是有差别的。在静载作用下，地基的变形包括弹性变形和永久变形(即残余变形)，弹性变形可在短时间内完成，而永久变形则需要较长的时间才能完成；在地震作用下，由于地震作用时间很短，只能使土层产生弹性变形而来不及发生永久变形。所以，由地震作用产生的地基变形要比静载产生的地基变形小得多。

另一方面，地基承载力是根据地基允许变形值确定的，若地基允许变形值一定，则产生同样变形所需的由地震作用产生的压力应大于所需的由静载产生的压力。因此，从地基变形角度来说，地基土的抗震承载力应该比静承载力要大，即动强度一般高于静强度；另外，从结构安全角度来说，由于地震作用是偶遇的，其安全度可以小一些。故在确定地基抗震承载力时，其取值可比地基静承载力大一些。

因此，《建筑抗震设计规范》规定，进行天然地基基础抗震验算时，地基抗震承载力应按下式计算：

$$f_{aE}=\zeta_a \cdot f_a \tag{5-6}$$

式中：f_{aE}——调整后的地基抗震承载力；

f_a——修正后的地基承载力特征值，应按《建筑地基基础设计规范》GB50007—2011 确定。

ζ_a——地基抗震承载力调整系数，应按表 5-5 采用。

表 5-5　　**地基抗震承载力调整系数**

岩土名称和性状	ζ_a
岩石，密实的碎石土，密实的砾、粗、中砂，$f_{ak}\geqslant 300$kPa 的黏性土和粉土	1.5
中密、稍密的碎石土，中密和稍密的砾、粗、中砂，密实和中密的细、粉砂，$150\leqslant f_{ak}<300$kPa 的黏性土和粉土，坚硬黄土	1.3
稍密的细、粉砂，$100\leqslant f_{ak}<150$kPa 的黏性土和粉土，可塑黄土	1.1
淤泥，淤泥质土，松散的砂，杂填土，新近堆积黄土及流塑黄土	1.0

3. 天然地基抗震验算

验算天然地基地震作用下的竖向承载力时，按地震作用效应标准组合计算的基础底面平均压力和边缘最大压力应符合下列要求：

$$p\leqslant f_{aE} \tag{5-7a}$$

$$p_{max}\leqslant 1.2f_{aE} \tag{5-7b}$$

式中：p——按地震作用效应标准组合计算的基础底面平均压力；

p_{max}——按地震作用效应标准组合计算的基础边缘的最大压力；

同时，《建筑抗震设计规范》规定，对高宽比大于 4 的高层建筑，在地震作用下基础底面不宜出现脱离区（零应力区）；其他建筑，基础底面与地基土之间脱离区（零应力区）面积不应超过基础底面面积的 15%。

5.3.3　液化土地基

1. 液化的概念

在地下水位以下的饱和松砂或粉土受到地震的振动作用，土颗粒间有变密的趋势，孔隙水来不及排出，使土颗粒处于悬浮状态，形成犹如液体一样的现象，称为液化。日本 1964 年的新潟地震中，该城市的低洼地区出现了大面积的砂层液化现象，地面多处喷砂冒水，使很多建筑物地基失效，就是饱和松砂发生液化的典型事例。

我国 1966 年的邢台地震、1975 年的海城地震以及 1976 年的唐山地震中，场地土都发生过液化现象，都使建筑遭到不同程度的破坏。

理论上认为，饱和砂土的地震液化与孔隙水压力的变化有关。饱和砂土的抗剪强度为：

$$\tau_f = \sigma' \cdot \mathrm{tg}\varphi = (\sigma - u) \cdot \mathrm{tg}\varphi \tag{5-8}$$

式中，τ_f——饱和砂土的抗剪强度；

σ'——剪切面上有效法向压应力(粒间压应力)；

σ——剪切面上总的法向压应力；

u——剪切面上孔隙水压力；

φ——土的内摩擦角。

地震时，由于场地土的强烈振动，孔隙水压力 u 急剧增高，直至与总的法向压应力 σ 相等，即有效法向压应力 $\sigma'=0$ 时，砂土颗粒便呈悬浮状态，土体抗剪强度 $\tau_f=0$，从而使场地土失去承载能力。

2. 影响场地土液化的因素

影响场地土液化的因素很多，主要包括以下方面：

(1)地质年代。地质年代的新老表示土层沉积时间的长短。较老的沉积土，经过长期的固结作用和历次大地震的影响，土的密实程度增大；同时往往具有一定的胶结紧密结构。因此，地质年代愈久，土层的固结度、密实度和结构性也就愈好；抵抗液化能力就愈强。

(2)土中黏粒含量。黏粒是指粒径≤0.005mm 的土颗粒。随着土中黏粒的增加，土的黏聚力增大，从而抗液化能力增加。故当粉土内黏粒含量超过某一限值时，粉土就不会液化。

(3)上覆非液化土层厚度和地下水位深度。上覆非液化土层厚度是指地震时能抑制可液化土层喷水冒砂的厚度，一般取第一层可液化土层的顶面至地表的距离。构成覆盖层的非液化层，除天然土层外，还包括堆积五年以上，或地基承载力大于 100kPa 的人工填土层。当覆盖层中夹有软土层，对抑制喷水冒砂作用很小，且其本身在地震中很可能发生软化现象时，该土层应从覆盖层中扣除。

地下水位高低是影响喷水冒砂的一个重要因素，实际震害调查表明，地下水位越高，砂土和粉土发生液化的可能性越大。

(4)土的密实程度和土层埋深。砂土和粉土的密实程度是影响土层液化的一个重要因素。1964 年日本新潟地震现场分析资料表明，相对密度小于 50%的砂土，普遍发生液化，而相对密度大于 70%的土层，则没有发生液化。

理论分析和土工试验表明，侧压力愈大，土层就愈不容易液化。侧压力的大小反映土层埋深的大小。

(5)地震烈度和震级。地震烈度愈高的地区，地面运动强度就愈大，显然土层就愈容易液化。一般在 6 度及以下地区，很少看到液化现象。而在 7 度及以上地区，液化现象则相当普遍。

室内土动力试验表明，土样振动的持续时间愈长，就愈容易液化。因此，某场地在遭受到相同烈度的远震比近震更容易液化。因为前者对应的大震持续时间比后者对应的中等地震持续时间要长。

3. 土层液化的判别

饱和砂土和饱和粉土(不含黄土)的液化判别原则为：6 度时，一般情况下可不进行判别，但对液化沉陷敏感的乙类建筑可按 7 度的要求进行判别，7~9 度时，乙类建筑可按本地区抗震设防烈度的要求进行判别。

《建筑抗震设计规范》根据影响土层液化的主要因素分析及现场的调查资料，给出了土层液化的判别方法，即先进行初步判别，再进行标准贯入试验判别。

(1)初步判别法。饱和的砂土或粉土(不含黄土)，当符合下列条件之一时，可初步判别为不液化或可不考虑液化影响：

①地质年代为第四纪晚更新世(Q_3)及其以前时，7、8 度时可判为不液化；

②粉土的黏粒(粒径小于 0.005mm 的颗粒)含量(按重量)百分率，7 度、8 度和 9 度分别不小于 10、13 和 16 时，可判为不液化土。

表 5-6　　**液化土特征深度(m)**

饱和土类别	抗震设防烈度		
	7 度	8 度	9 度
粉土	6	7	8
砂土	7	8	9

③浅埋天然地基的建筑，当上覆非液化土层厚度和地下水位深度符合下列条件之一时，可不考虑液化影响：

$$d_u > d_0 + d_b - 2 \tag{5-9a}$$

$$d_w > d_0 + d_b - 3 \tag{5-9b}$$

$$d_u + d_w > 1.5d_0 + 2d_b - 4.5 \tag{5-9c}$$

式中：d_0——液化土特征深度(m)，可按表 5-6 采用。

d_w——地下水位深度(m)，宜按设计基准期内年平均最高水位采用，也可按近期内年最高水位采用；

d_u——上覆盖非液化土层厚度(m)，计算时宜将淤泥和淤泥质土层扣除；

d_b——基础埋置深度(m)，d_b不超过 2m 时，应取 d_b=2m。

基础埋置深度 d_b不超过 2m 时(取 d_b=2m)，上述判别条件[式(5-9(a)~(c))]亦可用图 5-7 表示；d_b>2m 时，在 d_u、d_w中减去(d_b-2)后再查图 5-7 确定。

(2)标准贯入试验判别法。当饱和的砂土、粉土的初步判别认为需进一步进行液化判别时，应采用标准贯入试验判别法判别地面下 20m 深度范围内土的液化；可不进行天然地基和基础抗震承载力验算的各类建筑，可只判别地面下 15m 深度范围内土的液化。

标准贯入试验设备，主要由贯入器、触探杆和穿心锤组成。触探杆一般用直径 42mm 的钻杆，穿心锤重 63.5kg。操作时先用钻具钻至试验土层标高以上 150mm，然后

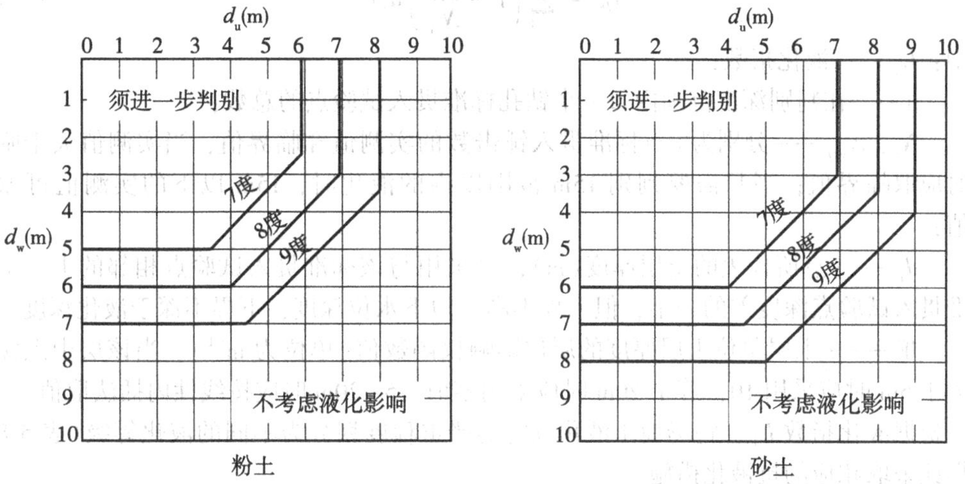

图 5-7　按上覆非液化土层厚度和地下水位深度进行液化初步判别

在锤的落距为 760mm 的条件下，每打入 300mm 的锤击数记作 $N_{63.5}$。当饱和土标准贯入锤击数实测值 $N_{63.5}$(未经杆长修正)小于或等于液化判别标准贯入锤击数临界值 N_{cr}时，应判为液化土。

在地面下 20m 深度范围内，液化判别标准贯入锤击数临界值 N_{cr}可按下式计算：

$$N_{cr}=N_0\beta[\ln(0.6d_s+1.5)-0.1d_w]\sqrt{3/\rho_c} \tag{5-10}$$

式中：N_{cr}——液化判别标准贯入锤击数临界值；

N_0——液化判别标准贯入锤击数基准值，应按表 5-7 采用；

d_s——饱和土标准贯入点深度(m)；

ρ_c——黏粒含量百分率，当小于 3 或为砂土时，应取 $\rho_c=3$。

β——调整系数，设计地震第一、二、三组分别取 0.80、0.95、1.05。

表 5-7　**液化判别标准贯入锤击数基准值 N_0**

设计地震基本加速度(g)	0.10	0.15	0.20	0.30	0.40
液化判别标准贯入锤击数基准值 N_0	7	10	12	16	19

4. 液化地基的评价

地基土液化程度不同，对建筑物的危害也就不同。因此，需对液化地基的危害性作出定量的分析和评价，并采取相应的抗液化措施。

在同一地震烈度下，液化层的厚度愈厚，埋藏愈浅，地下水位愈高，实测标准贯入锤击数与临界标准贯入锤击数相差愈多，液化就愈严重，带来的危害性也就愈大。

《建筑抗震设计规范》给出了液化指数概念，比较全面反映了这些因素的影响。对存在液化土层的地基，应探明各液化土层的深度和厚度，按下式计算每个钻孔的液化指数：

$$I_{lE}=\sum_{i=1}^{n}\left(1-\frac{N_i}{N_{cri}}\right)d_iW_i \tag{5-11}$$

式中：I_{lE}——液化指数；

n——在判别深度范围内每一个钻孔标准贯入试验点的总数；

N_i、N_{cri}——分别为 i 点标准贯入锤击数的实测值和临界值，当实测值大于临界值时应取临界值；当只需要判别 15m 范围以内的液化时，15m 以下的实测值可取临界值；

d_i——i 点所代表的土层厚度(m)，可采用与该标准贯入试验点相邻的上、下两标准贯入试验点深度差的一半，但上界不高于地下水位深度，下界不深于液化深度；

W_i——i 土层单位土层厚度的层位影响权函数值(单位为 m^{-1})。当该层中点深度不大于 5m 时应采用 10，等于 20m 时应采用零值，5~20m 时应按线性内插法取值。

根据液化指数 I_{lE}，将场地土液化危害的严重程度划分为不同的液化等级(表 5-8)，并据此采取相应的抗液化措施。

表 5-8　**液化等级和液化指数的对应关系**

液化等级	轻　微	中　等	严　重
液化指数 I_{lE}	$0<I_{lE}\leqslant 6$	$6<I_{lE}\leqslant 18$	$I_{lE}>18$

5. 地基抗液化措施

存在液化土层的地基，应根据建筑的抗震设防类别、地基的液化等级，结合具体情况采取抗液化措施。当液化土层较平坦且均匀时，宜按表 5-9 选用地基抗液化措施；尚可计入上部结构重力荷载对液化危害的影响，根据液化震陷量的估计适当调整抗液化措施。

不宜将未经处理的液化土层作为天然地基持力层。

表 5-9　**地基抗液化措施**

建筑抗震设防类别	地基的液化等级		
	轻微	中等	严重
乙类	部分消除液化沉陷，或对基础和上部结构处理	全部消除液化沉陷，或部分消除液化沉陷且对基础和上部结构处理	全部消除液化沉陷
丙类	基础和上部结构处理，也可不采取措施	基础和上部结构处理，或更高要求的措施	全部消除液化沉陷，或部分消除液化沉陷且对基础和上部结构处理
丁类	可不采取措施	可不采取措施	基础和上部结构处理，或其他经济的措施

表 5-9 中，地基抗液化措施的具体要求如下：

(1)全部消除地基液化沉陷的措施，应符合下列要求：

①采用桩基时，桩端伸入液化深度以下稳定土层中的长度(不包括桩尖部分)，应按计算确定，且对碎石土，砾、粗、中砂，坚硬黏性土和密实粉土尚不应小于 0.8m，对其他非岩石土尚不宜小于 1.5m。

②采用深基础时，基础底面应埋入液化深度以下的稳定土层中，其深度不应小于 0.5m。

③采用加密法(如振冲、振动加密、挤密碎石桩、强夯等)加固时，应处理至液化深度下界；振冲或挤密碎石桩加固后，桩间土的标准贯入锤击数不宜小于液化标准贯入锤击数的临界值。

④用非液化土替换全部液化土层，或增加上覆非液化土层的厚度。

⑤采用加密法或换土法处理时，在基础边缘以外的处理宽度，应超过基础底面下处理深度的 1/2 且不小于基础宽度的 1/5。

(2)部分消除地基液化沉陷的措施，应符合下列要求：

①处理深度应使处理后的地基液化指数减少，其值不宜大于 5；对独立基础和条形基础，尚不应小于基础底面下液化土特征深度值和基础宽度的较大值。

②采用振冲或挤密碎石桩加固后，桩间土的标准贯入锤击数不宜小于液化判别标准贯入锤击数的临界值。

③基础边缘以外的处理宽度，应超过基础底面下处理深度的 1/2 且不小于基础宽度的 1/5。

④采取减小液化震陷的其他方法，如增加上覆非液化土层的厚度和改善周边的排水条件等。

(3)减轻液化影响的基础和上部结构处理，可综合采用下列各项措施：

①选择合适的基础埋置深度。

②调整基础底面积，减少基础偏心。

③加强基础的整体性和刚度，如采用箱基、筏基或钢筋混凝土交叉条形基础，加设基础圈梁等。

④减轻荷载，增强上部结构的整体刚度和均匀对称性，合理设置沉降缝，避免采用对不均匀沉降敏感的结构形式等。

⑤管道穿过建筑处应预留足够尺寸或采用柔性接头等。

【例题 5-2】 某场地抗震设防烈度为 8 度(0.20g)，设计地震分组为第二组，地下水位深度 $d_w = 1.0$m，各土层地质资料详见表 5-10。试确定地基的液化指数和液化等级。

【解】 (1)计算各测点标准贯入锤击数临界值 N_{cr} 并进行液化判别。

查表 5-5 知，设计地震基本加速度为 0.20g 时，标准贯入锤击数基准值 $N_0 = 12$。代入式(5-11)，求出各点锤击数临界值 N_{cr}，并进行液化判别：

①粉砂层：

$d_s = 3$m, $N_{cr} = 12 \times 0.95 \times [\ln(0.6 \times 3.0 + 1.5) - 0.1 \times 1.0] \times \sqrt{3/5.0} = 7.89 < 11$，不液化；

$d_s = 4$m, $N_{cr} = 12 \times 0.95 \times [\ln(0.6 \times 4.0 + 1.5) - 0.1 \times 1.0] \times \sqrt{3/5.0} = 11.1 > 10$，

液化；

$d_s=5m$，$N_{cr}=12\times0.95\times[\ln(0.6\times5.0+1.5)-0.1\times1.0]\times\sqrt{3/5.0}=12.4<13$，不液化。

表 5-10　各土层地质资料

层序	土层名称	层底深度（m）	标准贯入试验			黏粒含量 ρ_c（%）
			编号	试验点深度（m）	标贯实测值 N	
1	粉砂	5.6	1	3	11	5.0
			2	4	10	
			3	5	13	
2	粉土	8.4	4	6	8	13.5
			5	7	9	
			6	8	9	
3	细砂	11.0	7	9	13	2.0
			8	10	15	
4	粉质黏土	20 m 未钻穿	9	13	9	32

②粉土层：

黏粒含量百分率 $\rho_c=13.5>13$，可判为不液化土，故不必计算 N_{cr} 值。

③细砂层：

$d_s=9m$，$N_{cr}=12\times0.95\times[\ln(0.6\times9.0+1.5)-0.1\times1.0]\times\sqrt{3/3.0}=20.9>13$，液化；

$d_s=10m$，$N_{cr}=12\times0.95\times[\ln(0.6\times10.0+1.5)-0.1\times1.0]\times\sqrt{3/3.0}=21.8>15$，液化；

(2)计算液化指数并判定液化等级。

只需计算三个可液化的标准贯入试验点，计算结果见表 5-11。

表 5-11　液化指数计算

标贯点编号	2	7	8
标贯点深度(m)	4	9	10
锤击数实测值 N_i	10	13	15
锤击数临界值 N_{cri}	11	21	22
$1-N_i/N_{cri}$	0.0909	0.3810	0.3182

续表

标贯点编号		2	7	8
标贯点所代表土层	上界面(m)	3.5	8.4	9.5
	下界面(m)	4.5	9.5	11
	土层厚度 d_i(m)	1.0	1.1	1.5
	中点的深度 z_i(m)	4.0	8.95	10.25
与 z_i 对应的权函数值 W_i		10	7.3667	6.50
液化指数	$I_{lEi}=(1-N_i/N_{cri})d_iW_i$	0.909	3.087	3.1025
	$I_{lE}=\varepsilon I_{lEi}$	7.098		

查表 5-7 可知，$6<I_{lE}=7.098<18$，地基的液化等级为中等液化。

5.3.4　软土地基

软土地基通常是指地基持力层范围内存在淤泥、淤泥质土、冲填土、杂填土以及地基承载力小于 80kPa(7 度)、100kPa(8 度)、120kPa(9 度)的黏土、粉土等。

软土地基的震害主要表现为震陷，它使建筑物大幅下沉或不均匀下沉。

一般认为，6 度时可不考虑地基震陷的影响；7~9 度时应严格控制基础底面压应力不超过地基承载力；除丁类建筑外，未经处理的淤泥、淤泥质土不应作为天然地基的持力层。

采用桩基础、深基础、全部挖除软土层或换土等措施，可以基本消除软土地基的震陷。也可根据软土震陷量的估计，采用振动、夯击、压实和挤密等方法，对软土地基进行适当处理。

5.4　地震作用与抗震验算

地震引起地面运动，使原来处于静止的建筑物受到动力作用而产生强迫振动，在振动过程中作用在结构上的惯性力就是地震作用。因此，地震作用可以理解为一种能反映地震影响的等效荷载，属于间接作用；同时也属于动态作用。

地震作用的计算比一般荷载要复杂得多，它不仅取决于地震烈度，而且与工程结构的动力特性(结构自振周期、阻尼)有密切关系。地震作用使工程结构产生内力与变形的动态反应通常称为结构的地震反应。

目前，大多数国家(包括我国)抗震设计规范中，主要采用反应谱理论确定地震作用，其中以加速度反应谱应用最普遍。所谓加速度反应谱，就是单质点弹性体系在一定地面运动作用下的最大反应加速度与体系自振周期的关系曲线。考虑到建筑场地(包括表层土的动力特性和覆盖层厚度)、震级和震中距对反应谱的影响，一般抗震规范中都规定了若干代表性场地的加速度反应谱曲线。

若已知结构体系的自振周期，利用反应谱曲线和相应计算公式，即可确定体系的反应加速度，进而求得地震作用。

利用振型分解原理，可有效地将上述概念用于多质点体系的抗震计算，这就是抗震设计规范中给出的振型分解反应谱法。它以结构自由振动的 N 个振型为广义坐标，将多质点体系的振动分解成 n 个独立的等效单质点体系的振动，然后利用反应谱概念求出各个(或前几个)振型的地震作用，并按一定的法则进行组合，即可求出结构总的地震作用。

对一些重要的或复杂的建(构)筑物，采用按地震的时间历程直接求解结构体系运动微分方程的时程分析法，来计算结构的地震反应。时程分析法首先选定地震地面加速度图，然后用数值积分方法求解运动方程，得出结构在每一时间增量处的地震反应，如位移、速度、加速度反应等。

本章主要介绍反应谱理论。

5.4.1 单质点弹性体系的水平地震反应

所谓单质点弹性体系，是指可以将结构参与振动的全部质量集中于一点，用无重量的弹性直杆支承于地面上的体系。例如，水塔、单层房屋，其质量大部分集中于结构的顶部，通常可将这些结构都简化成单质点体系(图 5-8)。

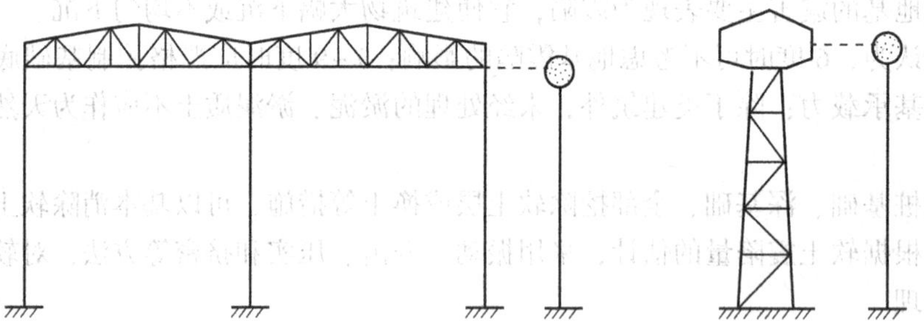

(a) 单层厂房　　　　(b) 水塔

图 5-8 单质点体系

计算弹性体系的地震反应时，一般假定地基不产生转动，而把地基的运动分解为一个竖向和两个水平向的分量，然后分别计算这些分量对结构的影响。

一般情况下，水平地震作用可以分为两个主轴方向进行验算。因此，一个单质点弹性体系在单一水平方向地震作用下，可作为一个单自由度体系来分析。

1. 运动方程的建立

图 5-9(a)表示地震时单自由度弹性体系的运动状态。其中，$x_g(t)$ 为地面水平位移，是时间 t 的函数，其变化规律可由地震时地面运动实测记录求得；$x(t)$ 为质点对于地面的相对位移反应，它也是时间 t 的函数，是待求的未知量。

取质点 m 为隔离体(图 5-9(b))，由动力学理论可知，作用在它上面的力有：

(1)弹性恢复力 S。弹性恢复力 S 是使质点从振动位置回到平衡位置的一种力，其大小与质点 m 的相对位移 $x(t)$ 成正比，方向总是和位移方向相反，即

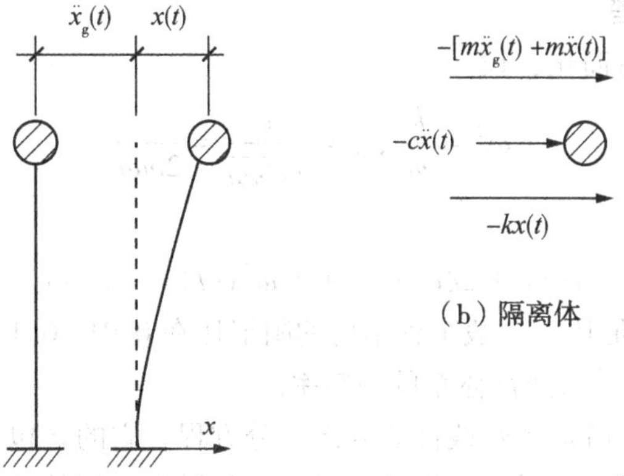

（a）计算简图　　（b）隔离体

图 5-9　单自由度弹性体系

$$S(t)=-kx(t) \tag{5-12}$$

式中：k——弹性直杆的刚度系数，即质点发生单位水平位移时在质点处所施加的水平力。

$x(t)$——质点相对于地面的水平位移。

(2)阻尼力 R。在振动过程中，由于外部介质阻力、构件和支座部分连接处的摩擦、材料的非弹性变形以及通过地基(地基振动)等原因引起能量的散失，结构的振动将逐渐衰减。这种使结构振动衰减的力就称为阻尼力。在工程计算中一般采用黏滞阻尼理论确定，假定阻尼力与速度成正比，力的指向总是和速度 $\dot{x}(t)$ 的方向相反，即

$$R(t)=-c\dot{x}(t) \tag{5-13}$$

式中：c——阻尼系数；

$\dot{x}(t)$——质点相对于地面的速度。

(3)惯性力 I。根据牛顿第二定律，惯性力大小等于质点的质量与质点绝对加速度的乘积，方向与绝对加速度的方向相反，即

$$I(t)=-m[\ddot{x}(t)+\ddot{x}_g(t)] \tag{5-14}$$

式中：m——质点的质量；

$\ddot{x}(t)$——质点相对于地面的加速度；

$\ddot{x}_g(t)$——地面运动加速度。

在地震作用下，体系上并无外扰力存在，根据达伦贝尔(D'Alembert)原理，质点的平衡条件为：

$$I(t)+R(t)+S(t)=0 \tag{5-15}$$

将式(5-12)～式(5-14)代入上式，整理后可得

$$m\ddot{x}(t)+c\dot{x}(t)+kx(t)=-m\ddot{x}_g(t) \tag{5-16}$$

式(5-16)就是在地震作用下单自由度体系的运动微分方程，其右端项为地面运动对质点的影响，相当于在质点上加一个动荷载 $F(t)$，其值等于 $m\ddot{x}_g(t)$，方向与地面运动加速度方向相反。因此，计算结构的地震反应时，必须知道地震地面运动加速度 $\ddot{x}_g(t)$

的变化规律。

2. 运动方程的解答

为将式(5-16)进行简化，设

$$\omega^2=\frac{k}{m},\ \zeta=\frac{c}{2\sqrt{km}}=\frac{c}{2m\omega}$$

则得

$$\ddot{x}(t)+2\zeta\omega\cdot\dot{x}(t)+\omega^2x(t)=-\ddot{x}_g(t) \tag{5-17}$$

式中：ζ——体系的阻尼比，一般工程结构的阻尼比在 0.01~0.1 之间；

ω——无阻尼单质点弹性体系的圆频率。

式(5-17)是一个二阶常系数线性非齐次微分方程。它的解包含两部分：一个是对应于齐次微分方程的通解，表示自由振动；另一个是微分方程的特解，表示强迫振动。

(1)齐次微分方程的通解。对应于方程(5-17)的齐次方程为：

$$\ddot{x}(t)+2\zeta\omega\dot{x}(t)+\omega^2x(t)=0 \tag{5-18}$$

根据微分方程理论，其通解为

$$x(t)=e^{-\zeta\omega\cdot t}(A\cos\omega't+B\sin\omega't) \tag{5-19}$$

式中：A、B——待定常数，其值可按问题的初始条件确定；

ω'——有阻尼振动的圆频率，按下式计算。

$$\omega'=\omega\sqrt{1-\zeta^2} \tag{5-20}$$

当阻尼为零(即$\zeta=0$)时，$\omega'=\omega$，式(5-19)变为

$$x(t)=A\cos\omega t+B\sin\omega t \tag{5-21}$$

式(5-21)即为无阻尼单质点体系自由振动的通解，表示质点作简谐振动。对比式(5-21)和式(5-19)可知，有阻尼单质点体系的自由振动是按指数函数衰减的等时振动，其振动频率为ω'。

由式(5-19)的初始条件：$t=0$ 时，$x(t)=x(0)$，$\dot{x}(t)=\dot{x}(0)$，可得：

$$\begin{cases}A=x(0)\\ B=\dfrac{\dot{x}(0)+\zeta\omega\cdot x(0)}{\omega'}\end{cases} \tag{5-22}$$

式中，$x(0)$、$\dot{x}(t)$——分别为质点相对于地面的初始位移和初始速度。

由此可得，式(5-19)在给定初始条件下的解答为：

$$x(t)=e^{-\zeta\omega\cdot t}\left[x(0)\cos\omega't+\frac{\dot{x}(0)+\zeta\omega\cdot x(0)}{\omega'}\sin\omega't\right] \tag{5-23}$$

从式(5-23)可以看出：只有当体系的初始位移$x(0)$或初始速度$\dot{x}(0)$不为零时，体系才产生自由振动，而且振动幅值随时间不断衰减。图 5-10 是由式(5-23)得出的单质点弹性体系不同阻尼比时的自由振动位移时程曲线，比较后可知，无阻尼时，振幅始终不变；有阻尼时，振幅逐渐衰减；阻尼比ζ越大，振幅的衰减也越快。

由式(5-20)可知，在不同的阻尼比ζ下，体系的振动可以有以下三种情况：

(1)当阻尼比$\zeta<1$ 时，$\omega'>0$，则体系产生振动；

(2)当阻尼比$\zeta>1$ 时，ω'无解，则体系不产生振动；这种形式的阻尼称为过阻尼；

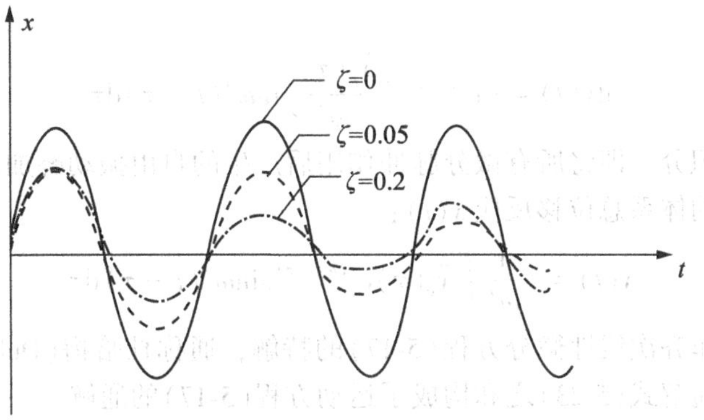

图 5-10　不同阻尼比时的自由振动位移时程曲线

(3)当阻尼比 $\zeta=1$ 时，$\omega'=0$，则体系不产生振动；此时，$\zeta=c/(2m\omega)=c/c_r=1$，$c_r=2m\omega$ 称为临界阻尼系数。

ζ 则表示体系的阻尼系数 c 与临界阻尼系数 c_r 的比值，称为临界阻尼比，简称阻尼比。结构的阻尼比可以通过结构的振动试验确定。

(2)非齐次微分方程的特解——杜哈梅(Duhamel)积分。运动方程(5-17)的特解就是质点由外荷载(地震作用)引起的强迫振动，它可由瞬时冲量的概念出发进行推导。

图 5-11(a)是一条地面运动加速度时程曲线 $\ddot{x}_g(t)$，它可看作是由无穷多个连续作用的微分脉冲组成的。图中的阴影部分就是一个微分脉冲，它在 $t=(\tau-\mathrm{d}\tau)$ 时刻开始作用在体系上，其作用时间为 $\mathrm{d}\tau$，大小为 $-\ddot{x}_g(\tau)\mathrm{d}\tau$。到 τ 时刻这一微分脉冲从体系上移去后，体系只产生自由振动 $\mathrm{d}x(\tau)$，如图 5-11(b)所示。将这无穷多个微分脉冲作用后产生的自由振动叠加，就可求得方程(5-17)的特解。

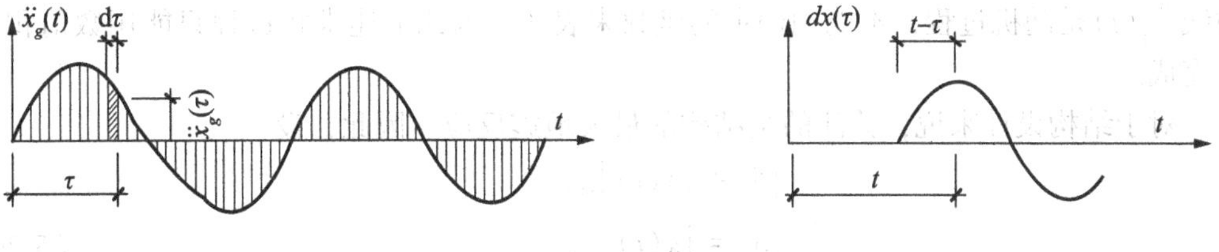

(a) 地面运动加速度时程曲线　　(b) 微分脉冲引起的自由振动

图 5-11　有阻尼单自由度弹性体系地震作用下运动方程解的图示

体系在微分脉冲作用前处于静止状态，体系的位移、速度均为零。由于微分脉冲作用的时间极短，体系的位移不会发生变化，故初位移 $x(0)=0$；但速度有变化，速度的变化按动量定理(冲量等于动量的增量)求得。

在作用时间 $d\tau$ 内，冲量等于荷载与作用时间的乘积，即 $-m\ddot{x}_g(\tau)\mathrm{d}\tau$；而动量的增量为 $-m\dot{x}(\tau)$。由动量定理，两者相等，可得体系作自由振动时的初速度 $\dot{x}(0)$ 为

$$\dot{x}(0)=-\ddot{x}_g(\tau)\mathrm{d}\tau \tag{5-24}$$

将 $x(0)$ 和 $\dot{x}(0)$ 代入式(5-23)，可得时间 τ 作用的微分脉冲所产生的位移反应 $\mathrm{d}x(t)$ 为：

$$\mathrm{d}x(t) = -e^{-\zeta\omega(t-\tau)}\frac{\ddot{x}_g(\tau)}{\omega'}\sin\omega'(t-\tau)\mathrm{d}\tau \tag{5-25}$$

将式(5-25)积分，即将所有微分脉冲作用后产生的自由振动叠加，就可以得到全部加载过程所引起的体系总位移反应 $x(t)$：

$$x(t) = -\frac{1}{\omega'}\int_0^t \ddot{x}_g(\tau)e^{-\zeta\omega(t-\tau)}\sin\omega'(t-\tau)\mathrm{d}\tau \tag{5-26}$$

式(5-26)是非齐次线性微分方程(5-17)的特解，通称杜哈梅(Duhamel)积分，它与齐次微分方程的通解式(5-23)之和构成了运动方程(5-17)的通解。

由于阻尼的作用，自由振动迅速衰减，即式(5-23)的影响可以忽略不计。可直接按式(5-26)计算有阻尼单自由度弹性体系的位移反应 $x(t)$。

将式(5-26)对时间求导数，即得体系在水平地震作用下相对于地面的速度反应 $\dot{x}(t)$：

$$\dot{x}(t) = -\int_0^t \ddot{x}_g(\tau)e^{-\zeta\omega(t-\tau)}\cos\omega'(t-\tau)\mathrm{d}\tau + \frac{\zeta\omega}{\omega'}\int_0^t \ddot{x}_g(\tau)e^{-\zeta\omega(t-\tau)}\sin\omega'(t-\tau)\mathrm{d}\tau \tag{5-27}$$

再将式(5-27)和式(5-26)代回到体系的运动方程(5-17)中，可求得体系在水平地震作用下的绝对加速度为

$$\begin{aligned}\ddot{x}(t) + \ddot{x}_g(t) &= -2\zeta\omega\dot{x}(t) - \omega^2 x(t)\\ &= 2\zeta\omega\int_0^t \ddot{x}_g(\tau)e^{-\zeta\omega(t-\tau)}\cos\omega'(t-\tau)\mathrm{d}\tau - \frac{2\zeta^2\omega^2}{\omega'}\int_0^t \ddot{x}_g(\tau)e^{-\zeta\omega(t-\tau)}\\ &\quad \sin\omega'(t-\tau)\mathrm{d}\tau + \frac{\omega^2}{\omega'}\int_0^t \ddot{x}_g(\tau)e^{-\zeta\omega(t-\tau)}\sin\omega'(t-\tau)\mathrm{d}\tau\end{aligned} \tag{5-28}$$

式(5-26)、式(5-27)、式(5-28)即为体系的地震反应。但由于地面运动加速度时程曲线 $\ddot{x}_g(t)$ 是随机过程，不能用确定的函数来表达，因此上述求解过程只能用数值积分来完成。

对于结构设计来说，关注的是结构的最大地震反应。因此，设

$$\begin{cases} S_{\mathrm{d}} = |x(t)|_{\max} \\ S_{\mathrm{v}} = |\dot{x}(t)|_{\max} \\ S_{\mathrm{a}} = |\ddot{x}(t) + \ddot{x}_g(t)|_{\max} \end{cases} \tag{5-29}$$

式中：S_{d}、S_{v}、S_{a}——分别为单自由度弹性体系的最大位移反应、最大速度反应、最大绝对加速度反应；

再对式(5-26)、式(5-27)、式(5-28)作以下简化处理：

①忽略带 ζ 和 ζ^2 项，并取 $\omega'=\omega$。因为阻尼比值较小，一般工程结构 $\zeta=0.01\sim0.10$；

②用 $\sin\omega(t-\tau)$ 替代 $\cos\omega(t-\tau)$。这样处理并不影响最大值，仅在相位上相差 $\pi/2$。

则可以得到

$$S_{\mathrm{d}} = |x(t)|_{\max} = \frac{1}{\omega}\left|\int_0^t \ddot{x}_g(\tau)e^{-\zeta\omega(t-\tau)}\sin\omega(t-\tau)\mathrm{d}\tau\right|_{\max} \tag{5-30a}$$

$$S_v = |\dot{x}(t)|_{max} = \left| \int_0^t \ddot{x}_g(\tau) e^{-\zeta\omega(t-\tau)} \cos\omega(t-\tau) d\tau \right|_{max} \tag{5-30b}$$

$$S_a = |\ddot{x}(t) + \ddot{x}_g(t)|_{max} = \omega \left| \int_0^t \ddot{x}_g(\tau) e^{-\zeta\omega(t-\tau)} \cos\omega(t-\tau) d\tau \right|_{max} \tag{5-30c}$$

显然，有下列关系式：

$$S_a = \omega S_v = \omega^2 S_d \tag{5-31}$$

5.4.2　单质点弹性体系水平地震作用——反应谱法

对于单质点弹性体系，通常把惯性力看做一种反映地震对结构体系影响的等效作用，即把动态作用转化为静态作用，并用其最大值来对结构进行抗震验算。

1. 单自由度弹性体系的水平地震作用

结构在地震持续过程中经受的最大地震作用为

$$F = |F(t)|_{max} = m|\ddot{x}(t) + \ddot{x}_g(t)|_{max} = mS_a$$

$$= mg \cdot \frac{S_a}{|\ddot{x}_g(t)|_{max}} \cdot \frac{|\ddot{x}_g(t)|_{max}}{g} = k \cdot \beta \cdot G \tag{5-32}$$

式中：G——集中于质点处的重力荷载代表值；

g——重力加速度；

k——地震系数，是地面运动最大加速度(绝对值)与重力加速度 g 之比；

$$k = \frac{|\ddot{x}_g(t)|_{max}}{g} \tag{5-33}$$

β——动力系数，单自由度弹性体系在地震作用下最大反应加速度与地面运动最大加速度之比；

$$\beta = \frac{S_a}{|\ddot{x}_g(t)|_{max}} \tag{5-34}$$

式(5-32)就是计算水平地震作用 F 的基本公式。其关键在于求出地震系数 k 和动力系数 β 值。

(1)地震系数 k。由式(5-33)可知，地震系数 k 实际上是以重力加速度为单位的地震动峰值加速度。显然，地面加速度 $\ddot{x}_g(t)$ 愈大，地震的影响就愈强烈，即地震烈度愈大。所以，地震系数 k 与地震烈度有关，它们都是表示地震强烈程度的参数。在一次地震中，某处地震加速度记录中的最大值，就是这次地震在该处的 k 值(以重力加速度 g 为单位)；同时，也可根据该处地表的破坏现象、建筑物的破坏程度等，按地震烈度表评定该处的宏观烈度 I。因此，根据许多这样的资料，就可以用统计分析的方法确定 I-k 的对应关系，详见表 5-12。从表 5-12 中可以看出，烈度每增加一度，k 值增加一倍。

但烈度 I 是通过宏观震害调查判断的，而 k 值中的 $|\ddot{x}_g(t)|_{max}$ 是从地震记录中获得的物理量，两者之间既有联系又有区别。由于地震是一种复杂的地质现象，造成结构破坏的因素不仅取决于地面运动的最大加速度，还取决于地震动的频谱特征和持续时间，有时会出现 $|\ddot{x}_g(t)|_{max}$ 值较大，但由于持续时间很短，烈度不高、震害不重的现象。因此，表 5-12 反映的 I-k 关系是具有统计特征的总趋势。

表 5-12　　**地震基本烈度 I 与地震系数 k 值的对应关系**

地震基本烈度 I	6	7	8	9
地震系数 k	0.05	0.10	0.20	0.40

(2)动力系数β。由式(5-34)可知，动力系数β是无量纲的，主要表征结构的动力效应，是质点最大加速度反应S_a相对于地面最大加速度$|\ddot{x}_g(t)|_{max}$的放大倍数。将式(5-30c)代入式(5-34)，并将圆频率ω改用自振周期T表示($\omega=2\pi/T$)，则动力系数β的表达式可写成：

$$\beta=\frac{S_a}{|\ddot{x}_g(t)|_{max}}=\frac{2\pi}{T}\cdot\frac{1}{|\ddot{x}_g(t)|_{max}}\left|\int_0^t\ddot{x}_g(\tau)e^{-\zeta\frac{2\pi}{T}(t-\tau)}\sin\frac{2\pi}{T}(t-\tau)\mathrm{d}\tau\right|_{max}\tag{5-35}$$

式(5-35)表明，动力系数β与地面运动加速度时程曲线$\ddot{x}_g(t)$的特征、结构的自振周期T以及阻尼比ζ有关。当给定地面加速度时程曲线$\ddot{x}_g(t)$和阻尼比ζ时，由式(5-35)可以得到一条β-T曲线，称为动力系数反应谱曲线，其实质上是一种加速度反应谱曲线。

图 5-12 是根据某次地震时地面运动加速度记录曲线$\ddot{x}_g(t)$和阻尼比$\zeta=0.05$绘制的动力系数反应谱曲线。当结构的自振周期T小于某一数值T_g时，β反应谱曲线将随T的增加急剧上升；当$T=T_g$时，动力系数β达到最大值，当$T>T_g$时，曲线波动下降。这里的T_g是对应于反应谱曲线峰值的结构自振周期，这个周期与场地土的振动卓越周期(自振周期)相符。即当结构的自振周期与场地土的卓越周期相等或接近时，结构的地震反应最大，这种现象与结构在动荷载作用下的共振相似。因此，在结构抗震设计中，应使结构的自振周期远离土层的卓越周期，以避免发生类共振现象。

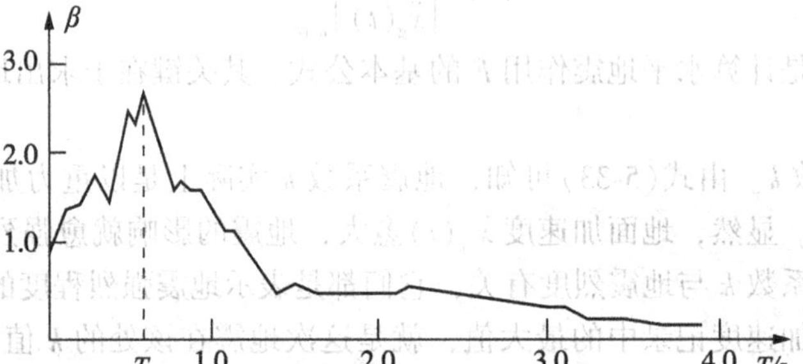

图 5-12　动力系数反应谱(β-T)曲线

(3)标准反应谱。上面的加速度反应谱曲线是根据一次地震的地面加速度记录$\ddot{x}_g(t)$绘制的，不同的地震记录会有不同的加速度时程曲线$\ddot{x}_g(t)$。而在结构抗震设计中，不可能预知建筑物将遭到怎样的地面运动，因而也就无法知道地面运动加速度$\ddot{x}_g(t)$的变化曲线。因此，按某一次地震记录$\ddot{x}_g(t)$绘制的反应谱曲线不能作为抗震设计的依据。

分析表明，虽然在每次地震中记录到的地面加速度时程曲线$\ddot{x}_g(t)$各不相同，但由此绘制的动力系数反应谱 $\beta-T$ 曲线，却有某些共同的特征。也就是说，不同地震的地面运动加速度时程曲线 $\ddot{x}_g(t)$ 是不同的，S_a 不具有可比性，但 β 却具有可比性。这就给应用反应谱曲线确定水平地震作用提供了可能性。

根据不同地震的地面运动记录的统计分析表明，场地的特性、震中距的远近对反应谱曲线有比较明显的影响(图 5-13)。例如，场地愈软，震中距愈远，曲线主峰位置愈向右移，曲线主峰也愈扁平。因此，应按场地类别、近震、远震分别绘出反应谱曲线，然后根据统计分析，从大量的反应谱曲线中找出每种场地和近、远震有代表性的平均反应谱曲线，作为设计采用的标准反应谱曲线。

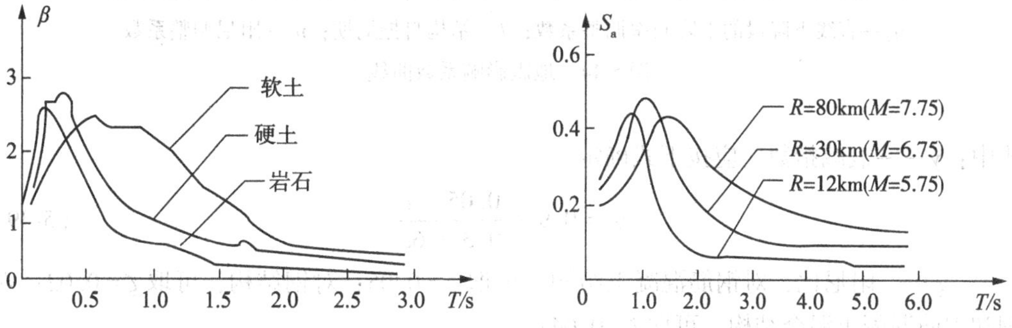

（a）场地条件对谱曲线的影响

（b）震级与震中距对谱曲线的影响

图 5-13 影响反应谱的因素

2. 抗震设计反应谱——地震影响系数 α

为了简化计算，将地震系数 k 和动力系数 β 以其乘积 α 表示，即 $\alpha=k\beta$，α 称为地震影响系数。这样，式(5-32)可以写成

$$F_{Ek}=\alpha G \tag{5-36}$$

$$\alpha=k\beta=\frac{|\ddot{x}_g(t)|_{max}}{g}\cdot\frac{S_a}{|\ddot{x}_g(t)|_{max}}=\frac{S_a}{g} \tag{5-37}$$

由式(5-37)可知，地震影响系数 α 就是单质点弹性体系在地震时最大反应加速度(以重力加速度 g 为单位)。另一方面，式(5-36)又可写成 $\alpha=F_{Ek}/G$，故可认为，地震影响系数 α 实际是作用在质点上的地震作用与结构重力荷载代表值之比。

《建筑抗震设计规范》就是以地震影响系数 α 作为抗震设计参数的，其值应根据烈度、场地类别、设计地震分组、结构自振周期以及结构的阻尼比确定。

建筑结构的地震影响系数曲线分为四段，如图 5-14 所示，各段的形状参数和阻尼调整应符合下列要求：

①直线上升段，周期小于 0.1s 的区段，地震影响系数 α 按直线变化；

②直线水平段，自 0.1s 至特征周期 T_g 区段，地震影响系数 α 应取最大值 $\eta_2\alpha_{max}$；

③曲线下降段，自 T_g 至 $5T_g$ 区段，地震影响系数应取

$$\alpha=\left(\frac{T_g}{T}\right)^{\gamma}\eta_2\alpha_{max} \tag{5-38}$$

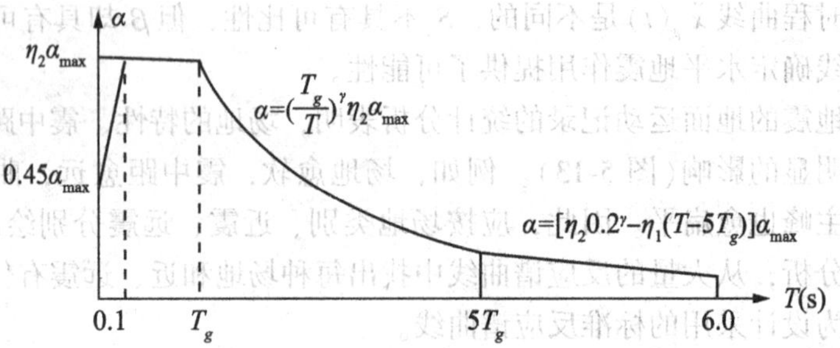

α—地震影响系数；α_{max}—地震影响系数最大值；γ—衰减指数；T_g—特征周期；

η_1—直线下降段的下降斜率调整系数；T—结构自振周期；η_2—阻尼调整系数。

图 5-14　地震影响系数曲线

式中：γ——衰减指数，应按下式确定：

$$\gamma = 0.9 + \frac{0.05 - \zeta}{0.3 + 6\zeta} \tag{5-39}$$

ζ——阻尼比，对钢筋混凝土结构，可取 $\zeta=0.05$；对钢结构，可取 $\zeta=0.02$；对钢和钢筋混凝土混合结构，可取 $\zeta=0.04$；

T_g——场地特征周期(s)，按表 5-13 确定；

η_2——阻尼调整系数，应按下式确定，并不应小于 0.55。

$$\eta_2 = 1 + \frac{0.05 - \zeta}{0.08 + 1.6\zeta} \tag{5-40}$$

④直线下降段，自 $5T_g$ 至 6s 区段，地震影响系数 α 应取

$$\alpha = [\eta_2 0.2^{\gamma} - \eta_1(T - 5T_g)] \cdot \alpha_{max} \tag{5-41}$$

式中：η_1——直线下降段的斜率调整系数，按式(5-42)计算，计算值小于 0 时取 0。

$$\eta_1 = 0.02 + \frac{0.05 - \zeta}{4 + 32\zeta} \tag{5-42}$$

地震影响系数曲线中一些参数的取值说明如下：

(1)特征周期 T_g。特征周期 T_g 的值应根据建筑物所在地区的地震环境确定。所谓地震环境，是指建筑物所在地区及周围可能发生地震的震源机制、震级大小、震中距远近以及建筑物所在地区的场地条件等。《中国地震动参数区划图》GB18306—2001 中给出了相应于一般(中硬，Ⅱ类)场地的特征周期值，以及相应于各特征周期分区、各种场地类别下的反应谱特征周期调整值。在此基础上，《建筑抗震设计规范》进行了调整，用设计地震分组对应于各特征周期分区，根据不同地区所属的设计地震分组和场地类别确定其特征周期，见表 5-13。

(2) α_{max} 的取值。地震资料统计结果表明，动力系数最大值 β_{max} 与地震烈度、地震环境关系不大，《建筑抗震设计规范》中取 $\beta_{max}=2.25$。将 $\beta_{max}=2.25$ 与表 5-12 所列 k 值相乘，便得到不同设防烈度时的 α_{max} 值，见表 5-14。

表 5-13　　**特征周期 $T_g(s)$**

设计地震分组	场地类别				
	I_0	I_1	Ⅱ	Ⅲ	Ⅳ
第一组	0.20	0.25	0.35	0.45	0.65
第二组	0.25	0.30	0.40	0.55	0.75
第三组	0.30	0.35	0.45	0.65	0.90

注：计算罕遇地震作用时，特征周期应增加 0.05s。

表 5-14　　**抗震设防烈度 I 与地震影响系数 α_{max} 值的对应关系**

地震影响	抗震设防烈度 I					
	6 度	7 度(0.10g)	7 度(0.15g)	8 度(0.20g)	8 度(0.30g)	9 度
多遇地震	0.04	0.08	0.12	0.16	0.24	0.32
设防地震	0.12	0.23	0.34	0.45	0.68	0.90
罕遇地震	0.28	0.50	0.72	0.90	1.20	1.40

注：周期大于 6.0s 的建筑结构，所采用的计算地震影响系数应专门研究。

在此基础上，推算多遇地震烈度和罕遇地震烈度时的 α_{max} 值。如前所述，多遇地震烈度比基本(设防)烈度平均低 1.55 度，罕遇地震烈度比基本(设防)烈度高约 1 度左右。经研究分析，多遇地震烈度时的 α_{max} 值约为基本(设防)地震烈度时的 1/2.82，见表 5-14；罕遇地震烈度时的 α_{max} 值，分别大致取表 5-14 中相应基本(设防)地震烈度 6、7、8、9 度时 α_{max} 值的 2.33、2.13、1.88、1.56 倍。

(3) $T=0$ 时，$\alpha=0.45\alpha_{max}$。因为 $\alpha=k\beta$，当 $T=0$ 时，结构为刚性体系，则其动力系数 $\beta=1$(不放大)，即有 $\alpha=k\beta=k\times1=1$，而 $\alpha_{max}=k\beta_{max}$，因此：

$$\alpha = k = \frac{\alpha_{max}}{\beta_{max}} = \frac{\alpha_{max}}{2.25} = 0.45\alpha_{max} \tag{5-43}$$

【例题 5-3】 某单层单跨钢筋混凝土框架，如图 5-15 所示。屋盖梁刚度为无穷大，质量集中于屋盖处的重力荷载代表值 $G=1000\text{kN}$。已知设防烈度为 8 度，设计地震基本加速度为 0.20g，设计地震分组为二组，Ⅱ类场地；框架柱截面尺寸为 $b\times h=400\text{mm}\times400\text{mm}$，混凝土强度等级为 C30。试求该结构多遇地震时的水平地震作用标准值。

【解】 (1)求结构体系的自振周期

柱的惯性矩：

$$I = \frac{1}{12}bh^3 = \frac{1}{12}\times0.40\times0.40^3 = 2.133\times10^{-3}\ \text{m}^4$$

柱的总侧移刚度：

$$K = \frac{12i}{h^2}\times2 = \frac{12EI}{h^3}\times2 = \frac{12\times3.0\times10^7\times2.133\times10^{-3}}{5^3}\times2 = 1.229\times10^4\ \text{kN/m}$$

自振周期：

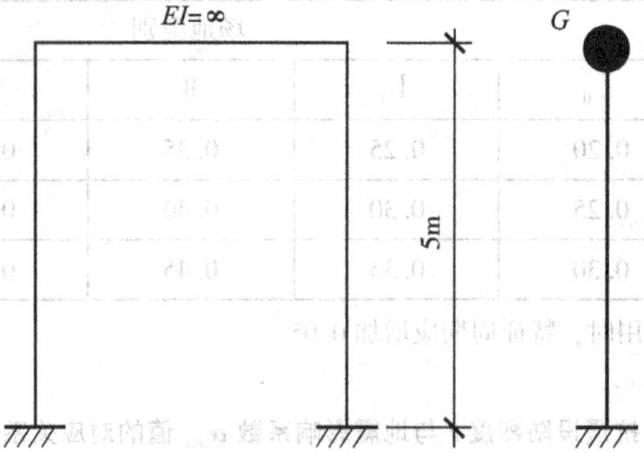

图 5-15　例题 5.4-1 图

$$T = 2\pi\sqrt{\frac{m}{K}} = 2\pi\sqrt{\frac{G}{gK}} = 2\pi\sqrt{\frac{1000}{9.8 \times 1.229 \times 10^4}} = 0.573\ \text{s}$$

(2)求水平地震作用标准值。查表 5-14，设防烈度为 8 度，设计地震基本加速度为 0.20g，多遇地震时，$\alpha_{max}=0.16$；设计地震分组为二组、Ⅱ类场地时，$T_g=0.40$s。

因为 $T_g<T<5T_g$，故按图 5-14 中曲线下降段计算地震影响系数

$$\alpha = \left(\frac{T_g}{T}\right)^{0.9}\alpha_{max} = \left(\frac{0.40}{0.573}\right)^{0.9} \times 0.16 = 0.115$$

按式(5-37)计算水平地震作用标准值：

$$F_{Ek} = \alpha G = 0.115 \times 1000 = 115\ \text{kN}$$

5.4.3　多质点弹性体系的地震反应

实际工程中，除了少数结构可以简化成单质点体系外，大量的多层工业与民用建筑结构、多跨不等高厂房、高层建筑和高耸结构等，均应简化成多质点体系来计算，才能得出比较切合实际的结果。

对于图 5-16 所示的多层框架结构，应按集中质量法将各层的结构重力荷载、楼面和屋面可变荷载集中于楼面和屋面标高处。集中后的质量为 $m_i(i=1, 2, \cdots, n)$，并假设这些质点由无重量的弹性直杆支承于地面上。这样，就可以将多层框架简化成多质点弹件体系。一般说来，n 层框架可以简化成 n 个质点的多自由度弹性体系。

1. 多自由度弹性体系的运动方程

多自由度弹性体系在水平地震作用下的位移情况如图 5-17 所示。图中，$x_g(t)$ 为地震时地面运动的水平位移，$x_i(t)$、$\dot{x}_i(t)$、$\ddot{x}_i(t)$ 分别为质点 i 在 t 时刻相对于地面的弹性位移、速度和加速度，作用在体系上的外荷载 $P_i(t)=0$。此时，作用在质点 i 上的力有：

弹性恢复力：

$$S_i(t) = -[K_{i1}x_1(t) + K_{i2}x_2(t) + \cdots + K_{ii}x_i(t) + \cdots + K_{in}x_n(t)] = -\sum_{k=1}^{n} K_{ik}x_k(t) \tag{5-44a}$$

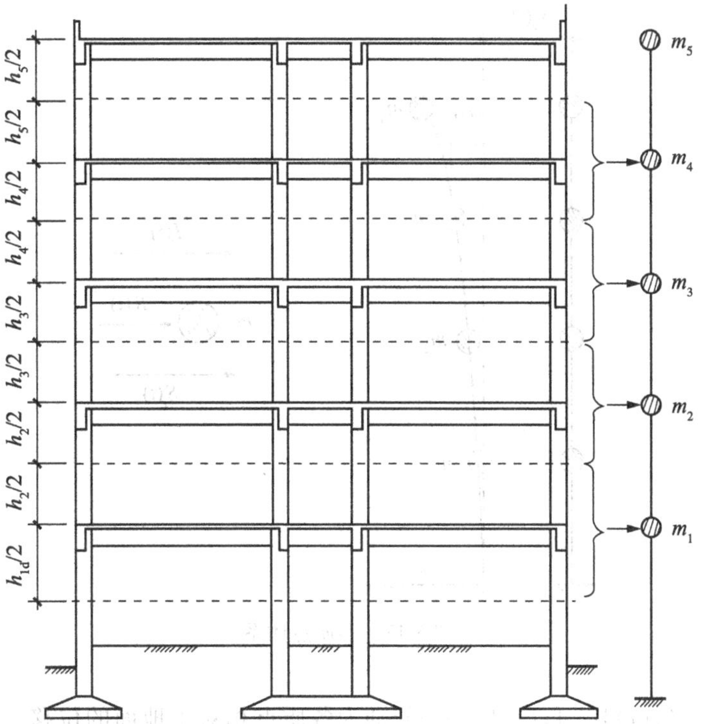

图 5-16　多层框架的计算简图

阻尼力：

$$R_i(t)=-\left[C_{i1}\dot{x}_1(t)+C_{i2}\dot{x}_2(t)+\cdots+C_{ii}\dot{x}_i(t)+\cdots+C_{in}\dot{x}_n(t)\right]=-\sum_{k=1}^{n}C_{ik}\dot{x}_k(t)$$

(5-44b)

惯性力：

$$I_i(t)=-m_i\left[\ddot{x}_g(t)+\ddot{x}_i(t)\right] \qquad (5\text{-}44c)$$

式中：K_{ik}——质点 k 处产生单位侧移，而其他质点保持不动时，在质点 i 处引起的弹性反力；

C_{ik}——质点 k 处产生单位速度，而其他质点保持不动时，在质点 i 处引起的阻尼力；

m_i——集中在 i 质点上的集中质量。

根据达伦贝尔原理，作用在质点 i 上的惯性力、弹性恢复力、阻尼力应保持平衡，即得

$$m_i\ddot{x}_i(t)+\sum_{k=1}^{n}C_{ik}\dot{x}_k(t)+\sum_{k=1}^{n}K_{ik}x_k(t)=-m_i\ddot{x}_g(t) \qquad (5\text{-}45)$$

对于一个 n 质点的弹性体系，由 n 个质点处的平衡方程(共 n 个)组成的微分方程组可用以下矩阵形式表示：

$$[M]\{\ddot{x}(t)\}+[C]\{\dot{x}(t)\}+[K]\{x(t)\}=-[M]\{I\}\{\ddot{x}_g(t)\} \qquad (5\text{-}46)$$

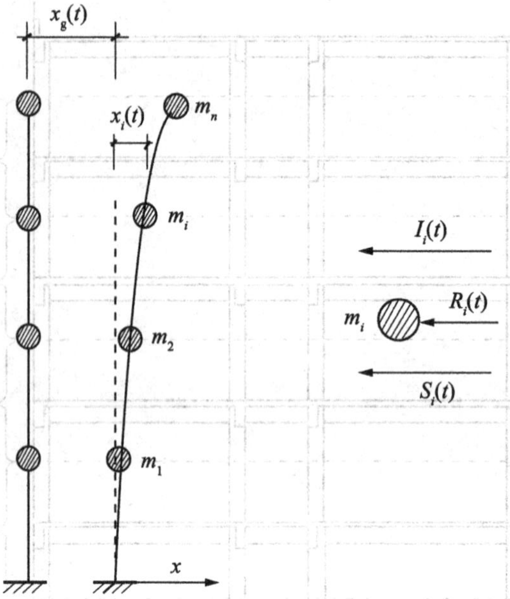

图 5-17　多质点体系

式中：$\{x(t)\}$ 、$\{\dot{x}(t)\}$ 、$\{\ddot{x}(t)\}$ ——分别为各质点相对于地面的位移、速度和加速度的列向量：

$$\begin{cases}\{x(t)\}=\{x_1(t) \quad x_2(t) \quad \cdots \quad x_i(t) \quad \cdots \quad x_n(t)\}^T \\ \{\dot{x}(t)\}=\{\dot{x}_1(t) \quad \dot{x}_2(t) \quad \cdots \quad \dot{x}_i(t) \quad \cdots \quad \dot{x}_n(t)\}^T \\ \{\ddot{x}(t)\}=\{\ddot{x}_1(t) \quad \ddot{x}_2(t) \quad \cdots \quad \ddot{x}_i(t) \quad \cdots \quad \ddot{x}_n(t)\}^T\end{cases} \tag{5-47}$$

$[M]$——质量矩阵，为对角矩阵：

$$[M]=\begin{bmatrix} m_1 & & & & & 0 \\ & m_2 & & & & \\ & & \ddots & & & \\ & & & m_i & & \\ & 0 & & & \ddots & \\ & & & & & m_n \end{bmatrix} \tag{5-48}$$

$[K]$——刚度矩阵，为 $n\times n$ 阶的对称方阵：

$$[K]=\begin{bmatrix} K_{11} & K_{12} & \cdots & K_{1i} & \cdots & K_{1n} \\ K_{21} & K_{22} & \cdots & K_{2i} & \cdots & K_{2n} \\ \vdots & \vdots & & \vdots & & \vdots \\ K_{i1} & K_{i2} & \cdots & K_{ii} & \cdots & K_{in} \\ \vdots & \vdots & & \vdots & & \vdots \\ K_{n1} & K_{n2} & \cdots & K_{ni} & \cdots & K_{nn} \end{bmatrix} \tag{5-49}$$

$[C]$——阻尼矩阵，通常取为质量矩阵和刚度矩阵的线性组合，即

$$[C]=\alpha[M]+\beta[K] \tag{5-50}$$

$$\begin{cases}\alpha=\dfrac{2\omega_1\omega_2(\zeta_1\omega_2-\zeta_2\omega_1)}{\omega_2^2-\omega_1^2}\\[2ex]\beta=\dfrac{2(\zeta_2\omega_2-\zeta_1\omega_1)}{\omega_2^2-\omega_1^2}\end{cases} \tag{5-51}$$

式中：ω_1、ω_2—分别为多质点体系第一、二振型的自振圆频率；

ζ_1、ζ_2—分别为多质点体系第一、二振型的阻尼比，可由实验确定；

$[I]$——单位列向量。

式(5-46)就是多质点体系的运动微分方程。其中，质量矩阵是对角矩阵，不存在耦联；刚度矩阵和阻尼矩阵都不是对角矩阵，刚度矩阵对角线以外的项表示：作用在给定侧移的某一质点上的弹性恢复力不仅取决于该点的侧移，而且还与其他各质点的侧移有关，因而存在着刚度耦联。在求解方程组时，需要运用振型的正交性原理进行解耦，使求解简化。

2. 多质点弹性体系的自由振动

用振型分解反应谱法计算多质点弹性体系的地震反应和地震作用时，首先要求解体系的自由振动方程，得到各个振型及其对应的自振周期。

将式(5-46)中的阻尼项和右端项略去，即可得到无阻尼多自由度弹性体系的自由振动方程：

$$[M]\{\ddot{x}(t)\}+[K]\{x(t)\}=0 \tag{5-52}$$

上式的解可表示为

$$\{x(t)\}=\{X\}\sin(\omega t+\varphi) \tag{5-53}$$

因此，有

$$\{\ddot{x}(t)\}=-\omega^2\{X\}\sin(\omega t+\varphi)=-\omega^2\{x(t)\} \tag{5-54}$$

式中：$\{X\}$——体系的振动幅值向量，即振型；

φ——初相角。

将式(5-53)和式(5-54)代入式(5-52)中，得

$$\{[K]-\omega^2[M]\}\{X\}=0 \tag{5-55}$$

振动幅值向量$\{X\}$的元素 x_1，x_2，…，x_n不可能全部为零，否则体系就不可能产生振动。因此，$\{X\}$存在非零解的充分必要条件是式(5-56)的系数行列式必须等于零，即

$$|[K]-\omega^2[M]|=\begin{vmatrix}K_{11}-\omega^2m_1 & K_{12} & \cdots & K_{1i} & \cdots & K_{1n}\\ K_{21} & K_{22}-\omega^2m_2 & \cdots & K_{2i} & \cdots & K_{2n}\\ \vdots & \vdots & & \vdots & & \vdots\\ K_{i1} & K_{i2} & \cdots & K_{ii} & & K_{in}\\ \vdots & \vdots & & \vdots & & \vdots\\ K_{n1} & K_{n2} & \cdots & K_{ni} & \cdots & K_{nn}\end{vmatrix}=0 \tag{5-56}$$

式(5-56)称为体系的频率方程，展开后是一个以 ω^2 为未知数的一元 n 次方程，该方程的 n 个根(特征值)就是体系的 n 个自振频率。将求得的 n 个 ω 值按由小到大顺序

排列：

$$\omega_1 < \omega_2 < \cdots < \omega_j < \cdots < \omega_n$$

由 n 个 ω 值可求得 n 个自振周期 T，按由大到小顺序排列：

$$T_1 > T_2 > \cdots > T_j > \cdots > T_n$$

ω_j和 T_j即为对应体系第 j 振型的自振频率和自振周期。其中对应第一振型的自振频率 ω_1和自振周期 T_1称为第一频率(或基本频率)和第一周期(或基本周期)。

将求得的 ω_j依次代回到式(5-55)，就可得到对应于每一频率值时的体系各质点的相对振幅值$\{X\}_j$，用这些相对振幅值绘制的体系各质点的侧移曲线就是对应于该频率的主振型，简称振型。通常将第一振型称为基本振型，其余振型统称为高振型。

以一个两质点弹性体系为例，体系的自由振动方程为

$$\begin{bmatrix} K_{11} - \omega^2 m_1 & K_{12} \\ K_{21} & K_{22} - \omega^2 m_2 \end{bmatrix} \begin{Bmatrix} x_1 \\ x_2 \end{Bmatrix} = 0 \tag{5-57}$$

令其系数行列式等于零，展开后得到一个以 ω^2为未知数的一元二次方程

$$(\omega^2)^2 - \left(\frac{K_{11}}{m_1} + \frac{K_{22}}{m_2}\right)\omega^2 + \frac{K_{11}K_{22} - K_{12}K_{21}}{m_1 m_2} = 0 \tag{5-58}$$

解出 ω^2的两个根为

$$\omega_{1,2}^2 = -\frac{1}{2}\left(\frac{K_{11}}{m_1} + \frac{K_{22}}{m_2}\right) \pm \sqrt{\left[\frac{1}{2}\left(\frac{K_{11}}{m_1} + \frac{K_{22}}{m_2}\right)\right]^2 - \frac{K_{11}K_{22} - K_{12}K_{21}}{m_1 m_2}} \tag{5-59}$$

可以证明，这两个根都是正的。式(5-57)是齐次方程组，故两个方程是线性相关的。即，将 ω_1^2 回代式(5-57)，只能求得比值 x_1/x_2。该比值所确定的振动形式是与第一频率 ω_1相对应的振型，称为第一振型或基本振型。

$$\frac{x_{11}}{x_{12}} = \frac{-K_{12}}{K_{11} - \omega_1^2 m_2} \tag{5-60}$$

式中：x_{11}、x_{12}分别为第一振型质点 1 和质点 2 的相对振幅值。

同样，将 ω_2^2 回代式(5-57)，可得第二振型两个质点振幅的比值为

$$\frac{x_{21}}{x_{22}} = \frac{-K_{12}}{K_{11} - \omega_2^2 m_1} \tag{5-61}$$

式中，x_{21}、x_{22}分别为第二振型质点 1 和质点 2 的相对振幅值。

对于每个主振型 j，质点 1 和质点 2 都是按同一频率 ω_j和同一相位角 φ_j作简谐振动，并同时达到各自的最大幅值，在整个振动过程中，两个质点的振幅比值 x_{j1}/x_{j2}是一个常数。详见【例 5-4】。

一般来说，当体系的质点数多于 3 个时，式(5-55)的求解就比较困难，需采用迭代法或利用计算程序求解。

多质点弹性体系的自由振动方程(5-55)是用刚度矩阵$[K]$表示的。同样，也可以用柔度矩阵$[\delta]$表示。体系的柔度矩阵$[\delta]$就是刚度矩阵$[K]$的逆矩阵，即$[\delta]=[K]^{-1}$。

将式(5-55)的两端乘以刚度矩阵$[K]$的逆矩阵$[K]^{-1}$，得

$$\{[K]^{-1}[K] - \omega^2[K]^{-1}[M]\}\{X\} = 0$$

再令 $\lambda = 1/\omega^2$，整理后得

$$\{[\delta][M]-\lambda[I]\}\{X\}=0 \tag{5-62}$$

式(5-62)也是一个齐次线性方程组。同样，振型$\{X\}$有非零解的充分必要条件也是系数行列式等于零，即

$$|[\delta][M]-\lambda[I]|=\begin{vmatrix} \delta_{11}m_1-\lambda & \delta_{12}m_2 & \cdots & \delta_{1i}m_i & \cdots & \delta_{1n}m_n \\ \delta_{21}m_1 & \delta_{22}m_2-\lambda & \cdots & \delta_{2i}m_i & \cdots & \delta_{2n}m_n \\ \vdots & \vdots & & \vdots & & \vdots \\ \delta_{i1}m_1 & \delta_{i2}m_2 & \cdots & \delta_{ii}m_i & & \delta_{in}m_n \\ \vdots & \vdots & & \vdots & & \vdots \\ \delta_{n1}m_1 & \delta_{n2}m_2 & \cdots & \delta_{ni}m_i & \cdots & \delta_{nn}m_n \end{vmatrix}=0 \tag{5-63}$$

式中：δ_{ik}——在 k 质点处作用单位力，在 i 质点处引起的位移。

式(5-63)展开后是一个以 λ 为未知数的一元 n 次方程，该方程的解就是体系的 n 个自振频率，故式(5-63)也是体系的频率方程。

3. 振型的正交性

多自由度弹性体系作自由振动时，各振型对应的频率各不相同，任意两个振型之间存在着正交性。利用振型正交性原理可以大大简化多自由度弹性体系运动微分方程组的求解。

(1)振型关于质量矩阵的正交性。振型关于质量矩阵的正交性的表达式为

$$\{X\}_j^{\mathrm{T}}[M]\{X\}_k=0 \quad (j\neq k) \tag{5-64}$$

式中：$\{X\}_j$、$\{X\}_k$——分别为体系第 j 振型、第 k 振型的振幅向量。

式(5-64)可以改写成

$$\sum_{i=1}^{n} m_i x_{ji} x_{ki}=0 \quad (j\neq k) \tag{5-65}$$

式中：x_{ji}、x_{ki}——分别为体系第 j 振型、第 k 振型 i 质点的振幅。

振型对质量矩阵的正交性可由虚功原理证明。其物理意义是：某一振型在振动过程中所引起的惯性力在其他振型上所做的功为零。这说明某一个振型的动能不会转移到其他振型上去，或者说体系按某一振型作自由振动时不会激起该体系其他振型的振动。

(2)振型关于刚度矩阵的正交性。振型关于刚度矩阵的正交性的表达式为

$$\{X\}_j^{\mathrm{T}}[K]\{X\}_k=0 \quad (j\neq k) \tag{5-66}$$

$[K]\{X\}_k$表示体系按 k 振型振动时，各质点处引起的弹性恢复力，故式(5-66)表示体系按 k 振型振动引起的弹性力在 j 振型的虚位移上所做的功为零。因此，振型对刚度矩阵正交性的物理意义是，体系按某一振型振动时，它的位能不会转移到其他振型上去。

(3)振型关于阻尼矩阵的正交性。由于阻尼矩阵是质量矩阵和刚度矩阵的线性组合(式(5-50))，运用振型关于质量矩阵和刚度矩阵的正交性原理，振型关于阻尼矩阵也是正交的，即

$$\{X\}_j^{\mathrm{T}}[C]\{X\}_k=0 \quad (j\neq k) \tag{5-67}$$

当 $j=k$ 时，式(5-64)、式(5-66)和式(5-67)都不等于零，分别表示为

$$\begin{cases} M_j^* = \{X\}_j^{\mathrm{T}}[M]\{X\}_j \\ K_j^* = \{X\}_j^{\mathrm{T}}[K]\{X\}_j \\ C_j^* = \{X\}_j^{\mathrm{T}}[C]\{X\}_j \end{cases} \tag{5-68}$$

式中：M_j^*、K_j^*、C_j^* 分别称为体系第 j 振型的广义质量、广义刚度、广义阻尼。

【例题 5-4】 已知某两质点弹性体系(图 5-18)，其结构参数为：$m_1=m_2=m$，$K_1=K_2=K$。试求该体系的自振周期和振型，并验算振型关于质量矩阵和刚度矩阵的正交性。

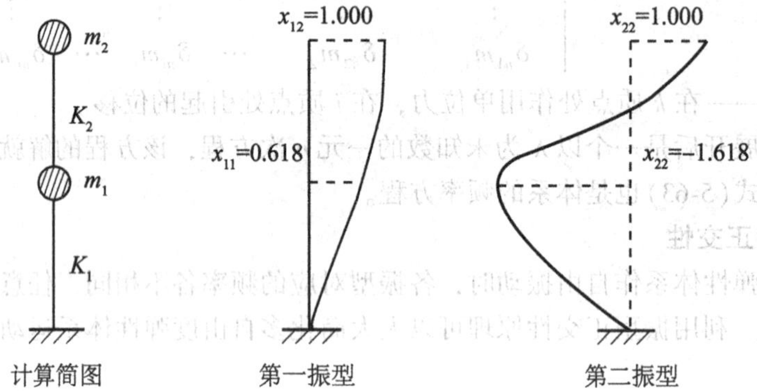

图 5-18　两质点弹性体系

【解】 (1)求自振频率和周期。

$$K_{11}=K_1+K_2=2K$$

$$K_{12}=K_{21}=-K$$

$$K_{22}=K_2=K$$

将质点的质量和刚度系数代入式(5-59)，得

$$\omega_{1,\,2}^2=-\frac{1}{2}\left(\frac{2K}{m}+\frac{K}{m}\right)\pm\sqrt{\left[\frac{1}{2}\left(\frac{2K}{m}+\frac{K}{m}\right)\right]^2-\frac{2K\cdot K-K\cdot K}{m^2}}$$

$$=(1.500\pm1.118)\frac{K}{m}$$

$$\omega_1=\sqrt{(1.500-1.118)\frac{K}{m}}=0.618\sqrt{\frac{K}{m}},\ T_1=\frac{2\pi}{\omega_1}=10.167\sqrt{\frac{m}{K}}$$

$$\omega_2=\sqrt{(1.500+1.118)\frac{K}{m}}=1.618\sqrt{\frac{K}{m}},\ T_2=\frac{2\pi}{\omega_2}=3.883\sqrt{\frac{m}{K}}$$

(2)求振型。将 ω_1、ω_2 的值分别代入式(5-61)和式(5-62)，得

第一振型：
$$\frac{x_{11}}{x_{12}}=\frac{-K_{12}}{K_{11}-\omega_1^2m_2}=\frac{K}{2K-0.382\dfrac{K}{m}\cdot m}=\frac{0.618}{1}$$

第二振型：
$$\frac{x_{21}}{x_{22}}=\frac{-K_{12}}{K_{11}-\omega_2^2m_1}=\frac{K}{2K-2.618\dfrac{K}{m}\cdot m}=\frac{-1.618}{1}$$

故体系的振型为(图 5-19)：

$$\{X\}_1=\{0.618\quad 1.000\}^{\mathrm{T}};\ \{X\}_2=\{-1.618\quad 1.000\}^{\mathrm{T}}$$

(3)验算振型关于质量矩阵和刚度矩阵的正交性。

质量矩阵：$[M]=\begin{bmatrix} m & 0 \\ 0 & m \end{bmatrix}$

刚度矩阵：$[K]=\begin{bmatrix} 2K & -K \\ -K & K \end{bmatrix}$

$$\{X\}_j^{\mathrm{T}}[M]\{X\}_k=\{0.618\quad 1.000\}\begin{bmatrix} m & 0 \\ 0 & m \end{bmatrix}\begin{Bmatrix} -1.618 \\ 1.000 \end{Bmatrix}$$

$$=\{0.618\quad 1.000\}\begin{Bmatrix} -1.618m \\ 1.000m \end{Bmatrix}=0$$

$$\{X\}_j^{\mathrm{T}}[K]\{X\}_k=\{0.618\quad 1.000\}\begin{bmatrix} 2K & -K \\ -K & K \end{bmatrix}\begin{Bmatrix} -1.618 \\ 1.000 \end{Bmatrix}$$

$$=\{0.618\quad 1.000\}\begin{Bmatrix} -4.236K \\ 2.618K \end{Bmatrix}=0$$

故振型关于质量矩阵和刚度矩阵均是正交的。

4. 振型分解

振型又称作振动体系的形状函数，它表示体系按某一振型振动过程中各个质点的相对位置。由结构动力学知道，一个 n 个自由度的弹性体系具有 n 个独立振型。以一个三质点体系为例，其三个振型如图 5-19 所示。

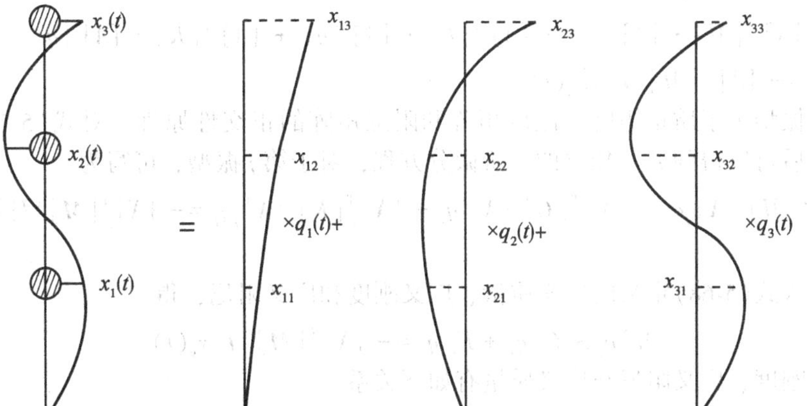

图 5-19　多自由度弹性体系的振型分解

第一振型：$\{X\}_1=[x_{11}\quad x_{12}\quad x_{13}]^{\mathrm{T}}$　(5-69a)

第二振型：$\{X\}_2=[x_{21}\quad x_{22}\quad x_{23}]^{\mathrm{T}}$　(5-69b)

第三振型：$\{X\}_3=[x_{31}\quad x_{32}\quad x_{33}]^{\mathrm{T}}$　(5-69c)

式中：x_{ji}——分别为体系第 j 振型 i 质点的水平相对位移。

将各个振型汇集在一起就形成振型矩阵$[A]$，它是一个 $n\times n$ 阶方阵(n 为体系的质

点数)。上述三质点体系的振型矩阵为

$$[A]=[\{X\}_1\quad\{X\}_2\quad\{X\}_3]=\begin{bmatrix}x_{11}&x_{21}&x_{31}\\x_{12}&x_{22}&x_{32}\\x_{13}&x_{23}&x_{33}\end{bmatrix}\tag{5-70}$$

按照振型叠加原理，弹性结构体系中每个质点在振动过程中的位移 $x_i(t)$ 可以表示为

$$x_i(t)=\sum_{j=1}^{n}x_{ji}q_j(t)\tag{5-71}$$

式中：$q_j(t)$——j 振型的广义坐标，它是以振型为坐标系的位移值，即把 x_{ji} 看做广义坐标 $q_j(t)$ 的“单位”，是时间的函数。将广义坐标的列向量写成 $\{q\}=\{q_1\quad q_2\quad\cdots\quad q_n\}^{\mathrm{T}}$，则整个结构体系的位移列向量、速度列向量、加速度列向量可分别表示为

$$\{x\}=\begin{Bmatrix}x_1(t)\\x_2(t)\\\vdots\\x_n(t)\end{Bmatrix}=[\{X\}_1\quad\{X\}_2\quad\cdots\quad\{X\}_n]\begin{Bmatrix}q_1\\q_2\\\vdots\\q_n\end{Bmatrix}=[A]\{q\}\tag{5-72}$$

$$\{\dot{x}\}=[A]\{\dot{q}\}\tag{5-73}$$

$$\{\ddot{x}\}=[A]\{\ddot{q}\}\tag{5-74}$$

式(5-72)~式(5-74)就是体系的各种反应量按振型进行分解的表达式。

5. 多自由度弹性体系运动微分方程组的解

将式(5-72)~式(5-74)代入多自由度弹性体系的运动微分方程(式(5-46))，并对方程等式两端都左乘 $[A]^T$，得

$$\begin{aligned}&[A]^{\mathrm{T}}[M]\cdot[A]\{\ddot{q}\}+[A]^{\mathrm{T}}[C]\cdot[A]\{\dot{q}\}+[A]^{\mathrm{T}}[K]\cdot[A]\{q\}\\&=-[A]^{\mathrm{T}}[M]\{I\}\{\ddot{x}_g(t)\}\end{aligned}\tag{5-75}$$

运用振型关于质量矩阵、刚度矩阵和阻尼矩阵的正交性原理，对式(5-75)进行简化，展开后可以得到 n 个独立的二阶微分方程，对于第 j 振型，可写为

$$\{X\}_j^{\mathrm{T}}[M]\{X\}_j\ddot{q}_j+\{X\}_j^{\mathrm{T}}[C]\{X\}_j\dot{q}_j+\{X\}_j^{\mathrm{T}}[K]\{X\}_jq_j=-\{X\}_j^{\mathrm{T}}[M]\{I\}\ddot{x}_g(t)\tag{5-76}$$

再引入式(5-68)定义的广义质量、广义刚度和广义阻尼，得

$$M_j^*\ddot{q}_j+C_j^*\dot{q}_j+K_j^*q_j=-\{X\}_j^T[M]\{I\}\ddot{x}_g(t)\tag{5-77}$$

广义刚度、广义阻尼与广义质量有如下关系

$$\begin{cases}C_j^*=2\zeta_j\omega_jM_j^*\\K_j^*=\omega_j^2M_j^*\end{cases}\tag{5-78}$$

式中：ζ_j 和 ω_j 分别为体系 j 振型的阻尼比和圆频率。

将式(5-78)代入式(5-77)，并对方程等式两端都除以 j 振型的广义质量 M_j^*，得

$$\ddot{q}_j+2\zeta_j\omega_j\dot{q}_j+\omega_j^2q_j=-\frac{\{X\}_j^T[M]\{I\}}{\{X\}_j^T[M]\{X\}_j}\ddot{x}_g(t)=-\gamma_j\ddot{x}_g(t)\ (j=1,\ 2,\ \cdots,\ n)\tag{5-79}$$

式中：γ_j——j 振型的振型参与系数，它表示第 j 振型在分布于单位质量外荷载中所占的分量。

$$\gamma_j = \frac{\{X\}_j^T[M]\{I\}}{\{X\}_j^T[M]\{X\}_j} = \frac{\sum_{i=1}^{n} m_i x_{ji}}{\sum_{i=1}^{n} m_i x_{ji}^2} \tag{5-80}$$

运用振型关于质量矩阵的正交性原理，可以证明

$$\sum_{j=1}^{n} \gamma_j x_{ji} = 1 \tag{5-81}$$

式(5-79)相当于一个单自由度弹性体系的运动方程，与式(5-17)相比，不同之处在于：一是以广义坐标 $q_j(t)$ 作为未知量而不是 $x(t)$；二是方程右端多了一项 j 振型的振型参与系数 γ_j。

多自由度弹性体系的运动方程从式(5-46)变换到式(5-79)，称为方程解耦。其实质是将方程(5-46)化为一组由 n 个以广义坐标 $q_j(t)$ 作为未知量的独立方程，每个方程都对应体系的一个振型，从而大大简化了多自由度弹性体系运动微分方程组的求解。

参照方程(5-17)的解，方程(5-79)的解为：

$$q_j(t) = -\frac{\gamma_j}{\omega_j}\int_0^t \ddot{x}_g(\tau)e^{-\zeta_j\omega_j(t-\tau)}\sin\omega_j(t-\tau)\mathrm{d}\tau = \gamma_j\Delta_j(t) \quad (j=1,\ 2,\ \cdots,\ n) \tag{5-82}$$

式中：$\Delta_j(t)$——阻尼比和自振频率分别为 ζ_j 和 ω_j 的单自由度弹性体系的位移。

$$\Delta_j(t) = -\frac{1}{\omega_j}\int_0^t \ddot{x}_g(\tau)e^{-\zeta_j\omega_j(t-\tau)}\sin\omega_j(t-\tau)\mathrm{d}\tau \tag{5-83}$$

将式(5-82)代回式(5-74)，即得多自由度弹性体系 i 质点相对于地面的位移 $x(t)$ 和加速度 $\ddot{x}(t)$：

$$x_i(t) = \sum_{j=1}^{n} \gamma_j\Delta_j(t)x_{ji} \tag{5-84a}$$

$$\ddot{x}_i(t) = \sum_{j=1}^{n} \gamma_j\ddot{\Delta}_j(t)x_{ji} \tag{5-84b}$$

5.4.4　多质点弹性体系水平地震作用和作用效应

1. 振型分解反应谱法

多质点体系在地震时，质点 i 在 t 时刻受到的地震作用等于质点 i 上的惯性力

$$F_i(t) = -m_i[\ddot{x}_g(t) + \ddot{x}_i(t)] \tag{5-85}$$

将式(5-84b)代入上式，得

$$F_i(t) = -m_i\left(\sum_{j=1}^{n}[\gamma_j\ddot{\Delta}_j(t)x_{ji}] + \ddot{x}_g(t)\right) \tag{5-86}$$

运用式(5-81)，式(5-86)可以改写为

$$F_i(t) = -m_i\left(\sum_{j=1}^{n}[\gamma_j\ddot{\Delta}_j(t)x_{ji}] + \left[\sum_{j=1}^{n}\gamma_j x_{ji}\right]\ddot{x}_g(t)\right) = -m_i\sum_{j=1}^{n}\gamma_j x_{ji}[\ddot{\Delta}_j(t) + \ddot{x}_g(t)] \tag{5-87}$$

由此可得，体系 t 时刻第 j 振型 i 质点的水平地震作用 $F_{ji}(t)$ 为

$$F_{ji}(t) = -m_i\gamma_j x_{ji}[\ddot{\Delta}_j(t) + \ddot{x}_g(t)] \tag{5-88}$$

式中：$\ddot{\Delta}_j(t)+\ddot{x}_g(t)$——第 j 振型相应振子(阻尼比为 ζ_j、自振频率为 ω_j)的绝对加速度。

体系第 j 振型 i 质点水平地震作用标准值 F_{ji} 为式(5-88)的最大绝对值，即

$$F_{ji}=m_i\gamma_j x_{ji}\left|\ddot{\Delta}_j(t)+\ddot{x}_g(t)\right|_{\max} \tag{5-89}$$

令

$$G_i=m_i g \tag{5-90}$$

$$\alpha_j=\frac{\left|\ddot{\Delta}_j(t)+\ddot{x}_g(t)\right|_{\max}}{g} \tag{5-91}$$

于是得到《建筑抗震设计规范》中给出的振型分解反应谱法计算水平地震作用标准值的公式：

$$F_{ji}=\alpha_j\gamma_j x_{ji}G_i\ (i=1,\ 2,\ \cdots,\ n;\ j=1,\ 2,\cdots,\ n) \tag{5-92}$$

式中：F_{ji}——j 振型 i 质点的水平地震作用标准值；

α_j——相应于 j 振型自振周期的地震影响系数，应按图 5-18 确定；

x_{ji}——j 振型 i 质点的水平相对位移；

γ_j——j 振型的参与系数，按式(5-80)计算；

G_i——集中于 i 质点的重力荷载代表值，应取结构和构配件自重标准值与各可变荷载组合值之和，各可变荷载的组合值系数，应按表 5-15 采用。

表 5-15　**可变荷载组合值系数**

可变荷载种类	组合值系数	可变荷载种类		组合值系数
雪荷载	0.5	按等效均布荷载计算的楼面活荷载	藏书库、档案库	0.8
屋面积灰荷载	0.5		其他民用建筑	0.5
屋面活荷载	不计入	吊车悬吊物重力	硬钩吊车	0.3
按实际情况计算的楼面活荷载	1.0		软钩吊车	不计入

注：硬钩吊车的吊重较大时，组合值系数应按实际情况采用。

求出第 j 振型第 i 质点上的水平地震作用后，便可以按一般力学方法计算结构的地震作用效应，包括弯矩、剪力、轴力和变形等。

需要注意的是，根据式(5-92)确定的相应于各振型的地震作用 F_{ji} 均为最大值。所以，按 F_{ji} 求得的各振型的地震作用效应也是最大值。然而，各振型的地震作用 F_{ji} 的最大值并不出现在同一时刻，其相应的最大地震作用效应也不会同时发生。因此，需要进行合理的振型组合方式，以确定合理的地震作用效应。

《建筑抗震设计规范》规定了两种组合方式，一种是“平方和开平方法”(SRSS 法)，另一种是完全二次项组合法(CQC 法)。后一种方法主要用于平动-扭转耦连体系。SRSS 方法假定地震时地面运动为平稳的随机过程，各振型反应之间是相互独立的，主要用于平面振动的多质点弹性体系。采用振型分解反应谱方法时，各振型地震作用效应的组合方式为

$$S=\sqrt{\sum S_j^2}\qquad (i=1,\ 2,\ \cdots,\ n) \tag{5-93}$$

式中：S——水平地震作用效应；

S_j——第 j 振型水平地震作用所产生的作用效应，包括内力和变形。

各振型在地震总反应中的贡献将随着频率的增加而迅速减小，因此在实际计算中，一般采用前2~3个振型即可。考虑到周期较长结构的各振型的自振频率比较接近，《建筑抗震设计规范》规定，当基本自振周期大于1.5s或房屋高宽比大于5时，可适当增加参与组合的振型个数。

2. 底部剪力法

用振型分解反应谱法计算建筑结构的水平地震作用是比较复杂的，特别是房屋层数较多时，必须用分析软件计算。

理论分析表明，对于重量和刚度沿高度分布比较均匀、高度不超过40m、以剪切变形为主(房屋高宽比小于4时)的结构，结构振动具有两个特点：①位移反应以基本振型为主；②基本振型接近于直线。

为了简化计算，《建筑抗震设计规范》规定，在满足上述条件时，可采用近似方法计算，即底部剪力法。

(1)底部剪力的计算。由振型分解反应谱法的公式(5-92)，可以得出j振型i质点处的水平地震作用标准值，因而j振型的结构总水平地震作用标准值，即j振型结构底部剪力为

$$V_{j0}=\sum_{i=1}^{n}F_{ji}=\sum_{i=1}^{n}\alpha_j\gamma_j x_{ji}G_i=\alpha_1 G\sum_{i=1}^{n}\frac{\alpha_j}{\alpha_1}\gamma_j x_{ji}\frac{G_i}{G}\quad(i=1,\ 2,\ \cdots,\ n)\tag{5-94}$$

式中：G——结构的总重力荷载代表值，取各质点重力荷载代表值G_i之和。

再按式(5-93)进行振型组合，结构总水平地震作用标准值，即结构底部剪力F_{Ek}为

$$F_{Ek}=\sqrt{\sum_{j=1}^{n}V_{j0}^2}=\alpha_1 G\sqrt{\sum_{j=1}^{n}\left(\sum_{i=1}^{n}\frac{\alpha_j}{\alpha_1}\gamma_j x_{ji}\frac{G_i}{G}\right)^2}=\alpha_1 qG\quad(i=1,\ 2,\ \cdots,\ n)\tag{5-95}$$

式中：q——高振型影响系数。

$$q=\sqrt{\sum_{j=1}^{n}\left(\sum_{i=1}^{n}\frac{\alpha_j}{\alpha_1}\gamma_j x_{ji}\frac{G_i}{G}\right)^2}\tag{5-96}$$

经大量计算资料的统计分析表明，当结构体系各质点重量相等，且重量和刚度沿高度分布比较均匀时，$q=1.5(n+1)/(2n+1)$，n为质点数。

当结构为单质点体系(如单层建筑)时，$q=1$；如为无穷多质点体系时，$q=0.75$。为简化计算，《建筑抗震设计规范》规定，结构总水平地震作用标准值按下式计算：

$$F_{Ek}=\alpha_1 G_{eq}\tag{5-97}$$

式中：F_{Ek}——结构总水平地震作用标准值；

α_1——相应于结构基本自振周期T_1的水平地震影响系数值，按图5-18确定；

G_{eq}——计算水平地震作用时，结构等效总重力荷载。单质点体系应取总重力荷载代表值，多质点体系取总重力荷载代表值的85%，即$G_{eq}=0.85G_E$；

G_E——结构总重力荷载代表值，取各质点重力荷载代表值之和。

(2)各质点的水平地震作用标准值计算。在满足底部剪力法的条件下，计算各质点的水平地震作用时，可仅考虑基本振型，而忽略高振型的影响。这样，基本振型各质点的相对水平位移x_{1i}将与质点的计算高度H_i成正比，即$x_{1i}=\eta H_i$，其中η为比例常数，H_i

为质点计算高度。于是，作用在第 i 质点上的水平地震作用标准值可写成

$$F_i \approx F_{1i} = \alpha_1 \gamma_1 \eta H_i G_i \tag{5-98}$$

结构总水平地震作用标准值，即结构底部剪力，可表示为

$$F_{\mathrm{Ek}} = \sum_{k=1}^{n} F_{1k} = \alpha_1 \gamma_1 \eta \sum_{k=1}^{n} H_k G_k \tag{5-99}$$

从而得

$$\alpha_1 \gamma_1 \eta = \frac{F_{\mathrm{Ek}}}{\sum_{k=1}^{n} H_k G_k} \tag{5-100}$$

将式(5-100)代入式(5-98)，得

$$F_i = \frac{G_i H_i}{\sum_{k=1}^{n} G_k H_k} F_{\mathrm{Ek}} \quad (i = 1,\ 2,\ \cdots,\ n) \tag{5-101}$$

由此得出，水平地震作用下各楼层层间剪力为

$$V_i = \sum_{k=i}^{n} F_k \quad (i = 1,\ 2,\ \cdots,\ n) \tag{5-102}$$

(3)顶部附加地震作用计算。当结构层数较多时，通过大量的计算分析发现，按式(5-101)计算出的结构顶部地震作用往往小于按振型分解反应谱法的计算结果，特别是基本周期较长的多、高层建筑，两者计算结果相差较大。这是由于高振型对结构地震反应的影响主要在结构上部，而按式(5-101)计算 F_i 时忽略了高振型影响的缘故。同时，震害经验也表明，某些基本周期较长的建筑，上部震害较为严重。因此，引入顶部附加地震作用 ΔF_n，使顶部剪力有所增加。

对于上述情况，《建筑抗震设计规范》规定，按下式计算作用于质点 i 的水平地震作用标准值 F_i(图 5-20)：

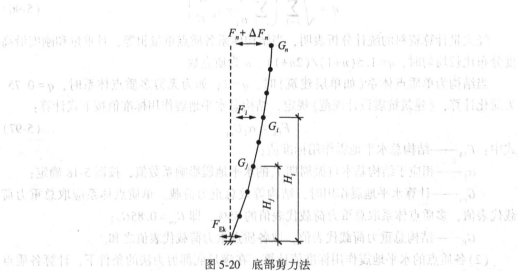

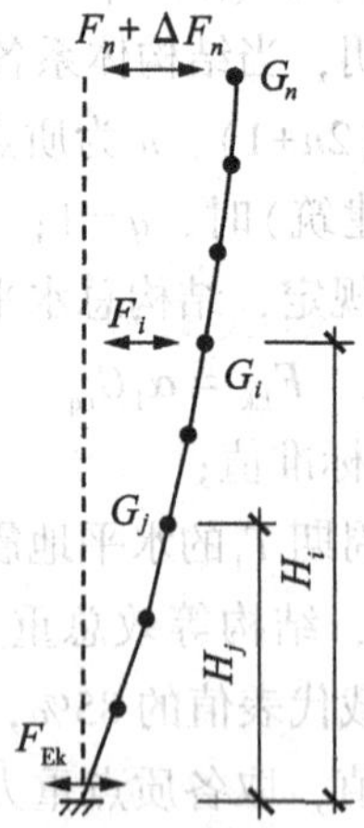

图 5-20　底部剪力法

$$F_i = \frac{G_i H_i}{\sum_{j=1}^{n} G_j H_j} F_{Ek}(1-\delta_n) \quad (i=1,\ 2,\ \cdots,\ n) \tag{5-103}$$

$$\Delta F_n = \delta_n F_{Ek} \tag{5-104}$$

式中：F_i——作用于第 i 层质点处的水平地震作用标准值；

G_i，G_j——分别为集中于质点 i、j 的重力荷载代表值；

H_i，H_j——分别为质点 i、j 的计算高度；

ΔF_n——主体结构顶层附加水平地震作用。

δ_n——顶部附加地震作用系数，可按表 5-16 采用；

当考虑顶部附加水平地震作用时，结构顶部的水平地震作用为按式(5-103)计算的 F_n 与 ΔF_n 两项之和(图 5-21)。

表 5-16　**顶部附加地震作用系数 δ_n**

T_g(s)	$T_1>1.4T_g$	$T_1\leqslant 1.4T_g$
$T_g\leqslant 0.35$	$\delta_n=0.08T_1+0.07$	
$0.35<T_g\leqslant 0.55$	$\delta_n=0.08T_1+0.01$	$\delta_n=0$
$T_g>0.55$	$\delta_n=0.08T_1-0.02$	

注：T_1 为结构基本自振周期，T_g 为场地特征周期。

对于结构基本自振周期 $T_1>1.4T_g$ 的建筑，并有突出屋顶的小结构时，附加水平地震作用 ΔF_n 应置于主体结构的顶部，而不是置于局部突出小结构的屋顶处，也即这时的 δ_n 应改为 δ_{n-1}，其值仍按照表 5-16 采用。突出小结构的屋顶处的水平地震作用应按式(5-103)求得的值放大至 3 倍，但其增大部分不传给下部楼层，即在计算以下各楼层剪力时不予计入。

【例题 5-5】 某三层框架(图 5-21)，抗震设防烈度为 8 度，设计地震分组为第三组，场地类别为Ⅱ类。已知结构基本自振周期 $T_1=0.4872$s，试用底部剪力法求各层的层间地震剪力。

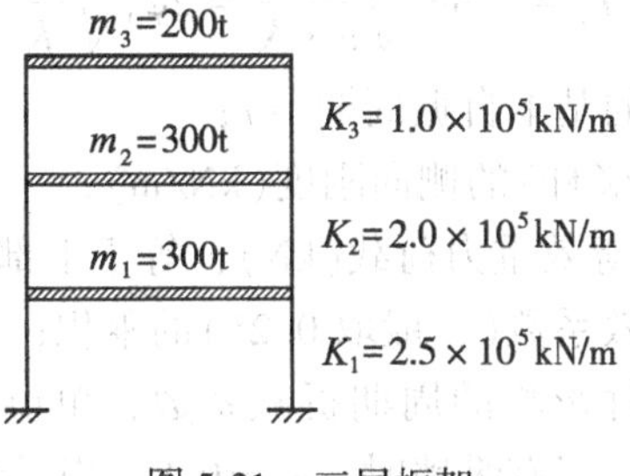

图 5-21　三层框架

【解】 (1)计算结构等效总重力荷载代表值 G_{eq}：

$$G_{eq}=0.85\sum_{i=1}^{n}G_i=0.85(300+300+200)\times9.8=6664\text{kN}$$

(2)计算基本振型的地震影响系数 α_1：

查表 5-14 得抗震设防烈度为 8 度时，$\alpha_{max}=0.16$；查表 5-13 得设计地震分组为第三组，场地类别为Ⅱ类时，$T_g=0.45\text{s}$。因 $T_g<T_1<5T_g$，故

$$\alpha_1=\left(\frac{T_g}{T_1}\right)^{0.9}\times\alpha_{max}=\left(\frac{0.45}{0.4872}\right)^{0.9}\times0.16=0.149$$

(3)按式(5-97)计算结构总水平地震作用标准值 F_{Ek}：

$$F_{Ek}=\alpha_1G_{eq}=0.149\times6664=992.94\text{kN}$$

(4)按式(5-101)计算各层的水平地震作用标准值 F_i：

$$F_1=\frac{300\times9.8\times3.5}{300\times9.8\times3.5+300\times9.8\times7.0+200\times9.8\times10.5}\times992.94=198.59\text{kN}$$

$$F_2=\frac{300\times9.8\times7.0}{300\times9.8\times3.5+300\times9.8\times7.0+200\times9.8\times10.5}\times992.94=397.18\text{kN}$$

$$F_3=\frac{200\times9.8\times10.5}{300\times9.8\times3.5+300\times9.8\times7.0+200\times9.8\times10.5}\times992.94=397.18\text{kN}$$

(3)用式(5-102)计算各楼层水平地震层间剪力 V_i：

$$V_1=F_1+F_2+F_3=198.59+397.18+397.18=992.94\text{kN}$$

$$V_2=F_2+F_3=397.18+397.18=794.36\text{kN}$$

$$V_3=F_3=397.18\text{kN}$$

5.4.5 结构自振周期的计算

结构自振周期可根据理论计算或按经验公式确定。按理论计算时，应采用与结构抗震验算相应的结构计算模型和弹性刚度，并应考虑非结构构件的影响，对计算结果进行调整。按经验公式确定结构自振周期时，应注意结构是否符合经验公式的适用条件。

下面介绍常用的计算自振周期的理论方法。

1. 单自由度体系的基本自振周期

单自由度体系的基本自振周期可按下式计算

$$T_1=2\pi\varphi_T\sqrt{\frac{G_{eq}}{g\cdot K}}=2\varphi_T\sqrt{\frac{G_{eq}}{K}} \tag{5-105}$$

式中：T_1——单自由度体系的基本自振周期(s)；

K——支承结构(弹性竖杆)的侧向刚度(kN/m)；

G_{eq}——质点总的周期等效重力荷载(kN)，等于上部集中质点重力荷载代表值加支承结构自身重力与周期等效系数(一般取 0.25)的乘积；

φ_T——考虑非结构构件影响的周期折减系数，单层厂房中，对钢筋混凝土屋架和钢筋混凝土柱组成的排架，当有纵墙时，$\varphi_T=0.8$，当无纵墙时，$\varphi_T=0.9$。

2. 多自由度体系的基本自振周期——能量法

能量法是求解多质点体系基本自振周期的一种近似方法，其理论基础是能量守恒定律，即一个无阻尼的多质点弹性体系做自由振动时，体系在任何时刻的总能量(变形位

能和动能之和)应当保持不变。多质点弹性体系的基本自振周期为

$$T_1 = 2\varphi_T \sqrt{\frac{\sum_{i=1}^{n} G_i u_i^2}{\sum_{i=1}^{n} G_i u_i}} \tag{5-106}$$

式中：G_i——质点 i 的重力荷载代表值(kN)；

φ_T——考虑非结构构件影响的周期折减系数，当非承重墙体为填充砖墙时，对框架结构，可取 $\varphi_T=0.6\sim0.7$；对框架-剪力墙结构，可取 $\varphi_T=0.7\sim0.8$；对剪力墙结构，可取 $\varphi_T=0.9\sim1.0$；

u_i——所有质点均承受相当于各自重力荷载代表值 G_i 的水平力作用时，质点 i 处产生的水平位移(m)。

对框架结构，u_i 可按下式计算(图 5-22)：

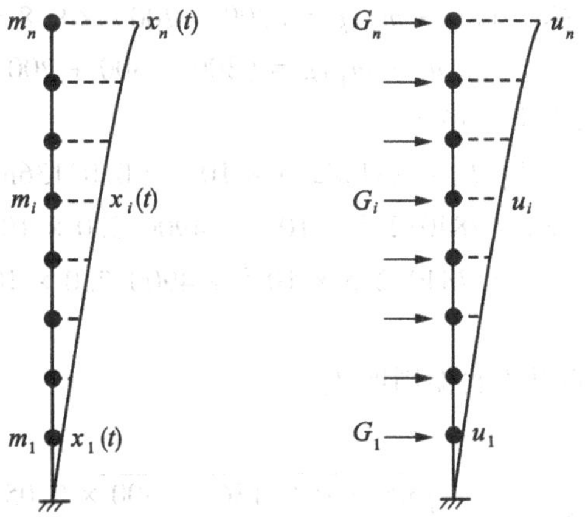

(a) 多质点弹性体系　　(b) 以 G_i 为水平荷载产生的位移

图 5-22　水平位移 u_i 的计算

$$u_i = \sum_{j=1}^{i} \Delta u_j \tag{5-107a}$$

$$\Delta u_i = \frac{V_i}{K_i} \tag{5-107b}$$

$$V_i = \sum_{j=i}^{n} G_j \tag{5-107c}$$

式中：V_i——在以 G_i 为侧向水平力时，第 i 层的层间剪力(kN)；

Δu_i——在以 G_i 为侧向水平力时，第 i 层的层间侧移(m)；

K_i——第 i 层的抗侧移刚度(kN/m)。

3. 多自由度体系的基本自振周期——顶点位移法

顶点位移法也是求解多质点体系基本自振周期的一种近似方法。其基本原理是，将结构按其质量分布情况，简化成有限个质点或无限个质点的悬臂直杆，然后求出以结构

顶点位移表示的基本自振周期计算公式。

对于质量、刚度沿竖向分布比较均匀的框架结构、框架-抗震墙结构、抗震墙结构，将各质点的重力荷载总和 $\sum G_i$ 作为水平荷载，均布于整个结构高度 H 上时，即可按下式计算结构基本自振周期：

$$T_1 = 1.7\varphi_T \sqrt{u_T} \tag{5-108}$$

式中：u_T——在水平均布荷载 $q = \sum G_i / H$ 作用下，结构顶点处产生的水平位移(m)；

φ_T——考虑非结构构件影响的周期折减系数，与式(5-106)取值相同。

【例题 5-6】 某三层钢筋混凝土框架结构，各层的层间侧移刚度和质量如图 5-22 所示。试用能量法求其基本自振周期。

【解】 用能量法求基本自振周期：

(1)计算各层层间剪力 V_i：

$$V_3 = G_3 = m_3 g = 200 \times 9.8 = 1960\text{kN}$$

$$V_2 = G_3 + G_2 = (m_3 + m_2)g = (300 + 200) \times 9.8 = 4900\text{kN}$$

$$V_1 = G_3 + G_2 + G_1 = (m_3 + m_2 + m_1)g = (300 + 300 + 200) \times 9.8 = 7840\text{kN}$$

(2)计算各楼层处的水平位移 u_i：

$$u_1 = V_1/K_1 = 7840/2.5 \times 10^{-5} = 0.03136\text{m}$$

$$u_2 = V_1/K_1 + V_2/K_2 = 7840/2.5 \times 10^{-5} + 4900/2.0 \times 10^{-5} = 0.05586\text{m}$$

$$u_3 = V_1/K_1 + V_2/K_2 + V_3/K_3 = 7840/2.5 \times 10^{-5} + 4900/2.0 \times 10^{-5} + 1960/1.0 \times 10^{-5} = 0.07546\text{m}$$

(3)按式(5-106)计算基本自振周期 T_1：

$$T_1 = 2\varphi_T \sqrt{\frac{\sum_{i=1}^{n} G_i u_i^2}{\sum_{i=1}^{n} G_i u_i}} = 2 \times 0.8 \times \sqrt{\frac{300 \times 0.03136^2 + 300 \times 0.05586^2 + 200 \times 0.07546^2}{300 \times 0.03136 + 300 \times 0.05586 + 200 \times 0.07546}} = 0.3834(\text{s})$$

5.4.6 时程分析法简述

结构地震反应的时程分析法又称为直接动力法。

首先选定一条地震波，则某一时刻 t 的地面加速度 $\ddot{x}_g(t)$ 是已知值，将其直接对结构振动体系的运动方程积分，可得到在 t 时刻各质点的位移、速度及加速度等地震反应，再计算各质点在 $t+\Delta t$ 时刻的地震反应，Δt 称为步长。从初始状态开始，逐步积分，直至振动过程终止，最后得到对应于该条地震波的结构地震反应时程曲线。

时程分析法可以分析结构的弹性地震反应，也可根据结构刚度的弹塑性变化规律(称为结构恢复力特性曲线的计算模型)来分析结构的弹塑性地震反应。

所选地震波可以是实际的地震波记录，也可以是人工模拟地震波。地震波的峰值加速度应满足抗震设防烈度的要求。同时，地震波的卓越周期要基本接近场地类别所确定的反应谱特征周期。

弹性和弹塑性地震反应分析的结果，可用于判断结构抗震性能、判别结构设计常规设计中可能存在的薄弱部位以及是否有可能倒塌等方面。

5.4.7　竖向地震作用的计算

一般来说，水平地震作用是导致房屋破坏的主要原因。但在高烈度地区，震害分析表明，竖向地震地面运动相当可观，竖向地震作用对下列结构物的影响非常显著：

(1)高耸结构、高层建筑和对竖向运动敏感的结构物；

(2)以竖向地震作用为主要地震作用的结构物或构件；

(3)位于高烈度地区(如大震震中区等)的结构物，特别是有迹象表明竖向地震动分量可能很大的地区的结构物。

因此，《建筑抗震设计规范》规定，8、9 度时的大跨度结构、长悬臂结构及 9 度时的高层建筑，应计算竖向地震作用。

1. 高层建筑和高耸结构

《建筑抗震设计规范》规定，高层建筑竖向地震作用的计算采用竖向地震反应谱法。统计分析表明，同类场地的竖向地震反应谱 β_v 与水平反应谱 β_H 相差不大。因此，在计算竖向地震作用时，可近似采用水平反应谱。另据统计，地面竖向最大加速度与水平最大加速度之比为 1/3~2/3。因此，竖向地震影响系数 α_{vmax} 取为：

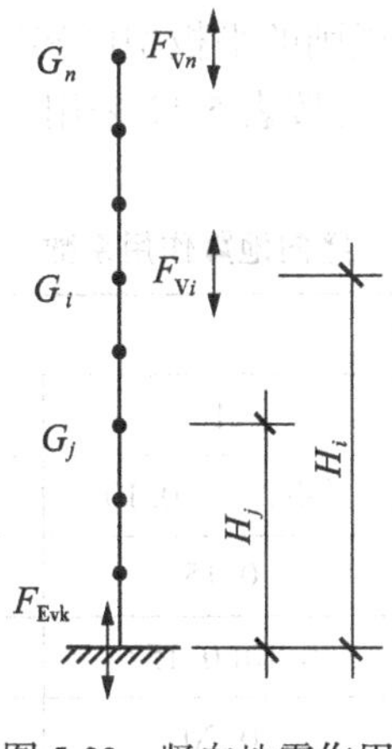

图 5-23　竖向地震作用

$$\alpha_{vmax} = k_v \beta_{vmax} = \frac{2}{3} k_H \beta_{Hmax} = 0.65\alpha_{max} \tag{5-109}$$

分析表明，高层建筑和高耸结构取第一振型竖向地震作用作为结构的竖向地震作用时，其误差不大，而第一振型接近于直线，故可参照底部剪力法，得结构的竖向地震作用标准值 F_{Evk}(图 5-29)：

$$F_{Evk} = \alpha_{v1} G_{eq} \tag{5-110}$$

$$G_{eq} = 0.75 G_E \tag{5-111}$$

式中：G_{eq}——计算竖向地震作用时，结构等效总重力荷载；

G_E——结构总重力荷载，取各层重力荷载代表值之和。

α_{v1}——相应于结构基本自振周期的竖向地震影响系数，由于竖向自振周期较短，

$T_{v1}=0.1\sim0.2s$，故 $\alpha_{v1}=\alpha_{vmax}$。

作用于第 i 层质点处的竖向地震作用标准值 F_{vi}，应按下式计算：

$$F_{vi}=\frac{G_iH_i}{\sum_{j=1}^{n}G_jH_j}F_{Evk}\quad(i=1,\ 2,\ \cdots,\ n)\tag{5-112}$$

式中：G_i，G_j——分别为集中于质点 i、j 的重力荷载代表值(kN)；

H_i，H_j——分别为质点 i、j 的计算高度(m)。

《建筑抗震设计规范》规定，楼层各构件的竖向地震作用效应可按各构件承受的重力荷载代表值的比例分配，并宜乘以增大系数 1.5。

2. 大跨度和长悬臂结构(构件)

对跨度小于 120m，或长度小于 300m 的平板型网架屋盖、跨度大于 24m 的屋架及悬臂长度小于 40m 的长悬臂结构，按振型分解反应谱法分析表明，竖向地震作用的内力与重力荷载作用下的内力的比值一般比较稳定。因此，《建筑抗震设计规范》规定，这类结构的竖向地震作用 F_{vi} 可采用静力法计算。

$$F_{vi}=\lambda G_i\tag{5-113}$$

式中：G_i——结构、构件的重力荷载代表值(kN)；

λ——结构、构件的竖向地震作用系数，按下列规定取值：

(1)平面投影尺度不是很大且规则的平板型网架屋盖、跨度大于 24m 的屋架、屋盖横梁及托架，竖向地震作用系数 λ 可按表 5-17 采用。

表 5-17　**竖向地震作用系数**

结构类型	设防烈度	场地类别		
		Ⅰ	Ⅱ	Ⅲ、Ⅳ
平板型网架、钢屋架	8	可不计算(0.10)	0.08(0.12)	0.10(0.15)
	9	0.15	0.15	0.20
钢筋混凝土屋架	8	0.10(0.15)	0.13(0.19)	0.13(0.19)
	9	0.20	0.25	0.25

注：括号中数值用于设计基本地震加速度为 0.30g 的地区。

(2)长悬臂构件、平面投影尺度很大的大跨结构，其竖向地震作用标准值，8 度和 9 度可分别取该结构、构件重力荷载代表值的 10% 和 20%，设计基本地震加速度为 0.30g 时，可取该结构、构件重力荷载代表值的 15%。

这里，平面投影尺度很大的空间结构，指跨度大于 120m，或长度大于 300m，或悬臂大于 40m 的结构。

5.4.8　地震作用计算的一般规定

1. 各类建筑结构地震作用计算的规定

(1)一般情况下，应至少在建筑结构的两个主轴方向分别计算水平地震作用；各方向的水平地震作用应由该方向的抗侧力构件承担；

(2)有斜交抗侧力构件的结构，当相交角度大于 15°时，应分别计算各抗侧力构件方向的水平地震作用；

(3)质量和刚度分布明显不对称的结构，应计入双向水平地震作用下的扭转影响；其他情况，应计算单向水平地震作用下的扭转影响；

(4)8、9 度时的大跨度和长悬臂结构(构件)，应计算竖向地震作用；

(5)9 度抗震设计时的高层建筑，应计算竖向地震作用。

2. 各类建筑结构地震作用的计算方法

《建筑抗震设计规范》规定，各类建筑结构的地震作用，应根据不同的情况(如建筑类别、设防烈度以及结构的规则程度和复杂性等)，分别采用下列计算方法：

(1)高度不超过 40m、以剪切变形为主且质量和刚度沿高度分布比较均匀的结构，以及近似于单质点体系的结构，可采用底部剪力法等简化方法。

(2)不满足上述条件的建筑结构，宜采用振型分解反应谱法。

(3)特别不规则的建筑、甲类建筑和表 5-18 所列高度范围的高层建筑，应采用弹性时程分析法进行多遇地震下的补充计算；当取三组加速度时程曲线输入时，计算结果宜取时程法的包络值和振型分解反应谱法的较大值；当取七组及七组以上加速度时程曲线输入时，计算结果可取时程法的平均值和振型分解反应谱法的较大值。

表 5-18　**采用弹性时程分析法的房屋高度范围**

抗震设防烈度、场地类别	7 度	8 度Ⅰ、Ⅱ类场地	8 度Ⅲ、Ⅳ类场地	9 度
建筑高度范围	>100m	>100m	>80m	>60m

采用时程分析法时，应按建筑场地类别和设计地震分组选用实际强震记录和人工模拟的加速度时程曲线，其中实际强震记录的数量不应少于总数的 2/3，多组时程曲线的平均地震影响系数曲线应与振型分解反应谱法所采用的地震影响系数曲线在统计意义上相符，其加速度时程的最大值可按表 5-19 采用。弹性时程分析时，每条时程曲线计算所得结构底部剪力不应小于振型分解反应谱法计算结果的 65%，多条时程曲线计算所得结构底部剪力的平均值不应小于振型分解反应谱法计算结果的 80%。

表 5-19　**弹性时程分析时输入地震波加速度的最大值(cm/s^2)**

设防烈度	6 度	7 度	8 度	9 度
多遇地震	18	35(55)	70(110)	140
罕遇地震	125	220(310)	400(510)	620

注：7、8 度括号内数值分别用于设计基本地震加速度为 0.15g 和 0.30g 的地区。

5.4.9　结构构件截面承载力的抗震验算

(1)地震设计状况下，荷载和地震作用基本组合的效应设计值应按式(5-114)计算。

即：

$$S=\gamma_G S_{GE}+\gamma_{Eh}S_{Ehk}+\gamma_{Ev}S_{Evk}+\psi_w\gamma_w S_{wk} \tag{5-114}$$

式中符号见式(1-18)，地震作用分项系数见表 5-20。

表 5-20　　地震作用分项系数

地震作用	仅计算水平地震作用	仅计算竖向地震作用	同时计算水平与竖向地震作用	
			水平地震为主	竖向地震为主
γ_{Eh}	1.3	0	1.3	0.5
γ_{Ev}	0	1.3	0.5	1.3

(2)结构构件的截面抗震验算按式(5-115)计算。即：

$$S\leqslant R/\gamma_{RE} \tag{5-115}$$

式中：R——结构构件承载力设计值；

γ_{RE}——承载力抗震调整系数；考虑地震是一种偶然作用，且作用时间很短，材料性能与静力作用下不同，通过可靠度分析对抗震设计的承载能力作相应的调整，适当提高构件的承载力。混凝土结构构件应按表 5-21 采用。

表 5-21　　混凝土构件承载力抗震调整系数 γ_{RE}

结构构件	梁	轴压比小于 0.15 的柱	轴压比不小于 0.15 的柱	抗震墙	各类构件
受力状态	受弯	偏压	偏压	偏压	受剪、偏拉
γ_{RE}	0.75	0.75	0.80	0.85	0.85

5.4.10　结构抗震变形验算

1. 多遇地震作用下结构的弹性位移

各类结构进行多遇地震作用下的抗震变形验算时，其楼层内最大的弹性层间位移应符合下式要求：

$$\Delta u_e\leqslant[\theta_e]h \tag{5-116}$$

式中：Δu_e——多遇地震作用标准值产生的楼层内最大的弹性层间位移；除以弯曲变形为主的高层建筑外，可不扣除结构整体弯曲变形；应计入扭转变形，各作用分项系数均应采用 1.0；钢筋混凝土结构构件的截面刚度可采用弹性刚度；

$[\theta_e]$——弹性层间位移角限值，宜按表 5-22 采用；

h——计算楼层的层高。

表 5-22　　**弹性层间位移角限值 $[\theta_e]$**

结构类型	$[\theta_e]$
钢筋混凝土框架	1/550
钢筋混凝土框架-抗震墙、板柱-抗震墙、框架-核心筒	1/800
钢筋混凝土抗震墙、筒中筒	1/1000
钢筋混凝土框支层	1/1000

2. 罕遇地震作用下结构薄弱层(部位)的弹塑性变形

(1)计算范围。按“三水准”、“二阶段”设计方法的要求，结构在罕遇地震作用下应保证结构不发生倒塌。结构在罕遇地震作用下薄弱层的弹塑性变形验算，应符合下列要求：

①《建筑抗震设计规范》规定下列结构应进行弹塑性变形验算：

a. 8 度Ⅲ、Ⅳ类场地和 9 度时，高大的单层钢筋混凝土柱厂房的横向排架；

b. 7~9 度时楼层屈服强度系数小于 0.5 的钢筋混凝土框架结构；

c. 高度大于 150m 的结构；

d. 甲类建筑和 9 度时乙类建筑中的钢筋混凝土结构和钢结构；

e. 采用隔震和消能减震设计的结构。

②下列结构宜进行弹塑性变形验算：

a. 表 5-18 所列高度范围且属于表 5-29 所列竖向不规则类型的高层建筑结构；

b. 7 度Ⅲ、Ⅳ类场地和 8 度时乙类建筑中的钢筋混凝土结构和钢结构；

c. 板柱-抗震墙结构和底部框架砖房；

d. 高度不大于 150m 的其他高层钢结构。

楼层屈服强度系数 ξ_y 定义为：按构件实际配筋和材料强度标准值计算的楼层受剪承载力和按罕遇地震作用标准值计算的楼层弹性地震剪力的比值；对铰接排架柱，指按实际配筋面积、材料强度标准值和轴向力计算的正截面受弯承载力与按罕遇地震作用标准值计算的弹性地震弯矩的比值。

(2)结构薄弱层(部位)的位置。所谓结构薄弱层(部位)，是指在强烈地震作用下，结构首先发生屈服并产生较大弹塑性位移的部位。

《建筑抗震设计规范》规定结构薄弱层(部位)的位置可按下列情况确定：

①楼层屈服强度系数 ξ_y 沿高度分布均匀的结构，可取底层；

②楼层屈服强度系数 ξ_y 沿高度分布不均匀的结构，可取该系数最小的楼层(部位)和相对较小的楼层，一般不超过 2~3 处；

③单层厂房，可取上柱。

当薄弱层(部位)的屈服强度系数不小于相邻层(部位)该系数平均值的 0.8 时，可认为该结构楼层屈服强度系数 ξ_y 沿高度分布均匀，即

$$\xi_{y,n} \geqslant 0.8\xi_{y,n-1} \quad (\text{顶层}) \tag{5-117a}$$

$$\xi_{y,i} \geq 0.8(\xi_{y,i+1} + \xi_{y,i-1})/2 \quad （标准层） \tag{5-117b}$$

$$\xi_{y,1} \geq 0.8\xi_{y,2} \quad （首层） \tag{5-117c}$$

(3)薄弱层(部位)弹塑性层间位移验算。《建筑抗震设计规范》规定，对于钢筋混凝土框架结构不超过12层，且层刚度无突变，或单层厂房钢筋混凝土柱，弹塑性层间位移可按下列简化方法计算：

$$\Delta u_p = \eta_p \Delta u_e \tag{5-118}$$

式中：Δu_p——弹塑性层间位移；

Δu_e——罕遇地震作用下按弹性分析的层间位移；

η_p——弹塑性层间位移增大系数，当薄弱层(部位)的屈服强度系数不小于相邻层(部位)该系数平均值的0.8时，可按表5-23采用。当不大于该平均值的0.5时，可按表内相应数值的1.5倍采用；其他情况可采用内插法取值；

ξ_y——楼层屈服强度系数。

表5-23　**弹塑性层间位移增大系数 η_p**

结构类型	总层数 n 或部位	ξ_y		
		0.5	0.4	0.3
多层均匀框架结构	2~4	1.30	1.40	1.60
	5~7	1.50	1.65	1.80
	8~12	1.80	2.00	2.20
单层厂房	上柱	1.30	1.60	2.00

结构薄弱层(部位)弹塑性层间位移应符合下式要求：

$$\Delta u_p \leq [\theta_p] h \tag{5-119}$$

式中：h——薄弱层(部位)的楼层高度或单层厂房上柱高度；

$[\theta_p]$——弹塑性层间位移角限值，可按表5-24采用；对钢筋混凝土框架结构，当轴压比小于0.40时，可提高10%；当柱子全高的箍筋构造(配箍特征值)比表5-35规定的箍筋最小配箍特征值大30%时，可提高20%，但累计不超过25%。

表5-24　**弹塑性层间位移角限值 $[\theta_p]$**

结构类型	$[\theta_p]$
单层钢筋混凝土柱铰接排架	1/30
钢筋混凝土框架	1/50
钢筋混凝土框架-抗震墙、板柱-抗震墙、框架-核心筒	1/100
钢筋混凝土抗震墙、筒中筒	1/120

5.5　混凝土结构的抗震设计

常用的钢筋混凝土包括框架结构、框架-抗震墙结构以及抗震墙结构，采取适当的抗震构造措施后，这些结构具有较好的整体性和较大的延性，是抗震性能较好的结构类型。

5.5.1　震害及其分析

1. 框架梁柱的震害

震害调查表明，框架梁柱的震害主要反映在梁柱节点处。一般而言，柱的震害重于梁，柱顶的震害重于柱底，角柱的震害重于内柱、边柱；短柱的震害重于一般柱。

(1)框架梁的破坏。框架梁的破坏，主要是因为梁截面的抗弯、抗剪承载力不足，大多发生在梁端处。由于纵向钢筋屈服，混凝土保护层剥落，导致产生上下贯通的垂直裂缝和交叉斜裂缝；同时由于梁端纵筋屈服后形成塑性铰，降低了受剪承载力，从而造成梁的剪切破坏。

(2)框架柱的破坏。框架柱的震害主要表现为受剪破坏。根据震害调查，造成框架柱震害的原因，往往是受弯、受剪承载力不足，箍筋间距过大，于是在压、弯、剪作用下，柱丧失抗震能力。

①柱上、下端弯剪破坏(图 5-24、图 5-25)。柱上、下端出现水平裂缝和斜裂缝，混凝土局部压碎，柱端纵筋压屈，箍筋外鼓或崩断(柱端形成塑性铰)。

图 5-24　柱顶的破坏

图 5-25　柱底的破坏

②柱身剪切破坏。因箍筋间距过大，柱身出现交叉斜裂缝，箍筋屈服崩出或崩断。

③角柱破坏(图 5-26)。角柱受力复杂，除受压外，还双向受弯、受剪，又承受扭矩，故震害常比内柱严重。

④短柱破坏(图 5-27)。柱净高与截面有效高度之比 $H_n/h_0 \leq 4$ 时，称为短柱。短柱的剪跨比小，在水平地震作用下，容易产生 X 状的剪切斜裂缝，导致脆性的剪切破坏。

图 5-26　角柱的破坏

图 5-27　短柱的破坏

(3)梁柱节点核心区的破坏。

①剪切破坏。在竖向压力、弯矩与剪力的共同作用下，由于节点核心区箍筋不足，混凝土缺少足够的约束，导致节点核心区抗剪强度不足，产生斜向对角裂缝或交叉斜裂缝，严重时，混凝土成块剥落，箍筋外鼓或崩断。

②锚固破坏。由于梁底伸入节点核心区内的受力钢筋锚固不足或施工质量不良，在反复荷载作用下，钢筋与混凝土的粘结先行破坏，钢筋滑移，或混凝土压酥，梁筋被拔出。

2. 抗震墙的震害

在强震作用下，抗震墙的震害主要表现为墙肢间连梁的剪切破坏。这主要是由于连梁跨度小，高度大形成深梁，剪跨比小，因而剪切效应十分明显。在反复荷载作用下形成 X 形剪切裂缝，属于剪切型脆性破坏(图 5-28)，尤其是在房屋高度 1/3 处，连梁承担的剪力更大，破坏也更为明显。

因此，在抗震设计中应保证连梁的承载力及延性，以避免此类破坏。

3. 填充墙的破坏

框架房屋的填充墙，由于砖砌体的抗剪、抗拉强度很低，所以在地震作用下极易出现裂缝；尤其是空心砖填充墙，更为明显。

当填充墙无洞口时，震害最初主要发生在梁柱节点附近的填充墙角偶处。此时墙体所分配到的地震作用小于砌体主拉应力，填充墙处于对角受压状态，墙体犹如斜杆一样，作用在框架的平面内。当地震作用加大时，框架的层间位移也随着增加，墙与框架脱开，出现周边裂缝，墙面出现斜裂缝，其走向视墙面高宽比值的不同而不同。如果墙面有洞口，则洞口的两侧墙体在洞口下皮附近处，将出现近似于水平的裂缝。

框架的变形为剪切型，下部层间位移较大，故填充墙在房屋底部几层震害严重；框架-抗震墙结构的变形为弯剪型，上部层间位移较大，故填充墙在房屋顶部几层震害严重。

4. 其他震害

钢筋混凝土结构的震害还表现在以下几方面：

(1)平面不对称，刚度不均匀产生的震害。建筑物平面布置不对称，刚度不均匀，

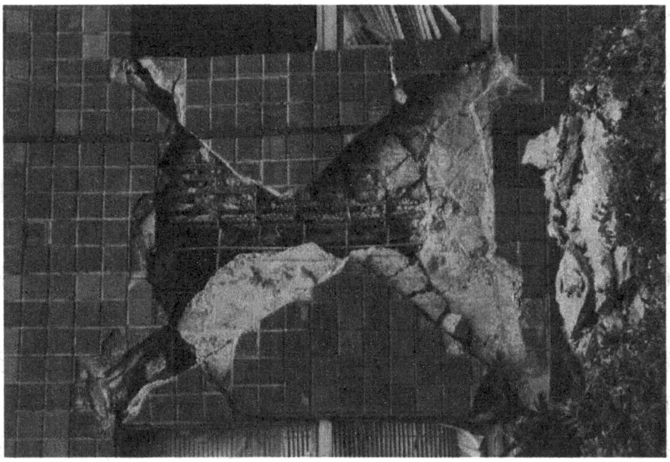

图5-28 抗震墙连梁的破坏

刚度中心与质量中心偏心较大，地震时，结构产生严重扭转，给结构带来严重灾害。

(2)竖向刚度突变产生的震害。结构沿竖向刚度突然变化，可能使结构在刚度突然变小的楼层(薄弱层)产生过大变形甚至倒塌。

(3)防震缝处理不当产生的震害。在防震缝两侧的结构单元由于各自振动特性不同，因此在地震时可能会产生相向的位移。这时如果防震缝宽度不够，则结构单元之间就会发生碰撞而产生震害。

(4)地基原因造成的震害。建造在软弱地基上的高大柔性建筑物，当结构自振周期与地基土卓越周期相近时，即使烈度不高，结构物的破坏程度也较重。

建于软弱地基土或液化土层上的框架结构等，在地震时常因地基的不均匀沉陷使上部结构倾斜甚至倒塌。

5.5.2 钢筋混凝土结构抗震设计的一般规定

1. 最大适用高度

抗震设计时，现浇钢筋混凝土结构的最大适用高度应符合表4-5的要求(其中，《建筑抗震设计规范》规定，抗震设防烈度为9度时，框架最大适用高度为24m)。平面和竖向均不规则的结构或建造于Ⅳ类场地的结构，适用的最大高度应适当降低；房屋高度超过本表数值时，应进行专门研究和论证，并采取有效的加强措施。

2. 抗震等级

抗震等级是确定抗震分析及抗震措施的标准，抗震等级的高低，体现了对结构(构件)抗震性能和延性要求的严格程度。理论分析和震害表明，在相同烈度和相近的场地条件下，房屋越高，其地震反应越大，相应的抗震要求也就越高。而结构的抗震能力主要决定于主要抗侧力构件的性能，因此主要抗侧力构件与次要抗侧力构件的抗震要求应该有所区别。例如，对框架的抗震要求，框架-抗震墙结构中的框架低于框架结构中的框架，部分框支抗震墙结构中框支层框架最高。

因此，《建筑抗震设计规范》按照地震烈度、房屋高度和结构类型(包括区分抗侧力构件的主次)，将抗震设计的房屋结构区分为不同的抗震等级，并采取相应的抗震措施。包括内力调整、轴压比限制及抗震构造措施等。

确定建筑结构的抗震等级时，应根据其抗震设防类别、场地类别按下列要求采用相应的设防烈度(表5-25)：

①甲、乙类建筑：当本地区的抗震设防烈度为6~8度时，应符合本地区抗震设防烈度提高一度的要求；当本地区的抗震设防烈度为9度时，应符合比9度抗震设防更高的要求。当建筑场地为Ⅰ类时，应允许仍按本地区抗震设防烈度的要求采取抗震构造措施；

②丙类建筑：应符合本地区抗震设防烈度的要求。当建筑场地为Ⅰ类时，应允许按本地区抗震设防烈度降低一度的要求采取抗震构造措施；

③建筑场地为Ⅲ、Ⅳ类时，对设计基本地震加速度为0.15g和0.30g的地区，宜分别按抗震设防烈度8度(0.20g)和9度(0.40g)时各类建筑的要求采取抗震构造措施。

表5-25　**确定抗震等级时应采用的设防烈度**

建筑重要性分类		甲、乙类						丙类					
抗震设防烈度		6度	7度	7.5度	8度	8.5度	9度	6度	7度	7.5度	8度	8.5度	9度
场地类别	Ⅰ类	6	7	7	8	8	9	6	6	6	7	7	8
	Ⅱ类	7	8	8	9	9	9+	6	7	7	8	8	9
	Ⅲ、Ⅳ类	7	8	8	9	9	9+	6	7	8	8	9	9

注：①7.5度和8.5度分别指设计基本地震加速度为0.15g和0.30g的地区；

②“9+”指比9度抗震设防更高的要求。

(1)上部结构的抗震等级。现浇钢筋混凝土房屋的抗震等级按表5-26确定。当甲、乙类建筑按规定提高一度确定其抗震等级而房屋高度超过表5-25规定的上界时，应采取比一级更有效的抗震措施。

表5-26　**现浇钢筋混凝土房屋的抗震等级**

<table>
<tr><th colspan="2" rowspan="2">结构类型</th><th colspan="12">抗震设防烈度</th></tr>
<tr><th colspan="2">6度</th><th colspan="4">7度</th><th colspan="4">8度</th><th colspan="2">9度</th></tr>
<tr><td rowspan="3">框架结构</td><td>高度(m)</td><td>≤24</td><td>>24</td><td colspan="2">≤24</td><td colspan="2">>24</td><td colspan="2">≤24</td><td colspan="2">>24</td><td colspan="2">≤24</td></tr>
<tr><td>框架</td><td>四</td><td>三</td><td colspan="2">三</td><td colspan="2">二</td><td colspan="2">二</td><td colspan="2">一</td><td colspan="2">一</td></tr>
<tr><td>大跨度框架</td><td colspan="2">三</td><td colspan="4">二</td><td colspan="4">一</td><td colspan="2">一</td></tr>
<tr><td rowspan="3">框架-抗震墙结构</td><td>高度(m)</td><td>≤60</td><td>>60</td><td>≤24</td><td colspan="2">24~60</td><td>>60</td><td>≤24</td><td colspan="2">24~60</td><td>>60</td><td>≤24</td><td>24~50</td></tr>
<tr><td>框架</td><td>四</td><td>三</td><td>四</td><td colspan="2">三</td><td>二</td><td>三</td><td colspan="2">二</td><td>一</td><td>二</td><td>一</td></tr>
<tr><td>剪力墙</td><td colspan="2">三</td><td>三</td><td colspan="3">二</td><td>二</td><td colspan="3">一</td><td colspan="2">一</td></tr>
</table>

续表

<table>
<tr><th colspan="3" rowspan="2">结 构 类 型</th><th colspan="10">抗震设防烈度</th></tr>
<tr><th colspan="2">6 度</th><th colspan="3">7 度</th><th colspan="3">8 度</th><th colspan="2">9 度</th></tr>
<tr><td rowspan="2">抗震墙结构</td><td colspan="2">高度(m)</td><td>≤80</td><td>>80</td><td>≤24</td><td>24~80</td><td>>80</td><td>≤24</td><td>24~80</td><td>>80</td><td>≤24</td><td>24~60</td></tr>
<tr><td colspan="2">剪力墙</td><td>四</td><td>三</td><td>四</td><td>三</td><td>二</td><td>三</td><td>二</td><td>一</td><td>二</td><td>一</td></tr>
<tr><td rowspan="4">部分框支抗震墙结构</td><td colspan="2">高度(m)</td><td>≤80</td><td>>80</td><td>≤24</td><td>24~80</td><td>>80</td><td>≤24</td><td>24~80</td><td colspan="3" rowspan="4"></td></tr>
<tr><td rowspan="2">抗震墙</td><td>一般部位</td><td>四</td><td>三</td><td>四</td><td>三</td><td>二</td><td>三</td><td>二</td></tr>
<tr><td>加强部位</td><td>三</td><td>二</td><td>三</td><td>二</td><td>一</td><td>二</td><td>一</td></tr>
<tr><td colspan="2">框支框架</td><td colspan="2">二</td><td colspan="2">二</td><td>一</td><td colspan="2">一</td></tr>
<tr><td rowspan="2">框架-核心筒结构</td><td colspan="2">框架</td><td colspan="2">三</td><td colspan="3">二</td><td colspan="3">一</td><td colspan="2">一</td></tr>
<tr><td colspan="2">核心筒</td><td colspan="2">二</td><td colspan="3">二</td><td colspan="3">一</td><td colspan="2">一</td></tr>
<tr><td rowspan="2">筒中筒结构</td><td colspan="2">外筒</td><td colspan="2">三</td><td colspan="3">二</td><td colspan="3">一</td><td colspan="2">一</td></tr>
<tr><td colspan="2">内筒</td><td colspan="2">三</td><td colspan="3">二</td><td colspan="3">一</td><td colspan="2">一</td></tr>
<tr><td rowspan="3">板柱-抗震墙结构</td><td colspan="2">高度(m)</td><td>≤35</td><td>>35</td><td colspan="2">≤35</td><td>>35</td><td colspan="2">≤35</td><td>>35</td><td colspan="2" rowspan="3"></td></tr>
<tr><td colspan="2">框架、板柱的柱</td><td>三</td><td>二</td><td colspan="3">二</td><td colspan="3">一</td></tr>
<tr><td colspan="2">剪力墙</td><td colspan="2">二</td><td colspan="2">二</td><td>一</td><td colspan="2">二</td><td>一</td></tr>
</table>

注：①大跨度框架指跨度不小于 18m 的框架；

②接近或等于高度分界时，应结合房屋不规则程度及场地、地基条件适当确定抗震等级；

③高度不超过 60m 的框架-核心筒结构，按框架-抗震墙结构的要求设计时，应按表中框架-抗震墙结构的规定确定其抗震等级。

对框架-抗震墙结构，在基本振型地震作用下，若框架部分承受的地震倾覆力矩大于结构总地震倾覆力矩的 50%，其框架部分的抗震等级应按框架结构确定，此时最大适用高度可比框架结构适当增加。

(2)裙房结构的抗震等级。裙房与主楼分离时，应按裙房本身的结构类型确定抗震等级。裙房与主楼相连时，相关范围不应低于主楼的抗震等级，相关范围以外的区域可按裙房本身的结构类型确定抗震等级；主楼结构在裙房顶部对应的相邻上下各一层应适当加强抗震构造措施。

裙房与主楼相连的相关范围，一般可从主楼周边外延 3 跨且不小于 20m。

(3)地下结构的抗震等级。当地下室顶板作为上部结构的嵌固部位时，地下一层的抗震等级应与上部结构相同；地下一层以下抗震构造措施的抗震等级可逐层降低一级，但不应低于四级。地下室中无上部结构的部分，抗震构造措施的抗震等级可根据具体情况采用三级或四级。

3. 建筑设计和建筑结构的规则性

建筑设计应符合抗震概念设计的要求，不应采用严重不规则的设计方案。

建筑及其抗侧力结构的平面布置宜规则、对称，并应具有良好的整体性；建筑的立面和竖向剖面宜规则，结构的侧向刚度宜均匀变化，竖向抗侧力构件的截面尺寸和材料强度宜自下而上逐渐减小，避免抗侧力结构的侧向刚度和承载力突变。

当存在表5-27所列举的平面不规则类型或表5-28所列举的竖向不规则类型时，应按《建筑抗震设计规范》第3.4.4条的要求进行水平地震作用计算和内力调整，并应对薄弱部位采取有效的抗震构造措施。

表5-27 **平面不规则的类型**

不规则类型	定　义
扭转不规则	楼层的最大弹性水平位移(或层间位移)，大于该楼层两端弹性水平位移(或层间位移)平均值的1.2倍
凹凸不规则	结构平面凹进的一侧尺寸，大于相应投影方向总尺寸的30%
楼板局部不连续	楼板的尺寸和平面刚度急剧变化，例如，有效楼板宽度小于该层楼板典型宽度的50%，或开洞面积大于该层楼面面积的30%，或较大的楼层错层

表5-28 **竖向不规则的类型**

不规则类型	定　义
侧向刚度不规则	该层的侧向刚度小于相邻上一层的70%，或小于其上相邻三个楼层侧向刚度平均值的80%；除顶层外，局部收进的水平向尺寸大于相邻下一层的25%
竖向抗侧力构件不连续	竖向抗侧力构件(柱、抗震墙、抗震支撑)的内力由水平转换构件(梁、桁架等)向下传递
楼层承载力突变	抗侧力结构的层间受剪承载力小于相邻上一楼层的80%

4. 防震缝的设置

地震震害表明，设有防震缝的建筑，地震时由于防震缝宽度不够，仍难免使相邻建筑发生局部碰撞，建筑装饰也易遭破坏。但若防震缝宽度过大，又给立面处理和抗震构造带来困难。因此，《建筑抗震设计规范》规定，多高层钢筋混凝土结构房屋，宜避免使用表5-27、表5-28中的不规则建筑结构方案，尽可能不设置防震缝。无法避免采用不规则建筑结构方案时，可按实际需要在适当部位设置防震缝，形成多个较规则的抗侧力结构单元。

防震缝宽度应根据抗震设防烈度、结构材料种类、结构类型、结构单元的高度和高差情况确定，其两侧的上部结构应完全分开。防震缝最小宽度应符合表5-29的要求。

抗震设计的建筑结构，当需要设伸缩缝、沉降缝时，也应符合防震缝宽度的要求。

5. 结构体系和结构布置

钢筋混凝土结构应合理选择抗震结构体系。体型较简单、刚度较均匀、高度不超过40m(12层左右)的房屋，设防烈度较低时可采用纯框架结构；体型较复杂、高度较大且设防烈度较高的房屋，应优先选用框架-抗震墙结构或抗震墙结构。

表 5-29　**防震缝最小宽度(mm)**

结构类型	结构高度 H(m)	各抗震设防烈度下防震缝最小宽度(mm)			
		6 度	7 度	8 度	9 度
框架	$H\leqslant 15$	100	100	100	100
	$H>15$	$100+20(H-15)/5$	$100+20(H-15)/4$	$100+20(H-15)/3$	$100+20(H-15)/2$
框架-抗震墙		相应高度框架结构计算值的 70%，且不小于 100			
抗震墙		相应高度框架结构计算值的 50%，且不小于 100			

注：①防震缝两侧结构类型不同时，防震缝宽度应按不利的结构类型确定；

②防震缝两侧房屋高度不同时，防震缝宽度应按较低的房屋高度确定。

此外，结构布置时应考虑以下要求：

(1)为抵抗不同方向的地震作用，框架结构和框架-抗震墙结构中，框架和抗震墙均应沿主轴方向设置，柱中线与抗震墙中线、梁中线与柱中线宜重合，不能重合时，两者间偏心距不宜大于柱宽的 1/4，以免偏心对节点核心区和柱产生扭转的不利影响。

梁柱中心线之间偏心距，9 度抗震设计时不应大于柱截面在该方向宽度的 1/4；6~8 度抗震设计时不宜大于柱截面在该方向宽度的 1/4；大于 1/4 时可采取增设梁的水平加腋等措施，并在计算中考虑梁柱偏心的不利影响。

(2)框架的梁柱节点应采用刚接，以增大结构刚度和整体性；抗震设计时不宜采用单跨多层框架。

(3)梁的截面尺寸对框架的抗侧刚度影响很大，但由于抗震设计时的延性要求，梁的截面尺寸不宜太大，因此框架结构柱网尺寸宜为 6~8m。

(4)框架-抗震墙、板柱-抗震墙结构及框支层中，为使楼、屋盖能有效地传递地震剪力至抗震墙，《建筑抗震设计规范》规定，抗震墙之间无大洞口的楼、屋盖的长宽比，不宜超过表 5-30 的限值；超过时，应计入楼盖平面内变形的影响。

表 5-30　**抗震墙之间楼、屋盖的长宽比**

楼、屋盖类型		抗震设防烈度			
		6 度	7 度	8 度	9 度
框架-抗震墙结构	现浇或叠合楼、屋盖	4	4	3	2
	装配整体式楼、屋盖	3	3	2	不宜采用
板柱-抗震墙结构的现浇楼、屋盖		3	3	2	—
框支层的现浇楼、屋盖		2.5	2.5	2	—

采用装配式楼、屋盖时，应采取措施保证楼、屋盖的整体性及其与抗震墙的可靠连接；采用配筋现浇面层加强时，厚度不宜小于 50mm。

(5)框架-抗震墙结构中的抗震墙设置，宜符合下列要求：

①抗震墙宜贯通房屋全高，且横向与纵向的抗震墙宜相连。

②抗震墙宜设置在墙面不需要开大洞口的位置。

③房屋较长时，刚度较大的纵向抗震墙不宜设置在房屋的端开间。

④抗震墙洞口宜上下对齐；洞边距端柱不宜小于300mm。

⑤一、二级抗震墙的洞口连梁，跨高比不宜大于5，且梁截面高度不宜小于400mm。

(6)抗震墙结构和部分框支抗震墙结构中的抗震墙设置，应符合下列要求：

①抗震墙宜沿建筑的主轴方向设置。宜拉通对直。墙肢截面宜简单、规则。

一般情况下，采用矩形、L形、T形平面时，抗震墙沿两个正交的主轴双向布置；采用三角形及Y形平面时，可沿三个方向布置；采用正多边形、圆形和弧形平面时，则宜沿环向和径向布置。当稍有错开或转折(转折角小于15°)时，可作为一道墙考虑。

②单片墙的侧向刚度不宜过大。较长的抗震墙宜开设洞口，将一道抗震墙分成长度较均匀的若干墙段，洞口连梁的跨高比宜大于6，各墙段的高宽比不应小于3。

抗震墙的侧向刚度主要取决于长度(墙肢截面高度)，长度过大的抗震墙将使侧向刚度增大，周期缩短，因而地震力增大，不经济。另外，抗震墙的破坏形态由受弯承载力决定时，延性较好；长度过大的抗震墙降低了墙的高宽比，使抗震墙呈脆性，其破坏形态由受剪承载力决定，不利于抗震。

较长的抗震墙宜开设洞口，将其分成长度较为均匀的若干独立墙段，墙段之间用楼板(无连梁)或弱的连梁连接，每个独立墙段的总高度与其截面高度之比不应小于3，每个独立墙段可以是单片墙，小开口墙或具有若干墙肢的联肢墙，每一墙肢截面高度不宜大于8m，以保证墙肢由受弯承载力控制，而且靠近中和轴附近的竖向分布筋能充分发挥作用。

墙肢的长度沿结构全高不应有突变。

③抗震墙的数量应适中，不宜太多。抗震墙的数量过多，同样也会使侧向刚度和结构自重都太大，不仅材料用量增加，而且地震力增大，使上部结构和基础设计都困难。因此，抗震墙应优先采用6~8m间距，以减轻结构自重并适当降低刚度。

④抗震墙的门窗洞口宜上下对齐、成列布置，形成明确的墙肢和连梁。宜避免使用墙肢刚度相差悬殊的洞口布置。抗震设计时，一、二、三级抗震等级的抗震墙均不宜采用叠合错洞墙；底部加强部位不宜采用错洞墙。

⑤抗震墙沿高度宜自下而上连续布置，逐渐减小厚度，避免竖向刚度的突变。

⑥矩形平面的部分框支抗震墙结构，其框支层的楼层侧向刚度不应小于相邻非框支层楼层侧向刚度的50%；框支层落地抗震墙间距不宜大于24m。底部两层框支抗震墙结构的平面布置尚宜对称，且宜设抗震筒体。

⑦不宜将楼面主梁支承在抗震墙之间的连梁上。

⑧当抗震墙墙肢与其平面外方向的楼面梁连接时，应采取措施减少梁端部弯矩对墙的不利影响。

沿梁轴线方向设置与梁相连的抗震墙，抵抗该墙肢的平面外弯矩。

当不能沿梁轴线方向设置与梁相连的抗震墙时，宜在墙与梁的相交处设置扶壁柱。

当不能设置扶壁柱时，宜在墙与梁的相交处设置暗柱。

必要时，抗震墙内可设置型钢。

(7)抗震墙底部加强部位的范围，应符合下列规定：

①底部加强部位的高度，应从地下室顶板算起。

②部分框支抗震墙结构的抗震墙，其底部加强部位的高度，可取框支层加框支层以上两层的高度及落地抗震墙总高度的 1/10 二者的较大值。其他结构的抗震墙，房屋高度大于 24m 时，底部加强部位的高度可取底部两层和墙肢总高度的 1/10 二者的较大值；房屋高度不大于 24m 时，底部加强部位可取底部一层。

③当结构计算嵌固端位于地下一层的底板或以下时，底部加强部位尚宜向下延伸到计算嵌固端。

6. 基础结构

(1)框架结构单独柱基有下列情况之一时，宜沿两个主轴方向设置基础系梁：

①一级框架和 IV 类场地的二级框架；

②各柱基承受的重力荷载代表值差别较大；

③基础埋置较深，或各基础埋置深度差别较大；

④地基主要受力层范围内存在软弱黏性土层、液化土层和严重不均匀土层；

⑤桩基承台之间。

(2)主楼与裙房相连且采用天然地基，在地震作用下主楼基础底面不宜出现零应力区。

(3)地下室顶板作为上部结构的嵌固部位时，应避免在地下室顶板开设大洞口，在上部结构相关范围内应采用现浇梁板结构，其楼板厚度不宜小于 180mm。

(4)框架-抗震墙结构中的抗震墙基础应有良好的整体性和抗转动的能力。

7. 填充墙

(1)框架结构的填充墙及隔墙宜选用轻质墙体。抗震设计的框架结构采用砌体填充墙时，在平面和竖向的布置宜均匀对称，以减少因抗侧刚度偏心所造成的扭转，并应避免形成短柱及上下层刚度变化过大。

(2)抗震设计的框架结构，不应采用部分由砌体承重的混合形式。框架结构中的楼、电梯间及局部突出屋顶的电梯机房、楼梯间、水箱间等，应采用框架承重结构，不应采用砌体墙承重。

5.5.3　混凝土结构抗震设计原则

为了确保钢筋混凝土结构在遭受高于本地区设防烈度的罕遇地震影响时，不致倒塌或发生危及生命的严重破坏，结构应具有足够大的延性。结构的延性一般用结构顶点延性系数 μ 表示，即

$$\mu = \frac{\Delta u_p}{\Delta u_y} \tag{5-120}$$

式中：Δu_p ——结构顶点的弹塑形位移限值；

Δu_y ——结构顶点的屈服位移。

一般认为，抗震设计时，钢筋混凝土结构顶点的延性系数 μ 应不小于 3~4。

结构顶点位移是由构件变形导致的楼层层间位移累积产生的，因此，结构延性的大小取决于结构构件(梁、柱)的延性；而梁、柱的延性是以其截面塑性铰的转动能力来

度量的。

因此，在进行结构抗震设计时，应注意梁柱塑性铰及抗震墙底部塑性铰的设计，使框架、框架-剪力墙结构成为具有较大延性的“延性结构”。

1. 延性框架设计原则

抗震设计中，为使框架具有必要的承载力、良好的变形能力和耗能能力，形成“延性框架”，应选择合理的屈服机制。理想的屈服机制是让框架梁首先进入屈服，形成梁铰机制(或称总体机制)，如图 5-29(a)所示，以吸收和耗散地震能量，防止塑性铰在柱端首先出现(底层柱除根部外)，形成耗能性能差的层间柱铰机制(或称楼层机制)，如图 5-29(b)所示。

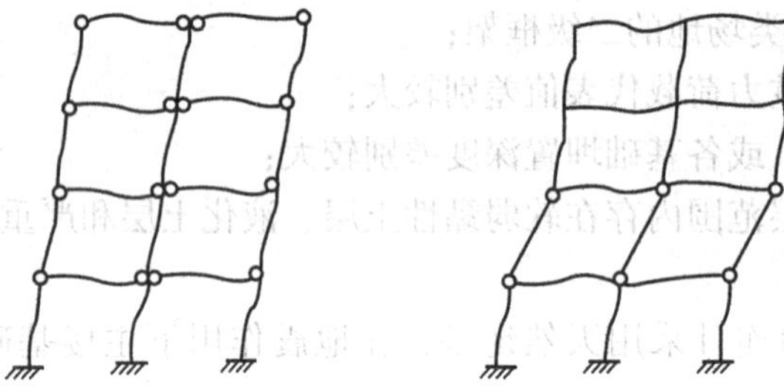

(a) 梁端塑性铰　　(b) 柱端塑性铰

图 5-29　框架塑性铰部位

通过大量震害调查、试验和理论分析，实现延性框架设计的要点如下：

(1)强柱弱梁框架。在地震作用下，框架可能在梁端或柱端出现塑性铰而导致结构破坏。由于框架柱受轴向压力与弯矩的共同作用，属于压弯构件，尤其是轴压比大的柱，不容易实现大的延性和耗能能力，其延性通常比框架梁小；而且作为结构的主要承重构件，柱破损后不易修复，一旦框架柱先于框架梁出现塑性铰，就会产生较大的层间侧移，甚至形成同层各柱上、下同时出现塑性铰的“柱铰机制”，进而危及结构承受竖向荷载的能力，容易导致结构倒塌。因此，柱端破坏要比梁端破坏造成的后果严重。

控制塑性铰出现的部位，使之在梁端出现(不允许在跨中出现塑性铰)，形成“梁铰机制”，使结构具有良好的通过塑性铰耗散能量的能力，同时还要有足够的刚度和承载能力，这一概念称为强柱弱梁，这样的框架称为强柱弱梁框架。

(2)强剪弱弯构件。对梁、柱、抗震墙墙肢等构件而言，要保证构件出现塑性铰，而不过早发生剪切破坏，就必须要求构件的实际抗剪承载力大于构件出现塑性铰时相应的抗剪承载力，使构件中塑性铰出现后还有足够大的塑性变形能力。为此，要提高构件的抗剪承载力。

(3)强节点、强锚固。为了保证延性结构的要求，在梁的塑性铰充分发挥作用之前，框架节点核芯区、钢筋锚固不应过早破坏。

必须保证各构件的连接部位不过早破坏，这样才能充分发挥构件塑性铰的延性作用。连接部位是指节点区，支座连接和钢筋锚固等。因此，延性框架中应设计强节点、强锚固。

上述措施简称为“强柱弱梁、更强节点”、“强剪弱弯”。

为此，要根据其抗震等级对构件的内力进行不同程度的调整，以使不同构件的承载力有所区别。但增强承载力要与刚度、延性要求相适应，不适当地将某一部分结构(构件)增强，可能造成结构的另一部分相对薄弱。

2. 延性剪力墙设计原则

与框架结构相同，抗震设计时，框架-抗震墙结构和抗震墙结构也应设计成延性结构。其中的抗震墙也应设计成延性抗震墙，形成“强墙弱梁”结构。其主要原则如下：

(1)为保证抗震墙延性，尽可能采用剪跨比大于 1.5 的高墙及中高墙，避免矮墙。

(2)悬臂墙是静定结构，只要某一截面破坏，就会导致结构失效。而联肢墙是超静定结构，其塑性铰数量可以较多，耗能分散。因此应尽可能设计成强墙弱梁的联肢墙，以提高延性，并形成两道抗震防线，从而有利于实现大震不倒。

(3)联肢墙的墙肢和连梁，对剪切变形的敏感性较大，都需要按强剪弱弯设计，并严格其截面控制条件和承载力设计条件，以提高其抗剪承载力，从而改善延性。

(4)抗震墙是压弯构件时，应设计成大偏压构件，其延性比小偏压构件好。

(5)影响抗震墙墙肢轴力的主要因素是连梁，当连梁很强时，墙肢中会产生较大的拉(压)力，从而可能出现小偏压或小偏拉破坏。因此，过大的连梁对联肢抗震墙是不利的。

5.5.4　框架柱的抗震设计

框架柱是框架中最主要的承重构件，属于压、弯、剪复合受力构件，因此必须保证柱有足够的承载力和必要的延性。为此，应遵循以下设计原则：

(1)强柱弱梁；

(2)强剪弱弯，在弯曲破坏之前不发生剪切破坏，使柱具有足够的抗剪能力；

(3)控制柱的轴压比不要过大，使柱具有必要的延性；

(4)加强约束，配置必要的约束箍筋。

1. 内力调整

要实现“强柱弱梁”，形成“梁铰机制”，应使交汇于同一节点的柱端截面的受弯承载力大于梁端截面受弯承载力。

同时，为实现柱的“强剪弱弯”，也应使柱的实际斜截面承载力大于正截面受弯屈服(形成塑性铰)时相应的斜截面承载力。

为此，《建筑抗震设计规范》规定，抗震设计的框架柱，其内力应按以下规定调整：

(1)一、二、三、四级框架的梁、柱节点处，除框架顶层和柱轴压比小于 0.15 者及框支梁与框支柱的节点外，柱端组合的弯矩设计值应符合下式要求：

$$\sum M_c = \eta_c \sum M_b \tag{5-121a}$$

一级的框架结构和 9 度的一级框架，可不按上式调整，但应符合下式要求：

$$\sum M_c = 1.2 \sum M_{bua} \tag{5-121b}$$

式中：$\sum M_c$——节点上、下柱端截面顺时针或逆时针方向组合的弯矩设计值之和，上下柱端的弯矩设计值，可按弹性分析分配；

$\sum M_b$——节点左、右梁端截面逆时针或顺时针方向组合的弯矩设计值之和，一级框架节点左右梁端均为负弯矩时，绝对值较小的弯矩应取零；

$\sum M_{bua}$——节点左、右梁端截面逆时针或顺时针方向实配的正截面抗震受弯承载力所对应的弯矩值之和，根据实配钢筋面积（计入梁受压钢筋和相关楼板钢筋）和材料强度标准值确定；

η_c——柱端弯矩增大系数，对框架结构，一、二、三、四级可分别取1.7、1.5、1.3、1.2；对其他结构类型的框架，一、二、三、四级可分别取1.4、1.2、1.1、1.1。

当反弯点不在柱的层高范围内时，柱端截面组合的弯矩设计值可直接乘以上述柱端弯矩增大系数η_c。

（2）一、二、三、四级框架结构的底层，柱下端截面组合的弯矩设计值，应分别乘以增大系数1.7、1.5、1.3和1.2。这里，底层指无地下室的基础以上或地下室以上的首层。

（3）一、二、三、四级的框架柱的组合的剪力设计值V_c，应按下式调整：

$$V_c = \eta_{vc}(M_c^t + M_c^b) / H_n \tag{5-122a}$$

一级的框架结构和9度的一级框架，可不按上式调整，但应符合下式要求：

$$V_c = 1.2(M_{cua}^t + M_{cua}^b) / H_n \tag{5-122b}$$

式中：M_c^t、M_c^b——分别为柱上、下端顺时针或逆时针方向截面组合的弯矩设计值，由式（5-123a）、（5-123b）计算；

M_{cua}^t、M_{cua}^b——分别为柱上、下端顺时针或逆时针方向实配的正截面抗震受弯承载力所对应的弯矩值，根据实配钢筋面积、材料强度标准值和重力荷载代表值产生的轴向压力设计值并考虑承载力抗震调整系数计算；

η_{vc}——柱端剪力增大系数，对框架结构，一、二、三、四级可分别取1.5、1.3、1.2、1.1；对其他结构类型的框架，一、二、三、四级可分别取1.4、1.2、1.1、1.1；

H_n——柱的净高。

（4）框架结构的角柱应按双向偏心受压构件进行正截面承载力设计，其弯矩设计值、剪力设计值应先根据抗震等级考虑上述调整系数，然后乘以不小于1.1的增大系数。

（5）框架柱的轴力设计值，应取地震作用组合下各自的轴向力设计值，不需调整。

2. 截面抗震验算

（1）正截面抗震承载力。抗震设计的框架柱，内力效应设计值应按调整后的结果采用，正截面抗震承载力应考虑承载力抗震调整系数γ_{RE}进行调整。柱纵向钢筋应按柱上下端的不利情况配置。

（2）斜截面抗震承载力。抗震设计时，框架柱的受剪截面应符合下列条件：

当剪跨比$\lambda>2$时

$$V_E \leqslant \frac{1}{\gamma_{RE}}(0.20\beta_c f_c b_c h_{c0}) \tag{5-123a}$$

当剪跨比$\lambda \leqslant 2$时

$$V_E \leqslant \frac{1}{\gamma_{RE}}(0.15\beta_c f_c b_c h_{c0}) \tag{5-123b}$$

式中：V_E——有地震作用组合时，柱计算截面的剪力设计值；

b_c、h_{c0}——分别为矩形框架柱的截面宽度，截面有效高度；

β_c——混凝土强度影响系数。

柱的剪跨比 λ 是影响柱破坏形态的主要因素，取 $\lambda = M^c/(V^c h_0)$，它是反映柱截面承受的弯矩与剪力相对大小的一个参数，其中，M^c 应取柱上、下端截面组合的弯矩计算值的较大值，V^c 应取 M^c 对应的截面组合剪力计算值。

反弯点位于柱高中部的框架柱，剪跨比 λ 可取柱净高 H_n 与计算方向 2 倍柱截面高度 h 之比值，即取 $\lambda = H_n/(2h)$。

考虑地震作用组合的矩形截面框架柱，其斜截面抗震承载力应符合下列规定：

$$V_E \leqslant \frac{1}{\gamma_{RE}}\left(\frac{1.05}{\lambda + 1}f_t b h_0 + f_{yv}\frac{A_{sv}}{s}h_0 + 0.056N\right) \tag{5-124}$$

式中：λ——框架柱的计算剪跨比；当 $\lambda<1$ 时，取 $\lambda=1$；当 $\lambda>3$ 时，取 $\lambda=3$；

N——考虑地震作用组合的框架柱轴向压力设计值，当 $N > 0.3f_c A_c$ 时，取 $N = 0.3f_c A_c$。

考虑地震作用组合的矩形截面框架柱，当出现拉力时，其斜截面承载力应符合下列规定：

$$V_E \leqslant \frac{1}{\gamma_{RE}}\left(\frac{1.05}{\lambda + 1}f_t b h_0 + f_{yv}\frac{A_{sv}}{s}h_0 - 0.2N\right) \tag{5-125}$$

式中：N——与剪力设计值 V 对应的轴向拉力设计值，取正值。

当式(5-125)右端括号内的计算值小于 $f_{yv}\frac{A_{sv}}{s}h_0$ 时，应取等于 $f_{yv}\frac{A_{sv}}{s}h_0$，且 $f_{yv}\frac{A_{sv}}{s}h_0$ 值不小于 $0.36f_t b h_0$。

3. 框架柱抗震构造措施

(1)柱截面。框架柱的截面尺寸，宜符合下列要求：

①柱截面形式宜采用方形、圆形、多边形截面，以保证结构在纵、横两个方向都有足够的承载力、刚度和相近的动力特性；采用矩形截面时，截面高度和宽度之比一般不宜超过 1.5。

②柱的剪跨比宜大于 2，即柱净高与截面高度之比宜大于 4，以避免形成短柱。

③柱的截面宽度和高度不宜小于表 5-31 的要求。

表 5-31　**框架柱的截面尺寸的最小值(mm)**

截面形式	抗震等级及层数		
	四级	一、二、三级且不超过 2 层	一、二、三级且超过 2 层
矩形(边长)	300	300	400
圆形(直径)	350	350	450

(2)柱的轴压比μ_c。轴压比是指柱考虑地震作用组合计算的轴压力设计值N与柱的全截面面积A_c和混凝土轴心抗压强度设计值f_c乘积之比值，即

$$\mu_c = \frac{N}{f_c A_c} \tag{5-126}$$

为保证柱的延性要求，抗震设计时，柱轴压比不宜超过表5-32的限值$[\mu_c]$。

表5-32　**框架柱轴压比限值$[\mu_c]$**

结构类型	抗震等级			
	一	二	三	四
框架结构	0.65	0.75	0.85	0.90
框架-抗震墙、板柱-抗震墙、框架-核心筒及筒中筒	0.75	0.85	0.90	0.95
部分框支抗震墙	0.60	0.70	—	

表5-32中的轴压比限值适用于混凝土强度等级不高于C60、剪跨比大于2的柱，遇有下列情况之一时，柱轴压比限值可进行调整，但调整后的柱轴压比不应大于1.05。

①建造于Ⅳ类场地上，且高度超过40m的框架结构，柱轴压比限值应适当减小。

②当混凝土强度等级为C65~C70时，柱轴压比限值应降低0.05；当混凝土强度等级为C75~C80时，柱轴压比限值应降低0.10。

③剪跨比不大于2但不小于1.5的柱，其轴压比限值应降低0.05；剪跨比小于1.5的柱，其轴压比限值应专门研究并采取特殊构造措施。

④箍筋配置符合下列三种情况之一时，表5-32的轴压比限值可增加0.10，箍筋的配箍特征值应按增大后的轴压比确定。

a. 沿柱全高采用井字复合箍，且箍筋间距不大于100mm、肢距不大于200mm、直径不小于12mm；

b. 沿柱全高采用复合螺旋箍，且箍筋螺距不大于100mm、肢距不大于200mm、直径不小于12mm；

c. 沿柱全高采用连续复合螺旋箍，且箍筋螺距不大于80mm、箍筋肢距不大于200mm、直径不小于10mm。

⑤在柱的截面中部设有由附加纵向钢筋形成的芯柱，且附加纵向钢筋截面面积不少于柱截面面积的0.8%时，轴压比限值可增加0.05，此项措施与复合箍筋共同采用时，轴压比限值可增加0.15；但箍筋的配箍特征值可按轴压比增加0.10确定。

(3)柱纵筋。

①柱纵向钢筋宜对称配置，其最小总配筋率应按表5-33采用，且柱截面每一侧纵向钢筋配筋率不应小于0.2%；对建造于Ⅳ类场地上较高的高层建筑，最小总配筋率应增加0.1。

表 5-33　　**柱纵向受拉钢筋最小配筋百分率 ρ_{min}(%)**

柱类型	抗震等级			
	一级	二级	三级	四级
中柱、边柱	0.9(1.0)	0.7(0.8)	0.6(0.7)	0.5(0.6)
角柱	1.1	0.9	0.8	0.7

注：①表中括号内数值用于框架结构的柱；
②钢筋强度标准值 $f_{yk}=400MPa$ 时，表中数值应增加 0.05；$f_{yk}<400MPa$ 时，表中数值应增加 0.1；
③混凝土强度等级高于 C60 时，表中数值应相应增加 0.1。

②截面边长大于 400mm 的柱，纵向钢筋间距不宜大于 200mm；

③全部纵向钢筋的配筋率，不应大于 5%；

④剪跨比不大于 2 的一级框架的柱，每侧纵向钢筋配筋率不宜大于 1.2%；

⑤边柱、角柱及抗震墙端柱在小偏心受拉时，柱内纵筋总截面面积应比计算值增加 25%；

⑥抗震设计时，柱纵向钢筋的绑扎接头应避开柱端的箍筋加密区；

⑦框架柱的纵向钢筋不应与箍筋、拉筋及预埋件等焊接。

(4)柱箍筋。

①柱箍筋在规定的范围内应加密，加密区的箍筋间距和直径，应符合下列要求：

a. 一般情况下，箍筋的最大间距和最小直径，应按表 5-34 采用；

b. 一级框架柱的箍筋直径大于 12mm 且箍筋肢距不大于 150mm，以及二级框架柱的箍筋直径不小于 10mm 且箍筋肢距不大于 200mm 时，除底层柱下端外，最大间距应允许采用 150mm；三级框架柱的截面尺寸不大于 400mm 时，箍筋最小直径应允许采用 6mm；四级框架柱剪跨比不大于 2 时，箍筋直径不应小于 8mm。

c. 框支柱和剪跨比不大于 2 的柱，箍筋间距不应大于 100mm。

表 5-34　　**柱端箍筋加密区的构造要求**

抗震等级	箍筋最大间距 s_v(mm)	箍筋最小直径 d_{min}(mm)
一级	$6d$，和 100 的较小值	10
二级	$8d$，和 100 的较小值	8
三级	$8d$，和 150(柱根 100)的较小值	8
四级	$8d$，和 150(柱根 100)的较小值	6(柱根 8)

注：d 为柱纵筋最小直径；柱根指框架底层柱下端嵌固部位。

②柱的箍筋加密范围应按下列规定采用：

a. 底层柱的上端和其他各层柱的两端取截面长边(圆柱直径)，柱净高的 1/6 和

500mm 三者的最大值。

b. 底层柱下端不小于柱净高的 1/3；当有刚性地面时，除柱端外，尚应取刚性地面上下各 500mm。

c. 剪跨比不大于 2 的柱、因设置填充墙等形成的柱净高与柱截面高度之比不大于 4 的柱，取全高。

d. 框支柱、一级框架柱、二级框架的角柱以及需要提高变形能力的柱，取全高。

③柱箍筋加密区的体积配箍率，应符合下列要求：

$$\rho_v \geqslant \lambda_v f_c / f_{yv} \tag{5-127}$$

式中：ρ_v——柱箍筋加密区的体积配箍率，一级不应小于 0.8%，二级不应小于 0.6%，三、四级不应小于 0.4%；计算复合箍筋的体积配箍率时，应扣除重叠部分的箍筋体积；计算复合螺旋箍筋的体积配箍率时，其非螺旋箍筋的箍筋体积应乘以折减系数 0.8；

f_c——混凝土轴心抗压强度设计值，强度等级低于 C35 时，应按 C35 计算；

f_{yv}——箍筋或拉筋抗拉强度设计值；

λ_v——最小配箍特征值，宜按表 5-35 采用。

④柱箍筋加密区箍筋肢距，一级不宜大于 200mm，二、三级不宜大于 250mm 和 20 倍箍筋直径的较大值，四级不宜大于 300mm。至少每隔一根纵向钢筋宜在两个方向有箍筋或拉筋约束；采用拉筋复合箍时，拉筋宜紧靠纵向钢筋并钩住箍筋。

⑤框架柱箍筋应为封闭式，箍筋应有 135°弯钩，弯钩端头直段长度不应小于 10 倍箍筋直径和 75mm 的较大值。

⑥框架柱箍筋非加密区的体积配箍率不宜小于加密区的 50%；其箍筋间距不应大于加密区箍筋间距的 2 倍，且一、二级框架柱不应大于 10 倍纵向钢筋直径，三、四级框架柱不应大于 15 倍纵向钢筋直径。

⑦剪跨比不大于 2 的柱宜采用复合螺旋箍或井字复合箍，其体积配箍率不应小于 1.2%，9 度一级时不应小于 1.5%。

表 5-35　　**柱箍筋加密区的箍筋最小配箍特征值 λ_v**

抗震等级	箍筋形式	柱轴压比 μ_c								
		≤0.30	0.40	0.50	0.60	0.70	0.80	0.90	1.00	1.05
一级	普通箍、复合箍	0.10	0.11	0.13	0.15	0.17	0.20	0.23	—	—
	螺旋箍、复合或连续复合矩形螺旋箍	0.08	0.09	0.11	0.13	0.15	0.18	0.21	—	—
二级	普通箍、复合箍	0.08	0.09	0.11	0.13	0.15	0.17	0.19	0.22	0.24
	螺旋箍、复合或连续复合矩形螺旋箍	0.06	0.07	0.09	0.11	0.13	0.15	0.17	0.20	0.22

续表

抗震等级	箍筋形式	柱轴压比 μ_c								
		≤0.30	0.40	0.50	0.60	0.70	0.80	0.90	1.00	1.05
三级 四级	普通箍、复合箍	0.06	0.07	0.09	0.11	0.13	0.15	0.17	0.20	0.22
	螺旋箍、复合或连续复合矩形螺旋箍	0.05	0.06	0.07	0.09	0.11	0.13	0.15	0.18	0.20

注：普通箍指单个矩形箍和单个圆形箍；复合箍指由矩形、多边形、圆形箍或拉筋组成的箍筋；复合螺旋箍指由螺旋箍与矩形、多边形、圆形箍或拉筋组成的箍筋；连续复合矩形螺旋箍指全部螺旋箍为同一根钢筋加工而成的箍筋(图 5-30)。

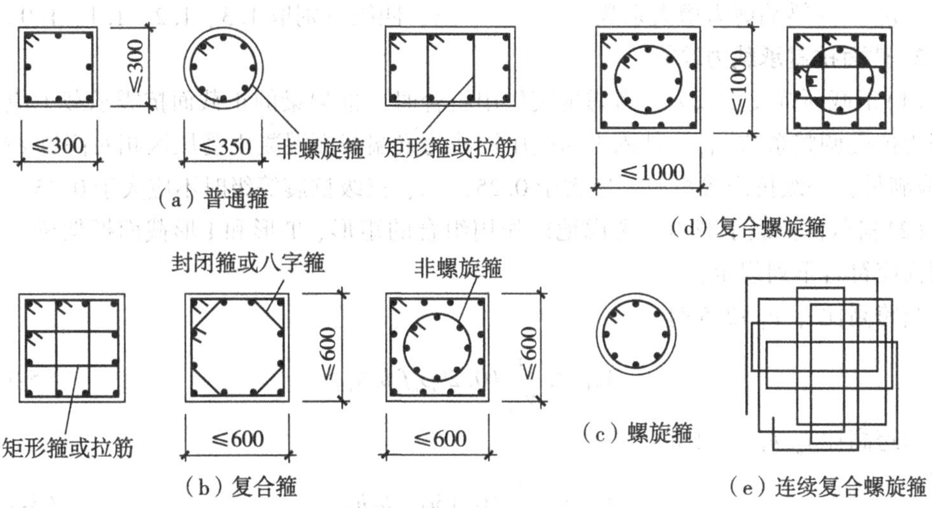

图 5-30 柱箍筋形式

5.5.5 框架梁的抗震设计

框架梁是框架抗震时的主要耗能构件，其抗震设计应遵循以下原则：

(1)强剪弱弯，在弯曲破坏之前不发生脆性的剪切破坏，使梁具有足够的抗剪能力；

(2)梁端塑性铰有足够的转动能力；

(3)纵向钢筋有可靠的锚固。

1. 内力调整

框架梁是受弯构件，容易实现大的延性和耗能能力，但也需使梁的实际斜截面承载力大于梁端正截面受弯屈服时相应的斜截面承载力，以实现“强剪弱弯”。为此，《建筑抗震设计规范》规定，四级的框架梁，可直接取考虑地震作用组合的剪力设计值；一、

二、三级的框架梁，其梁端截面组合的剪力设计值应按下式调整：

$$V_b = \eta_{vb}(M_b^l + M_b^r) / l_n + V_{Gb} \tag{5-128a}$$

一级的框架结构和9度的一级框架梁，可不满足上式要求，但应符合下式要求：

$$V_b = 1.1(M_{bua}^l + M_{bua}^r) / l_n + V_{Gb} \tag{5-128b}$$

式中：M_b^l、M_b^r——分别为梁左、右端逆时针或顺时针方向截面组合的弯矩设计值，一级框架且梁两端均为负弯矩时，绝对值较小的弯矩应取零；

l_n——梁的净跨；

M_{bua}^l、M_{bua}^r——分别为梁左、右端逆时针或顺时针方向实配的正截面抗震受弯承载力所对应的弯矩值，可根据实配钢筋面积A_s^a（计入受压钢筋和相关楼板钢筋）和材料强度标准值f_{yk}，按下式计算：

$$M_{bua} = f_{yk}A_s^a(h_0 - a_s') / \gamma_{RE} \tag{5-129}$$

V_{Gb}——梁在重力荷载代表值作用下，按简支梁分析的梁端截面剪力设计值；

η_{vb}——梁端剪力增大系数，一、二、三、四级分别取1.3、1.2、1.1、1.0。

2. 截面抗震承载力验算

(1)正截面抗震承载力。考虑地震作用组合时，框架梁的正截面抗震承载力应计入承载力抗震调整系数γ_{RE}。计入纵向受压钢筋的梁端截面混凝土受压区相对高度$\xi(=x/h_0)$应满足：一级抗震等级时不应大于0.25，二、三级抗震等级时不应大于0.35。

(2)斜截面抗震承载力。考虑地震作用组合的矩形、T形和I形截面框架梁，其受剪截面应符合下列规定：

当跨高比$l_n/h_b>2.5$时

$$V_{bE} \leqslant \frac{1}{\gamma_{RE}}(0.20\beta_c f_c b_b h_{b0}) \tag{5-130a}$$

当跨高比$l_n/h_b \leqslant 2.5$时

$$V_{bE} \leqslant \frac{1}{\gamma_{RE}}(0.15\beta_c f_c b_b h_{b0}) \tag{5-130b}$$

式中：V_{bE}——有地震作用组合时，梁计算截面的剪力设计值；

b_b——矩形截面宽度，T形截面、I形截面的腹板宽度；

h_b、h_{b0}——分别为梁截面高度、截面有效高度；

考虑地震作用组合的矩形、T形和I形截面框架梁，其斜截面抗震受剪承载力应符合下列规定：

$$V_{bE} \leqslant \frac{1}{\gamma_{RE}}\left(0.6\alpha_{cv} f_t b h_0 + f_{yv}\frac{A_{sv}}{s}h_0\right) \tag{5-131}$$

式中，α_{cv}——截面混凝土受剪承载力系数。

3. 框架梁抗震构造措施

(1)梁截面。框架梁的截面尺寸应满足以下要求：

①梁宽不宜小于200mm，且不宜小于柱宽的1/2；以保证节点连接紧密；

②梁截面的高度与宽度之比宜小于4；以保证梁的抗剪能力，避免形成薄腹梁而降低其抗剪性能；

③梁净跨与截面高度之比宜大于 4；避免形成以抗剪为主、可能脆性破坏的深梁。梁截面高度一般可取梁跨度的 1/10～1/18；

当梁高较小或采用梁宽大于柱宽的扁梁时，除验算其承载力和受剪截面要求外，尚应满足刚度和裂缝的有关要求。扁梁应双向布置，且不宜用于一级框架结构。

(2)梁纵筋。

①纵向受拉钢筋的最小配筋率 ρ_{min}(%)不应小于表 5-36 的规定；

表 5-36　**梁纵向受拉钢筋最小配筋百分率 ρ_{min}(%)**

抗震等级	梁中位置	
	支座(取较大值)	跨中(取较大值)
一级	0.40 和 $80f_t/f_y$	0.30 和 $65f_t/f_y$
二级	0.30 和 $65f_t/f_y$	0.25 和 $55f_t/f_y$
三、四级	0.25 和 $55f_t/f_y$	0.20 和 $45f_t/f_y$

②梁端纵向受拉钢筋的配筋率不宜大于 2.5%。梁端截面的底面和顶面纵向钢筋配筋量的比值，除按计算确定外，一级不应小于 0.5，二、三级不应小于 0.3；

③沿梁全长顶面和底面的配筋，一、二级抗震等级时，不应少于 2ϕ14 且不应少于梁两端顶面、底面纵向配筋中较大截面面积的 1/4；三、四级抗震等级时，不应少于 2ϕ12；

④一、二、三级抗震等级的框架梁内贯通中柱的每根纵向钢筋直径，不宜大于矩形截面柱在该方向截面尺寸的 1/20；或圆形截面柱中纵向钢筋所在位置柱截面弦长的 1/20；

⑤框架梁的纵向钢筋不应与箍筋、拉筋及预埋件等焊接。

(3)梁箍筋。

①梁端箍筋加密区的长度、箍筋最大间距和最小直径应按表 5-37 采用，当梁端纵向受拉钢筋配筋率大于 2%时，表中箍筋最小直径数值应增大 2mm；

②框架梁沿梁全长箍筋的面积配箍率及在箍筋加密区范围内的箍筋肢距，应符合表 5-38 的要求；

表 5-37　**梁端箍筋加密区长度、箍筋最大间距和最小直径**

抗震等级	加密区长度(取较大值) l_j (mm)	箍筋最大间距(取较小值) s_v (mm)	箍筋最小直径 d_{min} (mm)
一级	$2.0h_b$，500	$h_b/4$，$6d$，100	10
二级	$1.5h_b$，500	$h_b/4$，$8d$，100	8
三级	$1.5h_b$，500	$h_b/4$，$8d$，150	8
四级	$1.0h_b$，500	$h_b/4$，$8d$，150	6

注：d 为纵向钢筋直径，h_b为梁截面高度。

表 5-38　箍筋的体积配箍率及在箍筋加密区范围内的箍筋肢距

抗震等级	体积配箍率 ρ_{vmin}(mm)	加密区范围内箍筋最大肢距(取较大值)(mm)
一级	$0.30f_c/f_{yv}$	200，$20d_v$
二级	$0.28f_c/f_{yv}$	250，$20d_v$
三级	$0.26f_c/f_{yv}$	250，$20d_v$
四级	$0.26f_c/f_{yv}$	300

③在纵向钢筋搭接长度范围内的箍筋间距，钢筋受拉时不应大于搭接钢筋较小直径的5倍，且不应大于100mm；钢筋受压时不应大于搭接钢筋较小直径的10倍，且不应大于200mm；

④框架梁非加密区箍筋最大间距不宜大于加密区箍筋间距的2倍；

⑤箍筋设135°弯钩，弯钩端头直段长度不应小于10倍箍筋直径和75mm的较大值。

5.5.6　框架梁柱节点抗震设计

框架节点破坏的主要形式是核芯区剪切破坏和钢筋锚固破坏，根据“强节点、强锚固”的设计要求，框架节点的设计原则如下：

(1)节点的承载力不应低于其连接构件(梁、柱)的承载力，即强柱弱梁，更强节点；

(2)多遇地震作用下，节点应在弹性范围内工作；

(3)罕遇地震作用下，节点承载力的降低不得危及竖向荷载的传递；

(4)梁柱纵向钢筋应可靠地锚固在节点区内；

(5)节点配筋不应使施工过分困难。

为此，《建筑抗震设计规范》规定，对一、二、三级抗震等级的框架，应进行节点承载力受剪验算，并采取加强约束锚固等构造措施；对四级抗震等级的框架，可不进行节点核芯区受剪承载力验算，但应符合抗震构造措施的要求。

1. 内力调整

《建筑抗震设计规范》规定，一、二、三级框架梁柱节点核芯区组合的剪力设计值应按下式确定：

顶层中间节点和端节点：

$$V_j = \frac{\eta_{jb}\sum M_b}{h_{b0} - a_s'} \tag{5-132a}$$

其他层中间节点和端节点：

$$V_j = \frac{\eta_{jb}\sum M_b}{h_{b0} - a_s'}\left(1 - \frac{h_{b0} - a_s'}{H_c - h_b}\right) \tag{5-132b}$$

一级的框架结构和9度的一级框架，可不按上式确定，但应符合下式要求：

顶层中间节点和端节点：

$$V_j=\frac{1.15\sum M_b}{h_{b0}-a_s'} \tag{5-133a}$$

其他层中间节点和端节点：

$$V_j=\frac{1.15\sum M_{bua}}{h_{b0}-a_s'}\left(1-\frac{h_{b0}-a_s'}{H_c-h_b}\right) \tag{5-133b}$$

式中：H_c——柱的计算高度，可采用节点上、下柱反弯点之间的距离；

h_b，h_{b0}——分别为梁截面高度、截面有效高度，当节点两侧梁高不等时，可取平均值；

a_s'——梁受压钢筋合力点至受压边缘的距离；

η_{jb}——强节点系数，对框架结构，一、二、三级宜分别取 1.5、1.35、1.2；对其他结构类型的框架，一、二、三级宜分别取 1.35、1.2、1.1。

2. 节点抗震验算

框架梁柱节点核芯区的水平受剪截面应符合下列条件：

$$V_j\leqslant\frac{1}{\gamma_{RE}}(0.30\eta_j f_c b_j h_j) \tag{5-134}$$

式中：V_j——节点核芯区组合的剪力设计值，按式(5-134)或式(5-135)计算；

h_j——节点核芯区的截面高度，可采用验算方向的柱截面高度；

η_j——正交梁的约束影响系数；楼板为现浇、梁柱中心线重合、四侧各梁截面宽度不小于该侧柱截面宽度的1/2，且正交方向梁高度不小于框架梁高度的3/4时，可采用1.5；9度的一级宜采用1.25；其他情况均采用1.0。

b_j——节点核芯区的截面有效验算宽度，当 $b_b\geqslant 0.5b_c$ 时，可取 $b_j=b_c$；当 $b_b<0.5b_c$ 时，可取 $b_j=\min(b_c,\ b_b+0.5h_c)$。其中，$b_b$ 为验算方向的梁截面宽度，b_c 为验算方向的柱截面宽度，h_c 为验算方向的柱截面高度。

当采用圆柱时，式(5-135)中的 $b_j h_j$ 应取节点核芯区的有效截面面积 A_j。当梁宽 $b_b\geqslant 0.5D$ 时，可取 $A_j=0.8D^2$；当 $0.4D\leqslant b_b<0.5D$ 时，可取 $A_j=0.8D(b_b+0.5D)$，D 为柱截面直径。

框架节点核芯区的抗震受剪承载力应符合下列规定：

$$V_j\leqslant\frac{1}{\gamma_{RE}}\left(0.9\eta_j f_t b_j h_j+f_{yv}A_{svj}\frac{h_{b0}-a_s'}{s}+0.05\eta_j N\frac{b_j}{b_c}\right) \tag{5-135a}$$

一级的框架结构和9度的一级框架，可不按上式确定，但应符合下式要求：

$$V_j\leqslant\frac{1}{\gamma_{RE}}\left(0.9\eta_j f_t b_j h_j+f_{yv}A_{svj}\frac{h_{b0}-a_s'}{s}\right) \tag{5-135b}$$

式中：A_{swj}——核心区有效验算宽度范围内同一截面验算方向箍筋各肢的全部截面面积；

N——对应于考虑地震作用组合剪力设计值的节点上柱底部的轴向力设计值；当 N 为压力时，取轴向压力设计值的较小值，且当 $N>0.5f_c b_c h_c$ 时，取 $N=0.5f_c b_c h_c$；当 N 为拉力时，取 $N=0$。

3. 节点抗震构造措施

(1)纵向钢筋的最小锚固与搭接长度。为了保证纵向钢筋可靠工作，框架梁、柱钢筋的锚固与接头除应符合现行国家标准《钢筋混凝土工程施工及验收规范》的要求外，尚应符合下列要求。

①钢筋的锚固。纵向钢筋的最小抗震锚固长度 l_{aE} 应按框架的抗震等级确定，一、二级取 $l_{aE}=1.15l_a$，三级取 $l_{aE}=1.05l_a$，四级取 $l_{aE}=1.0l_a$。其中，l_a 为纵向钢筋的受拉锚固长度。

②钢筋的连接。

框架梁：一级抗震等级，宜选用机械接头，也可采用搭接接头或焊接接头。二、三、四级抗震等级，可采用搭接接头或焊接接头。

框架柱：一级抗震等级，宜选用机械接头；二、三、四级抗震等级，宜选用机械接头，也可采用搭接接头或焊接接头。柱纵向钢筋不应在中间各层节点内截断。

当采用搭接接头时，其抗震搭接接头长度 l_{lE} 不应小于 ζl_{aE}；ζ_l 按表 5-40 取用。

表 5-39　　**纵向受拉钢筋搭接长度修正系数 ζ_l**

纵向钢筋搭接接头面积百分率(%)	25	50	100
ζ_l	1.2	1.4	1.6

注：① 纵向钢筋搭接接头面积百分率取同一连接范围内有搭接接头的受力钢筋与全部受力钢筋面积之比。

②在任何情况下，纵向受拉钢筋绑扎搭接接头的搭接长度均不应小于 300mm。

(2)节点核芯区钢筋构造。框架节点核芯区箍筋的最大间距和最小直径宜按抗震设计的柱采用，一、二、三级框架节点核芯区配箍特征值分别不宜小于 0.12、0.10 和 0.08，且体积配箍率分别不宜小于 0.6%、0.5%和 0.4%。柱剪跨比不大于 2 的框架节点核芯区，体积配箍率不宜小于核芯区上、下柱端的较大体积配箍率。

框架梁柱纵向钢筋在框架节点核芯区锚固措施与非抗震设计时相同，参见第三章的相关内容，但其中的锚固长度 l_a 应取抗震锚固长度 l_{aE}。

5.5.7　混凝土抗震墙抗震设计

抗震墙及其连梁是抗震墙结构和框架-抗震墙结构中承受水平地震作用的主要构件，与柱相同，也必须保证有足够的承载力和必要的延性。为此，应遵循以下设计原则：

(1)强墙弱梁，控制抗震墙与其连梁的承载力相对大小；

(2)强剪弱弯，在墙肢弯曲破坏之前不发生剪切破坏，使柱具有足够的抗剪能力；

(3)控制墙肢的轴压比不要过大，使抗震墙具有必要的延性；

(4)加强墙端部的变形能力，配置必要的纵筋和约束箍筋。

1. 抗震墙及连梁内力调整

(1)抗震墙墙肢。抗震墙各墙肢截面的内力设计值，应按下列规定采用：

①一级抗震等级的抗震墙，应按照设计意图控制塑性铰出现在底部加强部位，在其他部位则应保证不出现塑性铰。因此，《建筑抗震设计规范》规定，墙肢的弯矩设计值应进行如下调整：

a. 一级抗震墙底部加强部位的弯矩设计值，应按墙底截面组合弯矩计算值采用；

b. 一级抗震墙非底部加强部位的弯矩设计值，可按墙肢截面的组合弯矩计算值乘以增大系数 1.2 采用(图 5-31，图中虚线为组合弯矩计算值，实线为应采用的弯矩设计值)。

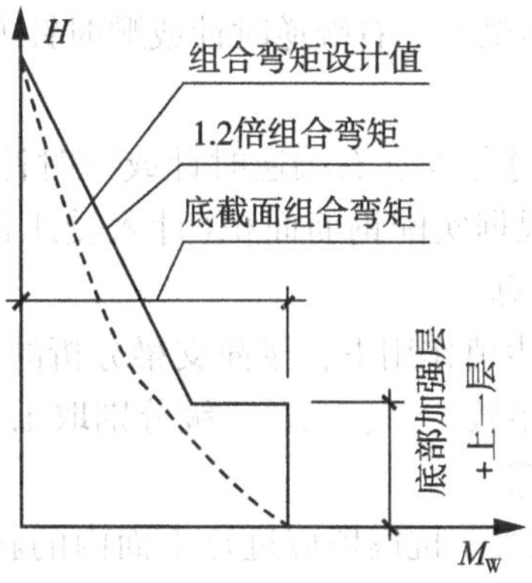

图 5-31 一级剪力墙的各截面弯矩设计值

②为体现强剪弱弯的设计原则，抗震墙的剪力设计值应进行如下调整：

a. 抗震墙底部加强部位墙肢截面的剪力设计值，一、二、三级抗震等级时应按下式调整计算，四级抗震等级时可不调整。

$$V_E = \eta_{vw} V_w \tag{5-136a}$$

9 度时的一级抗震墙可不按上式调整，但应符合下式要求：

$$V_E = 1.1 \frac{M_{wua}}{M_w} V_w \tag{5-136b}$$

式中：V_E——考虑地震作用组合的抗震墙墙肢底部加强部位截面的剪力设计值；

V_w——考虑地震作用组合的抗震墙墙肢底部加强部位截面的剪力计算值；

M_{wua}——抗震墙墙肢正截面受弯承载力，应考虑承载力抗震调整系数，采用实配纵筋面积、材料强度标准值和轴力设计值计算；有翼墙时应计入墙两侧各一倍翼墙厚度范围内的纵向钢筋；

M_w——考虑地震作用组合的抗震墙墙肢截面的弯矩设计值；

η_{vw}——剪力墙剪力增大系数，一级为 1.6，二级为 1.4，三级为 1.2。

b. 抗震墙非底部加强部位的剪力设计值，一级抗震等级时，可按墙肢截面的组合弯矩计算值乘以增大系数 1.3 采用；二、三、四级抗震等级时，可不调整。

③双肢抗震墙的任一墙肢属于大偏心受拉时，墙肢的弯矩设计值及剪力设计值应乘以增大系数 1.25。

(2)连梁。连梁承受反复弯矩作用，剪跨比很小，剪切变形大，非常容易剪坏。通常在剪跨比大于 1 的连梁中，在保证强剪弱弯的设计后，纵筋可以先屈服，但很难避免剪坏，这种破坏是屈服后的剪坏，其承载力取决于受弯承载力，但是延性很小。采用以下措施可改善其延性。

连梁两端截面的剪力设计值，应按下列规定确定：

①四级剪力墙的连梁，取考虑水平地震作用组合的剪力设计值；

②一、二、三级剪力墙的连梁，其梁端截面的剪力设计值，应按下式进行调整；

$$V_b = \eta_{vb}(M_b^l + M_b^r)/l_n + V_{Gb} \tag{5-137a}$$

9 度时一级剪力墙的连梁，可不按上式调整，但应满足下式：

$$V_b = 1.1(M_{bua}^l + M_{bua}^r)/l_n + V_{Gb} \tag{5-137b}$$

式中：$M_b{}^l$、$M_b{}^r$——分别为连梁左、右端逆时针或顺时针方向截面组合的弯矩设计值；

l_n——连梁的净跨；

M_{bua}^l、M_{bua}^r——分别为连梁左、右端逆时针或顺时针方向实配的正截面抗震受弯承载力所对应的弯矩值，应根据实配钢筋面积(计入受压钢筋)、材料强度标准值并考虑承载力抗震调整系数 γ_{RE} 计算；

V_{Gb}——在重力荷载代表值作用下，按简支梁分析的梁端截面剪力设计值；

η_{vb}——连梁剪力增大系数，一、二、三级分别取 1.3、1.2、1.1。

2. 抗震墙截面承载力验算

(1)抗震墙墙肢。钢筋混凝土抗震墙应进行平面内的斜截面受剪、偏心受压或偏心受拉、平面外轴心受压承载力计算。在集中荷载下，墙内无暗柱时还应进行局部承压承载力计算。

①正截面承载力。与框架柱相同，抗震墙正截面承载力验算时也应考虑承载力抗震调整系数。

②斜截面承载力。抗震墙墙肢截面的剪力设计值应符合下列规定：

剪跨比 $\lambda>2$ 时

$$V_E \leqslant \frac{1}{\gamma_{RE}}(0.20\beta_c f_c b_w h_{w0}) \tag{5-138a}$$

剪跨比 $\lambda\leqslant 2$ 时

$$V_E \leqslant \frac{1}{\gamma_{RE}}(0.15\beta_c f_c b_w h_{w0}) \tag{5-138b}$$

式中：V_E——调整后的抗震墙截面剪力设计值；

b_w——矩形截面宽度，T 形截面、I 形截面的腹板宽度；

h_{w0}——抗震墙截面有效高度；

λ——计算截面处的剪跨比，$\lambda = M^w/(V^w h_{w0})$，$M^w$、$V^w$ 为取自同一组合的弯矩和剪力计算值。

偏心受压抗震墙的斜截面抗震受剪承载力应符合下列规定：

$$V_E \leqslant \frac{1}{\gamma_{RE}}\left(\frac{1}{\lambda - 0.5}\left(0.4f_t b_w h_{w0} + 0.10N\frac{A_w}{A}\right) + 0.8f_{yh}\frac{A_{sh}}{s}h_{w0}\right) \tag{5-139}$$

式中：N——抗震墙截面的轴向压力设计值，当 $N>0.2f_c b_w h_w$ 时，应取 $N=0.2f_c b_w h_w$；

λ——计算截面处的剪跨比，当 $\lambda<1.5$ 时，取 $\lambda=1.5$；当 $\lambda>2.2$ 时，取 $\lambda=2.2$；当计算截面与墙底之间的距离小于 $0.5h_{w0}$ 时，λ 应按距离墙底 $0.5h_{w0}$ 处的弯矩值与剪力值计算；

A——抗震墙全截面面积；

A_w——T 形、I 形截面抗震墙腹板的面积；矩形截面取 A；

s——抗震墙水平分布筋间距。

偏心受拉抗震墙的斜截面抗震受剪承载力应按下列公式计算：

$$V_E \leqslant \frac{1}{\gamma_{RE}}\left(\frac{1}{\lambda - 0.5}\left(0.4f_t b_w h_{w0} - 0.10N\frac{A_w}{A}\right) + 0.8f_{yh}\frac{A_{sh}}{s}h_{w0}\right) \tag{5-140}$$

上式右端的括号内的计算值小于 $0.8f_{yh}\frac{A_{sh}}{s}h_{w0}$ 时，取等于 $0.8f_{yh}\frac{A_{sh}}{s}h_{w0}$。

(2)连梁。连梁的正截面承载力计算时，由于受压区很小，可按下式计算。

$$M_{bE} \leqslant f_y A_s(h_{b0} - a_s')/\gamma_{RE} \tag{5-141}$$

抗震设计时，连梁受剪截面应符合下列规定：

当跨高比 $l_n/h_b>2.5$ 时

$$V_{bE} \leqslant \frac{1}{\gamma_{RE}}(0.20\beta_c f_c b_b h_{b0}) \tag{5-142a}$$

当跨高比 $l_n/h_b \leqslant 2.5$ 时

$$V_{bE} \leqslant \frac{1}{\gamma_{RE}}(0.15\beta_c f_c b_b h_{b0}) \tag{5-142b}$$

式中：V_{bE}——有地震作用组合时，梁计算截面的剪力设计值；

b_b、h_{b0}——分别为连梁的截面宽度、有效高度。

连梁的斜截面抗震受剪承载力应按下式计算：

当跨高比 $l_n/h_b>2.5$ 时

$$V_b \leqslant \frac{1}{\gamma_{RE}}\left(0.42f_t b_b h_{b0} + f_{yv}\frac{A_{sv}}{s}h_{b0}\right) \tag{5-143a}$$

当跨高比 $l_n/h_b \leqslant 2.5$ 时

$$V_b \leqslant \frac{1}{\gamma_{RE}}\left(0.38f_t b_b h_{b0} + 0.9f_{yv}\frac{A_{sv}}{s}h_{b0}\right) \tag{5-143b}$$

3. 抗震墙及连梁构造措施

(1)抗震墙墙肢。

①抗震墙厚度。抗震墙厚度一般可根据结构的刚度和承载力要求参照表 5-40 确定，并应满足抗震墙平面外的稳定性验算要求以及轴压比限值的要求。

表 5-40　**抗震墙截面最小厚度**

结构体系及抗震等级		抗震墙部位	抗震墙截面最小厚度	
			一般抗震墙	一字形独立抗震墙
抗震墙结构	一、二级	底部加强部位	min(*H*, *h*)/16 且≥200mm	min(*H*, *h*)/12 且≥220mm
		其他部位	min(*H*, *h*)/20 且≥160mm	min(*H*, *h*)/16 且≥180mm
	三、四级	底部加强部位	min(*H*, *h*)/20 且≥160mm	min(*H*, *h*)/16 且≥180mm
		其他部位	min(*H*, *h*)/25 且≥160mm	min(*H*, *h*)/20 且≥160mm
框架-抗震墙结构		底部加强部位	min(*H*, *h*)/16 且≥200mm	
		其他部位	min(*H*, *h*)/20 且≥160mm	

注：*H* 为层高，*h* 为无支长度。无支长度是指沿抗震墙长度方向没有平面外横向支撑的长度。

抗震墙井筒中，分割电梯井或管道井的墙肢数量多而且长度不大，两端嵌固好，因此其截面厚度可适当减小，但不宜小于160mm。

②抗震墙轴压比。同柱轴压比类似，控制抗震墙轴压比是提高抗震墙延性的一项措施，抗震墙底部加强部位的轴压比μ_w应按下式计算并不超过表5-41的限值。

$$\mu_w = \frac{N_w}{f_c A_w} \tag{5-144}$$

式中：N_w——重力荷载代表值作用下墙肢的轴向压力设计值，不考虑地震作用组合；

f_c——抗震墙混凝土强度等级；

A_w——抗震墙肢截面面积。

表5-41 **剪力墙轴压比限值[μ_w]**

剪力墙类型	抗震等级			
	一级(9度)	一级(7、8度)	二级	三级
一般抗震墙	0.40	0.50	0.60	—
短肢抗震墙	0.50	0.50	0.60	0.70
无翼缘或端柱的短肢抗震墙	0.40	0.40	0.50	0.60

③抗震墙边缘构件。抗震墙墙肢的边缘构件包括暗柱、端柱和翼墙。对延性要求较高的抗震墙，应在上述部位(可能出现塑性铰的部位)设置约束边缘构件，以约束混凝土而改善其受压性能，增大延性。在其他部位可设置构造边缘构件。

《建筑抗震设计规范》规定：

a. 一、二、三级抗震墙底层墙肢底截面的轴压比大于表5-42的限值时，应在底部加强部位及其上一层的墙肢端部应设置约束边缘构件。

表5-42 **剪力墙可不设约束边缘构件的最大轴压比[μ_w]**

抗震等级及设防烈度	一级(9度)	一级(7、8度)	二、三级
轴压比	0.10	0.20	0.30

b. 一、二、三级抗震墙的其他部位以及四级抗震墙墙肢端部应设置构造边缘构件。

约束边缘构件的主要措施是加大边缘构件的长度l_c及其体积配箍率ρ_v，体积配箍率ρ_v应按下式计算：

$$\rho_v = \lambda_v \frac{f_c}{f_{yv}} \tag{5-145}$$

式中：f_{yv}——箍筋或拉筋的抗拉强度设计值；

λ_v——约束边缘构件的箍筋配箍特征值，按表5-43确定。

表 5-43　　　　　**约束边缘构件的长度 l_c 及箍筋配箍特征值 λ_v**

抗震等级及设防烈度		一级(9 度)		一级(7、8 度)		二、三级	
墙肢轴压比		$\mu_w \leq 0.2$	$\mu_w > 0.2$	$\mu_w \leq 0.3$	$\mu_w > 0.3$	$\mu_w \leq 0.4$	$\mu_w > 0.4$
l_c	暗柱	$0.20h_w$	$0.25h_w$	$0.15h_w$	$0.20h_w$	$0.15h_w$	$0.20h_w$
	翼墙或端柱	$0.15h_w$	$0.20h_w$	$0.10h_w$	$0.15h_w$	$0.10h_w$	$0.15h_w$
箍筋配箍特征值 λ_v		0.12	0.20	0.12	0.20	0.12	0.20
纵向钢筋(取较大值)		$0.012A_c$，$8\phi16$		$0.012A_c$，$8\phi16$		$0.010A_c$，$6\phi16(6\phi14)$	
箍(拉)筋沿竖向最大间距		100mm		100mm		150mm	

注：①h_w 为抗震墙墙肢的长度；

②l_c 为约束边缘构件沿墙肢方向的长度，不应小于表中数值、$1.5b_w$（b_w 为抗震墙墙肢的宽度）、450mm 三者的较大值，有翼墙或端柱时尚不应小于翼墙厚度或端柱沿墙肢方向截面高度加 300mm；

③翼墙长度小于其厚度 3 倍或端柱截面边长小于墙厚的 2 倍时，视为无翼墙或无端柱；

④A_c 为图 5-33 中的阴影区域面积。

约束边缘构件的设置应符合下列要求：

a. 约束边缘构件沿墙肢方向的长度 l_c 和箍筋配箍特征值 λ_v 宜根据轴压比按表 5-43 的要求确定，且箍筋直径不应小于 8mm。箍筋的配筋范围如图 5-33 中的阴影面积所示。

b. 约束边缘构件纵向钢筋的最小配筋量应按表 5-43 的要求确定，配筋范围不应小于图 5-32 中的阴影面积。

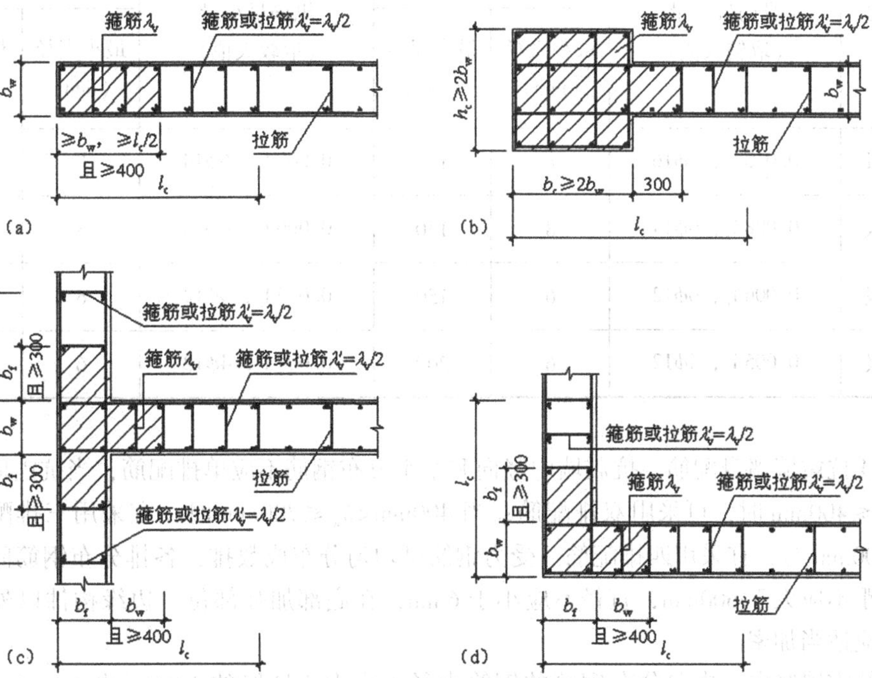

(a)暗柱　(b)端柱　(c)翼墙　(d)转角墙

图 5-32　抗震墙的约束边缘构件

构造边缘构件按构造要求设置，构造边缘构件的范围见图5-33。其纵向钢筋应满足受弯承载力的要求，并不小于表5-44中的规定。

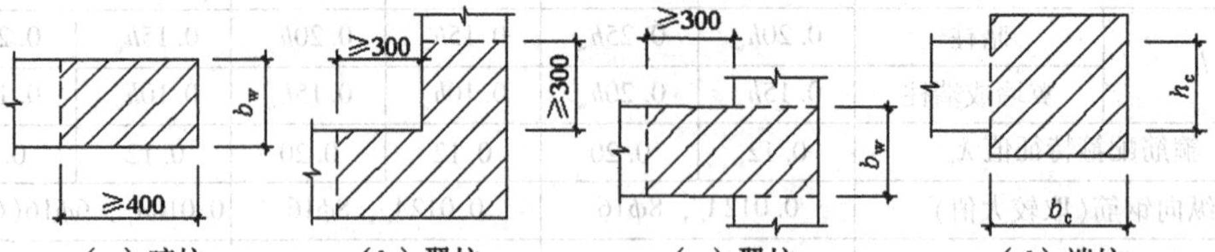

图5-33　抗震墙的构造边缘构件

构造边缘构件中的箍筋，无支长度不应大于300，拉筋的水平间距不应大于纵向钢筋间距的2倍。

当抗震墙端部构造边缘构件为端柱时，其纵向钢筋及箍筋宜按框架柱的构造要求配置。

表5-44　**抗震墙构造边缘构件的配筋要求**

抗震等级	底部加强部位			其他部位		
	纵筋最小量（取较大值）	箍筋(拉筋)		纵筋最小量（取较大值）	箍筋(拉筋)	
		最小直径（mm）	最大间距（mm）		最小直径（mm）	最大间距（mm）
一级	$0.010A_c$，$6\phi16$	8	100	$0.008A_c$，$6\phi14$	8	150
二级	$0.008A_c$，$6\phi14$	8	150	$0.006A_c$，$6\phi12$	8	200
三级	$0.006A_c$，$6\phi12$	6	150	$0.005A_c$，$4\phi12$	6	200
四级	$0.005A_c$，$4\phi12$	6	200	$0.004A_c$，$4\phi12$	6	250

④抗震墙墙身配筋。抗震墙中竖向和水平分布钢筋不应单排配筋，当抗震墙截面厚度$b_w \leqslant 400$mm时，可采用双排配筋；当$400\text{mm} < b_w \leqslant 700$mm时，宜采用三排配筋；当$b_w > 700$mm时，宜采用四排配筋。受力钢筋可均匀分布成数排，各排分布钢筋间的拉筋的间距不应大于600mm，直径不应小于6mm；在底部加强部位，边缘构件以外的拉筋间距应适当加密。

抗震墙竖向、横向分布钢筋的钢筋直径不宜大于墙厚的1/10，也不应小于8mm。分布钢筋的最小配筋率和最大间距，应符合表5-45的要求：

表 5-45　**抗震墙分布钢筋的最小配筋率**

抗震墙类型		最小配筋率	最大间距
一般抗震墙	一、二、三级抗震墙	0.25%	300 mm
	四级抗震墙	0.20%	300 mm
房屋顶层抗震墙		0.25%	200 mm
长矩形平面房屋的楼、电梯间抗震墙			
端开间的纵向抗震墙			
端山墙抗震墙			

抗震墙竖向钢筋的最小锚固长度应取 l_{aE}，端柱及暗柱内纵向钢筋连接和锚固要求同框架柱。

抗震墙竖向和水平分布钢筋的搭接连接，一、二级抗震设计时的加强部位，接头位置应错开，每次连接的钢筋数量不宜超过钢筋总数的 50%，错开净距不宜小于 500mm；其他情况下，抗震墙的钢筋可在同一部位搭接。分布钢筋的搭接长度不应小于 $1.2l_{aE}$。

(2)连梁。

①连梁顶面、底面纵向受力钢筋伸入抗震墙内的最小锚固长度应取 l_{aE}，且不小于 600mm(图 5-34)。

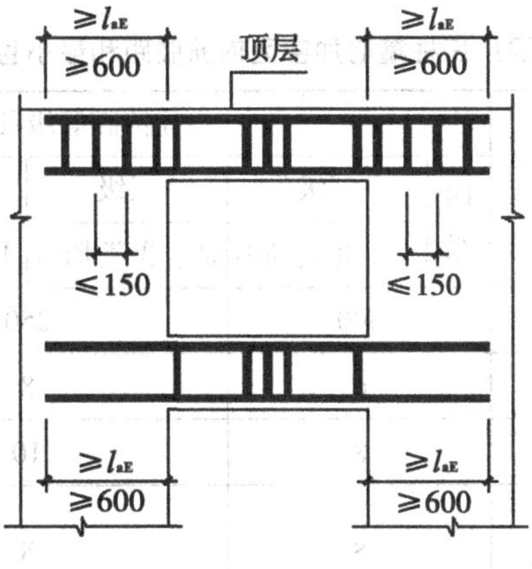

图 5-34　连梁配筋构造示意图

②抗震设计时，沿连梁全长的箍筋的构造应与框架梁梁端加密区箍筋的构造要求相同。

③顶层连梁纵向受力钢筋伸入抗震墙的长度范围内，应配置间距不大于 150mm 的构造钢筋，箍筋直径与该连梁的箍筋直径相同(图 5-34)。

④墙体水平分布钢筋应作为连梁的腰筋在连梁范围内拉通连续配置，当连梁截面高度大于 700mm 时，其两侧沿梁高范围设置的腰筋的直径不应小于 8mm，间距不应大于 200mm；对跨高比不大于 2.5 的连梁，腰筋的面积配箍率不应小于 0.3%。

5.5.8 铰接排架柱的抗震设计

铰接排架柱的纵向受力钢筋和箍筋，应取地震组合下的弯矩设计值和剪力设计值，根据框架柱的相关规定计算确定。单层厂房排架柱的抗震等级应按表 5-46 采用。

表 5-46　　　　单层厂房柱的抗震等级

<table>
<tr><th colspan="2" rowspan="2">结 构 类 型</th><th colspan="4">抗震设防烈度</th></tr>
<tr><th>6 度</th><th>7 度</th><th>8 度</th><th>9 度</th></tr>
<tr><td>单层厂房结构</td><td>铰接排架</td><td>四</td><td>三</td><td>二</td><td>一</td></tr>
</table>

抗震设计时，单层厂房排架柱的构造要求如下：

(1)单层厂房排架柱应设置箍筋加密区，加密区的范围应符合下列要求：

①对柱顶区段，取柱顶以下 500mm，且不小于柱顶截面高度；

②对吊车梁区段，取上柱根部(阶形柱牛腿面)至吊车梁顶面以上 300mm；

③对牛腿(柱肩)区段，取牛腿全高；

④对柱根，取基础顶面(下柱柱底)至室内地坪以上 500mm；

⑤对柱间支撑与柱连接节点和柱位移受约束的部位，取节点上、下各 300mm。

(2)加密区箍筋间距不应大于 100mm，箍筋肢距和最小直径应符合表 5-47 的规定。

表 5-47　　　　单层厂房柱箍筋加密区箍筋肢距和最小直径

<table>
<tr><th colspan="2" rowspan="3">加密区区段</th><th colspan="6">柱抗震等级和场地类别</th></tr>
<tr><th rowspan="2">四级</th><th>三级</th><th>三级</th><th>二级</th><th>二级</th><th rowspan="2">一级</th></tr>
<tr><th>Ⅰ、Ⅱ类场地</th><th>Ⅲ、Ⅳ类场地</th><th>Ⅰ、Ⅱ类场地</th><th>Ⅲ、Ⅳ类场地</th></tr>
<tr><td colspan="2">箍筋最大肢距</td><td colspan="2">300</td><td colspan="2">250</td><td colspan="2">200</td></tr>
<tr><td rowspan="4">箍筋最小直径</td><td>一般柱顶、柱根区段</td><td colspan="2">6</td><td colspan="2">8</td><td colspan="2">8(柱根 10)</td></tr>
<tr><td>角柱柱顶</td><td colspan="2">8</td><td colspan="2">10</td><td colspan="2">10</td></tr>
<tr><td>吊车梁、牛腿区段；
有柱间支撑的柱根区段</td><td colspan="2">8</td><td colspan="2">8</td><td colspan="2">10</td></tr>
<tr><td>有柱间支撑的柱顶区段；
柱变位受约束的部位</td><td colspan="2">8</td><td colspan="2">10</td><td colspan="2">10</td></tr>
</table>

(3)当铰接排架柱侧向受约束且约束点至柱顶的高度不大于柱截面在该方向边长的 2 倍时，柱顶预埋钢板和柱箍筋加密区的构造尚应符合下列要求：

①柱顶预埋钢板沿排架平面方向的长度，宜取柱顶的截面高度，且不得小于截面高度的 1/2 及 300mm；

②柱顶轴向力排架平面内的偏心距 e_0 在截面高度 h 的 1/6～1/4 范围内时，柱顶箍

筋加密区的箍筋体积配筋率：一、二、三、四级抗震等级时分别不宜小于 1.2%、1.0%、0.8%、0.8%；

③加密区箍筋宜配置四肢箍，肢距不大于 200mm。

小　结

(1)地震是一种突发的自然灾害。地震是指地球内部运动能量的积累使岩层剧烈振动，并以波的形式向地面传播而引起地面的颠簸和摇晃。

地震发生时，在地球内部产生地震波的位置，称为震源。震源在地面以上的垂直投影点，称为震中。在地震影响范围内，地表某处与震中的距离，称为震中距。

地震震级是衡量一次地震所释放能量大小的尺度。地震烈度是指地震对地表及工程建筑物影响的强烈程度。

在一个地区的一般场地条件下，设计基准期 50 年内，超越概率为 10%的地震烈度，称为该地区的地震基本烈度。地震基本烈度为 6 度或 6 度以上的地区为抗震设防区，低于 6 度的地区为非抗震设防区。作为一个地区抗震设防依据的地震烈度，称为抗震设防烈度。一般情况下，抗震设防烈度可采用地震基本烈度，抗震设防烈度分为 6 度、7 度、8 度和 9 度，对应的设计基本加速度分别为 0.05g、0.10g(0.15g)、0.20g(0.30g)、0.40g，g 为重力加速度。

建筑抗震设计时，根据建筑的重要性，主要以其震害对社会和经济产生的影响程度的大小，以及抗震减灾作用的不同，将建筑物划分为四类设防标准：特殊设防类(甲类)、重点设防类(乙类)、标准设防类(丙类)和适度设防类(丁类)。一般工业与民用建筑属于标准设防类(丙类)建筑，按本地区抗震设防烈度确定地震作用及其效应、采取抗震措施。

抗震设计的设防目标为“小震不坏、中震可修、大震不倒”。中震也称设防地震，烈度水准为地震基本烈度，超越概率为 10%；小震也称多遇地震，烈度水准比地震基本烈度低 1.55 度，超越概率为 10%；大震也称罕遇地震，烈度水准比地震基本烈度高约 1 度，超越概率为 2% ~3%。为此，采用二阶段设计方法：在多遇地震(小震)作用下，验算构件的承载力及结构的弹性变形；在罕遇地震(大震)作用下，验算结构的弹塑性变形。

(2)建筑场地按场地土的覆盖层厚度和剪切波速分为 I_0、I_1、Ⅱ、Ⅲ、Ⅳ五类，I_0类为基岩，最好；Ⅳ类最差。

地震时，地下水位以下的饱和砂土和粉土产生强烈振动，由固态变为液态，失去承载力的现象，称为场地土的液化。存在液化土层的地基，应根据其液化指数 I_{lE} 的大小，划分为轻微、中等、严重三个液化等级，并根据液化等级、建筑类别结合具体情况确定抗液化措施。除丁类建筑外，不应将未经处理的液化土层作为天然地基的持力层。

同一结构单元内的基础，其埋深、地基土的性质应该相同。

(3)地震引起的结构振动，称为结构的地震反应，包括内力、变形、加速度、速度和位移等。

单自由度体系无阻尼自由振动的方程是 $m\ddot{x}(t)+kx(t)=0$，属于简谐振动。描述振动体系固有动力特性的参数有自振周期 T(单位：秒)、频率 $f(f=1/T)$、圆频率 $\omega(\omega=2\pi/T)$。自振周期为 $T=2\pi\sqrt{\frac{m}{k}}$，质量 m 越大，周期长；刚度 k 大，周期短。

在地面运动水平分量的作用下，单自由度体系的运动方程是：

$$m\ddot{x}(t)+c\dot{x}(t)+kx(t)=-m\ddot{x}_g(t)$$

此方程中未知的是结构的地震反应 $\ddot{x}(t)$ ，$x(t)$ 。研究表明，在给定的地震加速度作用期间内，单质点弹性体系的最大加速度反应、最大速度反应、最大位移反应都是随质点的自振周期而变化的，反映这种变化的曲线称为反应谱，即最大加速度反应谱、最大速度反应谱、最大位移反应谱。

对结构进行抗震验算时，为了方便，常把质点的水平惯性力看做是与静力等效的水平力，其最大值为 $F=k\beta G=\alpha G$。式中，β 是动力系数，k 是地震系数，α 是水平地震影响系数，$\alpha=k\beta$。基本烈度确定后，地震系数 k 是常数，所以 α 的反应谱曲线与最大加速度反应谱曲线具有同样的形状。供抗震设计用的抗震设计反应谱是对大量的 $\alpha-T$ 谱曲线进行统计分析后，给出的是有代表性的平均反应谱曲线，即水平地震影响系数曲线。

n 个质点的弹性振动体系具有 n 个自由度，n 个自振频率 ω_1，ω_2，…，ω_n，并对应有 n 个自振周期 T_1，T_2，…，T_n。其中 ω_1 最小，称为基本自振频率，其余为高频率；与 ω_1 对应的自振周期 T_1 称为基本自振周期。与 n 个自振频率、自振周期对应的是 n 个振型，其中与 ω_1、T_1 对应的振型称为基本振型，其余称为高振型。

计算水平地震作用的方法有底部剪力法、振型分解法和时程分析法。底部剪力法和振型分解法均属于静力等效法。

底部剪力法是最常用的一种简化计算方法，该方法仅考虑第一振型，且近似认为第一振型接近于直线，将多质点体系等效为单质点体系，利用抗震设计反应谱来进行计算，分为三个步骤：①先计算出底部总剪力 F_{Ek}；②将底部总剪力 F_{Ek} 分解为各质点处的水平地震作用 F_i 以及顶部的附加水平地震作用 ΔF_n；③计算各层剪力 V_i。这时，结构的基本自振周期 T_1 可采用能量法或顶点位移法计算，并计入考虑非结构构件影响的折减系数后得到。

运用振型正交性原理，可以把 n 个自由度弹性体系的振动分解为 n 个独立的振型来计算，这种方法称为振型分解法。由于各个振型同时在某个质点上出现最大水平惯性力的概率毕竟不是很大，可以用“平方和开平方”法将各振型对同一质点产生的水平惯性力最大值进行组合。一般情况下，可只取前三个振型。

时程分析方法又称直接动力法，是对结构的运动微分方程直接进行逐步积分求解的一种动力分析方法。在选定某一地震波的情况下，由时程分析可得到各个质点随时间变化的位移、速度和加速度动力反应，进而计算构件内力和变形的时程变化，故又称步步积分法。

(4)框架结构的震害多发生在框架柱、框架梁、梁柱节点核心区以及填充墙体。框架结构的侧向刚度较小，因此框架结构的高度就受到了限制。根据烈度、结构类型和房屋高度，现浇钢筋混凝土结构分为四个抗震等级，其中对一级的抗震计算和构造要求最高。

水平地震作用下，框架的破坏机制有弱柱强梁型和强柱弱梁型两种；梁柱的破坏也有受弯破坏和受剪破坏两种。框架抗震设计时，要体现"强柱弱梁"和"强剪弱弯"的原则，并保证节点核心区有较大的受剪承载力，以提高框架的延性和抗震能力。

水平地震作用下，一般可在框架结构的两个主轴方向分别进行抗震设计。框架内力可用 D 值法计算

框架构件和节点的抗震设计和构造要求，主要包括框架柱、框架梁、框架节点三方面。

柱的轴压比是指柱的名义压应力 $N/(bh)$ 与混凝土抗压强度设计值 f_c 的比值。轴压比限值是在偏心受压构件界限破坏条件的基础上，结合抗震等级等条件确定，目的是使框架柱不属于脆性破坏类型。

(5)抗震设防的剪力墙，称为抗震墙。抗震墙的设计应体现"强墙弱梁"的原则，即要求在大震作用下，连梁端部先出现塑性铰，而此时墙肢还没有进入破坏阶段，以体现"立而不倒"的抗震设计原则。

(6)钢筋混凝土单层厂房抗震的主要薄弱环节是，纵向抗震能力较差，构件连接部位薄弱，支撑系统的抗震能力弱，构件受力较大的截面承载力不足等。水平地震作用下，单层厂房的抗震计算包括横向和纵向两个方向的计算。横向计算时，对于等高厂房，无桥式吊车时，可简化为单自由度弹性体系，采用底部剪力法计算水平地震作用。构件和节点的抗震设计主要包括柱间支撑的抗震设计和柱顶节点的抗震设计。构件和节点的抗震构造措施要求主要包括屋盖体系、天窗架、厂房柱、牛腿、屋盖支撑、柱间支撑、围护墙等。

复习与思考题

1. 什么是构造地震？地震震级和地震烈度是如何定义的？两者有何关联？

2. 什么是震源、震中、震中距和震源距？

3. 什么是基本烈度和设防烈度，它们是怎样确定的？

4. 什么是多遇地震烈度和罕遇地震烈度，它们与基本烈度有何关系？

5. 需抗震设防的建筑依其重要性分为哪几类？一般的工业与民用建筑属于哪一类？

6. 简述《建筑抗震设计规范》关于"三水准"、"二阶段"的具体要求。

7. 建筑场地的定义是什么？如何划分场地的类别？

8. 简述地基基础抗震验算的原则。哪些建筑可不进行天然地基及基础的抗震承载力验算，为什么？

9. 怎样判断土的液化？影响地基土液化的主要因素有哪些？如何确定土的液化等级？

10. 地震系数和动力系数的物理意义是什么？

11. 什么是水平地震影响系数，抗震设计反应谱指的是什么？

12.《建筑抗震设计规范》规定的设计反应谱曲线反映了哪些影响因素？

13. 底部剪力法的计算简图是怎样确定的？计算分为几个步骤？主要的计算公式是什么？

14. 简述计算结构基本自振周期的方法。

15. 结构的不规则类型有哪些？如何判别？

16. 如何进行结构截面抗震承载力验算？如何进行结构的抗震变形验算？

17. 混凝土框架的主要震害有哪些？框架结构的屈服机制是怎样的？

18. 抗震墙结构的布置有哪些要求？

19. 延性抗震墙设计有哪些重要概念？提高抗震墙延性有哪些措施？

20. 简述框架抗震设计中“强柱弱梁、更强节点”、“强剪弱弯”的含义，在计算和构造中如何实现？

21. 简述框架柱轴压比的定义，为什么要规定轴压比限值？

22. 如何确定抗震墙底部加强部位的范围？

23. 对抗震墙的约束边缘构件有哪些主要的构造要求？

24. 抗震设计时，为什么要对混凝土结构构件内力进行调整？如何调整？

25. 抗震设计时，框架梁及框架柱纵向钢筋的配置有哪些要求？

26. 如何确定框架梁、柱的箍筋加密区？

27. 框架柱箍筋的面积配筋率和体积配箍率有什么不同？分别在什么情况下使用？

习　题

5-1　已知某单质点弹性体系，质量 $m=120\text{t}$，刚度 $K=6\times10^3\text{kN/m}$，求体系的自振周期。

5-2　某三层钢筋混凝土框架结构，如图 5-35 所示。场地为Ⅱ类，抗震设防烈度为 7 度(0.15g)，设计地震分组为第一组，场地类别为Ⅲ类。基本自振周期 $T_1=0.52\text{s}$。用底部剪力法求该结构在多遇地震作用下的各楼层处的水平地震作用标准值。

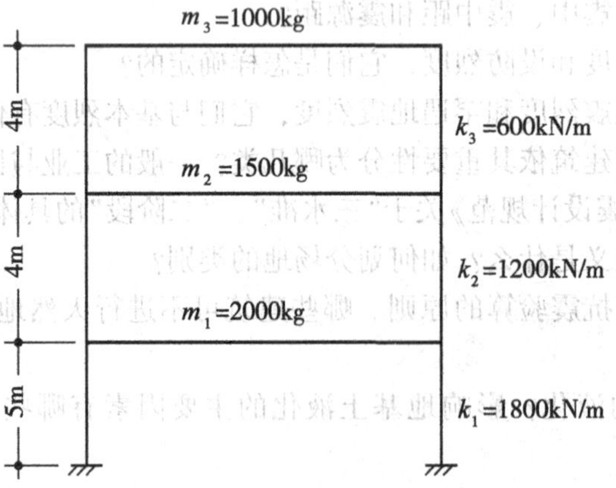

图 5-35　习题 5-2 图

5-3　某钢筋混凝土结构高层建筑，高 36.90m，抗震设防烈度为 7 度(0.10g)，设计地震分组为第一组，场地类别为Ⅱ类。各层质量和抗侧刚度沿房屋高度分布均较均匀，如图 5-36 所示。各层竖向荷载的标准值为：恒载 14580kN，活载 2430kN。

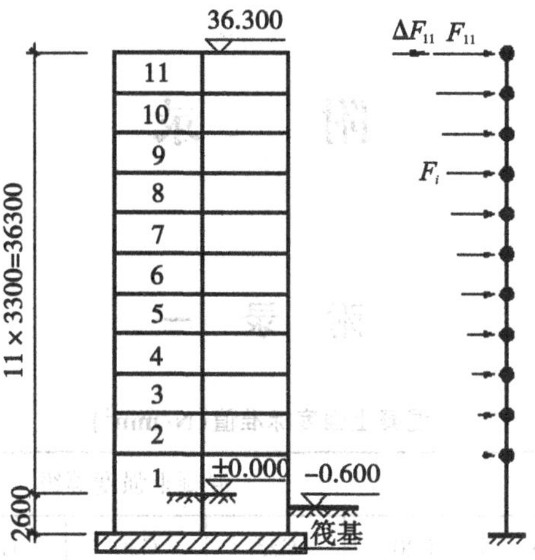

图 5-36　习题 5-3 图

（1）用能量法和顶点位移法计算结构基本自振周期 T_1。

（2）已知结构基本自振周期 $T_1 = 1.03\mathrm{s}$；用底部剪力法求各层水平地震作用标准值 F_i 及层剪力标准值 V_i。

附　　录

附　录　一

附表 1-1　　　　　　　　**混凝土强度标准值(N/mm²)**

强度种类	符号	混凝土强度等级						
		C15	C20	C25	C30	C35	C40	C45
轴心抗压	f_{ck}	10.0	13.4	16.7	20.1	23.4	26.8	29.6
轴心抗拉	f_{tk}	1.27	1.54	1.78	2.01	2.20	2.39	2.51
强度种类	符号	混凝土强度等级						
		C50	C55	C60	C65	C70	C75	C80
轴心抗压	f_{ck}	32.4	35.5	38.5	41.5	44.5	47.4	50.2
轴心抗拉	f_{tk}	2.64	2.74	2.85	2.93	2.99	3.05	3.11

附表 1-2　　　　　　　　**混凝土强度设计值(N/mm²)**

强度种类	符号	混凝土强度等级						
		C15	C20	C25	C30	C35	C40	C45
轴心抗压	f_c	7.2	9.6	11.9	14.3	16.7	19.1	21.1
轴心抗拉	f_t	0.91	1.10	1.27	1.43	1.57	1.71	1.80
强度种类	符号	混凝土强度等级						
		C50	C55	C60	C65	C70	C75	C80
轴心抗压	f_c	23.1	25.3	27.5	29.7	31.8	33.8	35.9
轴心抗拉	f_t	1.89	1.96	2.04	2.09	2.14	2.18	2.22

注：①计算现浇钢筋混凝土轴心受压及偏心受压构件时，如截面的长边或直径小于300mm，则表中混凝土的强度设计值应乘以系数0.8；当构件质量(如混凝土成形、截面和轴线尺寸等)确有保证时，可不受此限制；

②离心混凝土的强度设计值应按有关专门规定取用。

附表 1-3　　**混凝土弹性模量 E_c（$\times10^4 N/mm^2$）**

强度等级	C15	C20	C25	C30	C35	C40	C45	C50	C55	C60	C65	C70	C75	C80
E_c	2. 20	2. 55	2. 80	3. 00	3. 15	3. 25	3. 35	3. 45	3. 55	3. 60	3. 65	3. 70	3. 75	3. 80

附表 1-4　　**普通钢筋强度标准值（N/mm^2）**

牌　号	符号	公称直径 d（mm）	屈服强度标准值 f_{yk}	极限强度标准值 f_{stk}
HPB300	A	6～22	300	420
HRB335 HRBF335	B B^F	6～50	335	455
HRB400 HRBF400 RRB400	C C^F C^R	6～50	400	540
HRB500 HRBF500	D D^F	6～50	500	630

附表 1-5　　**普通钢筋强度设计值（N/mm^2）**

牌　　号	f_y	f_y'
HPB300	210	210
HRB335，HRBF335	300	300
HRB400，HRBF400，RRB400	360	360
HRB500，HRBF500	360	360

注：当用作受剪、受扭、受冲切承载力计算时，抗拉强度设计值 f_{yv} 按表中 f_y 的数值采用，其数值大于 $360N/mm^2$ 时应取 $360N/mm^2$。

附表 1-6　　**钢筋弹性模量 E_s（N/mm^2）**

牌号或种类	弹性模量 E_s
HPB300 钢筋	2. 10
HRB335、HRB400、HRB500 钢筋 HFBF335、HRBF400、HRBF500 钢筋 RRB400 钢筋 预应力螺纹钢筋	2. 00
消除应力钢丝、中强度预应力钢丝	2. 05
钢绞线	1. 95

注：必要时钢绞线可采用实测的弹性模量。

附表 1-7 **预应力筋强度标准值(N/mm^2)**

<table>
<tr><th colspan="2">种　类</th><th>符号</th><th>公称直径 d (mm)</th><th>屈服强度标准值 f_{pyk}</th><th>极限强度标准值 f_{ptk}</th></tr>
<tr><td rowspan="8">钢绞线</td><td rowspan="3">1×3
(三股)</td><td rowspan="8">A^S</td><td rowspan="3">8.6、10.8、12.9</td><td>—</td><td>1570</td></tr>
<tr><td>—</td><td>1860</td></tr>
<tr><td>—</td><td>1960</td></tr>
<tr><td rowspan="5">1×7
(七股)</td><td rowspan="3">9.5、12.7、15.2、17.8</td><td>—</td><td>1720</td></tr>
<tr><td>—</td><td>1860</td></tr>
<tr><td>—</td><td>1960</td></tr>
<tr><td rowspan="2">21.6</td><td>—</td><td>1770</td></tr>
<tr><td>—</td><td>1860</td></tr>
<tr><td rowspan="3">预应力螺纹钢筋</td><td rowspan="3">螺纹</td><td rowspan="3">A^T</td><td>18、25</td><td>785</td><td>980</td></tr>
<tr><td>32、40</td><td>930</td><td>1080</td></tr>
<tr><td>50</td><td>1080</td><td>1230</td></tr>
<tr><td rowspan="5">消除应力钢丝</td><td rowspan="5">光面
螺旋肋</td><td rowspan="5">A^P
A^H</td><td rowspan="2">5</td><td>—</td><td>1570</td></tr>
<tr><td>—</td><td>1860</td></tr>
<tr><td>7</td><td>—</td><td>1570</td></tr>
<tr><td rowspan="2">9</td><td>—</td><td>1470</td></tr>
<tr><td>—</td><td>1570</td></tr>
<tr><td rowspan="3">中强度预应力钢丝</td><td rowspan="3">光面
螺旋肋</td><td rowspan="3">A^{PM}
A^{HM}</td><td rowspan="3">5、7、9</td><td>620</td><td>800</td></tr>
<tr><td>780</td><td>970</td></tr>
<tr><td>980</td><td>1270</td></tr>
</table>

注：极限强度标准值为1960MPa级的钢绞线作后张预应力配筋时，应有可靠的工程经验。

附表 1-8 **预应力筋强度设计值(N/mm^2)**

<table>
<tr><th>种　类</th><th>极限强度标准值 f_{ptk}</th><th>抗拉强度设计值 f_{py}</th><th>抗压强度设计值 f_{py}'</th></tr>
<tr><td rowspan="3">中强度预应力钢丝</td><td>800</td><td>510</td><td rowspan="3">410</td></tr>
<tr><td>970</td><td>650</td></tr>
<tr><td>1270</td><td>810</td></tr>
<tr><td rowspan="3">消除应力钢丝</td><td>1470</td><td>1040</td><td rowspan="3">410</td></tr>
<tr><td>1570</td><td>1110</td></tr>
<tr><td>1860</td><td>1320</td></tr>
</table>

续表

种　类	极限强度标准值 f_{ptk}	抗拉强度设计值 f_{py}	抗压强度设计值 f_{py}'
钢绞线	1570	1110	390
	1720	1220	
	1860	1320	
	1960	1390	
预应力螺纹钢筋	980	650	410
	1080	770	
	1230	900	

注：当预应力钢绞线、钢丝的强度标准值不符合附表 1-7 的规定时，其强度设计值应进行换算。

附表 1-9　　**混凝土结构的环境类别**

环境类别	条　件
一	室内干燥环境； 无侵蚀性静水浸没环境
二 a	室内潮湿环境； 非严寒和非寒冷地区的露天环境； 非严寒和非寒冷地区与无侵蚀性的水或土壤直接接触的环境； 严寒和寒冷地区冰冻线以上与无侵蚀性的水或土壤直接接触的环境
二 b	干湿交替环境； 水位频繁变动环境； 严寒和寒冷地区的露天环境； 严寒和寒冷地区冰冻线以上与无侵蚀性的水或土壤直接接触的环境
三 a	严寒和寒冷地区冬季水位变动区环境； 受除冰盐影响环境； 海岸环境
三 b	盐渍土环境； 受除冰盐作用环境； 海岸环境

续表

环境类别	条件
四	海水环境
五	受人为或自然的侵蚀性物质影响的环境

注：①室内潮湿环境是指构件表面经常处于结露或湿润状态的环境；

②严寒和寒冷地区的划分应符合国家现行标准《民用建筑热工设计规范》GB 50176 的有关规定；

③海岸环境和海风环境宜根据当地情况，考虑主导风向及结构所处迎风、背风部位等因素的影响，由调查研究和工程经验确定；

④受除冰盐影响环境为受到除冰盐盐雾影响的环境；受除冰盐作用环境指被除冰盐溶液溅射的环境以及使用除冰盐地区的洗衣房、停车楼等建筑。

附表 1-10　　**混凝土保护层的最小厚度 c(mm)**

环境类别	板、墙、壳	梁、柱
一	15	20
二 a	20	25
二 b	25	35
三 a	30	40
三 b	40	50

注：①混凝土强度等级不大于 C25 时，表中保护层厚度数值应增加 5mm；

②钢筋混凝土基础宜设置混凝土垫层，其受力钢筋的混凝土保护层厚度应从垫层顶面算起，且不应小于 40mm。

附表 1-11　　**钢筋混凝土结构构件中纵向受力钢筋的最小配筋率(%)**

受力类型			最小配筋率
受压构件	全部纵向钢筋	强度等级 500MPa	0.50
		强度等级 400MPa	0.55
		强度等级 300MPa、335MPa	0.60
	一侧纵向钢筋		0.20
受弯构件、偏心受拉、轴心受拉构件一侧的受拉钢筋			0.20 和 $45f_t/f_y$ 中的较大值

注：①受压构件全部纵向钢筋最小配筋率，当采用 C60 及以上强度等级的混凝土时，应按表中规定增大 0.10；

②板类受弯构件的受拉钢筋，当采用强度等级 400MPa、500MPa 的钢筋时，其最小配筋率应允许采用 0.15 和 $45f_t/f_y$ 中的较大值；

③偏心受拉构件中的受压钢筋，应按受压构件一侧纵向钢筋考虑；

④受压构件的全部纵向钢筋和一侧纵向钢筋的配筋率以及轴心受拉构件和小偏心受拉构件一侧受拉钢筋的配筋率应按构件的全截面面积计算；

⑤受弯构件、大偏心受拉构件一侧受拉钢筋的配筋率应按全截面面积扣除受压翼缘面积 $(b'_f-b)h'_f$ 后的截面面积计算；

⑥当钢筋沿构件截面周边布置时，"一侧纵向钢筋"系指沿受力方向两个对边中的一边布置的纵向钢筋。

附　录　二

附表 2-1　　**钢筋的计算截面面积及理论质量**

公称直径 (mm)	不同根数钢筋的计算截面面积(mm²)									理论质量 (kg/m)
	1	2	3	4	5	6	7	8	9	
6	28.3	57	85	113	142	170	198	226	255	0.222
8	50.3	101	151	201	252	302	352	402	453	0.395
10	78.5	157	236	314	393	471	550	628	707	0.617
12	113.1	226	339	452	565	678	791	904	1017	0.888
14	153.9	308	461	615	769	928	1077	1230	1387	1.21
16	201.1	402	603	804	1005	1206	1407	1608	1809	1.58
18	254.5	509	763	1017	1272	1526	1780	2036	2200	2.00 (2.11)
20	314.2	628	941	1256	1570	1881	2200	2513	2827	2.47
22	380.1	760	1140	1520	1900	2281	2661	3041	3421	2.98
25	490.9	982	1473	1964	2454	2945	3436	3927	4418	3.85 (4.10)
28	615.3	1232	1847	2463	3079	3695	4310	4926	5542	4.83
32	804.3	1609	2418	3217	4021	4826	5630	6434	7238	6.31 (6.65)
36	1017.9	2036	3054	4072	5080	6107	7125	8143	9161	7.99
40	1256.1	2513	3770	5027	6283	7540	8796	10053	11310	9.87 (10.34)
50	1963.5	3928	5892	7856	9820	11784	13784	15712	17676	15.42 (16.28)

注：括号内为预应力螺纹钢筋的数值。

附表 2-2　　**民用建筑楼面均布活荷载标准值及其组合值、频遇值和准永久值系数**

项次	类　别	标准值 (kN/m²)	组合值系数 ψ_c	频遇值系数 ψ_f	准永久值系数 ψ_q
1	(1)住宅、宿舍、旅馆、办公楼、医院病房、托儿所、幼儿园	2.0	0.7	0.5	0.4
	(2)试验室、阅览室、会议室、医院门诊室	2.0	0.7	0.6	0.5
2	教室、食堂、餐厅、一般资料档案室	2.5	0.7	0.6	0.5
3	(1)礼堂、剧场、影院、有固定座位的看台	3.0	0.7	0.5	0.3
	(2)公共洗衣房	3.0	0.7	0.6	0.5

续表

项次	类别			标准值（kN/m^2）	组合值系数 ψ_c	频遇值系数 ψ_f	准永久值系数 ψ_q
4	（1）商店、展览厅、车站、港口、机场大厅及其旅客等候室			3.5	0.7	0.6	0.5
	（2）无固定座位的看台			3.5	0.7	0.5	0.3
5	（1）健身房、演出舞台			4.0	0.7	0.6	0.5
	（2）运动场、舞厅			4.0	0.7	0.6	0.3
6	（1）书库、档案库、储藏室			5.0	0.9	0.9	0.8
	（2）密集柜书房			12.0	0.9	0.9	0.8
7	通风机房、电梯机房			7.0	0.9	0.9	0.8
8	汽车通道及客车停车库	（1）单向板楼盖（板跨不小于2m）和双向板楼盖（板跨不小于3m×3m）	客车	4.0	0.7	0.7	0.6
			消防车	35.0	0.7	0.5	0.0
		（2）双向板楼盖（板跨不小于6m×6m）和无梁楼盖（柱网尺寸不小于6m×6m）	客车	2.5	0.7	0.7	0.6
			消防车	20.0	0.7	0.5	0.0
9	厨房	（1）餐厅		4.0	0.7	0.7	0.7
		（2）其他		2.0	0.7	0.6	0.5
10	浴室、卫生间、盥洗室			2.5	0.7	0.6	0.5
11	走廊，门厅	（1）宿舍、旅馆、医院病房、托儿所、幼儿园、住宅		2.0	0.7	0.5	0.4
		（2）办公楼、餐厅、医院门诊部		2.5	0.7	0.6	0.5
		（3）教学楼及其他可能出现人员密集的情况		3.5	0.7	0.5	0.3
12	楼梯	（1）多层住宅		2.0	0.7	0.5	0.4
		（2）其他		3.5	0.7	0.5	0.3
13	阳台	（1）可能出现人员密集的情况		3.5	0.7	0.6	0.5
		（2）其他		2.5	0.7	0.6	0.5

附 录 三

附表 3-1　　钢筋混凝土结构伸缩缝最大间距(m)

项　次	结构类别		室内或土中	露　天
1	排架结构	装配式	100	70
2	框架结构	装配式	75	50
		现浇式	55	35
3	剪力墙结构	装配式	65	40
		现浇式	45	30
4	挡土墙、地下室墙壁等类结构	装配式	40	30
		现浇式	30	20

注：①装配整体式结构房屋的伸缩缝间距宜按表中现浇式的数据取用；

②框架-剪力墙结构或框架-核心筒结构房屋的伸缩缝间距，可根据结构的具体布置情况取表中框架结构与剪力墙结构之间的数值；

③当屋面无保温或隔热措施时，框架结构、剪力墙结构的伸缩缝间距宜按表中露天栏的数值取用；

④现浇挑槽、雨罩等外露结构的伸缩缝间距不宜大于 12m。

附表 3-2　　全国主要城市基本雪压标准值 S_0 (kN/m²)

城市名	S_0	城市名	S_0	城市名	S_0	城市名	S_0	城市名	S_0
哈尔滨	0.45	太原	0.35	长沙	0.45	青岛	0.20	承德	0.30
齐齐哈尔	0.4	大同	0.25	岳阳	0.55	哈密	0.25	保定	0.35
长春	0.45	阳泉	0.35	杭州	0.45	乌鲁木齐	0.90	拉萨	0.15
吉林	0.45	兰州	0.15	宁波	0.30	徐州	0.35	昆明	0.30
四平	0.35	天水	0.20	金华	0.55	南京	0.65	贵阳	0.20
沈阳	0.50	西宁	0.20	南昌	0.45	无锡	0.40	西安	0.25
抚顺	0.45	洛阳	0.35	景德镇	0.35	安庆	0.35	延安	0.25
大连	0.40	开封	0.30	赣州	0.35	蚌埠	0.45	宝鸡	0.20
鞍山	0.45	郑州	0.40	成都	0.10	合肥	0.60	上海	0.20
呼和浩特	0.40	武汉	0.50	烟台	0.40	银川	0.20	北京	0.40
包头	0.25	宜昌	0.30	济南	0.30	石家庄	0.30	天津	0.40

附表 3-3　　**屋面积雪分布系数 μ_r**

<table>
<tr><th>序号</th><th>名称</th><th>屋面形式及积雪分布系数 μ_r</th></tr>
<tr><td>1</td><td>坡屋面</td><td>（a）单坡屋面
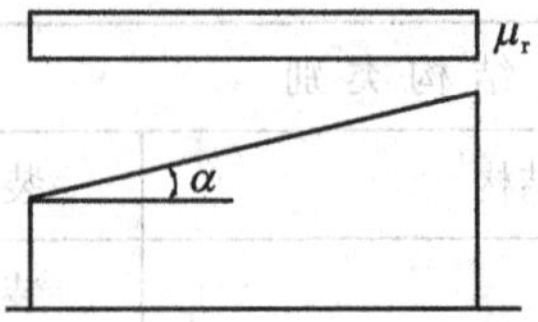

（b）双坡屋面
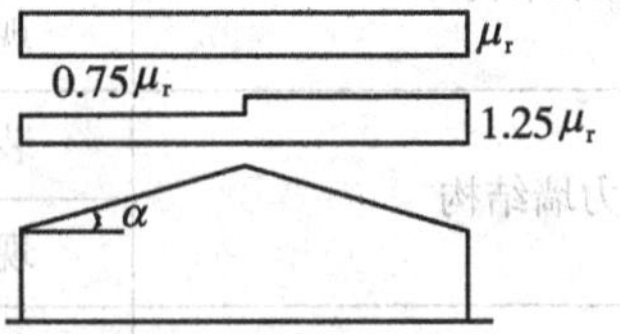

α	μ_r
≤25°	1.00
30°	0.85
35°	0.70
40°	0.55
45°	0.40
50°	0.25
55°	0.10
≥60°	0

</td></tr>
<tr><td>2</td><td>带天窗的坡屋面</td><td>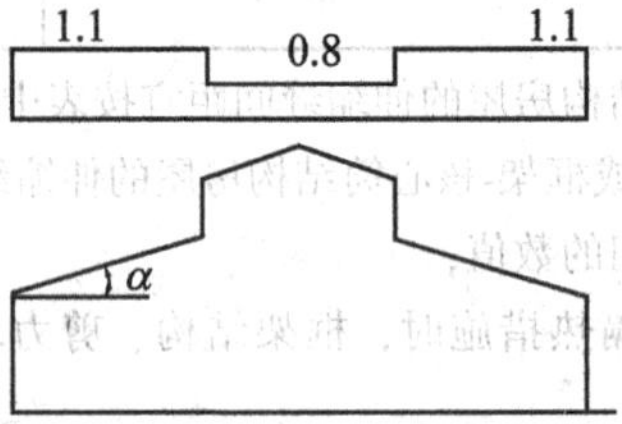

适用于坡度 $\alpha \leqslant 25°$ 的一般工业厂房屋面积雪均匀分布的情况，μ_r=1.0</td></tr>
<tr><td>3</td><td>带天窗有挡风板的坡屋面</td><td>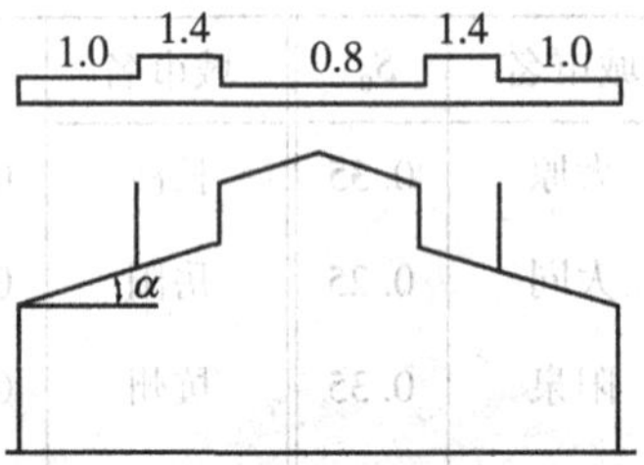

适用于坡度 $\alpha \leqslant 25°$ 的一般工业厂房屋面积雪均匀分布的情况，μ_r=1.0</td></tr>
<tr><td>4</td><td>双跨双坡屋面</td><td>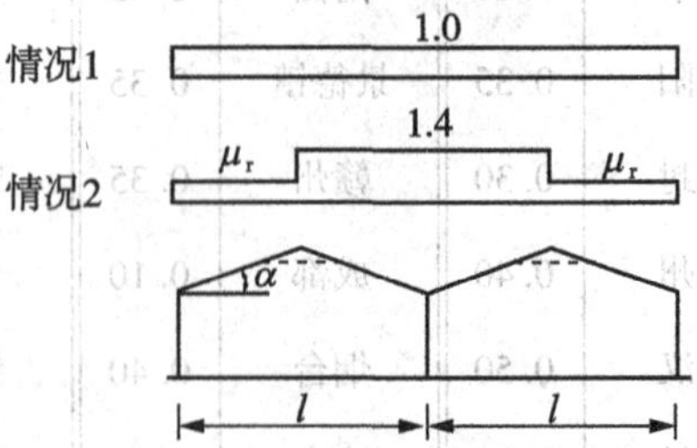

$\alpha \leqslant 25°$，按情况1采用；$\alpha > 25°$ 时，按情况2采用，其中 μ_r 按序号1采用。</td></tr>
</table>

附表 3-4　　　　**全国主要城市基本风压标准值 w_0 (kN/m^2)**

城市名	ω_0	城市名	ω_0	城市名	ω_0	城市名	ω_0	城市名	ω_0
哈尔滨	0.55	济南	0.45	徐州	0.35	开封	0.45	哈密	0.60
齐齐哈尔	0.45	青岛	0.60	合肥	0.35	太原	0.40	拉萨	0.30
长春	0.65	广州	0.50	蚌埠	0.35	大同	0.55	日喀则	0.30
四平	0.55	宝安	0.65	芜湖	0.30	阳泉	0.40	成都	0.30
吉林	0.50	南宁	0.35	武汉	0.35	西安	0.35	重庆	0.40
沈阳	0.40	柳州	0.35	宜昌	0.30	延安	0.35	贵阳	0.30
大连	0.65	福州	0.70	长沙	0.35	宝鸡	0.35	昆明	0.30
包头	0.55	厦门	0.80	岳阳	0.40	兰州	0.30	台北	0.70
呼和哈特	0.55	杭州	0.45	南昌	0.45	天水	0.35	上海	0.55
保定	0.40	金华	0.35	景德镇	0.35	银川	0.65	北京	0.45
石家庄	0.35	嵊泗	1.30	郑州	0.45	西宁	0.35	天津	0.50
烟台	0.55	南京	0.40	洛阳	0.40	乌鲁木齐	0.60		

附表 3-5　　　　**风载体型系数 μ_s**

<table>
<tr><th>序号</th><th>名 称</th><th>建筑体型及体型系数 μ_s</th></tr>
<tr><td>1</td><td>封闭式双坡屋面</td><td>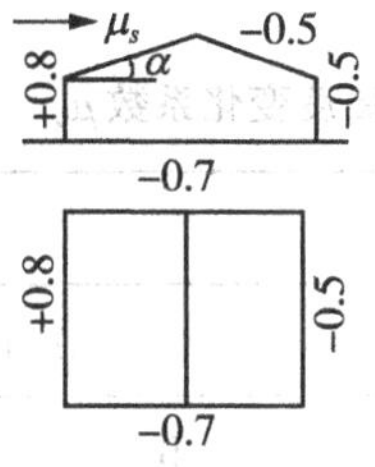

平面
<table><tr><th>α</th><th>μ_s</th></tr><tr><td>≤15°</td><td>-0.6</td></tr><tr><td>30°</td><td>0</td></tr><tr><td>≥60°</td><td>+0.8</td></tr></table>
中间值按插入法计算</td></tr>
<tr><td>2</td><td>封闭式双跨双坡屋面</td><td>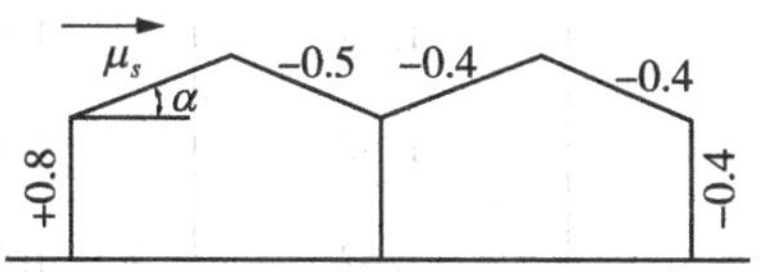

迎风面的 μ_s 按序号1采用</td></tr>
<tr><td>3</td><td>封闭式带天窗双坡屋面</td><td>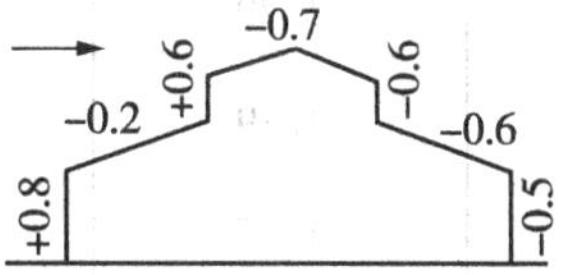

带天窗的拱形屋面也可按本图采用</td></tr>
</table>

续表

<table>
<tr><th>序号</th><th>名　称</th><th>建筑体型及体型系数 μ_s</th></tr>
<tr><td>4</td><td>封闭式不等高
不等跨的双跨
双坡屋面</td><td>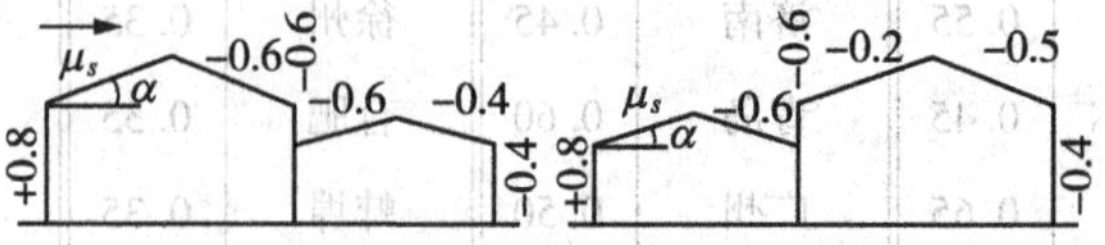

迎风面的 μ_s 按序号1采用</td></tr>
<tr><td>5</td><td>封闭式带天窗
的双跨双坡
屋面</td><td>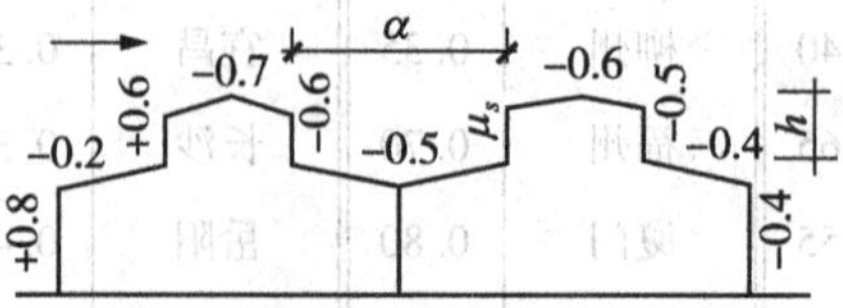

迎风面第2跨的天窗面的 μ_s 按下列采用：
$\alpha \leqslant 4h$, $\mu_s=0.2$; $\alpha > 4h$, $\mu_s=0.6$</td></tr>
<tr><td>6</td><td>封闭式带天窗
挡风板的
坡屋面</td><td>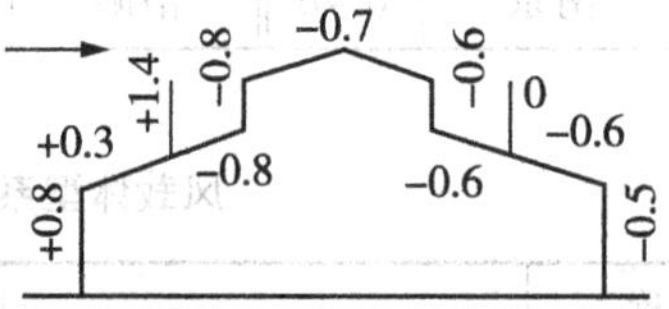
</td></tr>
</table>

附表 3-6　　**风压高度变化系数 μ_z**

离地面(或海洋)高度(m)	μ_z			
	地面粗糙度			
	A	B	C	D
5	1.09	1.00	0.65	0.51
10	1.28	1.00	0.65	0.51
15	1.42	1.13	0.65	0.51
20	1.52	1.23	0.74	0.51
30	1.67	1.39	0.88	0.51
40	1.79	1.52	1.00	0.60
50	1.89	1.62	1.10	0.69
60	1.97	1.71	1.20	0.77
70	2.05	1.79	1.28	0.84

续表

离地面(或海洋)高度(*m*)	μ_z			
	地面粗糙度			
	A	B	C	D
80	2.12	1.87	1.36	0.91
90	2.18	1.93	1.43	0.98
100	2.23	2.00	1.50	1.04
150	2.46	2.25	1.79	1.33
200	2.64	2.46	2.03	1.58
250	2.78	2.63	2.24	1.81
300	2.91	2.77	2.43	2.02
350	2.91	2.91	2.60	2.22
400	2.91	2.91	2.76	2.40
450	2.91	2.91	2.91	2.58
500	2.91	2.91	2.91	2.74
≥550	2.91	2.91	2.91	2.91

注：地面粗糙程度：A 类指近海海面和海岛、海岸、湖岸及沙漠地区；B 类指田野、乡村、丛林、丘陵以及房屋比较稀疏的乡镇；C 类指有密集建筑群的城市市区；D 类指有密集建筑群且房屋较高的城市市区。

附　录　四

附表 4-1　　**单阶变截面柱特定工况的柱顶位移系数 C_0 和反力系数 C_i**

序号	简　图	R	C_i
0	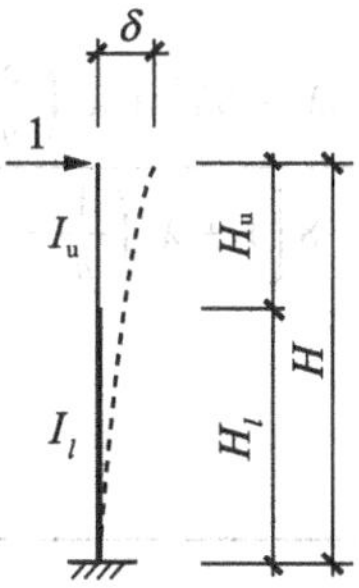		$\delta = \dfrac{H^3}{C_0 E I_l}$ $C_0 = \dfrac{3}{1 + \lambda^3\left(\dfrac{1}{n} - 1\right)}$

续表

序号	简　图	R	C_i
1	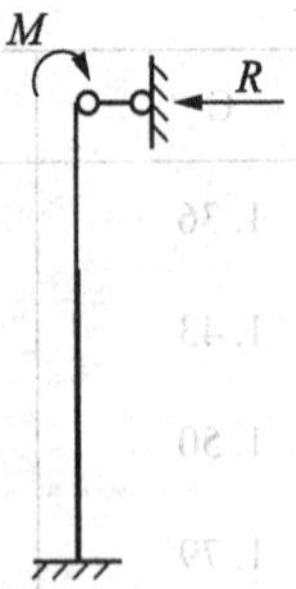	$\frac{M}{H}C_1$	$C_1=\frac{3}{2}\cdot\frac{1-\lambda^2\left(1-\frac{1}{n}\right)}{1+\lambda^3\left(\frac{1}{n}-1\right)}$
3	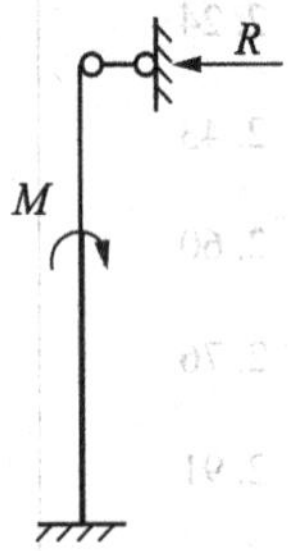	$\frac{M}{H}C_3$	$C_3=\frac{3}{2}\cdot\frac{1-\lambda^2}{1+\lambda^3\left(\frac{1}{n}-1\right)}$
5	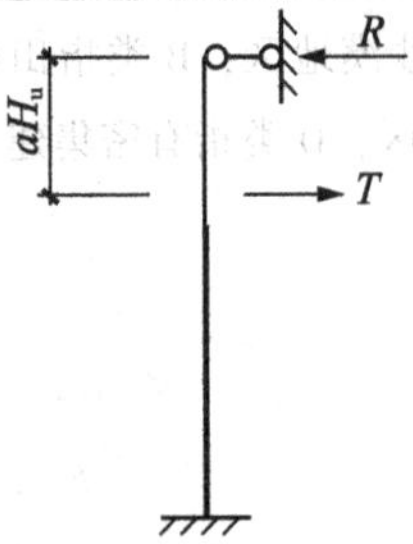	TC_5	$C_5=\left\{2-3a\lambda+\lambda^3\left[\frac{(2+a)(1-a)^2}{n}-(2-3a)\right]\right\}\div 2\left[1+\lambda^3\left(\frac{1}{n}-1\right)\right]$
9	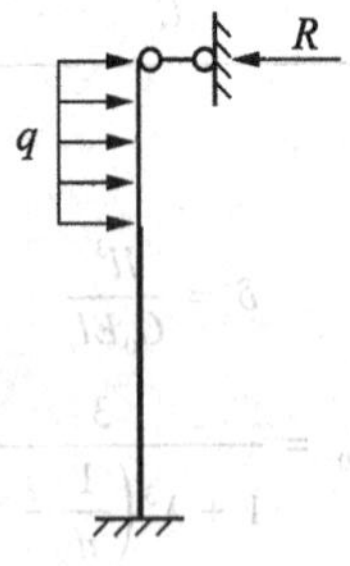	qHC_9	$C_9=\frac{8\lambda-6\lambda^2+\lambda^4\left(\frac{3}{n}-2\right)}{8\left[1+\lambda^3\left(\frac{1}{n}-1\right)\right]}$

续表

序号	简 图	R	C_i
11	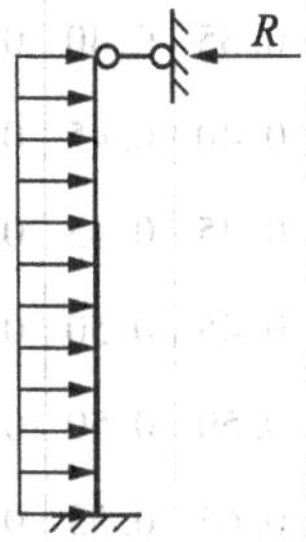	qHC_{11}	$C_{11}=\dfrac{3\left[1+\lambda^4\left(\dfrac{1}{n}-1\right)\right]}{8\left[1+\lambda^3\left(\dfrac{1}{n}-1\right)\right]}$

注：表中 $n=I_u/I_l$，$\lambda=H_u/H$，$1-\lambda=H_l/H$。

附录五 规则框架和壁式框架承受均布及倒三角形分布水平力作用时的反弯点高度比

附表 5-1 均布水平荷载下各层柱标准反弯点高度比 y_0

n	m \ k	0.1	0.2	0.3	0.4	0.5	0.6	0.7	0.8	0.9	1.0	2.0	3.0	4.0	5.0
1	1	0.80	0.75	0.70	0.65	0.65	0.60	0.60	0.60	0.60	0.55	0.55	0.55	0.55	0.55
2	2	0.45	0.40	0.35	0.35	0.35	0.35	0.40	0.40	0.40	0.40	0.45	0.45	0.45	0.45
	1	0.95	0.80	0.75	0.70	0.65	0.65	0.65	0.60	0.60	0.60	0.55	0.55	0.55	0.50
3	3	0.15	0.20	0.20	0.25	0.30	0.30	0.30	0.35	0.35	0.35	0.40	0.45	0.45	0.45
	2	0.55	0.50	0.45	0.45	0.45	0.45	0.45	0.45	0.45	0.45	0.45	0.50	0.50	0.50
	1	1.00	0.85	0.80	0.75	0.70	0.70	0.65	0.65	0.65	0.60	0.55	0.55	0.55	0.55
4	4	-0.05	0.05	0.15	0.20	0.25	0.30	0.30	0.35	0.35	0.35	0.40	0.45	0.45	0.45
	3	0.25	0.30	0.30	0.35	0.35	0.40	0.40	0.40	0.40	0.45	0.45	0.50	0.50	0.50
	2	0.65	0.55	0.50	0.50	0.45	0.45	0.45	0.45	0.45	0.45	0.50	0.50	0.50	0.50
	1	1.10	0.90	0.80	0.75	0.70	0.70	0.65	0.65	0.65	0.60	0.55	0.55	0.55	0.55
5	5	-0.20	0.00	0.15	0.20	0.25	0.30	0.30	0.30	0.35	0.35	0.40	0.45	0.45	0.45
	4	0.10	0.20	0.25	0.30	0.35	0.35	0.40	0.40	0.40	0.40	0.45	0.45	0.50	0.50
	3	0.40	0.40	0.40	0.40	0.40	0.45	0.45	0.45	0.45	0.45	0.50	0.50	0.50	0.50
	2	0.65	0.55	0.50	0.50	0.50	0.50	0.50	0.50	0.50	0.50	0.50	0.50	0.50	0.50
	1	1.20	0.95	0.80	0.75	0.75	0.70	0.70	0.65	0.65	0.65	0.55	0.55	0.55	0.55

续表

n	m \ k	0.1	0.2	0.3	0.4	0.5	0.6	0.7	0.8	0.9	1.0	2.0	3.0	4.0	5.0
6	6	-0.30	0.00	0.10	0.50	0.25	0.25	0.30	0.30	0.35	0.35	0.40	0.45	0.45	0.45
	5	0.00	0.20	0.25	0.30	0.35	0.35	0.40	0.40	0.40	0.40	0.45	0.45	0.50	0.50
	4	0.20	0.30	0.35	0.35	0.40	0.40	0.40	0.45	0.45	0.45	0.45	0.50	0.50	0.50
	3	0.40	0.40	0.40	0.45	0.45	0.45	0.45	0.45	0.45	0.45	0.50	0.50	0.50	0.50
	2	0.70	0.60	0.55	0.50	0.50	0.50	0.50	0.50	0.50	0.50	0.50	0.50	0.50	0.50
	1	1.20	0.95	0.85	0.80	0.75	0.70	0.70	0.65	0.65	0.65	0.55	0.55	0.55	0.55
7	7	-0.35	-0.05	0.10	0.20	0.20	0.25	0.30	0.30	0.35	0.35	0.40	0.45	0.45	0.45
	6	-0.10	0.15	0.25	0.30	0.35	0.35	0.35	0.40	0.40	0.40	0.45	0.45	0.50	0.50
	5	0.10	0.25	0.30	0.35	0.40	0.40	0.40	0.45	0.45	0.45	0.50	0.50	0.50	0.50
	4	0.30	0.35	0.40	0.40	0.40	0.45	0.45	0.45	0.45	0.45	0.50	0.50	0.50	0.50
	3	0.50	0.45	0.45	0.45	0.45	0.45	0.45	0.45	0.45	0.45	0.50	0.50	0.50	0.50
	2	0.75	0.60	0.55	0.50	0.50	0.50	0.50	0.50	0.50	0.50	0.50	0.50	0.50	0.50
	1	1.20	0.95	0.85	0.80	0.75	0.70	0.70	0.65	0.65	0.65	0.55	0.55	0.55	0.55
8	8	-0.35	-0.15	0.10	0.10	0.25	0.25	0.30	0.30	0.35	0.35	0.40	0.45	0.45	0.45
	7	-0.10	0.15	0.25	0.30	0.35	0.35	0.40	0.40	0.40	0.40	0.45	0.50	0.50	0.50
	6	0.05	0.25	0.30	0.35	0.40	0.40	0.45	0.45	0.45	0.45	0.45	0.50	0.50	0.50
	5	0.20	0.30	0.35	0.35	0.40	0.40	0.45	0.45	0.45	0.45	0.50	0.50	0.50	0.50
	4	0.35	0.40	0.40	0.45	0.45	0.45	0.45	0.45	0.45	0.45	0.50	0.50	0.50	0.50
	3	0.50	0.45	0.45	0.45	0.45	0.45	0.45	0.45	0.50	0.50	0.50	0.50	0.50	0.50
	2	0.75	0.60	0.55	0.55	0.50	0.50	0.50	0.50	0.50	0.50	0.50	0.50	0.50	0.50
	1	1.20	1.00	0.85	0.80	0.75	0.70	0.70	0.65	0.65	0.65	0.55	0.55	0.55	0.55
9	9	-0.40	-0.05	0.10	0.20	0.25	0.25	0.30	0.30	0.35	0.35	0.45	0.45	0.45	0.45
	8	-0.15	0.15	0.25	0.30	0.35	0.35	0.35	0.40	0.40	0.40	0.45	0.45	0.50	0.50
	7	0.05	0.25	0.30	0.35	0.40	0.40	0.40	0.45	0.45	0.45	0.45	0.50	0.50	0.50
	6	0.15	0.30	0.35	0.40	0.40	0.45	0.45	0.45	0.45	0.45	0.50	0.50	0.50	0.50
	5	0.25	0.35	0.40	0.40	0.45	0.45	0.45	0.45	0.45	0.45	0.50	0.50	0.50	0.50
	4	0.40	0.40	0.40	0.45	0.45	0.45	0.45	0.45	0.45	0.45	0.50	0.50	0.50	0.50
	3	0.55	0.45	0.45	0.45	0.45	0.45	0.45	0.45	0.50	0.50	0.50	0.50	0.50	0.50
	2	0.80	0.65	0.55	0.55	0.50	0.50	0.50	0.50	0.50	0.50	0.50	0.50	0.50	0.50
	1	1.20	1.00	0.85	0.80	0.75	0.70	0.70	0.65	0.65	0.65	0.55	0.55	0.55	0.55

续表

n	m \ k	0.1	0.2	0.3	0.4	0.5	0.6	0.7	0.8	0.9	1.0	2.0	3.0	4.0	5.0
	10	-0.40	-0.05	0.10	0.20	0.25	0.30	0.30	0.30	0.30	0.35	0.40	0.45	0.45	0.45
	9	-0.15	0.15	0.25	0.30	0.35	0.35	0.40	0.40	0.40	0.40	0.45	0.45	0.50	0.50
	8	0.00	0.25	0.30	0.35	0.40	0.40	0.40	0.45	0.45	0.45	0.45	0.50	0.50	0.50
	7	-0.10	0.30	0.35	0.40	0.40	0.40	0.45	0.45	0.45	0.45	0.50	0.50	0.50	0.50
10	6	0.20	0.35	0.40	0.40	0.45	0.45	0.45	0.45	0.45	0.45	0.50	0.50	0.50	0.50
	5	0.30	0.40	0.40	0.45	0.45	0.45	0.45	0.45	0.45	0.50	0.50	0.50	0.50	0.50
	4	0.40	0.40	0.45	0.45	0.45	0.45	0.45	0.45	0.45	0.50	0.50	0.50	0.50	0.50
	3	0.55	0.50	0.45	0.45	0.45	0.50	0.50	0.50	0.50	0.50	0.50	0.50	0.50	0.50
	2	0.80	0.65	0.55	0.55	0.55	0.50	0.50	0.50	0.50	0.50	0.50	0.50	0.50	0.50
	1	1.30	1.00	0.85	0.80	0.75	0.70	0.70	0.65	0.65	0.65	0.60	0.55	0.55	0.55
	11	-0.40	0.05	0.10	0.20	0.25	0.30	0.30	0.30	0.35	0.35	0.40	0.45	0.45	0.45
	10	-0.15	0.15	0.25	0.30	0.35	0.35	0.40	0.40	0.40	0.40	0.45	0.45	0.50	0.50
	9	0.00	0.25	0.30	0.35	0.40	0.40	0.40	0.45	0.45	0.45	0.45	0.50	0.50	0.50
	8	0.10	0.30	0.35	0.40	0.40	0.45	0.45	0.45	0.45	0.45	0.50	0.50	0.50	0.50
	7	0.20	0.35	0.40	0.45	0.45	0.45	0.45	0.45	0.45	0.45	0.50	0.50	0.50	0.50
11	6	0.25	0.35	0.40	0.45	0.45	0.45	0.45	0.45	0.45	0.45	0.50	0.50	0.50	0.50
	5	0.35	0.40	0.40	0.45	0.45	0.45	0.45	0.45	0.45	0.50	0.50	0.50	0.50	0.50
	4	0.40	0.45	0.45	0.45	0.45	0.45	0.45	0.50	0.50	0.50	0.50	0.50	0.50	0.50
	3	0.55	0.50	0.50	0.50	0.50	0.50	0.50	0.50	0.50	0.50	0.50	0.50	0.50	0.50
	2	0.80	0.65	0.60	0.55	0.55	0.50	0.50	0.50	0.50	0.50	0.50	0.50	0.50	0.50
	1	1.30	1.00	0.85	0.80	0.75	0.70	0.70	0.65	0.65	0.65	0.60	0.55	0.55	0.55
	自上1	-0.40	-0.05	0.10	0.20	0.25	0.30	0.30	0.30	0.35	0.35	0.40	0.45	0.45	0.45
	2	-0.15	0.15	0.25	0.30	0.35	0.35	0.40	0.40	0.40	0.40	0.45	0.45	0.50	0.50
	3	0.00	0.25	0.30	0.35	0.40	0.40	0.40	0.45	0.45	0.45	0.50	0.50	0.50	0.50
	4	0.10	0.30	0.35	0.40	0.40	0.45	0.45	0.45	0.45	0.45	0.50	0.50	0.50	0.50
	5	0.20	0.35	0.40	0.40	0.45	0.45	0.45	0.45	0.45	0.45	0.50	0.50	0.50	0.50
	6	0.25	0.35	0.40	0.45	0.45	0.45	0.45	0.45	0.45	0.45	0.50	0.50	0.50	0.50
12以上	7	0.30	0.40	0.40	0.45	0.45	0.45	0.45	0.45	0.50	0.50	0.50	0.50	0.50	0.50
	8	0.35	0.40	0.45	0.45	0.45	0.45	0.45	0.50	0.50	0.50	0.50	0.50	0.50	0.50
	中间	0.40	0.40	0.45	0.45	0.45	0.45	0.50	0.50	0.50	0.50	0.50	0.50	0.50	0.50
	4	0.45	0.45	0.45	0.50	0.50	0.50	0.50	0.50	0.50	0.50	0.50	0.50	0.50	0.50
	3	0.60	0.50	0.50	0.50	0.50	0.50	0.50	0.50	0.50	0.50	0.50	0.50	0.50	0.50
	2	0.80	0.65	0.60	0.55	0.55	0.50	0.50	0.50	0.50	0.50	0.50	0.50	0.50	0.50
	自下1	1.30	1.00	0.85	0.80	0.75	0.70	0.70	0.65	0.65	0.55	0.55	0.55	0.55	0.55

附表 5-2　　倒三角形分布水平荷载下各层柱标准反弯点高度比 y_0

n	m \ k	0.1	0.2	0.3	0.4	0.5	0.6	0.7	0.8	0.9	1.0	2.0	3.0	4.0	5.0
1	1	0.80	0.75	0.70	0.65	0.65	0.60	0.60	0.60	0.50	0.55	0.55	0.55	0.55	0.55
2	2	0.50	0.45	0.40	0.40	0.40	0.40	0.40	0.40	0.40	0.45	0.45	0.45	0.45	0.50
	1	1.00	0.85	0.75	0.70	0.70	0.65	0.65	0.65	0.60	0.60	0.55	0.55	0.55	0.55
3	3	0.25	0.25	0.25	0.30	0.30	0.35	0.35	0.35	0.40	0.40	0.45	0.45	0.45	0.50
	2	0.60	0.50	0.50	0.50	0.50	0.45	0.45	0.45	0.45	0.45	0.50	0.50	0.55	0.50
	1	1.15	0.90	0.80	0.75	0.75	0.70	0.70	0.65	0.65	0.85	0.60	0.55	0.55	0.55
4	4	0.10	0.15	0.20	0.25	0.30	0.30	0.35	0.35	0.35	0.40	0.45	0.45	0.45	0.45
	3	0.35	0.35	0.35	0.40	0.40	0.40	0.40	0.45	0.45	0.45	0.45	0.50	0.50	0.50
	2	0.70	0.60	0.55	0.50	0.50	0.50	0.50	0.50	0.50	0.50	0.50	0.50	0.50	0.50
	1	1.20	0.95	0.85	0.80	0.75	0.70	0.70	0.70	0.65	0.65	0.55	0.55	0.55	0.50
5	5	-0.05	0.10	0.20	0.25	0.30	0.30	0.35	0.35	0.35	0.35	0.40	0.45	0.45	0.45
	4	0.20	0.25	0.35	0.35	0.40	0.40	0.40	0.40	0.40	0.45	0.45	0.50	0.50	0.50
	3	0.45	0.40	0.45	0.45	0.45	0.45	0.45	0.45	0.45	0.45	0.50	0.50	0.50	0.50
	2	0.75	0.60	0.55	0.55	0.50	0.50	0.50	0.60	0.50	0.50	0.50	0.50	0.50	0.50
	1	1.30	1.00	0.85	0.80	0.75	0.70	0.70	0.65	0.65	0.65	0.65	0.55	0.55	0.55
6	6	-0.15	0.05	0.15	0.20	0.25	0.30	0.30	0.35	0.35	0.35	0.40	0.45	0.45	0.45
	5	0.10	0.25	0.30	0.35	0.35	0.40	0.40	0.40	0.45	0.45	0.45	0.50	0.50	0.50
	4	0.30	0.35	0.40	0.40	0.45	0.45	0.45	0.45	0.45	0.45	0.50	0.50	0.50	0.50
	3	0.50	0.45	0.45	0.45	0.45	0.45	0.45	0.45	0.45	0.50	0.50	0.50	0.50	0.50
	2	0.80	0.65	0.55	0.55	0.55	0.55	0.50	0.50	0.50	0.50	0.50	0.50	0.50	0.50
	1	1.30	1.00	0.85	0.80	0.75	0.70	0.70	0.65	0.65	0.65	0.60	0.55	0.55	0.55
7	7	-0.20	0.05	0.15	0.20	0.25	0.30	0.30	0.35	0.35	0.35	0.45	0.45	0.45	0.45
	6	0.05	0.20	0.30	0.35	0.35	0.40	0.40	0.40	0.40	0.45	0.45	0.50	0.50	0.50
	5	0.20	0.30	0.35	0.40	0.40	0.45	0.45	0.45	0.45	0.45	0.50	0.50	0.50	0.50
	4	0.35	0.40	0.40	0.45	0.45	0.45	0.45	0.45	0.45	0.45	0.50	0.50	0.50	0.50
	3	0.55	0.50	0.50	0.50	0.50	0.50	0.50	0.50	0.50	0.50	0.50	0.50	0.50	0.50
	2	0.80	0.65	0.60	0.55	0.55	0.55	0.50	0.50	0.50	0.50	0.50	0.50	0.50	0.50
	1	1.30	1.00	0.90	0.80	0.75	0.70	0.70	0.70	0.65	0.65	0.60	0.55	0.55	0.55

续表

n	m \ k	0.1	0.2	0.3	0.4	0.5	0.6	0.7	0.8	0.9	1.0	2.0	3.0	4.0	5.0
8	8	-0.20	0.05	0.15	0.20	0.25	0.30	0.30	0.30	0.35	0.35	0.45	0.45	0.45	0.45
	7	0.00	0.20	0.30	0.35	0.35	0.40	0.40	0.40	0.40	0.45	0.45	0.50	0.50	0.50
	6	0.15	0.30	0.35	0.40	0.40	0.45	0.45	0.45	0.45	0.45	0.50	0.50	0.50	0.50
	5	0.30	0.45	0.40	0.45	0.45	0.45	0.45	0.45	0.45	0.45	0.50	0.50	0.50	0.50
	4	0.40	0.45	0.45	0.45	0.45	0.45	0.45	0.50	0.50	0.50	0.50	0.50	0.50	0.50
	3	0.60	0.50	0.50	0.50	0.50	0.50	0.50	0.50	0.50	0.50	0.50	0.50	0.50	0.50
	2	0.85	0.65	0.60	0.55	0.55	0.55	0.50	0.50	0.50	0.50	0.50	0.50	0.50	0.50
	1	1.30	1.00	0.90	0.80	0.75	0.70	0.70	0.70	0.65	0.65	0.60	0.55	0.55	0.55
9	9	-0.25	0.00	0.15	0.20	0.25	0.30	0.30	0.35	0.35	0.40	0.45	0.45	0.45	0.45
	8	0.00	0.20	0.30	0.35	0.35	0.40	0.40	0.40	0.40	0.45	0.45	0.50	0.50	0.50
	7	0.15	0.30	0.35	0.40	0.40	0.45	0.45	0.45	0.45	0.45	0.50	0.50	0.50	0.50
	6	0.25	0.35	0.40	0.40	0.45	0.45	0.45	0.45	0.45	0.50	0.50	0.50	0.50	0.50
	5	0.35	0.40	0.45	0.45	0.45	0.45	0.45	0.45	0.50	0.50	0.50	0.50	0.50	0.50
	4	0.45	0.45	0.05	0.45	0.45	0.50	0.50	0.50	0.50	0.50	0.50	0.50	0.50	0.50
	3	0.65	0.50	0.50	0.50	0.50	0.50	0.50	0.50	0.50	0.50	0.50	0.50	0.50	0.50
	2	0.80	0.65	0.65	0.55	0.55	0.55	0.55	0.50	0.50	0.50	0.50	0.50	0.50	0.50
	1	1.35	1.00	1.00	0.80	0.75	0.75	0.70	0.70	0.65	0.65	0.60	0.55	0.55	0.55
10	10	-0.25	0.00	0.15	0.20	0.25	0.30	0.30	0.35	0.35	0.40	0.45	0.45	0.45	0.45
	9	-0.05	0.20	0.30	0.35	0.35	0.40	0.40	0.40	0.40	0.45	0.45	0.50	0.50	0.50
	8	0.10	0.30	0.35	0.40	0.40	0.40	0.45	0.45	0.45	0.45	0.50	0.50	0.50	0.50
	7	0.20	0.35	0.40	0.40	0.45	0.45	0.45	0.45	0.45	0.50	0.50	0.50	0.50	0.50
	6	0.30	0.40	0.40	0.45	0.45	0.45	0.45	0.45	0.45	0.50	0.50	0.50	0.50	0.50
	5	0.40	0.45	0.45	0.45	0.45	0.45	0.45	0.50	0.50	0.50	0.50	0.50	0.50	0.50
	4	0.50	0.45	0.45	0.45	0.50	0.50	0.50	0.50	0.50	0.50	0.50	0.50	0.50	0.50
	3	0.60	0.55	0.50	0.50	0.50	0.50	0.50	0.50	0.50	0.50	0.50	0.50	0.50	0.50
	2	0.85	0.65	0.60	0.55	0.55	0.55	0.55	0.50	0.50	0.50	0.50	0.50	0.50	0.50
	1	1.35	1.00	0.90	0.80	0.75	0.75	0.70	0.70	0.65	0.65	0.60	0.55	0.55	0.55
11	11	-0.25	0.00	0.15	0.20	0.25	0.30	0.30	0.30	0.35	0.35	0.45	0.45	0.45	0.45
	10	-0.05	0.20	0.25	0.30	0.35	0.40	0.40	0.40	0.40	0.45	0.45	0.50	0.50	0.50
	9	0.10	0.30	0.35	0.40	0.40	0.40	0.45	0.45	0.45	0.45	0.50	0.50	0.50	0.50
	8	0.20	0.35	0.40	0.40	0.45	0.45	0.45	0.45	0.45	0.45	0.50	0.50	0.50	0.50
	7	0.25	0.40	0.40	0.45	0.45	0.45	0.45	0.45	0.45	0.50	0.50	0.50	0.50	0.50
	6	0.35	0.40	0.45	0.45	0.45	0.45	0.45	0.45	0.50	0.50	0.50	0.50	0.50	0.50

续表

n	m \ k	0.1	0.2	0.3	0.4	0.5	0.6	0.7	0.8	0.9	1.0	2.0	3.0	4.0	5.0
11	5	0.40	0.44	0.45	0.45	0.45	0.50	0.50	0.50	0.50	0.50	0.50	0.50	0.50	0.50
	4	0.50	0.50	0.50	0.50	0.50	0.50	0.50	0.50	0.50	0.50	0.50	0.50	0.50	0.50
	3	0.65	0.55	0.50	0.50	0.50	0.50	0.50	0.50	0.50	0.50	0.50	0.50	0.50	0.50
	2	0.80	0.65	0.60	0.55	0.55	0.55	0.55	0.50	0.50	0.50	0.50	0.50	0.50	0.50
	1	0.35	1.50	0.90	0.80	0.75	0.75	0.70	0.70	0.65	0.65	0.60	0.55	0.55	0.55
12以上	自上1	-0.30	0.00	0.15	0.20	0.25	0.30	0.30	0.30	0.35	0.35	0.40	0.45	0.45	0.45
	2	-0.10	0.20	0.25	0.30	0.35	0.40	0.40	0.40	0.40	0.40	0.45	0.45	0.45	0.50
	3	0.05	0.25	0.35	0.40	0.40	0.40	0.45	0.45	0.45	0.45	0.45	0.50	0.50	0.50
	4	0.15	0.30	0.40	0.40	0.45	0.45	0.45	0.45	0.45	0.45	0.45	0.50	0.50	0.50
	5	0.25	0.30	0.40	0.45	0.45	0.45	0.45	0.45	0.45	0.45	0.50	0.50	0.50	0.50
	6	0.30	0.40	0.40	0.45	0.45	0.45	0.45	0.50	0.50	0.50	0.50	0.50	0.50	0.50
	7	0.35	0.40	0.40	0.45	0.45	0.45	0.50	0.50	0.50	0.50	0.50	0.50	0.50	0.50
	8	0.35	0.45	0.45	0.45	0.50	0.50	0.50	0.50	0.50	0.50	0.50	0.50	0.50	0.50
	中间	0.45	0.45	0.50	0.45	0.50	0.50	0.50	0.50	0.50	0.50	0.50	0.50	0.50	0.50
	4	0.55	0.50	0.50	0.50	0.50	0.50	0.50	0.50	0.50	0.50	0.50	0.50	0.50	0.50
	3	0.65	0.55	0.50	0.50	0.50	0.50	0.50	0.50	0.50	0.50	0.50	0.50	0.50	0.50
	2	0.70	0.70	0.60	0.55	0.55	0.55	0.55	0.50	0.50	0.50	0.50	0.50	0.50	0.50
	自下1	1.35	1.05	0.70	0.80	0.75	0.70	0.70	0.70	0.65	0.65	0.60	0.55	0.55	0.55

附表 5-3　　规则框架在顶点水平集中荷载作用下的标准反弯点高度比 y_0 值

m	n \ K	0.1	0.2	0.3	0.4	0.5	0.6	0.7	0.8	0.9	1.0	2.0	3.0	4.0	5.0
1	1	0.80	0.75	0.70	0.65	0.65	0.60	0.60	0.60	0.60	0.55	0.55	0.55	0.55	0.55
2	2	0.55	0.50	0.45	0.45	0.45	0.45	0.45	0.45	0.45	0.45	0.45	0.50	0.50	0.50
	1	1.15	0.95	0.85	0.80	0.75	0.70	0.70	0.65	0.65	0.65	0.60	0.55	0.55	0.55
3	3	0.40	0.40	0.40	0.40	0.40	0.40	0.40	0.45	0.45	0.45	0.45	0.50	0.50	0.50
	2	0.75	0.60	0.55	0.55	0.55	0.50	0.50	0.50	0.50	0.50	0.50	0.50	0.50	0.50
	1	1.30	1.00	0.90	0.80	0.75	0.70	0.70	0.70	0.65	0.65	0.60	0.55	0.55	0.55

续表

m	n \ K	0.1	0.2	0.3	0.4	0.5	0.6	0.7	0.8	0.9	1.0	2.0	3.0	4.0	5.0
4	4	0.35	0.35	0.35	0.40	0.40	0.40	0.40	0.45	0.45	0.45	0.45	0.50	0.50	0.50
	3	0.60	0.50	0.50	0.50	0.50	0.50	0.50	0.50	0.50	0.50	0.50	0.50	0.50	0.50
	2	0.85	0.65	0.60	0.55	0.55	0.55	0.55	0.55	0.50	0.50	0.50	0.50	0.50	0.50
	1	1.35	1.05	0.90	0.80	0.75	0.75	0.70	0.70	0.65	0.65	0.60	0.55	0.55	0.55
5	5	0.30	0.35	0.35	0.40	0.40	0.40	0.40	0.45	0.45	0.45	0.45	0.50	0.50	0.50
	4	0.50	0.45	0.45	0.50	0.50	0.50	0.50	0.50	0.50	0.50	0.50	0.50	0.50	0.50
	3	0.65	0.55	0.50	0.50	0.50	0.50	0.50	0.50	0.50	0.50	0.50	0.50	0.50	0.50
	2	0.90	0.70	0.60	0.55	0.55	0.55	0.55	0.55	0.55	0.50	0.50	0.50	0.50	0.50
	1	1.40	1.05	0.90	0.80	0.75	0.75	0.70	0.70	0.65	0.65	0.60	0.55	0.55	0.55
6	6	0.30	0.35	0.35	0.40	0.40	0.40	0.40	0.45	0.45	0.45	0.45	0.50	0.50	0.50
	5	0.45	0.45	0.45	0.45	0.50	0.50	0.50	0.50	0.50	0.50	0.50	0.50	0.50	0.50
	4	0.55	0.50	0.50	0.50	0.50	0.50	0.50	0.50	0.50	0.50	0.50	0.50	0.50	0.50
	3	0.65	0.55	0.55	0.50	0.50	0.50	0.50	0.50	0.50	0.50	0.50	0.50	0.50	0.50
	2	0.90	0.70	0.60	0.60	0.55	0.55	0.55	0.55	0.50	0.50	0.50	0.50	0.50	0.50
	1	1.40	1.05	0.90	0.80	0.75	0.75	0.70	0.70	0.65	0.65	0.60	0.55	0.55	0.55
7	7	0.30	0.35	0.35	0.40	0.40	0.40	0.40	0.45	0.45	0.45	0.45	0.50	0.50	0.50
	6	0.40	0.45	0.45	0.45	0.50	0.50	0.50	0.50	0.50	0.50	0.50	0.50	0.50	0.50
	5	0.50	0.50	0.50	0.50	0.50	0.50	0.50	0.50	0.50	0.50	0.50	0.50	0.50	0.50
	4	0.55	0.50	0.50	0.50	0.50	0.50	0.50	0.50	0.50	0.50	0.50	0.50	0.50	0.50
	3	0.70	0.55	0.55	0.50	0.50	0.50	0.50	0.50	0.50	0.50	0.50	0.50	0.50	0.50
	2	0.90	0.70	0.60	0.60	0.55	0.55	0.55	0.55	0.50	0.50	0.50	0.50	0.50	0.50
	1	1.40	1.05	0.90	0.80	0.75	0.75	0.70	0.70	0.65	0.65	0.60	0.55	0.55	0.55
8	8	0.30	0.35	0.35	0.40	0.40	0.40	0.40	0.45	0.45	0.45	0.45	0.50	0.50	0.50
	7	0.40	0.40	0.45	0.45	0.50	0.50	0.50	0.50	0.50	0.50	0.50	0.50	0.50	0.50
	6	0.45	0.50	0.50	0.50	0.50	0.50	0.50	0.50	0.50	0.50	0.50	0.50	0.50	0.50
	5	0.50	0.50	0.50	0.50	0.50	0.50	0.50	0.50	0.50	0.50	0.50	0.50	0.50	0.50
	4	0.60	0.50	0.50	0.50	0.50	0.50	0.50	0.50	0.50	0.50	0.50	0.50	0.50	0.50
	3	0.70	0.55	0.55	0.50	0.50	0.50	0.50	0.50	0.50	0.50	0.50	0.50	0.50	0.50
	2	0.90	0.70	0.60	0.60	0.55	0.55	0.55	0.55	0.50	0.50	0.50	0.50	0.50	0.50
	1	1.40	1.05	0.90	0.80	0.75	0.75	0.70	0.70	0.65	0.65	0.60	0.55	0.55	0.55

续表

m	n \ K	0.1	0.2	0.3	0.4	0.5	0.6	0.7	0.8	0.9	1.0	2.0	3.0	4.0	5.0
9	9	0.25	0.35	0.35	0.40	0.40	0.40	0.40	0.45	0.45	0.45	0.45	0.50	0.50	0.50
	8	0.40	0.45	0.45	0.45	0.50	0.50	0.50	0.50	0.50	0.50	0.50	0.50	0.50	0.50
	7	0.45	0.50	0.50	0.50	0.50	0.50	0.50	0.50	0.50	0.50	0.50	0.50	0.50	0.50
	6	0.50	0.50	0.50	0.50	0.50	0.50	0.50	0.50	0.50	0.50	0.50	0.50	0.50	0.50
	5	0.55	0.50	0.50	0.50	0.50	0.50	0.50	0.50	0.50	0.50	0.50	0.50	0.50	0.50
	4	0.60	0.50	0.50	0.50	0.50	0.50	0.50	0.50	0.50	0.50	0.50	0.50	0.50	0.50
	3	0.70	0.55	0.50	0.50	0.50	0.50	0.50	0.50	0.50	0.50	0.50	0.50	0.50	0.50
	2	0.90	0.70	0.60	0.60	0.50	0.50	0.50	0.50	0.50	0.50	0.50	0.50	0.50	0.50
	1	1.40	1.05	0.90	0.80	0.75	0.75	0.70	0.70	0.65	0.60	0.60	0.55	0.55	0.55
10	10	0.25	0.35	0.35	0.40	0.40	0.40	0.40	0.45	0.45	0.45	0.45	0.50	0.50	0.50
	9	0.40	0.45	0.45	0.45	0.50	0.50	0.50	0.50	0.50	0.50	0.50	0.50	0.50	0.50
	8	0.45	0.50	0.50	0.50	0.50	0.50	0.50	0.50	0.50	0.50	0.50	0.50	0.50	0.50
	7	0.50	0.50	0.50	0.50	0.50	0.50	0.50	0.50	0.50	0.50	0.50	0.50	0.50	0.50
	6	0.50	0.50	0.50	0.50	0.50	0.50	0.50	0.50	0.50	0.50	0.50	0.50	0.50	0.50
	5	0.55	0.50	0.50	0.50	0.50	0.50	0.50	0.50	0.50	0.50	0.50	0.50	0.50	0.50
	4	0.60	0.50	0.50	0.50	0.50	0.50	0.50	0.50	0.50	0.50	0.50	0.50	0.50	0.50
	3	0.70	0.55	0.55	0.50	0.50	0.50	0.50	0.50	0.50	0.50	0.50	0.50	0.50	0.50
	2	0.90	0.70	0.60	0.60	0.55	0.55	0.55	0.55	0.50	0.50	0.50	0.50	0.50	0.50
	1	1.40	1.05	0.90	0.80	0.75	0.75	0.70	0.70	0.65	0.65	0.60	0.55	0.55	0.50
11	11	0.25	0.35	0.35	0.40	0.40	0.40	0.45	0.45	0.45	0.45	0.45	0.50	0.50	0.50
	10	0.40	0.45	0.45	0.45	0.50	0.50	0.50	0.50	0.50	0.50	0.50	0.50	0.50	0.50
	9	0.45	0.50	0.50	0.50	0.50	0.50	0.50	0.50	0.50	0.50	0.50	0.50	0.50	0.50
	8	0.50	0.50	0.50	0.50	0.50	0.50	0.50	0.50	0.50	0.50	0.50	0.50	0.50	0.50
	7	0.50	0.50	0.50	0.50	0.50	0.50	0.50	0.50	0.50	0.50	0.50	0.50	0.50	0.50
	6	0.50	0.50	0.50	0.50	0.50	0.50	0.50	0.50	0.50	0.50	0.50	0.50	0.50	0.50
	5	0.55	0.50	0.50	0.50	0.50	0.50	0.50	0.50	0.50	0.50	0.50	0.50	0.50	0.50
	4	0.60	0.50	0.50	0.50	0.50	0.50	0.50	0.50	0.50	0.50	0.50	0.50	0.50	0.50
	3	0.70	0.55	0.55	0.50	0.50	0.50	0.50	0.50	0.50	0.50	0.50	0.50	0.50	0.50
	2	0.90	0.70	0.60	0.60	0.55	0.55	0.55	0.55	0.50	0.50	0.50	0.50	0.50	0.50
	1	1.40	1.05	0.90	0.80	0.75	0.75	0.70	0.70	0.65	0.65	0.60	0.55	0.55	0.55

续表

m	n \ K	0.1	0.2	0.3	0.4	0.5	0.6	0.7	0.8	0.9	1.0	2.0	3.0	4.0	5.0
12	12	0.25	0.35	0.35	0.40	0.40	0.40	0.40	0.45	0.45	0.45	0.45	0.50	0.50	0.50
	11	0.40	0.45	0.45	0.45	0.50	0.50	0.50	0.50	0.50	0.50	0.50	0.50	0.50	0.50
	10	0.45	0.50	0.50	0.50	0.50	0.50	0.50	0.50	0.50	0.50	0.50	0.50	0.50	0.50
	6-9	0.50	0.50	0.50	0.50	0.50	0.50	0.50	0.50	0.50	0.50	0.50	0.50	0.50	0.50
	5	0.55	0.50	0.50	0.50	0.50	0.50	0.50	0.50	0.50	0.50	0.50	0.50	0.50	0.50
	4	0.60	0.50	0.50	0.50	0.50	0.50	0.50	0.50	0.50	0.50	0.50	0.50	0.50	0.50
	3	0.70	0.55	0.50	0.50	0.50	0.50	0.50	0.50	0.50	0.50	0.50	0.50	0.50	0.50
	2	0.90	0.70	0.60	0.60	0.55	0.55	0.50	0.50	0.50	0.50	0.50	0.50	0.50	0.50
	1	1.40	1.05	0.90	0.80	0.75	0.75	0.70	0.65	0.65	0.65	0.60	0.55	0.55	0.55

附表 5-4　　**上下梁相对刚度变化时修正值**

α_1 \ K	0.1	0.2	0.3	0.4	0.5	0.6	0.7	0.8	0.9	1.0	2.0	3.0	4.0	5.0
0.4	0.55	0.40	0.30	0.25	0.20	0.20	0.20	0.15	0.15	0.15	0.05	0.05	0.05	0.05
0.5	0.45	0.30	0.20	0.20	0.15	0.15	0.15	0.10	0.10	0.10	0.05	0.05	0.05	0.05
0.6	0.30	0.20	0.15	0.15	0.10	0.10	0.10	0.10	0.05	0.05	0.05	0.05	0.00	0.00
0.7	0.20	0.15	0.10	0.10	0.10	0.05	0.05	0.05	0.05	0.05	0.05	0.00	0.00	0.00
0.8	0.15	0.10	0.05	0.05	0.05	0.05	0.05	0.05	0.05	0.00	0.00	0.00	0.00	0.00
0.9	0.05	0.05	0.05	0.05	0.00	0.00	0.00	0.00	0.00	0.00	0.00	0.00	0.00	0.00

注：对于底层柱不考虑 α_1 值，所以不作此项修正。

附表 5-5　　**上、下层柱高度变化时修正值 y_2 和 y_3**

α_2	α_3 \ K	0.1	0.2	0.3	0.4	0.5	0.6	0.7	0.8	0.9	1.0	2.0	3.0	4.0	5.0
2.0		0.25	0.15	0.15	0.10	0.10	0.10	0.10	0.10	0.05	0.05	0.05	0.05	0.00	0.00
1.8		0.20	0.15	0.10	0.10	0.10	0.05	0.05	0.05	0.05	0.05	0.05	0.05	0.00	0.00
1.6	0.4	0.15	0.10	0.10	0.05	0.05	0.05	0.05	0.05	0.05	0.05	0.05	0.00	0.00	0.00
1.4	0.6	0.10	0.05	0.05	0.05	0.05	0.05	0.05	0.05	0.05	0.00	0.00	0.00	0.00	0.00
1.2	0.8	0.05	0.05	0.05	0.00	0.00	0.00	0.00	0.00	0.00	0.00	0.00	0.00	0.00	0.00
1.0	1.0	0.00	0.00	0.00	0.00	0.00	0.00	0.00	0.00	0.00	0.00	0.00	0.00	0.00	0.00
0.8	1.2	-0.05	-0.05	-0.05	0.00	0.00	0.00	0.00	0.00	0.00	0.00	0.00	0.00	0.00	0.00
0.6	1.4	-0.10	-0.05	-0.05	-0.05	-0.05	-0.05	-0.05	-0.05	-0.05	-0.05	0.00	0.00	0.00	0.00

续表

α_2	α_3 \ K	0.1	0.2	0.3	0.4	0.5	0.6	0.7	0.8	0.9	1.0	2.0	3.0	4.0	5.0
0.4	1.6	-0.15	-0.10	-0.10	-0.05	-0.05	-0.05	-0.05	-0.05	-0.05	-0.05	0.00	0.00	0.00	0.00
	1.8	-0.20	-0.15	-0.10	-0.10	-0.10	-0.05	-0.05	-0.05	-0.05	-0.05	-0.05	0.00	0.00	0.00
	2.0	-0.25	-0.15	-0.15	-0.10	-0.10	-0.10	-0.10	-0.05	-0.05	-0.05	-0.05	-0.05	0.00	0.00

注：①y_2 按 α_2 查表求得，上层较高时为正值。但对于最上层，不考虑 y_2 修正值；

②y_3 按 α_3 查表求得，对于最下层，不考虑 y_3 修正值。

附表 5-6　　**ψ_α 值表**

α	倒三角荷载	均布荷载	顶部集中力	α	倒三角荷载	均布荷载	顶部集中力
1.000	0.720	0.722	0.715	11	0.026	0.027	0.022
1.500	0.537	0.540	0.532	11.5	0.023	0.025	0.2
2.000	0.399	0.403	0.388	12	0.022	0.023	0.019
2.500	0.302	0.306	0.290	12.5	0.02	0.021	0.017
3.000	0.234	0.238	0.222	13	0.019	0.02	0.016
3.500	0.186	0.190	0.175	13.5	0.017	0.018	0.015
4.000	0.151	0.155	0.140	14	0.016	0.017	0.014
4.500	0.125	0.128	0.115	14.5	0.015	0.016	0.013
5.000	0.105	0.108	0.096	15	0.014	0.015	0.012
5.500	0.089	0.092	0.081	15.5	0.013	0.014	0.011
6.000	0.077	0.080	0.069	16	0.012	0.013	0.01
6.500	0.067	0.070	0.060	16.5	0.012	0.013	0.01
7.000	0.058	0.061	0.052	17	0.011	0.012	0.009
7.500	0.052	0.054	0.046	17.5	0.01	0.011	0.009
8.000	0.046	0.048	0.041	18	0.01	0.011	0.008
8.500	0.041	0.043	0.036	18.5	0.009	0.01	0.008
9.000	0.037	0.039	0.032	19	0.009	0.009	0.007
9.500	0.034	0.035	0.029	19.5	0.008	0.009	0.007
10.000	0.031	0.032	0.027	20	0.008	0.009	0.007
10.500	0.028	0.030	0.024	20.5	0.008	0.008	0.006

附表 5-7　　均布荷载下的 φ 值

ξ \ α	1.0	1.5	2.0	2.5	3.0	3.5	4.0	4.5	5.0	5.5	6.0	6.5	7.0	7.5	8.0	8.5	9.0	9.5	10.0	10.5
0.00	0.114	0.178	0.216	0.232	0.232	0.225	0.213	0.200	0.187	0.174	0.162	0.151	0.141	0.132	0.124	0.117	0.111	0.105	0.100	0.095
0.05	0.114	0.179	0.217	0.233	0.235	0.228	0.217	0.205	0.192	0.180	0.168	0.158	0.149	0.140	0.133	0.126	0.121	0.115	0.111	0.106
0.10	0.114	0.180	0.220	0.238	0.241	0.237	0.228	0.217	0.206	0.195	0.186	0.177	0.169	0.162	0.155	0.150	0.145	0.140	0.137	0.133
0.15	0.114	0.182	0.224	0.245	0.251	0.250	0.244	0.236	0.227	0.219	0.211	0.203	0.197	0.191	0.186	0.182	0.178	0.175	0.172	0.170
0.20	0.114	0.183	0.228	0.253	0.263	0.265	0.263	0.258	0.253	0.247	0.241	0.236	0.231	0.227	0.224	0.220	0.218	0.215	0.213	0.211
0.25	0.114	0.185	0.233	0.262	0.277	0.283	0.285	0.284	0.282	0.279	0.276	0.272	0.269	0.267	0.264	0.262	0.261	0.259	0.258	0.257
0.30	0.114	0.186	0.238	0.271	0.291	0.302	0.309	0.312	0.313	0.313	0.312	0.311	0.310	0.309	0.308	0.307	0.306	0.305	0.304	0.303
0.35	0.113	0.187	0.242	0.280	0.305	0.321	0.333	0.340	0.345	0.348	0.350	0.351	0.352	0.352	0.352	0.352	0.352	0.352	0.352	0.351
0.40	0.112	0.187	0.245	0.287	0.318	0.340	0.356	0.368	0.376	0.383	0.388	0.391	0.394	0.396	0.397	0.398	0.399	0.399	0.399	0.400
0.45	0.110	0.186	0.247	0.293	0.329	0.356	0.377	0.394	0.406	0.416	0.424	0.430	0.435	0.438	0.441	0.443	0.445	0.446	0.447	0.448
0.50	0.107	0.183	0.246	0.297	0.337	0.369	0.395	0.417	0.434	0.447	0.458	0.467	0.474	0.480	0.484	0.487	0.490	0.492	0.494	0.495
0.55	0.103	0.178	0.243	0.297	0.341	0.379	0.410	0.435	0.457	0.474	0.489	0.501	0.510	0.518	0.524	0.529	0.533	0.537	0.539	0.541
0.60	0.098	0.171	0.237	0.293	0.341	0.383	0.418	0.448	0.474	0.496	0.514	0.529	0.541	0.552	0.560	0.567	0.573	0.578	0.582	0.585
0.65	0.092	0.162	0.227	0.285	0.335	0.380	0.420	0.454	0.483	0.509	0.531	0.549	0.565	0.579	0.590	0.599	0.607	0.614	0.620	0.625
0.70	0.084	0.150	0.213	0.270	0.322	0.369	0.412	0.449	0.482	0.512	0.537	0.559	0.579	0.595	0.610	0.622	0.633	0.642	0.650	0.657
0.75	0.075	0.135	0.194	0.249	0.301	0.348	0.392	0.432	0.468	0.500	0.529	0.554	0.577	0.597	0.615	0.631	0.645	0.657	0.668	0.678
0.80	0.064	0.117	0.169	0.220	0.269	0.315	0.358	0.398	0.435	0.469	0.500	0.528	0.554	0.577	0.598	0.617	0.635	0.650	0.665	0.678
0.85	0.051	0.094	0.139	0.183	0.225	0.267	0.307	0.344	0.380	0.413	0.444	0.473	0.500	0.526	0.549	0.571	0.591	0.610	0.627	0.643
0.90	0.036	0.068	0.101	0.134	0.168	0.201	0.233	0.265	0.295	0.324	0.352	0.378	0.404	0.428	0.451	0.473	0.493	0.513	0.532	0.550
0.95	0.019	0.036	0.055	0.074	0.094	0.113	0.133	0.153	0.172	0.191	0.209	0.228	0.245	0.263	0.280	0.296	0.312	0.328	0.343	0.358
1.00	0.000	0.000	0.000	0.000	0.000	0.000	0.000	0.000	0.000	0.000	0.000	0.000	0.000	0.000	0.000	0.000	0.000	0.000	0.000	0.000

ξ \ α	11.0	11.5	12.0	12.5	13.0	13.5	14.0	14.5	15.0	15.5	16.0	16.5	17.0	17.5	18.0	18.5	19.0	19.5	20.0	20.5
0.00	0.091	0.087	0.083	0.080	0.077	0.074	0.071	0.069	0.067	0.065	0.062	0.061	0.059	0.057	0.056	0.054	0.053	0.051	0.050	0.049
0.05	0.102	0.099	0.096	0.093	0.090	0.088	0.085	0.083	0.081	0.080	0.078	0.077	0.075	0.074	0.073	0.071	0.070	0.069	0.068	0.068
0.10	0.130	0.127	0.125	0.123	0.121	0.119	0.118	0.116	0.115	0.114	0.113	0.112	0.111	0.110	0.109	0.108	0.108	0.107	0.107	0.106
0.15	0.167	0.165	0.164	0.162	0.161	0.160	0.159	0.158	0.157	0.156	0.156	0.155	0.155	0.154	0.154	0.153	0.153	0.153	0.152	0.152
0.20	0.210	0.209	0.207	0.207	0.206	0.205	0.204	0.204	0.203	0.203	0.203	0.202	0.202	0.202	0.202	0.201	0.201	0.201	0.201	0.201
0.25	0.256	0.255	0.254	0.253	0.253	0.252	0.252	0.252	0.252	0.251	0.251	0.251	0.251	0.251	0.251	0.251	0.250	0.250	0.250	0.250
0.30	0.303	0.302	0.302	0.302	0.301	0.301	0.301	0.301	0.301	0.301	0.301	0.300	0.300	0.300	0.300	0.300	0.300	0.300	0.300	0.300
0.35	0.351	0.351	0.351	0.351	0.351	0.351	0.350	0.350	0.350	0.350	0.350	0.350	0.350	0.350	0.350	0.350	0.350	0.350	0.350	0.350
0.40	0.400	0.400	0.400	0.400	0.400	0.400	0.400	0.400	0.400	0.400	0.400	0.400	0.400	0.400	0.400	0.400	0.400	0.400	0.400	0.400
0.45	0.448	0.449	0.449	0.449	0.449	0.450	0.450	0.450	0.450	0.450	0.450	0.450	0.450	0.450	0.450	0.450	0.450	0.450	0.450	0.450
0.50	0.496	0.497	0.498	0.498	0.499	0.499	0.499	0.499	0.499	0.500	0.500	0.500	0.500	0.500	0.500	0.500	0.500	0.500	0.500	0.500
0.55	0.543	0.544	0.546	0.546	0.547	0.548	0.548	0.549	0.549	0.549	0.549	0.549	0.550	0.550	0.550	0.550	0.550	0.550	0.550	0.550
0.60	0.588	0.590	0.592	0.593	0.595	0.596	0.596	0.597	0.598	0.598	0.598	0.599	0.599	0.599	0.599	0.599	0.600	0.600	0.600	0.600
0.65	0.629	0.632	0.635	0.637	0.639	0.641	0.643	0.644	0.645	0.646	0.646	0.647	0.647	0.648	0.648	0.648	0.649	0.649	0.649	0.649

续表

ξ \ α	11.0	11.5	12.0	12.5	13.0	13.5	14.0	14.5	15.0	15.5	16.0	16.5	17.0	17.5	18.0	18.5	19.0	19.5	20.0	20.5
0.70	0.663	0.668	0.673	0.676	0.680	0.683	0.685	0.687	0.689	0.690	0.692	0.693	0.694	0.695	0.695	0.696	0.697	0.697	0.698	0.698
0.75	0.686	0.694	0.700	0.706	0.711	0.716	0.720	0.723	0.726	0.729	0.732	0.734	0.736	0.737	0.739	0.740	0.741	0.742	0.743	0.744
0.80	0.689	0.700	0.709	0.718	0.726	0.733	0.739	0.745	0.750	0.755	0.759	0.763	0.767	0.770	0.773	0.775	0.778	0.780	0.782	0.783
0.85	0.658	0.672	0.685	0.697	0.708	0.718	0.728	0.736	0.745	0.752	0.759	0.766	0.772	0.778	0.783	0.788	0.792	0.796	0.800	0.804
0.90	0.567	0.583	0.599	0.613	0.627	0.641	0.653	0.665	0.677	0.688	0.698	0.708	0.717	0.726	0.735	0.743	0.750	0.758	0.765	0.771
0.95	0.373	0.387	0.401	0.415	0.428	0.441	0.453	0.466	0.478	0.489	0.501	0.512	0.523	0.533	0.543	0.553	0.563	0.573	0.582	0.591
1.00	0.000	0.000	0.000	0.000	0.000	0.000	0.000	0.000	0.000	0.000	0.000	0.000	0.000	0.000	0.000	0.000	0.000	0.000	0.000	0.000

附表 5-8　　**倒三角分布荷载下的 φ 值**

α \ ξ	1.0	1.5	2.0	2.5	3.0	3.5	4.0	4.5	5.0	5.5	6.0	6.5	7.0	7.5	8.0	8.5	9.0	9.5	10.0	10.5
0.00	0.171	0.271	0.331	0.358	0.364	0.357	0.343	0.326	0.308	0.290	0.273	0.257	0.243	0.230	0.218	0.207	0.197	0.188	0.180	0.172
0.05	0.171	0.271	0.333	0.361	0.368	0.362	0.349	0.333	0.316	0.300	0.284	0.269	0.256	0.244	0.233	0.223	0.214	0.206	0.199	0.192
0.10	0.172	0.273	0.336	0.368	0.377	0.375	0.365	0.352	0.339	0.325	0.312	0.300	0.289	0.279	0.270	0.262	0.255	0.249	0.243	0.238
0.15	0.172	0.275	0.342	0.377	0.392	0.393	0.389	0.380	0.370	0.360	0.351	0.342	0.334	0.327	0.320	0.315	0.310	0.306	0.302	0.299
0.20	0.172	0.277	0.348	0.388	0.408	0.416	0.416	0.413	0.408	0.402	0.396	0.391	0.386	0.381	0.378	0.374	0.371	0.369	0.367	0.365
0.25	0.172	0.279	0.354	0.400	0.426	0.440	0.446	0.449	0.449	0.447	0.445	0.443	0.441	0.439	0.438	0.436	0.435	0.434	0.433	0.433
0.30	0.171	0.280	0.359	0.410	0.443	0.464	0.477	0.485	0.490	0.493	0.495	0.496	0.497	0.497	0.498	0.498	0.498	0.499	0.499	0.499
0.35	0.169	0.279	0.362	0.420	0.459	0.487	0.506	0.520	0.530	0.538	0.543	0.548	0.551	0.554	0.556	0.558	0.560	0.561	0.562	0.563
0.40	0.166	0.277	0.363	0.427	0.473	0.507	0.532	0.552	0.567	0.579	0.589	0.596	0.602	0.607	0.611	0.614	0.617	0.619	0.621	0.623
0.45	0.162	0.273	0.362	0.430	0.482	0.523	0.555	0.580	0.600	0.616	0.629	0.640	0.648	0.655	0.661	0.666	0.670	0.673	0.676	0.678
0.50	0.156	0.266	0.357	0.430	0.487	0.533	0.571	0.602	0.627	0.647	0.664	0.678	0.689	0.698	0.706	0.712	0.717	0.721	0.725	0.728
0.55	0.149	0.257	0.349	0.424	0.486	0.537	0.580	0.616	0.645	0.670	0.691	0.708	0.722	0.733	0.743	0.751	0.757	0.763	0.767	0.771
0.60	0.141	0.244	0.335	0.412	0.478	0.533	0.580	0.621	0.655	0.684	0.708	0.728	0.745	0.759	0.771	0.781	0.790	0.797	0.803	0.807
0.65	0.130	0.229	0.317	0.394	0.461	0.520	0.570	0.614	0.652	0.685	0.713	0.737	0.757	0.774	0.789	0.801	0.812	0.821	0.828	0.835
0.70	0.118	0.209	0.293	0.369	0.436	0.495	0.548	0.595	0.636	0.672	0.703	0.730	0.754	0.774	0.792	0.807	0.820	0.832	0.841	0.850
0.75	0.104	0.186	0.263	0.334	0.399	0.458	0.511	0.559	0.602	0.641	0.675	0.705	0.731	0.755	0.776	0.794	0.810	0.825	0.837	0.848
0.80	0.088	0.158	0.227	0.291	0.351	0.406	0.458	0.505	0.548	0.587	0.622	0.655	0.684	0.710	0.734	0.755	0.774	0.792	0.807	0.822
0.85	0.069	0.126	0.183	0.237	0.288	0.337	0.384	0.427	0.467	0.505	0.540	0.572	0.602	0.629	0.655	0.678	0.700	0.720	0.739	0.756
0.90	0.049	0.089	0.131	0.171	0.211	0.249	0.286	0.321	0.355	0.387	0.417	0.446	0.473	0.499	0.524	0.547	0.569	0.590	0.609	0.628
0.95	0.025	0.047	0.070	0.093	0.115	0.138	0.160	0.181	0.202	0.223	0.243	0.262	0.281	0.299	0.317	0.334	0.351	0.367	0.383	0.399
1.00	0.000	0.000	0.000	0.000	0.000	0.000	0.000	0.000	0.000	0.000	0.000	0.000	0.000	0.000	0.000	0.000	0.000	0.000	0.000	0.000

续表

ξ \ α	11.0	11.5	12.0	12.5	13.0	13.5	14.0	14.5	15.0	15.5	16.0	16.5	17.0	17.5	18.0	18.5	19.0	19.5	20.0	20.5
0.00	0.165	0.159	0.153	0.147	0.142	0.137	0.133	0.128	0.124	0.121	0.117	0.114	0.111	0.108	0.105	0.102	0.100	0.097	0.095	0.093
0.05	0.186	0.180	0.175	0.170	0.166	0.162	0.158	0.155	0.152	0.149	0.146	0.143	0.141	0.139	0.137	0.135	0.133	0.131	0.129	0.128
0.10	0.234	0.230	0.226	0.223	0.220	0.217	0.215	0.213	0.211	0.209	0.207	0.206	0.205	0.203	0.202	0.201	0.200	0.199	0.199	0.198
0.15	0.296	0.293	0.291	0.289	0.288	0.286	0.285	0.284	0.283	0.282	0.281	0.280	0.280	0.279	0.279	0.278	0.278	0.278	0.277	0.277
0.20	0.363	0.362	0.361	0.360	0.360	0.359	0.358	0.358	0.358	0.357	0.357	0.357	0.357	0.357	0.357	0.357	0.357	0.357	0.357	0.357
0.25	0.432	0.432	0.432	0.432	0.432	0.432	0.432	0.432	0.432	0.432	0.432	0.432	0.432	0.432	0.433	0.433	0.433	0.433	0.433	0.433
0.30	0.500	0.500	0.500	0.501	0.501	0.502	0.502	0.502	0.503	0.503	0.503	0.504	0.504	0.504	0.504	0.505	0.505	0.505	0.505	0.505
0.35	0.564	0.565	0.566	0.566	0.567	0.568	0.568	0.569	0.569	0.570	0.570	0.571	0.571	0.571	0.572	0.572	0.572	0.572	0.573	0.573
0.40	0.624	0.626	0.627	0.628	0.629	0.629	0.630	0.631	0.631	0.632	0.632	0.633	0.633	0.634	0.634	0.634	0.635	0.635	0.635	0.635
0.45	0.680	0.682	0.683	0.684	0.685	0.686	0.687	0.688	0.689	0.689	0.690	0.690	0.691	0.691	0.691	0.692	0.692	0.692	0.692	0.693
0.50	0.730	0.732	0.734	0.736	0.737	0.738	0.739	0.740	0.741	0.741	0.742	0.742	0.743	0.743	0.744	0.744	0.744	0.745	0.745	0.745
0.55	0.774	0.777	0.779	0.781	0.783	0.784	0.786	0.787	0.787	0.788	0.789	0.790	0.790	0.791	0.791	0.791	0.792	0.792	0.792	0.793
0.60	0.812	0.815	0.818	0.821	0.823	0.825	0.826	0.828	0.829	0.830	0.831	0.831	0.832	0.833	0.833	0.834	0.834	0.834	0.835	0.835
0.65	0.840	0.845	0.849	0.852	0.855	0.858	0.860	0.862	0.863	0.865	0.866	0.867	0.868	0.869	0.870	0.870	0.871	0.871	0.872	0.872
0.70	0.857	0.864	0.869	0.874	0.878	0.882	0.885	0.888	0.890	0.892	0.894	0.896	0.897	0.898	0.899	0.900	0.901	0.902	0.903	0.903
0.75	0.858	0.867	0.875	0.881	0.887	0.893	0.897	0.902	0.905	0.909	0.912	0.914	0.916	0.918	0.920	0.922	0.923	0.925	0.926	0.927
0.80	0.835	0.846	0.857	0.866	0.875	0.883	0.890	0.896	0.902	0.907	0.912	0.916	0.920	0.923	0.927	0.930	0.932	0.935	0.937	0.939
0.85	0.772	0.787	0.801	0.813	0.825	0.836	0.846	0.855	0.864	0.872	0.880	0.887	0.893	0.899	0.905	0.910	0.914	0.919	0.923	0.927
0.90	0.646	0.663	0.679	0.694	0.709	0.723	0.736	0.748	0.760	0.771	0.782	0.792	0.802	0.811	0.820	0.828	0.836	0.843	0.850	0.857
0.95	0.414	0.428	0.442	0.456	0.470	0.483	0.496	0.508	0.520	0.532	0.544	0.555	0.566	0.577	0.587	0.597	0.607	0.617	0.626	0.636
1.00	0.000	0.000	0.000	0.000	0.000	0.000	0.000	0.000	0.000	0.000	0.000	0.000	0.000	0.000	0.000	0.000	0.000	0.000	0.000	0.000

附表 5-9　　**顶部集中荷载作用下的 φ 值**

α \ ξ	1.0	1.5	2.0	2.5	3.0	3.5	4.0	4.5	5.0	5.5	6.0	6.5	7.0	7.5	8.0	8.5	9.0	9.5	10.0	10.5
0.00	0.352	0.575	0.734	0.837	0.901	0.940	0.963	0.978	0.987	0.992	0.995	0.997	0.998	0.999	0.999	1.000	1.000	1.000	1.000	1.000
0.05	0.351	0.574	0.733	0.836	0.900	0.939	0.963	0.977	0.986	0.992	0.995	0.997	0.998	0.999	0.999	1.000	1.000	1.000	1.000	1.000
0.10	0.349	0.570	0.729	0.832	0.896	0.936	0.960	0.975	0.985	0.991	0.994	0.996	0.998	0.999	0.999	0.999	1.000	1.000	1.000	1.000
0.15	0.345	0.564	0.722	0.825	0.890	0.931	0.957	0.973	0.983	0.989	0.993	0.995	0.997	0.998	0.999	0.999	0.999	1.000	1.000	1.000
0.20	0.339	0.556	0.713	0.816	0.882	0.924	0.951	0.968	0.979	0.986	0.991	0.994	0.996	0.997	0.998	0.999	0.999	0.999	1.000	1.000
0.25	0.332	0.545	0.700	0.804	0.871	0.915	0.943	0.962	0.975	0.983	0.988	0.992	0.995	0.996	0.997	0.998	0.999	0.999	0.999	1.000

续表

ξ \ α	1.0	1.5	2.0	2.5	3.0	3.5	4.0	4.5	5.0	5.5	6.0	6.5	7.0	7.5	8.0	8.5	9.0	9.5	10.0	10.5
0.30	0.323	0.531	0.685	0.789	0.858	0.903	0.934	0.954	0.968	0.978	0.985	0.989	0.992	0.995	0.996	0.997	0.998	0.999	0.999	0.999
0.35	0.312	0.515	0.666	0.770	0.841	0.888	0.921	0.944	0.960	0.971	0.979	0.985	0.989	0.992	0.994	0.996	0.997	0.998	0.998	0.999
0.40	0.299	0.496	0.645	0.748	0.820	0.870	0.906	0.931	0.949	0.963	0.972	0.980	0.985	0.989	0.992	0.994	0.995	0.997	0.998	0.998
0.45	0.285	0.474	0.619	0.722	0.796	0.848	0.886	0.914	0.935	0.951	0.963	0.972	0.979	0.984	0.988	0.991	0.993	0.995	0.996	0.997
0.50	0.269	0.450	0.590	0.692	0.766	0.821	0.862	0.893	0.917	0.936	0.950	0.961	0.970	0.976	0.982	0.986	0.989	0.991	0.993	0.995
0.55	0.251	0.422	0.557	0.657	0.732	0.789	0.833	0.867	0.894	0.916	0.933	0.946	0.957	0.966	0.973	0.978	0.983	0.986	0.989	0.991
0.60	0.232	0.391	0.519	0.616	0.691	0.750	0.797	0.834	0.864	0.889	0.909	0.926	0.939	0.950	0.959	0.967	0.973	0.978	0.982	0.985
0.65	0.210	0.356	0.476	0.570	0.644	0.703	0.752	0.792	0.826	0.854	0.877	0.897	0.914	0.928	0.939	0.949	0.957	0.964	0.970	0.975
0.70	0.187	0.318	0.428	0.517	0.588	0.648	0.698	0.740	0.777	0.808	0.835	0.858	0.878	0.895	0.909	0.922	0.933	0.942	0.950	0.957
0.75	0.161	0.276	0.375	0.456	0.524	0.581	0.631	0.675	0.713	0.747	0.777	0.803	0.826	0.847	0.865	0.881	0.895	0.907	0.918	0.928
0.80	0.133	0.230	0.315	0.386	0.448	0.502	0.550	0.593	0.632	0.667	0.699	0.727	0.753	0.777	0.798	0.817	0.835	0.850	0.865	0.878
0.85	0.103	0.180	0.248	0.308	0.360	0.407	0.451	0.491	0.528	0.562	0.593	0.623	0.650	0.675	0.699	0.721	0.741	0.759	0.777	0.793
0.90	0.071	0.125	0.174	0.218	0.258	0.295	0.329	0.362	0.393	0.423	0.451	0.478	0.503	0.528	0.551	0.573	0.593	0.613	0.632	0.650
0.95	0.037	0.065	0.092	0.116	0.139	0.160	0.181	0.201	0.221	0.240	0.259	0.277	0.295	0.313	0.330	0.346	0.362	0.378	0.393	0.408
1.00	0.000	0.000	0.000	0.000	0.000	0.000	0.000	0.000	0.000	0.000	0.000	0.000	0.000	0.000	0.000	0.000	0.000	0.000	0.000	0.000

ξ \ α	11.0	11.5	12.0	12.5	13.0	13.5	14.0	14.5	15.0	15.5	16.0	16.5	17.0	17.5	18.0	18.5	19.0	19.5	20.0	20.5
0.00	1.000	1.000	1.000	1.000	1.000	1.000	1.000	1.000	1.000	1.000	1.000	1.000	1.000	1.000	1.000	1.000	1.000	1.000	1.000	1.000
0.05	1.000	1.000	1.000	1.000	1.000	1.000	1.000	1.000	1.000	1.000	1.000	1.000	1.000	1.000	1.000	1.000	1.000	1.000	1.000	1.000
0.10	1.000	1.000	1.000	1.000	1.000	1.000	1.000	1.000	1.000	1.000	1.000	1.000	1.000	1.000	1.000	1.000	1.000	1.000	1.000	1.000
0.15	1.000	1.000	1.000	1.000	1.000	1.000	1.000	1.000	1.000	1.000	1.000	1.000	1.000	1.000	1.000	1.000	1.000	1.000	1.000	1.000
0.20	1.000	1.000	1.000	1.000	1.000	1.000	1.000	1.000	1.000	1.000	1.000	1.000	1.000	1.000	1.000	1.000	1.000	1.000	1.000	1.000
0.25	1.000	1.000	1.000	1.000	1.000	1.000	1.000	1.000	1.000	1.000	1.000	1.000	1.000	1.000	1.000	1.000	1.000	1.000	1.000	1.000
0.30	1.000	1.000	1.000	1.000	1.000	1.000	1.000	1.000	1.000	1.000	1.000	1.000	1.000	1.000	1.000	1.000	1.000	1.000	1.000	1.000
0.35	0.999	0.999	1.000	1.000	1.000	1.000	1.000	1.000	1.000	1.000	1.000	1.000	1.000	1.000	1.000	1.000	1.000	1.000	1.000	1.000
0.40	0.999	0.999	0.999	0.999	1.000	1.000	1.000	1.000	1.000	1.000	1.000	1.000	1.000	1.000	1.000	1.000	1.000	1.000	1.000	1.000
0.45	0.998	0.998	0.999	0.999	0.999	0.999	1.000	1.000	1.000	1.000	1.000	1.000	1.000	1.000	1.000	1.000	1.000	1.000	1.000	1.000
0.50	0.996	0.997	0.998	0.998	0.998	0.999	0.999	0.999	0.999	1.000	1.000	1.000	1.000	1.000	1.000	1.000	1.000	1.000	1.000	1.000
0.55	0.993	0.994	0.995	0.996	0.997	0.998	0.998	0.999	0.999	0.999	0.999	0.999	1.000	1.000	1.000	1.000	1.000	1.000	1.000	1.000
0.60	0.988	0.990	0.992	0.993	0.994	0.995	0.996	0.997	0.998	0.998	0.998	0.999	0.999	0.999	0.999	0.999	0.999	1.000	1.000	1.000
0.65	0.979	0.982	0.985	0.987	0.989	0.991	0.993	0.994	0.995	0.996	0.996	0.997	0.997	0.998	0.998	0.998	0.999	0.999	0.999	0.999

续表

α / ξ	11.0	11.5	12.0	12.5	13.0	13.5	14.0	14.5	15.0	15.5	16.0	16.5	17.0	17.5	18.0	18.5	19.0	19.5	20.0	20.5
0.70	0.963	0.968	0.973	0.976	0.980	0.983	0.985	0.987	0.989	0.990	0.992	0.993	0.994	0.995	0.995	0.996	0.997	0.997	0.998	0.998
0.75	0.936	0.944	0.950	0.956	0.961	0.966	0.970	0.973	0.976	0.979	0.982	0.984	0.986	0.987	0.989	0.990	0.991	0.992	0.993	0.994
0.80	0.889	0.900	0.909	0.918	0.926	0.933	0.939	0.945	0.950	0.955	0.959	0.963	0.967	0.970	0.973	0.975	0.978	0.980	0.982	0.983
0.85	0.808	0.822	0.835	0.847	0.858	0.868	0.878	0.886	0.895	0.902	0.909	0.916	0.922	0.928	0.933	0.938	0.942	0.946	0.950	0.954
0.90	0.667	0.683	0.699	0.713	0.727	0.741	0.753	0.765	0.777	0.788	0.798	0.808	0.817	0.826	0.835	0.843	0.850	0.858	0.865	0.871
0.95	0.423	0.437	0.451	0.465	0.478	0.491	0.503	0.516	0.528	0.539	0.551	0.562	0.573	0.583	0.593	0.603	0.613	0.623	0.632	0.641
1.00	0.000	0.000	0.000	0.000	0.000	0.000	0.000	0.000	0.000	0.000	0.000	0.000	0.000	0.000	0.000	0.000	0.000	0.000	0.000	0.000

附录六　电动桥式吊车（大连起重机械厂）数据表

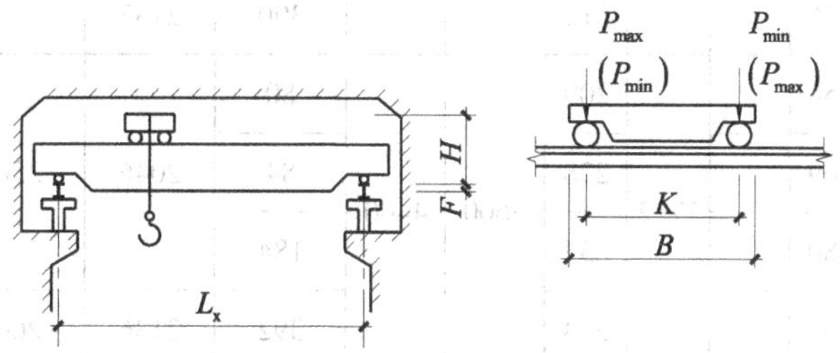

附表 6-1　　**电动单钩桥式吊车数据表**

起重量 Q	跨度 L_x	起升高度	中级工作制 P_{max}	P_{min}	小车重 g	吊车总重	主要尺寸(mm) 吊车最大宽度 B	大车轮距 K	大车底面至轨道顶面的距离 F	轨道底面至吊车顶面的距离 H	轨道中心至吊车外缘的距离 B_1	操纵室底面至主梁底面的距离 h_3	荐用大车轨道
t(kN)	m	m	kN	kN	kN	kN	mm	mm	mm	mm	mm	mm	kN/m
5 (50)	10.5	12	64	19	19.9	116	4500	3400	-24	1753.5	230.0	2350	0.38
	13.5		70	22		134			126			2195	
	16.5		76	27.5		157			226			2170	
	22.5		90	41		212	4660	3550	526			2180	
10 (100)	10.5	12	103	18.5	39.0	143	5150	4050	-24	1677	230.0	2350	0.43
	13.5		109	22		162			126			2195	
	16.5		117	26		186			226			2170	
	22.5		133	37		240	5290	4050	528			2180	

附表 6-2　　　　　　**电动双钩桥式吊车数据表**

<table>
<tr><th rowspan="2">起重量
Q</th><th rowspan="2">跨度
L_x</th><th rowspan="2">起升高度</th><th colspan="4">中级工作制</th><th colspan="6">主要尺寸(mm)</th><th rowspan="2"></th></tr>
<tr><th>P_{max}</th><th>P_{min}</th><th>小车重
g</th><th>吊车总重</th><th>吊车最大宽度
B</th><th>大车轮距
K</th><th>大车底面至轨道顶面的距离
F</th><th>轨道底面至吊车顶面的距离
H</th><th>轨道中心至吊车外缘的距离
B_1</th><th>操纵室底面至主梁底面的距离
h_3</th></tr>
<tr><td>t(kN)</td><td>m</td><td>m</td><td>kN</td><td>kN</td><td>kN</td><td>kN</td><td>mm</td><td>mm</td><td>mm</td><td>mm</td><td>mm</td><td>mm</td><td>kN/m</td></tr>
<tr><td rowspan="4">15/3
(150/30)</td><td>10.5</td><td rowspan="4">12/14</td><td>136</td><td rowspan="4"></td><td rowspan="4">73.2</td><td>203</td><td rowspan="4">5600</td><td rowspan="4">4400</td><td>80</td><td rowspan="3">2047</td><td rowspan="4">230</td><td>2290</td><td rowspan="4">0.43</td></tr>
<tr><td>13.5</td><td>145</td><td>220</td><td>80</td><td>2290</td></tr>
<tr><td>16.5</td><td>155</td><td>244</td><td>180</td><td>2170</td></tr>
<tr><td>22.5</td><td>176</td><td>312</td><td>390</td><td>2137</td><td>2180</td></tr>
<tr><td rowspan="4">20/5
(200/50)</td><td>10.5</td><td rowspan="4"></td><td>158</td><td rowspan="4"></td><td rowspan="4">77.2</td><td>209</td><td rowspan="4">5600</td><td rowspan="4">4400</td><td>80</td><td rowspan="3">2046</td><td rowspan="3">230</td><td>2280</td><td rowspan="4">0.43</td></tr>
<tr><td>13.5</td><td>169</td><td>228</td><td>84</td><td>2280</td></tr>
<tr><td>16.5</td><td>180</td><td>253</td><td>184</td><td>2170</td></tr>
<tr><td>22.5</td><td>202</td><td>324</td><td>392</td><td>2136</td><td>260</td><td>2180</td></tr>
</table>

附录七　《中国地震烈度表》GB/T 17742-2008

7.1　范　围

本标准规定了地震烈度的评定指标，包括人的感觉、房屋震害程度、其他震害现象、水平向地震动参数。

本标准适用于地震烈度评定。

7.2　术语和定义

下列术语和定义适用于本标准。

7.2.1　地震烈度 seismic intensity

地震引起的地面震动及其影响的强弱程度。

7.2.2　震害指数 damage index

房屋震害程度的定量指标，以 0.00 到 1.00 之间的数字表示由轻到重的震害程度。

7.2.3　平均震害指数 mean damage index

同类房屋震害指数的加权平均值，即各级震害的房屋所占的比率与其相应的震害指数的乘积之和。

7.3　等级和类别划分

7.3.1　地震烈度等级划分

地震烈度分为12等级，分别用罗马数字Ⅰ、Ⅱ、Ⅲ、Ⅳ、Ⅴ、Ⅵ、Ⅶ、Ⅷ、Ⅸ、Ⅹ、Ⅺ和Ⅻ表示。

7.3.2　数量词的界定

数量词采用个别、少数、多数、大多数和绝大多数，其范围界定如下：

a)“个别”为10%以下；

b)“少数”为10%~45%；

c)“多数”为40%~70%；

d)“大多数”为60%~90%；

e)“绝大多数”为80%以上。

7.3.3　评定烈度的房屋类型

用于评定烈度的房屋，包括以下三种类型：

a)A类：木构架和土、石、砖墙建造的旧式房屋；

b)B类：未经抗震设防的单层或多层砖砌体房屋；

c)C类：按照Ⅶ度抗震设防的单层或多层砖砌体房屋。

7.3.4　房屋破坏等级及其对应的震害指数

房屋破坏等级分为基本完好、轻微破坏、中等破坏、严重破坏和毁坏五类，其定义和对应的震害指数 d 如下：

a)基本完好：承重和非承重构件完好，或个别非承重构件轻微损坏，不加修理可继续使用。对应的震害指数范围为 $0.00 \leqslant d < 0.10$；

b)轻微破坏：个别承重构件出现可见裂缝，非承重构件有明显裂缝，不需要修理或稍加修理即可继续使用。对应的震害指数范围为 $0.10 \leqslant d < 0.30$；

c)中等破坏：多数承重构件出现轻微裂缝，部分有明显裂缝，个别非承重构件破坏严重，需要一般修理后可使用。对应的震害指数范围为 $0.30 \leqslant d < 0.55$；

d)严重破坏：多数承重构件破坏较严重，非承重构件局部倒塌，房屋修复困难。对应的震害指数范围为 $0.55 \leqslant d < 0.85$；

e)毁坏：多数承重构件严重破坏，房屋结构濒于崩溃或已倒毁，已无修复可能。对应的震害指数范围为 $0.85 \leqslant d < 1.00$；

7.4　地震烈度评定

7.4.1　按下表划分地震烈度等级。

7.4.2　评定地震烈度时，Ⅰ度~Ⅴ度应以地面上以及底层房屋中的人的感觉和其他震害现象为主；Ⅵ度~Ⅹ度应以房屋震害为主，参照其他震害现象，当用房屋震害程度与平均震害指数评定结果不同时，应以震害程度评定结果为主，并综合考虑不同类型房屋的平均震害指数；Ⅺ度和Ⅻ度应综合房屋震害和地表震害现象。

7.4.3　以下三种情况的地震烈度评定结果，应作适当调整：

当采用高楼上人的感觉和器物反应评定地震烈度时，适当降低评定值；

当采用低于或高于Ⅶ度抗震设计房屋的震害程度和平均震害指数评定地震烈度时，适当降低或提高评定值；

当采用建筑质量特别差或特别好房屋的震害程度和平均震害指数评定地震烈度时，适当降低或提高评定值。

7.4.4 当计算的平均震害指数值位于下表中地震烈度对应的平均震害指数重叠搭接区间时，可参照其他判别指标和震害现象综合判定地震烈度。

7.4.5 各类房屋平均震害指数 D 可按下式计算：

$$D = \sum_{i=1}^{5} d_i \lambda_i$$

式中，d_i——房屋破坏等级为 i 的震害指数；

λ_i——破坏等级为 i 的房屋破坏比，用破坏面积与总面积之比或破坏栋数与总栋数之比表示。

7.4.6 农村可按自然村，城镇可按街区为单位进行地震烈度评定，面积以 $1km^2$ 为宜。

7.4.7 当有自由场地强震动记录时，水平向地震动峰值加速度和峰值速度可作为综合评定地震烈度的参考指标（括弧内给出的是变动范围）。

中国地震烈度表

烈度	人的感觉	房屋震害			其他震害现象	水平向地震动参数	
		类型	震害程度	平均震害指数		峰值加速度 m/s^2	峰值速度 m/s
Ⅰ	无感	—	—	—	—	—	—
Ⅱ	室内个别静止中的人有感觉	—	—	—	—	—	—
Ⅲ	室内少数静止中的人有感觉	—	门、窗轻微作响	—	悬挂物微动	—	—
Ⅳ	室内多数人感觉；室外少数人感觉；少数人梦中惊醒	—	门、窗作响	—	悬挂物明显摆动，器皿作响	—	—
Ⅴ	室内绝大多数、室外多数人有感觉；多数人梦中惊醒	—	门窗、屋顶、屋架颤动作响，灰土掉落，个别房屋墙体抹灰出现细微裂缝，个别屋顶烟囱掉砖	—	悬挂物大幅度晃动，不稳定器物摇动或翻倒	0.31 (0.22~0.44)	0.03 (0.02~0.04)

续表

烈度	人的感觉	房屋震害			其他震害现象	水平向地震动参数	
		类型	震害程度	平均震害指数		峰值加速度 m/s^2	峰值速度 m/s
Ⅵ	多数人站立不稳，少数人惊逃户外	A	少数中等破坏，多数轻微破坏和/或基本完好	0.00~0.11	家具和物品移动；河岸和松软土出现裂缝，饱和砂层出现喷砂冒水；个别独立砖烟囱轻度裂缝	0.63 (0.45~0.89)	0.06 (0.05~0.09)
		B	个别中等破坏，少数轻微破坏，多数基本完好				
		C	个别轻微破坏，大多数基本完好	0.00~0.08			
Ⅶ	大多数人惊逃户外，骑自行车的人有感觉，行驶中的汽车驾乘人员有感觉	A	少数毁坏和/或严重破坏，多数中等破坏和/或轻微破坏	0.09~0.31	物体从架子上掉落；河岸出现塌方，饱和砂层常见喷水冒砂，松软土地地裂缝较多；大多数独立砖烟囱中等破坏	1.25 (0.90~1.77)	0.13 (0.100~0.18)
		B	少数中等破坏，多数轻微破坏和/或基本完好				
		C	少数中等和/或轻微破坏，多数基本完好	0.07~0.22			
Ⅷ	多数人摇晃颠簸，行走困难	A	少数毁坏，多数严重和/或中等破坏	0.29~0.51	干硬土上亦出现裂缝，饱和砂层绝大多数喷砂冒水；大多数独立砖烟囱严重破坏	2.50 (1.78~3.53)	0.25 (0.190~0.35)
		B	个别毁坏，少数严重破坏，多数中等和/或轻微破坏				
		C	少数严重和/或中等破坏，多数轻微破坏	0.20~0.40			

续表

烈度	人的感觉	房屋震害			其他震害现象	水平向地震动参数	
		类型	震害程度	平均震害指数		峰值加速度 m/s²	峰值速度 m/s
Ⅸ	行动的人摔倒	A	多数严重破坏或/和毁坏	0.49~0.71	干硬土上多处出现裂缝，可见基岩裂缝、错动，滑坡、塌方常见；独立砖烟囱多数倒塌	5.00 (3.54~7.07)	0.50 (0.36~0.71)
		B	少数毁坏，多数严重和/或中等破坏				
		C	少数毁坏和/或严重破坏，多数中等和/或轻微破坏	0.38~0.60			
Ⅹ	骑自行车的人会摔倒；处于不稳状态的人会摔离原地；有抛起感	A	绝大多数毁坏	0.69~0.91	山崩和地震断裂出现，基岩上拱桥破坏；大多数独立砖烟囱从根部破坏或倒毁	10.00 (7.08~14.14)	1.00 (0.72~1.41)
		B	大多数毁坏				
		C	多数毁坏和/或严重破坏	0.58~0.80			
Ⅺ		A	绝大多数毁坏	0.89~1.00	地震断裂延续很长；大量山崩滑坡	—	—
		B					
		C		0.78~1.00			
Ⅻ		A	几乎全部毁坏	1.00	地面剧烈变化，山河改观	—	—
		B					
		C					

参 考 文 献

[1]GB 50010—2010，混凝土结构设计规范[S]. 北京：中国建筑工业出版社，2010.

[2]GB 50009—2012，建筑结构荷载规范[S]. 北京：中国建筑工业出版社，2012.

[3]GB 50011—2010，建筑抗震设计规范[S]. 北京：中国建筑工业出版社，2010.

[4]JGJ 3—2010，高层建筑混凝土结构技术规程[S]. 北京：中国建筑工业出版社，2010.

[5]GB 50153—2008，工程结构可靠性设计统一标准[S]. 北京：中国建筑工业出版社，2008.

[6]GB 50007—2011，建筑地基基础设计规范[S]. 北京：中国建筑工业出版社，2011.

[7]05G335，单层工业厂房钢筋混凝土柱[S]. 北京：中国计划出版社，2005.

[8]GB/T 17742—2008，中国地震烈度表. 北京：地震出版社，2008.

[9]GB50223—2008，建筑工程抗震设防分类标准. 北京：中国建筑工业出版社，2008.

[10]GB18306—2001，中国地震动参数区划图. 北京：中国标准出版社，2001.

[11]程文瀼. 混凝土结构设计[M]. 武汉：武汉大学出版社，2006.

[12]邹超英、胡琼. 混凝土及砌体结构[M]. 北京：机械工业出版社，2013.

[13]王振东、邹超英. 混凝土及砌体结构(第二版)[M]. 北京：中国建筑工业出版社，2014.

[14]何淅淅、黄林青. 高层建筑结构设计[M]. 武汉：武汉理工大学出版社，2007.

[15]赵西安编著. 现代高层建筑结构设计[M]. 北京：科学出版社，2000.

[16]方鄂华. 高层建筑结构设计[M]. 北京：中国建筑工业出版社，2003.

[17]包世华. 新编高层建筑结构[M]. 北京：中国水利水电出版社，2001.

[18]郭继武. 建筑抗震设计(第三版)[M]. 北京：中国建筑工业出版社，2011.

[19]白国良. 混凝土结构设计[M]. 武汉：武汉理工大学出版社，2011.

后　记

经全国高等教育自学考试指导委员会同意，由全国考委土木水利矿业环境类专业委员会负责建筑工程专业（独立本科段）教材的审定工作。

本教材由哈尔滨工业大学邹超英教授担任主编。具体编写分工为：第1章由胡琼编写，第2章由邹超英、严佳川编写，第3章由何淅淅、严佳川编写，第4章由何淅淅编写，第5章由张晋元编写。

全国考委土木水利矿业环境类专业委员会组织了本教材的审稿工作。北京建筑大学阎兴华教授担任主审，吉林建筑大学尹新生教授、上海应用技术学院赵娟副教授参加审稿，提出修改意见。谨向他们表示诚挚的谢意！

全国考委土木水利矿业环境类专业委员会最后审定通过了本教材。

全国高等教育自学考试指导委员会

土木水利矿业环境类专业委员会

2016年1月